闾巷话蔬食

李春方 樊国忠 著

北京燕山出版社

图书在版编目（CIP）数据

闾巷话蔬食 / 李春方，樊国忠著 . -- 北京：北京燕山出版社，2017.9

ISBN 978-7-5402-4656-3

Ⅰ . ①闾… Ⅱ . ①李… ②樊… Ⅲ . ①饮食 - 文化 - 北京 Ⅳ . ① TS971.202.1

中国版本图书馆 CIP 数据核字 (2017) 第 234594 号

书　　名

闾巷话蔬食

著　　者：李春方　樊国忠

责任编辑：俞　伽　邓　京　朱　菁

版式设计：敬人工作室　李　顺

封面设计：敬人工作室　黄晓飞

出版发行：北京燕山出版社有限公司

社　　址：北京市西城区陶然亭路 53 号

邮　　码：100054

电话传真：86-10-65240430（总编室）

印　　刷：小森印刷（北京）有限公司

开　　本：710mm × 1000mm　1/16

字　　数：520 千字

印　　张：38

版　　别：2017 年 10 月第 1 版

印　　次：2017 年 10 月第 1 次印刷

ISBN 978-7-5402-4656-3

定　　价：108.00 元

作者简介

李春方
（1933–2017）

北京人，号爱生，别署登斯斋主，书室号寸学堂。原北京市劳动局直属企事业高级职称评委、高级讲师，《中国传统饮食文化大辞典》主编。早年师从陆宗达、孙二酉先生学习训诂学，曾著有《风雨京华录》，译著《饮膳正要》。散文《白发红颜愧》获《北京青年报》及北京广播电台一等奖，并入编《精粹散文选》。文章《与德国学生谈烹饪》发表于《人民日报·海外版》。

樊国忠
（1957– ）

北京人，字崇德，别署金台散人、雪泥、道一。书室号浴心斋、大我堂。现为北京市工贸技师学院教师，《中国传统饮食文化大辞典》编委。个人传略入编《世界名人录》《世界艺术家名人录》等多部典籍。由中国文学艺术研究会、中国文联国际出版社出版个人专辑《国家艺术人物樊国忠专刊》。现受聘于中国艺术工作者协会，担任中国国际书画艺术研究院、中国书画艺术创作中心、北京丰台作家协会等多家艺术团体名誉主席、名誉院长、客座教授、理事、会员等职。

序

昔日，笔者曾将旧日记中记平民饮食之文汇成《闾巷话蔬食》，蒙北京燕山出版社出版，颇得诸家好评，云：多年未见此等记实之清新文字，记城乡平民饮食，知养生之本；写乡里烟霞人物，令人多生乡关之爱……后有电视台欲拍摄该书内容，虽未实施，亦可见记平民饮食之真，为人之所需。更多烹饪业同人感念旧乡谚所云："要饱还是家常饭，要暖还是粗布衣！"故再促我与樊国忠，尽将所记有关城乡平民饮食之文与《闾巷话蔬食》合编为一册，以呈诸君清览，以求方家郢政，或可补缺现代饮食于万一，是乃至幸！

寸学室李春方　大我堂樊国忠 同拜

癸巳夏初于北京菊园

目录

主食类

目录

闾巷话蔬食

闾巷话蔬食

菜肴类

闾巷话蔬食

闾巷话蔬食

闾巷话蔬食

闾巷话蔬食

小吃类

闾巷话蔬食

节令祭食类

闾巷话蔬食

酒水饮料类

原料调料类

闾巷话蔬食

器皿技术类

闾巷话蔬食

习俗逸闻类

闾巷话蔬食拾遗

闾巷话蔬食拾遗

闾巷话蔬食拾遗

闾巷话蔬食拾遗

闾巷话蔬食拾遗

闾巷话蔬食

主食类

小米饭

俗称“小米干饭”，是用粟米做成的饭。北方人常称粟子为“谷子”，其种类很多，但总体称舂去外皮的米曰“小米”。用小米做饭是北方的主食之一，故农谚云：“小米干饭绿豆汤，一年四季顶细粮。吃饱下地去干活，不怕老爷儿（太阳）晒脊梁。”古老的《食医心镜》也说吃小米饭可兼治清渴口干。故此《唐本草》就记有：“粟有多种，而并细诸粱，北土常食之。”可见小米养育了我们一代又一代人。然北方农家做小米饭时，喜用“捞饭法”，即将小米下沸水锅内去煮，至八九成熟时，将其捞出，入笼屉再蒸熟而食，其饭粒散而不黏，并宜于就各种生、熟菜或汤菜食之。但是，用此法做饭，使米中一部分养分流失于米汤中，甚是可惜，故又有用“焖饭法”来做小米干饭的。但此法做的饭，米粒儿不松散，发黏，而且容易煳锅底，需要有焖饭的好手艺才成。这种方法的优点是把米中的养分都留在饭中了，可是又没有米汤当稀的喝了。总之，不管用哪种方法做小米饭，它都是我们的“本命食”之一。故此，毛主席就曾说过我们用“小米加步枪”打败了日本帝国主义和国民党反动派。笔者就曾亲眼看见过，用饭盒儿吃好的大米饭、抢农民肥猪炖猪肉吃的日本兵，被吃小米干饭的八路军给打得溃不成军。而且到 1945 年 8 月 15 日日本无条件投降后，日本兵不用说好的大米饭，就是连小米饭都吃不上了。可是，我们一直用“小米加步枪”打出了新中国。故此，直至今日，我确实还爱吃那小米干饭！

二米子饭

“爱干不干，初二、十六吃二米子饭。”这是人家常说的一句俗语，是说财主家或小买卖店，每逢农历初二和十六，“财神爷来的日子”，才吃上一顿二米子饭。乡镇中，人家有婚丧喜事，也有预备二米子饭做主食成席的。所谓二米子饭，就是小米加稻米（白米）共捞成的饭，以此做焖饭的少，大多做捞饭。将大米淘净，先下水锅内煮，再把小米淘洗干净，下入锅中共煮。至八九成熟时，用大笊篱捞至屉内屉布上，盖好盖子，下面用火蒸熟。其饭不黏，黄白相杂，亦甚好看，比单一种米好吃，有两样米味儿，又有两样米丰富的营养。若办席面，就着各种菜肴吃，则更美。有人认为有小米，价钱便宜了，便不如单一用大米好吃。其实，这是一种偏见，更不知小米的好处所在。二米子饭，乃是饮食上一大发明，无论办事或家常食用，均可一试，方知其妙。

鸡蛋炒饭

用鸡蛋炒剩米饭，其实用鸭蛋或鹅蛋都成，笔者幼时都吃过，回忆起来，总不如用鸡蛋炒的香，用鸭蛋炒会发腥气。旧时，小孩子饿了，或为把剩米饭做得好吃点儿，就炒饭吃。先把剩饭疙瘩搅碎弄匀，备用。坐锅下底油，油热了时下葱花（要多些）、姜片、蒜片煸出味儿来，再倒入备用的剩饭，共同翻炒，直至饭热了，再撒入些食盐花儿，翻炒几过儿就可出锅食用了。儿歌中常唱："小孩小孩你别哭，面条儿浇上肉片儿细打卤；小孩小孩你别馋，今天给你蛋炒饭！"鸡蛋炒饭，过去只作为普通饭食或哄小孩儿的饭，如今却入了饭馆儿。现在多用焖饭，其实真正的炒饭还是用捞饭来炒好。鸡蛋炒饭，原先是佛界吃的人较多，故此，有人说此食之源来自佛门，这也不用去细考。但，笔者少年时好游玩，京郊各寺几乎都去遍。在各庙中，还都是用鸡蛋炒饭供食客用，且住持和方丈也多食此物。然其做法甚为讲究，不到其"佛厨"，是不知其妙的。庙中是捞饭，先用香油把粒粒可散的米饭滑一下，再坐锅摊鸡蛋，在锅中将鸡蛋切碎，不可使之块儿过大，出锅后，另下底油，只炒素菜、花椒，出味后，捞出扔掉，再下鸡蛋和饭，其味道果然清香溢远。

肉丁饭

笔者幼年在京北三十里的老家——北坟地，曾吃过肉丁饭，其滋味甚美，是耿家“耿大利巴”传下的。后来，乡郊一带农家亦常做此食待客。它可以省去做菜肴的麻烦，是集菜、饭于一身的好食品。将肉切成色子块的小丁儿，与淘净的小米（或大米、青谷米、大破粒等均可）混在一起，上锅焖熟。既有米饭的香气，又有肉丁的香味。需注意的是，肉丁儿在未入米之前，要先用姜末、葱末、食盐、料酒、酱油等调拌好，入了味。南方常食此饭，在京北清河镇上有温大夫夫妇一家，常做肉丁饭以飨。

饭粑粒儿

“小小子儿，坐门墩儿，哭着喊着要媳妇儿。要媳妇儿干吗？白天炒好饭粑粒儿，晚上做个好伴儿，早晨起来梳小辫儿！”这是北京地区的儿歌，说的炒饭粑粒儿，就是民间平日的常食。其用料及做法都很简便，而且又耐饿又好吃。将吃剩下的米饭搅碎，搅分散，不要有大饭疙瘩，然后往其中撒玉米面（棒子面）及适量的食盐，一边撒，一边摇动，不可停顿，要使每个饭粒儿外面都沾满了玉米面，成为一个个的小饭粑粒儿。此时在火上坐锅，下底油，先煸炒葱花、姜末儿，等煸出味儿来，再倒入摇好的小饭粑粒儿，不停地翻炒，直至饭粑粒儿外面裹的棒子面熟了为止。盛在碗内去吃，干香甜嫩，要是再就着绿豆面汤吃，就更美了。

小麦片儿饭

将小麦上石碾子稍轧一轧，再用罗罗一下，罗中即是“小麦片儿”了。那片儿外有小麦的外皮（麸子），内有白净净的白面儿依附在皮儿上。将白水煮鸡或鸭的汤与小麦片儿合熬成粥吃。这个吃法很讲究，很好吃，但又很普遍。用小麦片儿做饭吃，其香味也很好，这也是一种吃法。笔者在本村村立小学的陈校长家，就吃过这种麦片儿饭。他是用“焖饭法”将小麦片儿做成饭的，并不稠黏，而且黄白分明，煞是逗人喜爱，我一连吃了好几碗。有人又在其中加上些白豇豆，成了“豇豆小麦片饭”，则其味更浓，更有乡野味，吃起来也更有情趣，更要令人一饱方休了。

豆儿饭

“农家豆儿饭，自己地里的棉花，吃得饱来穿得暖。”这是郊区农家爱说的俗话。常说：“要饱还是家常饭，要暖还是粗布衣。”在煮米饭时，不论大米或小米，淘洗好后，锅内先下豆子，开火煮，临到豆子快熟时，再下米，使米与豆子同时煮熟，捞出，放在屉布上，上屉蒸熟，这就是典型的北方“捞饭”。豆子，用红小豆、绿豆、豇豆或芸豆都可以，不用黄豆、青豆或黑豆。笔者旧年在郊区常吃农家豆儿饭，又香美又实惠，至今令人难忘。有一年春节后，我随父亲到房山漫水河的背阴洞庙中去进香（进山入庙烧香还愿），老和尚留饭。我犹记得那菜是类似俗家的“四碗活熬”，都很洁净，其中有一碗叫“熬山葫芦”，白色，像鸡蛋似的，很软，很香，可惜至今也不知其为何物。主食就是“豆儿饭”。这种豆饭可非同寻常，不但我没吃过，就连年届五十的老父也没吃过。只觉得此豆粒儿较老米略大，色现淡黄，吃到嘴里只觉得豆子味儿中还夹杂着一种不可名状的香甜，使得这普通的老米饭身价倍增了。父亲叩问老方丈此为何物时，老和尚哈哈大笑说：“施主，您久居城中，当然不识此物啦，也不可能见过此物。就是在乡村，不在此山居亦难识此物。这东西叫‘山豆子’，是一种秋后收的草籽，它有香味，且能养人，还可当粮食吃。故此，本山寺每年均要到山沟里去收采此物，并且只在此山有，别山无之……”这又是一种豆饭，是一种世间少有的、令人难忘的豆儿饭。

杂豆饭

这是一种用各种豆子与小米饭捞成的米饭。这种饭最好吃，也最养人。京北静修禅林，在过去是个普普通通的和尚庙，仅有六七亩香火地（别人施给庙中的土地，以为僧众生活费用）。有两个小一点的和尚，跟着老和尚一起凑合着过日子。老和尚是个很有修养的人。笔者因病住到其庙中来静养。他每日早起做完早课（念佛经），就领着笔者到秋后收过庄稼的豆子地里，去捡豆角爆开落到地上的豆子，其中以绿豆最多。在割下的豆堆子下，往往有很多绿豆粒儿，有的地里有红小豆、大黄豆和虎皮豆等，一会儿就能捡一碗。老和尚说："一粥一饭当思来之不易！再者，早晨到这空旷的田野里来，一是可以锻炼身体，二是可以'养性''养病'……"回到庙中，老和尚叫人先把捡来的豆子洗净，下锅去煮，把豆子都煮开了花之后，再下小米，小米熟后，捞出放在笼屉布上，盖上笼屉盖，蒸成饭。此饭又香又能解饥，是别的饭所不能比的。吃杂豆饭，就着庙里的腌咸菜和大萝卜熬豆腐，虽为素菜饭，但是却很能益体养人。此饭此菜此环境，最适合养病了。半年左右，我的肺病就养好了。因此，我一生也忘不了那杂豆饭的味道，更忘不了老和尚顺空那几句既实用，又合情理，且富有哲理的话儿。看来，即便是郊野之乡也有高人，更有能养人的乡食乡菜。人何必拜其大名？饭菜何必计其贵贱？至今，我还常自己把几种豆子放在一起煮，再下小米来做杂豆饭吃哩！

青谷米饭

在农村，青谷米并不多见，因其产量低而不受大众欢迎，然用其做饭则甚香。青谷米，是米色发青的一种谷子。用其做捞饭吃，色发青黄，而米现清香。将青谷米淘净，放入水锅内煮至七八成熟时，用笊篱捞于屉内之屉布上，盖上盖子，蒸至米熟为度，其饭成矣。昔日京北回龙观村笔者之大姨妈擅做此饭。初时，笔者以为其颜色不若黄谷米饭之金黄，味儿一定不会好吃。

但在姨妈家吃过青谷米饭后，觉得青谷米之香，绝非黄谷米可比。归家后与伯父言之。过年，我家地里开始种青谷子，桌上也有了青谷米饭。自此，慢慢在全村传播开来，以至于四五千家的大村子，几乎家家都种青谷，户户爱吃青谷米饭了。时过境迁，今已六十多年，不知村中尚有青谷饭否？

大破粒儿饭

这是用大破粒儿捞的饭。大破粒儿，就是把玉米粒儿破（碾破）成两三瓣儿，去掉皮，坐锅，放水煮。至快熟时，用笊篱捞出，再放入笼屉中去蒸熟，就成了大破粒儿饭。其饭香甜可口，有嚼劲儿，但需热时吃，凉了就不好吃了。在北方农村，常吃此饭，又解饥又顶时间，若配上黄瓜腌葱来吃，粗对粗，其味更浓了。昔日夏时，每到早饭时，在田间地头、坡岗树荫下，常有农家送饭来的，吃大破粒儿饭，就腌黄瓜、葱，喝煮大破粒饭的米汤，其情其味，另有一种农家气息，令人难忘。

高粱米饭

农民有句俗话：“不怕大肚儿汉，就怕高粱米饭。”红高粱米本是酿酒或当料用来喂牲口的，人若吃红高粱米饭，那是极粗的饭食了。白高粱米饭还好些，在东北民间常吃高粱米饭。将高粱米淘净，煮好，捞出后，再上锅去蒸熟，即成高粱米饭，也有在锅内加水、米，直到焖熟成饭的。不管怎么吃，高粱米饭也算不得细粮食品。在北京郊区，常在荒年吃此食品，平时一般不食此物。

栗子饭

此饭为北方山区待客之物。笔者早年曾在郊区（山区）四马台李家吃过此饭。将生栗子去皮碾成碎渣，新下来的小米（大米亦可）淘洗干净，与栗子渣拌匀，共煮后捞出，再蒸成饭，亦可直接用焖法将此饭做熟。食之香甜可口，且有栗子味，但又不见其物，可谓“见味不见物，妙在其中”。笔者归城后，曾将此食数说与人，且自家亦曾试做，虽味不及山野鲜美，然亦绝非等闲可比。读者可试做之，即知其妙。笔者归北京后，犹忆早年吃过栗子饭，“文化大革命”时被下放到山区，房东也偷偷给我做过栗子饭吃。为此，我于今终不敢忘其苦与甜，思此物更可谓是梦寐以求了。

山珍海味饭

“乡下自有山珍海味饭，气死城中高价八宝饭！”这是老乡们常说的，也确实如此。山乡或平地，农家在年关（除夕）所做的山珍海味饭从用料样数、颜色及口味上，均比城中用一小碗好大米为主、即使添点儿果料等也是做点缀而已的所谓“八宝饭”强多了，故此农民们名其为“山珍海味饭”。笔者幼年即常于亲戚处见此物，吃此食。说是山珍海味，其中有栗子、核桃、桃仁、杏仁等的小碎块儿，还有莲子、菱角、荸荠等的小碎块儿，以上八九样与地中所产的好小米，水田中所产的好稻米一起做成饭，上面再搭上用金糕条儿做的“福”“寿”字儿，那可真比卖的八宝饭强多了。故此，至今我也不吃外边卖的八宝饭。幼年同窗马文举后来上师大文学系，毕业后，被派到远方（云南），给我寄信中还惦念着幼时常吃的乡下山珍海味饭。他写道：“忆及昔年同窗砚，年关同吃山珍饭。不觉翘首北望，悽然！今者，你我均老矣！虽不至‘一饭三遗矢’，然再同吃此饭之日不可期……”没想到头年他竟到北京来了，还带来个九岁的小孙子。我把昔日的在京同窗都聚在一起，买齐这几样饭料，共吃一顿乡味的山珍海味饭！大家高兴极了，连孩子们全说这饭好吃。但，现在偌大的北京，竟无一家卖实惠好吃的乡间饭菜者！令人可惜又可叹！

萝卜丝饭

此种米饭为“捞饭”最好。先将米（大米或小米等均可）洗淘净，放入开水锅中煮，到八九成熟时，再捞到屉布中，掺上切好的细萝卜丝（多数用卞萝卜丝）及适量的食盐去蒸熟，即可供人食用。也有先将切好的卞萝卜丝放盐、姜、葱，入好了味再蒸的。但萝卜丝不能放油，以免与饭有悖。这种用萝卜丝捞成的饭，既有米饭味儿，又有萝卜味儿，是很好的连菜带饭的好吃食。旧时，出家的僧人常食此物，只用一碟大腌萝卜当咸菜即足矣。有客来寺中用饭，再加上个摊鸡蛋和拌豆腐，就算是很丰盛的待客之饭了。旧时，笔者常路过常林禅寺，在庙中安歇，用一两顿素菜饭，晚间面对壁间松明子，坐听老僧说经，亦是净化俗间灵魂的一大幸事。至今，每当家人做萝卜丝饭吃，均忆及往事，使奔波劳碌的躯体得到了一时的净化。儿孙辈焉知俗菜饭之间还含有若许启迪人生的道理呢！

炒米

昔日，我们的八路军和新四军都曾以炒米为干粮，行军作战，打败了敌人。可见“炒米”做干粮，还立过战功呢。在民间早就有用炒米做远行干粮的事儿。炒米，可以说是一个宝。笔者年幼时，就见本村有人出外去做小买卖，家里人就给他炒些米带着，以备在上不着村、下不着店的途中饿了时吃些。炒米，最好是用大米，小米和好高粱米也成。先用水把米淘洗干净，再用温水将米泡开些，然后坐锅，下底油，油热了再倒入米去，不停地翻炒，还要撒入适量的食盐，直到米被炒熟了为止，然后盛起来摊开，晾晒干了，装入米袋子以致远。战争中，人们来不及吃米饭，就把米饭弄散，装在米袋子里，以充炒米食用，但要注意通风保干，否则变馊了，就不能吃了。这种炒米有点像现在市场上出售的方便面、方便粥之类的。可以说，炒米早就是老百姓的一种方便食品了。

炒大米

大米在农村中是个贵粮，尤其是在北方，因其所产不如南方产的多、好。旧时，多把大米上锅炒熟（但切不可炒煳了，以其熟而能吃为度），作为远行或久存的干粮用。在过年过节，家里杀猪时，则往往在好大米内稍掺一点点江米，一起炒熟，再碾得多半碎，与猪肉相配做米粉肉。许多人爱吃其中的米粉，而不爱吃其中的肉。我记得，我小时候也是如此。每到年节，桌上有碗菜，我就用小匙专舀其中的黄褐色米粉吃。大人们说我光吃米粉，不吃肉，是没造化，但我不在乎……至今仍我行我素！

刀里加鞭

这个食品的名称是个既形象又生动的比喻。实际上，它是穷人家处理剩饭、剩面条儿的一种方法。在城镇中，有专门从大饭店买剩菜、剩饭（折箩）的。买回来后，将菜肴拣好些的、整齐些的，上蒸笼加热后，再卖给穷人。余下的米饭和面条儿则不用分开，也不易细分，就饭面一起热后给人吃，外号就叫“刀里加鞭”——米饭为百食之首，犹如刀为百兵武器之首一样，面条也像武器中的鞭一样，有长有短，故此，给此种食物起了这个雅号。过去在北京前门外抄手胡同，有张老头夫妇就专营此业。前三门大饭庄没有不认识张老头的，他就常吃此食物。笔者幼年时，见此情景就问他这叫什么，张老乐着说：“这种吃法，有个雅号叫‘刀里加鞭’。你不信，回家问你家老人就知道了。因为你们家在办事后或年节请客后，也常用此法来打扫剩面、剩饭……”几年后，我大哥娶大嫂，因在海淀饭庄和乡村家中两个地方办酒席，剩下不少的菜饭，且又办的是面条席（炒菜面）。事后，我们也吃起了“刀里加鞭”！我一边吃，一边说出这个名儿来，大伯父还笑着说我小小年纪，知识很渊博呢！其实，这不失为是一种勤俭节约、杜绝铺张浪费的好办法呢！

烫饭

北方人有句俏皮话说："不够——找补烫饭。"原指若饭不够吃时，就用烫饭来补充。其实，烫饭，往往是烫剩饭，就是将吃剩下的米饭烫热了吃。坐锅，下底油，油热后，下葱花、姜片、蒜片等，煸出味儿来之后，再放汤，并将剩饭也倒入锅中，用勺子将汤和饭搅和好。锅开后，放些食盐；临快熟时，再放些白菜叶（或菠菜叶）等，以增其色、加其味。笔者忆起儿时夜读时，母亲就常烫些饭给大家吃。兄弟们在一起读书、吃烫饭，倒也惬意自在得很。"至今吃烫饭，犹常忆儿时。"其实，人家有婚丧喜事时，事前事后也常吃烫饭，只不过其时多用荤汤（炖肉汤或剩炒菜）烫饭。记得外公去世时，我吃过一次烫饭，内中竟有鲜贝，这无疑是剩菜了。可是，给和尚、老道或来念经的尼姑们吃的则是素烫饭。看起来，烫饭虽是个俗中又俗的俗吃，却也分荤、素两种，是不能够乱来的。然作为俗家的小孩子吃烫饭，虽然荤素不忌，但以荤为妙，其营养价值当然也比素的要高了。

刀切面（条）

近代用轧面机来做面条儿，吃起来总觉得比较硬，有杠嘴感；若用菜刀来切面条儿，吃起来，很合人的口味。笔者不是顽固的"守旧派"，而是实事求是地说实话。若讲吃面条儿，还是吃用刀切的比较好。"千好万好，机器轧面不如手切面条儿好。"这是老北京的方言俚语，却道出了老百姓不喜欢机器轧面条儿的心声。用水将小麦白面和好，注意"软面（做）饽饽，硬面（做）面（条）"的道理，要把面和得硬些，醒好以后，再在案子上把面团擀成薄薄的圆饼状，撒上白面或玉米面当补面，将面片儿一层层折好，再用好补面，用菜刀横切成细条儿，抖搂开就成了面条儿，下开水锅去煮熟，浇上浇头儿和面码子就可吃了。

小刀面

“家常小刀面，赛过大饭店”是句俗话，可说出个真理。老北京的妇女几乎都会做家常的小刀面条儿，浇上作料儿，真比某些饭店做的味儿还要好得多。俗话说，“软面饽饽，硬面面（条）”——把小麦白面和得硬一些，适合擀面条儿用。把面团在案子上擀开，一指来厚，圆形，用切菜刀来切面，上面和下面要连着一点儿，不要完全断开；每切一条面，用手掌往外手里搓转一条，中间自然起了“面麻花儿”，这样切到够一把儿时，将面切断，上下用手一攒，攮成一块儿，把中间的面条儿在补面上一滚，一抻，剁下两头儿的面疙瘩，把面条儿往锅里一煮，兼有抻面和切面的两种劲头儿，吃起来很好吃。无论是浇汆儿或浇炸酱，放什么码子，都好吃。笔者至今总吃自己做的小刀面，是向慈母朱凤贤学的，邻居们见到我做小刀面，就说：“这是北京的老吃食。”京乡城镇有一段儿莲花落，专唱这“小刀儿面”，很有意思：“刀刀起，刀刀落，一刀一搓，一根儿倒比一根长，嗨来一朵莲花落梅花呀！一根短，一根长，一捏一抻，就成了一般长，下到锅里香又香呀，嗨来一朵梅花落莲花呀！”这时候大鼓和大钹就“咚嚓咚嚓咚嚓嚓……”打一段儿，接着唱那小刀面怎么香，怎么好吃等，想不到这民间曲艺的莲花落，也唱起了小刀面！

热汤面

“要发汗，快吃热汤面，病中吃素的，病好肉中面！”这是一句京郊说热汤面荤素均可养人的大实话。旧时，家中有谁感染风寒，有个头疼脑热的，就做碗素热汤面给他吃。趁热儿吃，出点汗就好了。热汤面有两种做法：一种是坐锅，下底油，油热后，下入葱花、姜片、酱和食盐等，煸出味儿后，再放汤，汤烧开后，再揪白面片儿入锅，面片儿熟后，即可连汤带面片地吃了；另一种是用白水煮面片儿，事先在碗内备好倒炝锅的作料——葱花、姜丝、香油、食盐，把熟后的面片儿盛在碗内，即可吃了。两者均可在食前，于碗内加上点醋和香菜（芫荽）末儿。荤热汤面，只是在锅中加些肉丝，最好是羊肉丝，在煮面条快熟时下入，则肉味更鲜、更浓，犹如涮羊肉一般。用猪肉丝的，多在炝锅时，葱花、姜片等煸出香味之后，即下入肉丝煸炒，再放汤，下面片。这样做出来的肉丝热汤面香喷喷、热腾腾，令人爱不释手——吃不够。

酸菜热汤面与白汤面

旧时，在郊区农家，患了感冒或风雪归来，家人常给做碗酸菜热汤面吃。又好吃又热乎，亲人亲情，不可不记。将自家激的酸白菜取出洗净，横切成丝，锅内下底油，煸葱花、姜末（若有肉，则放入羊肉），出味后，再放入切好的酸菜，煸几煸后再放汤，放入适量的食盐，锅开后下入面条，煮熟，即可吃了。如再滴点儿香油，撒上些胡椒粉、香菜（或韭菜）末儿，则更佳。有时下绿豆粉做的杂面条儿也好吃。俗话说："要发汗，吃汤面。"旧时，各家小饭馆卖此物的也不少。安定门外有一条往北去通达很远的土道，途经东三旗，在路边有个卖牲口饮水以及让人饮茶吃饭的小饭馆儿，开设在大道旁的大柳荫下，右边有一口安着牛拉水车的大水井，旁有几亩菜园子。地势颇好，进门有块"柳泉居"的手写匾，字迹奇秀有力，不会是出自俗家之笔。我爱吃他家制售的白汤面条，更爱瞧他的字匾。我曾就此二事问过掌柜的。老掌柜已是八十有余的老者，据他说这二者（匾与白汤面）还是出自一人之手，不想此二者竟给他这小买卖带来了大实惠……这种普通面条并不是用刀切的，而完全是用手抻的。面要和得好，还要醒得够时候；抻成面条后，一定要放到有鸡和猪骨头吊成汤的白汤中去煮。这老者说，按原来教做此面的人说，面码虽然用什么菜均可以，但要用干净布绞出汁儿来，放进面条里，不可放实物，以免乱其白汤面的色美。但后来，就没遵此法，只求面码尽量齐全，供客人吃就是了。浇头却没变——只浇干净的咸盐水，碗内少放些汤，喝完了不够时，再往里续原煮面汤。我这才明白，这种面为什么叫"白汤面"，而且味儿又这样美，全不同于其他汤面。至于其匾，老者说大道边上的小饭馆本没有什么名儿，就叫张记饭铺。那位先生路过此地时，正遇上大雨，就在小铺中膳宿，看见此处野景甚好，又挨着个水井，就要了一张糊窗户纸，给写了“柳泉居”三个字当作匾额，并亲手教给他们怎样做这白汤面……老人说，那人还跟着个仆人，也骑着马，像个做官人的模样。我推其年代，此人虽是个官僚，但也定是个美食家——不俗的雅客！

过水面（条）与锅儿挑（面条）

原指面条煮熟后，捞入温水内过一下，再盛入碗内，浇上一种浇头及菜码儿吃。后来把办事从中渔利，也叫“吃过水儿面”。“过水”与“锅儿挑”是指对面条儿的两种要求。锅儿挑，是在面条煮熟了后，从锅中挑出（捞出），盛入碗内，即浇下浇头及菜码儿吃。过水面的特点是面条利落，与菜码儿及浇头拌在一起，色泽鲜明，味正。锅儿挑的特点是面条热乎，容易保存面的原味儿，容易同码儿、浇头会合出新味儿，但其色泽不及过水面条美。然而，人各有所好，有爱吃锅儿挑的，就有爱吃过水的。笔者幼年在北京琉璃厂东南园大宅子中，本宅本是个“枪手院”——代书画店应下的名人活儿做假书画、图章的地方。一些行中人均不愿承认有此组织，不过旧社会却有此地，并不为大家所不齿，因其制作的古人或刚去世不久的人的书画，不仅用的图章真，而且书画之功力也往往上乘。笔者亲见清末名官僚李毓如，虽以其指书、指画出名，闲章为寸章，章文曰“天地一指”，但其孙李 × 落魄后，住在香炉营四条，又染上吸毒恶习，然其书画均胜过其祖，可是仍用其祖之名和“天地一指”的图章，以此来通过枪手院赚钱。这家枪手院是我家的买卖之一，我就在其宅中见过李 × 因吃面条儿和著名金石家、辞赋家寿石公抬过杠：寿先生好吃锅儿挑，说它有面味儿，叫学徒的给弄锅儿挑吃；李先生就好吃过水面，说其利落，能显出各种菜码儿和浇头儿的味儿来，就叫学徒的把面条儿过水再捞。二人为此争论不休，掌柜的只好叫掌厨大师傅分两锅儿给两位先生分着煮。今日看来是个哈哈小事，其实也反映了人们食俗和爱好的不同。所以说，过水面与锅儿挑（面条）都可以说是为大众所喜爱的吃食，至今仍受到普遍的钟爱。

肉汤儿面

用炖肉的剩汤儿，再加些白水煮开后，下入擀好的面条儿，再放些白菜叶儿或菠菜叶儿，或切些芹菜末儿当面码儿。这种面条，风味独特，既有面香，更有炖肉的香味儿，还有菜叶或菜码子在面条中解腻添味儿。在北方，每年春节、灯节过完了，到正月十七八，炖肉也吃得差不多了，就打扫炖肉汤吃——做“肉汤儿面”。这是一种很好的吃法。俗话说：“拜年拜个初五六儿，又有馒头又有肉。过了十五来拜年，磕头也吃肉汤儿面！”其实这种肉汤面，就与城中二荤铺卖的烂肉面差不多。旧时北京南城北桥湾，就有一家卖酒兼卖面的二友轩，其炖肉单卖，而白坯儿面条白浇肉汤不要钱，只收面条儿钱，算来这也是一种招徕顾客、做小本生意的明智之举吧！

倒炝锅挂面

城中人常煮挂面吃，郊野农家也常备有挂面，往往是用小麦白面向挂面屋子（做挂面的作坊）换来的。为了方便，大人孩子遇有伤风感冒或身体不爽时，就给煮碗挂面吃，又热乎，又便当，且不腻人。余在京北三合庄二姐家，曾吃过用倒炝锅法做的挂面，甚好吃。其做法也很简便：把葱花、鲜姜末、食盐、胡椒粉、香油、味精（没有时可不放）等调味品放在一个碗内，拌匀，在开水锅内将挂面煮熟后，再放入备好的入味调料，即可出锅供食。其面条清雅不腻人，滋味很美。老乡常诙谐地说：“躺倒了不干（病了），倒炝锅儿煮挂面！”

擀条儿

这是一种短面条儿，四郊农家常食之物。擀条儿，各种面儿乎都能做，它不像面条儿似的有劲儿，可以拉长。它虽短，却别有风味。这里介绍一下，细罗面加榆皮面的切条儿。细罗面是磨白玉米面过细罗之面，掺入适量的榆皮面儿，白中发红，颜色很好看。用温水和好面之后，擀成薄圆片，再用刀划成长二寸左右之长方形片儿，中间撒补面，两三张一摞，用刀切成细条，下开水锅煮熟，撒上菜码子，然后浇卤、浇汆子，或浇三合油、穷人乐、炸酱，均能食之。京郊儿歌云："秃老婆嫁穷汉，平常吃擀条儿，成亲（结婚）吃顿面。"其实擀条儿有许多种，如荞麦面擀条儿、白面加玉米面擀条儿等。其实，只不过是用面不同罢了。

两样面擀条儿

"你也瞧，他也瞧，这是何物不知道。既好吃，又好瞧，原来就是两样面的大擀条！"这段老乡们的口头禅，夸赞的是能蒙过大家眼的俗技术。两样面擀条虽是个俗吃食，但只有把两样面掺兑得比例合适，才能做得出好擀条儿来。在乡间，一般只用三成的细罗面，兑上七成小麦白面，加水和好，和软些，然后在大案子上擀成薄圆饼状，再用菜刀竖着划成宽三寸左右的长条子。把这长条子摞起来（中间用上补面），用菜刀再横切成小细条儿，下锅煮熟，即可供人食用。浇头是什么都成，所用之菜码子也是随行就市——自家园内下来什么，就用什么当码子。笔者曾在武佩芝姐姐家吃过此物，用的全是自家园中所产之物当菜码儿。新下来的小红萝卜，洗净，切碎（切成细丝），撒在两样面擀条儿里，真是既新鲜又水灵，其味还清香无比。除此之外，还有人家把玉米细罗面兑榆树皮面来做两样面擀条儿的，其做法和浇头、菜码也是一样的，这里就不再赘述了。

抻板儿条

这是一种宽条儿的面条，因其形如丝绵织物的板儿带，且又长短不一，故名“板儿条”。一般大约有手指般宽，铜钱厚薄，一尺来长。俗话说：“软面饽饽，硬面面（条）。”用水和小麦白面时，要和得硬些，使面团醒好（和完之后放一会儿，使水分与面劲儿混合好），再在案上将面团摊开，用面杖将其擀成手指厚的圆饼状，再用菜刀将圆面饼儿划成一条条的，两手一手攥一头儿，稍用力一抻，就把面条儿抻得又薄又长了，放进水锅中去煮。如是，将一条条的面条抻拉成宽带子状，放进水锅中去煮熟，就成了“板儿条”。其浇头和菜码，与吃面条一样，用什么浇头，什么菜码子均可以。这种面稍硬、条宽、有嚼劲儿，胃软者及南方人均不敢问津，却是北方人在夏季的一种好吃食，特别是过凉水的板儿条，浇上有盐的芝麻酱、醋，用掐菜当码儿，或用小红萝卜丝儿当码儿，就着紫皮大蒜一吃，其味真好极了，真可谓是“解馋又解饿，把神仙的日子过”。

羊肉杂面

“羊肉杂面，撑破肚子算！”是说煮杂面非用羊肉或羊油，或用炖羊腔骨汤来煮不可。名叫杂面，是用各种杂豆子碾轧而制成的。最好的杂面是绿豆面杂面，用水将纯绿豆面和好，制成面条儿。其色微绿，而豆香味儿十足，若用好羊肉丝合煮，捞出来再浇各种浇头、菜码儿，则其味更浓。笔者记得，京北回龙观北头高记有小名叫“小驴子”者，其兄最擅做真绿豆杂面，他做的绿豆杂面色味远比现代城中卖的强多了。每逢新绿豆下来时，或家中宰羊，羊肉多时，常见他家用新绿豆加工杂面，真可谓“帘子棍儿擀细条，一窝丝，绿中有黄味儿高”！城中唯东城东安市场内，东来顺饭庄的楼下，所卖的羊肉煮杂面好吃又便宜，因为它不以盈利为目的，而是借此给东来顺闯牌子，又照顾了东安市场内做小买卖的人。它的特点就是羊肉多，把饭庄楼上下来的羊肉下脚料，全放到杂面锅里去煮面条，故而汤肥、料正、味儿好，若再加上些香菜（芫荽）当码子，再浇上些炸辣椒油，那真是味道好极了。

炒面（条）

“新媳妇，桃花面，喜事过后天天吃炒面！”这是笔者早就从小朋友们那里学会的儿歌。后来看到新大嫂过门了，确是面若桃花，而确实是办完喜事儿顿顿吃剩下的面条，只不过是炒炒罢了。可是回想起来，当时看见做炒面条，其中有门路，不能拿起剩面条来就炒，那就快炒成糨糊了。要先用温水将面条儿（剩的熟面条）过一过，以防其黏粘，然后控干水分。这时，坐锅，下底油，油热后，再下入葱花、姜末等，待作料煸出味儿来时，再倒入控去水分的面条儿，不停地翻炒，面条炒热了，就可盛入碗内吃了。若在碗内加些烂蒜和米醋，则其味更浓。

榆钱儿炒粑粒

用春天榆树的嫩果实（榆荚），加水，裹上薄薄的一层玉米面，放到有底油的锅内去炒熟。当然，要先下些葱花、姜末和蒜片儿，玉米面中也要有适当的细盐，或把食盐事先溶于和面的水中去。虽说这是个乡村的粗吃，可很好吃。炒熟后，又青又黄，又咸又香，样子又像大大小小的粑粒，故此得名，且又是春季穷户农家断粮时的好接替品。人言其有青黄二色，正可补农民“青（新粮）黄（旧粮）不接”之短。所以，农谚说：“天昏昏，地黄黄，盆干碗净断了粮。多亏老天来救命，串串榆钱儿从天降！”是时，京郊城中城外，有不少结榆荚的榆树，它们都是先出榆钱儿后长叶子，迎着北国春日的漫天黄沙风土，总是绿满枝头，笑盈盈地给人们带来生的希望！此时，大人小孩都提篮携袋地上树去捋榆钱儿吃。他们先在树上吃鲜儿，吃饱了再往篮子、袋子里装。到家来，先用清水洗去尘土和深褐色的小榆钱托儿，然后往里掺些玉米面、细盐，就可以做榆钱儿炒粑粒吃了，这种榆钱炒粑粒乃是农家度春荒的一大宝贝，是农家的“救命佳食”。连久住城中，早厌膏粱珍馐的富户人家，也在春时添个兴儿，改改口味——弄点儿榆钱炒粑粒儿吃吃，希冀着吃榆钱儿会一年到头都有钱花……

西红柿面

笔者记得六十年前，郊野守旧，认为西红柿只可作观赏植物，不可吃。因为像茄子，又来自外国，故名之为“番茄”。老人们还叫孩子们用手摸摸其茎叶，然后闻一闻，有一种异味，就说是有毒，不能吃，说这是外国传入中国来害人的……其实，那时在西餐馆或大邦去处早已食之。村中有张老道者好创异食，开食品之先河，其所做之西红柿面，渐为大家喜欢，同时开了不敢吃西红柿之戒！他不是用西红柿做卤浇食，而是把熟透的西红柿打碎，和在小麦白面里，制成面条，并加入适量的盐，煮熟后吃，不另加什么浇头。笔者曾亲尝之并试过，的确别有一种鲜美滋味，此乃另一种面条烹制法也。

扁豆面

这个民间小吃，做法各有不同，然以刘淑敏做法最佳：将小麦白面和好，切成面条备用，再将扁豆切成斜丝儿备用。坐锅下底油，下葱花、姜丝，煸出味后，再下扁豆丝煸炒，略加些汤，扁豆快熟时，再加点油和酱油，上面铺上备用的面条，盖好锅盖，掌握好火候，切勿使过火，过火则焦煳，火候不到，面也熟不了。待将熟时，开盖，翻炒数次，如需汤时，再加些汤水，翻炒至熟，出锅装盘或装碗上桌供食。其味介于炒饼和煮面条之间——软硬适宜，味道可口，可谓饭菜集于一身，是普通食品中之上乘者。家常做有加白菜的，有在出锅时加入青韭或蒜黄的，均可。京北农村有一种扁豆面，做法与此不同，是先用猪肉（或牛、羊肉）片加作料炒熟，然后加入煮熟的面条儿，最后加入用开水焯过的扁豆丝儿（扁豆要焯熟透，和水煮一样，不然，扁豆有毒），三者在炒勺（锅）内煸炒热后，出锅供食。这虽和用炒菜拌面差不多，然亦不同于此，它另有一种炒扁豆面滋味。真是同一原料，因做法不同而其味道则不相同。烹调之道既大而广，所谓“适口者珍”，乃是普天下共同之理，唯以适合不同人不同口味为佳罢了。

寡妇面

这是又一种吃法的面条，因其是煮面条，任何面码儿也不用，只有适量的咸水，所以人称为“寡妇面”。也有人以为其太清苦，而戏称为“和尚面”。不管它叫什么，笔者曾亲试吃过此种面条儿，还真自有其优点，那就是不失面条儿的面性真味儿，也很好吃。这使我忆起一段至今不解的往事。往日，前门外冰窖厂北头路南有一大茶馆祥瑞轩，每天午间能见到赤上身、肩搭条蓝包袱皮儿的老杨来此喝茶歇晌，晚间又常来此为清唱京剧的人拉胡琴，那琴声悦耳，但又常流露出一种哀怨之声。有次笔者的四姐搬家，由东晓市大街搬到城内苏州胡同，我在午间就到祥瑞轩去喝茶，与掌柜的张某谈及此事。这个茶馆是卖点饮食的，所谓“二荤铺”。张老板就指着老杨说：“他就是专干搬运脚行的，你去和他谈谈……”当时，老杨就正在吃这寡妇面，并对茶客大谈其面之优点。我和老杨谈成此事后，连我四姐都没想到，待搬完家后，老杨忽然打开钢琴盖子，弹了俄国名作曲家柴可夫斯基的《降b小调第一钢琴协奏曲》，这使得我及四姐都惊讶了。那指法之熟练，情意之深远……四姐很礼貌地对他说：“先生妙手，请闲时常来寒舍，并请指导我练琴。”老杨只鞠躬，说：“不敢不敢！我们只是履行行业义务，试试搬家是否把您的贵重钢琴损坏了什么部件没有！”事后，我在祥瑞轩再也没见到过老杨。只听说他病了，本想去看看他，连张掌柜也不知他住处，后来又听其搬运脚行中的同事说，老杨已死了半年多了……其事奇奇，其人哀哀，我只能在当年的日记中写上："谁说市井无贤达？自古闾巷胜官场！"后来，每当我吃面条儿时，总先吃一点寡妇面，或叫和尚面，以示对老杨的遥祝和哀思吧！

花梨包镶

新中国成立前，京郊农民贫家，遇有婚丧喜事，夜宵常吃"花梨包镶"。这种饮食，名称好听，实质上并非什么名贵食品，就是棒子面（黄玉米面）与白面合制的一种汤面。当时，贫家遇丧事，有俗谚云："有钱人家请和尚老道，没钱人家请'灶头佛'门前闹，夜宵吃花梨包镶穷人笑。"灶头佛念经不要钱，都是本乡子弟，时兴在海淀区东北旺村。门前闹是打鼓、打钹和吹唢呐，俗话叫门前闹或门吹儿。穷人笑，指的是浇花梨包镶用的"穷三样"——芝麻酱、韭菜花、辣椒糊。花梨包镶的做法是先用和好的白面擀两张圆薄片儿，中间夹上一层和好的黄玉米面儿，再擀一下，用刀划成菱形块，下锅煮熟供食，浇三合油也可。据说这个饭食是出自北京东城朝阳门一带。当时的旗人在宗人府已领不到钱粮俸米了。没钱时，就用玉米面与白面合着切柳叶条吃，还起了个雅名叫"花梨包镶"。后来此食传到民间，也就叫开了。其实在山野僻乡也有此种吃食，叫作"金银条儿"，名字也很好听。笔者认为，不管这种吃食叫什么名字，关键在于用什么浇头，大致有荤浇头与素浇头两种。1945 年暑期笔者到京北十三陵去玩，在路边一个小饭馆中吃过这种食品，其浇头则是由当地产的蘑菇、木耳、黄花和野兔肉合制成的。用这种浇头浇"花梨包镶"吃，真是"刀对了鞘"了——有荤，是野味儿；有素，是自产的黄花、木耳；码子是本地的野菜，现摘现吃，城中怎么也比不了。而本村烧饼铺掌柜的杨老柱头用芝麻酱、韭菜花、辣椒糊（穷三样）当浇头来吃此条儿时，又别有风味。笔者也不止一次地与杨老柱头同吃此物，其风味虽美，但究竟比十三陵饭馆中所卖者差些。有一天是快到中秋节（八月节）了，这是农民的大节之一，家中早就想杀口猪来祝贺一番，大家也解解馋。老奶奶絮絮叨叨，要找杀猪人，我一着急，就到处去找村里杀猪的张老道。听人说他到东庙（火神庙）里去看他地中的一亩多晚秧瓜了。我到东庙时，张老道正就着拌野菜喝烧酒，叫我喝，我说才喝完，就趁新鲜吃了他半碗“金银条儿”，因为只浇盐水儿吃，张老道管它叫“穷花梨包镶”，吃起来，与上述两种浇头相比，又另有一番清淡香雅了。

香椿面

用香椿拌面条儿，另有自然之香美。人说，家有一棵香椿树，一年四季不用为没菜来发愁，真是一点儿也不假。不过香椿最美、最好吃的还是其春天首发之嫩芽，叫作香椿芽儿。当然，香椿之芽可常掰常长，秋夏之日也会如此。在冬季，农家菜棚的暖房子里，香椿也能生出茁壮的芽儿来，不过人们不肯吃，常采去包在蒲包内，送到城内去卖钱。将香椿的嫩芽切碎，加细盐，用开水沏透，浇在面条儿上吃，其味美妙极了，称作“香椿面”，简直可以不放任何菜码。山乡尤多此物，每值春季，山民们即以此待客，其味香远宜人。笔者犹记往日，到京西南燕山吴家坡去时，吴伯母即用现采之香椿裹黄米面给我炸香椿鱼就酒喝，然后，用开水沏香椿尖儿，叫我拌面条吃，其味其情，令人没齿不忘。

炒菜面

郊区农村，落红白事时常办席面以飨客。其中有“炒菜面”这种席面：就是席上有几个、十几个，多至二十几个炒菜来下酒或配着主食吃，主食是面条，上卤、上汆儿、上炸酱均可，其席面称为“炒菜面”。菜中名为炒菜，但也可以有几个凉菜儿。京郊跑大棚的厨师常办此席，与本家商量好上几个炒菜，几个凉菜，各上什么，面条吃什么浇头，一共办多少桌，需多少钱，均需事先定好。事主出钱，由跑大棚的厨师去办。笔者经见过的最大的炒菜席，是京西北郊东北旺村张兆祺为其母办丧事的席面。张兆祺是个财主，也是孝子，他的家财虽不算很大，但也卖了十亩地为其母办丧事了。席面上十二个凉菜，炒二十四个热菜，吃面条。这在当时的乡里间也就算是“大办事儿”了。后来，笔者虽在城中也赴过炒菜面的婚丧喜事宴会，但席面均无张家丰盛。当时，乡里间就出了个以张兆祺花钱为鉴戒的俚歌说：“张兆祺，败家子儿，办丧事儿，强伸腿儿，三十六个碟儿露露脸儿，此等败家做法不可理儿！”

臭豆腐拌面

用臭豆腐（一种腐乳，北京以“王致和臭豆腐”最有名）加汤儿，拌锅挑热面条吃，其味难闻但吃起来特美，这也是老北京的一种吃食。其所用之菜码儿很讲究，有青豆、掐菜、白菜丝儿、菠菜段儿等。记得昔年李毓如中了清末的翰林，他好画指画，其菊花、兰草均称于世，有闲章文曰“天地一指”。其死后，他的孙子（笔者忘其名字）住和平门外香炉营四条，其画、其书均超过其祖，然因其出品太多，并不值钱。他这个人有怪癖——常好吃臭豆腐拌面，有时手托着臭豆腐拌面条，吃一口，画几笔，吃一口，画几笔，然其神韵自不减名家手笔。笔者幼年在东琉璃厂东北园七十四号院内，就亲眼见其吸足了大烟，向掌柜的（家父）要臭豆腐拌面条吃，一边吃一边叫徒弟在前方抻着裱好的四扇屏儿，写寸楷《朱子治家格言》，竟能一笔不苟，直至写完，可谓奇才，臭豆腐拌面亦可谓有真味道之真饮食。自此，我即无形中不敢轻视这臭豆腐拌面了。笔者还记得旧日有段数来宝很有意思：“噢！竹板打，寸子垫，傻子瞧着您老来吃面；炸酱面、打卤面、鲜菜汆子炒菜面！您老福大量大造化大，碗内吃的是那长寿面。傻子我生来就命苦，磕头向您求碗白坯儿面。端起碗来我就走，一直走到王致和的大门口，要块臭豆腐拌面换换口，数到此处我算一段，敬求您老赏个钱，胜似天天把佛念！”不想这个臭豆腐拌面的俗吃儿，也上了数来宝，至今京中犹有爱吃此物者。

猴耍棍

这也是个既诙谐又形象的食物名称。旧时，人们常用棒子面（玉米面）掺些榆树皮或白面来切条儿吃。因其黏性小，不敢切长，只切个二三寸长，犹如一条小棍儿，用筷子夹起来，就像猴儿耍棍子一样，故其名“猴耍棍”。其浇头儿可以很多，最便宜最穷时可浇盐汤儿，或腌咸菜汤儿，光景好一点的可浇熟菜余儿，再富裕些的，可浇上肉丁儿炸酱等。笔者幼年到郊野去放牲口，遇有大雨，到多林寺去避雨。待时间久了，肚子饿起来，便与庙中普航和尚吃猴耍棍。当时浇的是庙中腌咸菜的老咸汤儿，因其腌菜日久，自有一种香咸味道，用别种料物是配不出来的。我觉得其味美远胜过肉丁儿炸酱。也许是饿了的关系吧，我吃了三大碗。最令人难以忘怀的是其浇头——老咸汤儿的美味，至今仍使人垂涎欲滴呢！后来，每吃擀条儿，我总爱浇上些腌菜汤儿。其味虽不如寺中咸汤儿之美，然亦足可慰往日之思了。

炒面儿

“小面袋儿，挎上肩，炒面儿里面塞个满。走行千里不用愁，炒面儿为你解饥寒！”这是说炒面儿好处的俚歌。将小麦白面与自家产的核桃仁细碎块儿，或去掉皮的熟瓜子儿掺在一起搅匀，坐锅，下底油，把掺有核桃仁或瓜子儿的白面倒在锅内，不停地翻炒，直至面熟时为止。也有在油中加牛骨髓油来炒面的，称“牛骨髓炒面儿”。这种炒面儿，吃时，只需用开水一沏，边沏边搅动，使之受热均匀，沏熟后就可以吃了，有卖此物者再放些白糖和青丝、红丝。家常吃就放些白糖，也有放些细食盐的。这种吃食存放的时间较长，可以伴你远行，作为干粮，很方便。过去常见人有带着炒米或炒面出远门的，即是此物。

刀切馒头

城中人往往只知有半碗大小的圆馒头，却不知在乡野或郊区，还有一种半尺来长的大馒头，也叫馒头，却是立体长方形的，是用刀切的，不是用手揉成的。京北，每到麦子熟了的时候，农人们很忙——在家园里是“杏秋”，忙着摘杏子卖或做杏干儿，以防其熟透了，自己掉在地上而糟蹋了；在外边地里是“麦秋”，忙着收割小麦。农时不等人！一是麦熟一晌就得赶紧收割，不能耽误；二是收割期间及收后晾晒时，怕下雨把麦子捂了，也得紧忙活。因此，家里家外非常忙，又要保人身体，就得吃点儿白面。于是就把小麦白面发了，使好了碱，弄成小腿般粗的圆长面剂儿，用菜刀将其一截一截地剁断，每一截有半尺来长，放进笼屉里蒸熟后，犹如人的大腿一般粗细，吃起来，省事又当口。

糖馒头

做糖馒头并不费事，但要做好，却不是件容易事。有的人将馒头面（发好的面）擀成圆饼状，在上面放些糖，再包起，就算作是糖馒头了。其实，这不过是一种甜味儿的馅馒头罢了。真正的糖馒头是把糖揉进馒头面内去，再揉捏成多半圆形的馒头，放进笼屉去蒸。笔者亲自吃过城中卖的糖馒头和乡村农家自做的糖馒头，然而，觉得都远不如京北十三陵中紫竹禅林庙内火济道人（做饭的僧人）做得好。该禅林用本地好小麦磨面，把好绵糖揉进小麦面（发面）去，揉好馒头后再蒸。白玉色，形儿好，颜色好，口味更好。当地老乡有口头禅，说紫竹禅林招待游陵的客人是“热灶、大被窝、白馒头、煮鸡蛋”，这四样被人称为该寺的“四绝”。后来因寺观正在十三陵水库区内，建库后，庙也没了，而且后值“文化大革命”，游十三陵的人也少了，紫竹寺的大白馒头也失传了。现代家中自做的糖馒头总是揉面不到火候，蒸得总不如紫竹禅林弄得形美，滋味好。

两样面馒头

北京人旧时因生活较困难，就蒸小麦白面与玉米面（棒子面）二样面的馒头。蒸出来，其色为白黄，有点儿粗；但是其口味儿却比蒸白面馒头还利口而发甜味。读者可以试一试。只是玉米面，一是要加大黄豆粉；二是要细一点儿，别太粗糙。先用开水将三分之一的玉米面烫好，醒一会儿。待其凉后，就用三分之二的白面面粉来揣这玉米粉，再放进些适量的"起子"（小苏打），揣好面团后，揪成一个一个的面疙瘩（面剂儿），再把每个面剂儿揉成馒头形，放入笼屉中去蒸，熟后就可以吃了。这是京西六郎庄贫民们的普遍吃法，是该庄中一个捡烂纸的赵拐子教给我的，至今，我还是用这个法子蒸两样馒头吃。

熥馒头片儿

吃剩下的馒头，切成片儿，两面刷上点油，放在铛内翻着去熥热，吃时，如再蘸上些白砂糖，麦香中有油香，油香中有糖甜，其味真美，再就着稀粥吃就更美了。笔者记得20世纪30年代末，家中常用剩馒头做此吃食。有一年正值麦收季节，下起了大雨，麦子上不了场，急得人们团团转。蒸好的白面大馒头，人们也吃不下去，全都剩下了。待到天放晴了时，人们忙着整场割麦打麦，家中就用剩馒头大熥其馒头片儿。一连三四天都吃此物。因为换着样儿地做各样熟菜吃，又有不重样儿的小米稀粥、大米粥、棒糁粥、白薯粥等就着，因而也不觉得净吃熥馒头片儿腻味人了，反觉其味美。至今回忆起来，犹记起熥馒头片儿那种香、美、焦、嫩的滋味儿，实在使人向往！

枣馒头、枣蒸饼

旧日城中有许多"馒首铺"，多为山东人所开设。也有人在自己家制作馒头的。在发面馒头上放几个洗净的干红枣儿，就成了枣馒头；把发面做成蒸饼样，中间夹几个干红枣儿，就成了枣蒸饼。这两样吃食只是样子不同罢了，其实口味差不多。但是，都要求把面发好，使碱使得合适。有的做戗面馒头，则放枣的就较少。乡间多在腊月蒸带枣的馒头和蒸饼。准备年货时，这两样是少不了的。民谚说："二十八（腊月），白面发，二十九，蒸馒首，三十晚上坐一宿（守岁）。"六十岁以上的人都记得，每吃到这两样食品，总让人想起过年的味儿……

蒸花卷儿

北京乡郊有俚语儿歌云："花椒盐儿，辣又咸，不蒸馒头蒸花卷儿。"笔者记得每逢大人们和面发酵后揉面时，孩子们总磨着蒸几个花卷儿吃。花卷心里面有油椒盐，或有芝麻酱，确实比干吃馒头好吃多了。将小麦面用水和好，经发酵后，用好了碱，在案子上揉匀，先擀成长圆形，使好花椒盐或涂满芝麻酱，在上面撒些黑糖，再用手卷起面片做成花卷形状，上笼屉去蒸，熟后即可吃了。既有馒头的发面味儿，又有花椒盐的淡淡辛咸。用芝麻酱和黑糖者，则麻酱味和黑糖的甜味，既不像糖三角那么甜，也不像芝麻酱饼那么酱味大，而是宜人口味的香甜。

死面儿卷子

这面团儿的讲究可多了，虽然都是以水或油和水和成，但有死面、戗面、发面、烫面、油和面、油水和面等之分。本篇只讲用水来和面的，即死面儿卷子。先用水把小麦白面和好，再揪成一个个的小面剂儿，把小面剂儿擀成长方片儿，在上面抹点花生油或豆油，撒上些花椒盐儿，再从两头儿往起一拿，一拧，就成了中间有面转花儿的卷子，然后放入笼屉内蒸，熟后，即成了好吃又有劲头的"死面儿卷子"。旧日，北京南城铺陈市中间路西有一个专为商店画大路货——扇面、粗中堂、条幅乃至书签之类的陈老头，他只有个瘫老伴儿，他每日作画之余，总好弄这死面卷子当饭吃。笔者因与其为旧邻，曾问他为何总吃此物，他笑着说：“这和我画画儿总画‘猫吃小鱼儿’一样，我就会做这死面卷子。所以，我这瘫老伴儿也只好就‘嫁鸡随鸡，嫁狗随狗’地由我去做……”他的老伴儿是个好老太太，听了老头的话后，叹了口气说：“不是这个原因。因为我就爱吃这个，他才常蒸死面卷子给我吃！难为他了……”陈老头只是哈哈一笑，还是去和面蒸他的死面卷子。其实，他画得一手的半工半写[1]的好翎毛花卉[2]，也做得一手好饭菜。我就常见他炒不同样的菜，送到他的夫人床前。但都有一个小碟，盛着几个死面卷子。陈老头的为人更是随和、热心，谁家有事，他均忙在头里。这对无儿无女的老夫妇，临终之时都是邻居们给办的后事，也真枉不了二位老人人缘好、辛苦劳碌的一生！

金裹银

金裹银卷子，是北方农家或城镇平民常食之物。京北回龙观村中医田裕安老先生就爱食此物。笔者犹记得老先生曾写打油诗一首来咏此物：“金里裹着银，银里藏着金；金银身外物，不如此食珍。”说金裹银卷子是粗粮细粮均有，是比金银还能度人命（解饥）的珍品。用半开水和好玉米面，用凉水和好小麦白面。然后，在案子上铺上补面，先摊开白面团，擀成薄饼样，再把和好的玉米面摊在白面圆饼上，也摊平、擀匀，然后加些油、盐或花椒盐儿，把两种面饼儿合卷成一卷儿，再用菜刀分小段儿切开，放进笼屉去蒸熟。熟后，即可见黄白相间，成了金裹银的卷子。

糖三角

在城镇的馒头铺里有卖糖三角儿的，但我几次吃来，都觉得它不如乡间老家自家做的好吃，其样虽小巧可

1 半工半写：中国画的一种画技，一半用工笔，一半用写意。

2 翎毛花卉：中国画中对画鸟兽称为“翎毛”，对画花，称“花卉”。

爱，可没有乡间自做的那样古拙而自带一种朴实的外形和乡亲味道。这个吃食本不算什么，但做起来和吃起来却使人觉得很美。先将黑糖撒在大案子上，撒上些补面（少量的小麦白面），用手细搓，使糖沾上了面，既不粘手又沙散，将其归在一起。另用凉水将小麦白面和好，要和得硬些，然后揪成小面团，再将每个小面团擀成圆形的小皮子，在其中心抓上些备好的沙散黑糖。然后，用手从四外将皮子合拢，捏成三角形，放在笼屉中去蒸熟。蒸毕，可供人食用，其味道香香甜甜，松松软软，十分可口，非常好吃。

肉包子

人们常形容一去不复返的坏人说是“肉包子打狗——一去不回头”。肉包子的确好吃，其皮自是小麦白面做的，其馅有荤有素。常说肉馅儿，也讲究不少，有用水打馅的，有用肉加作料拌馅的，还专有用肉丁儿加作料当馅儿的。其皮上的讲究也不少，据说有能在一个包子上捏几十个褶儿甚至上百十个褶儿的。其实，这是光追求外形的美。俗话说“包子有肉不在褶儿上”，就说的是包子好吃不好吃不在褶儿多少上。家常吃的肉包子，有羊肉馅、猪肉馅和牛肉馅儿的。今以猪肉馅儿的为例：猪肉要用有肥有瘦的肉，不要尽用囊膪，即猪肚子地方的肥肉，剁碎，加入葱末、姜末、酱、香油和适量的食盐，其中还要放些花椒、大料水，共同拌匀，再用和好了的白面做皮子包好，上面捏出褶儿来，上屉蒸熟，供人食用，味美而样儿好看。一般有用死面儿——水和白面；有用死面掺发面——发酵的白面——成半发面的。唯有花椒、大料水须介绍一下。为了使馅儿味美，并且无花椒大料直接在内，以免牙碜和色泽不好看，可用粗布将二味料物包起，在开锅中煮出味儿来，只用其水去拌肉馅儿，不要把二味直接放在馅中。如无此二味作料，则大减美味。

豆包

俗话说："白面小豆加糖馅儿，里外都是粮食。"旧时，北京每快到除夕时，家家忙着蒸豆包、馒头、发面饽饽……笔者幼年就常在节前看着家里人、家外人忙着推碾子道磨地蒸这些吃食。还有小孩子在一起过家家玩，也学着大人模样蒸这些个吃食，只不过是用的胶泥和野菜等罢了。记得当时的小伙伴儿有小妞子、翠妹妹、老蠢头……有一次大家怎么也弄不上来豆包儿里的豆馅来，用什么糗豆馅也不成，最后，只有用小石头子儿当小豆馅儿了。其实真正的豆包儿，内中糗的豆馅儿是用红小豆加水熬糗成，用勺子压成碎泥，再过罗去掉皮，再加上黑糖而成的，讲究点的人家，再放入些蜜渍桂花；外面用小麦发面，使对了碱，用这种面擀成长圆皮子，放入豆馅儿，包成椭圆形，其捏缝儿朝下，放入笼屉中去蒸熟。揭锅后，再在每个豆包顶上盖上个形似五瓣儿梅花的红戳子，分外好看。那红戳子是把五根细高粱顶秆儿用线捆在一起，头上用剪子或刀弄齐成五瓣梅花样；那粉红颜色，则是在一个小碟里放块红胭脂加点开水做成的。这种豆包儿，不用说吃，就是看起来都那么美，使我在今天一见到它，就忆起了儿时"过年的滋味儿"！

葫芦馅包子

农家不乏可以做馅儿用的嫩葫芦。春夏之交，引其秧上架，或绕生篱际，瓜棚架下，或黄篱生绿，瓜果隐现，其乐无穷，不仅观之可怡情养性，食之亦可益体养人。将葫芦去掉皮瓤，将瓜肉擦成细丝儿，加入适量的葱、姜末和香油、生酱、食盐，做成馅儿，用来包包子，做饺子皆可。做包子、饺子的面可用小麦白面，浅灰色的荞麦面，或掺有榆皮面的细罗棒子（玉米）面均可。用葫芦做馅与用其他果肉或蔬食做馅味道不同，食之硬而不硌牙，香而不落俗味，可谓素菜中之一大特蔬也。请君试行之。京西东北旺村是笔者外祖父家，后园中常种葫芦。每于葫芦菜季儿，我就在他家吃此馅饺子，真是另有一番风味。

干菜包子

北方冬日，乡村常吃包子。包子皮儿有小麦白面的，有荞麦面的，差一点的有掺榆树皮面儿的棒子面（玉米面）的。包子馅儿有一种用干菜做成的，则别有一番乡情风味。干菜有许多种，大致可分为家蔬做成的和野菜晒干的两种。家蔬做的，最好是干白菜心儿的，野菜晒干的最好吃的是干马虎菜（马齿苋菜）。将干菜择净，洗净（用温水泡开），剁碎，加入肉末、葱、姜末儿、食盐、酱及蒜末儿，共做成馅子，外用面皮子包起成干菜包子，上笼屉去蒸熟。食之，与鲜菜做馅者另有一番味道。昔日京东道上有一管旅客食宿的和尚庙，名“定一禅林”，其所卖的干菜包子，个儿虽小，然味道好极了。虽是素馅没有肉，但比荤馅更美，更馋人。

野菜馅包子

许多家蔬都是由野菜演进而来的，这毋庸置疑。故野菜中多有可食之物，且形、味不减家蔬，唯需要知情人或有吃食经验的乡农指点，不可轻易食之，以防味恶或中毒。笔者幼年在农村，即知有几十种可食之野菜，后问知情者，方知其所含之营养成分亦不减家蔬，且有过之者。例如茎、叶均可做食的马齿苋，土名叫“马虎菜”，不但口感好，且能治人痢疾、疮伤等许多病。常见家人于秋夏两季采马齿苋洗净，经开水焯过，剁成细馅儿，加入蒜末、姜末和葱花，再加酱、盐和香油，用面包成包子，入屉蒸熟，很好吃。并可以当水饺、馅饼、饼子等的馅儿。夏秋采之，晒干后，收好，到冬日，用温水发开，亦可作蔬食之。

烙合子

烙合子，是北京郊野城乡中常吃的一种普通饭食。因为其形状像“合钹”，由上下两片合成，中间鼓肚儿是因为内中有馅的缘故，因此叫“合子”。其皮用小麦白面或荞麦面、细罗玉米面（棒子面）加榆树皮面做成，均可。其中的馅用鲜菜、干菜都成，用可食之野菜也可，大致可分荤、素两种。素馅儿常用剁碎的摊鸡蛋和剁碎的木耳、白菜、韭菜、香油、食盐及适量的好黄酱为之。荤馅有猪肉加韭菜或羊肉加白菜制成，两者均需加油、酱、姜等小作料。将馅儿拌好，备用。将面团擀成两张如碗口儿大小的薄皮儿，在一个上面中心放上适量的馅儿，再把另一张面皮子扣上，捏好周边，使之合严而不漏（有的还用碗口边儿切下合子周围多余的面边儿），放在铛上去烙。两面均刷上些花生油，至熟时，即可供人食用。因其馅大，又有上下皮子面多，比馅儿饼又多一些面香，馅子也不走味儿。笔者记得民国三十一年（1942）发大水那年，在本村赵姐家吃茴香与鸡蛋做馅的素合子，其味真好。难怪私塾里的王先生很夸这合子的美，在其杂记中还有几句夸合子的话，笔者因爱其行书字美，故而留下，其中云：“两张面皮夹心馅，茴香鸡蛋味儿串。君若不信请品尝，余音绕梁三日半。”

懒龙

懒龙是一种北方的蒸食，其名儿起得好——既形象又生动。北方乡村中常食它，城镇中也有不少居民擅做此食。因为它连饭带菜全有了，只要熬些稀粥就着吃就行了。懒龙的馅样子很多：有用白菜肉馅的，有用韭菜肉或鸡蛋做馅儿的，也有只用葱花加脂油或香油的，更有只用芝麻盐儿撒在其中当隔层儿用的，味道与芝麻盐儿蒸饼一样。今以韭菜鸡蛋馅为例。把摊好的鸡蛋剁碎，与洗净切碎的韭菜掺匀，再用温水将木耳发开，择好，剁碎，倒入韭菜馅中，再加上些酱、食盐、香油、葱花、姜末等共同制成馅儿。将小麦白面发好，使合适了碱，擀成大圆饼形，擀得越薄越好，然后，把备用的馅儿撒满了饼，把饼横卷起，放进笼屉里，犹如一条盘睡未醒的“懒龙”。蒸熟后吃起来，味道既别于蒸饺，又有别于蒸饼，是北京人常吃的好饭食。故此，俚歌中说，好睡觉的人好像懒龙，又好吃有滋有味儿的吃食：“睡虫，睡虫，睡不醒的虫，醒来好吃一条大懒龙。”

粉子面饽饽

“黑饽饽，白饽饽，再黑也黑不过粉子面做的黑饽饽。”这是旧时，人家说穷苦人吃粉子面黑饽饽之苦。过去，做粉条儿剩下的黑汤中，虽有土沙，但最多的还是漏下的粮食的粗纤维。粉坊以几个钱一盆卖给穷人家去做贴饼子或窝头吃，故名叫“粉子面饽饽”。其色黑，稍有些牙碜，然能解饥，故旧社会穷人家以其为廉价之宝。笔者记忆犹新的是本村赵东来家常食此物。幼时照看我的，是其大闺女大沉子。她常拿黑饽饽吃，笔者亦常吃，只觉得不如家里玉米面饽饽好吃，故常从家中拿玉米面饽饽给沉子吃。这样，用黑饽饽和白饽饽结下的幼年感情至深。后来，因生活穷苦，她家连黑饽饽也吃不上了，就迁往口外去了，一去无音信，只有粉子面饽饽给我留下至今难忘的味道！

发饽饽

六十开外的人，在北京郊野生活都吃过发面饽饽。特别是每年农历年关切近时，家家碾细罗玉米面，将其面掺入一定比例的小麦白面，包好小豆馅儿，蒸熟后，放进土冰箱（院中背阴处的大瓦缸），留到年关前后。有亲友来了，给人家吃白面馒头；人走后，自家就吃发饽饽，每年能吃到正月十五以后。那时的冬天冷，又是在院中的背阴处，因此，发饽饽也不会坏。吃时用笼屉蒸热，就着炖肉汤儿熬白菜，味道也挺香甜的。记得，当年正月十四、十五、十六三天到庙中去看灯或听戏归来，吃这些除夕剩下的“战略物资”，也别有风味。且这种儿时之乐，相伴人走过了一生。时至今日，头白也不能忘其一二。

豆腐渣饽饽

“常将有日思无日，莫待无时思有时！”这是旧时老人们教育子女的一句俗话，然而却说出了人生的真理。有许多人不爱护来之不易的成果，反而挥霍浪费掉金钱或光阴，落到生不得养的地步。旧时，就见有人从豆腐坊（做豆腐、卖豆腐的铺子）买豆腐渣做饽饽吃。所谓的豆腐渣，就是做豆腐时扔掉的无用渣滓。穷苦人或落魄的人用几个钱买一盆回去，掺进一些面去，就能蒸窝头或做饽饽吃。若内中再放些食盐，则可省菜，又比较好吃。穷人买豆腐渣还有可说的，笔者亲见清河街上有一位家中颇有钱的阔少，恕我讳去其姓名，因他是我的同学，而可能还在人世。其少年当家，老人故去，不几年就把家产挥霍一净，落得衣不能蔽体，食不能果腹，每日到李记豆腐坊去寻点儿豆腐渣，拿回去，掺点儿由别处要来的玉米面儿做饽饽吃。现在虽无人吃此物，但记述于此，以示后人。

猫耳朵

手捻猫耳朵，是京中郊野常食之物。城镇居民多用小麦白面做此食物。虽然白面或荞麦面、细罗面等均能做“猫耳朵”，但总不如用榆树皮面儿掺玉米细罗面做的好。用水将这两种面儿和成适合做“猫耳朵”的面团，再将面团做成细长的圆条儿，用刀切成手指肚大小的段儿，这就是每个猫耳朵的小剂儿了。然后用大拇指手指肚儿去捻每个小剂儿，一捻即变薄打卷儿，如猫耳朵状，故名“猫耳朵”。实际上这是一种用开水煮熟的面食。下开水锅煮熟后捞出，放在饭碗内，过水儿与不过水儿都可以，再浇上各种浇头，什么浇头都成。其所用的菜码，也和吃面条一样，什么码子都成。现在粮店或饭馆也卖猫耳朵的半成品或当饭卖，然其个儿小，且又都是小麦白面做的，失去其乡野本意，离其发祥地——农家亦远了，还是农家自做的味美可口。看来，这也算是一种“农家乐”了吧！

烫面饺子

这是北京城乡爱吃常做的一种吃食，城镇中也有卖的，做起来略比乡村自制的细些，个儿小些，可以一嘴一个地吃。在乡间，用热水和好小麦面，揪成一个个小圆剂儿，再擀成皮子，包馅儿成饺子，放在笼屉内蒸熟了吃。若趁热吃，则热乎又香甜；若等凉了后再吃，则有嚼劲儿，馅儿也好吃。其所用的馅儿则分好几种，有放入羊肉的，也有素馅儿的。今将乡间常食用之馅儿，拣其粗、细二种，介绍一下：粗馅儿，可用各种能吃之家蔬野菜，经热水焯一下，剁碎、加盐、酱和葱花、姜末、蒜等共拌成馅儿；细的可用羊肉剁碎，加入葱末、姜末、盐、香油等与剁碎之大白菜，或春秋的韭菜、菠菜一起做成馅儿。素馅儿讲究些的，可将摊鸡蛋剁碎，木耳发好、择净、剁碎，菠菜或大白菜剁碎，将这三种和在一起，再加上葱末、姜末、食盐和香油、酱等共拌成馅，用烫面皮子包好、蒸熟。其香美，比起用水煮的水饺来另有一番风味。因其为蒸法所制，容易保留皮馅的“原汁原味”。

猪肉韭菜饺子

老人常戏言：“好吃不过饺子，舒坦不如倒着（躺着）。”这句大实话说的是人们都爱吃饺子。饺子的外皮可以用白面、荞面、细罗面等，而饺子馅儿的好赖却至关紧要。唯独这鲜嫩韭菜一见着猪肉，则“两相好”，其味儿比别的馅儿都要来得香。切成末儿的猪肉、韭菜中加上香油、好黄酱及适量的细盐，外加上一些姜末、葱末儿等，共拌匀就成了上好的韭菜馅子了。用面皮一包，成饺子后，下入开水锅中去一煮，煮熟后吃起来，那才叫香呢！昔日，北京城中有不少的小饺子馆儿，专包饺子卖。在哈德门（今崇文门）外大街，靠南头路西有一夫妻开的饺子店，卖韭菜馅饺子最出名。笔者最爱吃其在冬季制售的猪肉青韭馅饺子。那味儿真足！

羊肉蟹肉饺子

京北沙河万福居掌柜王华庭是个汉民，但有一次在一个大雨天，他被阻在北李庄子的店里回不了家。他却露了一手回民吃食——羊肉蟹肉饺子，很为大伙儿所称颂。那是中秋天气，他见孩子们提着大串大串用青马莲捆着的鲜河螃蟹，店主又正在宰羊，他就和了几斤小麦白面当饺子皮儿，又把鲜羊肉与鲜螃蟹肉剁在一起，多加葱末、姜末，还放进了食盐、香油和一点白酒。最绝的是，他在羊肉蟹肉的饺子馅中还加上了店外野地里到处都有的马虎菜（马齿苋）。把马虎菜采来洗净，切碎与羊肉、蟹肉掺在一起，做馅儿包饺子。煮熟后，大家都说好吃极了。我后来在北京有名的东来顺饭馆吃羊肉蟹肉馅饺子，都没有那种美味。

羊肉白菜馅饺子

涮羊肉时都讲究下大白菜于汤中，好看又好吃。将大白菜切碎，攥出汤后，加上好黄酱、香油、适量的盐（在未攥白菜时放入最好，因其好从白菜中往出杀水）、姜末，以及切碎的好木耳、摊鸡蛋等，就是好素馅儿。以其包成饺子，于开水锅中煮熟，蘸着米醋吃，其味隽永。白菜与羊肉二者相辅相成，最易出味儿，就如同猪肉见着韭菜一样。如在上述馅中加上羊肉末及葱末，包成饺子，蘸米醋及荤物——蒜瓣儿吃，那比素馅饺子另有一番美味。旧日，在街上有卖荤素馅饺子的，也有自家包的，其用料虽有粗细之分，但其做法大致一样。过去北京东来顺楼下的羊肉头馅饺子既便宜又肥实肉多，最好吃！

素馅饺子

每逢过年过节，特别是除夕，北方讲究吃素馅饺子。俗谚常说："要命的糖瓜儿，救命的煮饽饽。"吃糖瓜的日子是腊月二十三，用糖瓜儿祭灶王爷。因为是快到年关了，要账讨债的多，故称“要命的糖瓜”。到腊月三十（除夕）吃饺子，饺子又称“煮饽饽”。到这天，过年了，要账讨债的全不来了，故称“救命的煮饽饽”。除夕夜和初五之前，习俗上都吃素馅饺子，其实素馅儿饺子并不比有肉的荤馅饺子价钱便宜。以北京的普通素馅儿来说，有木耳、白菜、菠菜、素炸油饼或排叉、粉头、香蕈、胡萝卜、香菜等细切成馅，外加酱、香油等拌匀。所谓素馅，就是馅中不能有带荤腥之物。以面包成水饺，煮熟食之。

芹菜馅饺子

饺子的馅儿多种多样。这里还有个实际的故事可讲。我国在20世纪60年代（也许更晚些）向国外转让技术，就有三鲜馅饺子，因在技术说明书上未说明什么时候下饺子，于是外国人就在凉水中放饺子，结果水烧开，成了一锅片儿汤了……用鲜芹菜馅包饺子，别有一股子清香味儿。但要注意芹菜茎要实心儿的，不要空心的。将芹菜梗儿从热水中捞出切碎，与猪、牛、羊肉末以及黄酱、香油、葱末儿、姜末儿等一起拌成馅儿，包成饺子，下到开水锅中去煮熟后，吃起来其味不同凡响。昔日北京有作画名家祁井西先生，在王角先生处吃此物，笔者以后生晚辈侍座执壶，祁先生就夸这水饺儿有“抹去大红大绿之美”。笔者尚记得他曾即兴画了一幅《山居养芹图》。大致画的是一柄菜锄挑柴筐，内有几根鲜芹。祁先生山水花鸟画可谓无一不工，尤其此图，只用单墨，色见浓淡枯润，真大家风范。此画本藏于王角先生处，他还即时制闲章一枚，其文曰：“墨色分绝。”此画、章二物真可谓双绝也。如今此画不知落在谁手，亦不知是否还流传在世。我虽爱吃芹菜馅饺子，但每食此物时，便想起了祁井西先生用单墨的几笔墨分，更想起王角先生虽是旗人富家子弟，却刻得一手好印章，那信手拈来的“墨色分绝”四个“泥封”（也有叫“封泥”者）字，古拙遒劲，非一般俗家可制。今者，二位老先生都尽作古，唯芹菜饺子犹存！

豇豆馅饺子

荞麦皮、豇豆馅儿包成饺子，味真好，尤其是都用自家田园土产之物做成，其情更浓，其味更香了。笔者记得一个夏季之末，秋雨方来，淋淋不断。村学中，给老师做饭的张老道正发愁给塾师做什么吃，既无面又无菜，天又下雨，不好到村中小铺里去买菜和面。他灵机一动，就与几个家道还算小康的学生商量。我见几个年岁稍大点的很快就跑出庙门，不一会儿就摘来了鲜豇豆，拿来了自家地里产的荞麦面，有的把油、盐、酱、葱、姜等小作料全拿来了，还有的人从家里拿来了鸡蛋、鸭蛋……于是老师很感动，就留大家一起吃豇豆馅儿的饺子。张老道把摊好的鸡蛋切碎，与切碎的鲜豇豆拌匀，再放入葱末和姜末、酱、香油一起做成馅儿，用和好的荞麦面擀成一个个小圆皮子，大家包好了饺子，与老师一同吃。窗外初秋的雨下得正浓，而屋内师生的情谊更浓。张老道做的豇豆馅饺子的味儿也更非同凡响。这一顿豇豆馅饺子，使我终生难忘！

胡萝卜馅水饺

秋后，胡萝卜新下来，味亦肥美，将其去掉头尾，洗净，用礤子擦成丝，下入胡椒面及食盐。然后坐锅，下底油，油热后，放入葱花、姜末儿，煸出味后，倒入备好的胡萝卜丝，加入适量的五香面儿，煸炒几过儿，以此做馅儿。吃时蘸醋汁儿：醋内加烂蒜，少许香油、酱油。这种饺子，吃起来不腻人，口中但觉香喷喷，甜丝丝，使人大饱口福。胡萝卜本身有一种甙气，异香味儿挺浓，再加上一些别的与其顺味的东西，不论荤素，其味道妙得很。旧时，京北十三陵，一进东山口不远处，有一可供游人膳宿的和尚庙——净禅林。庙中简直就是个小饭店，自家又有些烟火地（也有叫“香火地”者），完全够吃的。主持老和尚却是一位做素菜饺的美食家。他在胡萝卜馅中加香菜末、花椒与盐一起炒煳擀碎的盐末儿，外带点香油，以此做馅，包成饺子后不蘸醋吃，而是蘸些鲜姜汁水和食盐。

其味香雅，辣而有致，很是别有风味。而且吃饺子时，给你上碗高汤。所谓高汤就是京中饭馆中的普通汤，其汤料有冬菜、紫菜、虾皮，用开水沏开后，倒入香油、酱油、醋，上面再撒些切碎的香菜末儿，冬日则撒上些青韭（庙中不放此物，因视韭菜为荤物）。这样，吃饺子喝高汤，边尝边体会其中的美味，真乃是一大乐趣！

藕馅饺子

用藕做馅捏的水饺，一般人很少吃，想象中也不会比猪肉韭菜馅或羊肉大白菜馅儿好吃。其实，把鲜藕剁碎，加入剁碎的木耳、摊鸡蛋和口蘑，放入适量的食盐及香油，共制成馅儿，用小麦白面包成水饺，也很好吃，另有一种清香味和素中美，只是其中千万别放肉或酱，也别放香油，保持其鲜香不受干扰，则更美。这个方法，来自管东庙、北庙、南庙三庙的张老道，他做这个吃食最拿手，笔者曾亲自吃过，确实与众不同。人说张老道是个会吃的人，就是现代所谓的美食家吧！一点儿也不假，不过，笔者倒认为张老道是一位“民间饮食的美食家”——他不单会吃，更会做。许多民间粗食，经他手一做，即成了颇有美味的饮食。例如，笔者吃过他做的十几种馅儿的饺子。其中有一种，看来什么也没有，只有藕做的馅，可是，吃起来，其鲜美和解馋绝不比其他荤馅差。每有人问其做法时，张老道则笑而不答。故此，笔者至今虽忆其香，而终不知其所用为何物。

灯笼红馅饺子

卞萝卜又叫“灯笼红”，因其形就像一个大红灯笼。把它洗净，去掉头、尾，将它的茎肉经开水焯过，再剁细成馅儿，用布绞去其大部分水分，再加入些食盐和五香面儿，或加姜末、葱末及肉末儿，做成馅儿，用小麦白面或细罗面加榆皮面儿，也有的用荞麦面当外皮，包成水饺，下锅煮熟了吃。馅儿很肉软，又香；皮儿有各种不同的面味。记得昔年广安门外大街有一家近卖居民、远卖乡下来的骡驮子，就以卖灯笼红馅饺子出了名。有荤、素两种，价钱很便宜，而且备有醋、蒜、泼好的芥末，均不要钱。每到寒假出城去玩或到乡下去走亲戚，总在这个小馆子里吃萝卜馅饺子，而在亲戚家吃荞麦面包的灯笼红馅饺子，则另是一种美味，很使人流连忘返，不忍离去！

荞面饺子

用荞麦面包的水饺味儿很不一样。笔者外祖父家种荞麦，家园中又种了几棵大绞瓜。到秋后，瓜熟蒂落，红的、绿的、白的、黄的或花色的，应有尽有，一直可以放到除夕而不坏。荞麦更是一举数得：种荞麦可以救涝灾；荞麦花是很好的蜜源，因此荞麦地里可放养蜜蜂；荞麦磨下的皮可卖去装枕头；荞麦面可当白面吃。把绞瓜擦成丝儿，用葱末、姜末、酱、食盐、香油等拌好，也可以加些碎肉末儿，做成馅儿，再用和好的荞麦面包成水饺。煮熟后，因荞麦面的皮较白面厚些，所以，吃起来，又有荞麦面味，又有咬劲，再加上绞瓜馅儿咸香中带微甜，又脆又面，很好吃，与白面做的水饺各领风骚。君可买点荞麦面自试之。

车前子饺子

用野菜（车前子）的嫩秧苗当馅，包成饺子，也可用加榆皮面儿的细罗面（细白玉米面）包成上屉蒸的大饺子。吃起来，另有一种野菜的新香味。车前子，春生、夏长、秋老，是到处都有的一种野菜，好生于车道，又能入中药，故名。采其嫩秧叶，过开水焯后，用豆包布绞干，细剁成馅，加入食盐、黄酱、香油、姜末、葱末等共拌成馅，然后包成饺子。食之，柔软可口，不亚于其他家蔬做馅儿的。且有清热明目止咳之功。旧日，笔者常见京北农家及“鸽子庵”老僧做此吃食，家中教私塾的华碧岩先生在《杂记》中称此食“粗中有细”。有竹枝词云：“车前饺子贫家饭，清热明目来自然。谁知郊野真君子，何必分钱到药店？”

马蹄烧饼

“东一伙子，西一伙子，早点就吃马蹄烧饼夹馃子。”这是笔者小时爱说唱的儿歌。早晨起来，家里大人磨不过孩子，就给两个大子儿（铜板），买个马蹄烧饼夹油饼儿吃。其香美可口与芝麻烧饼不一样，是另一个味儿。记得直到我上小学后，仍到胡同口儿上专烙马蹄烧饼的刘拐子家买食此物。做马蹄烧饼用的是个长方形的砖砌吊炉。下面煤火，上方正面开着个洞口，炉顶上带有几个“马蹄凹圆儿”形的印模子。先在下面案板上将半发的面做成烧饼形，撒上几粒芝麻，刷一点儿油，然后用手托着往炉顶内马蹄凹处一贴，按平，烧饼就成了一边薄一边厚的马蹄儿形。待烤熟后，取下来，则外焦而中空，掰开后正好夹进去叠好的炸油饼儿，吃起来非常香酥甜美，十分可口。

褡裢火烧

此食品可称是北京地区的风味小吃，有荤素两样儿。外边有卖者，也有家中自己做着吃者。卖者，以北京前门外廊房二条与门框胡同相交处的此物最好。今以家做者为例，简介之：以三分之一的油加三分之二的水将小麦白面和成不软不硬的面。另做馅儿：将摊鸡蛋、木耳、菠菜或白菜、细粉丝、炸货（油饼或油炸鬼等剁碎），加上香油，好黄酱，适量的细盐等小作料。荤馅儿则用牛、羊、猪肉肉末均行，加上姜末、葱末、韭菜末等，还有好黄酱、香油，适量的细盐等小料，共拌成馅儿。所用的案板最好是石板的。先在板上抹上些油，再把面团揪成一个个的小面剂儿，然后将每个面剂儿擀开放入馅子，再横着卷好，注意要把两头儿也摁好，不要露馅儿。然后把卷包成长圆方形的火烧放进大铛中去烙，每三四个为一组，往上浇好油，即可盖上盖子，注意火候要掌握好，并将火烧正反面都要烙熟。这种火烧互相粘连在一起，就像似旧时装钱物的布褡裢，故名叫褡裢火烧。其味道与里外多放油烙的馅饼差不多，只是其形状不同而已。昔日写过武侠京剧本子的林醉桃老先生最好吃此物，他曾用墨笔行书给为我们家做过饭的黄四奶奶写过一条幅云：“黄家大娘一厨刀，飞舞来去五味调。公孙大娘若在世，扔去长剑下厨庖！”虽不讲什么诗韵格律，却很别致！

薄饼

“打春吃薄饼，二月二吃龙须面”，这是郊野农村的老规矩。其饼名为薄饼，就要烙得薄；有的地方称其为“合页饼”或“荷叶饼”，可以用来夹春菜吃。春菜也有总称其为“春盘”的，也有称其为“人日菜”的。因为“人日”是正月初七，故用为“春”的代称。这种饼，多为小麦白面做成：将小麦白面用水和软些，然后将其擀成如饭碗口儿大小的张儿，上面涂好了食油，再把两张饼面对面地合起来，放在铛上或柴锅内去烙熟。吃时，可以上下两张合着吃，也可揭开，用单张饼裹上春盘内的各种春菜吃。凡是薄饼，都是为了能裹夹蔬菜或熟肉而食的，故其甚薄，做起来稍麻烦费事些，但吃起来滋味还是蛮好的。打春之际吃薄饼，很是受到普通农户人家以及城镇人家的钟爱！

两面焦

“小小子儿，长得高，爷爷奶奶、姥爷姥姥两面娇；两面娇，两面焦，小小子儿爱吃两面焦！”这首儿歌，用谐音说出“两面焦”这种吃食人人爱吃。北京所谓的“两面焦”，不过是一种两面均有焦嘎巴的小圆饼子，其做法是用水把玉米面（棒子面）和软和些，做成小圆饼子，如烧饼大小，放到铛上去熥，待饼子挺得住了，再翻个个儿熥，必要时可在铛上或饼子上刷些油，待饼子快熟时，再放入铛下火帮上去烘烤（要翻个儿烘），直至饼子熟了，两面都有焦黄的嘎巴，里面是又熟又热的，吃起来有贴饼子兼热窝头的味儿。若再往上边抹些卤虾酱去吃，喝稀稀的小米粥，就是一顿典型的北京穷饭食。

黄米面饼子

外用黄米黏面做皮，内用红小豆煮烂，加些黑糖做馅，做成大如饭碗的圆饼子，贴在柴锅帮上或饼铛内烙熟。不过贴在柴锅帮上贴熟者，烙前，锅内要有少量的水，要热锅方能贴上、烙熟，外黄香，内香甜，是充饥解馋的好吃食。笔者犹记得 1937 年，日寇大队过我村境，母亲携我逃至北大窑，后因饥饿，逃到三合庄姑爷“五群头”（小名）家，其家正烙此饼，即食黄米面饼子充饥。临走时，还带上三五个，一天一夜就靠它来度命了。至日寇走后，才回家去。日后，每遇到吃黏物，我就回想起逃难时吃的黄米面饼子。如今农村也城市化了，然贫困地区仍有吃黄米面饼子而不放黑糖的，且认为是不可多得的美餐了。真令人可叹！

榆钱贴饼子

春日，榆树上的榆钱长大了。在不太老时，及时摇下，拿回家来，用水洗净，择去其子下的栗色的小托叶儿，用酱、蒜、香油拌榆钱儿当馅儿，外用和好的棒子面（玉米面）做皮子，做成长椭圆形的贴饼子，厚约半寸，贴在热水锅的锅帮上。请注意：要在锅内先放些水，水烧开后再贴饼子，不可冷锅贴饼子。贴完饼子要盖好盖，灶下加火，等锅底儿的水烧干了，饼子也熟了。带馅儿的贴饼子有许多，但用榆钱做馅儿则别有风味——香、咸中有鲜嫩之感。旧日，北京京东途旁有个小庙叫榆树庵，其中只有两名和尚，庙小，又没有供庙费用的香火地，就靠在路边卖些茶水和咸鸡蛋生活。有赶路走过了头的旅客，则在其庵中歇脚儿，这庙中所做之家常饭最洁净而又好吃，尤以春天卖的香椿拌豆腐、榆钱贴饼子最出名。笔者几年往返东道，均途经此地，在其庙中歇宿，吃家常饭，就最爱在春天吃其榆钱贴饼子了。时过境迁，近年再过其处，则庙已全无，而榆树茂密，未遭砍伐。求几个乡间小男孩上树去摇些榆钱，带到家中做榆钱饼子吃，也甚快慰！

青蒿饼子

每到春天，青蒿子就长出来了，它的茎叶颜色深青，犹如桧叶，其味香而不腻人。人们常用它的嫩茎（梗儿）和叶子，经开水焯过，放些油盐当菜吃，也有的将其洗干净，切成段儿，下底油，用葱花、姜丝等炝锅，炒着当菜吃。最绝的是把青蒿嫩叶与玉米面（棒子面）和在一起贴饼子吃，真别有风味！如果其中再加上些食盐，那真是香喷喷、咸丝丝，就着棒子面粥或小米粥吃，那真叫绝了。其具体做法是：先用凉水将挖来的青蒿洗干净，放入玉米面中，再放上些食盐，和匀后，再加热水和好，不可太稀或太稠，要适合于贴饼子用。在柴锅内放些凉水，烧开后，用手将和好的面做成椭圆形的饼子，贴在热锅锅帮上，盖好锅盖，灶下烧大火，待贴饼子熟后，就可揭锅，用铁铲子将贴饼子铲下，即可食用。这个贴饼子，凉热均甚可口。北京西南房山有大房山，其兜率宫中之道士可谓不缺钱，因庙中有烟火地数顷，可收租子过活，然其观主清一道长却三天两头好吃青蒿贴饼子。他说吃此物不仅可以解饥养体，最主要的是可以使人“清心”“知福”，如今想起来，此话还真有些哲理！

红煎饼

这是北方乡野的粗食之一。其实，就是用红高粱面儿烙成煎饼。其煎饼历史悠久。在南朝的梁时，宗懔写的《荆楚岁时记》中就记载有北方人在农历正月初七在庭中吃煎饼的事。随着岁月的推移，煎饼食品也流传至今。现在咱们北城郊野所称的红煎饼，其实就是用红高粱面儿烙的薄饼儿，有的在其中放点儿细盐，有的不放。其做法是：将红高粱面用温水和成糊状，在柴锅上用块脂油擦一擦，用勺子将高粱面糊在锅中一溜，稍加点火就用铁铲子铲下，然后在上面抹点家做的好黄酱，放上两棵剥去外皮的大葱，卷起来一吃，那真是别有风味。再喝两口稀粥，也真是穷人乐了。这种穷人的吃食，既可饱肚又可养人。真堪称是美食中之一绝。

酸煎饼

酸煎饼者，乃早晨打好煎饼糊，到下午再摊的一种饼。若在热天则其味自然就发酸；若在冷天，则可多放些时候，等一发酸便动手摊，否则糊就坏得不可吃了。此法子据说是来自山东。以前北京大多数人家院子里都有粪坑（厕所），山东来的劳苦人，就以淘各家的厕所为业，他们早起在家里打好煎饼糊，等干完活儿再回家去摊煎饼吃，故有酸味。笔者幼年住在北京鼓楼后面，玉皇阁后坑二十一号的富贵香箔厂内。淘我们这路厕所的有个山东人叫王大个儿，他年老后，就叫他儿子淘这道厕所。他自己则在钟鼓楼之间最热闹的小方形市场中摆了个酸煎饼摊儿，王大个儿虽是干粗活出身，但他却有商业头脑——他做的酸煎饼很干净，很讲究，不但能任意搓卷成筒儿，而且能经折叠而不破碎，吃起来很有咬劲且微有酸甜味儿。若在其酸煎饼上抹上韭菜花、辣椒糊和芝麻酱、酱豆腐，再撒上点葱花就好吃极了。王大个儿的摊子上，不但备有这些小料，还备有生鸡蛋，可敲碎摊于煎饼之中，再夹上个油饼或薄脆等，卷起来吃味道好极了。我记得他的摊子上还带卖大麦仁稀粥，正好就着酸煎饼吃。他还把某个小报上介绍他煎饼特点的文章剪下来，用镜框装起来，挂在摊头，供食客自看，以广招徕！……事过几十年了，王大个儿摊的酸煎饼，那个美滋滋的味儿，我还记忆犹新，一辈子也忘不了！

榆钱儿烙饼

于小麦白面内掺入适量的鲜榆树钱儿，加水，共和成烙饼面。将面团擀开，抹上花生油或豆油，再撒上适当的细盐，将其横卷起，盘成圆盘儿擀开成饼，放于铛内或柴锅内，加火烙熟，即成。这时的榆钱儿在饼内，隐约可见，恰似“二八含羞女，隔纱窥春回”，且兼有油盐之香，真不亚于城中大堂之上的鸡油饼、千层饼等，反觉比此等各饼少油腻之气，而多些温馨雅致，其可人之处甚多。此为昔日京郊乡野春日待客之饼，颇堪一啖。笔者犹记昔年青梅竹马时，有女友石砚卿，共读于我之家馆[1]中，读至蒙学课本《六言杂字》中“刀切花卷蒸饼，撒沙玫瑰黑糖”时，家人来接回去吃饭，遂与砚卿共食榆钱烙饼，喝二米子[2]粥，就腌野咸菜。大姐问我们学于何处，我们以上两句对之。大姐笑云：“此两句可应景改为‘时鲜榆荚烙饼，粥菜野味新尝’了！”我们都笑了。今提笔书此，正值京华榆树枝头青青，绿钱儿盈盈，杨花柳絮惹人情思！然大姐已仙逝多年，砚卿亦不知落于何地为生……可谓风物依旧，故人容颜难觅，触景伤情，谁人不为之泪下？忆京华有笔名“老C”者，在当时小报上有《榆荚四歌》之竹枝词颂榆钱儿云：“素裳披纱娇娇身，待字闺中本寒门。若邀崔郎[3]游故地，人面桃花何足珍！”

菜烙饼

无论什么面的烙饼，均可做成菜烙饼，有两种：一种是外皮是饼，内有菜馅儿；一种是把菜叶和到烙饼面中去做成的菜烙饼。其馅可分荤、素两大类，只是把菜叶混到烙饼面中去的菜不必加油、酱等另做成馅。菜用什么菜均可，家蔬或可食之野菜均可，不过以用其叶为主。先谈一下夹馅的菜烙饼：把家蔬或野菜洗净、剁碎，加入适量的香油、酱、葱花、姜末等拌成馅。用小麦白面或玉米

1 家馆：旧时家族私设之学堂。

2 二米子：指大米和小米。

3 崔郎：指唐诗人崔护（字殷功），因其有《题都城南庄》诗：“去年今日此门中，人面桃花相映红。人面不知何处去，桃花依旧笑春风。”

细罗面加榆树皮面，或荞麦面亦可，用水和好。然后把面团在案子上擀成饼状，薄一些，中间放上备好的馅儿，四面折起，把馅儿封严，再擀成饼，放在铛内去烙熟即可。另一种将面先掺好切碎的菜叶子，再做成面团，在案子上将面团擀成饼状，要薄些，在上面涂满油，并撒上适量的食盐或炒好的花椒盐儿，把饼卷起，盘成圆盘，再用面杖擀成饼，放入铛内去烙熟即可。俗话说："饼中菜，菜中饼，饼中有菜菜烙饼。"就说这种饼可以省菜，可以带着进山下田或出远门儿，既当饭，又当菜，一举两得，方便又省事，大受欢迎。

酸菜烙饼

将用白菜澈好的酸菜洗净，剁碎，素的可加些粉丝头儿等，荤的可加入些肉末儿。用葱末、姜末儿和食盐（用酱亦美）调和均匀，做馅子。外面用细筛面（细白棒子面）或荞麦面，或用白面做烙饼皮包上少许酸菜心馅，外面刷些浮油烙熟，味道亦很好，有不腻人的酸菜味和油面香气。农谚说："烙饼是粗食，馅儿是粗菜；二粗凑一起，细而真不赖！"提起用酸菜烙饼，本来自佛门。笔者听西郊（北京）福林寺火济道人（专管给和尚做饭的人）永空老人说过："我在南北许多大寺庙给和尚大师们做过饭，他们常常于冬天吃酸菜饼。有时庙中菜园子里收了白菜，除去入窖为冬天吃以外，就常澈几缸白菜，为了庙中熬菜和做酸菜饼吃。"

柿子烙饼

此食亦出于张老道手，或京通杨闸刘家。用熟透的红柿子汤及其核来和小麦白面，用面杖将其擀匀，上铛，外面刷油，烙熟即可。既有面香，又有柿子的甜香，真可敌那些贵价买来的点心。笔者曾与家人共试制之，用什么面均可：大麦面、玉米细罗面……不必在饼内加什么油盐，唯一要掌握好火候，不使其过。过则焦煳不堪食；不及（火候不到）则不熟，人不可食，食之则闹肚子。当时儿歌就此事而编云："张老道，不胡闹，柿子烙饼呱呱叫；求雨念佛瞎胡闹，嘴里哼唧夜里叫（谓其自编求雨词儿是说梦话）。"张老道听了也不怪，只朝孩子们眨眨眼，一笑过之。然其确是"粗粮细做"之高手。

荞面烙饼

用荞麦面烙的烙饼与用白面烙的饼味儿不一样，它颜色微现灰黑，其味儿则是荞麦香，既有面味，又有荞花味儿，令人吃着就想起中秋后那满地白雪似的荞麦花和那粉嫩的红茎儿，还有那田间的一箱箱蜜蜂辛勤劳作、嗡嗡之声犹回响在耳畔。那种安逸闲适的农家乐感，很是使人陶醉其中。其做法是：用水把荞麦面和得软些。俗语说："软面饽饽硬面面（条）。"把和好的荞麦面擀成圆薄饼，上撒些食盐，淋上些香油，卷好盘成圆形，再按瘪了擀成饼，放在铛上或锅内去烙熟。旧时，每逢雨水多的年头儿，为救涝地才多种荞麦。吃着新烙的荞麦饼，就着自家园内熬的菜，喝小米粥，令人食而难忘其味，乐而难忘其情。

白薯面儿烙饼

秋后，农家将白薯洗净，晒干，切成薄片儿晒干，再碾成面儿。如不发不捂，是白色而有甜味儿的，很好吃。用白薯干儿面与小麦白面按合适的比例和在一起，做擀条儿、烙饼均甜而香，有小麦和白薯味儿，令人吃来不厌，且多乡思。往日，京西南房山县有毛万有大哥，做此吃食最佳。他虽是个光棍儿，但为人豪爽，有燕赵之风，且会烹调。笔者常吃他用白薯干儿面加上小麦白面做的烙饼，很宜人。先将两种面兑匀，用水和好，在案子上擀成薄饼形，在上面淋些香油，撒些细食盐，然后横卷起，盘好，再擀成饼样，放入铛内或锅中去烙，下边烧干柴。饼熟后，有一些朦胧的半透明感，吃在嘴里则香甜可口。且这种吃食用料全是农家自产，费时又不多，吃起来又好。往日，夕阳西下，躲开“文化大革命”的恶浪，与毛大哥在草屋中吃此农家饭食，亦苦中一乐趣也。今者，毛万有大哥逝去，再到房山农家要此物吃——物是人非，令人怅然！

栗子面烙饼

没吃过此物的人，认为全是用栗子果推面而烙成的，其实不是，若全用栗子面是烙不成饼的。因为栗子面性干，发脆，不易黏合，非用三分之二以上的小麦白面，掺入三分之一许的栗子面，加水和才能成为做烙饼的面团。将该面团擀开，加上山区自产的核桃油最美，再往上撒些白砂糖，横着卷起来，盘成圆盘，再用木面杖擀成饼，放到铛上或乡间的大柴锅内，下面加火，烙出的饼香甜可口，既有小麦面味又有栗子味儿。我与刘适琴等游京西南上房山雷音洞后，在山中农家曾亲尝过此饼，并观其操作。可惜未亲见如何将栗子做成面儿。老农云其物只可用石碾子轧，而切不可上磨去磨。

葱花儿烙饼

“葱花饼，真好吃，好哄小小子儿哭闹时。”这是笔者幼时常说的儿歌之一。说的是用葱花烙饼哄孩子。记得年幼时一哭闹饭食，母亲即给烙个小小的葱花饼哄好。用水和白面，擀成圆片，上面适量放些油、盐儿，再撒上些切碎的葱末儿，然后用刀切一半径直口子，折起，擀圆，外面可刷些油，于锅或铛中烙熟，即成。也有把撒好料物的面片儿横卷成长卷，再盘成圆饼儿擀薄，烙熟即可。其饼有葱油香及面香，连菜带饭，甚好吃。其面可以用细罗面（细白玉米面）加榆皮面，亦可用荞麦面烙之。许多饭馆中也制售此物。旧时，北京旧鼓楼东有一家德顺居饭馆，做葱花烙饼最有名。油放得多，葱也选得好，烙出来的葱花饼外面油焦，里面香甜。真是：看起来美，闻起来香，吃起来大饱饥肠。

脂油葱花饼

“傻小子你不懂，有芝麻是烧饼，不沾芝麻，那是葱花大烙饼。”这是俚歌，说明葱花饼外不沾芝麻，内不放芝麻，但却香鲜而好吃。将小麦面和成烙饼面，要和得软些。把烙饼面团儿擀成薄圆饼形，在上面涂满用猪肉炼好的脂油，也有将切成小方块儿的生脂油铺在饼上的；上面满撒葱花及细食盐，也有先用香油、葱花、细食盐拌好后，再铺在饼上的；然后将饼折起，再轻擀成饼形，在铛内或锅中烙熟即可，有猪脂油的肉味及丰富的营养，又有面味及葱花味，还有些咸味儿。这可算是民食中之佼佼者。有的小饭馆中也制卖此食，然终不如农户用自家产物制成并用柴锅烙得香美可口。

牛肉大葱饼

这可是北京人常爱吃的好饭食。街上有卖的，也有自己家中做的。但大都熬一锅可数米粒儿的稀粥，和一碟子小咸菜来就此饼吃。另外，还有人剥几瓣大蒜，倒些水醋来就此饼吃，那味儿更好了。其做法也不费事。在牛肉铺先买二斤牛肉馅儿（也有自己剁馅子的），再把去了外边老皮的大葱切成碎末儿，与牛肉馅儿拌匀，外加上食盐、黄酱、姜末、料酒或白干酒，一起搅成馅儿，备用。在案子上将面团擀薄，放入馅儿包好，放在有少量油的铛中去连烙带熥而熟之，则其味美不可言。也有将面和软些，在手中先做个面饼，往其中放馅，再包成小个儿肉饼的。总之，牛肉一遇大葱，其味美无穷！

鸡油烙饼

烙饼内不放香油或花生油，而放鸡油，使饼不单有鸡味油香，而且酥软可口。在农家，把小鸡儿养到脱毛时，也容易分出公母来了，就把母鸡留下下蛋用，将一两只公鸡留下踩蛋用，其余的不是卖去，就是杀掉吃肉。其油则炼好，把面和软些（软面饽饽硬面面（条）），在面案上擀开，放上些食油或花椒盐儿，再涂上炼好的鸡油，横卷起，盘成圆饼状，再擀成饼形，外面刷油。放于铛内两面翻着烙熟，即可以吃了。笔者幼时，家住郊乡，又有大荒坟圈子可以养鸡。所以养鸡很多，且都是吃虫子等活食儿，故其肉及油均好吃，绝不同于现在在鸡舍内养的“肉鸡”，自小至死，也没见过天日，没吃过活食，故其肉松软而不香。我小时常盼小鸡儿快长大，到杀鸡时，不仅可吃到香美的鸡肉，又可吃到酥美的“鸡油饼”。近日城中有卖此饼者，然多用肉鸡之油，全失“鸡油饼”之真风味也。

鸭油烙饼

这可是个要手艺的吃食——弄不好，饼就发腥且有不正的“鸭腥味儿”。这就需要先把鸭油炼好。炼时，油内放些生花椒，以去其腥臊，就可把鸭子油炼好了。将小麦白面或掺有榆树皮面儿的细罗面用水和好。俗话说“软面饽饽，硬面面（条）”，要把面和软些，用擀面杖把面团在案子上擀开，上撒些花椒盐儿，再涂满鸭子油，横卷起，盘成圆盘状，再擀成饼状，放入锅内或铛内去烙熟。旧日，在德胜门与西直门两门中间的郊区有“鸭子坊”村，村中有一卖鸭油烧饼的张老汉。在他的小铺中制卖的鸭油饼，甚酥，有鸭肉香而无腥气，是京门中一绝活儿。别看做鸭油饼不算什么细活儿，但若要使其不腥，也非易事。

油渣烙饼

用油渣儿去烙饼，可是个“俗中雅”的好吃食。油渣儿，就是用猪脂油、水油和肠油等炼取油以后，剩下来的渣滓。把油渣儿先用热水发一发，再剁碎，放入小麦白面，共和成硬一点儿的烙饼面，再在大案上将其用面杖擀开，尽量擀得薄些。为了增加其咸味和层儿多些，在饼上涂一些花生油，再撒上些细食盐，然后卷好，再盘成圆盘儿，再轻轻擀开，使之成饼形，放到铛中去烙熟，即可供食用。其饼香而有肉味之美，层儿又多；油在其中，露其外，则更美。笔者记得，在家乡每过年节时，被请到家中杀猪的张老道手下非常麻利快，但吃饭时，非喝酒就炒猪血，吃油渣儿烙饼不可，不爱吃好肉，专爱吃这些下脚做的饭和菜，这也是一种“怪嗜好”。不过，在今日吃起来，这油渣儿烙饼还是很香美，且别有味道的。怪不得老乡的玩笑话中说：“老亲家，不用请，热灶头儿上坐，专吃油渣儿大烙饼！”

芝麻盐儿烙饼

越老越想儿时吃过的饮食，不管其粗细如何，都有一种说不出的亲情。真是“民以食为天”。每一种饮食，不单能解临时之饥，更能为人留下一层深深的意识烙印。久而久之，这也许就是饮食文化之一吧！笔者儿时，在郊野家中度过，常吃不放油盐，而直接放上芝麻盐的烙饼，其香甜，比用油烙出层儿的烙饼又有另一番味道。用白面、荞麦面、细罗面均成。将其擀成薄饼，在上面撒上芝麻盐，再卷起、盘好、擀成饼，放在铛中或锅中烙。要注意正反两面都要烙，其中的芝麻和盐，自然就把面分成层儿了。芝麻盐的做法是把芝麻先炒成半熟儿，再擀碎，掺上些细食盐，就成了芝麻盐了。

芝麻盐儿烙荞面饼

这两样乡食合在一起，制出一种味儿特别好的吃食。先用温水将荞麦面和好，不要用冷水，那样做，荞面味被压住了，而且面又发硬，不好吃。芝麻盐儿最好要不用炒过的，用自家产的芝麻，挑净，用擀面杖等将芝麻轧碎，并将食盐也轧碎。然后，将荞麦面擀成薄饼，撒好芝麻、食盐，卷起来，盘好，再擀成烙饼样，放于铛中或锅内烙熟，吃之有荞麦的“乡野之香”，也有芝麻的天然油香，更有食盐的自然咸味儿（最好像乡村一样用海盐，因海盐含的成分多，味好）。这种烙饼，不需放油，以免画蛇添足，失其本味，反倒不怎么好吃了。

炒剩烙饼

吃剩下的烙饼，可以切成细丝儿，备用。切葱花儿、姜丝儿炝锅，待作料煸出味后，再下入适量的酱油或食盐、白菜丝或豆芽菜，翻炒两过儿，即将备好的烙饼丝儿放入锅内，加些水或骨头汤，盖上盖子，勤转动锅（勺）以防其煳。待锅内烙饼炒熟热透时，即掀开锅盖，加些烂蒜及香油，翻炒一下，即可趁热出锅供食。其味道真远比新烙饼炒俩菜强。俗语说："有钱儿的下饭馆儿熘仨炝俩，没钱的炒剩饼吹大喇叭（一种饼食）。"旧时，北京南城草市有个卖干炸丸子和烙饼出名的"同春楼"饭馆，我曾住其附近，就见其馆子里晚上常给伙计炒饼吃，然其中多有好点儿的"折箩菜"，我曾向其伙计要过半碗吃，味道也不错，远比家中的炒饼强多了。

烙馅饼

这是一种带馅儿的、介于"烙合子"和"菜烙饼"之间的食品，也是人们常吃的。不过，其外皮用的面，内里用什么馅儿，其分别可不小，真是有穷吃、有富吃。大体上以馅儿可分为荤、素两大类。皮子可以用小麦面，用荞麦面，还可以用细罗白玉米面儿加榆树皮面儿。荤馅儿放肉末，素馅儿用菜用家蔬或野菜都行，不过大部分是用其叶子。其实，好的素馅儿，也并不比荤馅儿省钱。今拣中等的皮子和素馅儿介绍如下：用温水将新荞麦面和好，本着"软面饽饽，硬面面（条）"的原则，将面和得软些，将大白菜或菠菜剁碎（白菜要攥去水分），放入酱、姜末、剁碎的摊鸡蛋、木耳、香油共拌成馅。然后将面团揪成小剂儿，擀成圆皮儿，在皮子上放上馅儿，包好，用手轻摁成圆饼儿，放进铛中去烙，两面刷上食油，直到外皮熟了，内中的馅儿也熟了，就可以供人食用了。外有油面之焦香，内有素馅，淡雅而宜人，堪称是食品中之美味。

馅贴饼子

有馅儿的贴饼子种类很多，主要是馅儿不同。用粮食作馅儿的，有小豆做豆沙的，也有用大芸豆（菜豆）的。农民俗话说："贴饼子大豆馅儿——里外都是粮食。"也有用各种蔬菜作馅儿的：白菜帮子、韭菜、茴香、大萝卜等都成。野菜作馅可就多了：车前子菜、马齿苋菜、榆钱儿等都可作馅儿。不过都要用酱和蒜拌一下，适量地加点儿食盐、葱花儿等（豆沙馅不必加酱，可以放入些糖）。用野菜作馅儿，也有句歇后语："野菜馅儿贴饼子——家里家外不分。"把玉米面（棒子面）用水和好，包上馅儿，做成长椭圆形、厚约一寸的饼子，贴在锅帮上。锅内要少放些水，先把锅烧开再贴饼子，否则便成"冷锅贴饼子——蔫溜儿了"，饼子溜进冷水里就成了菜粥了。馅饼子连菜带饭，若就着稀粥吃，就更美了。如今生活好了，若想换换口味，增加些野意和营养，可以做一做馅贴饼子吃，使雅中有俗，俗中生雅，亦一趣事也！

芹菜馅饼

用芹菜作馅，烙成的馅饼，吃起来香而高雅，确有芹菜之香的另一种"书卷气"。不信的话，您可以试一试，但不要在其中放肉，只放剁碎的摊鸡蛋、木耳、香油、酱和适量的姜末儿，用小麦面薄薄包起，放在铛内，外用好花生油刷满，文火慢慢烙熟，则其香气不散。若再就着稀小米粥一吃，其风韵更佳。昔日京南庞各庄有一位教书先生张退思最爱吃，最擅长做此吃食。这位先生后来流落在北京琉璃厂，专门当"枪手"——替各字画店仿制其他名家书画为生，尤以仿清末扬州八怪之一郑板桥的竹子最好。他最擅长做芹菜馅饼。当时，笔者正上初中，常于其寓所吃此食物。他说常吃芹菜，既可养人，更可使人“高雅不俗”。

绞（脚）瓜馅饼（包子、饺子亦同）

村野之家常于屋边空地、院落篱旁、房根宅基等处，移来绞瓜秧种之。绞瓜，又俗称脚瓜，圆、长不等，白黄绿红色彩也不一。去其皮瓤，与细盐、酱、姜末、葱末、味精等共拌成馅，其味又与别种不同，或放入些虾米皮、碎肉丁儿，则成了荤馅儿，再用白面烙成馅饼吃，味道更美，口感肉软而香。以之作馅，包饺子、做包子亦可。我记得，中国大学刘芝谦最好于秋季来吾家食此物，其戏云：“绞瓜房上开黄花，老葫压塌朽木架。匝地矮篱万树花，细问才知乃君家。”杨晓峰老为之续两句云：“饺子馅饼您吃饱，管它押韵与不押！”于是众皆捧腹大笑。匆匆已五十多年矣！

麻饼

乡下人常称其为“芝麻饼”。把自家地里产的芝麻炒得半熟，再加入些花椒（炒熟）共同擀碎，混入面粉中，和成烙饼面团；把这个面团擀开成薄圆儿，撒上适量的食盐（要细碎的），淋上一层香油，再卷起，盘成圆形，再擀开成饼状，上铛或柴锅上烙熟，供食。口感香软，且有芝麻和花椒的香气，是个好主食。在农村，此饼常为待客之物。每当自家烙一顿吃，就算改善生活了。这种饼用小麦白面或加榆树皮面儿的玉米细罗面均可，也可用荞麦面，有饼味又有荞麦花香气。常见昌平大道旁有卖荞麦麻饼的小饭铺儿，颇受劳动人民欢迎。吃一张荞麦饼，就着农家的黄瓜腌葱，再喝一碗鸡蛋汤，就是小店中的一顿美餐了。

蒸饼

“家做的蒸饼格外香，气死馒头铺，赛过白案忙！”这是夸自家蒸饼的顺口溜，也是京郊农村儿童们一边吃着家做的蒸饼一边说唱的俚语儿歌。乡村家中，常将小麦白面发好，使合适了碱，将面团儿放在案子上揉揣，直至其中的碱劲儿匀了，面劲儿也被揉上来了，再擀开、擀薄，在上面涂满了油，再撒上些花椒盐儿，再从中心切一道缝儿，从缝儿绕半径折成三角形，上笼屉去蒸，熟后，切开则有许多层儿，就成了花椒盐儿蒸饼；若在饼中和饼上摁上几个大干红枣儿，则成了“枣儿蒸饼”。这两种蒸饼，在城里馒头铺中都有卖的，且制作精细、好看，但我吃起来，总觉得它不如乡间家中用自家产物所做的新鲜、味道好。每逢年关，家中蒸许多这两种蒸饼，放在通风的“肉笼”（土冰箱）里，遇有亲友来，或做成桌年饭时，则热些个蒸饼以充主食，其味道好极了——又有“年味儿”，又有“蒸饼味儿”。

芝麻酱糖饼

北方人家常小吃中，有自家烙芝麻酱糖饼的，比糕点店中的次点心味儿都要好，是小吃或早点、夜宵中佳品。其做法很简单，与制普通的烙饼差不多：把小麦白面和成烙饼面，先醒一醒，然后将面在面板上擀成圆片儿，上面涂上芝麻酱，在酱上撒上黑糖，从下到上卷成卷儿，再盘面卷成圆形，撒上补面，擀成饼，放于铛内烙，可随烙随往饼上刷些花生油，至熟，即可供食。其饼松软可口，就粥食用最美。北京旧时，在德胜门外小关路东，有一家饼铺，制售大小张的芝麻酱糖饼，可即时吃，也可以带走当远行的干粮。在铺中即时吃，有小米粥或高粱米粥，才一个小子儿（铜板）一碗，小碟儿酱咸菜不要钱，白吃。他家所制的芝麻酱糖饼，糖及芝麻酱适量，不多不少。家中自己做，不是糖多糖少，就是芝麻酱多或少。多了时，糖色不好看，露糖露酱；少了时，吃起来不够甜香。小关的饼铺原来只是个卖炸丸子炸豆腐的烙饼摊儿，捎带着卖芝麻酱糖饼。它发财的原因据说是民国初军阀孙殿英派两营兵到北京北郊昌平县的回龙观和二拨子间，去盗挖清朝的一座王爷坟，挖出的财宝由当地国民党区分部以济贫的名义瓜分了一部分，大部分则由孙殿英的队伍盗走。其中有个兵偷了一个随葬的元宝，开了小差，本想拿到城中来卖，在这小摊上吃炸丸子糖饼，又喝酒，喝得有几分醉时，正巧有一队捧着“大令”的巡逻队过来，吓得这个兵忘记拿藏有元宝的包袱，就逃跑了。摊主就靠包袱中的元宝发了财，买了房子，开了这个小饼铺兼小饭馆儿。因不敢忘卖芝麻酱糖饼而发财的旧情，所以，更加工细做此饼，并售价较低，招引了不少的顾客。特别是到京北一路走驴驮子的，做小买卖的，多在此打尖并买上几个芝麻酱糖饼以走向京北，故而该饼铺其时可谓是生意兴隆、财源茂盛呢！

烙糕子

近日，笔者于小市儿杂货摊中见有“烙糕子铛”，乃铸铁所制，圆形，底座下有三矮脚，上中央略凸起，四周略凹；盖子亦是圆形，有边，中空；上部有提纽，四边正好落于底座之四边凹槽中。儿辈竟不知此为何物，可想而知，“烙糕子”这种吃食，在民间已绝迹多年了！原来在农村，多用水将糜子磨成面，再用水搅成糊状，略稠些，比摊煎饼的还要稠些，然后舀在烙糕子铛的中央，摊好，盖上盖子，连铛一向上火去蒸。等糕子熟，就可以吃了。其口感厚软而香甜，当主食食之甚美。过去，在村野庙会上，也有制售此吃食的，生意很是红火。笔者幼年去北京京南南顶庙途中，也曾花不多几个钱，买此烙糕子，大饱了口福。今非昔比，不知何时还能再见到这种美味的食物。

丝糕

又有人管这种食品叫“撕糕”，说是蒸熟后是个整个儿的大圆饼形，可以撕着吃，故其名曰“撕糕”，民间多称其为“丝糕”。新中国成立前有个教私塾的张退思先生，在为我们这些即将离开他的学生写纪念册，其时正值他吃此食，他顺手就写成了“思糕”二字。记得其中有“思糕路程远，饥饱应自知”之句，大概是希望学生努力往高处走，在身处顺境逆境时均应“自知自勉”之意吧，所以谐其音曰“思高”。这是一种介于粗食细食之间的食品。先用三分之一的白面（小麦面）与三分之二的玉米面（棒子面）掺和匀，加温水及适量的“面起子”和好，放上一两个小时，面越发越好。然后，将其摊在笼屉中的屉布上，盖严，加火蒸。待其熟后，揭开锅，用菜刀在屉中划菱形块儿供食。如在和面时加些糖在内，则香软甜美，甚是可口，也有在面中加些小干枣儿的，也很美。俗话说：“小枣丝糕高上高，撑得丫头叫姥姥！”美美的丝糕吃起来香甜可口，令人大饱口福、爱不释手。

枣丝糕

每到年关切近，北京乡郊农家多磨面粉，多蒸饽饽，放在大瓦缸中（以为天然冰箱），放在院中阴凉通风之处，以备年关时吃用。用糜子面加细罗棒子面（玉米面）加水发酵后，使好碱，摊于箅子上，上水锅蒸熟，然后用菜刀横竖都斜着切成菱形块儿，就做成了“丝糕”。丝糕吃起来像发饽饽那样有甜味儿，好吃得很。在年关时，它仅次于白面馒头，多为不待客时自家吃用。小门小户中待客，也有时以丝糕供之，但菜肴多为有肉之荤菜。有的人家蒸丝糕时，放上几粒干大红枣儿，则成了“枣丝糕”，吃起来，又多了一种枣子味儿。孩子们是最喜欢吃这种丝糕了。

豆黏糕

农村俗话说：“黏饽饽大豆馅，里外都是粮食。”这说的是把豆子（红小豆）煮烂当馅儿，外面包裹上黄米黏面而蒸熟。另一种黏饽饽是把大豇豆洗净，混在黄米黏面中，加水和成饽饽蒸熟，可以蘸黑糖吃，其味甜而有黏米香，黏而不糊嘴，是农家常食之物。特别是用当年自家地里打下的黏谷磨面，裹上自家种的豇豆，蒸成黏饽饽，又香又好吃。好吃黏的人一次能吃三四个黏饽饽。记着旧年在京东、京北一带行医的有位王实卿，医术很高明，且又不讹人，多为农家贫户解危救难。他就好食此物，且食量之大，往往比得上下地劳动者。笔者就曾见其为贫家治病不收诊费，且赔药钱，饿了就到有钱的世交家去吃饭，并喊着要吃黏饽饽。我家即其常食之世家。一次刚为他端上新蒸的黏饽饽，就有田姓贫家来请其医病。他没看黏饽饽就去为病人治病，可是因时间晚了，病人不治而死。王先生竟因此而吃不下爱吃的黏饽饽，总惋惜地叹气说："田老二可惜看得太晚了，不然的话，是可以保着命的……"其人敬业爱民如此，后来到京城，成为名医。特记其食好、人品，以志纪念。

苦荞麦糕

苦荞麦是荞麦的一种，其植株与荞麦差不多，但为绿茎，开浅粉色花，多产于我国甘肃，是补旱涝早熟的好作物。尤其是它的籽实大有益于人，可做饭，磨成面可做糕点、烙饼等供人食用。其最大的特点是它不含任何糖分，对糖尿病人大有好处。用水将苦荞麦面和好，稍稍发酵之后，蒸成糕，切成菱形块吃。其面味如荞麦，但后味稍有些苦，与苣荬菜差不多。近日北京亦有人种之，以利病人。笔者于近日在北京中国中医研究院名教授郭效宗家吃过此糕。据郭老讲，此粮大有益于人，很值得推广。现在，苦荞麦的种子及元代御医忽思慧在《饮膳正要》中屡用的"回回豆"，均已由郭老从甘肃引来了，并在北京南郊郑宝军的大田中种植了。这是一件令人十分欣慰的大好事：一方面为有利于北京民食，另一方面在民食方面以匡谬误。例如，"回回豆"，在原书中作者还特指出"回回豆"在京城田野中"处处有之"，而今在北京城已绝迹。且自明代李时珍《本草纲目》即错注"回回豆即今之豌豆"；而其后之《辞源》亦照搬原注，不加细考，也说"回回豆即今之豌豆"。笔者已有专文发表在《中国烹饪》上，故不在此赘述。现在这两种大有益于人的农作物，又回来了，但愿能大获丰收，早日造福于人民！

打拿糕

这个农村吃食已不多见了。在20世纪三四十年代，在京乡村野中还有不少人吃。有俚语笑话说："傻丫头，活儿巧，会捏饺子擀切面，还会荞面打拿糕！"这个吃食与"扒糕"差不多，就是更粗些罢了。其做法很省事，浇头儿也可随农村园中所有而变。把好荞麦面放到盆中，加一点儿细盐，搅匀，一边用开水沏冲，一边用干净的擀面杖搅，待水够了，面也就熟了。可以用筷子一块一块地夹起来蘸着佐料吃。其佐料，可以用酱油、香油、醋、葱花、姜末等拌在一起，酱油多些也成。不过在20世纪30年代的乡村中，酱油还不普遍，只用腌菜的"老咸汤儿"代替酱油，其味儿比酱油味儿还更好呢。

烧饼子

"睡虎子没醒，灶火膛已烧好饼。"这是老乡们说孩子冬日好睡，没等他醒来，烧火的灶火膛里已用柴火的余烬将棒子面（玉米面）饼子烧好了。旧时，郊野人家，早饭常是破粒（玉米糁）熬粥，就着烧贴饼子吃，菜是腌雪里蕻浇炸辣椒油。俗话说农家早起有三宗宝——玉米糁粥、烧饼子、老腌雪里蕻管你饱。烧饼子是个好吃食，又好做：将前日剩下的棒子面贴饼子埋进熬完粥的灶火灰中，一会儿，饼子就热了，外皮是焦黄色，吹去灶火灰，真是外焦里嫩，又热又香。比起新贴的饼子来，另有一种美味。冬日早起，在热灶头儿上，喝玉米糁粥，吃烧贴饼子，虽为农家粗食，但亦自有一种野逸乐趣，且其营养亦不为少。

炮肉炒饼

这是北京的一种极好的普食，叫它是"快餐"也可以。不过，此等食品在街头巷尾或小吃店中已绝迹多年，也无人开发。笔者认为，凡吃过此等"快餐"的人，都会觉得它起码不比如今充斥街头的“洋饮食”快餐差。旧时，民间家中也常做此食。今以外售者为例：设一大铁铛，底下有火。铛边上常堆有烙饼丝、大葱丝，另有一个当盖儿用的马口铁梢子，旁有油壶及盐盆等。在铛中下底油，炒大葱加羊肉丝，加些食盐及香油，最后放上烙饼丝儿，盖上盖儿，待烙饼热透后，掀开盖子，翻炒两过儿，既可出锅了。既有炝羊肉之美味，又有热炒饼之软酥香味。对于肚饥之人，真是何乐而不尝呢？

吹大喇叭

旧时，老北京西站是装货卸货的站台。在那儿装货、卸货、拉货的脚行穷哥儿们吃饭时，常“吹大喇叭”——就是将烙饼卷成卷儿，中间加菜，仰头一咬，就跟吹喇叭一样，故此起了这个名儿。钱多的，饼中间卷熟驴鞭或肉；钱少的夹两个油饼或大葱、黄酱、豆芽菜之类的。连菜带饭，很是好吃，还能增加力气。俗话说：“活儿干得好，喇叭吹得妙。”这种吹大喇叭的吃食慢慢地也传到了其他的劳动行业，不过大都不卷什么驴鞭、牛鞭吃，而是卷些肉或青菜、大葱吃。笔者在前门外冰窖胡同住过，看到一些人常吃此物，特别是开油盐店的山东人，喜欢在大饼上抹上黄酱，中间放几棵剥好了的大葱，一卷起来，犹如吹喇叭一般吃起来！

大米粥

京郊农村人又管它叫“白米粥”。那时，北方因稻米少而贵，故只有家里有病人，或小孩子闹魔时，才熬点儿白米粥吃，再就是每年农历十二月初八（腊八）时，在腊八粥里才能见到大米的影儿。平日就是小米、高粱米和青谷米多。记得吃大米粥必须就着酱咸菜吃才够味儿。在城中，吃大米粥则用“六必居”或“天源”的酱小菜；在乡下，则用自家咸菜缸里腌的各样小菜（如腌辣椒、王瓜、山药、扁豆、雪里蕻等）。笔者记得本村一位高姓财主，每天早晨总吃两碗小米粥当早点。有一天，因为看见家里有人在早晨吃白面烙饼，他就火啦，认为这是不想过日子了的“大浪费”，于是就大声叫做饭的来吩咐：“我也不想往好里过了，你去给我熬两碗白米粥喝……”说来也巧，当做饭的人把大米淘干净，放到开水锅里去熬，又稍放了点儿碱，以促其粥早熟又好吃。可是没想到等大米粥熟了时，这位视财如命的老财主，却气绝身亡了。这是一件真事。事后大伙儿诙谐地说：“老财主只有喝小米粥的福分。你叫他吃大米粥，他承受不起，所以赶紧死了……”

小米粥

用谷子舂米熬的粥，叫“小米粥”。在我国北方，一般给坐月子的妇女熬小米粥喝，认为它有营养，又烂糊，容易消化和吸收。平日，吃顿小米粥，也很有乡野风味，每喝一口，都入人口味，又热乎又有米香，喝后令人有“乡关之思”。不信时，读者可试一试，特别是久离家门的出身乡野的人，吃顿小米粥，真有意想不到的好效果。将小米淘洗干净，放在开水锅中去熬，放上点碱末儿，为的是粥熟得快，又好吃。千万注意：开水煮米开锅后，就要用文火慢慢地熬，所谓“把粥糗熟了”，不要暴熬成熟，那样做，米粒全被熬破，粥也过火而熟，就不香了。这是我村擅熬粥的张老道教给我的。按其法熬制的小米粥果然香甜而米粒不破碎。若给坐月子的妇女吃，可加上些补气血的黑糖（红糖）。普通人吃小米粥，就着煮鸡蛋、大馒头，外加一两碟小咸菜儿，是一顿很美的旅行素餐。昔日，十三陵等旅游地，有些和尚庙里供给游人餐宿，就吃这“老三样儿”，所谓：“热粥大馒头外加细小菜儿！”其实连吃饭带住庙也花不了几个钱，还很舒服。今者，庙已没，全改成了卖洋食的大饭店，或什么宾馆，饭菜价钱又贵，又无“僧窗夜话”的情趣，而变成了“花钱世界”的旅游了。

大麦粥

农家，每年收完大麦之后，舂去外皮，碾出麦仁来，做饭或做粥吃。特别是做粥时，味儿不同于俗称的棒子糁（玉米糁）粥，另有一种麦香。先用温水将麦粒儿淘洗干净，再下入开水锅内去熬成粥，稍下一点碱，以促粥烂又好吃。乡镇中一般买卖店铺早晨好吃大麦粥。笔者幼时，家中在京北清河镇开有“荣华纸店”，店伙计共三十多人，每早起必喝大麦粥。我幼年曾在镇上国民第一小学读书，就住在后柜，每天早点也吃大麦粥，颇觉香甜。不想一个星期日早晨，我到学校里去找老师问功课，见做饭的阎老伯也正在给住校的老师做大麦粥吃。我问起先生，才知早晨喝大麦粥比喝其他的粥好，能养人，营养也较多，很是一种上乘的早餐之食品也。

米汤粥

煮米饭剩下的汤汁，即为米汤。若再将些米粒放回汤中去熬成粥，则曰米汤粥。旧日郊区农家则以此物为下饭之汤，“原汤化原食”亦合乎饮食之道。米汤粥就其营养而言，不亚于米饭本身。有个故事说，古时有一人娶妻后远出，临行时嘱其妇应善事其母。其妻恪守妇道，常煮饭供母。自食米汤粥以度日。数年后，该人归来，见其母瘦瘠，其妻则肥胖，大怒，笞妻不孝。其妻则曰母食饭、己食汤之故……此虽为古之笑话，但亦道出米汤粥之营养价值实为不低。其实，喝米汤根儿粥最好。笔者亲见布巷子有位给布行做饭的厨师刘师傅，那真是吃肉吃鱼随便，可是他每晚只喝两碗米汤根粥。其人身体也好，也很长寿。

白面糊粥

在河南一带管此种食物叫作“面糊糊”。比较富裕的人家，可在其中打上几个鸡蛋（搅碎），一般人家只放些食盐。还有的地方放些大豆嘴儿和细海带丝儿。在锅内水开了时，先放入几个搅拌了的鸡蛋，用勺子搅匀，再下些葱花和食盐，最后，将用水打稀了的白面倒进锅中，并不停地搅动，直至面糊熟了，即可供人食用。笔者在“文化大革命”前，到河南新乡县大块镇大块村去时，主人即用此物招待之，吃起来也很好吃。不期归来后，在“文化大革命”中，被下放到京郊农村去，见农民也有食此者，叫作“面糊糊”。问其由来，则云自上辈人传下来就有此种食物。有些地方往其中下玉米面（棒子面），也有些地方往其中下细海带丝，或青豆或黄豆嘴儿，不过其名称则也叫“面糊糊”。可见食物的本身是会随人流动的，更会“随乡入俗”的。京郊乡野，乃至城中，不少的吃食，虽在京有年了，或形制有所改变，但究其根源，也是来自全国各地。

楂子粥

乡下人碾老玉米粒儿，除去皮儿的叫“破粒儿”——玉米糁儿；不除皮子的叫“楂子”。山区人艰苦，又舍不得粮食，故此不除皮子，而常用楂子来熬粥，就着山里的“腌杏树叶”吃。笔者年轻时，曾在山区工作过，派早饭时，常在老乡家吃楂子粥，老大妈给端上一碟儿“腌杏仁”或“腌野菜”来，那就算十分优待了。不过，细想起来，楂子粥是老乡们的血汗，是楂子粥养活了我们的革命，养活了我们千千万万的革命后代，也可以说是“养活了革命”。记得当年的宣传队们还编了一首《楂子粥歌》：“上山打鬼子，不发愁，为了有老乡的楂子粥；下山打白狗子，不发愁，为了有老乡的楂子粥！楂子粥，楂子粥，养活了千千万万的人民跟在革命的后头……”如今我虽已两鬓如霜，但每想起那楂子粥来，心口窝儿总是暖烘烘的——想起那时老区人民在艰苦的环境中，用真情来给革命者送饱暖，送支持，心里就充满了对可敬可爱的老区人民的由衷的谢意和深深的怀念之情。

破粒粥

破粒儿，即是玉米糁子。将棒子（玉米）粒儿碾碎，去掉皮，留下大糁子，叫大破粒儿；留下小玉米糁子叫小破粒儿。在郊野农村中，特别是在冬日早晨，多用柴锅烧柴火，烧开了水，把淘净的玉米糁子倒入锅内，共熬成粥，在早晨就蒸白薯吃，小菜是农村腌的各样咸菜，浇上些炸辣椒油，即是很好的一顿早饭。笔者年幼时，住在乡村老家，或到在乡村的亲戚家去，每天早晨吃大破粒儿粥时比较多。给我印象最深的是冬日到外祖母家去住。她是在京北的东北旺村，又在颐和园当过差，所以，吃喝沾染上不少皇宫习气——虽然吃的是自家腌的小菜，但也要一样菜切一小碟儿，放些香油及米醋。破粒粥是用不大不小的好玉米糁子熬，一定要用柴锅烧柴火熬——为的是使粥色儿好又不走味儿。吃她家的破粒儿粥，确实好喝，因为玉米皮子除得净，破粒儿大小合适，所吃之小菜儿又精美，虽是一顿乡村早饭，但却很有风味。

高粱米粥

在京郊种的高粱，品种很多，大抵上可分红、白两种。红高粱可当玉米面吃，也可去酿酒；白高粱的籽实多做饭用。两种高粱的种子虽均可以熬粥，唯以白高粱米做粥较多。先将白高粱米淘洗干净，倒入烧开的水锅内，稍放点碱，以促其早熟，粒烂而好吃。高粱米粥还是很好吃的，比较有营养。庄户人家常爱做此粥，就着王瓜腌葱吃。主食可以吃玉米面贴饼子或窝头，也自香甜。不过，用乡下的土灶、柴锅、烧柴熬此粥，远比城中用煤火熬出来的好吃。笔者旧时常往西南地小村李姓亲戚家吃此物，他家二姐擅熬此粥，在灶火膛内烧贴饼子，在腌雪里蕻秧儿里倒上炸辣椒，这三样配在一起，就是一顿好农家菜饭。虽无大鱼大肉，但吃起来香甜，给人以亲人、亲情、亲切感。今者二姐已逝，老一辈人七零八落，农家也不常吃高粱米粥，而改种其他作物了。真令人有“地是人非亲情去”之感！呜呼！可叹！可叹！

青谷米粥

老乡们都爱说："青谷米熬粥，中吃不中看！"确实，用青谷米熬的粥，现灰青色，就像用铁锅熬小米粥似的。可是一吃起来，倒别有一股子青谷米的清香味儿，是大米、小米或高粱米等所不能比的。将青谷米淘洗干净，放到开水锅里去煮粥，粥熟后就可吃了。青谷长在地里也很好看，如一般谷子高矮，但叶子比较细而青，谷穗子也比较细长，发青色，产量比较低，碾出米来及做出饭、粥来，也不如一般黄谷米好看，但其米味儿却很好，吃起来也很柔美。笔者记得，有高姓姑母，其家好种青谷米，每年必成亩地种。每天早晨不喝玉米糁粥，好喝青谷米粥。我起初不知青谷米的优点，总以为不如一般谷子好吃。待到在大姑母家吃过青谷米粥后，觉得确实好，回家就闹着吃青谷米。自此，家中乃至全村中全种起、吃起青谷米了。今者，真正的青谷米已不多见了。

菜粥

"穷庄户，穷庄户，一年四季离不开菜粥。"在粥内加菜，一是为了省米，二更可增加粥的营养，三是随菜加入适量的食盐——又菜又饭，吃起来更加香甜可口，不可谓不是一种美食！许多人轻视菜粥，以为是贫家之食，其实误矣。有钱人家亦可试熬试食之，方知其妙。且不论冬夏何时，均可做此食，粗细菜均可。且以旧时郊野农家而论：春天可用各种家蔬、野菜可食者与米共熬成粥；其中以榆钱粥、枸杞粥为最好。夏秋两季凡可供人食用之菜，亦均可入粥，其中夏以刺菜（大蓟或小蓟），秋以车前子叶粥为最好。冬日，则用白菜帮子剁碎加适量的食盐和米（或面）熬成粥为最普遍。另用夏秋日采来晒干之野菜熬成粥食用，味道亦妙。

白薯粥

这是北京城乡常吃的一种粥，特别是在冬日，吃的人更多。因为此时的白薯是入过窖又拿出来的，白薯已“出了汗”，好吃多了。将挑选好的白薯洗干净，去掉外皮，切成不规则的多角块，坐上水锅，将水煮开后，下入淘洗干净了的米，还可以少下点碱，熬粥。等其大开一会儿后，即倒入备好的白薯块儿，一同熬，要（用勺子）勤推动，不可来回乱搅，以防粥不稠黏。熬到米烂粥成，其中的白薯块儿也就熟了。这种食物虽不是什么贵重的吃食，但因所用的米不同，熬的时间、手法也随之不同，用大米、小米、高粱米或棒子（玉米）糁儿都成，但各有其熬法儿，讲究熬出的粥不稠不稀，喝起来宜人口味。昔日笔者常在北京的北面马坊村阎姐家吃此食，见她用不同的米或棒糁儿用不同的法子来熬此粥，一天换一个样儿，虽都是白薯粥，但味儿就是不一样。尤其是有一种是用小黄玉米糁儿熬的白薯粥，其中并不见一块白薯的影子，金黄黄的，不稀又不稠，就像黄棒子糁儿粥一样，但是，吃来则有浓甜的白薯味。待笔者问其究竟，阎姐才笑着说：“那是事先把白薯切碎了，蒸过以后再放在粥里，用勺子弄烂了，所以才看不见白薯了，这可是一种费事儿的做法儿！”经她一说，我这才知道：即使是农家粗食，其中也包含着许多“学问”在内呢！

白薯枣粥

冬日，农家吃粥是家常便饭。秋后，地里刨了白薯，也入过了白薯窖，再拿出来，也就没有生性味了。将其洗净，削去头尾及外皮，切成不规则的菱形块儿，再将秋后收下来晒干了的小枣儿洗净，用温水泡着。然后，坐锅熬粥，什么米或粮食都行，农村则常用小米熬。当米在锅中开了几开后，即投入备好的白薯块儿及小枣一起熬，直至熬好了为止。这粥既有平常的粥味儿，又有甜甜的枣子和白薯味儿，细尝起来，还真似快过年时吃的腊八粥的味道呢。怪不得小报上载有竹枝词云：“农家秋后有奇粥，米熬枣儿加窖薯。炕头打坐唱山响，不到腊八无所求。”对这种白薯枣粥倍加赞扬!

豆粥

熬粥时放些豆子，这是城里城外的俗吃法，由来已久，可见诸文献记载。在《后汉书·冯异传》中就有记载，说汉光武帝自蓟东向南奔驰，跑到饶阳无蒌亭，天寒甚，大家都疲劳过甚。这时冯异弄了点豆粥给光武帝喝。第二天早上，光武帝对诸将说：“昨得公孙（冯异的字）豆粥，饥寒俱解。”可见豆粥能解人饥渴和疲劳。后来发展得用什么豆都可以了。但一般都是用米加红小豆熬粥；夏日暑热时，用绿豆加米熬成粥；乡村冬日早起熬玉米糁粥时，多加些红或白豇豆，也有用米加大芸豆熬粥的，另有豌豆粥等。不过，不管用什么豆熬粥，都要用开水先煮豆，待豆煮烂了时，再下米或玉米糁，否则豆子不易煮熟。

红枣粥

“丫头，丫头，爹妈好发愁，十七八了就会熬那红枣粥。”这是北方乡间的儿歌，一方面也说明此地吃红枣粥的普遍。夏日枣子红了，摘下晾干了，就成了可有多种用途的大红枣儿了。到了冬日，把红枣儿洗干净，与淘洗干净的米一起熬成大红枣粥。枣儿又肥又大、热乎乎地充满了水分；米粥也有了香甜的枣子味儿。枣子还可以与各种米或玉米面儿等熬成粥吃。味道也相当好。在北方民间，每于冬日喝一碗红枣粥，就会令人想起腊八儿来，因为熬腊八儿粥也是以枣子为主。笔者记得昔日在回龙观教私塾的王实卿老先生就顿顿离不开此红枣粥。到后来，他在北京成了有名的“儒医”，还是最爱吃红枣粥呢!

枸杞粥

一般人熬枸杞粥时，总爱用枸杞的果实与米合在一起熬，认为这样，营养价值好，疗效好。殊不知在乡野农村另有一种做法，是用枸杞子的嫩鲜尖叶和米一起熬成粥。特别是在春初草木发芽时，枸杞尚未结子，摘其鲜嫩尖叶，洗干净了。另将小米淘洗净，先熬成粥。在粥快熟了时，下入枸杞叶子。待粥熟了，叶子也更绿了。黄中有鲜绿，不用说吃，叫人看着就有一种生机盎然之感。老乡们说，春采枸杞尖嫩叶，是因为它还未结果，未长成大条，其力量全灌注在尖叶上，故此采其尖叶熬粥，与用成熟了的枸杞子熬粥一样，而且还显得更有生机。不知是否如此，有待于方家定之。然笔者自幼时即常喝枸杞尖叶粥，很好喝，确比一般粥能补养人。

萝卜丝粥

熬米粥时，切一些萝卜细丝放进去（多用象牙白的大白萝卜），再放入适量的细食盐，就成了既有萝卜味儿又有米香的咸粥了。旧日，山野庙中和尚爱吃此粥，城乡住户中也有做这种吃食者。笔者旧时曾往北京西北诸处游玩，每当走累了时，就找一有僧人之寺庙，花几个钱布施一下，就会有一杯山茶或萝卜丝粥吃。真可谓“旗亭问酒，萧寺寻茶”了。记得西山口内十几里处有一“善果寺”，住有十几个僧人，是个临道卖饭又管人住宿的庙。这庙中蒸的馒头好，腌的小菜儿香，其所熬的萝卜丝粥更好——用好大米淘净，下开水锅内熬，少放一点碱末儿和食盐；另外，用菜刀把大象牙白萝卜切成细丝儿，上锅先蒸一下，临到大米粥快熟了时，倒入蒸好的白萝卜丝儿，搅匀，粥熟则萝卜丝也烂软了，虽然用筷子可以夹得起来，但一到嘴里就化，有米和萝卜的咸香，颜色又好看。真如汉朝枚乘在《七发》里所说的：“抟之不解，一啜而散。”

炒剩粥

郊区老农民常说："不管收不收（年成好或坏），天天吃炒剩粥。"农家舍不得糟踏东西或浪费粮食，每有吃剩下的各种粥，在下顿饭时，都要把剩粥吃了。炒剩粥，就是其吃法之一。剩粥，稠一点的，大都凝成粥冻儿了。用勺子或铲子将剩粥搅匀。然后坐锅，下底油；油热后，先放葱花、姜末炝锅儿，料物煸出味儿后，再将剩粥倒入锅中，要很快地多炒多拌，以使料物与剩粥匀和，也防煳锅底。炒剩粥虽是粗饭儿，但很好吃，且营养也算丰富。不过常吃却也使人腻味。笔者幼时有个寄食在穷姥姥家的小伙伴儿，叫小喇嘛。我每次晌午找他去玩，见他总是在吃炒剩粥。他也感觉腻味。我就每天中午由家里厨房给他偷来烙饼、菜窝头或黏饽饽等给他吃，他吃得很香甜。他人也乖巧，又善于观察事物。他曾说过许多剩粥要怎么炒法人才爱吃，都是从他妈妈那里学来的。有一次，我俩一同打井巴凉水喝。他说："如果用这井巴凉水把剩高粱米饭投一投，控干了浮水再下锅一炒，比炒什么剩粥都好吃……"看来粗饭炒剩粥中也很有讲究，炒得不得法，也不好吃。

窝头

窝头是北京地区最普遍的主食之一。"里一外九，皇城四，做成一口大黄钟。"原来，北京的中心只有一个午门，城池外围共有九个门，皇城（紫禁城）有四个门，在大钟寺有一口全国最大的钟。人们谐其义，说这是做窝头的做法。用温水把棒子面（玉米面）和好，左手拿起一个面团儿，大拇指插到面中去，好形成窝头下的窟窿（里一），外面算上右手共是九个手指头（外九），中间是左手的四个手指头（皇城四），两手合作，做成一个钟样儿的黄窝头（大黄钟），放到笼屉里去蒸熟。穷苦人最简易的一顿"美餐"就是吃窝头了，就着稀小米粥和切成条儿的"棺材板"——老咸菜，就是北京城内市民旧日的家常饭了。窝头有用北京特产——小米面做的；有上面摁几个干红枣儿的，叫“枣窝头”；有在面中加入适量的黑糖的，叫“糖窝头”；有把家蔬或野菜叶儿及适量的食盐加在窝头面中共做出的窝头，叫“菜窝头”。正如民歌所说：“不管你愁不愁，起早贪黑去奔两顿窝窝头。”北京人又诙谐地管窝头叫“窝嘚（dēi）子”。

糖窝头

把黑糖摊在案板上，再放些棒子面，将糖揉开，使得放入面中容易均匀。将用面打开的黑糖放入玉米面中，用温水和好并做成窝头模样，放入笼屉中去蒸熟。这种又甜又有玉米面味儿的窝头是农家比较费钱的吃食，其香美真不亚于现在的次点心。笔者记得，外祖母村有个卖杂货的小铺儿，掌柜的有些麻子，姓李，故此都叫他“麻李”。他这个小铺带卖简易的饭菜。他就长年在早晚卖小米粥、糖窝头和酱咸菜，还真有不少达官贵人和豪门富户去吃其早点或夜宵儿。因其地处北京颐和园后面，不少清王朝的遗老遗少，或当地的财主官商来此小聚，也为糖窝头添了光彩，创了“牌子”，着实红火了一阵子。

小米面窝头

真正的小米面，在郊野农家是用小米、玉米、糜子、黄豆，四种粮食磨成面掺兑而成的。用这种面蒸出的窝头，比在城中卖小米面蒸的更好吃，真是香甜可口，与白面馒头差不多。笔者幼时，常在昌平老家或海淀区东北旺村外祖父家吃此食物。记得其颜色，也是黄中发白，甚为可爱，不像用从粮店买来的小米面蒸的窝头，其色灰白而暗。过去吃顿小米面窝头，就比吃棒子面（玉米面）高一等了。所以儿歌中说：“小辫刘，蒸窝头，玉米面，嘎（gǎ）不丢，小米面儿馋人哈喇子（口水）流！”老北京人，小米面窝头是家常便饭。新中国成立前，在南城一带住的人，讲究到珠市口西路北的“大和恒”粮店去买小米面。他家磨的小米面，质量好，分量足，很受人们欢迎。

栗子面窝头

纯用栗子面是蒸不成形儿的，因为其干裂、不合团儿。要掺入一些的玉米面（细棒子面）或小米面才好吃，也容易蒸成团儿。在北京有人用其做小吃，蒸成手指肚大小的窝头，装在纸盒内卖钱，或上入高档宴席，硬说这是慈禧太后（西太后）当年吃过的小窝头，可是在文献中却不见这类记载，左不过是以讹传讹，用来赚钱罢了。其实在山区农家做的栗子面窝头的确是比纯玉米面做的好吃，又香又甜，是待客或过年时的好食品。笔者有亲戚住在京西南深山区的四马台。我在他家中过年，吃过栗子面加玉米面蒸的窝头，既不像城中卖的那样又小、又干、又甜，而是甜中有香，不硬，宜人口味，使人吃了还想吃，的确有爱不释手、不忍啜口之感！

红高粱面窝头

“债务压低了头，一年到了吃红高粱面窝头。”这句旧社会的俗话说出了旧时穷人的处境，也说出了那时一年到头吃红高粱面窝窝头，全吃腻了。不像今天，偶尔吃顿高粱面，都觉得新鲜、好吃。将打下的红高粱去掉皮壳，磨成细面儿，可蒸成窝头吃，与玉米面窝头不同，它独有一种酒香味儿。颜色也红艳艳的。若在其中掺上些菜，就变成红高粱面儿菜窝头了。面里还可加些有韧性的榆皮面儿或好小麦面，做烙饼、切条儿等均是很好吃的食物。

共和面儿窝头

日本帝国主义侵略者最惨无人道，丧尽了良心。在他们打到北平（那时北京又叫北平）后，没几年就因其国小野心大，把战线拉得太长，自己国内和从国外抢来的粮食不够吃，因而就叫我们中国人吃“混合面儿”，又叫“共和面儿”。其实就是内中混有什么代用品的、非纯粮食面，里面竟掺有锯木头的锯末或碎棉花套子，等等。当时，笔者正在北平西城白塔寺附近的平民中学（现改为四十一中）念书。那时，我家是老式家庭，孩子们都“寒窗就读”——在学校里住宿、吃饭。后来吃日本鬼子强卖的“共和面儿”吃得净拉肚子。这就是日本鬼子把我们中国人不当人看待的一个我亲身体验的例子，至今我都忘不了那种当亡国奴式的、令人难以忘怀的日子！

菜窝头

乡野老百姓常以此种食物为干粮，拿着它出远门，或上山下地去干活儿，以为饭用。因为它既有饭（玉米面），又有菜（家蔬或野菜叶儿），因其中放入了适量的咸盐，还有些适口的咸味儿。俗语说：“上山入田走远不发愁，囊中早已带着菜窝头。”把棒子面（玉米面）掺好家蔬或野菜的菜叶子，同时加入适量的细食盐，搅匀，用温水和好，做成窝头，放进笼屉里去蒸熟。笔者幼年常吃这种有菜的窝头，其中菜以野生蓟菜（即俗称刺儿菜者）为多，加些盐，也很好吃。这种菜窝头，不仅能解饥耐饿，还能帮助人解贫困、度荒年，真是穷苦人家的一大宝！

柿子窝头

“山村入了秋，柿子做窝头。满山兔子跑，下雪锅里熟。”幼时在山村，只跟着大孩子们瞎哼哼，不知下雪天才好逮兔子炖兔肉吃。柿子做窝头，其实是一种很好吃的农村山野食物。到郊区平原地带再加上点黑糖就更好吃了。以此物就粥吃，真不失为典型的山农饭食。其原料及制法都很简单：棒子面（玉米面）、熟透了的柿子、黑糖、适量的温水。将玉米面放在盆内，加入适量的黑糖和熟透了的柿子汁及核儿，如果还不够湿，再加上点温水，共和匀，用手做成窝头，上屉蒸熟供食。其味其风韵与众不同。方信“柿子可成多种饮食”之说并非胡言乱语，是有所根据的。后来在京郊房山县的吴家坡，吴德才弟的老母是我的亲戚长辈，坡下吴德禄是我的大哥。他弄来自家的青汤大柿子，吴老伯母就用柿子汤和白面，给我做过“柿子面烙饼”吃。那美味鲜劲儿，真是在城中花多少钱也买不到的。柿子不仅仅能当水果吃，还能做许多好食品。读者可以亲自一试，方知其中的妙处！

枣窝头

蒸窝头时，在上面按上几个洗净的大干红枣儿。待窝头熟后，枣儿也充满了水分，并散发着枣儿香，使人更爱吃了。尤其是用当年的玉米面，做好窝头，按上自家园中当年收的大红干枣儿，其味更佳。旧时，北京北面十三陵中除去埋藏着十三位帝王和妃嫔等以外，更多的庙宇都是旅游的好去处。庙中和尚多为失志之士或有文化的和尚，其中静心寺庙大，有地产，庙的后院又多枣树，每年多收大干红枣，每年以“热炕大被窝，咸菜枣窝头”来迎一般香客。其所制之枣窝头很有特色——每个窝头上只按四个大红枣，即足够人吃了；吃稀粥则另有一小碟老咸菜作陪。每晚石墙洞中燃松脂照明，坐在庙中热灶上喝稀粥，吃枣窝头，真令人有世外之感。

榆钱儿窝头

在黄玉米面儿（棒子面）中掺入适量的榆树荚（榆钱儿），再加些食盐，掺匀后，用温水和好，多放一会儿，使面劲儿上来，咸味及榆钱味儿也均匀了，再将其捏成窝头，放入笼屉中去蒸熟，即可食用。其味儿香咸鲜美，虽为粗食，但却美在其中。富家儿往往尝不到其中“三味”！如果其中不放食盐，改放些白砂糖，那则又为一番甜美了；并非是那种如直接吃糖般的煞口甜味，而是隐于面菜之中的香甜，颇有似隐似露的“燕赵侠风”！我并不是过誉此食。在当时的小报上有笔名“老C”者，乃好食之客。他有竹枝词《榆钱窝头》云："破个谜儿请郎猜：里一外九黄教胎[1]，斑斑铜绿无臭味，春到人间布施[2]来！"真是绝得很，把个榆钱窝头给形容得美香无比了。

莜面搓窝子

这是个口外（张家口外）的饭食，传到京郊落了户。莜面，即产于张家口一带的莜麦磨成的面。用其面做成薄皮，再把其皮竖着卷圆筒儿粘着，成为一个个像蜂窝似的，再往上浇些芝麻酱、醋、蒜、酱莜、芫荽、葱花之类的一起吃，口感甜脆且有莜面味及调料的香咸味。人云，若用其当地之水和面，则味更浓厚。笔者于此食落脚京郊时，即常食此物。记得在1945年前，日本人统治京郊一代，民不聊生，往张家口去"跑口"的人多起来，往往带回当地的莜面，北京人即做"搓窝子"吃。当年村中赵东来家，一家四口，倒有三口人去跑口，带回莜面与当地换玉米面吃。笔者即于此时，吃莜面吃顺了，至今不厌其食。

烩窝头

在旧时的北京城中，有钱的人家吃夜宵是鸡汤馄饨、叉子大烧夹酱肉；不富裕的人家，夜宵儿只吃"烩窝头"。笔者幼年即已家道中落，常在夜读之后，吃碗烩窝头充饥。常见大伯母将日间吃剩下的凉窝头，切成小四方块儿，先用葱花、姜片、蒜片等炝个锅儿，然后放汤，汤开之后，再放些白菜或菠菜叶等，见开后再下入窝头方块，不要使劲搅动，以防窝头块散碎。再开几遍后，窝头方块热透了，就熟了，这时放入些食盐，淋上些香油，就可盛进碗内供食了。这种食品，既热乎，又兼有菜、饭、汤饮，是个穷中乐的好吃喝！笔者成家以后，因孩子较多，收入又少，家道很

1 里一外九黄教胎：指的是蒸窝头时，一个大拇指头在其内，九个手指头在其外捏成形；"黄教"是借指窝头是黄色玉米面做的。

2 布施：原指世上人向庙中赠送财物、香资等。此借指春到人间时，榆钱儿向人间施舍其身以解人间饥荒。

快又败落下来，因而就常给孩子们烩窝头吃，慢慢地自己也练成个“土厨师”了。

烤窝头片儿

把棒子面（玉米面）或小米面做的窝头切成片儿，放在炉子上或铛中去烤焦，可以当干粮出门远行，久贮不坏；而且吃起来有嚼劲，且干香可口；若就着小米稀粥吃，就更好了。昔年，有入山打石头或买石头者，常带些烤窝头片儿加老咸菜就出门了。平日，穷家主也常做此物，以备下地或到乡镇去时当干粮。笔者本村中有一个每天往清河镇或沙河镇去卖杂面（条）的人，天天带着烤窝头片去做生意。一次下大雨，他被困在我家大门洞里，向我家人要碗开水，就着吃烤窝头片儿。他所带的是菜窝头片儿。他说：“这不仅为了省粮食，也为了好吃，当菜又当饭。”我向他要了一块吃，果然不像只是玉米面那样的干巴巴的，有些咸味儿。也不是玉米面儿做的，黄中有些灰色，也不是荞麦面，就问他，他哈哈大笑说：“你也是生于农村的孩子，就不知道这是小米面做的？”我说其颜色不对，且味儿更甜些。他说，其中的奥秘就是当中掺了些白薯干儿面！细想起来，真是不怕乡食粗，就怕无人精心做。精心做出的乡食，其形其味其营养是不会减于城镇中所食者的。

豆馅团子

豆馅团子，给我的印象太深了，真是一辈子也忘不了，一见到它，一股子辛酸就油然而生。这是一种北方农村的粗食，为广大劳动者所喜爱。馅儿是用红小豆加水熬成稠糊状即可，讲究者可用过罗筛去皮，不去皮也可以，再讲究一点的可以在豆馅中加入些蜜渍桂花（可到中药铺去买，或大家庭中自己做）。我幼时在私塾中读书（《百家姓》《三字经》《千字文》之类的），每天母亲给我包上个豆馅团子吃。在家玩时，我有个小伙伴——小喇嘛。他虽穿得很旧很破，但他心灵手巧，用一些胶泥捏小猪小狗，非常精致，惹人喜爱。我也是向他学的。他生在天津，爸爸是个铁匠。爸爸死后，他就随母亲到姥姥家来。他上不起学，我就把我学到的几个字教给他，他就给我捏好几个泥玩意儿。有一天，他看见我吃豆馅团子，问我能不能给他半个吃，我就把才咬了一口的豆馅团子全给了他，他像小鸟一样飞回了家……过两天，我和小喇嘛在一起拧柳笛玩，就是把砍剩下的粗柳条儿的外青皮拧下来，截短，把一头儿弄成薄嘴子状，嘴一吹就“吱吱”地响。他一边给我拧柳笛，一边看着我吃豆馅团子，叹了口气说：“这团子的馅儿里如果再加上一点儿蜜渍桂花，就更好吃了，真赛过买的点心……”我说：“这容易。我吃的是大锅饭做的，我妈妈每年都做些蜜渍桂花，用来沏水或做饽饽馅儿使用。你明天晌午在这儿等我，我给你拿两个来！”他说：“不用，一个就够了。”第二天我在大柳树下把妈妈做的带有桂花馅的团子给小喇嘛，他惊喜地睁大了眼睛愣愣地看着我。我催他快吃时，他才拿着团子又飞快跑回家……第二天，我又来到大柳树下，等着小喇嘛给我做“双响柳笛”，等了半天，也不见他来。到太阳偏西，我刚要走时，才见他头上戴着一顶钉着白棉花球的白布帽子来了。幼小的我当时还没反应过来，他先给我磕了个“丧头”，然后，拿出个旧手巾包儿来，打开后，里面是我昨天给他的桂花馅团子，他对我低低地说：“立生，给你吧！我妈死了！”我猛地愣了：哦——原来前天他把我咬过一口的豆馅团子带给了他重病中的妈妈吃，妈妈告诉他这馅中若加上蜜渍桂花，比点心铺里的点心还好……两个孩子呆了，哭了！我哪能收下这个团子呢？小喇嘛又哪里吃得下去呢？于是，我俩只好把这个旧手巾和团子埋到他妈妈的新坟前……事情虽然已经过去六十年了，但，我始终不敢吃任何带馅儿的团子——怕想起这段令人痛心的往事。这事发生在北京北郊回龙观村。六十年前的往事恍如昨天刚发生过，历历在目，令人难以忘记。我如今已两鬓花白，可我亲爱的小朋友小喇嘛，你又在哪里呢？

豇豆馅团子

“豇豆团子别有味儿，自家地里产的没有对儿！”这个俚语是夸赞自家地里产的豇豆做成的馅团子。用自家田里产的棒子面（玉米面）做皮子，将此馅儿包成大团子，供人吃用比什么吃食全好。提起豇豆，城里人或许比较陌生，起码没见到过其在田中的长势多么顽强和茂盛，只知其味好，能做许多样菜饭。笔者老家在农村，每年夏秋两季，大部分时间都在老家乡村度过，幼年更是如此。在犹如森林世界一般的密密麻麻的大高粱地里，下面是齐膝高的大豆秧子，而在众绿之中从地中拔起的豇豆会冲出大豆秧子的包围，缠绕着绿高粱秆儿往上直升，且豆叶旺盛并开紫花儿，结出长长的绿豆荚，荚中有十八颗豆粒儿，因而又有人管其叫“十八豆”。在其嫩时，全身青绿，豆荚和内中的豆粒儿都嫩美可食，摘下来，洗净，切碎，用酱、香油、葱末、姜末，还可以放点肉末儿，共拌成馅儿。用温水和好玉米面（棒子面），用其做皮，内中包上备好的豇豆馅儿，上笼屉去蒸熟，供人食用，既有玉米味儿、馅子香味又有鲜豇豆味儿，那是在城中吃不新鲜的面和菜的人怎么也尝不到的。这恐怕也是农家的一种天然乐趣吧！

黄袍灯笼红

黄袍灯笼红者，即黄棒子面（玉米面）包大红卜萝卜馅儿的团子也。因其外面皮子是黄色玉米面，老乡们就戏称它如昔年赵匡胤黄袍加身一般；大红卜萝卜，像个大红灯笼，此食故名为黄袍灯笼红。当年，家住北京东直门外的谭瘪子（谭六爷）是旗人中的“上三旗”[1]人，吃喝玩乐，可威风了。但自清朝倒台以后，谭瘪子也就成了封建遗老，成了没落贵族，只能靠卖些鸟儿食或草虫儿过活。但他在吃喝上，往往还很讲究，还喜欢人称他为“谭六爷”。笔者是时年幼，好玩蛐蛐儿、蝈蝈儿，又住得离谭瘪子

1 上三旗：又称为“内府三旗”，是清代旗人中最吃香的三旗的人，即镶黄旗、正白旗、正黄旗。

很近，就常到他家去买草虫儿，或自己捉到个好草虫儿，请谭爷给过过目。记得有一次我从华塔寺捉到一个叫“左翅”的好蛐蛐，来找谭爷给“掌眼”[1]，正赶上谭爷自做黄袍灯笼红吃。他叫我先坐在一边等等。只见他把用温水和好的黄玉米面用块湿布盖起，先醒着面。再把大红萝卜洗净，切成小方丁儿，趁其热劲儿放入食盐和五香面儿[2]，搅拌成馅儿。五香面儿不可放多了，多了则“喧宾夺主”，就不好吃了。包团子时，还在馅儿上撒一些青韭末儿。等团子熟了时，谭爷一边吃着团子，一边看我的“左翅”。他连说这是条“横虫”[3]，要先放在他那儿养着，以后可用其能“斗”去卖好价钱……我那时年幼，又非常信服谭爷，只要他说声是好虫，我就满足了，就放在他那里了。以后，我在祥瑞轩大茶馆里多少次看见谭爷打开手巾包儿，拿两个黄袍灯笼红就一壶“满天星”[4]吃，可他总也不向我提那条“左翅”。直到三十多年后，我见谭爷已卖不了、捉不动草虫了，只背个筐，手拿着个头上有针的手棍儿，干那没落子[5]的“金钩钓鱼”[6]了。虽然还能用手巾包包俩黄袍灯笼红吃，但，只是向掌柜的要碗白开水喝，连喝“满天星”的钱也没了。我就向祥瑞轩的张掌柜说：“每逢谭爷来时，尽管给他沏壶好叶子喝，人老了，从小就爱喝个茶，这茶水钱全记在我的账上……”从那以后，我和谭爷成了忘年交。他说我才是他的知音！谭爷每于茶后，总爱回忆着述说他得意时的往事，但，说饿了还得吃那黄袍灯笼红！不久，他就再也不到茶馆来了。我到他住处去时，他早已故去了！只教会了我做那黄袍灯笼红的大团子。

1 掌眼：给看看真假，给拿个主意。

2 五香面儿：用花椒、八角、茴香等共轧成的细粉末，以为调味品用，今犹有卖者。

3 横虫：能咬会斗的蛐蛐儿。横，读 hèng，是粗暴、凶狠的意思。

4 满天星：指次等茶叶末儿，因其被水沏后，茶叶浮动像满天星斗在沉浮。

5 没落子：北京方言。指人生活没有出路。落，读 lào。

6 金钩钓鱼：旧时，北京人指“捡烂纸的人”。因其手拿的小棒儿顶头上有尖针状的针，一扎烂纸就扎起，放进筐子里去，像用竿子钓鱼一样，故名。

榆钱团子

用温水先将黄玉米面（棒子面）和好，先醒着——使得和面均匀，面上劲儿。另把捋回来的榆钱儿用清水洗净，并洗去其褐色的榆钱托儿。然后放入好黄酱、姜末、葱末、蒜丁儿等搅拌匀成馅子。用备好的黄玉米面将榆钱馅子包成圆形的大团子，放入笼内蒸熟。人食之则香鲜咸美，不同于一般馅儿的玉米面团子。笔者幼年时，有个阎五叔长年在我家做零活儿，他什么亲人也没有，就长住在我家。爬树掏雀儿，下河摸鱼等是他的拿手好戏。我现在敢上大树去捋榆钱，就是向他学来的。谁想事隔几十年后，阎五叔早已故去，我也近天命之年，“文化大革命”中我因出身不好，又开罪了某代表，结果是挨了一通“斗”，被下放到很穷的山间农村去。该村却有不少能结榆钱的大榆树。于是，我每天早晨上工之前，就一现早年阎五叔教我的绝技——上树捋榆钱，到午饭或晚饭时就能用玉米面儿加榆钱做团子吃了。当然什么葱、姜小料是不全的，但有盐就行了。后来，把家里给我送来的炸酱放进馅儿里去，那团子吃起来真是美极了，简直胜过往日过年时的“团圆饭”。

刺儿菜团子

刺儿菜，中药称其为蓟菜，开花为大蓟，未开花为小蓟，均对人的血液有好处，且其叶及嫩茎可当蔬菜吃。在春、夏、秋三季均可采其嫩叶，经开水焯熟，剁碎，加些蒜泥、酱可生拌着吃，亦可以做馅儿，外用棒子面（玉米面）包好，做成圆圆的团子形，上笼屉蒸熟了吃。其皮有玉米香气，其馅则既柔又香，非一般肉馅可比，自有一种农村野趣在其中。若就着稀小米粥和老咸菜食之，则村野味儿更浓。儿时记得农村有以此来比情爱的俚歌，曰：“哥哥是皮儿妹是馅啊，皮儿离不开馅儿，馅儿离不开皮啊，皮儿馅儿一起热呀，一起熟呀，一起到白头啊……”俚歌的后半部我已忘了，但只这前半部已把恋人之间如同皮子馅儿的关系说透了。

柳芽团子

“柳芽儿青青，草芽儿青青，阖家又欢乐，五谷又丰登！”

这是春天农民看见柳树发芽，草儿茂盛，雨水充足，一派好年成时说的俚歌。其实，柳芽儿还是很好的食品，有清目明心之效，而且可以帮助人度“春荒”（春日缺粮的荒年）。将柳芽儿焯过、剁碎，和油盐拌豆腐吃，苦中有香甜。然若把柳树芽儿经开水焯洗后，剁碎，加上香油、酱、蒜末、葱花和姜末儿，一起拌成馅儿，外面用和好的玉米面（棒子面）包成大圆团子，蒸熟后，吃起来其味苦香，且兼有禾稼之美味。笔者幼年曾在本村南庙吃过普航和尚做的此食物，清雅可口。往日在村中私塾内教书的先生曾有《杂记》记柳芽儿团子之美。笔者爱其行书字好，又爱其文笔之美，不亚于《秋水轩尺牍》，只是不如秋水轩有名而已。故在“文化大革命”前，仍保留其手书《杂记》一册。其云柳芽曰：“春初，大地更新，柳吐嫩芽，如烟如雾，近取之则两叶夹一小子儿，取而焯之，用来与白豆腐相伴（拌），略加油盐，则苦香尤甜；恰如村塾冬烘，业虽清苦，然弟子多坦诚赤子，不乏美在其中……”今者，师已逝去，然斯语在听，不乏远见焉！

糊塌子

这是典型的北京饭，尤其是郊区人民，最爱吃此物。糊塌子的用料有贵有贱，很是灵活。过去有首数来宝，就是唱这种吃食的：“喂，打竹板，向前瞧，那糊塌子两面儿焦，吃起来，香又妙！怎么做法不知道，请听傻子我说分晓：要吃贵的有一套：白面里面把鸡蛋敲，西葫芦擦丝儿加盐调，混在面中糊味儿高，稀稀摊在饼铛上，两面儿刷油别忘了！又黄又焦的糊塌子，吃起来味道实在妙！要贱的，也难不倒，只是西葫芦改用大脚瓜（大绞瓜），别的馅儿也可以，就是别忘两面刷油才能焦！”笔者只能记起这段数来宝的大概内容，说出了做糊塌子的方法。早年，在清河、沙河两镇一带有个刘傻子，打着带铃铛的猪胯骨，说这段数来宝最拿手，他常在饭馆或油盐店门前唱这段数来宝。人们都喜欢听，笔者后来细看家人做糊塌子，还真如数来宝中所说的一样。吃两面焦黄的糊塌子，堪称是京郊人的一大喜爱呢！

摊糊饼

用棒子面（玉米面）摊糊饼吃，是老北京郊区的一种传统吃食。特别是在农家，一年四季用不同的“菜料”，与水共同和棒子面，内中放些食盐。把铛或铁锅烧热，刷匀了油，最好是刷上猪油，然后，把和好的棒子面匀摊在内，下面加火，盖好盖子。至熟时，用铲子铲下来，靠铛（或锅）那面有黄色嘎巴，上面则是焦软黄嫩的棒子面加菜料。吃起来，有软有硬，更有菜料的香甜。春日可放鲜菠菜，或柳芽儿，最好是放入切碎的香椿芽儿；夏、秋两季可放的菜料更多了，野菜可放刺儿菜（大、小蓟菜）、马齿苋、车前子等菜，加些食盐；冬日则可放大白菜，或葱花儿，或干菜，加上食盐，用猪油烙糊饼，则更美。

片儿汤

“小孩儿哭闹片儿汤，一碗下肚乐洋洋”是老北京哄小孩的口头禅。片儿汤也是老北京常吃的一种汤面，其味美又热乎，连菜带饭，其可食之美处，令人难忘。把小麦面用水和好，擀成薄薄的圆饼儿，用切菜刀划成一条条宽条子，再用左手拿着一个面条子，用右手把条子一片片地撕下来放入开水锅。煮熟后，捞面片出锅，可带些面汤，浇上氽子或三合油，也有浇卤或炸酱的，总之浇什么浇头儿都成。再有，其所用的面码儿也很广，有往内入青豆的，入白菜条儿或菠菜段儿的，都成。其中有一种，笔者认为最美，就是用倒炝锅法：先在碗内放上葱、姜末儿，再放点芫荽末儿，适量的香油、食盐和味精，这样做后，再把煮熟的片儿汤连汤带水地盛入有作料的碗内，拌匀，其香味自然而飘逸，绝非俗味可比。

揪咯哒

民间又叫“水揪咯哒”。将白面和得硬一些。旁边放一碗凉水。待水锅开后，一手拿面团，一手以大拇指和食指蘸水从面中揪下一个个小咯哒放入水锅中，待小咯哒熟后捞出，可过一下凉水（夏日）或温水，然后浇上白菜、芹菜末、萝卜丝等面码儿，放上芝麻酱、韭菜花、辣椒糊（穷人乐）吃，或浇炸酱、三合油，都可以。过去卖力气的人就常好吃此物，因其禁饱、耐饿。胃软的人和南方人多不爱吃此物。此物可称是典型的北方民间饮食。俗话说：“能吃卤面一斤，吃不下揪咯哒半斤。”此食物可粗可细。做得细时，揪得又快又小又扁，可当小片儿汤吃。从前，在北京南郊的大道边上，有个六合居小面铺儿，就是母子娘俩经营。儿子揪咯哒，妈妈招呼客人。他家揪的咯哒又小又薄又匀实，吃起来还蛮有劲儿，面性味儿也挺足。桌上的各式菜码儿有：青豆嘴、白菜丝、小萝卜丝……浇头除去上面说的那些外，如肯多花几个钱就能吃荤浇头。老板娘往你揪咯哒上盛一勺子连汤带肉的小炖肉儿。有些卖力气的、做小买卖的人，则特嘱咐小伙子把咯哒揪得大些、厚实些，再一过凉水，只浇点儿又咸又辣的辣椒糊，还可以多吃蒜、多放醋，真是“要解馋，酸辣咸”！笔者于旧日，每过此地，半斤揪咯哒足够了。我最爱吃他家的面码儿——总是随着季节而变：春天有带缨子的小萝卜，夏天有黄瓜、芹菜，秋天则有焯韭菜段儿和鲜韭菜花儿，冬天则有豆嘴和白菜丝儿。其浇头也又多又好，尤其是那“小炖肉”味道真好。

水揪片儿

“头伏饺子，二伏面，三伏烙饼摊鸡蛋；水揪片儿是整个儿伏里饭。”这是说伏天儿（夏季最热的日子）的饭食。提起“水揪片儿”来，可算是北京地区的老家常饭了。无论乡镇或城里，到夏日伏天儿都爱吃此饭。把小麦白面用水和好，要和得硬些——有抻劲儿。因为俗话说和面的道理是：“软面饽饽，硬面面(条)。”坐锅，锅内放水，等水开了后再往开水锅中下“水揪片儿”。把面团放在案子上擀成圆饼状，再用菜刀将面饼一条条划开。每条二指般宽窄儿，旁边放一水盆，左手拿一面条儿，右手指蘸上点水去揪断左手的面条成为短片儿下锅，煮熟后就可以浇上各种浇头和菜码子吃了。笔者犹记，在北京四郊的大道旁，都有一些小店制售此种吃食，特别是在夏日更多。笔者夏日就在去北京南郊南顶庙的路边小饭馆里吃水揪片儿。桌上摆着好几样面浇头：有肉炸酱、素炸酱、肉或素汆儿，更有劳动人们爱吃的“穷三样”——芝麻酱、辣椒糊和韭菜花儿……爱吃什么就浇什么，也不多算钱，并有绿豆芽、韭菜等菜码子，可以自由增添，真方便极了，也好吃极了，服务态度也和蔼可亲，绝无一点“官商”或市俗习气，而多有买卖人的“燕赵古风”。

疙瘩汤

京剧有一出名为《黄一刀》，说的是姚刚发配，在店中姚刚有句台词儿是：“店主东，你再做那疙瘩汤！”在北方民间早就有疙瘩汤这种吃食，很好做，也很好吃。先烧一锅开水，并不断地在底下烧柴火，使锅老开着。另用簸箕盛半下子小麦白面，不断地往簸箕内掸凉水，又不断地摇动簸箕，面中就不断地出现小圆球儿，不断地将此类小圆球儿倒进开水锅内去煮，这样摇下去，直到锅中的水和面球儿都熟了，汤也比较稠了，就成疙瘩汤了。此汤也有用绿豆面做的，叫“绿豆疙瘩汤”。北京郊区，早晨往田地里去送饭，多送主食是小米干饭，副食是黄瓜丝腌葱丝儿，那稀的就是绿豆疙瘩汤。吃起来，也会令人忆起幼年乡关之情！

煮白面汆汆儿

这是一种专业化很强的吃食，我所以这样说，是因为一般平常人家没有这种吃法，且认为太粗糙，不好吃，只是每年春秋两季到乡郊村野中来打铁活的人才吃，而且并不常吃，非到每月的初二、十六，吃“犒劳”的好日子才吃。先把小麦面放在盆内，用水和得硬些，因为“软面（做）饽饽，硬面面（条）呀”！和面时，面中可放些食盐，一为了省“浇头”，二为了好吃，把面团分成小剂儿，或用手直接去抓面，在手掌中揉捏成两头尖、中间圆的面汆汆，放到开水锅中去煮。等到开锅时，放些凉水以压下开水去，如此几次，锅中的面汆汆就熟了，盛入碗内，浇上些“穷三样”——芝麻酱、辣椒糊、韭菜花，拌匀，即可吃了。

摇汆汆儿

北京又管摇汆汆儿叫“盆里碰”，是北京地区常吃的一种普通粗食。人们常说：“有钱去吃饭馆儿，没钱就吃盆里碰。”其做法是：把棒子面（玉米面）用水和硬一些，切成色子大小的小方块儿，放在盆内或簸箕里加点补面去摇，直到把小方块儿摇瓷实了，摇得快圆了时为止，这时，再将它倒在开水锅内去煮，煮熟了盛在碗内，浇什么浇头儿都可以，不过最好还是浇“穷三样”——芝麻酱、辣椒糊、韭菜花儿一起拌匀。其菜码儿，可以煮青豆嘴儿，也可以用白菜丝儿，或菠菜段儿，焯过的韭菜段儿，等等。记得往日北京宣武门外有个爱群小学，其看门兼打铃的老夫妻俩是旗人，每吃“盆里碰”时，除去浇穷三样外，还有肉丁儿炸酱。老头说炸此酱的肉丁儿要和汆汆一般大，吃起来才有味儿。真不失旗人好吃能做的风趣。

喇嘛逛青

这又是一种形象化的饮食名儿，其实就是在摇汆汆的锅里加些青绿的菠菜叶儿。因其黄绿分明，又很可爱，故起了这个名称。笔者幼年初尝此食，是在京东北东小口村王连贵的香厂子里。当时伙计们说：“今天吃‘喇嘛逛青’。”我还不知是什么吃食，待端上来一看，原来就是带有青菜码儿的摇汆汆儿。

后来，在发大水的那年，因蔬菜少，本村庙中的张老道就用青秫秸绑上钩子，从水中钩青闸草，择其嫩叶，作为菜码子，给围困在北庙中的人做“喇嘛逛青”吃。我这才知道，青闸草也能供人食用，并从此和喇嘛逛青结下了不解之缘。“文化大革命”中在劳改农场，我曾给“难友”们做过此食。不料因其名讳，竟然给我扣上了个“破坏民族团结”的大帽子，并足斗一通。今日想起来真是滑天下之大稽，可说是为中国特有的运动添上了令人啼笑皆非的浓重的一笔。

豆面拨鱼儿和豆面溜鱼儿

乡俚有类似打油诗者云：“锅里打转儿，碗内赛面儿，撑得瞪眼儿，豆面拨鱼儿！”是说豆面拨鱼儿不仅好吃，还禁饱耐饿。坐锅，锅内放水烧开。将绿豆面用水和成能溜得下来的糊状。然后，用铁勺子盛满了这绿豆面糊，而另一只手用一根筷子，就沿勺子边上一细条一细条地将面糊拨入水锅里。熟后就成了“拨鱼儿”。若将面和稀一些，用一双筷子蘸满绿豆面糊，溜成一条条的，此往开水锅内入去就叫“豆面溜鱼儿”了。这两种鱼儿，都是用好绿豆面糊做成的“面鱼儿”，口感活泛又好吃，软中有硬。可以浇各种调料来供人吃。最好还是用羊肉或羊油做的“汆儿”浇面。羊肉一见绿豆面，其性味两相制约，都能各展其美，再加上点儿菜码儿，则更好吃。

橹索汤

儿时，一闹魔，家长就用小麦白面给做碗橹索汤哄过去。其柔软又香甜，至今不忘，尤其是那份父母亲情久暖着幼儿的心，是怎么也磨灭不了的。白面橹索汤的用料和制法很简便易行：将锅坐好，放水烧开。用大碗盛半碗小麦白面，往上面洒些清水珠儿，一摇晃，用筷子一拨弄，就成了一个个一条条的白面橹索。将这橹索倒在锅内，并不断往面上洒清水，不断往锅内倒拨弄好的面檐索，一会儿就可煮成一碗檐索汤了。在碗内放些香油和食盐，即“倒炝锅儿”。然后把煮熟了的面檐索连汤一起盛到有倒炝锅作料的碗内，搅匀，就可以吃了。也有往锅内放些白菜叶儿或菠菜叶儿当面码儿的，也有不用倒炝锅法，往汤上浇其他作料的。吃法各异，味道大体都是一样的。

柳叶儿汤

“红白喜事头天落作儿忙，夜宵儿少不了柳叶汤！”这是说办事的活儿忙完了时，夜宵好吃此食物。就是在正日子或落丧事，给和尚、老道或尼姑上夜经（传灯花儿）之前，也吃柳叶汤。这种柳叶儿汤其实就是乡村中的“片儿汤”，只不过是将面片儿改成“斜象眼”（菱形）形罢了。叫“柳叶”，其实，并不是柳叶，也许只是取如柳叶似的菲薄之意吧！这种夜点心也有两种：一种是炝锅儿：坐锅，下底油，油热后先煸葱花、姜丝、蒜瓣等（给出家人吃不用葱、蒜等荤物），待其煸出味儿后，再放盐，加水烧开。另在面案板上将白面擀成薄片，并横竖均走斜刀，将其切成“斜象眼”块儿，然后放入开锅内煮熟，即谓炝锅儿柳叶儿汤。另一种是在饭碗内先放好“倒炝锅”作料——葱花、姜末、蒜瓣儿、食盐、香油、味精等，待锅内面片儿煮熟后，再盛入碗内吃。这种汤，热热乎乎，香味诱人，又解饥又解馋。在丰盛的宴席之后，吃些“柳叶汤”，那才真叫美极了呢！

猴儿打伞

这是开玩笑的称呼，也是很形象地给这种吃食起的名字。在开水锅内，煮棒子面（玉米面）小饼子，待小饼子煮熟后，用筷子一叉，将小饼子叉起，再蘸着浇头儿吃，就如同猴子打着伞一般，故此名曰“猴儿打伞”。旧日，乡间到各村去打铁器或铸犁铧的匠人才吃此物。因其制作简易，吃后又能耐饥。旧时，铸犁铧要到野外去做，不让女人瞧，这是封建迷信，只有当其做小饼子吃“猴儿打伞”时，孩子们才围着看，因人家家常是不吃此物的。故有打油诗说：“住五道庙谁人敢？铸犁铧的猴打伞。吃住全在阴阳界，小鬼阎王不敢管。”因为打铁铸犁铧的匠人生活很穷苦，到哪村来揽活做生意全吃住在五道阎王庙内，一向不怕鬼神，故有此戏谑之说。

煮咸玉米豆儿

这是郊野农家常吃之风味食品。秋日，煮老玉米（棒子），将其连棒子核儿晾干，收好。至冬日，揉下其玉米粒儿，在盆内洗净，上屉去蒸熟（加些食盐），热透后供人食用。玉米香中带有些咸味儿，真农家之妙品。华先生教笔者家馆时，夜间读书，常索此物以为小吃，曾云：“腊月难得秋月香，粒粒珠玑入肺肠。谁云农家少知识，远非金屋睁眼盲。”即道此物此味。忆起笔者“下放时代”，在农村中劳动，就常在秋日煮些咸玉米豆儿晾干、收起。冬日带到城中，与孩子们同吃，都说好吃。事虽俗事，煮咸玉米豆儿也属农家粗食，但就今后各家“小皇帝”似的独生子女说来，则恐怕是“天外奇谈”了。

烧老玉米

老玉米，又叫棒子、玉茭、玉麦、苞谷、苞米、珍珠米、玉米、玉蜀黍等。种类很多。老玉米将老时，不能煮吃了，可以烧着吃。烧着吃最多的一种玉米是小棵矮秧，外号叫“小黄儿”，又叫“鸡儿乐”，因小鸡仰头即可吃着它，故名。常种于棉花地中。拣其可烧者，连秧取下，去其头、尾及棒叶，剥去棒子皮，下留一截光杆茎儿，好拿着它在田野沟下烧着吃。点一堆野火，大家围蹲在一起吃烧小黄儿，虽然人嘴都吃得挂满了“黑胡子”，但口内却香甜有味，至今忆及犹口颊生香。昔日农家野食，亦不乏美味养人。非今日城中锦衣玉食可知其美处。不期五六十年后我在木樨园商场中竟然碰到了当年一起在田野里吃烧老玉米的陈路。他小名叫“八十头”，因他祖父在八十岁时才得到他这个宝贝孙子。他当年是我们的孩子头儿，因为数他年岁大，坏点子又多，小孩子都怕他，所以在村中都尊他为头儿。这回相见却都已是两鬓苍苍，六十开外之人了。他后来当了木匠，现在已从木工模型厂退休了，家住在石榴庄。他邀我星期日上午一定要到他家去，并声称要给我一件多年没见的“宝贝”，只是当时不肯说明。依依分手后，我好不容易盼到星期日，就提着两瓶好白酒去见他，一见那院子我就愣了——偌大的一个老院子，都不栽任何花木，却青绿绿地种了一地的小黄老玉米。这真是我多年未见的“宝贝”。老友“八十头”告诉我说，这绝不是靠化肥催大的，是“原汁原物原味儿”。我们又烧起老玉米来，分享着儿时的乐趣，我们仿佛又回到了朝思暮想的童年时代！

刺刺猬

这是个以形而命名的食物名字，起得很生动。这种饮食，很鲜，很好吃，但费粮食，是夏末秋初缺粮缺米时老乡们不得已才吃的一种食品。秋日，将快要老（可收成）的新老棒子（玉米）掰下，用手揉下玉米粒儿，然后上碾子去碾。如太嫩，则不碾，就直接用手把它揣烂，连浆带水做成窝头形，放到笼屉里去蒸熟，供人食用。其味甜香，且有新玉米的好味道。笔者幼时，在京北老家有杨姓亲戚，住得不远。他家境贫寒，每年不等玉米成熟，就开始做刺刺猬吃，一直吃到玉米下来，则可收成者已所剩无几了。可我还天天去他那儿要刺刺猬吃呢。真是“饱汉子不知饿汉子饥”——这是祖母常说我的话。祖母常在秋收时，给几亩待熟庄稼的田地叫杨姓亲家去收，以度其贫。然刺刺猬之甜美，我至今犹忆之。20 世纪 80 年代还乡，还要侄孙辈做此物吃，然孙辈竟不知此食为何物！噫！天地变化之大，人文环境变化之大，非吾所能想象也！

荤汤玉米

此食为京北回龙观村张老道所创制。笔者曾尝过，并亲手制此物。将可煮食之鲜棒子（玉米）掰下，去掉皮、穗，放进煮肉或煮下水的老肉汤内煮熟即成。此物，真可谓“粗粮细做”，既有玉米之新香农野味，又有炖肉之余味不尽，且其中并见不到肉。旧日张老道管本村北庙、南庙、东庙，每于丰收后，来村吃“谢秋饭”，有剩下的炖肉荤汤，张道士即用以煮玉米，大家吃来甚美，因之广为流传，成为郊野的一种美食。张老道是个有家室的人，名为老道，掌管求雨、谢秋等庙事，然实为村中公会中之杂役，兼为教师，并为来村公干人等做饭，多出饭食新花样。他称“荤汤玉米”为“媳妇不贵媒人贵”，真乃一语道出其中之奥秘了。

白薯干儿

秋末冬初，郊野农家始刨白薯。有的现吃，有的入白薯窖，有的则洗净，横切成圆片儿，于房上地下铺席晒之。该物最费功夫，须经心照看，切不可着雨水，还需及时翻个儿，不然下面易受水或潮湿而发霉。晒干后，即可入囤或用口袋收之，然亦需通气通风，不可使之发热出霉。此物可生食，犹如食生白薯；亦可蒸熟食之，则如蒸白薯般甜、面；亦可用碾子轧成粉，成为白薯面，与白面等掺匀了烙饼吃。此外，还可做酒等。总之，白薯干是为农家粮食之一种，不仅荒年可食，好年成时，亦可常食之。老乡们管白薯叫“大挡戗”，旧时常说：“玉米交公粮，小米去还账，没着儿没落吃大挡戗。”

蒸白薯干儿

每年秋后收完白薯，除去将其入窖或留起“母薯”——灶秧子以外，剩下的白薯就切成薄片儿，晒成干儿，为不使其发黑变黄，则必须干燥贮存。至冬日或春荒之时，用笼屉将其蒸熟，吃起来与白薯差不多，缺点是不禁饿。以其当副食，与窝头或饼子一起吃，还很有意思。笔者记得往日被下放到荒村——马家沟，一住四年，与老乡们吃过不少回白薯干儿，且学会了做它。今日，到农贸市场上一看，竟有成口袋卖此物者。见之，如旧友重逢，忙买些回家蒸食，儿女们争相食之，却不知其父往日之苦。今日再吃此物，思及乡亲及往日一同下放之友人，多已作古。呜呼！令吾萌生出杜甫“访旧半为鬼，惊呼热中肠”之感。

蒸白薯

“白薯一溜屁，窝头二里地。”这是乡村人说吃白薯不耐饿。还有俚语说农民在疾苦年代，不得不吃白薯之话：“小米去交公粮，玉米去还账，没着儿没落就吃‘大挡戗’！”农民们管白薯叫“大挡戗”，因其产量高，不值钱，也不禁饱，故名此，然终能使人活命度日，成了“大挡戗”。其实蒸白薯是很好吃的，特别是用大柴锅整锅地蒸熟，临近锅底儿的白薯上有透明的褐状“黏儿”，很甜，与白薯一起吃，真妙极了。在锅底上的几块，朝锅一面有半焦的嘎巴，也甚好吃，使软香中有甜，有硬嘎巴可嚼。笔者幼时及老年下放后，吃过各式各样做法的白薯，然而柴锅蒸的白薯给我留下的好印象太深了，远非如今用煤灶或用铝锅、锅笼屉所蒸之白薯。读者自去体验，必知其中之妙矣！

烧白薯

冬日，白薯经过在白薯窖内“出汗”，就好吃得多了，再从窖中拿出，洗净，放入灶火膛内，埋在烧柴火的灰烬中，过些时候，白薯就被焖熟了，吃起来香美可口并兼柴火香稼之气。这可不同于蒸白薯和烤白薯！这是庄户人家少量地吃白薯的一种方法。久在北方农村里流传，其方法省事又省火，不用人烧火、看火，故很受人们欢迎。至于在田间地头吃的烧白薯，则是另一种，那是专用“门薯”制成的。白薯生长时，所结的第一块白薯叫“门薯”，因其多长在地表，长大后就从田垄土中露出来。这时将门薯摘下，并在田间地头、沟岗下，挖一个灶，点些干枝枯叶，以玉米茎或秫秸叉着门薯在火上烧熟，其甜味儿虽不如入窖后的白薯好吃，然田中野味，足以弥其缺憾。这两种烧白薯，各有其妙，笔者早年均常吃。如今想来，童稚之趣油然跃于脑海之中，久久不能离去……

高粱妊头

“小孩儿串高粱地，不是干活儿就是找高粱屁（妊头）。”这是乡里说小孩子的话。高粱妊头就是不结穗的高粱，小孩子会认得出来。你别看那高粱穗秆长得多么粗壮又青翠，可是它顶上的苞儿上的旗叶儿一打转儿，那它就绝不是好高粱，而是又白又好吃的“高粱妊头”。可如果等它老了自开花，那心儿就成黑色的粉状物了，就不能吃了。要趁其嫩时，将其撅下，剥开青皮露出又白又嫩的高粱妊头，吃到嘴里甜脆而有高粱味儿，那才好吃呢。这一手儿，是笔者幼年从二表哥王悦那里学来的。犹记昔年秋中，二表哥坐镇草屋子（场院）之中，命我们几个年幼的手下“喽啰”到玉米地里去找甜棒子，也有去高粱地中去撅妊头的，一齐抢回来先供他受用，然后，再由小喽啰们分食。其乐趣犹如昨日。然而，现在种大高粱的少了，妊头也就很少见了。但其自然之美味似仍在我口中。不期今年下乡到山村去“扶贫”访问，在燕山一个小山村的山坳地里，有一片高粱地，我欣然地跑到跟前，像寻老朋友似的细找，大家都奇怪地问我找什么。我不好意思地对村支部书记郭老头说：“您看，这是不是一根不长庄稼的妊头？”老支书笑着点点头，还说我是什么专家呢！我说明原意，大家这才笑了。老支书语重心长地说：“希望有大伙儿的帮助，我们这穷山村，就像这片高粱地，能出产正经庄稼，不要再多出妊头啦……”我们深以为是——我们宁可不吃妊头，也愿那山村早日摆脱恼人的贫困！

菜肴类

侉炖肉

就是乡野自家的家乡炖肉。每到年节，村中杀猪的人家很多。村中时兴，今年你家杀猪，我割去十斤肉，只记账，不给钱，下一节你家杀猪，再还我家十斤肉就是了。这样以物易物、借物还物的古风是继承和发展了古代的易物交易。可见在乡野古风犹存。笔者记得幼时过年，我家总要杀两三头猪（以应酬乡亲们割肉吃）。做饭的黄二婶子总要在大柴灶的锅内，先用开水把肉紧一紧，然后捞出，切成小方块儿，放在锅内，加水、花椒、大料、茴香、桂皮、大葱段、大干红橘子皮（或到药铺去买陈皮），柴灶下加上大根的废木头，慢慢地煮炖。一开锅后，就用小火慢炖。肉半熟时再放入适量的食盐和一些白干酒，以加味去腥。这样做的侉炖肉，吃起来鲜香异常，十分可口。

猪肉大丸子

这个菜若经厨师一做，就有名堂了。单独一个大丸子，带一点汁儿，叫狮子头；一盘内装有四个大丸子，叫四喜丸子。其实用料是大同小异，都是以猪肉为主料，只是名称不一样罢了。在郊野农家，每逢过节时，讲究一些的人家都用同样的猪肉和作料来做这两种菜，以待亲友来。上桌时，将这丸子一加热（一般用蒸），就当大狮子头上，小点的当四喜丸子上。有一种比四喜丸子还小的肉丸子，则与其他的菜一起加热为“丸子”。厨子常说“丸子有三样：大的狮子头，小的叫‘四喜’，最小的叫‘一窝猴’”，都是把猪肉剁成小肉丁儿，加姜末、葱末、花椒大料熬的水（少放）、食盐、打碎的鸡蛋等共团成圆形而成的。

家炖排骨或腔骨

猪的肋骨称“排骨”；脊骨称“腔骨”。二者，均须带些肉，不可剔得太苦。将猪排骨或腔骨洗净，用凉水泡一泡。在火上坐锅，放入备用的排骨（或腔骨），放水没过排骨为度，放入豆蔻、砂仁、姜块、料酒（或白酒）、酱油，煮到肉半熟时，再加些食盐、葱段，以去其腥味，肉快烂时，再放些味精、香油。出锅后便可供食。但必须炖烂到肉一啃就可下来为度，切不可急，火候不到（不及）则啃不下肉来，食之不入味，又易生病；火候太过，则肉骨尽脱，失去排骨或腔骨之原意，味亦不佳。现在，笔者仍常来国营肉杠（肉店旧称肉杠）上买几斤猪排骨，归家后，加料炖熟，既可自己慢慢解馋，也可以与儿孙们一起圆桌共餐而大嚼一番，共享天伦之乐！

炖下水与炖吊子

下水，有软、硬两类：软下水指猪的五脏及肠子等；硬下水则指猪头、猪尾加四个猪蹄子。炖下水，则往往指炖猪的软下水。每逢年节，老家乡下杀猪，都要炖一锅软下水吃。乡下人或北京的老居民管这个菜叫“炖吊子”。其味浓腻好吃，有猪内脏香味儿而无脏气味儿或粪便味儿，这主要是要在用水、醋或碱水洗时，一定要洗干净，肠子要翻过来洗。洗后，还要用凉水将其中的醋、碱味儿洗掉，然后放在开水锅里去紧一下（煮一下）。锅里要事先放些生花椒，以去下水之腥臊味儿。然后，将下水捞出，凉后，用刀切成小段儿，下入锅中，再下入葱段、姜块、茴香、大料、桂皮及料酒等。炖开了锅，改用文火慢炖，同时放入适量的食盐。炖熟后，上面有一层内脏浮油，吃时可以舀一勺子、两勺子下锅，见开后，放入些炸豆腐泡儿或面筋泡儿，或下入些发开的海带丝儿，其香肥中有淡素，就更好吃了。

炖牙叉儿

老北京的旗人管猪头叫“牙叉儿”。清王朝垮台后，一般的旗人没有了钱粮俸米（皇家按人头份儿发给的个人生活费），手头又没有什么积蓄，当政者又不把他们当作低层封建统治者来优惠对待，他们只有自谋生计。许多人肩不能挑，手不能提，无谋生之艺，其生活之拮据可想而知。但是到了年关，虽无往日那肉山酒海的阔绰，但他们也得见见荤腥儿——过年哪！只得变动几个钱，买个带血脖儿[1]的牙叉儿来做几样年菜，当然都是一般的了。把大部分的肉全放在水锅中，加丁香、肉桂、花椒、大料、料酒、咸盐等作料，一并炖熟，叫作“炖猪头肉”，用旗人的话说叫“炖牙叉儿”。平时，还有小贩背着猪肉柜子沿街叫卖：“肥猪头肉……”在清代，有钱有势的旗人对这种小贩是不屑一顾的。但到了潦倒时，偶尔买点牙叉肉吃，那可就真如过年了。牙叉儿肉炖熟了带汤儿的叫“炖猪头肉”，可以当碗菜上桌；晒凉了再色深些（炖时加酱油或“炒糖色”[2]等色料），可以切成薄片儿装盘儿上桌，叫“猪头肉”。今市上副食店里就有卖的。昔日，有谭瘪子者，身为旗人出身，后来老年靠卖些草虫儿[3]为生。但他到大茶馆中，还是叫盘猪头肉、花生米喝酒，来碗“炖牙叉儿肉”下饭。可谓“旗人虽穷那旗谱儿还不穷”。

炖鼻嘘

人都说这是个脏菜儿；可有人认为鼻嘘是指猪鼻子中的脆骨肉及其血等，是猪过滤使的干净物，并经过和猪头一起热炖儿时，并没有什么不洁之物，且是个好酒菜儿。每逢过年节，家中杀猪炖猪头时，笔者就好吃猪头上的四样儿：舌头、猪耳朵、猪脑和鼻嘘。我昔年在二荤铺中吃饭，就常见胡同东口状元楼猪肉铺中掌刀的（管杀猪者，或管切生熟肉者）刘二顺子，就常自带两个鼻嘘来二荤铺下酒。其鼻嘘是由酱猪头肉锅内捞出来的，更好吃，且有一股酱肉味儿。店中是不卖此物的，非店中有人专给炖或酱。家中则自己从猪头上取下而食。在二荤铺中，我常叫两菜，和刘二顺子一起吃喝，就为了吃他带来的“酱猪鼻嘘”！

1 血脖儿：是猪身子与猪头连接的那部分肉。

2 炒糖色：一种给食品上色的方法，先把糖炒成深褐色，再加入食品中去。

3 草虫儿：指生长在自然界、可供人听叫声的昆虫。如蛐蛐、蝈蝈儿、油葫芦等。

白肉

北京西四牌楼南缸瓦市路东有老字号砂锅居，算是京中卖猪肉烧烤及白肉的专店了。在京郊吃白肉很普遍，吃法儿也简单，且可以看出还保留着一些古风：用白开水加花椒粒儿及白酒，把猪肉（大一点的方块）煮熟。然后，再将肉切成小片片儿，蘸着好酱油和烂蒜吃，其味儿很不错。在山乡，京北接近草地的地方，只是将煮白肉切成肉片儿蘸盐花儿（细盐）吃。昔时笔者在京北家中吃白肉，酱油是从自家做的黄酱缸中撇出来的所谓“真酱油”，那蒜是自己园子里产的真正紫皮独头蒜，捣成蒜泥，又辛辣又香美。用这两样佐料蘸白肉吃，再就着玉米面贴饼子吃才美滋滋的呢！所谓“要有戏，是粗配细”嘛！

猪肉炖海带

北方无论城乡，用炖猪肉加海带丝儿一同炖而食之，这是个中档的常菜儿。可是在旧社会，却不是中下等人家日常可得之菜品。也有好吃菜的人家，宁可少干点别的，也要弄个猪肉炖海带吃吃。北京南城祥瑞轩大茶馆带卖些馒头、花生米之类的。在茶客中有个谭老头，因为没有多少牙了，又以秋冬卖草虫（蛐蛐、蝈蝈之类）、春夏卖翎毛（鸟类）为生，人都称其为“谭瘪子”。他总是提个很考究的小菜盒儿（像似很有些年头的了，起码也是清朝遗物），里面就装着猪肉炖粉条儿。到茶馆中来是做买卖完毕，赚了钱，到这儿来歇脚带“摆谱儿”，顺便也常吹吹牛说他是正黄旗的黄带子，他的衣包（胎盘）是埋在衣包胡同故地的（今北京东站对过儿，粮食部一带）。叫掌柜的给他沏一壶高末儿，买两个馒头，自带筷子，就吃起猪肉炖粉条儿来了。我曾细看过，他的炖粉条儿和别人的不一样。因为均是祥瑞轩的老茶客，又是熟人，谭瘪子又“吃捧”——爱听人家叫他“谭爷”，他就心满意足地和你聊起来了。他说，一般的猪肉炖粉条儿是乡村的侉做，不是我们旗人的讲究做法。我们讲究把粉条炖入了味（肉味），还要用宽条儿粉，先破成三寸左右的段儿，为了好用筷子夹，也好吃，又容易入味。这炖肉必须买大栅栏同仁堂的“肉料”。一切鲜料如葱段、姜片和料酒，一定要后放，肉快熟时再放入食盐，在这时候就下放干的粉条，不能下泡好的粉条，与肉一起一热就完事，那总是肉干肉的，粉条干粉条的，不成一个菜……有时，谭爷带一盒儿猪肉炖海带来，我问他这有什么讲究。他笑了笑说：“你若问，我就可以告诉你。我小时候，家里常有五六个做饭菜的，我为什么好吃猪肉炖的粉条和海带，这也可以说是由祖宗传下来的。那时候管不起眼的粉条叫陆鲜——陆地上的好菜；管海带叫海鲜。讲究的宫中做法，是海带根本不能用水泡，水一泡开，就什么味儿也进不去了。无论你怎么做，其味总在海带的外头，吃不进去一点儿。故此要吃猪肉炖海带，炖肉就不用说了。就说海带，抖搂去盐物，稍一过水洗后，就要放在老汤（炖肉的老汤）内先发它一夜，待它发开了时，再用刀把它切成细丝儿与肉一起炖熟。这种猪肉炖海带是肉头的，好吃的，绝不是和肉分家炖，两熟变一热的二合一的菜！”

剔骨肉与刮皮肉

旧时，京中郊外农村均有汤锅，所谓汤锅就是私人宰杀作坊，大多是宰杀老残的牛马驴骡，或小道（偷来的）牛羊猪狗。凡是能食能卖毛皮的牲畜，无有不宰。其处贩给小贩们熟肉，小贩们再走街串巷去零卖。其肉味煮得也很好，讲究的是什么肉什么煮法，与有的“土汤锅”不论煮什么肉都是一道汤（一种汤）不同。其最便宜最低等的为刮皮肉——从牲畜外皮上刮下的肉，煮熟了去卖；再一种贱价肉就是人们常吃的“剔骨肉”——是一些零头碎肉，加调料煮熟后卖出。其味道虽远不及成文的整肉，但价钱便宜，且亦另有一番风韵：“贱来买喽剔骨肉，花钱不多解馋喽……”的叫卖声，笔者如今犹能忆之！

家做苏造肉与卤煮小肠

把猪的软下水（五脏）择洗干净，下葱、姜、砂仁、豆蔻、花椒、大料、桂皮、茴香等小作料，下水快煮熟时加盐、酱油、味精等。另在白案上烙白面小圆饼，并将炸豆腐等放入肉汤内。吃时，将肉及炸豆腐、小白面饼（死面的）切成丝，用热汤焯两焯，浇上作料儿食用。城市中有卖此两种吃食者。苏造肉锅中有肉，切而供食，另备韭菜花、辣椒酱、烂蒜等小佐料，食者可随己所好而自取之。近日城中天桥中华电影院南胡同内有张福平做苏造肉最出名，其味浓香而不散，颇得苏造肉之法。郊区农家于八月节、除夕、春节常自杀猪，用上法做此两种小吃，亦肥香可口。笔者幼时于家中或海淀区外祖母家吃过此物，至今味犹在颊。

熏肠

旧时，过年过节，农家自己宰猪。把猪大肠里外洗净，摘去油物，另用精肉、肥肉共剁成小丁，加砂仁等调味料，与淀粉一起拌成糊状。再用马口铁壶嘴将其灌进备好的猪大肠里。量要适中，不可太满。然后放到水锅内慢火煮熟，捞出凉冷，再放在铁箅子上，一同放入底下有松木锯屑的铁锅中去，将松木锯屑点燃，来熏肠子。肠子上可刷香油，以增其香味及亮度。熏好后凉冷，即可切成片装盘上桌食用。其味带有松木熏味，荤中有素，令人食而不腻。常说：“宁吃熏肠一斤，不吃肥肉半口。”熏法，本来自北京城之外，但在京中也“打下了天下”。现在，熏制的食物，如熏鸡、熏肝、熏肠，比比皆是，令人目不暇接，好食者可大饱口福矣！

枣灌肠

这是北京郊野农村中“跑大棚”的厨师做的菜。家庭中，在过年过节杀猪时，也常做这个菜。这是个“荤中有素”的好菜，可以当小吃食用。先将猪大肠翻个儿洗净，择去多余的肠油，灌进去用去了核的大枣肉丁及入了味的肥瘦肉丁儿和淀粉共拌成的糊，不可灌得太饱满，以防煮时破裂。灌好后，用粗线系好了大肠的上下口儿，放在水锅里用文火慢煮，不可用旺火冲煮。煮两个小时左右，即可捞出，凉凉。待吃时，可用菜刀横切成薄片，装盘上桌，其色、其味均佳。关键在给肉丁儿入味时要用姜末、葱末、料酒、食盐及用布袋儿灌好又经熬过的花椒、大料、茴香、桂皮水。料水可以用来解干淀粉用，如不够，可以加开水。

拌猪耳朵

从猪肉店里或肉柜子上买来的熟猪耳朵，用刀切成细丝儿，再加入些细葱丝儿，淋上些香油、酱油、水醋，共同拌匀，供人食用。其味甚佳，不同于一般猪头肉。昔日，过年过节，家中宰猪时，也把猪耳朵从炖熟的猪头上割下来切成细丝儿，配上葱丝儿上桌食用。往日，笔者在北京西珠市口东口路北顺发永酒铺中喝酒，常见到丁姓哥仨，虽为旗人，听说其上辈还做过二品监巡史，到丁老大这辈儿上还捐了个什么知县。但后来丁老大死了，老二及老三靠蹬三轮车吃饭，这哥俩每天到顺发永来喝酒，但从来不吃酒铺的菜，自己带来个木胎大漆的小菜盒儿，里面装着切得极细的葱丝与猪耳朵丝儿。遇到熟人儿，还总端着小木菜盒儿请朋友来尝尝自己家做的“猪耳朵拌葱丝儿”。笔者与其是“爷儿们朋友”，没少尝其菜，那味儿是好，是与酒铺中卖的猪耳朵不一般。掌柜的也不计较他们，一是因为他们是常来的熟酒客；二是因为他们的菜并不耽误柜上卖的猪耳朵。其实，他们就是吹吹牛——意在叫诸位赏识一下那木胎大漆外带花纹的菜盒儿而已。每喝到脸红耳热时，丁爷便道出自己是给清家打下天下的“黄带子”旗人，这小菜盒儿虽小，但来头甚大——它是当初清朝雍正皇上赏给丁爷前辈的“御赐品”……其实也不知是真是假。只觉得那小菜盒儿是很精致，现在外边是买不着。我只向丁爷讨教其炖猪耳朵之法。丁爷说：“说起来这个小菜儿，里面的讲究可大了。先说这葱，要用真正山东产的‘高脚白’来切丝儿，丝儿中不能见有葱芽子的绿色儿；那香油要用真正的小磨香油，外面卖的价钱便宜，可是掺有花生油，不能用：一用这种油，不单葱丝拌猪耳朵的味儿不正，一打开菜盒盖儿，放出来的那股邪味儿连别的菜全搅了……”我觉得丁爷说的这小磨香油太邪乎了，可也不反驳他，听他继续说下去。他说那猪耳朵可有讲究，千万可别用母猪耳朵，因为那不但不香，反而发柴，腥气味儿太大，一定要用“儿猪”（公猪）的大耳朵，长开化了，切出来的色儿和样儿都好看，并且味儿也正，真是脆中带香的正宗猪耳朵味儿……我回家后，闲暇时，还真买过公猪耳朵，也照炖肉那样下料，还是从同仁堂买的肉料来炖，可就是炖不出人家丁爷那种香味儿来，也炖不出猪肉杠中那种香味来，只是个家常味儿。其何故，尚不得知，真乃一大怪事！

口条

就是“猪舌头”。昔日将其单加作料炖熟并加些“糖色”（用炒糖给食品上色），切成细片儿供人吃。可以从猪肉店里买整条儿的口条，回到家自己切，上桌当菜用。口条有一般炖口条，还有肉店用“酱法”做熟了的“酱口条”，其价格比炖口条贵。家中过年过节宰一两口猪，就把口条和猪头一齐加作料炖熟（和炖肉一样），但仍把口条单切成细片上桌，其味也不差。从猪肉杠（店）买回的“盒子菜”[1]中，也单有口条，那味儿是很好的。笔者幼年时，随祖父一起吃饭，就爱吃由肉杠买回来的盒子菜中的“酱口条”，其肉全是瘦的，香而不腻人。

炒肉末儿

提起炒肉末儿，七十岁左右的人均知此物与烧饼配套成一快餐式的吃食——肉末烧饼。这本是当年在北海

1 盒子菜：往日猪肉店中将不同的猪肉分成格儿卖给人，叫盒子菜，后来包在一起卖。

公园北岸席棚（临时饭馆）中卖的吃食。一卖是一盘五个芝麻烧饼和一盘炒猪肉末儿。这肉末儿的辅料（配菜）可以随季节而变：春夏之季一般多用鲜豌豆作配菜的辅料，吃完后再要肉末或烧饼均可。但不知什么时候和原因，把这种快餐给安到西太后（慈禧）或更早的乾隆皇帝身上去了，硬说这是清代的“御膳”，但却不见于《清史稿》和有关的书证。这段公案传到乡间父老耳中，则大笑此村野之食也居然翻身登大雅了。姑且不论这段公案，且谈这炒肉末儿，在北京郊野是个四季随时可有配料的俗菜儿。春季里，在豌豆由暖棚或地里下来时，可剥出豆粒儿备用。另将猪肉切成碎丁儿（肉末）备用。坐锅，下底油，油热后下入葱花、姜末，煸出味后，即下肉末，要快搅动，以使其开散，这时加入些料酒（或白酒），以使肉味芳香。到菜半熟时，再下入豌豆粒及食盐（少用）和酱油。临出锅（或勺）时，再淋上些香油，即可装盘供人食用。其菜就芝麻烧饼或烙饼吃均可。在乡里常就细罗面烙饼或窝头贴饼子吃。笔者幼时，每过秋后，北海的游人少了，北岸的大棚饭馆也暂时歇业了，再想吃炒肉末，就只有请柜上的厨子王师傅给做。他做的比北海的一点也不差，也很好吃。每到老家，得尝郊野鲜菜作配料，也别有一番美味。怪不得有人用几句不成文的句子披露其中之奥妙云：“五龙亭（北海公园北岸之一景）旁本贱身，肉末烧饼卖几文；一旦升堂价十倍，深念有心提拔人！”可为一笑。然而二味，一主食、一副食，均味香可食。尤其是随四季而加配料的京郊炒肉末，笔者至今犹思之！

炒辣肉皮

猪肉杠（卖猪肉的店，过去叫肉杠）的肉皮，大都卖与小饭馆去做炒辣肉皮卖。别瞧这是个下档俗菜，不值什么钱，但是炒好了可不容易。饭馆中的做法是：把肉皮洗净后放入汤锅里去煮（吊汤），待其熟烂后，才捞出来，切成小条儿。然后，坐炒勺，下底油，炸一些干辣椒，稍黄即下姜丝、葱丝，煸出味儿来就将切好的肉皮条儿下锅，一翻勺加些油，下酱油及少量食盐，如发现菜干缺汁儿，赶快舀一勺白汤，一翻勺后立即就出勺装盘，其色其味儿均佳。挣钱不多的人就买这一个菜来下酒、下饭。过去北京北小街路东有个二泉居小饭馆就制售这个菜，色味俱佳，而且给的量也不少，很受顾客的欢迎。因此，回头客也很多，该小饭馆生意很是红火了一阵子。

肉皮冻儿

这可是个有滋味儿的小菜，好吃者以其下酒或下饭；不爱吃者，觉得难以下咽，不好吃。真是“各有所好，适口者珍”罢了。将猪皮在白汤锅里煮好，捞出后，加咸味儿及小作料再煮烂一些，捞出切成细条儿，以酱油和好淀粉（少许）加白汤兑好了汁儿，将肉皮条儿搅入其中，待其在阴凉通风处凝固后，用刀切成小长方块儿，装入盘中食用，其色味之美，价钱之便宜，很合一般人口味。昔日在小饭馆或酒铺中常卖此菜。过去，在北京有位唱武生的老先生很有名（暂讳其姓名），因腿摔瘸而潦倒了，又不爱教戏，甘愿自己捡破烂为生，常见他在小胡同的小酒铺中吃一盘肉皮冻儿，喝二两白酒，自斟自饮，自得其乐！

虎皮冻儿

就是肉皮冻儿。先用烧红的火筷子把修治干净的猪肉皮正面烙成一条条似虎皮纹的印记，然后用白汤（或开水）加姜块、葱段、花椒、大料、茴香、桂皮、豆蔻、沙仁等调料一起熬。在汤开后，放入盐或酱油，在有料物的汤中将肉皮煮熟并入了味。然后将肉皮捞出，切成条儿，上有虎皮纹印儿，再放入原汤中（原汤要用笊篱捞去料物及其杂质）去熬，熬至汤皮相对稠和时，倒入瓷器中，放于阴凉通风处，凝成冻儿，再切成丝或块，装盘供食用。该物虽贱，但因料物及加工细而多，故味道好且形色俱佳，是酒菜或冷荤菜中的优品。旧日四郊的小饭馆儿中，均做此物来卖。但作者以为做得色味俱佳的应属海淀镇的海顺居！

肉汤炖干菜

各种干菜都是冬季老百姓常吃的菜，都可以用炖肉剩下的汤来炖，而且味道好。就拿茄子干来说：把茄干儿用清水洗净，改刀切成小方丁儿（切前，可先用温水将茄干泡开）。然后用炖肉汤儿一炖，那茄子的味就出来了，并带有“炖肉的味儿”。即便是干马齿苋菜，若先用温水泡开，再用清水洗净，切成小段，经肉汤一炖，便腻活好吃。能用肉汤来炖的干菜很多，但味道却各不一样。昔年在乡村，笔者亲自见有开小铺的柳自华，在乡村内开个小杂货铺，本是个惨淡经营的小本生意，但因有几亩薄田做后盾，吃粮就无大忧了，在秋日就多晒些干菜了。我就曾亲见柳掌柜亲手晒制各种园蔬野菜以备冬需。真可称得上是位“野菜专家”了。

腌猪肉

京郊乡村中，有的地方又管它叫“腊猪肉”。因大多是在冬天，最好是在腊月（农历十二月），杀猪后，将“五花三层”（有肥有瘦）的肉片薄些，用食盐和花椒末（生的）搓好，挂在阴凉、通风的地方。经两三个月，肉也不坏；而且还腌出了油，有防腐的生花椒加正味儿。吃时，将此肉用温水洗净，切成条儿，放于大碗中，再加上葱段、姜片、一两瓣大蒜（不要多放），另外再用个碗蒸些干粉丝、白菜等，当碗底儿（正菜下面的铺垫）用。蒸得肉熟后，在汤碗中先放入垫碗儿的菜，再倒入腌猪肉，在上面淋点香油，则鲜香扑鼻，使人口内生津，特别好吃。笔者幼年过节，在京南亲戚黄启贤姐姐家吃腌猪肉时，竟不知为何物所制，其可说明，该菜之诱人尔！

炸松肉

这个俗菜，喝酒最美，也可以当一盘菜上桌。在乡村，每到年节全做豆腐，揭取老豆腐的皮子，晒干了，就是豆腐皮儿。用时，再以温水化开。下面铺一张，放上肉馅儿，再在馅儿上盖一张豆腐皮子，用快刀将其划成长方形的块儿，放到热油锅里去炸。要注意用铁筷子翻个儿，待其熟后，将其夹出，放在油盘子上的油箅子上，就成了“松肉”。其馅儿有荤、素两样儿，虽然都叫松肉，可其馅儿有用胡萝卜丝、花椒盐、木耳、黄花和打碎的鸡蛋等做的。荤馅儿是用肉，大教人用猪肉、葱末、姜末、花椒大料熬成的水（少放）外加盐、打碎的鸡蛋做的。如馅儿比较稀，均可加些好淀粉，以使其成形。家乡的松肉内还常放些香菜（芫荽）。

油渣儿

这也可以说是北京的一种特别的吃物，它可以做菜吃（烩油渣），可以当主食的辅料（油渣烙饼），又可以当小吃（煮油渣儿）。过去老北京人也爱吃它。在20世纪50年代北京南城桥湾儿路北有个小饭馆叫“油渣王”，专卖煮透了的油渣儿，盛到碗中有汤有油渣，再浇上些韭菜花、烂蒜或辣椒糊等，也很好吃。每吃它的油渣儿，就使我想起在乡村过年时吃的熬油渣儿，那是用自家养的猪身上的杂油或肥肉焯的，不但干净，而且都是正经东西；杂七杂八的不洁之物，绝不往里放。那油渣儿常和炸油豆腐（撕碎）一起炖，并加一些解油腻而加美味的鹿角菜，放芝麻酱，但不放盐，而是加入适量的老咸汤儿，那味儿有荤有素，真好、真足极了。

熬油渣儿

猪的脂油（包括肠油），经炼过，其剩下的大块渣滓，叫“油渣儿”，可以剁碎当馅儿用，或用其烙饼吃，均佳。另有一种吃法就是“熬渣儿”：将开水放入锅中，再将油渣儿倒入，先焖一会儿，锅下再烧火，见开后，改用文火慢慢将油渣儿熬熟，熬透，再盛入碗中，浇上酱油、香菜（芫荽）末、炸辣椒和用水澥开的芝麻酱、酱豆腐汁等，供人食用。其既有肉味又咸辣香麻（因熬油渣时，锅内放了些生花椒，以去其腥臊，而增加麻香气味），是下酒或就饼、就饭吃的好菜。20世纪50年代，在北京南城桥湾儿路北有家小店专卖熬油渣儿，店名叫“油渣王”，所制售的油渣儿很好吃。不过，旧时，大一点的家庭过年过节时自家杀猪，走油（炼油、炸货），有不少的油渣儿。注意：如果其出油太狠、过多，则油渣儿干瘪无味。在年饭（合家团圆饭）的桌儿上，各式各样的菜肴中，总少不了一碗熬油渣儿。这是个很受大家喜爱的菜。

大葱炒沙肝儿

猪、牛、羊等动物的脾脏，作为食品都叫作“沙肝儿”。将其洗净，切成丝或薄片儿，也可先用些料酒（或黄酒）或白酒，味精、少量的食盐、醋、姜末儿等把它腌起来，入一入味。然后坐锅，下底油，油到七八成热时，把切好备好的沙肝儿往锅中一倒，随即下入大葱丝。一翻勺，就下入事先兑好的“汁儿”，随即就出勺，装盘上桌。兑汁儿，要看沙肝儿事先入味没入，有一种做法是先把沙肝儿入了味再做，那么兑汁儿就淡一点，以免菜过咸，没法吃；另一种是鲜炒——沙肝儿事先不入味，那么汁儿兑得就要浓些、口重些，以免口轻，沙肝儿发腥气。最要紧的是“鲜炒沙肝”时，要下料酒，把腥味去掉，增加香味儿。

杂合菜

杂合菜有两种：高级的是各大饭庄将吃剩下的“折箩”（菜）混在一起，卖与专门收售此菜的人，由其加工加热后，再出售。买此菜的多为小门小户人家，或卖苦力的劳动人民。旧时，前门外抄手胡同路西一张姓老头，老夫妇即专做此买卖。另一种是指家中将各种吃剩下来的菜合在一起，舍不得扔掉，热热再吃，也叫杂合菜。此菜可谓色、味俱全，很有特色。所谓：“不赖不赖真不赖，顿顿能吃杂合菜。”不过，不管哪种杂合菜加热时，都要盛入碗内上笼屉去蒸为好。如果用勺或锅去加热，则不如蒸着吃能保味儿且消毒效果好。

牛肉炖榨菜

在炖牛肉中加入洗去辣椒末儿的榨菜，那是很好吃的。但是，有两件事很要紧而且也很要手艺。那就是榨菜既要洗去辣椒末儿，但又要保持微辣才行。第二点就是要把榨菜泡得脱去其太咸之味，以便能供人吃。旧日笔者住在北京琉璃厂东北园王质彬叔父家。婶婶很会做菜，她做的牛肉炖榨菜就很得法。那味儿好极了。我曾无数次地吃她做的这个菜。后来，笔者自己也学做此菜，但怎么也做不出她做的那种味道来……后来笔者遇到一位姓黄的四川籍的厨师，他说用榨菜来炖牛肉在四川是个很普通的吃法。但若用纯四川做法，北方人是吃不消其味的……笔者认为确是如此，许多外地名菜，在入京后，都随着北京人的口味有所改变。看来，京乡土味也未必全合众口！

牛肉炖胡萝卜

到冬季时，胡萝卜入窖又出窖，已经出了汗，好吃了。将其洗净，切成不规则的三角块儿，与其他作料一起来炖牛肉，其味鲜美而富于营养。有好吃烂牛肉者，可用盐、葱段、姜块、花椒、大料（八角茴香）、桂皮、料酒等共炖牛肉。开锅后，用文火慢炖至肉烂，另把胡萝卜段儿上屉蒸一下，再与烂牛肉一起炖熟，其味亦浓：既有牛肉的浓香柔软，又有胡萝卜的芳香气，褐黄中有鲜红，颜色也好看。笔者昔年曾在北京钟楼后玉皇阁后坑二十一号富贵香箔厂常吃此菜。店中有叫齐盈的厨师，擅做此菜，连后门一带小饭馆的厨师都来向他请教此菜的做法。后来笔者曾自己照其法炖牛肉，果然好吃，故将此法记下，以飨同好者。

咸牛蹄筋儿

每到秋后，在京北乡间，总有人挑着大白茬儿（把木头柜子刷出木纹来叫白茬）铜钉子的肉柜子，上面盖着白洋布的盖布，里面则是煮得又香又烂又好看的牛筋儿，吆喝着“牛蹄筋儿”，实际上是牛的各种筋头巴脑的。用刀给您切好，另用纸包儿给您包上些胡椒盐儿，回去自己蘸着吃。那真是又香又咸又干净，并且能解馋。故此，每逢听到秋风儿送来其吆喝声，小孩子总是磨着母亲，要出几个大子儿（铜板）买上一大包，回家去吃。当然，也有大人们买的，到小酒馆中去喝酒。笔者记得本村有个兽医，非常好干净，可是他却爱吃这牛蹄筋儿，差不多每天买一包儿，到村中的李记小铺去喝酒。听说他和卖牛蹄筋儿的，均是当初义和团大师兄的好哥儿们。

炖羊肚条儿

我们家里宰了羊或从外边买来了羊肚儿，总爱做炖羊肚条吃。将羊肚子修治干净，切成窄条儿，放到开水锅内稍紧一下，放些花椒。然后，在锅中放好汤，放入羊肚条、葱段、姜块、料酒、茴香、大料，炖开锅后，再放入些食盐，炖熟后，即可食用。如在冬日，可用一勺子炖肚条儿放在锅内，加几块（小方块）冻豆腐、白菜；如不够咸时，可加些食盐，但不要放酱油，以防色气不好，味儿发酸且有酱性味儿。羊肚条香软可口，又为肉质品，加上冻豆腐和大白菜特有的素雅香气，很合人口味，尤其是汤，更好喝。笔者犹记得老家于京张路旁开了一座牛羊大车店，店中有大锅的炖肉或炖肚条儿，人们花不了几个钱，就能买一碗吃。我小时候，常手拿着个空饭碗，到店中要一勺子炖肚条儿，就着饽饽吃，只觉得好吃，味美，至今难忘。

炖羊蝎子

羊蝎子即羊的脊骨，可剁成小段儿，加料炖熟食之。但只限用无腥味之大绵羊的脊骨，若大山羊者，则不堪入口。旧时，通往昌平的旧道上，有我家开的牛羊大车店。店中带卖米粮肉等，住客可买粮自做饭菜，故名为“起火店”，是为了小买卖人（如卖鸡蛋的、卖针头线脑的、卖耍货儿的等人）而设的。但店中总有大锅的炖羊蝎子，因为卖羊肉或送羊肉进京后剩有大量的羊蝎子，花不了几个钱就能买一大碗吃。其味浓香而不腻人，不比猪排之油腻，也不像牛脊骨之大而肉少，味干。细看其做法也无甚奥秘，然其调料却大有文章——不用人工制作的酱油，而是用家做的老黄酱，其味正而纯，使人吃起来无“酱糗子味儿”。先把羊脊骨剁成小段儿，用干净凉水拔一会其中的血汤子，然后，坐大锅，放凉水，将小段羊蝎子放入，加上葱段、大块姜、花椒、大料、茴香、桂皮（上四者装在布制的“料口袋”内下锅中煮，以防其散落而使人烦厌）。锅下烧木柴煮之，快熟时再下入适量的咸盐、料酒和黄酱，改用文火炖焖而熟，其味自然隽永。

羊杂碎熬老边儿

这是一种又解馋又耐饿的好菜。先将买来的熟羊杂碎切好。然后将鲜豆腐切成小四方块儿，下净水锅内去煮，待豆腐块儿煮涨了，有了蜂窝时，就下入切好了的羊杂碎，一同熬煮，直至其汤有羊杂碎味儿时，方可盛入碗内，撒下香菜、韭菜、大葱末儿，浇上炸辣椒油，还有用凉白开水澥好了的放了盐的芝麻酱，即可供食用了。其汤，有说不出的美味，并不腻人，其中的羊杂碎则热烂有滋味，蜂窝豆腐则兼有羊杂碎及作料味儿，口感甚好。这种豆腐为什么叫“老边儿”?“老边儿”是方言。原来，旧日豆腐坊中做豆腐，在割豆腐的大方池子里，靠边儿上的豆腐比别处的高些、厚些。故此，买豆腐时，都爱买这“老边儿”。用“老边儿”熬羊杂碎当然就十分可口，大受欢迎了。

白水羊蹄儿

此小吃是笔者从回民朋友家学来的。到自家一做，味道果然好。先把食盐与花椒、茴香共上锅炒黄、擀碎，即成“胡椒盐”。再把羊蹄收拾干净（去掉毛及趾甲等不洁之物），放入锅，下清水，豆蔻、砂仁、大料、花椒、桂皮、甘草、茴香、姜块、葱段共煮之，开锅后，即改用文火炖烂羊蹄，然后捞出，去净沾在羊蹄上之料物，以手撕碎，蘸备好的胡椒盐吃，别有一番清香风味。切记：煮羊蹄时锅内不许放一点盐，要白煮，而后才放盐。以此煮羊头，即“白水羊头”，味亦美。过去京中前门外廊房二条中间路北同丰酒缸门口有马二把制售此物最有名，竟有来自天津者购买其食物！

鲜葱炒羊犄角

将自家菜园里新拔来的鲜葱去掉根须儿，洗净后切成段儿，再把新摘下的羊犄角辣椒切成小段儿。然后坐锅，下底油，油热后，下入葱丝、姜丝、蒜片，煸出味儿后下入切好的羊犄角辣椒，煸两过儿，下点盐，再下入切好的鲜葱段儿，煸一煸就出锅装盘上桌。其味鲜辣异常，是下饭的好吃食。京北张家为买块地方做场房儿而挖地基挖出一口三国时的大水井来，就淘净其井，见水质特好，于是就就地开了个菜园子，一般时鲜蔬菜都有，还每早顶城门去给各大油盐店送菜。它的大园头（掌管菜园子的头儿）张傻子就好吃这鲜葱炒羊犄角辣椒。笔者幼时就读于本族私塾，常随教书的范先生去访张傻子，就吃此物。乍吃时，有辣不堪言的味儿；吃常了，却觉得其味异常鲜美。后来，看书才知道，这两种鲜物均含多种营养成分，对人体有益。故后来吾虽居城市，但常于菜市中购此二物，炒之以下饭，甚便宜且甚养人。

毛豆羊肉氽丸子

这可是个上等好吃食。城中馆子里也有做者，然来自农家自产自做自食之美终不可灭也。笔者幼年，秋月（大约是八月十五中秋节），家中杀大绵羊，从地里现拔来大毛豆，剥出豆粒儿切碎，宛如一堆“碎青玉”。将半肥之绵羊肉剁成馅，加适量的食盐、葱末、姜末、料酒（黄酒也成）、味精（不加也可以），共拌匀入味，十几分钟后，加入切碎之毛豆渣，共制成小丸子，下入开水中去氽，见开后即熟，盛入碗中，加些香油、醋、胡椒粉，香菜末儿食之，汤肥而鲜，其味美甚，丸子则荤素并鲜，别有美味。今于市中买诸物做而食之，然终不如昔日做者鲜嫩。昔日农家一碗菜，至今犹香在腮间！

蒜辫子[1]㸆[2]狗肉

在㸆（煮、炖）狗肉时，要在锅内放进蒜辫子当作料。这是典型的北方农村做法。俗话说，“一物降一物，盐卤降豆腐”。这是很有道理的，特别是在烹调饮食方面，什么主料配什么辅料，用什么作料，都是很有讲究的。制作精细的中餐讲究用料搭配，与中医用药讲究“君臣佐使”一样。所以人说“医食同源”在中国是很有道理的，在世界上也未必不认可吧?！就拿用蒜辫子来㸆狗肉说吧，有蒜辫子在内，其味就是好，就是正。笔者祖居北京，亦为好吃之“馋鬼”，尤其好吃京中土产土作的俗食。我虽然也吃过天桥“狗肉王”的狗肉，以及名厨高手制作的狗肉菜和广东风味的狗肉，但总觉得不如京郊农家用蒜辫子㸆的狗肉香醇可人意。

京郊农家把狗宰杀后，剥去皮，去掉五脏，再把狗体倒挂起来，先控净其余血，然后才用清水洗净下锅炖。除了加入花椒、大料（八角茴香）、葱段、姜块、食盐等一般炖肉常用之作料外，还必须用家做的好黄酱，以增其色味，最奇特的作料是要将一条

1 蒜辫子：即蒜带着蒜秧儿编成似发辫的整挂蒜；此指吃完蒜的空辫子。

2 㸆：一种烹饪法。用少量的水，盖紧锅盖，加热，半蒸半煮地把食物弄熟。

蒜辫子围在锅内，然后盖好锅盖，连煮带炖地将狗肉烀熟之。其味特醇，而无狗肉的腥气。我就此事问过制其菜的当地高手——张老道。他说狗的食性杂，其肉虽美，但奇腥难闻，且有毒性[1]，只有用蒜辫子才能率众调料杀尽其腥，灭其毒性，增加其肉味之美……我想这也许就是放蒜辫子的真理吧！后来我在沙河镇中又见国民党十六军的广东军人烀狗肉，也学北方人放入蒜辫子去烀，就问他们是什么道理，他们说北方的狗肉确实比南方的狗肉柴而腥。北方人烀狗肉时，放蒜辫子去吸其腥，是很对的；南方炖狗肉时，也要放入大蒜。但是，放进蒜辫子，其味匀又大，又有广吸毒气的草性，所以很有道理……这又是一说。京北北窑是个大砖窑厂，总养着二十来条狗，夜里给看窑厂。每年他们都把不擅看家的公狗或多年的母狗杀掉，烀狗肉吃。窑上的桂先生，就是做烀狗肉的能手，当然也是吃烀狗肉的行家。他总是在窑上的菜园子收蒜时，留几辫子蒜头儿不算大的整辫子大蒜，留着用它来烀狗肉使。他用蒜辫子来烀狗肉，还在其中多加些猪肉，吃起来很香，而且分不出什么是狗肉，什么是猪肉来。他说，这就是放整辫子蒜的作用……这又是一种说法和做法。因为窑厂要买我家挨着他窑厂的"东头地"，笔者多次吃桂先生做的烀狗肉。桂先生的酒量也大，肉量更大，而且四五十岁才和附近一位新寡的农妇结婚，其妇人亦是笔者熟人，人称"马大嫂"，人极开朗又诙谐，也爱吃烀狗肉。记得笔者曾在其新婚时涂竹枝词一首以示祝贺，其名曰《戏赠老辫子新婚》："老去闺中枯辫长，几曾亲肤伴檀郎。人间天上得佳偶，搂起黄耳[2]酿甜香！"

煮驴肉

现在，驴也少了，驴肉就更不多见了。过去，北京城乡多将不能干活儿的老驴杀掉卖肉。至于汤锅里（专煮卖各种牲口肉，然多为偷来的牲口，要快杀快卖，以免事主来认出，找麻烦）煮的驴肉，则几乎随处都可以买到。在北京天桥就有两家小

1 毒性：中医、中厨把所用料物的特有偏胜之气也曰毒。

2 黄耳：本为狗之古名。因马嫂耳焦目发黄，故戏而用之。

店，煮的驴肉既烂糊又味儿好，常在门口叫喝："贱卖，烂糊驴肉……"在郊区乡间则有一种做法，就是谁家有老驴宰了，剥了肉，就买几斤回来，再买几斤肥瘦都有的五花猪肉，一同下锅去煮。不过，小料放得要全，除去放入葱段、姜块之外，还要将豆蔻、砂仁、花椒、大料（八角茴香）、小茴香等用新白布小袋儿装好，缝好，放到肉锅里去煮。等肉煮到半熟时，放进加色添味的酱油和适量的食盐，并加入料酒或白干酒，以去其腥臊不正之气，增其芳香、可口之味；接着，改用文火将驴肉慢慢炖煮至熟，则其色正（褐黄色）味正（香而有肉味）。人们常说，四两烧刀（白酒）两烧饼，得用半斤煮驴肉往下送……京城内外不乏卖此肉者。但大多是肉熟烂有咸香味儿就算好的了。笔者日常亦好吃此物，又城市乡村常去跑（当记者），故自己心里有杆"秤"——不管是城乡或字号大小，总要以肉味儿好、干净为主。我认为城内数天桥驴肉铺儿做得好，郊区则要数京北清河镇上有几家做得好，因其处有"汤锅"。味最好的是镇北头路西永和泉烧锅（酒店）门前小财神楼（小平房）前卖驴肉的老贺，煮得最得法，下料全，色正，滋味十分好！

家常炖鸡

北方农村或乡镇自己家的炖鸡，多炖的是公鸡或不下蛋了的母鸡。将鸡宰后煺毛，收拾干净，剁成小块儿，放入锅内，加姜块、砂仁、花椒、大料，开锅后，改为文火慢炖，到快熟时，再放入食盐及葱段儿，不放酱油则为白炖，放酱油则为红炖，都是乡下的炖法，统称为家乡炖鸡。可熟吃，可冷吃，冻成冻儿则为下酒的好菜——菜冻儿。有的地区放些料酒或白酒，以去其腥气，则更妙。京西南房山县内有个马庄子，有个叫马大柱子的厨师，在外面饭馆里混了多少年，回家后，和本村几个人合伙，在小煤窑上开了个小饭馆儿，就以卖这个家常炖鸡出了名。每天总卖个百八十只的，有热吃（熟炖）和冷吃（鸡冻儿）两种。当地煤窑上的账房先生，在过新年时，就曾不讲韵律和对仗地给他贴了副对子，记得上联是："小鸡儿进炒勺作料全也分是公是母”，下联配：“窑上人下馆子吃喝好不论钱多钱少”，横批是“炖鸡起家”。这本是熟人耍笑，不想马柱子却有心，请人把这副对联刻在木板板上，还是红地金字，把小饭馆点缀得更神气。从此小饭馆竟兴旺起来。其实，每到过年过节，差不多的人家，都要做家常炖鸡这个菜。

栗子鸡

京镇的饭馆中看此菜好吃，能引来顾客，故此也引进店来制售之。但是，这是来自山区的一个好菜。早年，笔者在太行山中小屯子村的杨家就吃过此菜。杨老头是方圆几百里都闻名的山区厨师。他按山村的乡野做法来做此菜，很有风味。他先把鲜栗子剥出仁来，弄成两瓣儿，使之容易出味儿。再把家中养的公鸡杀了，修治好，去掉五脏，用厨师的“裹膛法”[1]把五脏弄出，却并不开膛，再把鸡洗净，从裹膛处塞进生栗子去，过一夜，使之入味（夏日可过一二个时辰）。然后就把鸡放入盆中，外面加上葱段、姜片、咸盐、白干等作料，共同放入笼屉中蒸熟供食。其味儿就是足，不同于城镇饭馆中切鸡块入栗子味的炖栗子鸡。我曾用此法做给城中朋友们吃，都说是比饭馆中做得好吃。其实，这也是厨师的做法，只不过是来自山乡而已。一件事情往往有几种处理法，结果都是一样。做菜也是一样，一个菜往往有几种做法，但所用的主料却都一样，做法可不一样，但，究竟谁是正宗呢？我看那倒无所谓了，谁爱吃什么法子做的，就吃那种。不必争什么正宗为谁。京北道边有个兼卖饭的烧饼铺，掌柜的杨老柱头，他做栗子鸡，就不同于上述两种。他把杀了的小鸡剁成方块，把栗子也剁碎了，好给鸡块入栗子味。然后，把鸡块加上姜片、葱片、花椒、大料（八角茴香）等，放到锅里去煨熟，其味儿也很讨人喜欢。笔者在其饭铺吃过此菜，也颇有栗子味、鸡肉味。

1 裹膛法：从肛门入筷子将鸡鸭五脏取出。

芝麻秸烤小鸡

这是笔者幼时从京北北窑上学来的。新中国成立后，此窑曾名为“华沙窑厂”，现已完成任务，盖起了大楼。每过此处，尚能使人遥想起当年芦苇茂密，砖坯子一行行的。用过的土地并不深掘，而是施上粪，种上一亩亩的芝麻，故此窑上有的是当柴烧的芝麻秆儿（芝麻秸）。其中有个姓董的“窑头”（看火候的），他有烤小鸡的手艺，远近闻名。还有不少乡下人向他学呢！故此，此菜在这一带传开来了。先把长成个儿的小公鸡杀掉，去了毛及五脏，开膛后在膛内外用葱花、姜末、盐、茴香、白酒等腌上（入味）。到第二天（天热时，有两小时左右就行了），用铁叉子叉上入了味的小鸡，在芝麻秸烧着的火上去烤，并不断地往鸡上刷一层芝麻香油。其味甚美。

蘑菇炖小鸡

这个民间俗菜却被如今的饭馆做来卖钱了。然而，终不如野生家产的美。旧时，笔者曾在亲戚回宝翠家常吃此物。先说三样用料，如今饭馆就不如：一、小鸡，现在都用人工饲养的肉鸡，那时，是用天然生长成的“灯笼棵儿”（将要下蛋时，可分出公或母时），把活鸡现宰、现做、现吃。二、蘑菇，如今多用人工的快生可食菌类。这些菌类一生未见过阳光，其色灰白，酷似假色，加之，由小贩贩运多日再卖，不新鲜了，只有肉感，而乏美味。过去，则用林中草丛内无毒可食之菌类，既新鲜，又常见风日，有营养，有香味儿。三、如今只知加些小作料，而不知还需加他物才美，过去是加入些由木垛上新采下的木耳，摘去其根，入锅。这三者加小作料（花椒、大料、葱段、盐、酱油、少量桂皮）炖熟才鲜美。过去农村中待新亲时常说：“姑爷进了门儿，蘑菇炖小鸡儿！”足见这种“蘑菇炖小鸡”在农村是怎样地受到普遍的重视和格外的垂青吧！

笋鸡八块

老乡常说："光屁股满场跑，配上柿子椒炒。"说的是春末夏初时，小鸡群群育成半大了，脱毛如同光屁股。将其中的公鸡留下一两只"踩蛋"使，其余的都杀了吃肉。这时的鸡又嫩小又鲜香。每只开膛收拾后的小公鸡，连骨头在内只剁成八块，用葱花、姜末等作料炝锅，下八块炒之，并以掰成大块的柿子椒合之，加上适量的酱油、食盐及味精，熟后装盘上桌。此为农家高等的季节性炒菜了，以此下酒下饭皆为佳肴。笔者幼年常随祖父、父亲吃此菜。当时教家馆的华碧岩老先生最爱食此菜，曾将此誉为农家的"状元菜"。不期到20世纪50年代，川菜大师伍钰盛对名菜"宫保鸡丁"有所改进，被中央首长习仲勋称为"状元菜"，而笋鸡八块却变得默默无闻了。实为可惜！可叹！

炖鸡杂儿

杀鸡，往往把鸡内脏全扔了。其实若把鸡内脏修治干净，除不能食用的少数脏器外，均可食之。在北京城乡，多有将其炖好，盛于食盒内，或穿成串儿来卖的，名曰"鸡杂儿"。在乡下，则将可食的鸡内脏修治干净，下入锅中，放水，加好茴香、大料、花椒、桂皮（上述几样，最好同装入不散料的新小布袋内），再下入酱油、香油、料酒、葱段、姜块等，共煮炖而熟。先用旺火，催开锅后，即改用文火炖熟，其味有鸡肉味儿，又香、又鲜，是下酒的好酒菜。

排骨鸡冻儿

每到冬季，在北方，有个很好的荤菜儿，就是"排骨鸡冻儿"。旧时，在京郊乡村，把在乡间长、吃活食儿、自己活动的小鸡儿杀掉，煺尽毛，去掉五脏，将其剁成小块儿。将家里杀猪剔出的排骨也剁成小段儿。将这两种段儿一同放进水锅里，加上好黄酱、葱段儿、姜块，把小料（茴香、花椒、大料）装入一个小布袋里放进肉锅中去煮，有条件的还可在小料中加上豆蔻和砂仁儿，再放些桂皮，待快熟时再加入适量的盐及料酒（或白干酒）。炖熟以后，将肉及汤一起倒入陶瓦器中去，放在阴凉通风的地方，待其凝固成冻儿时，就可以吃了。连肉带冻儿弄一盘子来就酒或下饭均美——其味冷香美咸，并不腻人，是凉菜中的上品。

白鸡冻儿

每到年关，家中便做白鸡冻儿，以为年菜之一。我也很爱吃此食物，做法又不麻烦。将杀好的鸡，去掉五脏，修治好，用菜刀剁成小方块儿，入水锅内，加好葱段儿、姜块、桂皮、大料、花椒等。大开几开之后，加入适量的食盐、料酒（或用白酒）。肉炖熟后，讲究人家用新布过滤，或用勺子等去掉肉及汤内的料物、渣滓，只留下好肉骨及肉汤，盖好放在阴凉通风处。有冰箱的可待其凉后，加好盖子放到冰室里去冻成肉冻儿。注意：其中不可放酱油等有色之料物，否则，就变成褐色的鸡冻儿了。吃时，用筷子连鸡块带鸡冻儿一齐夹入碟中，上桌后，形味俱美。其形白中有骨肉，但又无料物等“硌嘴”之杂质，味儿香美而咸，由鸡肉骨与各种作料儿合炖成的“复合味”很美，很宜人。这个菜是下酒或就饭吃的好菜。乡下老百姓常说：“一碗鸡冻儿十碗肉，吃起来准没够！”

炖和尚头

因为和尚的头不蓄发，总是秃光光的，那么煮熟了的鸡蛋，若去了皮也是光光的，所以，把剥了皮的半熟鸡蛋用针扎几个孔（以便入味儿），放入炖肉中去炖，就叫“炖和尚头”。其方法是，先把鸡蛋用水煮得半熟，要掌握好火候，要把鸡蛋煮得半熟——只是能剥下外皮和内皮，蛋清儿能“定住”时为上。将鸡蛋剥去外皮，在内薄皮上用针扎几个眼儿，不要扎到蛋黄儿，再把鸡蛋放到炖肉锅中与炖肉一起炖。时间长些没关系，待炖肉熟了时，蛋也就可吃了——有炖肉味，又有鸡蛋味儿。这种谁都会做的俗菜，据说是出自一个“跑大棚”厨子的小徒弟之手，笔者外祖父本是个清末的小镖师，后因洋枪盛行，镖行不行了，他却学得做一手好菜，就在京郊当跑大棚的厨子。他听师傅说过，有个小徒弟因在事主家看炖肉锅，夜里不敢偷肉吃。其师傅却说，可以吃几个鸡蛋，他就把几个熟鸡蛋吃了，把煮得半熟的鸡蛋剥了皮儿，用细竹签子扎了几个眼儿，放到炖肉汤中去煮，待其熟后，吃了几个，觉得很好吃，剩几个忘了捞出。师傅来后，就问：“这炖肉中怎么出了几个像和尚头似的东西？是什么？”小徒弟就把实情一一道明。那师傅捞出鸡蛋来一尝，味儿果然是好，从此就有了个名叫“炖和尚头”的菜了。从这件事后，这帮跑大棚的厨子帮内就保留了这个菜。后来，传到外边去，大家都仿着做，连乡野过年节时，也常在炖肉中夹上许多“炖和尚头”了。

炸荷包蛋

旧日城镇街中有制售此物者。在乡间则用的是新鲜鸡蛋和自家磨的新花生油。这样炸出来的荷包蛋物料新鲜，吃起来鲜嫩可口，绝非城中陈物制成者可比。炸荷包蛋最要紧的是不要用很开的热油炸，那样是要炸煳的，而内里却又不熟，不堪吃。用六七成开的温油，把鸡蛋打在锅内，中间加些食盐，用小勺往蛋上浇油，不可胡乱翻动，以至成不了荷包形。待蛋黄儿定着不致散乱时，再翻个儿炸熟。盛入碗中，可加些胡椒粉食之，则别有风味。最美者，无外乎是：儿时常于场边儿的花秸（麦秸）堆下的草窟窿里捡到十几个鸡蛋，拿回家去，家人坐油锅，盐碟儿、胡椒碟儿放在桌子上，给围等在桌边的孩子炸荷包蛋吃。

鸡蛋饼儿

幼年，每逢闹饭（儿童不正经吃饭），母亲总给摊个鸡蛋饼儿吃。直到今日，我已年近七十，犹思慈母之恩，常自己摊鸡蛋饼儿吃。其做法也甚简便，然其口味竟比现在许多所谓的糕点味儿强多了。将一个大鸡蛋（或两个）打碎在碗中，加上些细盐、葱花儿（要细碎）及一些小麦面粉，共搅和匀，在锅（或炒勺）内下底油，油热到五六成时，倒进打匀的鸡蛋面糊，注意要翻个儿，两面烙，不要烙煳了。翻一两个过儿，鸡蛋饼就摊熟了，吃起来又鲜又嫩，又软又香。后来，我到姨母家去小住，姨姐任淑兰用野菜叶儿与鸡蛋、盐和白面加水共打成糊状，在有底油的热锅内给我摊鸡蛋饼儿，也很好吃。她说，这摊鸡蛋饼是农家小吃，手头有什么绿叶菜都可以使。

鸡蛋羹

这是个营养比较丰富的吃食。在农村，多做给病人、老人或小孩们吃。制法有几种，然最简易的做法是先把鸡蛋打在碗中，用筷子搅匀（内中略加些食盐），即上屉蒸熟。出屉后，淋些香油，即可食用。在城中，有在其上加金糕丝、青丝、红丝等果料者；有在打蛋时不放盐，待蒸熟后，才放入适量的食盐、味精等物；也有在蒸后放些细青菜段儿的……总之，全用蒸法熟之。旧时，在崇外大街有个饭馆儿叫“得义轩”，别瞧买卖小，可做出的主食或副食全干净，味儿正。该饭馆的鸡蛋羹蒸熟了，有许多种小料碗儿，您爱吃、放什么，自己动手，很受顾客的欢迎。

云遮月和卧鸡蛋

农村有一种鸡蛋汤，很好吃，村野小店也制卖此物。用农村小鸡下的新鲜鸡蛋四个，打入开水锅中，用文火煮熟，盛入有油、盐、葱花的碗中，上面淋些浮香油，就成了卧鸡蛋。其汤香咸有营养，其蛋则鲜嫩软香，是就饭或下饭的好汤菜。做这个菜最有名的要数河北省南部冀县十字街的一家饭馆（别的馆子也制卖此名菜，但不如此家做的好，可惜笔者忘其字号了，只记得在十字街的把口路北）。当地还给此菜起了个好名儿叫“云遮月”：四个鸡蛋盛入碗中，蛋黄儿不散，犹如四轮淡黄的明月，飘洒如丝如雾的蛋清儿则为白云；汤中虽有各种作料的滋味，但作料出味后已被捞出弃去，故汤中很清，很美。而在乡村做卧鸡蛋，并不捞弃作料。两者的用料及基本菜型却是一样的，但“云遮月”已成名菜了。昔日河北省文化局局长马紫笙老先生曾在其《杂记》内记“云遮月”道：“浅云遮明月，淡白配雅黄；本是卧鸡蛋，经厨上堂皇。”笔者在冀南求学时，马老正执教于省师。吾受其教诲，对民俗饮食多有所记述，但“云遮月”为其佼佼者，竟被忘之。今补缀于此，以志纪念。

崩鸡蛋

崩鸡蛋又叫“铁勺蛋”，是乡村老太太给小孩子们常做的一种小吃。俚语常说：“头疼脑热得发汗，身子不舒坦给你崩个铁勺蛋。”旧日，在乡村，遇有小孩“闹魔”或馋了，老太太就在碗内打个鸡蛋，加点儿咸盐，往烧热了的铁勺儿里一放，翻个个儿再熥熥就可以吃了。也有直接往铁勺儿里打蛋的，但是，勺必须热，翻个儿要快，不必在勺内加什么油。这种崩鸡蛋，保持了蛋的天然香美，略带一点儿咸味，很合胃压口。特别是用农村小鸡才下出的鲜蛋，则更饶有风趣。笔者记得幼时，曾和几个大孩子到场院麦秸堆下的窟窿里去捡鲜鸡蛋，曾学大人们的做法来烹蛋，因掌握不好火候，不是煳了就是生了，要么就是蛋崩起泡，跑到锅外。所以，做崩鸡蛋掌握好火候十分重要，多试多做几次也就能熟练自如，做出味美鲜嫩、十分可口的崩鸡蛋来了。

腌蛋

不管是腌鸡蛋、鸭蛋或鹅蛋，全是把鲜蛋用清水洗干净，然后加盐水共同放在陶器中腌起来。但腌蛋的盐水可大有讲究——用干净的凉水先煮花椒，把花椒煮出味后，再放盐，盐化开了，才能倒入罐子或坛子中去腌蛋。过一个多月后，蛋腌好了，再拿出洗净后放在碗或大盘子里，一同放在笼屉上，盖好了屉帽去蒸熟。这样，蒸出的蛋也熟了，而且往往其中有油，很好吃。如果腌得得法的，常倒缸、加工，吃时其味儿就不会太咸。蒸得得法的蛋不破不裂，而且颜色也好看。所以说，一个腌蛋，其中门道儿并不少。过去，北京东北山中有大塔禅林，专接送到东陵去的游人及来往客商。其所制的各种腌蛋，无论腌、蒸都恰到好处，都有油儿，十分受客人的喜爱。

大油烧鲇鱼

所说大油并不一定指用猪油，主要是说要烧鲇鱼非多用油不可，花生油、豆油都可以。鲜鲇鱼从河里捉来，你怎么也弄不掉它身上那股子黏劲儿和腥气，则先用开水将其一浇，鱼也就死了，连皮带腥气味儿全没有了，这时再开膛去鳃及鳍尾，用刀切成段儿，入味——葱末、姜末、细盐、料酒、花椒、大料瓣儿（八角茴香瓣），过两三个小时就行。再去掉味料，把鱼段儿下热油去炸（注意别炸碎，如防其碎，有人先在鱼段儿上挂上鸡蛋清儿芡糊）；另用锅浇开兑好了的芡汁儿，汁要多，把炸好的鱼段放进锅中去用文火儿㸆熟。其味鲜香隽永，不同于一般的侉炖鱼。京北二拨子村昔日有个开大车店的王四做此菜最好。

家常炖鱼虾

俗话说鱼虾在乡村的河泽中是“七上八下”——农历七月时逆着水流往上走；到农历八月时，则爱顺着水势往下走。笔者自幼年至青年，每年均看到伯父在夏天于坡下南北向的浅河中，用泥草垒起一道一米多宽拦河的土坝子，在当中开一个流水用的口子，下面则用粗木棍支好个漏水的大竹筛子。水从筛中过，鱼虾则落到筛中，孩子们在岸边搭个窝棚，听到大鱼落筛，则飞奔而至，将鱼儿装入鱼护内，拿回家去。大人们把鱼去掉其五脏及鳃，刮其鳞，收拾干净，去其水分，切成段儿。坐锅下底油，油热了，先放些葱、姜等作料儿，待锅开后，再把鱼段儿下入锅内，见开后放入适量的食盐、酱油和白酒，再见两开即熟，盛入碟内供人食用。其肉嫩鲜而不腥气，且有丰盛的活鱼味儿。每在岸上窝棚中吃着窝头就家常炖鱼（或虾），看着水中筛内又下来大鱼，即放下碗菜，去捡其中的大鱼和随手捡些落到筛中之小白虾或大青虾时，那种自然的美中快乐，不是花多少金钱所能买来的。如今大伯已逝，自己也已两鬓斑白，且河道已被工厂污染，鱼虾不见了，儿孙辈们已另寻别种乐趣了，我则忆此而怅怅然！

侉炖鱼

夏天，老家（乡下）在河滩里捉了不少的鱼虾，什么鱼都有。家人就把鱼鳞刮掉，开膛去五脏，剜去鱼鳃，洗净，放入锅中，加水、黄酱、白干酒、花椒、大料、姜块，加大火炖起来。待鱼快熟时，再加入适量的食盐，用文火焖熬。鱼熟后，鲜香无比。虽为河产杂鱼，一是因为当时的水没被污染；二是鲜活之鱼，天然野生，不是用人工速养的；三是虽为侉炖，但用料很全，白干酒和黄酱可去其鱼腥而保肉香，又有其他炖肉料增其美味。真可称不亚于城中加工细致的 ×× 名菜名肴。今日犹记得在乡中老家做此鱼最拿手的是村中跑大棚的厨师董天，还有就是在乡食乡饭中做菜最拿手的冉四奶奶。她做此鱼时，不用黄酱而改用酱豆腐，并加些蘑菇汤儿，做出来的侉炖鱼鲜香无比，味道十分美好、诱人。

炖泥鳅

小时候可没少吃泥鳅。这种比鳝鱼短的鱼又黏又滑，水多时很不好逮，也不易看见，只有在水底或水岸、水中小岛的泥中才能看到。给我留下印象最深的有两回：一回是在春季，村中那条将大街分隔两旁的中心河道大部分已干涸了，我到街西去买东西，忽见从河底淤泥里钻出数条黑背黄腹的大泥鳅来。我费了很大的劲才把它们捉起，用柳条儿穿上鳃，带回家去。因为鱼太少，值不得炖，就晒干了喂猫了。另一次是在夏日，家中忽有整水桶的泥鳅，还有不少缺头断腰的，要晒干了当“猫鱼儿”。一问家里人才知道，是大伯及长工们挖水中土、造水田时得到的。只见伯母用开水烫死泥鳅，开膛去其腥脏，又倒些酒，放入姜片、葱花和花椒等，以去其腥味及土气，又能入味。接着在火上坐锅，下底油，油热后，再下入大料（八角茴香）和蒜瓣儿，煸出味之后，放入入好了味的泥鳅，并下白酒和食盐、酱油之类，其中主要是多下葱段儿。伯父说葱能杀菌去腥土之气，是好蔬菜。待鱼熟，料物的味儿也进入鱼中。吃起来，肉多，只一条脊刺，是下酒或就饭、就饽饽的好菜。

猪肉炖泥鳅

这可是个典型的水泽农村菜。当年从北至德胜门北至昌平县的直通大道已被人、车走成了河。一路上，陆陆续续有些小水塘成了水网泽国。其中有的塘里有少量的水，水中杂草丛生，蚊虫肆虐。两岸有些良田，可每年都要挖掘水中小岛上的淤泥，运到岸边上来，一是为了给田地上肥，二是防雨水多时，水淹了低岸之处的庄稼。每年从小岛上挖土时，总是挖出不少的泥鳅。这种长期在泥水中生长的鱼总有一股子土腥味，不好吃。但，其优点是肉多刺少，就一根脊刺儿。什么味强的调料都对付不了这种鱼的泥腥味儿。只有把这种鱼用开水烫死后，再切成段儿，放入猪肉中去一起炖熟，其土腥味儿非但没有了，而且与炖猪肉的味儿一个样，吃起来也还蛮有味道的呢！

糟黑鱼段儿

黑鱼的正名叫“乌鳢”，体呈长圆形，在水中很有劲头儿，是水中猛鱼。北方人常叫其为“黑鱼棒子”。饭馆中常用黑鱼作鱼片儿，当然还可以制出许多好菜。在乡间水中，常捉到此鱼，除去侉炖以外，也有用它做“糟黑鱼段儿”吃的。笔者幼时，看到嫁到高家的大姑妈就常做此菜。把黑鱼开膛、去五脏及鳃等，不用其头、尾，把肉横切成二寸左右的段儿，把鱼段儿码在碗内，要竖着码，放入葱段、花椒、大料（八角茴香，少放）、姜块儿、料酒、白糖、食盐，并放入一些白汤，或肥猪肉片儿，还要在每个鱼段儿上面放上一撮儿酒糟（做酒剩下的渣子），把盛鱼的碗放在笼屉上，盖好屉帽，加火蒸熟。吃起来鲜美异常，柔嫩爽口，味儿好极了。

家常焖带鱼

带鱼，作为人们餐桌上的菜肴，在北方，特别是在北京，乃是20世纪50年代的事。直到六十年代，才传到了边远的地区，当地农民对带鱼“优待”了一点儿，比做本地别的鱼多加了作料和手续。据老百姓说，海鱼的“性大”，作料要下得重些，带鱼亦如此。先用干丝瓜瓤当刷子将带鱼体表的白鳞刷去，再开膛去五脏及鳃，有时干脆把多骨的头和细尾去掉，切成二寸多长的段儿，用花椒、大料、葱末、姜末、料酒、食盐及味精等腌拌以入味。过一个多小时后去掉入味料物，裹上鸡蛋清糊去炸，然后坐锅下底油，下葱末、姜末等炝煸，入酱油，把炸好了的鱼段码在锅内，盖好盖儿，将鱼焖熟。其鱼咸香，鲜美，十分可口。当然，也可加适量的白糖，使其有咸甜味儿，则吃起来就更好了。

芥菜缨儿焖鱼

用腌透了的好芥菜缨儿来焖鱼，那真可称是“旱香瓜儿——另个味儿”。最好是用它来焖带鱼。将鲜带鱼去掉头、尾，开膛去鳞，修治好了，先用葱末、姜末、花椒、大料及料酒或白干酒腌一会儿（入味），这时不要放一点盐，因过一会儿所放之腌芥菜缨儿是咸的。另把所腌的好芥菜缨弄些来，不可过多，视所焖的带鱼多少而定。将其洗净，切成小段或小末儿，同入好了味的带鱼段儿一起下锅，焖熟，如发现其口轻（味淡），则可加些好酱油。其菜成后，味儿有鱼有芥菜味，更有两种主料的复合新味儿。有人用雪里蕻缨儿来焖，那味儿可就差多了。在农村，则用芥菜缨儿焖一切鱼。雨天，从河里捉来什么鱼就用它来焖什么鱼，同样，都非常好吃，很受农户人家的欢迎。

鲫鱼汤

城中人家或饭馆里制售这种汤菜，但在郊野农家也自捉鲫鱼，自制自食鲫鱼汤，而且自有其鲜香味儿。笔者对此深有感受，并在家乡喝过这种鲫鱼汤。最令人终生难忘的是幼时逢雨天到北庙前的浅沙滩上去“扣鱼”（用没有底的木箩或洋瓷盆在浅水流中去扣捉看得见的鱼），其中有鲫鱼。鲫鱼本在水的中层以下活动，很少到水的上层来，但到了七、八月的雨水天，则“七上八下”（农历七月雨天，鲫鱼在水流中逆着水走；八月份雨天，它就顺着水流儿往下走）。北庙浅沙滩又宽又浅，不论鲫鱼上下往大河中去，此处均是其必经之处，故当水流没不过脸盆或罗帮时，用它就可扣到许多鲫鱼。农村对活鲫鱼汤的做法和用料都比城里简单，但是，我觉得其味儿特别鲜美。把活鲫鱼去鳞、鳍及鳃，开膛去净其五脏，再以干净的凉水洗净，放入开水锅里去一煮，见两开儿后，即熟了。碗内要放好“倒炝锅”的小作料——细盐、家中酱缸中取出的真酱油、香油和一点醋就行了。将白水煮熟了的鲫鱼及其汤，盛入碗内，就可以吃了。有的人还在上面撒上些香菜（芫荽）末和胡椒面儿，那味儿就更好了。可是有一个与我们一起扣鱼的大人，外号叫张红眼儿，总吹他做的鲫鱼汤与众不同，特别好吃。有一回雨天，我们都扣了不少的鲫鱼，可是眼神不济的张红眼只扣到了两条小的。于是我们就拿着自己扣得的鲫鱼叫张红眼拿到家去给大家露一手。结果做出的还真不一样，是比我们大家做的好吃。原来他的做法与众不同，我们一看他的做法与城里或饭馆的做法也不一样。他是先把收拾好的鲫鱼入味，另坐锅，用黄花、木耳（水发后）及雨后从庙后柳树林中地上采取来的鲜蘑菇及咸盐吊汤，汤开两开之后，即连锅一起端到一旁去。这时再用笼屉把入好味的鲫鱼蒸一下，蒸时在鱼上放点料酒（或白干酒）。待鱼快熟时，又把有吊好了汤的锅坐在火上，汤开后，鲫鱼也快熟了，就趁热揭开笼屉，把鱼倒入汤锅中，见两开儿后就可以吃了。吃时再淋上点香油。不用香菜，也不用胡椒面儿，其味儿自来又鲜又香。张红眼虽说当过跑大棚的厨子，可没进过皇宫，岁数也不对，可他硬说他给袁大头（袁世凯）做过饭。此后人们就给他编了一段儿顺口溜："张红眼吹大份，做出鲫鱼汤来是'花屎壳郎没有对儿'，蝎子屎——独一份（粪）儿。你说这是怪事儿不怪事儿！"小孩子们见面当儿歌似的说这段顺口溜，张红眼听见也只是笑笑而已，顶多对追着他喊的孩子们说句："什么，小孩子叭喇得没规矩！"如今故乡村中北庙还在，庙前的沙滩还在，雨天长流水，因水污染，鱼儿也没了，扣鱼的孩子也不见了，我也两鬓花白，张红眼老人也早已作古了。往事如云烟，但饭馆中还在制售鲫鱼汤，不过那味道却比张红眼做得差多了！但愿有生之年再看到故乡北庙前浅沙滩的水会再变清美，再有鲫鱼游来！

面条鱼白菜

面条鱼，据传产于江河入海处，群居，一网可至几万头。晒干后称"银鱼"，可久存或致远。运至北方，则为普通而著名之海味。事先将面条鱼洗净，并用温水发好。用锅白水煮大白菜，开锅后，放入发好的银鱼，几开后，用"倒炝锅"作料食之，则鲜美无比。仅此一菜，即可为下饭之美物。京中常云：面条鱼生于海边，可称海仙；大白菜，荤素皆宜，且不腻人，可谓陆仙。故此菜用海、陆二鲜（仙），其美可知。倒炝锅，是炝锅的一种方法，即在碗内用适量的香油、食盐、葱末、姜末、味精等作料，混在一起，在锅内菜快熟时，倒入上述的作料，曰"倒炝锅"。

炸河鲜

俗谚云："五九六九，河边看柳。"到春季河开之时，水中鱼儿经过冬眠，肉更鲜美，虾儿也肥了，故人们讲究吃"开河鱼虾"。这时，京郊各庙会繁多，卖吃食的也五花八门，几乎样样都有。唯独"炸河鲜"给我留下了深刻的印象，至今不忘。每逢吃到鱼虾，虽为大饭店之名厨料理，但也只是口头上赞许，心里总觉得，它不如我小时候庙会上制卖的炸河鲜儿鲜美。每年正月十五，有的河开化了，有的河还在封冻。此日正是我老家"灯节"的正日子。庙里棚中挂满了各式的宫灯，佛前挂的九连灯是明代武英殿御赐的；庙外的天戏棚里唱着蹦蹦戏（早期的评戏）。庙外四周有许多小摊子，其中卖吃食的有卖炸河鲜的，就是卖炸开河鱼虾的，把从刚开化的河中打来的小杂鱼和活虾米修治干净，裹上鸡蛋和面糊后，放在油锅中去炸熟。当然面里要加些食盐，鱼虾在修治干净后要先用酒和葱末、姜末等入好了味，这样，炸出的鱼虾才又鲜又嫩，吃起来十分可口。起的名字也好，叫"炸河鲜"。吆唤起来，又脆又好听，真赛过戏台上小丑的嘶哑说唱。故此，它给我留下了终生不忘的记忆。

炸白条儿

白条儿又叫"白挑子""青背儿"，它是经常游动在水面上的一种细长、青背儿、白肚子的小长鱼儿，大的可达半尺来长，小的只有半寸左右。由于它们长期在水面上吃小虫儿、浮游物等活食儿，所以其肉特别细腻而好吃。人们常将白条儿去掉鳞、鳃和五脏后，用鸡蛋、白面作糊裹上，在油锅里炸熟了吃，其味远胜其他河鱼——既无鲫鱼、泥鳅等的土气味儿，也没有其他鱼的腥气味儿。记得儿时，常用长白线一条，一头系在长长的青秫秸（高粱秸）上，一头系在母亲用缝纫针加火弯成的钓钩儿上。然后在钩上安上细蚯蚓，或大苍蝇，抛到水中去，一会儿就能钓十几条大白条子，拿回家去炸着吃。或者在夏季，村中大孩子们满街跑着嚷"翻坑了……”那就是说村中某个大水塘被大伙儿弄浑了，像翻了个底儿朝上似的，大小鱼虾在水下待不着，都游到上层来呼吸，人们可以用小网或畚箕子、小篮儿等去水中捞取鱼虾来吃。记得我捞得最多的是大小白条子，母亲就给我们炸着吃，觉得分外香美。甚至至今，一回忆起这段往事来，嘴中似乎还有其时炸白条子的味儿呢！

小酥鱼儿

这是郊野农家的好菜，每到夏日村中水塘“翻坑”（把水弄浑，像把坑翻了个底朝上似的），逮来不少的小鲫鱼，伯母就做一锅酥鱼吃。无论大人下酒，还是小孩子们就饭、就饽饽吃，都爱吃这酥鱼。不过做起来比较费事，用料也较多，鱼才能酥，才好吃。先把小鲫鱼开膛去鳞，整治好，用水洗净。在锅中先下一点白糖，码上一层小鲫鱼，码上一层葱段儿，再撒上一层糖，再码上一层小鲫鱼，如此直至把小鲫鱼码完为止。然后放入一些醋、白酒和少量的盐，坐在火上，待其开锅后，看看，如果其中的汤不够，就再加上些白汤或骨头汤，盖好盖子，见开后，即用文火慢焖，直至把锅中小鱼儿给焖酥了时为止。每条小鱼儿，既形状整齐，又能口感酥脆，连鱼刺全焖酥了，不扎嘴。这种酥鲫鱼，很多饭馆儿都有得卖。20 世纪 50 年代，在东珠市口西口路南的酒铺儿龙合楼，虽是首饰楼改营的，但其所制卖的小酥鱼却比别家都好。但在笔者吃来，龙合楼的小酥鱼儿，不如当初老家的小酥鱼新鲜且味儿足。

小鱼炸焦

这个菜，什么时候都可以做，不过最好是用花生油炸春天才开河的各种小鱼儿。将小鱼儿去鳞、五脏及鳃，外面裹上用玉米面和小麦白面加水而和成的面糊，然后放到油锅中去炸，其色儿好看，味儿又正。收拾好的小鱼事先要用花椒、茴香、大料、白酒、盐、姜末、葱末等腌拌一下（入味），然后再用面糊裹好去炸，也有的怕其咸味不够，而在面糊中加些细盐。给人印象最深的是北京四郊的庙里，春日都有卖这种小鱼炸焦的，而旁边多是卖大饼和豆粥的。吃一张家常饼夹小鱼炸焦，再喝上豌豆粥“灌缝儿”，腹中既饱暖，又花不了几个钱，可以足逛庙会，游足“踏青儿”的兴致。昔年笔者常于二月十九日到京北二拨子庙去享受此乐。

炸扁豆鱼儿

这是一道粗食细做的农家菜，来自京北北坟地李家。每年夏、秋季节，在村边大道水沟上截的白条鱼、小鲫鱼都有，又活又新鲜。篱笆架上的圆长扁豆（架豆）和猪耳朵（刀鞘子）扁豆也熟了。用有黏性的黄米面加些玉米面和成稀糊，把去掉鱼鳞和内脏的白条鱼和鲫鱼一起下入热油锅内去炸熟，放在一边。另外，先将棍豆和猪耳朵扁豆在开水内煮熟，捞出，裹上面糊下油锅炸熟，与先炸的小鱼混在一起，炸猪耳朵扁豆似炸小鲫鱼，炸棍豆儿像炸白条儿（浮青儿）鱼，几乎可以乱真。吃此炸扁豆鱼儿，可真别具一格，与炸小鱼一起食用，荤素互补，则别有风味。

油炮小虾

郊野村中有的是池塘，塘内有不少鱼虾。晚间，用双层儿冷布，或单层儿蚊帐布，大约二尺见方，用两根短秫秸拴成“X”形，把冷布四角捆紧，中间用一根三尺来长的绳儿捆在一长长的粗杆子上。布兜内放几块羊骨头，将兜子沉入水中。一两个小时后，用粗杆儿提起兜子，内中便有很多活小虾。将捉来的活小虾洗净，放在热油锅内翻炒几过（内中加斜象眼葱花及盐），即出锅供食用，口感油滑鲜香，略有咸味，是下酒下饭的好菜。每年虾多季节，笔者就常捉此小虾，请母亲给烹食，真乃乐在其中！

盐蘸大青虾

这种吃食是从一个叫金锁柱的那儿学来的。笔者幼年住在北京鼓楼后头后坑二十一号，当时正值顽童年纪，跟着几个大点儿的孩子去玩，从北海国立图书馆进去往北，爬一道宫墙即可到北海，不用花钱。大孩子们早准备下马尾巴鬃，每人发一根，鬃头儿上沾着一个鼻涕嘎巴小圆球儿，趴在北海西岸，把鬃伸到岸边海内大石头缝儿中，鬃一抖动，忙提起，就是一只大青虾。如此钓法，不消一个小时，就能钓二三十尾大青虾。后坑有个老头叫金锁柱，买下大青虾，洗净，用白水一煮，即捞出，去掉皮甲，蘸盐花儿吃，其味香醇，绝不腻人。今日想来，这真是个“荤中素”的好菜。

炸虾米团儿

夏秋之季，在水田沟渠中，用手推网子就可捞到许多小活虾米，归家后，用凉水将小活虾米洗净，放入有姜、葱、醋、酱油等制成的“味水”中，将小虾米“灌喂”至死或快死。再用鸡蛋和淀粉（用藕粉或菱角粉、荸荠粉更好）将小虾米团成小丸儿，下入油锅中炸熟（油不可太热）。这是个比较好的小吃，如不够咸时，可蘸盐花，或在“味水”中加些盐。该食物咸香嫩鲜，堪称小吃中之上品。笔者少时，在京郊农村中常食此物。村镇上小贩也有制售此物者，其中加些“味之素”（早年，味精叫作“味之素”），味儿更好。旧时，京北沙河镇南大桥上有户卖炸货的小铺，制售此食最为有名，其色味全胜别处！

虾皮炒葱

人们常说：“炒葱——瘪啦！”葱叶的确一炒就扁瘪了。把葱切成小段儿，把虾米皮簸去末子，坐锅，下底油，油热后，先放几个花椒粒儿，待其出味炸煳后，捞出，扔掉。再放几段干辣椒（不吃辣的可以不放），这时，把勺或锅挪开火，待油的热度凉一阵再放入姜丝和虾皮，煸炒两过儿再下入葱段，炒两过儿就行了，可以盛出勺来食用了。不可再放盐，因为虾皮本身就是咸的。这虽是家常菜，但做法很讲究——火大了不成，小了也不成。

韭菜炒青虾

夏天，雨水季儿来时，在水泽地带用捞虾米的“推子”或“虾兜子”就能捞到不少的大青虾米。把这种虾米洗净，不用剪去其头须等，只是洗净后将其放进兑有大盐、酱油、醋、姜末、葱末等的水中，盖好，先用这种水把大青虾入一下味，将其灌足了时，就可以炒了。另把马莲韭菜（粗韭菜）切成寸金段儿，接着坐锅，下底油，油热后即下切好的葱、姜丝儿，煸出味儿之后即将入好了味的大青虾放入，虾米见热后要乱蹦，要用拍勺（小勺）快翻并防其蹦出锅来。虾见熟、色变红后，即放些食盐和料酒（或白干酒），一翻勺（锅），就将备好的韭菜段儿放入，煸一下就可出锅供食用了。

烹虾狗子

老乡们把秋日的小虾米叫“虾狗子”，此物水泽地中就有，不过以稻地水沟里最多，而且既干净又肥实。用虾米推子（一种捉虾工具）或大旧笊篱到沟里去搞几下子就够吃一顿两顿的。把捉来的虾狗子择洗干净，最好先将其放入兑有盐、醋、酒和姜末儿、葱末儿的汁中去“醉一醉”（入味）。这是旧年京北定福皇庄于庄头的做法儿。然后坐锅、下底油，油热后，即下入大葱花儿，稍煸出味儿来后，就将入好了味的虾狗子捞入锅中烹熟即可。如咸味儿不够，再入些盐。临出锅（勺）前淋上点儿香油，那味儿就更好了。过去京北大道两旁不乏水泽荒地，有的是虾狗子。也有许多大道旁的小饭馆制售此物，价钱又便宜，又能给人解馋。

腌小河虾米

“小虾米，河里蹦，着盐一腌香又红。”夏秋之日，用小笊篱到浅河塘边儿或稻地的小河沟里，一会儿就能捞二三斤小活虾米，回家来用清水洗净，再用细盐一拌，活蹦乱跳的小虾米在筛子中一会儿就腌死了。然后把它们放到阴凉通风的地方，过天就干了。再勤翻动，也不会坏了。到了冬日则成了很好吃的河鲜菜，用葱花儿一炒，十分鲜香，美味可口，都不必再放什么盐了。最好是放些冬天的“青韭”或“野鸡脖儿韭菜”，就更使人馋涎欲滴了。这可是个粗菜细做的法子。笔者幼时常看本村走庙时演“杠型官”之类的玩意儿。那个“要公子”（高跷会中的丑角）的，在走完会后就自己炒这个腌小河虾米菜吃。他向各户去讨腌小河虾米，自己再出钱买韭菜，炒的菜的确十分可口。他吃得好，要起戏来劲头儿就更足了。

水煮蟹

提起螃蟹，不禁又引起笔者对儿时往事无限的回忆。我家住在清河与沙河之间。由德胜门外直通昌平县的大道，多年前已走成水网之地，这中间，无数的水泽浅沼都成了鱼虾鳖蟹的快乐之乡。我自幼和大孩子们学会在河岸两旁的洞中去捉鱼、蟹。什么洞内住着什么鱼或住着水蛇，我都能分得清。记得那时用青马莲把两个裤管儿一系，往脖子上一搭，这条裤筒内装鱼虾，那条裤筒内装螃蟹。摸鱼蟹摸饿了时，就上岸来，捡些枯枝败叶烧虾、蟹吃，或者就将螃蟹带回家中，用清水泡洗净，仰着放到有醋、酒、盐、姜做成的浆中去，用个大盖子盖着。有两个时辰，蟹腹内的水就吐净了，腹内喝进泡蟹的料物浆去，蟹肉与蟹黄自然也有了料物之味。这时把蟹子放到笼屉中去蒸熟，然后蘸着有姜末的酱油、醋、香油吃。其味鲜美异常，比从市场上买的蟹味强多了。难怪清人黄克标在其《虾蟹图》画中题道：“虾蟹肥八月，禾稼美中秋。”

子蟹

有来自海边之亲友，每年送一坛子蟹，甚是味美可口。海边退潮时，在海滩上捡小蟹，洗净，用食盐在小坛罐中将蟹腌起，用泥巴封好坛罐口，放于阴凉处，冬月送亲友或自家食用。还可蒸熟后当海味咸菜吃，亦可当下酒物。在京中，多用于熬白菜：白水熬白菜快熟时，将子蟹用刀从中剁开，放入锅内，开锅即熟，其菜中则有（蟹）油、（蟹）咸、（蟹）香，味隽可人。民初有竹枝词咏此菜："带甲小将遭盐腌，冬腊始得见君颜。扒去泥巴献身手，满腹油中献海仙。"真可谓：陆鲜、山鲜、海鲜，其菜占有二鲜矣。今者，每年送我子蟹的竹舫先生已不知哪里去了，子蟹也久违了。呜呼，岂不令人有怅然若失之感乎？

王八看蛋

这是京郊乡野间遇有婚嫁之事时厨子和人开玩笑而做的"敬菜"，也有说是给那些送"汤封儿"少的人的一种讽刺"敬菜"。不管怎么说，这种菜虽然营养丰富，但名儿都不怎么好听。然而现在却有人说这个菜就是唐朝韦巨源《食谱》中"遍地锦装鳖"，真是滑天下之大稽，太唬人了。且不谈韦巨源这个人有没有（史无记载生平），而且其《食谱》也未传下来，只散见于各家著作。用个汤盆或深心儿盘子，中间放上个甲鱼，下边垫点儿菜底儿（鳖是早就入好了味的）。四周再放上些鸽子蛋或麻雀蛋，也有的加鹌鹑蛋。蒸熟后，一上桌，就有个谁都知道的暗名叫"王八看蛋"，表面上叫"蒸甲鱼"，不知其是否就是"遍地锦装鳖"？

炒螺蛳

池塘、河沟里的螺蛳，北方俗称田螺蛳。春秋两季，于河边上捡摸来，用水洗净，最好是用净水泡一夜（盖上盖），使其吐净杂质，再用大锅炝锅，多放葱花、姜末，爱吃辣味的可放些切成段儿的辣椒。快熟时，放入适量的食盐，盛在碟或碗内上桌，用牙签或金属针挑其中肉儿，蘸上醋、蒜、姜等合制的调料，吃起来，别有一番情趣。尤其是用它来下酒，更妙。通州潞河老渔农常说："半斤螺蛳顶得一斤鱼！"吃来真有此感！20世纪50年代北京中国象棋名家赵××（名字记不清楚，好像是"连生"），因家贫，孩子又多，就夜晚去护城河中摸田螺蛳，回来用盐水泡一夜，第二天由其妻如法做熟去卖。这真可谓"琴棋书画，穷煞名家"。

凉拌海带丝儿

将海带修治干净，用温水发开，去掉不洁之物和其他杂质，切成细丝儿，在炖肉汤内炖熟；捞出后，用开水洗净外表的浮油，然后放入盘中，加烂蒜、米醋、酱油、香油拌匀，即可供人食用。该菜虽为素肴，但事前用肉汤煮熟，故有肉香兼海菜之美味，又有诸般调料之香味，其味美不亚于大鱼大肉之盘菜矣！其实，此菜虽是素菜荤做，但完全可以算得上是味荤菜儿。笔者犹记得小时候到近邻或亲戚家去拜年，留吃年饭，其荤中准有凉拌海带一菜。在年节多食鱼肉之后，吃些素淡而有荤味儿的菜肴，亦觉新鲜可口。村中王素云姐家做此菜最拿手。菜很干净，没有别的配料，连豆腐泡和面筋泡都在其中出味之后，捞出去另吃了。其他小料如蒜等也是只有其味儿而不见其物，但吃起来味儿又全又美。这是个讲究的做法。别瞧仅仅是一盘凉拌海带丝，却费去不少制作手续，才能好吃，才能出意想不到，更说不出的复合美味，也许这就是中国粗细菜馔能在世界众多的烹饪品中独领风骚的原因吧！

炖野兔

乡间人家捉几只野兔，本不算难事，因在旧时，田中不使农药，野兔的天敌也少有吞食之，故此兔子比较多，兔肉也就成了人们改善生活的桌上常品了。特别是野兔肉有个特性——

能随其他肉改变自身之味，比如把野兔肉和猪肉一起炖，则其野土之性味大减，而颇有猪肉味。况且炖野兔肉，亦自有其香美。将野兔收拾干净，去掉头、爪及五脏，将其肉及小骨切成大方块儿，放入锅内，加水，加花椒、大料、姜块、葱段儿煮之。半熟时，放入适量的食盐，以增其味；放入适量的料酒或白酒，以去其腥，促使肉味芳香，亦不失天然之野味风趣。昔日村中有外号“吴和尚”者，常捉野兔，又最擅做野兔丸子，我曾亲口吃过他做的丸子，味道真好极了。他有土枪（火枪）、有网、有夹子，又养鹰，是个“冬天吃坡，夏天吃河”的当地猎人，与我伯父有交情，常一同去打猎，回来后，就亲手做野味肉菜请大家吃。他是个很豁达的人，是个乡野间的通达人，故此，人们常说吴和尚是个“走四方、吃八面儿的人”。真是：孰云市井无贤达，自古草野胜庙堂！会生活者往往就在草野之中！

野兔丸子

农村的小孩子都会唱俚语儿歌：“春天的野兔饿如狼，夏季的野兔是肥肠，秋后的野兔发了愣，冬天的野兔没处藏。”这是说一年四季中，就数冬季的兔子好捉。兔子虽然能随季节和地皮面更换颜色，但是在冬季缺吃、少掩蔽物的季节里就不好过了。特别是冬天下大雪的时候，兔子在田野里既不易藏身，又跑不快；同时，每当用腿跑动时，就得扬起雪花，会把眼睛弄眯了而跌倒。故此，人们常在冬季雪地，用根木棒或石块儿就能打着野兔。把野兔剥了皮，去掉头、爪和五脏，其余的部分连同小块骨头一起剁碎，加入葱花、姜末、香油、食盐和适量的花椒、大料（用开水冲沏或煮二种料物，只用其水拌馅儿，不用其固体实物），共同拌兔肉，做成小肉丸子，然后下开水中去煮，丸子熟后，即可食用。其味鲜美而有野韵，是不可多得的“野味肉品”。笔者犹记昔年在北京四十一中（当时的平民中学）上学，学校地处西城边地，教体育的苏老师最好吃此物。他常于冬天邀几个体育界好友，携垒球棒子到圆明园故址中去打野兔子。回来弄野兔丸子汤吃。他说这种野兔只要见血就死，这样打它，既无用枪打的枪弹之毒，又无用鹰网捉的不出血而死之忧。故此，最好吃。我亦常在京北老家乡间吃此物，确是别有一种金堂大雅宴席中没有的风情与滋味。

野鸡脖儿炒肉丝

冬天，有一种在暖房内长出的韭菜，也就是二寸左右长，因其根白茎紫黄而叶部发绿，颜色非常好看，颇似山上野鸡的毛色，故此得名。把它从暖房（棚）中弄来，以清水洗净，横切一两刀儿，不可切得过于短碎。另将瘦肉切成细肉丝儿，放于碗内，加料酒（或白干酒）、姜末、葱末、味精（旧时叫“味之素”）和适量的细盐，共抓一下，使肉丝入味。几分钟以后，就可坐锅，下底油，油热后，就下入入好了味的肉丝儿，煸炒一下，就加些好酱油，再入些白汤（或熬猪骨头的碴子汤），乡间就放些开水，待肉丝熟后，即放入野鸡脖儿段，稍一翻勺（锅），即出锅装盘，供人食用。切不可把野鸡脖儿韭菜炒过火，炒蔫了就走味了。

酱炒斑鸠

野味鸟类颇多，然亦有常为害者，斑鸠就是其一，它既食稼禾的种子，又食浆果，然其肉鲜而美。北京北郊各村旧时户户均有火枪，又称鸟枪，用来打害鸟、兔子及狼等。回龙观村的李富、吴宽等均是这方面的使枪好手。笔者曾记得两件事：一是当时老家在回龙观与二拨子村之间的清王坟庄上（北坟地）。其地树木繁多、杂草丛生，家中岸下即是鱼虾不断的浅河。有时客人来了，祖母就叫伯父去弄些野味儿来待客。伯父拿起渔网，到浅河里一网下去，各色杂鱼足够吃的，拿起火枪来到大树林中，一会儿就可打几只斑鸠来供客享用。另一次是我已上初中了，假日由京中白塔寺弓箭摊上买回个能打鸟的好弹弓，回到家中大树林里，满以为可以一弹一个地打那些斑鸠，可总也打不着，那斑鸠好像和我逗着玩似的，由一棵树转到另一棵树上又去鸣叫，好像逗我去打它似的。结果还是弹打枝叶哗哗响，丝毫也伤不着斑鸠。追到坟地东头大柳树下，刚好有两只斑鸠落在一高一低的柳枝上，悠然自得地叫起来。我找好了方位刚要打，正在树东栽白薯的吴宽大伯忙向我摆摆手儿，示意叫我别打，也别动。只见他猫着腰从白薯垄中拾起装好了铁砂和火药的鸟枪，悄悄地一条腿跪在地上，把枪口找好了方位，枪把子戳在地上，只一扣扳机，两只斑鸠即应声而被打下。那手段真高极了。打枪上，这叫“打过枝子”，最难打。他还嘱咐我说，拿回家请我大伯母用黄酱炒好吃。我亲眼看到我大伯母把去掉毛、爪、头的斑鸠切成块儿，坐锅，下了不少底油，油热后，把葱段儿、姜块儿先下锅，炸出味儿来后就捞出来了。接着就下入斑鸠块儿煸炒几过儿，下入备好的葱段儿、姜块儿，再煸两过儿，就下入好黄酱，并不断翻炒，直至斑鸠肉熟透，装盘供食，其味美极了，就像吃北京的“酱肉”，又像吃鸡，真远比炒鸽子肉好吃多了。事已过去六十余年，但其隽永之味，记忆犹新，令人齿颊生香，馋涎欲滴！

烧蚂蚱

人们常讲天津卫的油炸蚂蚱好，但我总觉得还是家乡的烧蚂蚱味儿香，而且也很新鲜。笔者儿时常与大孩子们一同到田野中、沟坡上去玩，逮回不少大个儿的青蚂蚱来，在田野的沟头坡下，用青马莲将掐去大腿和翅膀的大青蚂蚱穿起来，放到用捡来的枯枝败叶烧的火上去烧熟，孩子们一边吃着烧蚂蚱，一边从火堆上拿着带秧秆儿的烧鲜老玉米吃，有菜又有饭，真是有粮又有肉，而且全是“现下树儿的”野味儿，那真是不身临其境就尝不到其鲜美之味，更体会不到那种儿时的乡野亲情。后来我又到天津特地去吃其特产——炸蚂蚱，但觉其味平平，远不及野地里的烧蚂蚱好吃。今农药盛行，且田中多用化学肥料，大青蚂蚱也没了，我也人老了，再也吃不到那可人的野味儿，得不到那乡野村邻的亲情了。不过仍记此以飨后世，使人们知道大青蚂蚱也是个无毒而可食之物。

酱菜

笔者在京北沙河镇有一个叫索兴的表妹夫，他可是个老油盐店员啦，在油盐店（副食店）的后柜作坊（酿造东西的处所）学徒。他说起酱菜来，可真是“门清道熟”。用酱来腌青菜大致有两种：一种是“大酱”，一种是“偷酱”。在过去，油盐店或大酱园子酱菜也不出用这两种方法。大酱，就是把所酱之物直接用黄酱去酱；偷酱，是把要酱之物装进新纱布口袋里去，再装入酱缸去酱。看起来，在郊野村中酱菜时，用的是“偷酱”法。我曾看到农民把辣椒用布袋装起来，放进酱缸里去酱，还不误随时吃黄酱。可就是过几天就要把所酱的东西倒倒缸。这样酱出来的东西也很好吃。其色味虽没酱园子的货色漂亮，但也是正宗的“农家酱菜”！

肉丁酱

这本是个农家的节菜，不知什么时候成了乡间饭馆儿的普通菜了。其用料及制法，当然又比农村好多了。京北清河镇有个汉民馆子叫同合轩，买卖很不错。笔者幼年曾数次吃其肉丁酱。往往叫小孩子拿个碗，花不了几角钱，就可以从同合轩买个肉丁酱吃。其做法主要是用“碴子汤”（猪骨头汤）当汁儿。先将青豆嘴儿煮熟，并另起锅下底油，炒葱花、姜末及肉丁儿，下好酱油等调料，待肉丁儿熟后，即下入事先煮好了的肉丁，并用其汤共同熬煮，到一定程度时，加点水淀粉糊，就可出锅，成了色好味正的肉丁酱。在家庭中做，主要是把肉丁儿炒熟，加适量的黄酱和胡萝卜丁等，不下豆嘴儿。如用白汤（肉汤）其味儿也很好。

老虎酱

老乡们为了形容其酱辛辣、厉害，故起名为“老虎酱”，其实制法极简单：把蒜剥去外皮，在蒜臼中捣烂，倒入碗中，加入适量的好黄酱和香油，一起拌好，就成了。故此有的地方管其叫“蒜酱”。用老虎酱抹窝头，最好吃。也可以用老虎酱来拌切成小段儿的鲜小葱儿，叫老虎酱拌小葱——双辣钻鼻子。旧时，我家乡下庄子上有个写账的朱先生，人称“朱辣子”，据说他对芥菜、蒜、辣椒、葱等各种辣味儿都喜好，又都有研究。他说：“蒜是一种好东西，能杀菌。我在城中医院里当过账房先生，看见那些外国大夫治人的肺病，就是用生大蒜绞出鲜汁儿来，从仰卧的人鼻孔中滴进去……”朱先生由此而把吃老虎酱既当成是解饥方法又当成是养生之道！

豆儿酱

“过了霜降（节），山村打豆酱。”这是山乡的农谚。但在城中，则是在过了立冬节以后才能打豆酱吃。豆酱，这是一种很好的家常小菜，且可以屡吃屡做，既可用调料好点儿的来细做，也可用调料粗点儿的来粗做。但全离不开猪肉皮或炖肉汤。把十几个猪蹄儿剁碎成小块，放到水锅中，加上泡好了的黄豆或青豆一同加水煮，同时把花椒、大料、茴香、桂皮等一同装到一个新纱布口袋里，缝好口儿，放到猪蹄儿锅里一起去煮。到半熟时，再放入切成小四方块儿的胡萝卜、芥菜疙瘩（或雪里蕻）丁、豆腐干儿丁及土豆丁儿，可加入适量的酱油（为了用色及味儿）和适量的食盐。待其熬熟，经冷却凝固后，就成了有色又有味儿的豆酱了。

豆酱

打（做）豆酱，在冬季是老北京家家户户都爱做的俗菜，其用料可大有讲究，有繁有简，有贵有贱，用芡也有分别：讲究的用淀粉，不讲究的用白面芡。但，不管用哪种法子做，都要先将猪肉皮等荤物熬好汤，再下各种小料。这小料中有胡萝卜丁、芥菜丁、土豆丁、青豆嘴（或黄豆嘴儿），也有用大蚕豆嘴（芽豆）的，再切入些豆腐干丁儿，最好多加一些碎猪肉皮和碎猪蹄子。将上述小料放入熬好的猪肉皮汤中去，并加入适量的好酱油和食盐，待其冷后凝成冻儿就成了。冬日小酒馆中也用小碟儿卖此物。至今笔者犹记得中国大学文学系毕业的教书先生刘芝谦给远行的我写信中有“往日二两烧刀，一盘豆酱，共话人生，虽穷而乐；今者老弟远矣，不得共享，虽面对豆酱，而有遍插茱萸之憾……”今吾每吃此物就想起刘君信中这几句话，因为“今者老弟远矣”这几个字背后不知隐藏着多少不敢说出的冤屈和悲痛！故此，我每年冬天总爱自己弄两小盘豆酱，自斟自饮而不食其中的另一小盘，人以为疯痴，吾实另有不忍，另有所寄……

炒辣豆酱

农村自家磨的豆腐，自家园中产的辣椒，又有自己收的花生或芝麻去打油，因此，炒辣豆腐用料自家全有。将豆腐切成小方块。将两个干辣椒切成段儿，在下好底油的锅内，先将辣椒稍炸一下即下葱、姜末。炒出味后，即下豆腐，不可乱翻，以防汤乱，只推炒，可下些温水或白汤，然后下食盐及味精（不用亦可），开锅即熟。装盘上桌，下酒下饭均可。此即为省钱之炒菜。有时里面放些肉片，更妙；素食者可放入些白菜（小方块）亦可。农家云：“豆腐自家做，油、菜自家生。炒来极方便，不需去花钱。”这个俗菜，旧日在小饭馆里也卖，笔者认为做得最好的是旧京二闸的“三合顺”，味正而不太辣。

倭瓜酱

倭瓜，是北方的叫法，实际上就是南瓜。说“酱”是“酱的样子”，并不真是咸味特大的酱。把倭瓜洗净，去其把儿和内瓤、子儿。然后，放到笼屉的屉布上，盖上盖子蒸熟。其瓜自被蒸烂，又甜又面，很有瓜味儿。在秋季倭瓜下来时，农家常吃此菜，在冬季更短不了吃此菜。原来这南瓜，只要不碰破了外皮，放在背阴不太冷的屋内，可以放到过年春天也不会坏。不过，其时它的皮已太老了，就不能吃了，但其瓤中有老种子，可以洗净、晒干，炒着当小吃食，甚香甜，比西瓜子儿、向日葵子儿都好吃。尤其是在农村，种倭瓜不占农地，什么池塘边、屋左右、篱笆边儿上都可以种。有些野生野长的倭瓜，在田野沟坡上，都可以长得很大。

熬白菜

这是北京平民家庭中平日常食之物，尤其是在冬季，大白菜已“出了汗”，味儿就更好了。家庭中不乏烹制大白菜的高手。城内北芦草园的杨晓峰先生，满腹经纶，然一生不得志，靠在家中开私塾，以度清贫之日。余常过先生处小饮，往往以四两烧刀，二块豆腐，相对陶然。后与刘芝谦君相交，三人常以一碗熬大白菜，三碗米饭为食。其贫香自是朱门中所无也。杨夫人所熬之大白菜有时汤汁如奶汤一般白润；有时是汤清如水，但却味美宜人。细问其奥秘的关键在于用食盐。锅中下底油，油热了时若先放食盐，煸一煸再下其他作料及汤水，则其汤竟白如奶色，熬出大白菜来，柔嫩可口。若后下食盐，则成为家常熬法，然却不白润。若有猪肉时，则需先将肉煮汤，撇去其浮油及杂质，用先煸盐法，后下煮肉汤，然后再放大白菜，则可闻肉味而不见肉。其肉则可另用料酒、食盐、蛋清、姜末、葱末等入味，再将大白菜中不适于熬的大帮子，斜片成片儿。坐锅下底油，先将花椒及一二段干辣椒炸出味后，捞出不用，然后再下姜末、葱末等小作料来炒备好的肉片儿，或稍加些白汤，以润其色。则成为一盘熘辣白菜片儿。一棵大白菜，可做两样儿菜，既可为酒菜，又可为饭菜，可谓厨中之“一举两得”。真是莫道俗菜无深道，高手自在众人中！难怪先生每于饱餐之后，常随口低吟：“老来穷苦体不衰，冬烘可暖自家来。若问何得能如此，全凭糟糠奶汤菜！”真老夫妻中之佳偶也！自是人生不可多得之乐！

白菜熬粉条

别瞧这是个素菜儿，做法儿可有些讲究。做出来，讲究是奶汤（白汤）样儿，菜肴好吃。虽为素菜，但肉嫩可口，宜人口味。先将粉条儿剪成三四寸长的小段儿，用温水发好，再将大白菜洗好，去掉老帮子及菜尾之心儿，切成方块儿，接着，坐锅，下底油。油热后，下葱花、姜片，作料煸炒出味后，先下入适量的细食盐一同煸炒几过儿，再放汤。汤开，放入备好的粉条儿，开两开后，再放入白菜段儿，至粉丝及白菜段儿熟后为止，即可盛入碗中供人食用。其味咸香，有粉丝及大白菜可供人当菜食用。其汤则有奶汤之风味，很好喝而宜人，是下饭的好汤。旧时，北京城东二闸儿是个避暑胜地，有许多小饭馆儿，到冬季则大部分歇业，然于大道旁有“二仙居”小饭馆不歇业，且买卖挺红火。细究其理，则所卖之饭菜质量好而便宜。就拿上述的“白菜熬粉条”来说，就是他家价廉菜肴之一。他家有“素炸酱”面条，价钱也很便宜。但即使是素炸酱，也是用小碗儿单炸，绝不“大锅炸”再小卖。熬白菜也是小勺单熬。故此，笔者每过其店，不是吃一小碗素炸酱面条，就是一碗米饭就“白菜熬粉条”。后见乡村农家也有制此菜者，其色味则均不如这个小饭馆做得好。这家小饭馆共有两个雅座儿（单间），却都挂有齐白石的一小幅大写意画儿：一张是画两个卞萝卜加一棵白菜，题着“萝卜白菜，家常细做乃一怪”；另一张是画着一个油灯和一壶（酒），有倒下的酒杯儿，则忘了题的什么词儿了。据其掌柜的说，他是个老粗，只知好好做菜做买卖，就知道送画者是个每年来此吃顿便饭的人，也不知就是成了名的大画家。但就其笔锋及题款儿为“齐璜”来看，是不会假的！

虾皮熬白菜

这是乡野农家常吃的一种冬季熬菜，城中也有制食者。但城中多用买来的虾米皮来做，其形其味变成了一种海味加陆味（大白菜）的菜了，很是好吃。但在乡间，多用夏秋之季从河塘里逮来的虾，晒干后，在冬季熬大白菜吃。其虾，既肉少又虾枪虾须俱全，见水后更硬，往往槎芽于熬大白菜中，大有“不服气”的架势，故另有一番乡野风味。当年二拨子村有位开小铺（乡村卖杂货日用品的小店）姓阎的二先生，他常在饭桌上摆此二样“虾皮熬白菜”，叫你一尝，便分晓二者各有其味了。笔者曾同好友黄纪云在其家中做客，记得那是农历腊月二十几，年关切近，然其“古怪之性”大发，桌上先上这两种熬白菜，叫我俩细细品尝各有何味，两者有何不同，然后再上其夫人所做之农家菜肴下饭。然二先生还是不停地往我二人碗内夹两种熬白菜，且说“难得风雨故人来”，真是乡风乡味乡情甚浓。

猪肉熬粉条白菜

人说这是个东北菜。其实，在北方的冬季，这几乎是家家过年常吃的菜。可以用生猪肉现熬，肉要切成容易熟的肉片，也可以用早就炖熟了的炖肉来熬。不过，不管你用什么猪肉来炖或煮，都要先用温水将粉条儿泡开，且切成短一些的段儿。常见有人在此菜中将整根的粉条放进去炖，结果使人吃时很不方便，且粉条又容易单绞成一团，用筷子很难择开，菜形也就很不好看。郊野的农家做法是先舀几勺子带汤的炖肉放于锅内，开锅后，再放进事先剪断并发好的宽粉条儿，多炖一会儿，见粉条和炖肉均热了之后，再将切成大方块儿的大白菜放入锅内。白菜熟了之后，就可以吃了。其汤汁味儿也好。

酸辣白菜帮

冬日把大白菜帮子洗净，切成斜象眼（菱形）块儿，用细盐抓腌后，浇上热炸辣椒油，吃时再倒上点醋，既省钱又好吃。别瞧大白菜帮子不值钱、不好吃，但经过这么一弄，立即好吃了——酸、辣、鲜、咸味儿俱全。京中有名的织补赵记，在南城开“织补行”作坊，就在西湖营北头路北的小院子里。后来成为京剧老旦名家的李多奎住在桥湾的鞭子巷，其与赵家老掌柜的有交情，在李多奎嗓子“倒仓”时（其时李多奎唱梆子），就每天到织补赵家来闲谈和试吊嗓子，赵家老掌柜也是个戏迷，能拉（弦）会唱（戏文）。李爷和赵老掌柜就爱吃这个“穷菜”儿，只是少放辣椒就是了。这是赵家儿子赵廉必亲口对笔者谈的，因为他到冬日，几乎每天都用这个菜下酒，且多放炸辣椒。笔者与赵廉必同住一个院儿，同时也是个“酒鬼”加“馋鬼”，每每以一碟酸辣白菜帮加半斤猪头肉，就能和赵廉必喝上一斤二斤的酒。昔日往事，虽已逝去，但酸辣白菜帮儿却伴我至今！

干白菜

每年收大白菜或吃大白菜时，特别是在给入窖的大白菜“倒窖”时，把落下的大白菜帮子捡来，洗干净，控去浮水，晒干后，收起来，以备冬末春季缺菜时吃用。即使到了来年的夏天，把干菜洗净，剁碎，加上葱花、姜末儿和剁碎的肉（猪、牛、羊肉均可），再放入些食盐等共拌成馅儿，包水饺或包包子吃，均甚佳。也有用炖肉剩下的汤儿熬洗净的干白菜的。要是在其中再放入些粉丝，其美味不亚于鲜白菜。笔者记得在京北清河镇上南头大石桥头的庙内住着一位姓魏的老人，他最擅长做干菜活儿，不论用干菜包水饺，或做包子，不论荤、素，均甚好吃。他若用干菜与炖肉汤熬好，再加上一点干粉条或冻豆腐，其味真是美极了。他给学校的老师们做过饭，笔者曾亲自吃过他做的干菜活儿。特别是有一种“炒干白菜”，里面根本见不到其他料物，但其味却雅淡而宜人。询之魏老，才知道须用净水先将干白菜洗净，不可发得太软，要留有它吸收水分的余地，将其切成段儿，用炖肉汤煨好，再捞出控干。坐锅，下底油，油热了再下些生花椒、大料，待其煸炸出味儿后，即捞出不用，下入葱花、姜块儿，煸出味儿来，仍旧捞出不用，这时再下入切好的干白菜段儿，煸几过之后，加入适量的食盐和料酒，煸炒至菜熟，即可供人食用。不想一个干白菜，还有这些门道儿，真是所谓：粗菜不粗——亦在细做而已！

搓白菜条儿

这是典型的农家贫菜，也是人们惜物珍天的好菜。其乡土风味很浓，又出于农家自制，当然更好了。京北昌平县朝凤庵早年有火济道人（做饭的出家人），都说其有学问，是个看破红尘而出家的人，做过知县云云。他与吾家中之塾师华碧岩老先生有旧，其有《杂记》夸搓白菜条云：“庵里庵外两重天，终年茹素不求邻。白菜老帮不肯丢，切条搓味儿香又咸。”确如《杂记》所说，将一般废弃的白菜老帮子捡来洗净，切成细条儿，用生花椒及食盐腌拌白菜帮子后，摊开，风干三五天后，不要使之过干，再用适量的花椒盐搓一遍，如爱吃辣的，可加些辣椒面儿来搓。搓好了后，就盛入一个瓷（或陶）器内，就可以食用了。不论是就粥还是下饭均可，或就饽饽吃，亦干鲜可口。它既不同于鲜菜的水分大，也不同于干菜须用水发等过程，而是能拿来就吃，吃起来不贫不厌，不失“穷中佳味”，真是珍惜天物之一大功也。

酱拌白菜心儿

民间自有民间菜，穷家自有穷家的饮食习俗。这些乐趣和鲜美野味往往不是有钱人家所能享受得到的。记得旧日农家有“酱拌白菜心”一菜，甚香鲜而美。其做法甚简便，用料于农家亦可自产自用。将大白菜的菜心儿切碎，放入适量的黄酱和一点香油，搅匀，即成。城中贫民视此为好菜。笔者旧年住北京宣武门外保安胡同一个大杂院中，临门住有一名叫三儿的报童，家中唯有老父一人。他每日都弄些廉价的新鲜菜来供养老父。我曾亲见他制酱拌白菜心儿，尝之甚美。归家仿而做之，亦合家人口味，从此学会一招儿制粗菜。不想南城有名的“织补赵”也好做并好食此菜，曾见他以一小碗此菜就能喝四两白干酒！

牛肉炖粉条小白菜

当春季嫩小白菜下来时，买来洗净，掰开，去掉其根、须，横切成两三段儿。再用刀或剪子将粉条儿裁成三四寸、可方便入口的短条儿，并以热水发开。另用四五斤肥瘦都有的好牛肉，切成方块儿，下锅炖之，同时加入花椒、大料（八角茴香）、豆蔻、砂仁（用新纱布袋儿装好，缝上口儿后入锅），再加入葱段、姜块、食盐或好酱油。先用旺火将炖肉锅烧开了，过一两个小时，即可用文火煨得牛肉烂糊而肉块不破碎。这时，可舀一些炖熟的牛肉及肉汤在锅中，同时下入备好的粉条儿，待粉条被炖烂糊后，再下入小白菜段儿，开两开儿就可以吃了。其味香色美，非一般菜肴可比！

花椒小白菜

“一物降一物，盐卤降豆腐。”这是民间的俗语，却道出了烹饪出“复合味”的真情。两种以上不同的料物，若搭配得当，就能出现新味——复合味；反之，则出恶味。花椒细油炸出味后，就专降小白菜的涩和青气味儿。把青根儿的小白菜择好、洗净，切成横段儿，放在大盘或碗中，另用铁勺（拍勺）下油，油热后下适量的花椒，炸好后，倒入备用的小白菜中，加入适量的食盐，有条件时可加些味精以提其鲜味，共拌匀即成。该菜青绿，味道微咸而香，是下酒就饭的好菜。京剧界有个文兰亭，就要吃此菜，并且还亲自下手做。有一次他到郊区来看我四叔（票友），住在我家中，他不爱吃大鱼大肉，却每天就爱吃新鲜的花椒小白菜。

醋熘白菜

将大白菜的嫩帮子剥下，斜片成片儿。另用碗放些米醋、味精（没有也可以）、咸盐，兑成芡汁儿。坐勺（或炒锅），下底油，待底油热后，放几个生花椒炸出味儿后，就把花椒捞出去不用。往锅内下入葱丝、姜丝，稍煸出味儿之后，即下入备用的白菜片儿，翻炒两三过儿就下入芡汁；汁一变色，抱上白菜片儿了，就出勺装盘供人食用。其味清雅，是普通素菜中的上品，有酸味而不令人厌烦。荤熘白菜，只是把切好的肉片儿，事先用葱末、姜末、料酒（或白干酒）、味精、盐、酱油等入好了味，再如同素熘一样去熘，只是在下白菜片儿之前，先下入肉片儿，有的事先用油滑一下白菜，或给白菜挂蛋糊，那是饭馆做法。

榅桲拌白菜心儿

榅桲是一种山楂类果子，用蜜饯法做的，红色，很好看，艳丽而酸甜。冬日北京的鲜果店中均以玻璃罐子盛此物出售。老北京人到了冬季总好用碗到附近的果子店中去买几个钱的带汤榅桲，回来把白菜心儿横切成丝儿，把买来的榅桲往白菜中一倒，拌匀了，就是一盘美餐——榅桲拌白菜心儿。旧日，笔者和山东李某住同院。李某是南苑绸缎庄的老板，家中又有房地产，就娶了著名的刀马旦滕雪艳，滕从此远离舞台（她当过河北石家庄市京剧团的副团长，与名须生奚啸伯同台多年）。这两口子都爱吃榅桲拌白菜心儿。有时滕先生在家吊两段儿嗓子，喝口白酒，吃两口榅桲拌白菜心儿，再唱，嗓音还是那么甜润而响亮。

素炒白菜丝儿

“素菜素菜，真素也不赖。”这是人们在夸素菜。可是有一种素菜却不素，而且是“素菜荤做”的法子。据明清笔记小说中记述，素菜原出自南方佛门。有尼姑 ×× 专于此道，且门庭若市，求食其菜。有官宦大家，请其去做素菜，先行一担所用炊具，一担素白“带手”（擦桌子布，工作服等），官家细察并无一点荤物，并且所用之主副料，均系家主自备，亦为素食之物。然做出一尝，却味美绝伦，非他素菜可比。由此名声大振。其实，后来有人透露云：其素白带手等布物均系用新布经鸡鸭、虾汤等入过味的，干而不显，一旦下热水回锅，则其味自然而美，且又察无他物。其做“素鸡”有鸡味，做素红烧笋有肉味……其妙不言处在此乎？不敢断言。然素炒白菜丝却有一点学问：在乡野间，只把鲜大白菜切成丝，坐锅，下底油，油热后，下姜丝、葱丝等小作料，煸出味后，即下白菜丝，炒至半熟再下盐，放一点汤，熟后即出勺供食。且不谈这菜中一有葱丝，即算有荤物，就其口味来说，就远差城中饭馆或大庙中之厨师做法一筹。另种做法是纯素——不放葱丝，也好吃。关键是先在勺中把油热至五六成儿，把切好的白菜丝儿先在油中滑一遍，再捞出来。再坐锅，下底油，下花椒，花椒出了味儿之后，捞出不用，再下小作料，再炒用热水焯过的白菜丝儿，稍一翻勺即出锅。白菜也好吃，色泽也漂亮，其汤汁都是素中有雅的，均可下饭，不是只有咸味，而无香味！

激酸菜

北国初冬，冬菜上市，正值“腌雪里蕻、酱王瓜、切萝卜干儿，收大白菜入窖”的季节，几乎家家都收冬日的大白菜；用大白菜，切了“激酸菜”。大白菜中拣棵大、菜心儿瓷实的晒干入窖，拣那些不宜入窖的大白菜去激酸菜，也是一种常吃的好菜。用菜刀将大白菜劈切成两半儿。在开水内加些生花椒、大料，煮开锅后，再放入劈好的大白菜，将热汤及被激的大白菜，全放入瓷器或有釉的陶器内，上用干净的大鹅卵石压好，盖严盖子，放在阴凉通风处，三五天之后，即可以食用。如果大白菜的酸味儿不够，就多放些日子，自然有酸味而好吃了，其色现牙黄，味酸而兼有大白菜味儿。若将其切好后，放入开水锅里，见开后，将切好的鲜羊肉片儿放入，再加些食盐，碗内放好香油、葱花、味精等，再将酸菜及羊肉盛入碗里，外加些热汤儿，则菜美汤鲜，可谓汤菜中之美者。

粉条羊肉酸菜

冬日，平民家买点羊肉就可以做此菜。再贫一点的家庭，可买一二两羊油当羊肉使亦可，主要是为提高酸菜美味及菜汤的营养。先将酸菜（常有自家激的酸菜）洗净、横切好备用。用姜、葱丝炝锅，将事先入好了味的羊肉丝（羊油亦可）煸两遍，使锅内出了味儿，再放入备好的酸菜，煸炒使之合味，放入食盐和适量的酱油、醋、味精（不放也可以），熬一熬再放些白汤或温水，下入发好的粉条儿。菜熟后，即可出锅装碗上桌。在郊野农家，自家杀羊后，往往用炖羊肉的汤来做此菜则更妙。酸菜碰见羊肉或羊油相得益彰，以此下酒、下饭均宜。所谓一碗酸菜汤能下一顿饭，此话实不为过也！

鲜蘑炒小油菜

现在，人们都在市场上买人工栽培的鲜蘑。旧时京郊乡村，多是自己到柳丛或草地里去采无毒野鲜蘑。其蘑菇味足，肉厚而嫩。采回来用清水洗净后，切成片。将从园子里或市场上买来的新鲜小油菜择洗好，横切成小块儿。然后，坐炒勺（或煸锅），下底油，油热了，先下葱姜丝儿，稍炒出味儿之后，即下入切好了的鲜蘑，炒两遍，即加些酱油和食盐，再下入备好的小油菜，翻炒一会儿就可以出锅就食了。旧时，京南大路旁有许多小饭馆，都是从当地农民手中买鲜蘑来炒小油菜。我只记得有个名称很好听的小馆子叫“花盛轩”，炒制这个菜甚好，火候也用得合适。笔者每过其地，必要此菜，喝二两烧刀（酒），吃乡饭，品乡味。一股思乡之情油然而生，不胜感慨万分！

虾仁炒小油菜

这是旧日北京小饭馆儿好卖的普通菜，在乡镇中的饭馆也卖此菜，而且做得滋味儿很得当。京北清河镇北头路西有个家传手艺的饭馆叫“合顺居”。其店中由掌柜的掌勺儿，所炒出的虾仁油菜不一般——不但鲜嫩可口，且味道好。因为是熟人，且比笔者大一辈儿，我就问其详，他只拿发虾仁给我看。他说，别家全是当日用，就当日用水去发虾仁儿，而我则是头一天就用热的好白汤将虾仁发好了，其味儿当然与他们的不一样了，且虾米仁一定要用个儿比较大，质量比较好的，与好的小油菜炒出来，那味儿就是不一样了。再者，就是不放盐，而改用好酱油。一因虾仁本身就有咸味，二是因为盐虽为“帅口”（咸口），但最“杀味”——影响别的味显其美。看来，虽是一个俗菜，但其中却还有不少的学问，若不去苦心钻研，只是瞎做做，那一定是出不来美味的。后来，在北京城中，我又吃到了能吃能做的旗人谭瘪子做的此菜，那味道又不一样了。我到他的住处一看，住的条件虽差，但一般手使的炊具则挺全还很干净。他做此菜，是专选嫩小的鲜油菜，只掐去根须，不破棵儿，先在温和的鸡汤里泡好。另用清水化开虾仁，用葱丝、姜丝、花椒（在油锅中炸出味来就捞出去不用）和料酒、味精等共同来先熬虾仁，虾米发开了，味儿也出来了。再把鸡汤中的小油菜码在大盘内，上浇用熬虾仁做好的汁儿（芡）。这又是一种做法。谭爷说这也可以叫“扒小油菜”。我和他说了上两种做法。他说，做菜做饭没有什么对与不对，因为都是人发明的，只是谁爱吃什么做法的，什么味道的问题……我想，这么说也对。但万变不离其宗，一总得把菜做好，做出味儿来，做出样儿来，叫谁来看来尝都能说得过去才成。当时，我就把自己的想法儿向谭爷说了，他笑笑说这也对，只是举杯请我喝白干儿，尝他做的虾仁小油菜，颇有厨师的“大家风范”。如今谭爷和刘掌柜的全去世了。每逢吃到此菜，我就自然会想起这些人，想起这些有趣的往事……

怪味洋白菜

京郊有园子的人家很多，特别是生活富裕点儿的人家常有自家的菜园。自家种的菜吃不了有时也卖点儿，有亲戚或友好人家来摘点吃，也是不要什么钱的。笔者的老友——京北百善村张宗乙家就有自家的菜园子，笔者在其家就常吃一种洋白菜：放在盘子中，几乎是原色，还以为就是鲜洋白菜切好后放在盘子里的，其实不然，只要夹一片放到嘴里，其香鲜怪味百出，下酒或就饭均极佳美。细叩其制法，则为粗菜细做，后传到远方，也很受青睐：用鲜香菜、芹菜、辣椒、花椒共同加入适量的细食盐，再将鲜洋白菜掰成单片儿，用上述的菜腌起——一层洋白菜上铺一层上述的杂菜，腌三天后，吃时将洋白菜切成菱形片儿装盘上桌即可。

羊汤炖三样

用炖牛羊肉或炖羊蝎子、牛排骨等的肉汤来炖胡萝卜、白菜、粉条儿，有肉味美而不见肉料。胡萝卜、白菜、粉条儿三样素是要油水的，经肉汤（尤其是老汤）一炖，其味自然就美，无须再添加什么别的调料了。先把肉汤过滤干净，将胡萝卜洗净，去掉头尾，切成大菱形块儿；将白菜洗净，切成大菱形块儿；将粉条剪断，三寸左右长，先用温水发开。接着，在火上坐锅，把适量的备用肉汤熬开，下入胡萝卜块、白菜块和短粉条儿，共熬熟，临上桌时，可于菜碗中加些浮香油以提味儿。昔日，在崇文门外开“同文书馆”的杨晓峰先生，就曾以此菜待客，其味之美，不亚于大桌酒席。其情义之深，非那些今日信誓旦旦、明日忘恩负义的人可比。

肉汤熬三样

这是北城郊在过年节后常吃的一种俗菜，然其味美而营养丰富，很受食者欢迎。每有炖猪肉（其他肉也可以）吃毕，将炖肉汤用锅热开，放入冻豆腐块儿、大白菜段儿、粉条儿，一同熬熟。粉条儿要先择净，用剪子剪成三寸多长的段儿（好用筷子夹），用开水泡开后再入肉汤锅；如不先用开水泡开，则可先下入肉汤中，待其被熬熟后再下白菜段儿及冻豆腐块儿。其菜荤中不见肉，且有肉之美味，又有冻豆腐味，大白菜的柔美，粉条儿的滑润。真可谓“一菜兼有数种美味”。笔者幼时，过年节，不爱吃大炖肉，却爱吃这肉汤熬三样儿。老人们常诙谐地说我“穷命”，但我自知其味美，不以大人之言为然，至今犹常吃此菜。

四碗活熬儿与程砚秋

旧时，北京西北郊，虽云为“京门脸子”，但穷苦人还是穷苦人，吃不上、穿不暖，即使是有吃有穿之小门小户人家，遇见婚丧之事，也不免捉襟见肘。抗日时期，四大名旦之一的程砚秋于北京西北郊蓄须养志，誓不为日本鬼子而登台演戏，这是有口皆碑的一件“志事”。但，却很少有人知道，他还与“四碗活熬”有缘。先说这四碗活熬，是熬豆腐、熬大白菜（或其他贱青菜）、熬粉条儿和熬海带。熬海带算是其中最贵的了。旧时农村，尤其是穷人家遇见有丧事时，常以一句话为办丧事的全过程：“仨门吹儿，四碗活熬，四人穿心杠，一个乱葬岗子坑。”仨门吹儿，是吹大唢呐，打鼓的和打锣钹的；两根粗绳兜起薄棺材，一根大杠穿中心，两头儿用两根小杠，四个人一抬，就出了殡；埋在乱葬岗子（义地）中算完事。抗战时期，人们生活最困难。笔者亲见，京西小村中有丧事，家主是一寡妇带着两个小孤儿，不用说仨门吹儿，四碗活熬和一副穿心杠，就是连买口薄板棺材的钱都没有。众邻居也爱莫能助。忽有个中年人路过此村，知此事，即慷慨出资为这家办了丧事。出殡的那天，他还来了，并出了不少的份礼以为娘仨日后过日子用，这个不肯留姓名的不速雅客还能坐下来吃那四碗活熬儿。走后，许多人说，这个客人就是在郊区隐姓埋名的程砚秋。笔者虽依稀记得他是个长相很好的中年男子，但是否即是程先生，还不敢肯定。但，这是一位有侠肝义胆的志士，是没错的，也正合乎程砚秋先生其人！故记之，以示遥念，并志“四碗活熬”于斯，以示来者，知今日幸福来之不易，汝辈当格外珍惜之，起强国之念，发克己之愤（奋），为吾之江山社稷鞠躬尽瘁，死而后已！

四个下酒小菜

豆腐丝葱丝、椒油白菜心、拍黄瓜、韭菜花拌豆腐，是民间俗用的四个下酒小菜。本不算什么成文的菜，也不值钱，且做起来简便，用起来实惠，不论是下酒或就饭，均有过大鱼大肉之处。旧时，京北第一大镇——高丽营共有八个村，镇上有四五千户人家。镇中有个姓邹的开小酒铺，每逢秋季就卖这四个小菜下酒。过往商旅，不富裕者往往就在这小铺中小饮以赶路。豆腐丝切成二寸来长小段，葱丝切寸多长，和豆腐丝拌匀，加点香油，即成一盘小菜。椒油辣白菜心：把大白菜切碎，浇上才炸好的辣椒油（加食盐）拌匀即成。拍黄瓜，最普通，将黄瓜拍碎，加点米醋、香油、烂蒜、细盐拌好。俗语说："黄瓜韭菜两头鲜（两头，指春、秋两季）。"秋季正是京郊农村黄瓜香美时。韭菜花拌豆腐：用农家自腌的韭菜花加食盐、香油去拌豆腐，清香鲜美。相传清朝大书法家郑板桥曾于雨日过此，在店中小饮，吃此四小菜，喝白干老酒。天不放晴，就吃店主人之小米饭、豆面汤。天晴后，适有卖花人挑担过此，于是郑板桥曾用店里的东昌纸（糊窗户纸）及俗笔劣墨写了一副对子示："沽酒店开风亦酥，卖花人过路犹香。"下款落"板桥"。此手迹后落入前外栾鸿树手中，但谁也不识"酥"为何字，后问及主人后代，才知是"醉"字的"帖写"。汉字是艺术品，有的字可取其意，或美其形而为之。乃"书法家手下无错别字"欤？

汆萝卜（一）

汆萝卜，以用灯笼红大卞萝卜最好，若能用羊油或加点儿鲜羊肉则更妙。将大卞萝卜洗净，去顶儿及尾上根、须，切成圆底儿三角形薄片儿，放入开水锅内汆熟。临熟时，加入些鲜羊肉片。见开后，倒入有姜末、葱末、香油、醋、酱油的碗内（如不够咸，可加些食盐），上面再撒上些香菜（芫荽）末、胡椒粉，其味美而爨。做汤菜下饭最好，食之，使人有一种心安神泰之感。切记：鲜羊肉片要溇好再下。溇鲜羊肉：鲜羊肉切成小片，放入碗内，加上适量的味精、葱末、姜末、香油、酱油、料酒等入味，十几分钟后即可用。旧时京中，以大李纱帽胡同东口路北同福居卖荞麦面锅贴儿、汆萝卜汤最有名。

汆萝卜（二）

用小红萝卜或大灯笼红卞萝卜都可以做汆萝卜。这是个“快菜”，讲究都用鲜物：鲜萝卜、鲜羊肉、鲜香菜（芫荽）。这个菜可易可简，全在用料上。在郊野农村，做法虽简单，但主料都讲究个鲜劲儿，别有一番情趣。笔者幼时老家在京北郊区，邻近大路有羊肉床子（卖羊肉的铺子），有自家的菜园子，鲜香菜和萝卜，几乎逢菜季儿都有。家里人只把萝卜洗净切成片儿，往水锅内一熬，把羊肉剁成馅儿就萝卜汆丸子，切成片就是汆萝卜。放入锅内就出锅，把切成细末儿的香菜往上一撒，再倒上点醋、酱油、香油及胡椒面儿就是一碗很香的羊肉汆萝卜汤菜。有时缺点儿小作料也没关系。但是，羊肉或羊油、萝卜、香菜、盐是缺一不成味的。

烧小红萝卜

小红萝卜有好几种吃法。但最讲究、最好吃的办法是烧小红萝卜儿，不论是用肉还是不用肉，都很好吃。饭馆中也卖此菜，家常也做此菜，其方法大同小异。京北清河镇国民第一小学做饭的老阎做此菜很有门道：他先把肉丝用盐、酱油、料酒、姜丝、葱丝等入好了味，再用鸡蛋清儿做糊，把肉丝抓一抓，然后，把不去皮、洗净的小红萝卜斜切成菱形——似片非片、似块非块儿的样子，过热油先炒一下，捞出来。再用个小碗儿对好了咸淡口儿的稀芡汁儿，主要是颜色要好。这时再坐锅，下底油，先煸一下葱丝、姜丝，然后放入备好的小萝卜，翻两下就下入肉丝，可加些白汤，再下芡汁儿，稍见芡抱上萝卜块了，即出勺烧成。其味十分鲜美，口感颇好。

虾皮烧小萝卜

小红萝卜去掉皮、秧，切成菱形块儿，下油穿过，捞出来。另起锅下底油，加入虾皮煸炒，加葱、姜、蒜（末），煸出味后就下入备好的萝卜块儿，加食盐，少量的酱油、醋及味精（不放亦可），翻两过儿即可出锅装盘供食用。此菜在小红萝卜大批下来时家庭常吃，其价廉而味兼海（虾米皮）陆（小萝卜），甚是爽口。儿歌云："红裤子绿袄，见着虾皮忙脱掉，海陆成夫妻，白头到老。"就说的是小红萝卜去皮炒虾米皮。虾米皮要用外边卖的海产虾米皮，若用自家河溪中捉来的小虾晒成的虾皮，不但没有虾皮味儿，且又腥又柴，不但没什么肉，光剩讨厌的虾须和扎嘴的虾枪。旧日家中烧小萝卜，就常用此虾皮，真是好菜用次料，有些得不偿失了。

酱拌小萝卜儿

"红裤子绿袄正娇小，酱醋媒人香油抱。嫁与粗汉高粱饭，一同混到'五道庙'。"这里的五道庙，戏指人的五脏，这是北京人常说的俏皮话儿。上段无韵的竹枝词，见于题"小红萝卜画儿"，说红皮绿缨的小萝卜，可一起洗净，连皮带缨一起切碎，加上适量的黄酱、香油、醋，拌匀，就着高粱米饭吃，粗食对粗菜，很有味道。小萝卜儿一大就不好吃了，这是个季节菜。过去北京的老年旗人，虽然老了，但吃过见过，虽然做些粗菜，也很有门道。在北京南城爱群小学校做工友兼做饭的黄老先生，无论粗细，都做得一手好饭菜，很受同人欢迎。他做拌小萝卜（兼缨儿），总是把小萝卜切细条拌，把绿缨儿切两段供蘸酱吃。

小红萝卜蘸甜面酱

小红萝卜才下来时，只小手指般大小，红皮白根绿缨儿，甚是可爱。洗净四五个放在小盘内，配上一小碟甜面酱，上桌给人吃，甚是别致。其味香脆，嫩中略带微辣，总给人以春的消息。在郊野农家，则用来蘸黄酱，加点香油，免去甜口，加深咸口，又另有一番滋味。春日，以此菜下酒最好，吃面食时，亦常用之。文人常言："一盘小萝卜，带来四季春。"城中，旧时山东馆子用此菜配上拍王瓜卷、拌豆腐、蜜枣儿为四个小压桌，又叫"敬菜"，不要钱，算是柜上敬献给食客的。四个压桌，盘盘可爱。若在农家，则均为自产，全不用金钱去购买。小萝卜蘸黄酱、香油与小红萝卜蘸甜面酱风味迥然不同，真可称是各有千秋！

拍翡翠

这是普航和尚给起的美名儿，其实就是拍小红萝卜和鲜黄瓜。因其有红有绿，正如宝石翡翠一样，故而以此名之。当时普航和尚正住持华严寺。该庙有菜园子，有地产、房产，是个"阔庙"。可是他专爱吃些简易的农家饭菜，更喜好自己研究，自做自吃。他说吃鲜素可以令人"养志虑性"。这虽也算是一家之说，不过从养人的角度来说，吃新鲜的蔬菜，的确也是很有营养的。这庙中的拍翡翠只是把小红萝卜洗净，切去两头的缨、根，用刀拍碎；黄瓜也是用刀去掉两头再拍碎，合在一起，加清盐和香油及醋拌匀而食，亦清香有致。后传到郊野农家，则在其中加上烂蒜，改用芝麻酱加香油及醋来拌，味虽然也好，但菜色却不美了。

心里美三吃

北京人把可生吃的大水萝卜叫作"心里美"，言其瓤肉色泽好看，亦言人吃入腹，心有美感，故名。这种北京地区特产的大水萝卜有三样吃法：一可去头皮，用刀割成小长方块儿，但底把儿还连着，可以一块一块掰着吃，甜而微辣，水分多，往往盛于水果。故北京于秋后卖此物，或冬夜提灯、背筐卖此物，常吆唤："萝卜赛过梨，不糠不辣……"二可切成丝放盘中加白糖、米醋拌着吃，名曰"糖拌萝卜丝"，是下酒的良菜儿。三可切成细丝，加香油、黄酱一起拌匀供食用，名曰“酱拌萝卜丝”，饶有风味。注意：为使萝卜保有辣味，可以不去皮切丝；如精致些，可去皮切丝。这三种吃法是普遍的吃法，心里美的吃法还有许多，就不细说了。

酱拌心里美

北京人把心瓤儿红艳或青白绿嫩的大水萝卜叫作“心里美”，因其心色美，可刻成各种花朵，如月季花朵、牡丹、菊花等。但该萝卜有一种简单易行而味道殊美的吃法，那就是做“酱腌心里美”：将心里美萝卜洗净，去掉头、尾及外皮，切成细丝儿，放在大碗或小盆内，加好黄酱及适量的香油拌匀，即可供人食用。其味脆、鲜，有萝卜味、香油味及黄酱味。京北清河镇北头洋井旁，靠着京张公路有一饭馆，字号是“井泉居”。该饭馆在每年心里美萝卜一下来，一直到过了年的春季心里美萝卜没了时，都制卖“酱拌心里美”，价钱很便宜，而又好吃，是下酒下饭的好菜，笔者记得在镇上教书的有位刘汉卿老师，每天放学后，他总是到井泉居来，要一盘酱腌心里美萝卜，二两白干酒，一碗米饭。这盘萝卜，连酒菜带饭菜全有了。我回到家，也求妈妈给做此菜吃，一看，真简便；一吃，味儿却真好。难怪老人们常说多吃萝卜好，萝卜又通（入）气，又便宜，是个很好的消食食品。

卫青萝卜

北京人在萝卜下来的旺季儿爱吃一种叫“心里美”的水萝卜。其实还有一种颜色嫩绿、味微辣而甜的萝卜，比“心里美”稍长细，皮儿上绿下白，俗叫“卫青萝卜”的也很好吃。据说，因其主产地在天津卫，所以叫卫青萝卜。每当春日，卖生熟鲜荸荠的水盆挑子上，常见其卖这种萝卜。南城做织补各种贵重衣服而有名的“织布赵”，和后来成名的老旦李多奎最相好。李老原是唱河北梆子的，在嗓子“倒仓”时，常来赵家喝酒闲谈，其两家为至交。笔者当时就住赵家隔壁（西湖营北头）。常见李多奎提几个卫青萝卜来找赵掌柜的，他们均好食此物。后来，我也买两个吃，觉得味儿确实不赖！

肉汤炖胡萝卜

胡萝卜，可作馅，可生吃，可腌食，最可口的是将其洗净，切成不规则的菱形块儿，放进炖肉汤中去煮熟，既有肉味儿又有胡萝卜味，且无其生食之“甙气”味儿。特别是放进炖牛肉中去，那味儿更美。旧日，笔者在北京东琉璃厂东北园王质彬家住时，曾数尝牛肉汤炖胡萝卜，下酒、吃饭均甚佳。尤其是几位自家朋友凑到一起，只吃牛肉汤炖胡萝卜，喝高粱老白干酒，吃高粱米饭，亦别有一番亲情。无论炖猪肉、牛肉、羊肉……其汤均可下入切好的胡萝卜，其味与下入土豆又别具一格。笔者记得是日本投降那年（1945）冬季，王质彬到我住的乡村的老家，看到我家开设的牛羊肉铺中有鲜牛肉，自家菜园中又有新下来的胡萝卜，就兴致勃勃地做起了牛肉炖胡萝卜，并且吃得很香。我们看着他就笑起来，他奇怪地问我们笑什么，我们笑着给他指指正在水井旁打上水来还不走、却正在愣愣地看着他洗削胡萝卜的日本兵炊事班长秋尾一郎。当时战败的日军有一小部分就住在我村的北庙内。每天由伙食长秋尾来打做饭的水。那时的日军供给已很困难，每天只吃两顿“南京豆”——一种带黑皮的大蚕豆。秋尾已经快半年没摸着肉吃了。据他自己说，他最爱吃牛肉，并说那炖肉汤也都是非常有养分的，可以用它来炖那位先生（指王质彬）削的胡萝卜。我们大家全笑了。我们的孩子头儿八十头对他说我们早就知道这种吃法了。后来王叔叔和秋尾交谈，才知道他原是做雨伞的，不得已才被征来打中国，并且表示很惭愧……当时日军正等待投降，已无往日的神气和嚣张劲儿了，而且还常常十个八个地去帮助中国群众秋收，以求换得些青玉米和小白薯充饥。中国老百姓还多是纯朴、善良的。有些人就拿些东西给这些饥饿的日本人吃。当时，王叔叔就请秋尾一郎坐下来吃酒吃肉。他不肯坐，并说吃肉和胡萝卜还可以，但不敢饮酒，怕有酒味儿，回去挨打。以后，他常向我家要些胡萝卜，有时还要点肉汤，装在他那豆瓣形的高桩儿饭盒里去炖胡萝卜吃。事情已过去了好几十年，我已过耳顺之年了。可是一年之中怎么也得吃上几次牛肉炖胡萝卜或炖土豆，还用吃剩下的肉汤炖胡萝卜吃。可万万想不到的是，这次侄女来京，说有一位八十多岁的当年日本班长，回国后靠从中国学到的肉炖土豆、榨菜或胡萝卜开了个小店，赚了些钱，今特地回中国来以表谢意。可见，日本帝国主义发动的侵华战争是违背了包括日本普通人民在内的全世界人民的意愿的，是注定要失败的。日本军国主义者是我们的敌人，而日本普通善良的人民则永远是我们的朋友！

糖拌萝卜丝儿

北京又叫“糖腌心里美”。因为北方的水萝卜，其果肉心色红而艳美，或白而青秀。真可以称是“美色可观，秀色可餐”。把心里美擦成丝儿（或切成细丝），用白糖和少量的米醋一腌拌，则其条儿甜、酸宜人，其汁儿颜色美，味道更美。有人不爱吃酸的，不放醋，而只放白糖，那么它的汁儿则只是甜并有萝卜通气之味。曾在天桥晚期“云里飞”场子中唱滑稽二黄的孙晓峰最爱吃此菜。笔者和他既是茶碗儿中的茶友，又发展成为“朋友”。他每次到我家来，凡有心里美萝卜的季节，他总叫家人给他弄这个菜吃，并且说，用刀切细丝儿和用礤床儿擦出来的细丝儿的味儿是不一样的，用刀切则萝卜味儿更大些。

拌小萝卜秧儿

此小萝卜秧儿，是指才放两个小时的萝卜苗儿，多余的苗秧，间拔下来，放在油盐店里卖，在农家则在其中放些黄酱、香油，自家吃用。在城中，则从油盐店、菜床子上买来，洗净，放些甜面酱、香油而食。有的则放入芝麻酱与白糖，拌匀就食之，这是比较高档的食法，其味是香、甜、嫩中又有麻酱、萝卜的味儿。这三种吃法在北京城内外都很盛行。别处则把间苗而下的小萝卜秧儿弃之；在京郊则视为鲜菜之一种。讲究吃喝的旗人（清朝时在旗的人），亦常吃此物。笔者幼时上三年级时，老师是京郊上地苏老公的女儿，是旗人，该人虽为女先生，但吃大酒大肉亦不亚于男士，她就常吃拌小萝卜秧儿。

芝麻酱拌小萝卜秧儿

旧时，北京琉璃厂毛笔业中都知道有个“铁嘴王文一”，其号曰“质彬”，他在旧社会拖着一个七口之家，住在琉璃厂东北园79号一所院子里，还装着个电话，没点儿能耐，是支撑不起这个摊子的。虽然全家在困难时，总吃些贱菜，但也不易得。笔者幼年在春天就常在他家吃芝麻酱拌小萝卜秧儿和高粱米饭。那时高粱米比大米、小米都贱。小萝卜秧儿是用不了几个钱从菜店买回来的。大多数人家是只吃小萝卜，不吃秧儿的。店中伙计就将小萝卜的黄蔫叶子扔掉，将好的萝卜秧儿弄凉水洗净后再卖给穷人。人们将其买来，洗净，切成小段儿，加上澥好了的芝麻酱和适量的咸盐，吃起来也清脆香甜并且很下饭。王文一家做这一俗菜很拿手。后来，笔者也做而尝之，竟不如王家所制鲜美。回去问王婶（文一夫人），其笑云：“如今谁还吃那苦饭食，那是在旧社会不得已时才吃的……”我向其说出原因及该菜的好处，她才说，那加入的盐要细碎，切不可像吃芝麻酱面条似的，把盐放入麻酱中去用水澥；一定要在用水澥麻酱后，将小萝卜秧拌好，再把适当的细盐撒放其中，一定要加一点儿醋，以提其鲜味，再拌匀，就好吃了。作者如法炮制，果然鲜美异常。读者可一试而尝，便可领略其中之妙！

酱拌萝卜皮

“有钱儿的买咸菜上六必居，没钱的捡萝卜皮！”这是城中贫民旧日的俗语。秋后卖水萝卜的，往往把旋下的萝卜头片及外皮，白送给捡萝卜皮的小孩或拾破烂儿的穷人。人们将水萝卜皮捡回家去，用凉水洗净，横切成细丝儿，放于碟或碗中，加些香油、黄酱、烂蒜等拌匀供食用，其味真比一般好凉菜不差。尤其是用它来下饭，就粥或豆汁儿喝，其味更佳。旧日，赵金柱就用上述法子拌好了萝卜皮，放在小盆子里，用个小筐盛着热乎的小米面贴饼子，送到穷哥儿们找活做的“人市”中去卖。花不了几个大子儿(铜板)，就能买个“肚饱”。赵金柱儿赚了钱，穷哥儿们也吃饱了肚子。遇到真没钱而饿肚皮的，柱儿也白给他两个。

穷三皮

在老北京人的眼中有“穷三皮”：萝卜皮，疙瘩皮，肉皮。别瞧这“穷三皮”，在旧社会中下等人家，几乎天天餐桌子上有它们，卖苦力的劳苦大众更是离不开它们了。今分述所记如下，以示同好，能再吃这三样儿。每逢秋后，北京街头就有卖“心里美”萝卜的了。他们用萝卜刻成几朵美丽的萝卜花，用竹签插在外面以招徕顾客。他们用刀旋下的萝卜皮成堆，用不了几个钱就能买来，够一家几口人吃菜的了。买回后，用清水将其洗净，切成条儿，当吃面条或“盆里碰”(摇尜尜)的菜码也成，或在其中加些盐、醋和香油，拌萝卜条儿吃也成，更可以在里面放些好稀黄酱和香油拌而食之。这个菜微辣中又有心里美萝卜的香甜，很便宜，很好吃，也极好做。疙瘩皮可有两样：一是芥菜疙瘩的皮，是从酱园中买来的，有五香味，称“五香疙瘩皮”，其皮辛香有芥菜味儿，是咸菜中的好菜。削下来的雪里蕻疙瘩的外皮，是从腌雪里蕻或酱雪里蕻上削下来的，脆嫩香咸，可没有芥菜皮的芥菜味儿，也是一种咸菜。第三种皮是鲜猪肉的皮，用处很多。好的，大张的可去制皮革；但在烹饪方面用处也不少：

把它垫在菜墩子上做丸子，可使丸子颜色好，不掺木屑儿；用它与猪蹄做豆儿酱；把它与砸断的猪骨头一起去吊成做菜常用的“碴子汤”；煮熟的软猪皮与汤儿凝成肉皮冻儿，更可以用煮软的熟猪肉皮切成丝儿（宽一点儿）加上辣椒，可炒出“辣肉皮冻儿”。因此，这穷三皮可以说是穷人桌上的美菜，可做出多种穷人的菜肴。

拌三丁

顾名思义——这拌三丁就是把三种秋菜切成小四方丁儿，加入些香油、水醋和咸盐共拌匀供食。这三种丁儿在秋后是胡萝卜丁、土豆丁，这两种丁儿全要先经热水煮熟后，再与鲜黄瓜丁儿加小作料一起拌。其味辛香鲜美，不咸而好吃，是下酒的好小菜。旧日城镇的小酒馆中，常用小碟盛此菜卖。不过在京南大道旁有一家叫什么“海顺居”（字号记不清了）的小饭馆，我常在此用饭，觉得这个小饭馆有两个特点：第一个是干净，第二个是所出的小菜多和别处的不一样。比如这个拌三丁，虽然主料也和别处一样，但是吃起来却另有一种说不出来的特别好的味儿。一问掌柜的方知，其胡萝卜及土豆丁儿全是用荤白汤煮的，而且是老咸汤，所以做出来的拌三丁味道自与众不同，很受顾客的欢迎！

腌四丁儿

用食盐暴腌四种菜丁儿：将胡萝卜、芹菜、木耳、土豆均择洗干净，控去浮水，各切成丁块儿，用食盐充分腌均匀。吃时，加些香油就行了。当然干木耳需经水发后才能用。在城中，还有再加上些豆腐泡或熟面筋泡之类的，即称什么“素什锦”。其实在乡村，只暴腌这四种小丁块，其味不但有四种料物的鲜美，而且还有其复合之新味，外加帅味（盐咸味）率先，香油香味殿其后，简直堪称一种美菜了。昔日有乡村跑大棚的厨师曾云：“四丁儿路子宽，暴腌上桌盘，雅俗共赏识，下酒带下饭。”最近，笔者随一些老者下乡，慰问走上了脱贫之路的乡村，不期桌子上又出现了腌四丁儿，故人重逢，令我感慨万端……不过，今天面对已脱贫的昔日农家，笔者又尝到此物，真乃心潮起伏、思绪万千，无限情怀涌上心头，必欲一吐而快之！

北麻团

老乡们叫它“黄白麻团”，因为它是用黄红色的胡萝卜、白薯和芝麻做的，外形像南方的麻团，故此得名。在京东乡村有好多人家善于制此食物。笔者在京东杨闸村食此物时，觉得比南方用江米（糯米粉）做的麻团，又别有一番情趣。不仅它是实心儿的，而且它既有白薯味又有胡萝卜和芝麻味儿。其做法也不复杂：将洗好、削去外皮的白薯和胡萝卜共同蒸熟，并加糖（做咸味儿的则加盐）共抓拌均匀，成为小丸子形儿，再在生芝麻内一滚，即放到油锅里去炸，稍炸即捞出供食用，才好吃。千万不要炸过了火，一过火则外苦内不香。作者自己弄此食时，就炸过火而不好吃了。如果看见麻团在油中已变黄，那就过火了。所以，做此吃食时一定要掌握好火候，这可是个带有很强的技术性的问题了。

炸素丸子

在郊野乡间，每逢过年过节时，几乎家家炸一大盆素丸子以备来客食用。其用料全是自己园内或地里产的东西。丸子用胡萝卜丝、香菜（芫荽）末、粉头儿（碎粉条）、花椒盐儿与真绿豆面共掺匀，以水和好，用手抓一把丸子馅，从大拇指与食指的圆口中挤出，用另一只手揪成小弹儿放入半开的油锅里（其中的油一定不要太热，否则，丸子全煳了，不好看也不好吃）。挤丸子快的人，一会儿就可以挤一锅，用漏勺捞出，放在油箅子上，控净其浮油，再倒入盆中收入“肉笼”（土冰箱）内，吃时，可以在锅内先把素丸子煮透，并放些海菜——鹿角菜或石花菜等，连汤一起盛入碗内，上桌供食，其色雅而润，是个好菜。

炒土豆丝

土豆是北京北方的大宗土产品，也是常吃的俗菜。可以炒土豆丝或炒土豆片儿。可以加点肉片儿，是个可荤可素的菜儿。陈二石头是常走京北庙会上练武术、卖跌打损伤膏药的武把式，可是他会炒土豆丝儿或片儿。因为家门口有三亩多沙地，每年除去种花生、白薯外，在地头上常种些土豆儿当日常的菜吃。他人夯，却为人很仗义，颇有“燕赵志士之风”。有一年下大雪，时近年关，有一要饭的老人冻饿而病在陈二家门前。陈二就将他背到家中，把他的病给将养好了。听说这个老人是个厨子，他纠正了陈二的炒土豆法，故此荤素炒土豆丝儿都相当出色。有一次我二哥的腿摔了，我和二哥去找他治腿，他见是本村的发小同伴，不单不要治腿的钱，还亲手做炒土豆丝儿给我们吃，并不好意思地说家中没有别的现成儿菜，只有土豆了。又现从肉杠买来一斤猪肉，炒两种土豆丝儿待客。我亲见他先将土豆去皮，切成丝儿，用凉水拔一拔，以去其涩味及土气，然后，坐锅下底油，先将花椒炸出味儿来，捞出不用，接着就把土豆丝放进锅内去炒，并不加别的作料，只加些食盐，炒熟后即可吃了。青咸雅致，陈二说这是连葱丝都不搁的“素中素”。炒荤的可费点事：先在有油的锅内煸炒葱丝、姜丝、大蒜片儿，然后再把用盐、白酒等入好味的瘦肉丝放入锅里炒至多半熟，加上点开水（应该加白汤），见开后再将土豆丝放进锅内，翻炒两过儿，再加入适量的咸盐，熟后即可食用。陈二讲，师傅说炒土豆儿，绝不要放酱油之类，以防味酸、色不好。

辣椒炒土豆丝

我国北方出的土豆很沙，很好吃。在北京京北一带以此为常食，并作为菜蔬。农家有一味用辣椒炒土豆丝：青青的辣椒丝儿配上黄玉色的土豆丝，形与色都给人以粗中有细的美感。吃起来，辣中有沙、有香，很下饭，用来下酒亦可。把大土豆削去外皮，切成细丝；将新摘下来的青辣椒去掉把儿和瓤儿，切成细丝。然后坐锅，下底油，油热后先放些花椒、大料，煸炸出味儿后，再捞出花椒、大料扔掉。下葱花、姜末，下切好的土豆丝煸炒一会儿，再下入辣椒丝，下酱油及少许食盐，炒两过儿即熟。笔者到北郊三合庄任姨家，任淑兰大姐常做此菜给我吃，其形、其味真远比金堂大饭庄的鸡鸭大菜，而别有一股农家亲情味儿呢！

蒸土豆

“蒸土豆，蘸盐花儿；脸朝黄土，背朝天儿！”这是说旧时农民的苦生活，一天三顿，吃蒸土豆子蘸细盐，劳作起来，脸朝着黄土地，脊背朝着天。特别是我国北方农民，更是如此。在京北至张家口一带，地中出产土豆，可以与白薯相比。将土豆儿洗干净，入笼屉蒸熟，蘸着盐花儿吃。土豆很沙，有些甜味，若就着盐花儿吃，还可以，若当饭吃，则太乏味了。但旧时，土地贫瘠之处的农民，仅能吃此。而后来传到他处，无钱人家也吃起此物来了。笔者曾在乡村（回龙观村）赵姐家吃此物，乍吃还很好吃，但当饭多吃，则吃不下去了。今记此，以志不忘过去的苦处。此物亦可助人度过灾荒之年。

煮山药豆

许多人不知山药秧是爬蔓儿的，且能在其叶腋上结出如羊粪蛋大小的山药豆来。这种山药豆很好吃，用竹签穿起来，外面蘸上糖或刷上小糖子（麦芽糖），做糖葫芦吃。然而，在郊野农家又有一种“熬山药豆”的吃法。做法很简单：把山药豆用清水洗净，放入锅内，加火煮熟，即可以吃了。爱吃甜的可以蘸白糖吃，也可以用竹签穿起来当糖葫芦吃，也有的人用熟山药豆儿蘸细盐吃。笔者曾在北京西山因果寺中，吃过火济道人（为和尚做饭的人）用“熘法”熘的山药豆。其方法也是先把山药豆煮熟，再下锅，对好汁儿来熘，虽是只用素作料，但其味儿甚雅而香美。

拌三丝儿

“难得风雨故人来”是老友张宗乙常爱引用的一句古诗。他家在北京之北百善村，家道小康，有自己的菜园子，里面种着各季菜蔬，可以现取来，做熟吃或生吃，均新鲜可口。一年秋末，才收了土豆和胡萝卜，张宗乙就亲自下手给我做了个拌三丝儿，至今犹忆其鲜香。然宗乙已在“文化大革命”中被害而死。为了纪念他，特将此乡味很浓的菜肴记下来：将胡萝卜、土豆、苤蓝取来洗净，去掉外皮，各切成细丝，土豆和胡萝卜两种细丝，要用开水焯过，放凉了，再和鲜苤蓝丝一起搅拌匀，下入适量的食盐、香油及米醋，稍腌一会儿，再搅拌，则可供人食用了。其菜做起来省事，但味儿又鲜又浓且各种味儿几乎全有。若再炸些有辣椒在内的花椒油浇上，则味将更浓了。宗乙说：“讲究些的做法应将炸过的花椒和辣椒全取出去，不要入菜，使菜见味而不见物，则更妙……”一个乡村俗菜，在知己朋友的酒桌儿上，其情其味就更浓了，笔者至今每亲手做此菜吃，均感慨万端，儿孙们不知其意，亦不必与其语及，唯记“难得风雨故人来”之诗句，即足够了！

拔丝白薯

白薯在北方农村是个俗吃儿。但是要在秋后，刨出白薯入窖后再取出来时，才好吃。因为这时的白薯已在窖中“出了汗”，去掉了“生性味儿”。将入过窖的白薯削去外皮，切细条或小菱形块儿均可，放入有五六成热的油中去炸，要用铁筷子勤翻动。使之四边刀口不能被炸煳（俗称挂了胡子）时就出锅备用。另用炒勺（或锅）熬白糖，这是个技术活儿——糖要熬得既能拔出细丝儿来，又不熬煳。火不可太旺，有五六成热的油就可以炸了。糖熬好了之后，即可下入切好了的白薯，一翻勺就出勺倒入事先已在盘子中抹好一层油的盘子里，配一碗清水（凉开水），上桌供食用。人云之“白薯好拔，丝难出，炸得挂了胡子手艺次！”

炸白薯与芝麻薯条儿

这是两种农家过年常备的食物，既便宜又好吃，完全是农家自产之物，用不着花钱去买。正所谓：“农夫自家园中物，何必金银向市中？”炸白薯：将白薯洗净，削去皮，切成块或片或条均可，放入六七成热的油锅内炸熟即可。好手艺是炸出白薯不许“挂了胡子”——白薯刀口的边儿上被炸煳成一条，叫“挂了胡子”。此白薯块炸成后，外焦里嫩又口感厚实。炸白薯的细条，外浇糖稀（饴糖）或滚上黑糖，撒上熟芝麻，叫作“芝麻白薯条儿”，脆中有甜，而又有白薯味儿和芝麻香气，可谓是一举四得的小吃，用来下酒，亦是上等凉酒菜儿。故此，白薯在农家虽为粗俗的食物，但经过加工细做，可变为“粗粮细做”的典型。每年冬月，北京街头常有卖炸薯片的，大部分为回民。片儿很薄，且炸得火候也合适，外边浇的糖也漂亮，并常在上边撒些金糕条儿、青梅片儿，红绿相间地配在白薯片儿上，非常美观。笔者幼时，记得西城北沟沿北口有一部带有铜什件的小车子，那白薯片儿炸得真几乎隔片儿都能看见人影儿。至于蘸芝麻的白薯条儿，给我印象最深的是旧北京南城的一个南方会馆（是哪省的会馆我忘了），其院落甚大，房屋甚多。院里住着我幼年时的好友黄子文，其妹黄念贤做炸白薯条儿，是用饴糖滚白薯条儿，再蘸炒熟后的芝麻，可真拿手极了。其特点一是用纯花生油炸，绝不可胡用别的油及炸过货儿的剩油；二是白薯要选好的，去皮后再切条儿；三是滚糖要滚全，蘸芝麻一定要将好芝麻事先炒熟再往白薯条上蘸。因此她做出来的炸白薯条儿，甭说吃了，就看着、闻着就够馋人的了。

炒白薯尖

“连阴天，缺吃少喝，炒白薯尖儿。”这是旧时农村穷苦人的口头禅。白薯秧儿长长了时，每下过雨，都要去翻秧子——把白薯秧翻到相反方向的沟垄上去。穷苦人家常掐下白薯秧的嫩尖儿，洗净。切姜丝、葱花儿炝锅，炒白薯秧尖儿吃。味道和炒豇豆差不多，甚是好吃。当然，其中要加适量的食盐。有时用黄酱或酱油炒，就不要放盐，或少加点盐。炒白薯秧尖儿，荒年可当饭，好年成可当菜吃，亦为家蔬野味添一特色。农村的苦孩子大都吃过此菜。在北方，即使是有钱人家，也常在白薯秧儿生长的旺季叫人掐白薯秧的尖儿吃。其实此菜并不难吃。笔者幼时曾吃过几次，至今还能回忆起它的味儿来，又脆又香！

炒黄瓜（王瓜）片儿

“家常饭，炒黄瓜片儿。”在黄瓜旺季炒食此菜最便宜，在冬季炒之，价虽贵，却能使满室生香，可闻见新香的黄瓜气味。将黄瓜洗净去掉头尖儿及尾，横切成薄片儿。然后，坐锅、下底油，油热后，下入葱花、姜末儿，煸出味儿后，再下黄瓜片儿，随即放入些食盐及味精，煸一煸即出锅，装盘供食。不可煸炒过火，过火则黄瓜片蔫软出汤，不好吃。若其中加上肉片，则成“肉炒黄瓜片儿”。如加肉片则在放入姜末、葱花，煸出味儿后再加肉片儿煸炒。旧日北京南城冰窖厂，有个姓栾的厨子，到家来总好自己弄个素菜喝酒。他炒的黄瓜片儿，又脆又绿又入味。他说，黄瓜片儿要先用料酒、香油、葱花、姜丝、咸盐等入好了味。临到炒时，在热油锅里一煸就出勺，不可后加咸味，或在勺里多炒，以免黄瓜全熟又变暗了，色又不好看，也不中吃。尤其是不能在半途中往勺里放盐，只能看菜炒得发干时，放些白汤，以使其菜滑润而色泽好看。我归家一试，果有其理。看来，不是什么菜都是家做的好吃，厨师做的既讲究又鲜美。野味野做法自有其佳妙，家常做某些主食或副食，也自有其独到之处，然厨师做菜饭，自有传授，凡经其手，就不敢瞎来，其味道自然美。这和一些根本不懂烹调，自命会做菜饭的“蒙事行”不同。笔者旧时，在一个雨天中于大门道里，见有避雨的落魄厨师，请他炒几个菜还真行。其中就有个炒黄瓜片儿，深得我介绍的主人赞许，说此人是内行，不是瞎吹，于是就留用了他。

赛香瓜

这是个民间可做的“假借味菜”——本无香瓜，要做出香瓜味来，就像“赛螃蟹”一样。用鸭梨三个，黄瓜三条，白糖二两即可。先将梨及黄瓜转圈削下皮，将瓤肉均刻成长圆形之小香瓜形，再将梨皮刻成丝，将黄瓜绿皮刻成瓜叶状。用大盘将果（小瓜）盛起，加白糖拌匀，用黄色之梨皮丝绕放其间，以为瓜蔓；将绿黄瓜皮做的瓜叶错落放置其间，以为瓜叶。然后用大碗将拌好的瓜盖严，十几分钟后，即可打开盖碗上桌，食之，颇具香瓜之香气。为简便，可将黄瓜及梨切成丝或片，用白糖拌之，盖好，十几分钟后，就有香瓜气了。“一盘赛香瓜，胜过二亩真瓜园。”有友人曾以此便宜菜招待来访的外宾，大受外宾欢迎。据说，外宾所学到的此精艺制法很快就流传到他国了。

酱油王瓜

王瓜，即是黄瓜，乡下农民又叫它为“水瓜”。酱油，不是指现在市场上或商场里卖的大豆制成的人工酱油，而是指老乡们自家做的几缸酱在伏天晒酱时晒出的酱汤儿——真酱油。用这种酱油酱腌的嫩黄瓜（王瓜），其味道鲜美，咸中有香，远非现代市中卖者可比。秋日，正值黄瓜、韭菜两头儿鲜的时候，将嫩黄瓜洗净，去掉（控干）其浮水，放入伏天收起的黄酱汤（真酱油）去酱，二十天后，即启盖，就可以供人吃了。旧日京北清河镇上有一家于记开的油盐店“隆聚兴”，就是用此酱汤来酱黄瓜的。售价虽然贵些，但人们都爱买着吃，因此，总是供不应求，后来，笔者在农村大户人家有酱缸多者，也是取用此酱汤来酱黄瓜的。

炒绞（脚）瓜

绞瓜，有人叫它“脚瓜”，也有人说就是“北瓜”。在北方，常于清明前后屋前屋后刨个坑儿，下点底肥，种上颗北瓜子儿，勤浇些水，其种子就自动爬上篱笆或房子，开红黄大花儿，结各色各样的大瓜，有白的，黄的，绿的或花的等，既不占地方又爱结瓜。也有用“移秧法”来栽此瓜的。农村小户人家在秋后摘瓜时，找其个儿大、颜色好又没碰伤外皮的瓜，放在不冷不热的屋子里，一直能放到除夕春节用它当作馅儿来包饺子吃吃。不过，绞瓜从刚结成瓜的时候起，就能吃，尤其是炒着吃，其味甜美中又有咸味儿，很可爱。把摘下的绞瓜去掉皮、瓤和子儿，切成片儿，坐锅，下底油，油热了时，炸点花椒，待其出味后，再放入葱丝、姜丝，炒两遍，就下入绞瓜片儿，再加一点白汤或开水，翻炒几过儿，再加食盐或好黄酱，熟后，就可以吃了。笔者女同学中有武佩芝者，做此家常菜最拿手。她说，这主要是掌握好火候，火大了或炒的时间过长，则瓜面而咸，有煳味儿；炒得火小，时候小，则瓜片不熟，味也进不去。若炒好了，此菜是极好吃的。记得有一年秋日，我从田中野沟边偶得一个又大又好看的大花绞瓜，在进村的路上，正碰上武佩芝去地里驮谷子回家，就把大瓜放在她的谷驮子上，不知不觉竟到了她家，她就下手给我炒这瓜片儿，一边切炒，一边讲做这个菜的要领，因为她是我上学的大师姐，又是招待我吃饭的主人，我只点头称是。如今写此菜时，才回想起她说的确是经验之谈。

瓤门茄

茄子是个俗菜，但其每棵秧儿上所结的第一个茄子叫“门茄”，特别贵，也好吃，因为下来的时间早，卖的价儿真高。

以后结的茄子多了，慢慢价钱就贱了。园子的菜把式（种菜的技术人员）弄的茄子，第一回结一个叫“门茄”，结两个叫“二跨”，第三回结三个叫“三门星”，第四个叫“四门斗儿”，以后茄秧杈子多了，结的果也小也多了——就叫“满天星”“八大杈”。门茄，讲究把其皮去掉，挖其心肉去烧茄子吃。剩下的没皮没心的空茄壳子，里面填好肉丝、葱丝、姜丝、香油、好黄酱，放于汤碗内，碗外放上口蘑丁儿和木耳丁儿，加一些白汤（或猪骨头吊的汤）和食盐，放到笼屉里去蒸，熟了后，上桌食之，其茄其肉其菜其汤样样味儿好而宜人。这是园主于瞎子的做法。笔者曾不止一次亲见他制作此菜，亲尝此菜。于瞎子是笔者的“爷儿们朋友”——年岁大的和晚辈交朋友，北京称为爷儿们朋友。于瞎子又是个好吃会做饭的吃主儿。我从他那里学到不少的乡下菜和粗俗菜细做的法儿。他自己还做另一种瓤门茄儿：把个儿大一点的冬瓜收拾好，在冬瓜腹中装入去了皮和心肉的门茄，再把肉料等装入茄腹中，并在其中加好白汤。外面只用好口蘑汤泡着上笼屉去蒸，熟后食之，令人只觉得其菜鲜而好吃，却不知是冬瓜和门茄儿两样鲜菜做的，因为都去了皮和心儿。此菜有冬瓜味，也有茄子味，更有羊肉及口蘑之美……若在今天，恐怕于瞎子也可称得上美食家了。

煮咸茄子

这是北方农村常吃的菜。在茄子下来的旺季儿，将茄子从园子里摘下来，洗干净，将它切成半寸左右的方块儿。另外，头一天就用温水将大黄豆（大豆）发开。坐锅，下底油，油热了时下入葱花、姜片儿和几个大料瓣（八角茴香）儿，煸出味来，就放入汤（开水，最好是放入熬猪骨头的碴子汤），汤开后，就放入黄豆，见两开儿后，再下入茄子块儿，再加入些咸盐（不要放酱油）。待其快出锅时，淋上些香油，盛入碗中后，在菜上加些切成长条的细葱丝。这个菜，没有肉，却有肉味儿，而且软（茄子）硬（大豆）兼有，并且有二者合出的美味。在乡下农村，午饭时，常有一大碗此菜上桌，味好极了。

素炒茄丝

素炒茄丝名为素，内有葱花即为荤，民间多以无肉即为素。将茄子洗净，去掉皮，切成粗丝。坐锅下底油，油热时下葱花、姜丝、一瓣儿大料，出味后，把备好的茄丝放入，煸两过儿再加适量的食盐、味精及酱油。炒熟后出锅装盘供食。僧、道或不食荤者则不加葱花等荤物，若加上肉丝，则为肉炒茄丝。肉丝在下过葱花、大料、姜丝后下之，煸两过儿再下茄子丝。此虽为粗菜，但贫富相宜，尤其在茄子旺季时，可每饭必备，似白菜般不腻人。过去在京门脸儿住的好吃而贫者，常食此菜。有人谓其常食之优美而云："茄丝不腻人，生腌酱拌炒素荤，顿顿可食唯此君（指茄子）。"

拌茄泥

"茄子烂如泥，吃起来美滴滴。"这是人们夸这个菜好吃，但却不怎么好看。将大茄子削去外皮，用碗盛着放在笼屉上去蒸熟，然后，在菜上加点食盐、香油和拍烂的烂蒜，一起拌匀，就成了"茄泥"，很好吃，但其灰灰的颜色和烂泥之状，却不怎么好看。有人在其中加入些碎葱末儿或香菜（芫荽）末儿，颜色才好看些。笔者幼年曾看到本家园头——刁大贵，就好吃这个菜，并且自己做，很细致很好吃。当他知道村中学堂里的教书先生也好吃此菜时，他就常做给他吃。因为教书的王实卿先生会中医，给刁大贵看好过病，却分文不取。后来王先生在北京北城行医出了名，成了名医，但他还是不忘乡下菜，好吃"拌茄泥"。

茄鲊儿

1992年北京通县张家湾发现了一块《红楼梦》作者曹雪芹的墓碑的报道，可给国内外所谓的"红学家"们提供了大开笔仗的绝好战场：有的认为这是“踏破铁鞋无觅处”的至宝，从而信誓旦旦地加以肯定；有的人却引经据典，以为此乃天方夜谭式的迷人赝品，从而频频摇头予以否定；更老练而深沉的则捻须闭目，暂不出兵加以可否。当然，既是“吃红学饭”的，哪个不想当“红学战”中的今世拿破仑！连曹雪芹是什么人都不知道的当地老太太们都爱那些给她们爱吃又常做的“茄鲊儿”找到有力的书证或物证。笔者的老岳母就住在通县杨闸村，她有两个老姐妹就住在张家湾。这些老太太们就是如此，真想不到一个茄鲊儿，会进有名的书，更想不到至今还有些人在“似是而非”地研究着它……我的老岳母及其姐妹都八十多高龄了，还老远的跑来向我问什么究竟，而我却是个连“红学”汤儿还不配喝的“白学家”（自称，乃白在家里吃饭，什么全不通的人），因此，只能无可奉告了。倒是她们给我做了茄鲊儿吃。时值金风邀白露的妙季，从市场上买了十几斤茄子。只见她们把这茄子削去皮，切成小丁儿，用买来的五香面儿和适量的咸盐一搓，搓腌后，放在通风阴凉之处，不着尘土就行；再者，就是勤翻倒，不使小丁儿发霉就行。干了以后可以收之，留到冬日去吃，或加盐放入坛内当咸菜吃，或到冬春之日，先用温水将其发开，加肉丁儿共熬熟吃，其味儿也好。并不像《红楼梦》中说得那么邪乎！我曾就此事问过老师刘叶秋先生（《辞源》修订本三位主要编纂人之一），他只笑了笑对我说：“金玉虽都是好东西，但不能互顶。《红楼梦》是小说，不是什么菜谱呀！……”于是，我仍去吃老太太们给我做的茄鲊儿，而不敢去问津那“红学饭庄”中自己硬加给曹雪芹的什么“茄鲊”！

干茄子皮与茄干

“干茄子皮似海参，腊月炖肉难辨假与真。”这是京郊农家夸干茄子皮的好处。秋天茄子旺季儿时，将旋下来的鲜茄子皮挂在绳上或窗台上晒干后，收起。等到十冬腊月吃的时候将其洗净，用温水发开，切成块儿，打成小卷儿，放在炖肉锅内，一起炖熟，其味略有茄味，但又“入乡随俗”——又多有炖肉味了。乍见其形，就像肉中加了海参一样。这是一种好干菜，切莫于茄子旺季儿时将茄子皮随旋随扔掉！在茄子下来的旺季儿其价钱就不贵，到茄子季儿快完时，其价钱特别便宜。这时，把茄子买来，切成片儿，晒在苇席上。要留心常给茄子片儿翻个儿，待其片儿干后，收于可通风的柳条儿篮子里，或大筐里，到冬天就是绝妙的干菜。吃法和干茄子皮一样。

烧茄子加毛豆

这可是个农村中的好菜，常用来招待客人。有荤、素两种做法。在城镇的饭馆中卖此菜不必说，单说乡村中做此菜用的是现摘下来的好茄子和现从地里拔下来的鲜毛豆，现做现去摘，就这一点，饭馆就比不了，而其味道也自然会鲜美。就说素的吧：将鲜茄子去皮，切成薄片儿，在两面儿上划几刀（厨刀管这叫“打花刀”），再放到半热的油锅中去炸，不要炸煳，但要炸得半熟儿。然后捞出锅来。再把毛豆角儿剥开成豆粒儿。乡下不兑芡、碰汁儿，只是坐上锅，下底油，先把葱花、姜末煸熟了，再下入毛豆粒儿，加上酱油和香油，煸两过儿，就把备用的茄片放入锅中豆粒上，加点开水。开锅后，倒一点淀粉，一翻勺就出锅装盘。

腌茄丝

日本投降前二年，其1418部队驻在回龙观村。那时日本兵给养已不足，常到民家菜圃瓜园中去劫掠食物。有一天，这些日本鬼子到我家来抢掠。他们将掠到手的茄子去了皮，切成粗丝儿，撒了些食盐，用手一抓挠，就每人一把地就着米饭吃起来。鬼子少佐佑藤看见我家腌茄丝中还加了些烂蒜泥和香油，大为不解。他很礼貌地向我家要了一点吃，觉得很好。他流下了眼泪，想起他家人在日本也常食此物，但不知放入蒜泥和香油后竟这么好吃。于是他就马上写信告诉他家人，要学做中国的腌茄子丝吃。其实，这在浩如烟海的中国菜中是个俗了又俗的东西，根本算不了数儿——上不了大宴席。不料，在“文化大革命”中我下放到农村的年代里，我又吃起了腌茄子丝儿，觉得也很香甜。如果能在这个菜中加些香油，就更好了。“文化大革命”后，我被平反，但已过不惑之年，家中被抄过几次，一无余物，只剩下几个不争气的儿孙。大家齐心协力过日子，每天省吃俭用，好攒钱买些必需的家具。政府又给了安家费和被抄物资的折合费。日子总算比先前好了。但是，我本人内心中却不敢忘掉“清苦”二字，每到茄子的旺季儿，价钱也便宜了，我就买些茄子切成细丝，加盐拌拌，唯一奢华一点儿的是加些香油在其中。儿孙们都说好吃，但是，他们哪里晓得其中的辛酸！近日在老朋友的大年宴上，居然又有腌茄丝上桌，我吃起来倍感亲切，倍感温馨，永远也忘不了这其中的辛酸史，也忘不了这其中的幸福情！

葱腌茄子丝儿

这是两种极普通的菜。农家自家园中常种有葱及茄子。当茄子季儿下来时，葱也长成了。先把二者从园中拔来、摘好，并用清水洗净，然后把葱斜切成丝儿，与去掉皮也切成细丝的茄子放在一起拌匀，并加入适量的细盐和香油（有的以用水瀣开的芝麻酱当香油放进菜中，也妙），一起拌匀，就能吃了。其菜鲜、香、微辛并有茄子味儿。京北看四个庙、并给教书老师做饭的张老道最爱吃这个菜，也常给教书的先生做着吃，不过据他说，他选的葱和茄子全是嫩的，稍老些的则不要；而且不放食盐，只用自家做的好黄酱来拌，自有其好味道了。因为葱是荤物，人们就开玩笑地说他：“张老道，瞎胡闹，葱腌茄子抱着老婆睡大觉！”他也并不反驳，只是一笑置之。

素炒芹菜

将鲜芹菜拔来，去掉根及小枝叶，只用其茎，撕去茎筋，然后用刀切成菱形条儿。接着坐锅，下底油，先用热油炸花椒，花椒出味后，捞出，在油中下葱丝、姜丝，稍煸出味后，即倒入切好了的芹菜丝，翻炒两遍，即下酱油和少量的开水，再下少量的食盐，炒两遍即可出锅供食。这虽然是个素菜，但，吃起来，味很好。北京东郊徐记大菜园子，有个园头（管全园生产的工头儿），就最爱吃此菜，也会做这个菜。笔者昔年到其园主人家，就请大徐做这个素菜。原来，他不先用热水焯一下芹菜再炒，他说一焯就使芹菜走味儿了。同时，他炒菜用好黄酱缸中浸出的“真酱油”，不用市面上卖的人工酱油，这也许和他做的素炒芹菜美味可口很有些关系吧！

芹菜末

将鲜芹菜择去叶子，洗净，经开水焯过，切成小短段儿（近乎芹菜末），当作吃面食的菜码，是菜码中之中品，亦为十样菜码子之一。其芹香之气，来自自然，用在面条中，与其他码子和浇头，相得益彰，不令人生厌气。焯芹菜末儿，除去当面条码子食用之外，还有许多吃法广传在民间。比如，油盐芹菜末儿：焯后的芹菜，切成细段，浇上香油和清盐，拌而食之，素食之士则视为佳品；用炸花椒油、辣椒油合拌焯过的芹菜末儿，是喝酒人的好菜。最奇者是京北三旗烧锅后柜有个好喝酒的王师傅。他最爱吃焯芹菜。笔者亲自看到他焯二斤芹菜，用刀稍切，用筷子夹起来只蘸炒细盐吃，当酒菜又当饭菜，真乃一举两得。

糖拌西红柿

这几乎是家家都有、都会做的凉菜儿，然若在乡间朋友处食此则大不相同。笔者就深有体会，1946 年 8 月，正值暑热，我往京北去见几年不见面的张退思先生。他告病在家，务农不出。那时我们虽年幼，但也知其心意，乃是不愿出来为日本汉奸所驱使。几个朋友在张先生家吃糖拌西红柿。西红柿是张先生从自家园中拣大个儿熟透的现摘的，放在线织的兜子里，用绳系着，沉入园中的水井底部。到快做菜吃时，才将其提上来，则个个面带薄霜儿，凉而不冰，远比现在城中放在冰箱内的强多了。切后入盘撒上白糖，其味儿不是单纯的甜酸，而是“现下树儿”的西红柿的鲜、甜加自然微酸，尤其是用自然井水来镇柿了，比用人工冰箱来镇强多了。后来，笔者也多次在城中做此菜，然自觉其味差远了：所用的西红柿是放了几天的生柿子“蹲熟”，又放在冰箱里冰凉的，当然自有一股子“冰箱味”了。总之，一物之新鲜与陈旧，自然之美与人工硬配之功，相差远矣！

炒柿子椒丝

郊区自家菜园子里种几棵柿子椒，本不算什么，可是当它给你结出又绿又大、又肥又厚的柿子椒时，就真舍不得吃了。这大柿子椒有几种吃法，我觉得其中一种素炒的吃法就很好。因为这种吃法，既可以用油及加火热将柿子椒的“青气性”去掉不少，更可以尝到其美味。将柿子椒洗净，去掉其把儿、心墙儿及其中的子儿，切成细丝。坐锅，下底油，油到五六成热时，就下葱花、姜片，煸出味儿来以后，就放些好黄酱，在酱快煸熟了时，放入柿子椒丝儿，翻炒两个过儿后，就成了。也有的人先用热水把柿子椒丝儿焯一下，再下锅炒，也可以。这就看是好吃鲜椒还是熟椒了。北京陶然亭住过一位贾（假）和尚，做此菜最拿手。

瓤辣椒

这是个很有北方特色的吃法儿。见于北京城东杨闸西头刘家大门中，以其家中刘淑敏做此菜最拿手，在京郊各处也有做此吃食者，也有用大柿子椒者。把大辣椒的把儿及中间的瓤儿和子儿去掉、洗净。把肉馅儿用盐、料酒（或白酒）、香油、酱油、姜末、葱末等先入好了味（腌好），腌十几分钟后，将肉末儿塞进备用的大辣椒内，当作瓤子，然后过快油炸一炸，即码在碗内，上笼屉去蒸，上气后即熟。其味隽永，有辣椒的青香气，又有肉味儿，更有多种料物的美味儿，是下酒下饭的好菜。许多人包括厨师多把此菜称为“酿辣椒”或“让辣椒”，都不对，应为“瓤”字，“瓤茄子”“瓤冬瓜”，也是用别的料物当茄子瓤儿或冬瓜瓤儿。

鲜柿子椒蘸酱

结成个儿大、圆扁（像柿子）形或较长形的大辣椒，叫柿子椒，有好几种吃法。旧社会在北京陶然亭住着一个好吃又好玩的贾（假）和尚。他以给有钱人家看坟为生。在放风筝时节他常好自制、自放两个大水桶似的风筝，很别致。他却说那放上去的是两个大柿子椒，因为自己不会写画，干脆就放个大水桶一样的纸筒子了。我爱放风筝，慢慢就和他交了朋友。他住在一间过去防空队集合的小房子里，四外没几家邻居。他就种了几棵大柿子椒。收获之后，买点黄酱，洒上点香油，把大柿子椒洗净，用手就掰其肉皮蘸着那黄酱吃，还真有个新鲜味儿。这使我想起郊区老家的人们，也常这么吃，而且酱内连香油都不放。用这个菜就着才出锅的蒸窝头吃，可称“双绝”。

大葱蘸黄酱

这是山东人爱吃的东西，其实北京人也有许多人爱吃，它既便宜，又不用什么烹调法就可以直接吃。在打来的或自家的好黄酱中放入些香油，把干大葱剥去老的外皮，洗净，切成大段儿，就可以手拿葱段儿，往有香油的黄酱碗里一抹一蘸就吃了。以其就酒喝或就窝头吃，那真别有风味，且是北京粗饭食的一大特点。最可怪的是女子竟也以其为酒菜及饭菜。笔者幼年曾就读于京北清河镇国立国民第一小学。该校教三年级的是一位姓苏的女教师，她是当地上地村“苏老公”的后裔。她平常住校，每饭必有大葱蘸黄酱，且能喝白酒。用大葱蘸黄酱就能喝光二两白酒，另外，还再用小米面或玉米面窝头就着大葱蘸黄酱吃个饱。其饮食虽粗，但其文笔甚为秀丽。笔者曾亲自见其以“清明”作儿童范文，立马可成。并于一秋日黄昏，见其在灯下，一边喝酒，一边吃着大葱蘸黄酱，一边还在画着一幅《仕女扑蝶》图。我本是小学已毕业并考上了中学，特来向恩师苏（静娟）先生辞行的，她随即将此画送给了我，并以工笔题曰：“莫嫌其癫狂，自有情趣处。”如今恩师仙逝了，画也被抄家的“老爷们”烧了，但，这“俗中有狂，狂中有雅”的意念却常留在我心中！

酱拌小葱

新雨初晴，小葱带露，四郊农村，多拔来洗净，控干其水分，横切碎，以自家所做之黄酱拌之，加些香油，即成为酱拌小葱，下饭下酒均为佳菜。其制法简易，而味道辛咸而香嫩。面对春雨而食此酱拌小葱，自有一番农家闲情。旧时京西张退思先生隐于老家农村，笔者曾于春日访之。正值阴雨，张先生即以此菜待客，并云：“酱拌小葱情义远，难得风雨故人来！”如今，张先生已作古，但作者每食此菜时，总会想起张先生。后来，笔者搬家至后孙公园二十号，那时，隔壁就是名净袁世海先生。每天下午袁先生吊嗓子。是时，我同院住的许敬儒老先生准在屋檐下摆一碗白酒，一盘小菜，一碗小米粥，一个窝头，那小菜竟是酱拌小葱！

虾皮熬菠菜

提起用虾米皮来熬菠菜，都认为是一个俗中又俗的家常菜，殊不知这个菜若做好了，口感肉头又好吃。首先说虾米皮，一定要用买来的海虾米皮，切不可用自家从河溪里捞来的小虾晒干的虾米皮。菠菜，因现在好往菜叶上上化肥，一定要先洗净，再用开水焯一下，再切成段儿备用。坐炒菜锅（或大勺），下底油，油热后，下入切好的姜丝、葱丝，煸出味儿后即放汤，下入切好的焯菠菜。开锅时，再倒些炸花椒油，其味儿更佳。旧日京中不少旗人好在菠菜季节吃此菜，其香鲜可口，对佐饭下酒均很有好处。在虎坊桥卖肉饼的乔三就好吃、又擅做此菜。笔者因与乔三住街坊，彼此很要好，故常吃他做的此菜。其拿手处，就是不放酱油，而且是盛入碗内再加花椒油。这样做出来的菜，当然比一般人家做的要好吃多了。

米汤熬菠菜

在京郊农村有个很便当的又好吃的家常菜，那就是用做小米饭剩下的米汤来熬嫩菠菜。笔者幼时曾无数次吃此菜，最令人难忘的是几乎各农户都在菠菜季儿做这个菜吃。每天捞完小米饭，即把事先择净洗好的菠菜横切成小段儿，放入米汤内，同时放入适量的食盐，临吃时，可以在菜中淋上点香油，又腻和又鲜嫩，很好吃，并且是连菜带汤的汤菜。当时在北京小报上常写些散文诗、笔名“老 C”的张宗乙，在其诗中就歌颂此菜说：“小米饭，菠菜汤，本是春夏的农家粮；可是你，饭前就把它两家结合在一起，成了亲不可分的菠菜熬米汤！”话虽是平常话，但，能把农家平常的汤菜写成文章传之于世，却比我早了五十多年！

炒菠菜粉

此菜有荤炒、素炒两种。荤炒放肉丝，素的则不放，其他用料一样。今以荤炒为例：事先将干粉条儿用温水发开，切成二三寸长小段（也有不切者，其入味不好，也不好炒，不好食用）。将鲜菠菜择好，去根，洗净，横切成段儿。再把肉切成肉丝，用料酒、味精、酱油、葱末、姜末等入好味，挂上蛋清糊，然后坐锅，下底油，先滑完肉丝，再煸葱花、姜丝，出味儿，再下入肉丝，煸一过儿即下入发好了的粉条段儿，炒一过儿再下入些食盐或酱油，最后放入备好的菠菜段儿。煸熟后，即可出锅供食。切记不要把菠菜炒老了，否则，样子就不好看了，吃起来也糊嘴，不好吃了。这虽然是个家常俗菜，但做得是样儿又入味，就不太容易了，必须把火候掌握好。旧日，笔者在乡村、城中、家内、饭馆里吃过不少次这种菜，然以京北“杨记饭馆”掌勺的杨老柱头炒的此菜最好，尤其是素炒，其菜色味俱佳，非城中沽名制菜高手可比。

芥末菠菜粉

这是北京民间在春夏之季常吃的菜之一。用开水或凉水将芥末籽儿泼开，等出了辣味之后，就用水澥稀。将买来的菠菜用凉水洗净，再用热水烫一烫，以去其表面的农药或杂质，然后再经凉水洗净，再用刀切成小段儿，放于瓷器中，加入澥稀的芥末、醋、盐、芝麻酱（也要先用水澥开），一同放入菠菜中去，然后将细粉丝，用剪子剪成二寸左右长（便于搅拌和吃），用开水焯或经水锅煮软后，也放在有调料的芥末菠菜中去拌匀，即可装盘供食。此菜最不宜放酱油，要放细盐。这是北京陕西巷南口厨师陈永顺教给我的。回家一试，果然比过去家庭中的笨法手拌菠菜味儿好。故此，将此法广传给亲友去做，其实人家有早就这样拌的了。

瓤小冬瓜

这个菜，城中有钱的人爱吃，在农村也有舍得吃的。冬瓜是好东西，好蔬菜，但是，一般都是在其长大后才摘下来卖或吃。瓤，许多人都给读成了“让”，或直接写成“让”，后来笔者向研究菜的老先生讨教，还是用“瓤”对——是把作料当作瓤，装进冬瓜里去，蒸熟或去隔水炖熟，连汤带菜一起食。瓤小冬瓜，先把小冬瓜刮去外皮，并由上半部横切开，掏去其瓜瓤和瓜子儿，装入细羊肉丝、葱丝、姜丝、好酱油、花椒（用新纱布袋装好，以免散在菜中，色不美）。然后将冬瓜的上半部盖起来，放在汤碗中，外面最好放一些白汤或白开水、口蘑丁、木耳丁、黄花丁儿和一点食盐，一同放进笼屉中蒸熟。其菜及汤味均美。

鸭架子熬冬瓜

北京的老住户多是平民百姓，三天两头儿到全聚德烤鸭店去买鸭架子，回家来把鸭架子剁成大块儿，用它来熬冬瓜或煮熬大白菜，均可，也不用熗煱，只是用白水儿熬。尝一尝，其汤若淡时，可放些食盐，不要放酱油，一放酱油就汤味儿发酸。见开后即可连汤带饭儿吃。什么叫鸭架子？就是烤鸭用刀片走了肉的骨头架子。其实，上面还有不少的肉，用刀片不成片儿就算了。过去在20世纪50年代，全聚德只是在前门外肉市路东有个门脸儿，自家也常卖鸭架子冬瓜汤。那时每晚，到其柜上买个鸭杂（鸭五脏）小菜，二两白酒，喝完吃两三个鸭油烧饼，喝碗鸭架子汤，总共也不过块把来钱；如今可不敢去了，一去就百八十块。过去北京京剧一团伴李万春唱架子花的名演员杨鸣庆，总抽个大旱烟袋，喝黄酒，他和笔者是个老友，我又和他哥哥杨晓峰先生一起教书，故此，见面显得格外亲近，我们遇到一起，在全聚德叫半只烤鸭，不吃其鸭饼，而吃其鸭油烙的烧饼，别有风味，另买两碗鸭架子熬冬瓜，那汤清而又肥，有“奶汤色”，喝起来，有滋味。记得有一次杨鸣庆唱高兴了，也吃好了，他晚上有戏，是和李万春的《活捉潘璋》，请我到中和戏园子听此戏。那天，杨鸣庆把潘璋给演“活了”，给李万春（饰关羽）捧得那叫严！此戏，不断得到台下观众们叫好。戏散了，他说戏前不敢吃饱了，故此才吃了半饱儿。我俩说说笑笑地又到全聚德吃了半只烤鸭，喝了几两酒，可没少喝鸭架子汤！

虾皮熬冬瓜

此菜又名“穷海鲜”。因为虾米皮是价格便宜的一种海边产物，冬瓜又是陆上蔬菜中的上品，故此名之。先将冬瓜去掉皮、瓤和子儿，用刀将瓜肉切成小片儿，放进清净的沸水中去煮，不加任何调味料，当冬瓜快熬熟时，再放入虾米皮去，熬一会儿，就可以了。在汤碗内用“倒炝锅”的方法，倒入香油、酱油、醋、胡椒面，上面再撒上点儿香菜（芫荽）末儿，就成了普通菜——虾米皮熬冬瓜。虽说这是个家常俗菜，可是做得要滋味好、作料全，才好吃。旧时，京北于家菜园子不大也不小，它专门种各种早下来的菜，主要是为了卖钱早，也为了自己吃。园主于瞎子（近视眼）是开过两个油盐店的主儿，很会吃会做。他做的虾皮熬冬瓜很妙。

羊蝎子炖冬瓜

在冬瓜下来的旺季儿，其价钱是很便宜的。羊蝎子，就是剔去好肉的羊脊骨，因其形似长长的大蝎子，故名。把羊脊骨剁成小段儿，放入锅内去熬，汤中只放盛有花椒、大料（八角茴香）的新布口袋，不要先放食盐之类的盐味儿。待其汤熬得羊脊骨上的肉能用人牙或筷子弄下来时，汤就算熬成了。这时，把大冬瓜削去外皮，掏去瓜瓤及冬瓜子儿，只将冬瓜肉切成小片片，放入脊骨汤中去熬熟，然后盛入倒炝锅的碗中去，再放上香菜（芫荽）末儿及白胡椒粉，就可以吃了。倒炝锅碗中有香油，食盐（或酱油）、葱花、姜末儿。有的爱吃海味，还可以在倒炝锅儿的碗中放些用手撕碎的紫菜，那炖冬瓜的味儿就更足了。

猪油焖蒜苗

饭馆卖的蒜苗是先用油滑过（过油）的，太费油又费事；乡下家做此菜，就放点花生油和水“生焖”，鲜虽然鲜，但不香。笔者见到京北本村有人开猪肉杠（杀猪卖肉的店，旧时叫肉杠）。掌柜的叫张骆驼（因他的个儿高，又有些驼背，故得此外号）。他杀完猪，分档取肉去卖，把什么肠油、猪肚子地方的囊膪油等杂油杂肥肉全炼成油，并以其油来熬切成段儿的蒜苗。笔者吃后，觉得真比城中小饭馆卖的肉丝炒蒜苗好吃，就问其详。他说，蒜苗这种菜味强，非大量的猪油来把它焖软熟后不可，不然就不好吃。果真如此。他就是直接用猪油来焖蒜苗，待其六七成熟时，再放入葱花、姜末和盐，略放入些料酒（或白干酒），其味甚佳。

拌扁豆

有三种拌扁豆的方法，但不管用哪种方法来拌，最好都先用开水把要拌的扁豆焯得近于熟，以去其豆之毒，然后或切段儿或切成丝儿，加入调料拌匀供食。一种是只在豆丝中加香油、食盐、葱丝而食之。另一种是在豆内加入用凉水澥好的芝麻酱和适量的食盐、醋及拍烂的烂蒜末而食之。另有一种是在焯好的扁豆中加三合油而食之。从前笔者仅知道这三种拌扁豆法。可是有一年与几位朋友到太行山去秋游，在一个卖客饭的庙中用膳，竟有一盘不仅有香味还有咸味儿的拌扁豆，不知是用何物拌的，翻尽盘子却什么作料也没有，一吃其味儿却很足。询之老僧，才知道这是把用开水煮熟了的扁豆再放进老咸汤里去腌，然后捞出来再切成丝儿供客用的，所以好吃，有说不出的杂菜味儿，细看，则扁豆丝中并无他物。真是“天下本无宗，任人自为之”。这也许是不讲自己为何佛宗的老和尚给我们所说的一句有机锋的禅语吧。

炒扁豆丝儿

扁豆有好几种，不管用哪种，均需先用热水焯一下，以去掉其中有毒的部分，凉后，再将其切成丝（斜切）。小料用葱丝、姜丝、花椒、料酒、食盐、一点白糖和好白汤。炒扁豆丝儿有荤素两种炒法。纯素炒，去掉料中荤物就可以了。一般肉丝炒扁豆丝最为普遍，这又有家乡的做法和城中讲究的做法两种。乡野村中，将鲜猪肉丝儿与姜丝、蒜瓣儿一同下热锅，煸炒出味儿之后，再放汤，汤要少一些，再把鲜扁豆丝放入，用半炒半熬的方法将扁豆炒熟，以去其豆的毒性，这时，菜内的汤汁也不多了。城中比较讲究的做法是：先用油把肉丝滑一下（过油快炸），当然，肉丝在滑油前已用小料入了味，并抓一些蛋糊，再下底油与事先用开水焯过的扁豆丝一同炒熟，即可食用了。

假肉炖棍儿豆

有一种像小棍儿一样圆的豆角，叫棍儿豆，肉嫩又厚，很好吃。只是它和别的扁豆一样，要洗净，炖熟，不然有点毒质。有一种乡野炖棍儿豆的方法很简单，可味儿却很不错。将棍儿豆角洗净，去其筋（撅断而去之）。坐锅，下底油，油热后，先下大料（八角茴香），出味后，不下别的调料，就放入棍豆去煸炒，放些黄酱（不要放酱油，以防豆酸），炒两过儿，再放汤，加火炖。豆子快熟了时，再放入葱丝、姜丝、蒜片儿，翻一个过儿，就出锅，如嫌口淡，可放些食盐。这个做法，使豆子有炖肉的香味儿。这个菜是给我家做饭的冉四奶奶亲传下来的，我一试，果然如此。故此，至今，笔者常将此做法讲给朋友们听。

猪肉炒刀鞘子

刀鞘子，是老百姓所称的一种宽荚扁豆，又称“猪耳朵扁豆”，皆以其形似而得名。将此豆择洗干净，横斜切成细丝，将猪肉切成细丝。在锅中下底油，用姜末、葱末和少量花椒炝锅，煸出味后，下入备好的肉丝。煸到肉快熟时，再下入备好的扁豆丝煸炒。快熟时再加入适量的酱油和食盐。扁豆熟后，出锅、装盘供食用。此菜虽为普通俗物，然有猪肉之香鲜，又有扁豆之清香，且营养成分也不少于其他普通炒菜。在京东张家湾之农家常以此物改善生活或待客，因篱笆上有现成长着的刀鞘子扁豆。镇上小饭馆亦有制售此物者。记得有一小店墙上，尚贴有某过路墨客所画之扁豆秋菜，以志此物。笔墨虽平平，亦可记之。

肉炒青豆嘴儿

发了芽儿的青豆（大豆的一种，因其皮青而得名），用清水洗干净，把肉切成肉末儿，要瘦的多，肥的少，最好是不用一点肥肉。坐勺（或炒锅），下底油。油热后，先下入葱末、姜末，别待其被煸煳，稍出味后，即下入青豆嘴儿，放些盐和好酱油（或好黄酱），如勺中发干，则放入些熬猪头的汤。开锅，翻炒，待青豆快熟了时，再下入肉末儿，并下入些料酒（或白干酒），以去肉的腥气，使其更加芳香。这样煸炒几过儿就出勺（或锅），装盘供人食用。这是乡镇小饭馆的做法。如在农村，就把主辅料一齐下到有底油的锅中去炒，太干时，就加些白开水，其味儿当然不如小饭馆做的好吃。北京德胜门外小关儿有一家小饭馆叫“德胜轩”，它制售此菜，价钱又便宜，味儿又好。笔者昔年每过其地，必买此菜吃。现在，街巷门面全改了，德胜轩也找不到了。虽有好几家饭馆，但是，都不会做此菜。大饭馆也不卖此菜。我只好回家自己买点青豆和猪肉，自己做“肉末炒青豆嘴”吧！味儿虽没德胜轩的好，但也能解馋饱腹。自食其力，又何乐而不为呢？

素炒豇豆

用园中篱笆上之十八豆也可做此菜。从高粱地里绕高粱秆而生的豇豆中或园子里的十八豆中，拣其豆荚鲜绿嫩者，择来洗净，控干其浮水，切成寸金段儿。锅内放少量油，放入葱花、姜丝炝锅，料物煸出味后，再放入切好的豇豆段儿，快熟时加入适量的食盐。煸一煸即可出锅、装盘上桌。此物要有鲜嫩感，颜色中现灰色，但应尽力保持鲜绿（饭馆里是先将豇豆段用热油穿一下，以增味、保绿色）。此菜虽为素菜中常制食之物，然无论是口感，还是色泽，均不失农家本色，其养分也不在少数，故是素菜中之中品。笔者记得庙中的和尚常吃此物，不过，往往在其中加上一些切成长条儿的油炸豆腐，或许是以此代肉吧，不知其味如何。

干豇豆角儿

秋季，将豇豆角儿洗净，上锅蒸熟，晒干，收起。到了冬月，用温水将其发开，切成寸金段儿。用葱花儿、姜末，在底油中炝锅儿，料物煸出味儿之后，再放入备好的豆角段儿，炒几过儿，再加食盐和一些味精，出锅，即可吃。不必加酱油，加酱油反而发酸，不好吃。笔者幼年冬月，常于大姨家吃姨姐任淑兰炒的此菜，又肉软，又有豆香，真可谓冬月农家之好菜。后来，在城中，笔者曾仿制此物，上桌后，刘瞎子（中国大学中文系刘芝谦，因高度近视，故名瞎子）吃后竟不知为何物。笔者忆起童年，几乎村中家家屋檐下都挂有一捆捆的干豇豆角儿，不知者以其为什么种子类东西，殊不知它是味道美妙之菜肴！

煮咸豇豆

豇豆或长的十八豆豆角均可做此食。将豆荚洗净（一般是将老的豆荚）放进锅内去煮并加入适量的食盐。待豆荚熟后，凉凉些，剥豆荚而食其豆，咸中有香，且有一种新豆之气，能使人爱吃。笔者记得昔日高粱地中绕高粱而生的豇豆比比皆是；菜园篱笆上爬满十八豆，开着红紫花，豆荚又长又大，里面有十八粒种子。此二者，鲜嫩者可作蔬菜食之，稍老者即煮咸豇豆吃。当时有儿歌云：“十八豆，绕篱笆，快老的豇豆高粱上爬，一同择回家，锅里加盐煮你个烂巴巴！”煮咸豇豆也可以当菜吃：将豇豆洗净，下水锅煮熟，切成小段儿，放入香油及酱，一拌即成。这虽是个素淡的吃食，但却很香很新鲜，不同于其他咸菜。

芝麻酱拌豇豆

豇豆在其青嫩之时，可以连皮带豆儿一起当蔬菜吃。从自家菜园子里的篱笆上或从高粱地里的高粱秆上将青嫩的豇豆摘回家来，用水洗净，控去浮水，将其切成寸金段儿，再将芝麻酱用凉水澥得稀稠合适，加上点食盐，放入备好的嫩豇豆里（注意：豇豆事先要用开水焯得多半熟或全熟），再拍些烂蒜瓣儿，放点米醋，以增加酸辣之味。焯豇豆一见芝麻酱、盐、醋，它的青气味及豆性味儿全与上述几者复合出一种新的香鲜美味。在本村中教书的王恩成与杜文俊先生就常在豇豆季儿时吩咐给老师做饭的张老道多弄些此菜给大家吃。二位先生还特喜欢用此菜来下几两白干老酒呢！

煮毛豆

又叫“五香毛豆”，不论叫什么名字，其实就是水煮黄豆角儿。将新鲜的黄豆角儿从秧子上择下来，因其荚上有短茸毛，故又称“毛豆”，将豆角儿放在锅内，加水，加食盐、花椒、大料，开锅后，用慢火将毛豆角煮熟食之，是绝妙的下酒菜。酒馆中论小碟儿出卖，叫作“五香毛豆角儿”，其味有豆香，花椒、大料及盐的复合香味，吃起来很美。其实，此物在农家是极普通的小吃，常煮一锅，任小孩子们抓着吃。笔者犹记抓一大把煮毛豆角儿，跑到老槐树下的青石旁，一边看大姨姐等人抓（chuā）子儿，一边剥毛豆角吃，其香甜自在，犹如在眼前。虽事已隔六十余年，然今日煮毛豆角儿若可得之，则吾愿足矣！

炒黄花粉

“黄花姑娘美又嫩，上席好擦油丝粉。”这段民间笑话中的“黄花姑娘”，指的是鲜黄花菜的干品，要在吃以前用温水发开，掐去根再横切成小段儿；那“油丝粉”指的是如春日游丝般细的“粉丝”，食用之前也要用温水发开，横切成二三寸长的小段儿。炒黄花粉的做法是：坐锅（或勺）下底油，油热了下葱丝、姜丝，再下入黄花段和油丝粉段儿，炒两个过儿就加入适量的盐。快出勺（或锅）时，再淋上些香油，装盘上桌，其颜色好看，吃着清口有味儿，是素菜中的中品。好吃荤的食客，可在下黄花段及油丝粉段之前，就先下入好了“味”的瘦肉丝，肉丝熟到八九成时再下入细粉。这是荤炒黄花粉，过去乡间民家办喜庆或丧事时，席面上常见此菜。

炒莴笋叶

种菜的人都知道，莴笋是种普通的蔬菜——莴苣的变种。城中穷人和乡间农家常把别人家废弃的莴笋叶儿捡来吃。生的鲜莴笋，其茎被人去皮，切成丁儿或片儿，炒肉去吃了，莴笋叶儿则弃掉不用了。实际上，莴笋叶儿是很好的绿叶菜，其所含之营养成分不减于其茎肉，且铁等微量元素含量大，有益于人体健康。其鲜叶可洗净，蘸黄酱吃，酱内再放上点儿香油，就更好吃了。把莴笋鲜叶片横切成段儿。坐锅下底油，油热了再放入葱花、姜末等调料（好吃辣的，可在此时放两三段儿干辣椒），等把作料煸炒出味儿来后，再放入切好的鲜莴笋叶段儿，煸炒两过儿，再放入些酱油和适量的食盐，炒熟后，就可以供食用了。如果爱吃甜味儿的，则不放食盐，而加入适量的白糖。其菜虽不名贵，但甚为可口。带甜味的，既有村野之蔬香，又有城镇之肴美；咸的，则清淡素雅、口味宜人，是下酒佐饭之好菜。笔者记得在北京京南路边有个四海居小饭馆，以下脚料的价钱卖此菜，很受欢迎。夏日在京东二闸的避暑地，有的饭馆居然以正式菜肴的名义制售此菜，亦多有人买，大概是因其为绿叶菜，宜于夏日食用吧！

掐菜

掐菜，在北京也可以说是个特产，据说是来自旗人（清朝时在各旗记名的满族人）。将绿豆芽菜用手指甲掐去其头（豆子有芽瓣的头）、尾（豆芽菜的根须）。掐菜的用途很广：可以做藿菜、炒饼、炒豆芽菜、吃春饼……用掐菜做面码儿，在北京城内很多；在郊野则不去头尾，用绿豆芽菜做面码。但不论用掐菜或绿豆芽菜，都要经开水焯过，否则豆性味太大又不卫生。俗说：“讲究的吃掐菜，不讲究的留头尾，全须开水焯，做码子才算对。”老北京人不论是吃面条的菜码儿，还是炒藿菜或烹豆芽，都讲究吃掐菜，说它干净好吃。在油盐店菜床子（专卖蔬菜的地方）上也摆着豆芽菜和掐菜二样儿，任顾客自选。

炒黑豆芽菜

黑豆，因皮色深黑而得名，为长椭圆形。过去，农村中只把它煮熟了当“料豆”（喂马、骡、驴等牲口的食物）。可是，在乡野中也有人把它像发绿豆芽样用水发出芽来，当蔬菜炒着吃，其实，味道还可以。虽不如绿豆芽那么脆嫩，然亦不难吃。一位有名望的中医学家（原中国中医研究院教授郭效宗）告诉我说，黑豆本身有补肾的作用。这使我想起，昔年在牲口棚里喂牲口的张老头，总弄些黑豆在“盒罐”——一种鼓肚大瓦罐（罐口上用湿布或其他什么盖起来，底儿上有可漏水的孔儿，是发绿豆芽儿的专用器具）里来发，待其长出长芽后，去掉其皮，用油盐炒着吃。看来，劳动人民所食虽粗，但其有营养亦不见得少于膏粱者。

炸花生豆儿

又叫炸花生米。其实就是用豆油来炸剥好了的花生果仁儿，然后撒上些细盐花儿来吃，香酥又香脆。炸法有两种；一种是去掉花生豆的红皮儿炸；一种是带着皮儿炸。不管用哪种方法去炸，都是个要火候的活儿——若看到花生豆儿在油锅里变了色时，那就晚了，再捞出来，其余热就会使花生豆儿炸过火了，其味就发苦了。更重要的是：一、花生豆儿要干；二、要用豆油来炸最好，容易出花生味儿。旧日，北京的小酒馆或“火酒缸”店里都卖这个菜，而且往往两样儿（带皮和不带皮儿）都有。且在旁边放两个小碟儿：一个盛着细盐花，一个盛着绵白糖。由顾客自己随意去放。老酒友刘瘸子云：“两碟花生米来两个盘，一个甜来一个咸！”油炸花生米的确吃起来香喷喷油酥酥的，是下酒的好小菜。同样，它更是孩子们的钟情之物！

咸煮花生

将鲜花生洗净，个个将外壳捏（裂）开一个口子，放在锅内，加适量的食盐和花椒、大料去煮。开锅后，用慢火细煮，直至花椒、大料及食盐的味儿吃进去了，花生仁儿也熟面了才成。如果光煮熟，花生仁是硬脆的，则不合格。此物不加花椒、大料，则为咸花生；加花椒、大料则成为“五香咸花生”。以之下酒，是绝妙的酒菜。过去，在城中小酒馆、大酒缸中多有卖此下酒菜者。在郊野农家，花生下来后，以及冬日围地炉子常煮一锅咸花生，约三五知己邻居闲话俚语桑麻，真是亲情至密，远于人间之尔虞我诈……写到此处，笔者眼前又依稀呈现了当年自家煮的鲜花生。当时，我还年幼，从东头地里费很大的劲才拔了几棵花生扛家来，叫妈妈给煮。大家一瞧，全笑了。一是花生还没成熟，二是小孩力气小，拔来的花生秧子很多，却多是“小秋胖子”——皮、仁尚未分开的小肥花生。妈妈和众人怎么讲，我也是不通。还是做饭的黄二婶子有办法哄小孩子：她从仓房里弄来一大碗生花生，用手把花生捏开了嘴儿，放些食盐、花椒、大料，一起煮，直把汤全熬完，花生也煮熟时，就立即端来给正在哭泣的我。我一见那煮花生来了，就破涕为笑地端着那碗花生去找小兄弟们，一阵秋风扫落叶似地就把煮花生吃光了。当时真感到那个滋味美啊，简直好似活神仙一般。可我们的孩子头儿——“八十头”，就数他吃的多，也就是他的话最多，他说，好是好，可惜这是旧花生，若是用这些作料去煮新下来的花生，那才好呢……后来我一试，果真如此。看来，新花生，特别是当年收的新花生，做出来的确要比陈年的花生好吃得多了！

蒸糖藕

笔者故乡为北京北郊的水泽之乡，坡下河塘野泽中，有不少菱藕等。在那没有水质污染的年月，总是芳草萋萋，菱藕不绝，几朵艳丽的荷花，告诉人们此下有藕可采，尤其是上开白莲花的，下面是“白花藕”，鲜嫩肉厚筋少个头儿大。在踩藕的时节，将其踩到取出，用清水洗净，横切成片儿，放于碗中，加上好冰糖块儿及一点蜜渍桂花，放到笼屉上去蒸熟。那甜而不腻、略带桂花香味儿的甜藕更是诱人。笔者记得本村有开药铺兼能看病的武振德先生，曾给笔者看好了病。他每次到我家来，哪怕是在冬天，他也爱吃此物。家中洞子里又常存有此物，还有时发到城中去卖。大伯父李富又擅做此菜，就常给他做着吃。我们也常吃此菜。

炒豆腐

这是个城乡家常吃的俗菜，但是，饭馆儿内也卖，其做法大同小异，可分荤、素两种：都要将豆腐打成小方块儿，坐锅（或勺）下底油，先炸花椒，出味后，捞出不用。再放入葱花及姜末，煸出味后即下入豆腐小块，翻炒两过儿即可加些盐及白汤、味精（乡村过去不放此物，大乡镇放此物时名为“味之素”）。临出锅前，可在其中淋些香油。荤炒豆腐：事先将切好的肉丝或肉片用葱末、姜末、料酒（或白干酒）、咸盐、香油等入好了味，在炒豆腐之前先炒肉丝，然后放入入好了味的豆腐块儿。如发干时，可加入些骨头汤（或白开水），临出锅前，也要淋上些香油。有的勾上些稀淀粉和酱芡，有的不加，这是民间俗中做法。

炒红白豆腐

红豆腐，就是用猪血凝成的深红色块状物，因其状似豆腐，故此得名。将白色的普通豆腐也切成与红豆腐一样大小的方块儿（三四分的方形块）。先将红豆腐放进瓷器里，并放一点黄酒（或白酒）、姜丝、葱丝拌一下，入一下味，一是去其腥气，二是好使其去邪味儿入正味儿。然后，坐锅，下底油。油热后，再下入姜片、蒜（切成两瓣），煸出味儿之后，再放入入好味的红豆腐，煸两个过儿之后，再放些盐，下入白豆腐同时加入些白汤（或开水），用炒勺轻推轻翻，炒一会儿就可出锅供食用。此菜若做好时，青白与深红两色相反相成，很好看。其味儿虽云不见肉，却是个荤素两兼的菜，味道、口感均很好。

炒血豆腐

就是炒猪血凝成的豆腐状的块块。把它切成条儿可以做汤，切成块儿可以炒着吃。宰猪时，先把血盆放在宰猪的猪咽喉处等着接血，血中一定要放些食盐，以消毒并加速其凝固。每逢年节家里要杀猪时，我们儿童最喜欢的有三件事儿：一是可以吃猪肉了；二是可以把猪的尿脬（俗称“小肚儿”）中放几个豆粒儿，用嘴往其中吹气，吹起后，系住尿脬嘴儿，可以当气球玩；三就是盯着吃炒血豆腐了。先用刀把血豆腐切成半寸来长的四方块儿，接着坐锅，下底油，油热后要先炸花椒，花椒出味后，捞出去扔掉，或放在一旁加酱油当三合油吃。如爱吃辣的，可在此时加几段干辣椒，待干辣椒稍变色后，即下入葱花、姜片儿，煸出味来，就下入备好了的血豆腐。这时可稍放入点白汤（或白开水），一定要放热汤或开水，不然的话，血豆腐就会有腥味儿。待豆腐半熟时再加点白酒或料酒（黄酒），以加浓其芳香，最后放入适量的食盐。入味后，即可出锅，装盘上桌。旧时，京东有个顺记大车店，因挨着猪肉铺，常有血豆腐卖。这个大车店虽然小贩或车夫们可以自己从柜上买面起火，但无论住店的客人还是小贩们都愿花几个大子儿（铜板）买店中大师傅（厨师）炒的红豆腐吃。那味儿是香中带脆，与家常做的不一样，尤其是他在此菜中加大葱花儿，更添了菜的香美。笔者常过其地，也好与几个同窗好友买两个炒血豆腐就着大饼或面条儿吃。尤其是后来会喝酒了，在其店中遇雨而吃着血豆腐喝酒，则更美。真是逍遥自在美事一桩。

炒蟹黄豆腐

笔者老家在京北李庄子，坡下即是由德胜门通往昌平州的大道。多年大道走成了河——成了一条断断续续有水泽池塘的“水道”。其中有不少河螃蟹，其大者甚肥大。尤其是中秋节后，岸边的稻子和高粱都快成熟时，每夜都可以在稻田、高粱地里捉到不少螃蟹。下屉蒸熟后，蘸着有姜末儿、酱油、香油、醋的佐料吃，醇香扑鼻。如果用的是有名的江南“镇江香醋”，那是美中更美——美味佳肴亦不过如此而已！这种吃法，在历史上及各种著作中均引起了许多文人雅士的兴味。什么“咏菊社”“西风黄花蟹肥时”“更爱蟹儿横行走”……但很少有提到“蟹黄”（雌蟹腹中的黄——卵）的吃法的。尤其是用蟹黄来炒小方块儿白豆腐，那香、美、鲜，各种好味一应俱全，且有“海珍”味儿。读者若认为余言过谬，可亲试一下，方悟其绝。先把新鲜的白豆腐切成三四分儿大小的方块儿，再把团脐螃蟹（腹下脐甲团圆状的雌蟹）放入有酱油、白酒、盐及姜末和白水兑好的汤内，盖好盖子，使螃蟹喝足其汤儿，半醉似亡。然后，再把螃蟹放入笼屉中去蒸熟。其腿、夹子等有肉的部分可供人蘸着佐料吃。唯将其腹中的蟹黄剔出，切成小块儿。然后，坐锅，下底油，下葱花、姜末，煸出味儿来后，再放些盐及切好了的豆腐块儿、蟹黄块儿，轻轻地用勺子推动，还可稍加点白汤或开水，然后加上些味精、白酒（或料酒），开锅即可出勺。临出勺前，淋上些香油，以增该菜肴的美香。其菜黄白相间，汁明茨亮，颜色非常夺目，口感十分美好。人云：“千蟹菊花美，万块豆腐白，不如豆腐炒蟹黄。”此菜在天津，旧时是为普通菜。大饼、蟹黄炒豆腐、海碗高汤，这三样就成为一份普通饭馆的菜饭。然在北京，则为著名而不可常得的“时鲜菜”。笔者幼年就爱食此菜，更爱看螃蟹清晨仍在高高的岸边高粱穗上打悠悠：几只大螃蟹，把高粱悠倒或晃折了，才饱食其粟浆而去。哪知“螳螂捕蝉，黄雀在后”——这正是孩子们捉肥螃蟹的好机会。捉螃蟹也要有技术，要用手从两旁去拿蟹子腿的空隙处，然后用事先就结好了的青马莲，从两旁将螃蟹套住并捆上。有时，十好几个可捆一串儿，用手提着回家。蟹子们还不服似的，口吐着大泡沫儿，腿和螯不停地动着、夹着，然而什么也夹不到，等待它们的只是上蒸笼，被人果腹的命运了。

羊油炒麻豆腐

买来麻豆腐，一定要用羊肉或羊油来炒它，最好是用“羊尾巴油”。麻豆腐见羊油，那才是一物降一物呢。二者相得益彰，味儿特别好。然京中大小酒铺儿全卖此菜为小菜，可见其能饱人口福了。其为粗菜，但是做法最为考究。先将羊尾巴炼成油，捞出其残渣，再下葱花、姜末，不可待其见煳，就下入澥好黄酱（澥稀），再下入瘦羊肉丁儿，一同煸到七八成熟，再下一些麻豆腐，要屡熟屡下，不要一下子全倒下去，成了大锅儿熬。下边用文火，使麻豆腐全熟之后，盛入碗中，再另用铁勺儿炸些花椒油，花椒糊后，捞出，再下些盐和干辣椒段儿，待其在勺内稍变黄即倒在麻豆腐上，上面再撒些青韭末儿，就成了羊油麻豆腐了。

熬豆腐

豆腐本已是熟物，但在老北京人的乡土菜中，仍有熬豆腐这个菜。给北京北城富贵香箔厂做饭的白师傅说，北京的熬豆腐，有两个讲究，一是要把豆腐熬出蜂窝儿来，再下其他小作料才能入味，好吃。这个熬豆腐也有荤素两种：以荤熬为例，是“羊杂碎熬豆腐”最好。用猪肉等熬也可以。先坐勺，下底油，油热了下葱花、姜丝，先煸一下，然后下入切成半寸左右小方块儿的白豆腐，炒两个过儿之后，再放些汤，加入食盐；如果要重色，就加些酱油，到临出勺时，可以淋上些芝麻香油，即出锅供食用。但农家就是用葱花炝完煸之后就放汤，并加入些食盐。汤开后即下入豆腐，开两开之后，即可出锅供人食用。

卤虾熬豆腐

这虽说是个粗菜，但味儿却很好，又很能下饭，就酒喝亦妙。有两种做法：一种是先用葱花儿、花椒、姜末等炝锅儿，好吃辣的可先在锅中用油炸花椒，花椒炸糊后，再放些干辣椒，干辣椒在锅内稍一变色，即下葱花、姜末。出了味儿，下卤虾酱少许，煸炒两过儿再放些骨头汤或白水，再放进切成四方小块的豆腐，用文火慢熬至熟。另一种做法是，先用葱花等小料咕嘟熬着四方块儿豆腐，待豆腐出了蜂窝之后，再往其中点一些鲜卤虾，至熟，再供食用。总之，二者切不可放卤虾过多，以免喧宾夺主（豆腐），只借虾酱之味，而不可多放。二不可多炸辣椒及花椒，也是不让喧宾夺主之意。前一做法味儿觉浓，后一种做法虾味儿较鲜，可以说是各有千秋。笔者记得京北回龙观村有开烧饼铺的杨老柱头，最擅长做此菜，两种做法均佳。旧时，村学中有老教师王恩成先生，每于雨天放学后，则打几两老酒来寻杨老柱头做此菜下酒，酒后再用此菜之汁沏碗汤，吃两个烧饼，即完成一顿丰盛的晚餐。笔者就记得王先生好画，绘过一杖头系酒葫芦之老翁，雨天访旧（杨老柱头），其题词大意为："春回夜雨杏花开，难得有酒故人来。老杜访旧半为鬼，卤虾豆腐释浅怀！"今思之，王老与杨老，虽文俗两家，然俱为"达人"也。

大萝卜熬豆腐

这虽说也是个农家常吃的俗菜，但其做法有好几种：有炒焗做的，有倒炝锅做的……昔日，笔者在京北静修禅林养病，在庙中常吃此菜，觉得其菜素淡而好吃，且能养人，最适合于病人吃。其做法也特别简便且又不失菜品之精华。先将庙后园中自种的大红灯笼下萝卜洗净，切成小片儿，放到水锅中去熬，再将几块鲜豆腐切成小方块儿，放入锅中与萝卜片一起熬，随即放些食盐，盛到碗中再加上些芝麻香油。那菜清香，有咸味儿，汤则宜人脾胃很好喝。这个农家俗菜之美味，至今我也难忘。每在大红灯笼卞萝卜下来时，我必买一个极鲜豆腐，做个大萝卜熬豆腐吃，自是乐在其中！

虾皮小白菜熬豆腐

这是个很好吃的老北京普通家常菜。每逢小白菜才下来时，买一两斤，回来择干净，去掉烂叶和根、须，用水洗净，横切成段儿。在开水锅内先煮切成小方块儿的鲜豆腐，待把豆腐咕嘟出蜂窝来，就下入虾米皮。开两开后，再放入备好的小白菜段儿，见开后，再加入适量的细食盐、味精和香油即成。这种半炝锅的熬小白菜儿，吃起来鲜嫩而不腻人，且有海味虾米皮味道；豆腐则软而又熟，吃起来软而不散，很香；小白菜则鲜嫩而有新下来的青菜味儿；盐压口，香油提味儿。这道菜，无论下酒或就饭吃，两相宜，很受欢迎。还有一种做法是先用葱花、姜丝炝焗儿，放汤，下盐，熬豆腐，也是把豆腐先用汤咕嘟出蜂窝儿后，再下入虾皮、小白菜段儿，见开后，再放入适量的香油及味精，盛在碗内上桌。色绿中有白，汤中有海味虾皮，又有炝焗的香味，且有提鲜料来提高汤的美味。故此菜可以说是汤、菜俱美。此菜备料容易又便宜，制法简单又省事，下酒过饭两相宜。君可试之，方得其美味。

熬饹馇豆腐

旧时，这是过年时的常食菜。有两种：一种是熬鲜饹馇豆腐；一种是熬炸饹馇豆腐。快过年了，家中来了尚家舅舅和许万有叔叔，他们推着小石磨子磨豆腐、磨饹馇浆，在大柴锅中摊成一张张的饹馇，再把它们切成二寸来长、半寸左右宽的长方块儿，码在筛子里；把鲜豆腐切成小方块。另坐锅，用底油煸葱花、姜片儿炝锅儿，煸出味来后下温水，水中放入适量的食盐、鹿角菜，少许的生花椒。等开几开后，再放入饹馇豆腐，熬几开，看鹿角菜熟了，就下几条白菜叶儿，以作衬菜并提味儿，此菜即成。扣在锅中下炸饹馇和炸豆腐，则变成“熬炸饹馇豆腐”了。笔者犹记旧时过年时，在家乡常吃此物，然而有一年正月十五以后，我到京北三合庄（嫂嫂的娘家）去时，二姐（杨淑琴）曾亲手给熬此菜吃，竟觉得其味隽永，不同于常时，就问她。她笑了笑说，做这个素菜，需用半荤不素的蘑菇先吊好了汤，再用此汤熬熟，当然就别具一种风味了！难怪亲戚们都夸二姐做得一手好菜。

素熬油豆腐

旧时，每逢过年，户外鞭炮响连天，户内明烛高烧，晚辈先给长辈磕头拜年，然后大家聚在一起吃年饭——团圆饭。七碟八碗的丰盛年饭中，笔者怎么也忘不了有一碗素熬油豆腐特别好吃。曾私下问过给家中做饭的冉四婶子，她说：“这是个解油腻的好菜，做法儿虽简单，但必须用火将油豆腐熬透！”在锅中放入清水，放入适量的食盐、生花椒和鹿角菜，水煮开后，再放入油豆腐，见锅开后，即用文火儿慢慢将油豆腐熬透，生花椒出了味儿，鹿角菜含满了水分，活像一支支鹿的角。这时将菜盛入碗内上桌，则油豆腐煮成不腻人而解肉腻的豆腐泡儿；鹿角菜成了有海味儿的小菜，尤其汤更好喝——有海鲜陆珍之味，花椒的清香也熬出来了，喝起来，给人以安适温暖而香美的感觉，是诸菜中最不起眼，而味道最素雅的一种菜。

酸菜熬豆腐

将自家激的酸白菜洗净，横切成丝，将豆腐切成小方块。用姜末、葱花下锅内底油中煸炒出味，再下豆腐。煸一煸，即下食盐、味精（不下也行），放白汤或开水，锅开后，再放入备好的酸菜丝，熬熟后，即可出锅装碗上桌。入碗后，若再加上些胡椒粉、香菜末或韭菜末儿，则味道更佳。农家贫者办婚丧喜事多上此菜，可为“活熬儿菜”之一。所谓：“一碗活熬菜，热乎主人心，家贫无所敬，略表亲情心！”现在我仍然在冬天做此菜吃，并以此招待客人，他们都爱吃，还真没听到有人说我穷酸的。

鱼汤炖豆腐

这是个下脚菜，但味儿好，又价钱便宜。无论什么做法的鱼，吃剩下的连汤在内，放在锅内见开，下入切成小方块的豆腐，文火慢炖。如果汤少，可以加些骨头汤或白汤或白水，等豆腐熬出蜂窝儿后即成。这种菜，既省得糟蹋了剩鱼，又不用费油盐酱醋，而且吃起来很好吃。笔者记得北京旧鼓楼大街有个小酒铺儿，专门从大饭庄买吃剩下的鱼，有糖醋鱼、干烧鱼、醋熘鱼、五香鱼、松鼠鱼，等等，用每种鱼单熬豆腐，外加骨头汤，作为酒菜儿卖，其价甚廉，而味儿甚好，且经过高温消毒，不会有什么传染病菌或不洁之物，很受下层劳动者欢迎。每晚至其小店，沽二两烧刀（酒）就一盘鱼汤炖豆腐，则另有一种闲适之感。

小葱拌豆腐

用春季才出畦的小嫩葱儿来拌新做的鲜豆腐，为京华家常凉菜之一，其色其味均佳。尤其是在郊区农村中，用自家所产之物，更觉其美。春晨浅雾中，从自家的小菜园里拔一把小嫩葱儿，用井水洗净，切成小段儿，拌上自家用黄豆（大豆）新做的豆腐，再加些细盐和自家芝麻磨的纯香油，其色青白分明，味儿鲜美咸香。“小葱拌豆腐——一清（青）二白”是一点也不假的，这虽是北京人的一句歇后语，但却道出人们对此菜的欣赏。至于乡村野店中，一壶村酿，就一碟小葱拌豆腐，那是很美的，然后再就着“穷三皮”的咸菜喝两碗破粒儿粥，吃个玉米面窝窝头……真比在城中吃山珍海味还有情趣。在城中卖苦力的劳动者，也每在小饭摊上买此菜吃，因它既便宜又好吃。笔者犹记得城中许多小酒馆儿或大酒缸也用小碟儿卖此菜。这本是个应节令的俗菜，不期现代的饭馆中竟敢卖到七八元，真可谓“宰人”。往日，在南城“金台书院”中有一位教四书的金老先生，本为皇族出身，然自皇族落魄后，老先生日以教几个蒙童糊口。他到春夏之季几乎天天吃这小葱拌豆腐：就烧酒用它，吃主食还用它，并戏写竹枝词曰《咏小葱儿拌豆腐》：“妹身青青郎体白，两情交融味自来；虽成夫妻身不破，青是青来白是白！”虽不讲什么韵律和对仗，但其诙谐而不俗甚好。笔者曾将此词给当时做记者的张大维看，他也说好，并拿去在一个小报上发表，用其稿费又搭上几个钱来请我和金先生到小馆子里去吃了一顿，特要了小葱拌豆腐这个菜。金老很感激地说：“几句戏言涂鸦，不期被先生看中，并披露于报，甚觉惭愧……”说着说着，金老先生忽然流了泪，我还不以为然，张大维则安慰金先生说：“不必过虑。我们虽年轻，但都很敬重先生，有话自管讲，不必伤情……”金老说：“提起这个小葱拌豆腐，常引起我思念一个人——过去替我当管家的张山。一日，因他吃此菜喝烧酒，又买了几个玉米面贴饼子吃，说是穷对穷才有滋味儿。不期叫我四叔见到，硬说张山给金家丢了脸，就打了张山两记耳光，并罚他在院中影壁前跪着。谁知老张山却因此一病不起，不久就因气结胸而仙逝了……”听了这段不被人知的往事，真令人感慨万端，一盘俗菜竟要了一个人的命。呜呼，岂不可哀?!

雪里蕻拌豆腐

这个俗菜儿可真别有一种味道。将用盐腌好的雪里蕻洗净，泡去其过咸的盐味儿，将其疙瘩（地下茎）切成细末儿，如用雪里蕻秧子，则将泡过的秧子切碎，用上述两物分别去拌碎鲜豆腐，无须加食盐，只加些香油就行了。其味兼有雪里蕻、豆腐与香油味。过去，城乡的小酒铺中有制售此菜者。在民间，雪里蕻是自种自腌的，豆腐是用自种的豆子自磨自制的豆腐，香油也是用自家种的芝麻榨的。故此，吃起来又鲜又亲切。老乡们说：“自种自做自家园，花钱只是去买盐儿。”真是一幅农家的自我写照。京郊不少寺庙在冬日常做此菜，除去供寺中僧人吃之外，还常装盘卖与游客吃。青黑素白，颜色很好，味道也不错。

辣椒糊拌豆腐

这是个“穷菜”儿，可是城内、乡下的穷人全爱吃它，特别是爱吃辣味的人，更爱之甚深。在城中，有一个给河北梆子戏班检场的（舞台工作人员之一种），姓吕叫吕大，和笔者住邻居，他就好吃此物，并以之就白干酒喝。他管这种吃法叫“辣上加辣”。他说，有些头疼脑热，一吃此物就好。这当然是一种无稽之谈了。可是我们那条胡同里有许多户人家均爱吃此菜是不错的。其做法也很简单：从油盐店（副食店）中买块豆腐放在碗中，上面放些辣椒糊，再放适量的盐及香油，一拌匀就可以吃了。不料在郊区老家，也有许多人吃此菜，并在其中加些秋后自腌的韭菜花，那味儿就更好了。今天，我们也可一试此菜。

咸菜丁儿拌豆腐

此亦是北方城乡平民日常所食之物。做法简便，各种用料，在农家均可自产，完全用不着花钱去买。将腌菜切成小丁儿，放在碗中的豆腐上，加些香油，共拌匀，即可供人就酒或下饭。笔者幼时，在地头坡下，常见送饭的（往地里给干活人送饭的人）挑子上有此物。中午柳树下，吃小米饭、绿豆汤就咸菜丁儿拌豆腐，别有一种香甜，其味美鲜香，至今不忘！京北清河镇有三个大烧锅。镇上出了个醉鬼魏三，人称“喂（魏）不活”，因其不但骨瘦如柴，还贪杯，只靠给人家干些零活儿挣几个钱。他却天天从李家豆腐坊要两块老边儿豆腐，向大油盐店花一个大子儿买点咸菜和香油放在豆腐中，那咸菜切成丁儿，就到三大烧锅去买酒吃。

白菜拌豆腐丝

把大白菜洗净，横切成大段儿，再切成细丝。将豆腐丝儿横切如白菜段大小。将两种丝儿合在一起，加些香油拌匀，就是极好的下酒、就饭菜肴了。有人好吃辣的，可浇些炸辣椒油。这虽是个荤素，但清香之味不减。有人不计荤素，当中夹些细葱丝儿，其味则更好。昔日京郊道边的荒村野店中几乎都有此菜，每到冬日，地处回龙观村对过的李家店就备有此种食物，且留下辣椒油，加与不加，食客自行其便。其店可谓上可为过往客商驻马，下可为担担小贩歇脚用饭。笔者每在其店中吃白菜拌豆腐丝儿，一壶老酒，两碗小米饭，用不了几个钱，却买得“人迹板桥”的村店乡情。

大葱拌豆腐丝儿

别瞧这是个下里巴人的俗家菜，然而做好却不易。人们只知道把大葱剥好，切细丝儿，把豆腐丝儿截成与葱丝长短差不多的段儿，二者一拌就行了。其实不然！这样办也行，就是干巴巴的没有味儿。北京城北后屯村，有位王师傅，因为其耳背，有人叫他王聋子。此人在京内大宅门、大买卖地儿当厨子多年，对做高档、低档菜都有研究。有一年笔者到京北东小口村去赶庙会，途中遇雨，就顺便去后屯村访问王师傅。不过其老矣，而尚能认识吾这忘年交。王老热情款待我，杀鸡摊蛋，并说村野之中本无好吃的，且又遇雨天，实在过意不去……其实，实在过意不去的是我。王老当时就弄了个大葱拌豆腐丝儿喝酒，其味道果真不同凡响。细叩其因，王师傅则呵呵笑曰：“这是个假素真荤的菜，其中有葱为荤物且不提，就说这豆腐丝吧，若买来就切，就拌，那断然是不入口，不好吃的。先要把豆腐丝儿入荤白汤内去煮两开儿，使它入了味儿，再捞出，趁热切成段儿，冷后再与葱丝儿拌，其中还要略加些香油，提香，略加些醋（最好是白醋，颜色好）以提味儿……”一席话，使我这烹饪外行也顿开茅塞，也说出“俗食俗菜有雅礼”来！另外也可以将大白菜切成细丝儿，加酱油、香油及米醋来拌豆腐丝儿。葱，讲究用葱白儿长的高庄儿葱；豆腐丝儿，讲究用京南高碑店的五香豆腐丝儿，因其不仅细而白，且有小茴香等五香料味儿。有人常说：“高脚白（葱）白又长，高碑店的豆腐丝远名扬。”

炸丸子、炸豆腐

北方城镇或大村子里都有挑担子卖炸丸子、炸豆腐的。每逢过年过节，村民们自己炸丸子、豆腐，煮好后上桌当菜吃。其实这两者吃法和所用之小作料稍有不同，也很有意思。正如京中老食客们所说“炸丸子炸豆腐开锅，能分外卖的和家做的”。外卖的有副专用的挑子，在煮炸丸子豆腐的深腹锅旁有平板儿，可供食客放碗和筷子。在卖者那边则有香菜末儿、芝麻酱、韭菜花儿、炸辣椒等小作料。给顾客连汤带丸子豆腐盛一碗后，则浇些小作料，以供食者。这和家做的炸豆腐一样，都以小方块的鲜豆腐入油锅去炸，叫“炸豆腐泡儿”。年节时，家中则将二者熬熟，常加酱油、香油当小作料，以大白菜块儿或短粉条儿当“垫底”（垫碗），做出的炸丸子炸豆腐一样味道鲜美可口。

冻豆腐

有绕口令云：“你会炖我的冻豆腐，来炖我的冻豆腐；不会炖我的冻豆腐，别胡炖乱炖我的冻豆腐。”说的是炖冻豆腐。其豆腐可用荤汤或加肉炖，也可以素炖。冬日将豆腐放在洗净的筛子里，上盖干净纸或屉布，放在寒冷而阴凉通风的地方。过几日夜，豆腐即可冻好，有冰碴儿，成灰黄色的冻豆腐了。冻豆腐有多种吃法：可炒、可熬、可炖，如雪里蕻炒冻豆腐、大白菜熬冻豆腐加粉条儿、肉汤儿炖冻豆腐等。真不愧为一种营养丰富的好菜。现在有冰箱了，做冻豆腐更方便了，随时均可做、可吃冻豆腐了。

肉汤冻豆腐

每吃此菜，就令人忆起儿时过年了。一过了年，肉快吃没了，就吃此菜，亦不腻人，而可口下饭。先将冻豆腐用凉水发开，切成小方块儿（去掉其大部水分）。坐锅，熬剩肉汤。汤见开后，即下入冻豆腐块儿，熬开口后，即可出锅盛入碗内食用了。这是一种打扫剩肉汤儿、不浪费的做法，也是民间常用的俗菜。另外，用荤菜的杂合菜汤儿，也可以炖冻豆腐，其味亦甚美。早年，前门外抄手胡同有张老夫妇，就买大饭庄的荤折箩（剩菜）。笔者吃过张老用荤菜汤儿炖的冻豆腐，亦香美可口儿。可见，冻豆腐可荤可素，能“百味皆入”。前门外祥瑞轩茶馆的张掌柜，就用生花椒加素盐来炖冻豆腐吃，也素而有美味！

炒豆腐渣

豆腐渣，即是豆腐坊（做豆腐、卖豆腐的铺子）做豆腐剩下的无用的渣子。您别瞧不起这看似无用的豆腐渣，它可有三种吃法，还能登大雅之堂呢！第一，它可以用水与棒子面（玉米面）和在一起，蒸出豆腐渣窝头——或叫“豆腐渣饽饽”；第二，它可以做“炒豆腐渣”，成为一种菜；第三，它可以与猪头肉在一起，做出上等菜肴“豆渣猪头”来。川菜大师伍钰盛，是上过《中国名厨传》的，他的拿手菜中就有此菜。伍老和笔者是至交，其传记和电视脚本等都出自吾之手，故有幸吃过他亲做的“豆渣猪头”。今将豆腐渣的“中等吃法”——炒豆腐渣介绍给大家。其做法也极简单：先把干净的豆腐渣撒散，晾得稍干些。接着在火上坐锅，下底油，油热了，下点生花椒，花椒出了味，捞出扔掉，再下入葱花、姜末，煸出味儿来，再倒下备好的豆腐渣，不停地翻炒，同时下入适量的细食盐，热后，即可出锅供食用。其味又香又面又沙，是个粗中有细的好菜。俗话儿说：“有钱的下馆子炒俩叉烩仨，没钱就去吃那炒豆腐渣。”

盐蒜粉条

北方的大村镇中，几乎都有做粉条的“粉房”，人们管做粉条叫“漏粉”。粉条儿的吃法很多，是菜中的重要“干货”。农村中有一种很便宜的吃法儿，就是先用开水将粉条儿烫软，切成二三寸长的段儿，加上适量的食盐和烂蒜（拍烂的蒜瓣），其味儿咸辣而有咬劲儿。好吃酸的人可再加点醋。笔者幼年时，见一老人常提着笔墨和红、绿油漆桶子，串各买卖商店，专替人家书写牌匾以及玻璃上的广告字。反字、正字一律不用打底稿，提笔就能写得一笔好行书。然而到吃饭时，常见他用一碗盐蒜粉条就两个窝头一碗开水。老人一语双关地告诉我说：“盐蒜粉条足可使人养志矣！”

绿豆饹馇

京郊每近年关，则用自家收的绿豆，破成豆渣子，磨成糊状，再放到锅里去摊成一张张的绿豆饹馇。此虽为已熟之物，但仍可加工制成各种食品。将饹馇切成寸半长、半寸宽的长方块儿，码在筛子中。可炸了当凉菜吃；亦可不炸而与白菜、粉条共熬着吃；可将饹馇切成细条，滚上黑糖与芝麻，做茶点、小吃用之；尚可用上下两片饹馇，中间夹上有黏度之肉馅儿炸饹馇盒吃。总之，饹馇是过年时不可缺少的一大宗食品。常说：“一筛子饹馇半过年。”真正的饹馇是绿豆做的，尤其是菜市上所卖的厚软长方形饹馇，多被人买来用油炸着吃。用六七成热油炸熟后，色黄味香，外焦内嫩，如事先切成小长方块儿炸之，蘸花椒盐吃，其味道更美。

熬饹馇

旧时过年，每家均做绿豆饹馇数筛（切成寸半长、半寸宽的长方块，码在筛子中）。将白菜切块，粉条儿断短，与饹馇一同下炝锅的锅中去熬（锅中放汤），熟即可食，炝锅可用葱花、酱、姜末、盐等，如放些肉就成荤熬饹馇，下酒下饭均佳，是年前年后常食之物。记得过年后，家中常用些荤肉汤儿放在其中，顿使熬饹馇成了另一个味儿，吃起来总给人以过年的味道！一碗熬饹馇，可引人无限怀旧之思！素熬饹馇是老道观中常吃的俗菜，京北有个大镇高丽营，其西门外有座大老道庙，每天几乎都吃当香资布施来的油炸饹馇。故此人们说："饹馇本是俗家物，难入三清上教堂，依然进入俗夫口！"

熘饹馇

每逢年节，或家中在农村做绿豆饹馇送来时，无论是农村的薄饹馇或按城中做法做的软原呈长方块儿的大饹馇，均可经油炸熟后，再下勺、兑汁儿熘着吃。这虽是个家常素菜，却极好吃，下饭或当酒菜儿用均甚美。笔者最爱吃此物。记得有一年，回到农村老家，虽是郊区，但因天降大雪，天气甚冷，又值年关切近，村中大道上行人极少，但却家家烟囱中冒出烟来。虽不是做饭时间，但炊烟不断，原来是在做不同的年菜。看到摆在炕上那一筛子一筛子的摊饹馇，真是好闻又好看。吃饭时看到做饭的黄婶将炸过的长方形饹馇条放入碗里，然后用饭碗盛好黄酒、咸盐、酱油、醋、葱花、姜末儿来兑汁儿，接着，坐锅，下好底油后，把饹馇放入锅内，煸两过儿，又稍放点儿白汤，翻了勺，下入兑好的料汁儿，一搅和，就出勺装盘儿上桌了。其色焦黄，味道真香。一吃则外焦里嫩，十分好吃。黄婶是个在乡间做饭的厨娘，炒菜还真有两下子。多少年后，笔者放下书包在城里做事了，在饭馆里吃熘饹馇，其所熘的是菜市上卖的软原大块饹馇。一来二去地与他们混熟了，我就去后堂灶儿上去看厨师做此菜，看其所炸的长方块儿厚饹馇，虽比乡下的饹馇厚，但不如其焦脆，虽然入勺和所配的料汁儿也和乡下做法差不多，只多了点儿"味之素"（旧时管"味精"叫味之素）。但一吃，其味儿与乡下的熘饹馇迥然不同，真可谓是各有千秋了。京中的熘饹馇，只不过是多了些汁儿，多了点"味之素"味儿而已！

炸饹馇

绿豆面摊成的饹馇，切成寸半长、半寸宽，再过花生油炸熟，颜色焦黄，味道脆美。切不可炸过火，过火则焦煳不堪吃。可干吃就酒，亦可加汤熬熟食用。荤汤、素汤均可，加些白菜更好，如咸味不够可略加食盐。炸过的饹馇可久存，或远运他处，是年关不可缺少的小吃茶点兼蔬菜用品。旧时过春节（旧称“年”），农村中中等以上人家，家家入腊月即起磨磨绿豆糊、摊饹馇，以备年下炸食或做菜吃。笔者幼时也最爱过年。记得在西大屋中许万有等人推着小磨子磨绿豆糊，尚家舅舅、姨母等就切饹馇、炸饹馇，满炕上全摆着饹馇，或切好的饹馇条、饹馇片儿。一屋绿豆气加年关切近的喜气劲儿。

芝麻饹馇条

此是旧时北方年关所做的小吃，或做冷菜，或做茶点用均可。把绿豆面饹馇切成长寸半、宽三分左右的条儿，经花生油炸过，曲直不一，滚上些黑糖加芝麻，色形好看，吃起来，香甜有致，外带一股芝麻和绿豆味，甚是入味。过年时，家中常做一两大盆，以供食用。儿童在家时，也可以碗盛之予食。大凡过年，来往客中茶果亦少不了此物。京北回龙观村，早年就在正月十四、十五、十六有三天的“灯棚”——搭棚、走会、唱戏，以庆祝上元节日。棚中备有与会工作人员的小吃和饭食。其中用香资赞助的香油和芝麻炸出的芝麻饹馇条儿，人人爱吃，成为庙中著名的小吃。有时，香客也可以抓一把吃。

拔丝饹馇

乡村都用自己种的绿豆磨豆子做成较薄的饹馇，把它切成长约一寸的条儿，经花生油炸好后，再用炒锅熬糖，这个活儿是要有技术的——糖要熬得出了泡儿，但不可过火，却又能出丝儿为止，倒入炸好的饹馇条儿，一翻炒锅即出锅倒在事先抹上点油的盘子里。因为在盘子中事先抹上点油，菜可以不粘盘子，否则会把盘子粘得很结实，不利于用筷子夹起。这个菜要像拔丝白薯或山药一样能拔出丝来，故此菜盘子旁要先放个清水（凉开水）碗，以供食者夹出来蘸点水吃，以便不粘筷子和牙。拔丝饹馇香甜可口，外焦而有丝，里硬而不硌牙。旧日北京各大小饭馆中均卖此菜。有个好喝酒的文人林醉桃最爱吃烹虾段及此菜。

香椿豆

把黄豆（大豆）用温水泡两天，最好是使豆儿发起来，似出豆嘴儿又未出嘴儿时最好用。另把好香椿芽儿（注意：不要用一种没有什么香椿味儿的菜椿）洗净，切成细末儿，加上盐，用开水沏开，再加上上述的黄豆，就成了“香椿豆”。这个菜，在北京，旧日几乎成了各大小酒馆儿春季必备的酒菜儿。有人在家中自己做出当成菜或小菜吃，味儿也是很好的。旧年，我到郊外去踏青，每到渴了饿了时，就去“旗亭问酒，萧寺寻茶”。村野的小酒馆，往往兼卖其他杂货和酒菜儿。院中既有冒着紫芽儿的香椿树，桌上又给你放上二两老酒和一碟香椿豆，吃起来别有情趣。所谓“城中金匾大字买不来，乡野小店为君开”！

香椿蛋

此菜就是在香椿树上“生鸡蛋”。这显然是个好吃食，样子也好看。笔者起初竟不知其为何物，叫什么名字！这个菜的发明者是孙大钧。他就是《野火春风斗古城》连环画书的作者之一，早年毕业于中央美术学院，后来在《辽宁画报》工作，因与领导不和，一气之下，带着妻子儿女回到了房山县老家，以给人家用车送煤球为生，掷画笔于墙隅。我一想也对，因为中国的知识分子只有累死的，没有阔死的，尤其惨者是在过去，只有屈死的，没有腾达的，少数几个成名的只是“拂晓之星”——装饰天空而已。笔者因下放到房山二十年，得识孙君。一日，在他家小饮，时值春月，他家后园的香椿树枝头却生满了鸡蛋，我甚是奇怪。又见桌上上来一盘奇菜——那一片片的薄椭圆片儿，外若青白云层，且其中有条条块块的黄绿之色，外面是油炸过的浅印，夹而食之，则清香满口，却说不上是何物。孙君大笑，说这就叫“香椿蛋”吧，如雅一点说，这可以叫“彩云绘天”。细问之下，才知这是孙君的偶然发明：一日，他把破了口子的鸡蛋套在小香椿树的枝头，在口儿上用糨糊及纸糊严。待到春日，香椿要发芽，而鸡蛋在冬日的凉气下又不坏，反能帮助香椿生芽，这样一来，香椿芽的嫩、黄、浅绿就和鸡蛋的黄白交融在一起，成了天然的“彩云绘天”。把它摘下来，去掉皮壳，用刀切成薄片儿，过净油一炸，那味儿，那色儿，真可谓是美不胜收。当时，我们都没想到在那是非颠倒的年月里，能遇到这种饮食中的“奇乐儿”！

香椿摊鸡蛋

这是个很好吃的菜。在山野郊乡，人们多在春季以此待贵客。旧日，有一次我和本家哥哥到他丈人家去，他丈人就给我们做香椿摊鸡蛋吃。犹记得其时我年幼不会喝酒，但其二哥非叫我尝一口不可，谁知一口酒竟使我脸红脖子粗，热辣得说不出话来。为此，二姐杨淑琴还大大埋怨了二哥一顿。可是自从那次后，我竟注意上了用香椿怎么去摊鸡蛋，因为我非常爱吃它。我家在清河镇开有六层院落的南纸文具店（荣华纸店）。其后院有两棵大香椿树，非上房摘不可。在春季我就偷偷地上房摘了许多，请柜上做饭的王师傅给摊。他用清水将香椿洗后，放在大碗内，并放入适量的食盐，然后用开水一沏，待其凉后，再打入鸡蛋，打匀，下油锅去摊。这和二姐家把洗净切碎的香椿直接放入碗内打匀后再用油摊的做法儿不一样。可是后来，笔者在北京城内旧鼓楼大街徐姐家吃的又不一样。据说他家是旗人，厨师是在宫里厨房学过手艺的，他传下来宫中做摊鸡蛋的法子。

虽然说什么季节用什么料，但是，他却只用新纱布绞取其料之汁入鸡蛋，因而在所摊的鸡蛋内只有其料物的性味，却见不到此种料物。从这小小的摊鸡蛋看来，旧日的在旗的人真可谓是“吃尽穿绝”了。可是日后徐家败落，其子弟大部分是“肩不能担担，手不会提篮”的游手好闲者之流，混得很不成样子。据说只有一个徐四少爷，后来人多称其为徐四，因当年好吃、好做饮膳，曾和府中的厨师学了不少宫廷菜的做法，就当了厨师，手艺还真行。曾有一个姓黄的师傅摊黄菜（鸡蛋），就见有葱花味儿，而不见葱花儿，黄师傅说他就是跟徐四学的。一提起来，还都是老熟人呢，这个菜是传下来了，可几位做饭的师傅们均已作古了。故每于家常吃到此菜，就想起这一段段与摊黄菜有关的往事，令人不胜感慨！

炸香椿鱼儿

此菜就是用鲜香椿尖儿裹上面糊（糊里掺个鸡蛋最好），下到六七成热的油锅里去炸，其形似炸鱼，故名为香椿鱼儿。古人认为春为“发陈”之季，万物去旧发新，奠定一年生长之基，饮食亦随季节而养人身。因此，老北京人好在春月摘香椿尖儿吃。可以用香椿拌豆腐，亦可切碎用开水沏后，加上盐来浇面条吃……当然最好的吃法是炸香椿鱼儿。做这个菜，有的把花椒盐儿放在面糊中去炸，有的是在炸后蘸着花椒盐儿吃。可还有一种吃法，是先把香椿用花椒盐儿入了味（腌一下），在糊中又外加些葱花儿来炸，叫“炸花香椿鱼儿”，因为糊中的葱花儿一见热油就有些煳了，像花鲫鱼一样。这是北京北面三十里永泰庄香椿园主人的做法。当日，有个落魄文人，号为磊峰闲人，以卖书画为生。大到为人写牌匾大字，小到顶替和尚为人念经，他全会，而且最受远近和尚敬重。但他却不忌荤物，最爱吃永泰香椿园主人炸的“花香椿鱼儿”。笔者当时年幼，常到香椿园去玩，亲自看到磊峰闲人给香椿园主人画一张半工半写的画儿。因为年幼的我也最爱画儿，故至今还记得他画的是半爿月洞窗，窗外是红紫兼绿色的香椿芽叶，窗内案上是一碟炸花香椿鱼儿配一把酒壶，旁边却放着一把半出鞘的宝剑，并用好看的瘦金体字题诗曰：“红眉紫面绿林身，香骨雅风羞玉人。今披花鳖聊为客，日下（北京旧称）野蔬惟属君。”足见此种民间蔬食是能登京城大雅之堂的。如今香椿虽有，但昔日园地成高楼，雅人亦不知何处去也！

炒野蘑菇

吃野生蘑菇，切记认清有毒与否，有毒者切不可入口。一般用银器可以试之，银器一发乌黑，则有毒而不可食用；二可以凭肉眼观察，长得越美，颜色越鲜艳的，则越有毒，不可食用。笔者记得昔年在房山棉织厂时，一夜雨后，甲班男宿舍阶下，忽出纯白蘑菇，直挺，上有鲜艳的红尖儿，人或云有毒，待医务人员一化验，果系毒蘑。但是，在昔日农村草野林下产的野蘑，多有不带毒性者，炒食其肉甚鲜美，真胜过某些有肉的炒菜。犹记得旧日，在村北庙后面，是一片柳林，下面是水草、陆地兼存的地带。每于雨后，那地方，水中可以捞鱼，陆地则好生白秆儿黄头盖的草蘑。采回家中，将其择洗干净，横切一两刀儿，坐锅，下底油，油热后，下入姜末、葱花和少量的花椒（花椒可先下，炸煳后再下葱、姜），待料物煸炒出味儿来后，再下入备好的蘑菇，煸炒中再加些食盐及酱或酱油，蘑菇炒熟后，即可出锅，供食用。野蘑吃起来香嫩味美，可下酒就饭，远比现代人工养殖之木菌（蘑菇）强得多！

秋石烩脚儿踢

这个在郊野中俗中又俗的菜，在城中却少见，也没见有人吃。笔者幼年住在农村中却常见此菜。秋石，是一种含矿物质的中药，它有盐味但又不同于咸盐，它不伤人肾。用它来熬（烩）“脚儿踢”（一种雨后即生的无毒蕈，树林或草地中尤多），就成了乡中常吃的一种俗菜了。北京京北回龙观村中间路东的田姓家门前，是多土泊岸，岸边杂树茂生，岸上虽平坦如镜，但每在雨后，即可见平地凸起个小包包，用脚一踢，就滚出个又白又嫩的野生蕈来。在此村的北庙后，是一大片柳树林，林中芳草萋萋，雨时则水漫其中。雨后，则生此野蕈，其芳香嫩鲜，绝非今日市场中所售之人工蘑菇所能比。乡民们，多为儿童们，每逢雨后就去那儿用脚踢寻此野蕈，故名脚儿踢。寻回此物后，用清水洗干净，掰两三瓣儿（最好用手掰，而不用刀去切）。端勺（或锅）下底油，先煸一下花椒粒儿，出味后，将花椒捞出不用，再下葱丝、姜丝、大蒜片儿，煸出味儿后，即下入掰好的脚儿踢，翻炒两三个过儿，就可以放汤（最好是放熬猪骨头的汤）。汤开锅后，再下入适量的食盐，千万不要下酱，否则就要发酸，脚儿踢也就不好看（发锈）、不好吃了。给小李庄子拉竿儿的（做长工的头儿，不干粗活，只料理种什么，收什么，等等）张二，就常在这两个地方寻脚儿踢，寻到了就自己去烩。笔者年幼时，张二曾在我家干过活，我也曾在雨后帮他去找脚儿踢。他做的秋石烩脚儿踢，大家都说好吃，确比腻人的肥肉强多了。我就是从他那儿学到做这一道菜的诀窍的。

炒蒿子秆儿

“拌蒿子毛”和“炒蒿子秆儿”虽是两个俗菜，却是北京人春夏间常吃的两个菜。不过，饭馆里只卖炒蒿子秆儿，不卖炒蒿子毛。炒蒿子秆儿，就是把鲜茼蒿从菜市上买回来后将其叶子（俗称为“毛”）择去，将秆儿切成寸金段儿，与切好的肉丝儿一齐备用。坐炒勺，下底油，先煸小作料——姜片、葱花，煸出味来，将小作料捞出扔掉，再下肉丝炒两过儿就下蒿子秆儿，一翻勺，就下兑好了的汁儿出勺，上碟，走菜。我们家常做，是不捞出小料的（饭馆捞出去小料，是为了使菜色干净）。这种菜，最要紧处是不可久炒蒿子秆儿，使其一发蔫，则菜色老，蒿子秆看起来就不新鲜了。笔者记得旧日北京有个外号叫“俞二愣”的中医俞柏龄，与家父交好。他是个有名的中医，但常因治病而入狱。他说，凡找他看病的人全是别人不敢治的重病号，他也和病人家属说明是“死马当活马治”，若病人有变，医生本不应负什么责任。可一旦病人死了，死者家属就翻脸不认账了，到官方去告俞柏龄……但，俞老仍不失为一位有胆识的名医。常见他到我家来，与父亲谈天。他最好吃炒蒿子秆儿，有时高兴了还自己亲自下厨房去做，结果做得不如厨师好，可他还自我欣赏地大夸其好。真风趣极了！

拌蒿子毛

就是拌蒿叶——蒿子的嫩叶。因其叶羽状、互生，如披针般细长，看起来像毛，故此，民间管其叫拌蒿子毛。蒿子，指茼蒿，一般菜园里都种。在春、夏之际，去其根割下来，捆成捆儿到菜市上去卖，是一种清凉败火又好吃的鲜蔬菜。先将其叶儿择下（其秆儿名蒿子秆，亦可食，另见“炒蒿子秆儿”），洗净，控去浮水，放入大碗或盘子内，加上白糖和用水澥好了的芝麻酱，加些醋，拌匀食用。其味酸、甜、香、鲜，又有青菜味儿，很好吃，是老北京在春夏两季常吃的菜。笔者记得，旧日北京有个文人名叫林醉桃，他就爱吃烹虾段儿和拌蒿子毛。他给四大名旦之一的尚小云先生写过武戏本子《青城十九侠》。他每喝醉了时，则文笔更流畅。他每到著名的饭馆里喝酒就要这两个菜。烹虾段儿好办，为柜上常备之物；可是这拌蒿子毛是个民间俗菜，就得现到菜市上去买蒿子。这个菜本不值几个钱，做上去了，林醉桃又说“不对”，非要用黄酱拌的不可。拌蒿子毛，还有一种办法就是加上用水澥开的好黄酱及烂蒜拌之。这虽是一件文人的趣闻逸事，却说出蒿子毛的两种做法儿，读者可一试，便可知之。

拌藿菜

古人即有吃藿菜的习俗，特别于春日吃“春盘”，即有藿菜，或云藿菜即豆苗、豆芽菜之类的蔬菜。然传至今日，在郊野农村，尚有春秋吃藿菜、春饼之说。乡间吃藿菜则是卤拌豆芽菜。先将蘑菇、黄花、木耳泡开，黄花择净后切一刀，木耳要择去硬根，另用葱花、姜末炝锅放水，将切好之肉片及备好的黄花、木耳、口蘑等放入锅内，加酱油及盐，熬熟后加入适量的水淀粉，使变稠，打成卤。以此卤汁浇拌用开水焯过的豆芽菜（或掐菜），即成藿菜，可就春饼吃。旧时，不单我家中要吃春盘儿，到农历二月初二，外祖母家准有一份厚礼送来，并顺便接我和我娘到外祖母家去过二月二。“二月二，接宝贝儿（女儿）。”给我印象最深的是快到外祖母家时，我就下车往前跑去。路边草丛还半为枯黄，但有一些娇嫩嫩的小黄花已经长出来了，我舍不得采，它们确实可爱极了。可是没想到，在外祖父欢迎我们的席上，中间总有一自家用柳条编的大碟子，里面全是春日的花草，有自家种的，也有野外采的，而其中竟有那娇嫩的小黄花。这使幼小的我很奇怪。待到他家特制的藿菜上桌后，其香美自是不可言状。然而在这炒藿菜上，却又与别家不一样的事出现了——菜上散落着那种娇嫩的黄色小野花瓣儿，它还是那么娇艳，好像微笑地对我说：“我们在此又见面了，没想到吧……”我吃到那黄色的小花瓣时，虽有些苦味，但却香美得诱人。可惜我至今也不知道它的真正名字。

炒苤蓝丝

将苤蓝洗净，控去水分，削去外皮，切成细丝。另用葱花、姜末炝锅，放入苤蓝丝，翻两过儿，再加少量酱油或食盐，然后出锅，装盘上桌。切记不要炒过火！炒好了的苤蓝丝又脆又香，很是可口。这虽是个农家普通菜，但炒起来要手艺，要掌握好火候。常见农家以柴火灶大锅炒此物，比起用煤火炒者味儿更好。农民们称此菜有味有咬头（劲儿），是就饭、就烙饼的好菜。好手艺炒出来的颜色是黄白色。如一发暗、发软则为过火的表现，不好吃。有云：“炒苤蓝，要手菜，俗中要火候，黄中要发白。”炒苤蓝丝儿也有荤炒和素炒之分。上面讲的是素炒。如要荤炒，则加瘦肉丝儿即可，当然还要略加些料酒（黄酒）或白酒，以增其香味、浓其口感！

五香疙瘩皮

这是北京市民的廉价俗吃儿，但亦别有一种味道：微辣中有咸香，是下饭、吃粥时的好小菜。六必居、天源等大酱园子，用刀旋下雪里蕻疙瘩皮或大芥菜疙瘩皮，用食盐腌后，晒干，再用五味面儿，或花椒、大料及小茴香揉过，即可出卖。乡里大户人家，多自己做此物，可供一冬小菜食用。同时，各种疙瘩去皮后，或腌或酱，亦为上品，也好入味，这是一举两得的做菜法。如将疙瘩皮横切成细丝儿，放入碗中，再加上些香油、水醋，再点上一点儿炸辣椒油，就更好吃了。旧日，就是推着小车儿串胡同卖五香疙瘩皮的，其味儿也很美。因其大多是从大酱园子中买来的，自家加茴香、大料、花椒等揉制而成的。

炒葱及虾米皮炒葱

北京人有句常说的俏皮话：“炒葱——瘪了。”平民常吃的菜有一种是炒葱：把葱洗干净，切成一寸来长的寸金段儿。将锅内下底油、烧热，下姜丝，煸出味后，再下备用的葱段，翻炒两过儿，再下食盐、少许酱或酱油，翻炒至葱熟，即可出锅。该菜虽是粗菜，味道却很浓，也很好下饭。若再煸炒姜丝过，加上些虾米皮，煸两过儿，虾皮出了味后，再下葱和别的调料，就成了虾米皮炒葱。那味儿就别有一番美好了——葱与虾米皮复合出一种粗犷的美味。民间笑话云：“葱叶子虾米皮——瘪子骑瘦驴，瞧着不起眼，吃起来真不离。”真不离，谓滋味与很好差不离。

炸四色麻团

这种吃食，旧时，广传于京东杨闸等地，后来流传到京北、京南方向去。笔者幼年就曾在京东通县堂妹李梅家吃过此麻团，并亲见其制作过程：先用红小豆糗好豆馅儿，再将胡萝卜、白薯（也有用山药的）洗净蒸熟，待其冷后，与豆馅儿一起捣烂，用手捏成小鸡蛋大小的团子，外面沾上生芝麻（要事先筛好、挑好，使之无有沙粒和杂物），然后放在有五六成热的花生油内去炸，待芝麻熟了，内里也就热了，就赶快出锅、供食。它与用糯米面做的南方麻团不一样，它又甜又香又有芝麻和白薯（或山药）味儿，是农村中的上等小吃。我不止一次吃此物，其香甜犹常忆及，但擅做此物的李梅妹竟随其母去了东北，至今杳无音信，怎不令人遗憾？

炒春菜

春天，大地向荣，万物更新，蔬菜也开始出芽生叶，一片生机勃勃的气象。在这一年之始，北方人讲究炒春菜吃。其菜样数比较多，也好吃。尤其是，春日裹春饼食之，更美。将粉条儿剪短，将木耳洗净，将黄花择净，将上述三样菜，均用温水发泡开。将肉切成细丝，入好味，上浅浆。然后，坐锅，下底油，先滑肉丝，盛出来。再坐锅、下底油，将葱花、姜丝煸炒出香味后，下入备好的肉丝，煸两过儿，再下入发开了的黄花、木耳及粉丝。当锅内菜快熟时，再下入洗净、切好的鲜菠菜，适量的食盐或酱油，煸炒几个过儿就可出锅了。还有的人家在肉丝下锅后，即放食盐或酱油的。总之春菜虽制作手续较多，然其色、味俱合春季发陈之内涵，喻示着这一年内将五谷丰登、百业兴旺之意吧！

卤油秋菜

20世纪40年代左右，京郊农家常在秋季自制卤虾秋菜，以充冬季饭桌之蔬。寒苦之家一碟卤虾小菜，两个窝头，一碗稀粥，即可为亹（wěi）[1]冬的一顿美餐。秋末，人们常从自家园里摘取新鲜的小黄瓜、小扁豆、小辣椒等，用

1 亹（wěi）：为推移时间的意思。在此词中为混过严寒。也有用“畏”或“委”者。

清水洗净后，控去其表层浮水，放进瓷坛内，少者可放在大玻璃罐或大盆内，再浇上从卤虾店[1]里买来的卤虾或虾油之类，亦可加些盐。再将事先熬好并又凉冷了的花椒水放入菜中，使腌菜的汤儿没过菜来，盖严了盖子，每过几天就倒倒罐，如腌汤儿有白醭儿[2]，则可撇出白醭儿扔掉，另把腌汤儿在火上熬开再凉凉后，倒到腌菜中去。其有卤虾味儿，但又不像卤虾那么强烈，且有各种秋菜的鲜美。比一般京酱小菜又多一种"海味"情趣。冬日，以此就酒下饭，均为价廉而实惠之物。稍富裕之家在冬日吃涮羊肉，若用其当辅料或小佐料，那味儿真是"金盆玉案"的大席所不能顶的！往昔京中好事者曾有打油诗："科场文章败春秋（讳——考试），清风铜臭两袖无。一顶纱帽弄丢了，半间茅舍弥香雾。早午两膳有佳味，虾油秋菜臭豆腐。宵夜荤素双搭配，太太双笋裹脚布！"这首打油诗，且不言其是否为佳作，但却把一个落魄文人还看重秋菜一事给说得淋漓尽致。

炸柿(士)子心儿

据说这个名儿和菜，是昔年在京北昌平县境内秦城村教书的一位李先生给起的。旧日，笔者到过此村。村不大，却北面依山，东西南三面临平原。村中的小学校里，屋子虽为土瓦相和，但其窗户却是北方旧时特制的"下支下摘"，冬夏均可常见阳光，且屋中窗明几净；虽为教书寒居，却不乏书卷气，而少了乡野气及富家酸味儿。当时有姓王和姓齐的两位教书先生，他们做"炸柿（士）子心儿"给我吃，甚是好吃，其做法儿也并不复杂：只把北山出的大柿子的子儿掏出来放在大碗内，又在另一大碗内打上好几个鸡蛋，并搅匀。这时坐锅，下油，油热到六七成时，用筷子夹柿子心（柿子子儿）蘸上鸡蛋糊，放到油锅中去炸。炸上了色儿就算熟了，夹到盘中，蘸白糖吃，其味美不可言状。既非山野乡味，也不是城市中大鱼大肉腥腻之味，而是腻而不烦人、甜而不

1 卤虾店：旧时专卖卤虾、卤虾油等的店铺。

2 白醭儿：指醋、酱油或腌菜汤儿上面所起的白色的霉，其上往往有些绿点，应捞去。

腻人的亦果亦食之美味。据老师们说，这还有段故事，也说出了此菜的来历：清末，秦城还是个不知名的小村，教书的李先生在此设帐（教书）。有个人到昌平州（那时已升县为州，或叫惯了，以“州”名之）来考试，落了榜。可惜一肚子文才因不合主考官儿的时宜，就名落孙山了，生活无着，又心烦意乱，信步东行，到了这秦城小村，天黑了，肚子也饿了，就寻到这教书先生来求口饭吃。夜晚无可待客之物，只有几个大柿子和鸡蛋为可食之物，又因为“柿”与“士”同音，柿子与“士子”虽两码事可同一个音，于是，就炸了此物待客。由是，这种炸柿（士）子心儿也就流传至今了。

炸桑葚

桑树上所结的黑白桑葚熟后甜者均可用来做炸桑葚菜。将桑葚用清水洗净，控去水分，在鸡蛋清内去滚糊，然后，放进温油内去炸熟，即可装盘供食用。切记：此物不可入开锅的油里去炸，以免桑葚被炸得“放炮”，甜香之味尽去，油也脏了。旧时，京北回龙观庙的张老道做此食品最绝。其制品，黑白桑葚相间，用蛋糊也适中——可看清桑葚本来之面目及颜色，装盘后，甚是美观雅致。食之则清香别致，不同于一般的菜肴。笔者幼年随大队求雨时，张老道领队唱“求雨词”，供品中即有此物，食之甚美。回家后，曾向祖母言之。祖母云此是农家细菜之一，命人做之，尝尝果美如是言。因记之以贻来者一试。以后，我每吃炸桑葚，总想起老家荒园中那棵老大桑树。

炸槐花

炸槐树花，指的是用油炸洋槐树（又叫“刺儿槐”）的花。槐花树开一嘟噜一嘟噜的白色花，其香无比，并可以生食。每在开花季节，即有许多儿童，手拿根高粱秆儿，秆儿头上劈开，用根小木棍夹在口子底部，上部稍开，呈夹子形，用来夹高树上的槐花。夹着花朵根儿一拧，就将槐花拧下来了。在京郊乡野还有许多人炸槐花吃。京北有个仅有基址的寺庙，却长满了高高的洋槐树。每当开花时，总有不少人来此采集槐花，因此就得了个“槐花寺”的名儿。将整朵的槐花分成一小朵一小朵的，用小麦面加鸡蛋清共调成糊，挂满小花朵，放到花生油锅中去炸，颜色稍黄即捞出食用。切勿炸过火。其味香美隽永，别有一番情致，非俗物可比。

炸杨花鱼

春天，有些杨树结出许多长长的带子儿的穗子，随风飘落，几乎遍地都是。每到此季节，柳绿花红，正是人们春耕或远游的好时节。笔者则非常留恋在这时的炸杨花鱼儿。年老的外婆很硬朗，常在此时叫年轻的舅舅上杨树去摘些未落地的杨树穗儿，人们都管它叫“杨花”，用清水洗净，抖搂掉上面发褐色的已老的皮子，里外用有鸡蛋、盐、胡椒粉、花椒面儿与小麦白面做成的糊挂满，放到热油锅中去炸熟，然后趁热儿食之，则香溢满口，很是好吃。即便是凉了时，也很可口。我记得年幼时，到邻村二拨子庙会上去玩，碰到由三合庄来的大姨姐任淑兰和二姨姐杨淑琴。她们把一个油纸包儿给我，叫我饿了时买个烧饼夹着吃。后来，我打开包儿一看，其中竟是炸得很好看、像个鱼形的杨树花。今则事已过六十年，但其春风中美事美味犹在眼前。春日，叫我大孙子上杨树去弄些杨花下来，我如法炮制地炸出此物。孩子们都说好吃，但有的却不知为何物。昔日农家俗吃，今日城中子弟却不曾相识……如今大姐和二姐都年事已高，每到其家中说起此事，只是一笑而已。我再提出爱吃此物时，却无人上树去摘，飘落到地上的又不能用——因其已老。大姐指指那地上老了的杨树花，笑笑对我说：“树老花落无人问，可其种子又会生出许多小杨树来，但它们却不知自己来自何方，更不知自己就是那老杨树花儿的后代，这和今天的我们又有什么不同呢？……”几句话，说得寓意颇深，我只慨然记之！

杨花鱼儿

提起这个吃食来，城乡都有。但如今知之者甚少。每逢春月，有一种杨树结出一串串外带褐衣儿的种子。在乡镇中，人们常上树将其未落地着土的青穗子摘下，放在篮子里带回家去，用干净的井水将其浮土及外表上的小叶儿洗去，控干浮水。另外用个面盆儿，打几个鸡蛋，加上些小麦白面和适量的细盐，加水共和成糊状，然后在火上坐油锅，油热到五六成时，用筷子将备好的杨花串儿在糊中一蘸，即放入油锅中去炸熟，其味鲜香无比。我犹记得在一个什么小报上（大概是《北方日报》）有四句“顺口溜”来夸这杨花：“风尘京华得识君，杨花柳絮满城春。由衷（油中）一飘（炸）蒙青睐，口腹常忆卿香嫩！”

炒辣芝麻花椒盐儿

这是个来自乡间的自制俗小菜儿，常用个小碗盛着上桌供食用。先坐锅将细食盐炒煳，再放入擀碎的生花椒。花椒炒熟后，即放入擀破的生芝麻，只一翻勺（锅）就倒出，用其余热将生芝麻燧熟并互相入了味儿。这个俗小菜很好吃，无论就什么饽饽吃均可以。笔者曾亲见由北山赶驴驮子（驮子中有北山的鲜果或干果）的人，怀中揣几个贴饼子和一包炒辣芝麻花椒盐儿，就着水井中的凉水吃起来，而且吃得很香甜。后来，我又在京北唐家岭村盟叔赵家吃到此物，觉得很好吃。特别是以之蘸窝头或贴饼子吃更好。吃两口，喝口稀小米粥，真是典型的乡下饭。后来听赵叔说，这个菜也是从北山赶驴驮子的人那里学来的！

炒芝麻盐儿

在农村中，常用自家地里产的芝麻挑净后与细食盐一起炒，但火候一定要掌握好——芝麻要熟而不过火，盐要炒熟而无异味儿。故此，人们多先炒细盐，待其有些快煳了时即下入芝麻，炒时要不住地用铁铲子翻动。熟后，凉凉了，将其放在案子上，用擀面杖（或用干净的洋瓶子放倒了当擀面杖用）擀碎。这时，芝麻盐就做成了。其盐香而有嚼头儿，常被撒入烙饼中去，做成花椒盐烙饼，又可用以蘸玉米面窝头吃，亦香美异常。记得发大水那年，无法去园子或地里去取鲜菜，就炒花椒盐当菜吃。当时给我家做饭的冉四奶奶曾用此物做出许多可口的吃食。如花椒盐白面卷子、花椒盐炒干辣椒、花椒盐拌土豆丝（用开水焯过的）等，味道还是蛮不错的。

拌苏子叶

苏子是一种农作物，也是一味中药，更要紧的是，其鲜叶尚可以拌着吃。清末民初北京的一位词人（夏虎寅）曾夸苏子叶："屋边空地一直闲，几株苏子生其间，结子与否不去理，嫩叶黄酱香油一起拌。"短短三十个字，就把拌苏子叶说得很透彻明了了：将嫩苏子叶洗净，控去浮水，横切成丝，加适量的黄酱、香油，一起拌匀即可食用。其味有苏子的辛香新嫩，有酱的咸香，又有香油增其美味。这个俗菜，其实不俗。农家院中园边随意撒些苏子种儿，不几日苏子苗就生出来了，不需怎么精心管理就能长大，人们几乎日日可采苏子叶切碎拌食。笔者老家老院子里，苏子年年自生自灭，常供人食，真是"无名却有功"——无名英雄了。

拌根头菜

我幼年常食此物，但至今也不知它是哪类蔬菜，其学名叫什么。只记得其茎叶似大菠菜，但却是从生，并不是生一根粗茎，长出许多火焰形的叶子。从菜园子中将此菜拔来，去掉根，洗净，切成段，就可以加入用凉水澥好了的，并加上了食盐的芝麻酱。再放入些拍碎了的烂蒜，就可以吃了。其味道新香而有辣味儿，下酒下饭均可。教了一辈子中学，却因写了一部《诗词曲语辞汇释》而出了名的张相先生，一生清贫，曾作北游。因与家父是至交，有一雨天随老父来乡间老家（北京北郊），说要领略一下北国之夏。他最喜欢吃芝麻酱拌根头菜，并说这个菜能典型地代表北方凉拌菜。是否确实如此，因出自老父之口，笔者也就默认了。

芥末墩儿

北方每到冬季几乎家家都用白菜做些芥末墩儿，其甜辣香美，颇受各界人士欢迎。可见这是个典型的“雅俗共赏”的好菜，做起来又很简便。先将剥去老菜帮子的白菜去掉白菜疙瘩和心儿，剩下的白菜横切成一寸左右的小段儿，码在盆内稍用热水焯过，即浇上已用热水泼好的芥末及其汤儿，盖严盖子，两三天后即成。可把白菜段儿夹入盘中，其上有芥末及其汁儿，再加上些白糖供人吃用，若爱吃酸的，可再加上些米醋，就更美了。旧时，北京有个小报介绍此菜，说其“上能启文雅之士美兴，下能济苦穷人民困危”是一点也不假的。但说其是佛、道出家人所爱之素食，就有些不对了。因道教是把芥末子儿当成荤物的，而且佛门中的和尚、尼姑往往厌其为辛辣之物，也很少入口。倒是一些只知贪美味、不论其是荤还是素的文人墨客大好其美了。笔者记得在北京著名的山东饭馆致美斋的单间里，就见挂有一张画得很出神的“册页”，画着一盘芥末墩儿和一把酒壶。从左方上斜着一枝带有几朵花儿的梅花，那半开的月洞窗和两笔就勾出的几案，则是必备的配笔。用挺拔清秀的瘦金字题着两句话道：“谁言君俗气，梅花老酒伴君游。”没有落下款，也没有用什么印章。然据当时的书画行家说这是名家张大千的笔墨，醉文士林醉桃也赞同这种说法。笔者曾亲见此画，确是不俗，我虽不是什么鉴赏名家，但其笔着却笔笔露出大家风范——不想一盘小小芥末墩儿却经许多名人记述之。

辣菜

辣菜是北京的土著菜，也是秋后常吃的俗菜。旧时，每逢秋后，有专门制卖辣菜的，挑个罐子和大盆，里面装着辣菜。买回去，自己淋上点香油、食盐和米醋，又辣又酸又香又面，吃起来很上口。其具体做法是把鲜芥菜疙瘩切成片儿，和青豆嘴儿或黄豆嘴儿一起煮熟，盛入坛子里（连汤），再把大卞萝卜切成薄片或擦成细丝儿倒入坛子里，盖严盖子。两三天以后，开盖一闻，则其辛辣味又是一种冲劲儿。笔者幼时，家中总做辣菜，吃一季节都吃不完。在清河北大道中间有一座庙叫“鸽子庵”，因常有野鸽子居住，故此得名，只知其为一所太监的家庙，而不知其名。其中住有一个自食其力的僧人永空和尚，他会用中药治病，并且从不装神弄鬼地搞迷信那一套。他最爱吃辣菜，也常在庙中空地自种些萝卜、芥菜之类，到秋天就自己做此菜。有时则是由民家化缘而来，或香主儿自己布施的。因为他给我伯父治好过病，我家见庙中又穷，就主动向永空和尚说，每年其制菜吃菜所需，只管到我家来取，并不收分文。他欣然答应了。记得有一年秋后，我在假日偶到其庙中去玩，蒙永空禅师留饭，见饭桌子上有辣菜，而细品其味，则又不同于乡中家常所做。细向永空禅师问起，才知其中不放食盐，而是在吃时放些庙中腌杂菜的“老咸汤儿”，其味果然不同凡响。在京北山乡一带，还另有一种吃法，那就是在腌辣菜时，在其中放上极辣的红羊犄角椒，那真是辣上加辣——辣菜本身的辣味儿是钻人空心儿，那辣椒则使人满口灼热而香。当然，怕辣的人是吃不了的。好在笔者是吃惯了的，倒觉得十分可口，既下饭又蛮提精神，实在可说是一种乐得自在逍遥的享受吧?!

清水杏儿

清水杏儿又名青杏儿，即未成熟之杏。其果色青浅绿，未现一点儿黄熟色。由皮至肉至核仁儿，均鲜脆多汁可食，望之如一汪清水，且新酸鲜香，故人予其爱称为“清水杏儿”。

农历四月，京华正值绿肥红瘦，景物、气候两宜人的季节，大部分的草木已过争艳斗妍之时，进入“束发修容”成熟期。此时，又是鲜瓜果上市的淡季，冬藏品已成强弩之末，即有残留于市者，如梨、柿子等，均已为“徐娘之骚”，仅存余韵，不足应时运之需；当地应节之美，如桑葚、樱桃等，尚“年未及笄”，不能早如君意；少数南鲜，如香蕉、橘子等，亦处新旧不继之际，即有余香可市，然其身价之昂，亦非平民所敢问津。故此时，清水杏儿则成为应时当令的民间名果了。

北京城内外，不乏杏树，待娇花枝头育子，嫩叶伴绿珠生，小杏初成，不过月余即可长到指头般大小。此时将其采下，用清凉井水洗净而镇之。另熬白饴糖如稠糊，蘸裹清水杏儿，连皮带核一起嚼食，其鲜美不可言状。此时，常有小贩挑一担儿，一头是杉木做的水盆挑儿，内放有生熟荸荠和白莲藕叫卖，但最惹人眼的还是那用新羊肚白毛巾盖着半边的小盆清水杏儿；另一头儿是个放着一个木盘的竹筐，木盘上放着一盆有饴糖的小盆子，下面放着许多一拃多长的剥了皮的高粱秸秆儿，用它来裹个饴糖坨儿蘸着青杏儿吃。小贩还不住地吆喝着：“清水杏嘞，关东糖，又甜又酸解困又宽肠……”随后是几声清脆的小糖锣儿声，在深巷中或树荫下，也间有大人或姑娘们来买此物。清脆的吆喝声、响耳的糖锣声，伴着孩子们的欢声笑语和姑娘们的娇嗔语……形成乡里的一派太平景象，又是一幅叩人乡关之思的风土人情画儿，令人终生难忘……昔日郊区有教私塾的老饕者赋打油诗云：“小家碧玉不识羞，半掩绿扉探青头。忽被强掠游街巷，穿白[1]伴锣充‘粪囚’[2]”。

炒桃仁儿

炒桃仁儿是高级的点心类茶果。现在，商店里的舶来品——外国进口来的炒杏仁比较多，人们也趋之若鹜，殊不知其营养成分及美食程度，未必比得上国产炒桃仁。仅在北京山区就广产桃仁。上下用两块鹅卵石来砸桃仁

1 穿白：指青杏儿裹上了白饴糖。

2 粪囚：则笑指又青又酸美的小杏儿被人吃后也要成为大粪的！

儿，也是个技术，既要快，又要保证桃仁完好无缺。一般不去掉桃仁的内皮（包着果仁的棕色薄皮）。在锅内放上桃仁，并适量放些食盐，锅下加慢火炒，要勤翻，使之熟而不焦煳。桃仁炒熟后可久存，并可致远。在城中干果子店的玻璃罐内，常存有此物，售价也较高。然而在桃树多的乡间，炒桃仁还是待客妙品呢。笔者与友人到山乡亲友家，记之有句：“为待远降客，农家炒桃仁。老母烧干草，山姑添酿温。”

五香萝卜干儿

秋后从园中地里拔来的小水萝卜头儿，不值得入窖，也无人把它当大水萝卜吃，就将其洗净，去掉头尾，切成长三角形的小萝卜干儿，用五香面儿，或花椒盐儿，揉撒在其间，用手抄捋好——使每块萝卜干儿上都沾有盐及五香面儿或花椒盐儿，用大盆（多时，可用新苇席）捂一夜两夜的，即摊开，再用手去抄弄。此后，即可不加盖子而放于盆碗内。吃时，可横切成小段儿，加上些米醋及香油，则酸香咸麻又有咬头儿，是很好的咸小菜儿。每年秋后，本村几乎家家制此菜。北庙中看庙代给学校老师做饭的张老道尤擅长此道，每年总做一苇席萝卜干儿，且会做一种“山东萝卜干儿”：用地中长得又长又白的“象牙白萝卜”，洗净，切成三角形长条儿，用辣椒面儿加食盐或将萝卜干子抄捋好——使每块萝卜干子上均有辣椒屑及盐。腌好，也可以先捂一两夜，再摊开晒之，然后，收入瓷（或陶）器中，可不加盖子，要防止其霉烂。吃时，亦可横切断，加香油、醋而食之，是一种有辣味儿的腌小菜。

腌两样

就是腌黄瓜（王瓜）和葱。这两种菜蔬，在农家园园都有，可以合着暴腌，也可以单独腌着吃。单腌葱：将鲜葱洗净，切成葱花小段，外加适量的食盐、醋、味精（没有也可不加）、香油共拌匀，即可。这个俗菜，暴腌供食，别有一股子清香新嫩之美，是下饭的好菜。用上述调料去腌切好的黄瓜（王瓜）丝，则别有一番清香。黄瓜单腌易出味，比起加芝麻酱的拍黄瓜卷儿来，滋味又大不一样。农村人家常吃黄瓜腌葱或在拍黄瓜中加点醋和盐。笔者自幼在农村生活，到耳顺之年又被下放到农村，就常吃黄瓜和葱，从没和这两样菜离开过，可以说是熟悉这两样菜的各种做法。如葱还能炒着吃，黄瓜还能酱着吃……

黄瓜腌葱

旧时，郊野农村几乎家家都常吃这黄瓜腌葱的俗菜儿。这俗菜却有两三种做法。在农村，一般是先把用清水洗净的葱切成丝儿，再把洗净的黄瓜切成丝儿，两种丝儿用细盐和香油一拌即成，其味儿特别醒人脾胃，喝酒下饭均可以。还有一种法子是在离城较远的乡间，不用盐，而放入自家做的好黄酱去腌拌，味儿也很不错；另一种是介于上述二者之间，巧妙地不用盐和黄酱，而是放入腌白菜的老咸汤儿去腌拌，那味儿就更不一般——既有别的菜味，可又在菜中看不见他物。笔者在山区吴姓亲戚家常食此物。一日，也用老咸汤儿腌黄瓜和葱来招待从城中来看望我们这些“下放户”的客人，他们竟不知内中放了何物！

腌芹菜

园中新拔来的芹菜，摘去其叶，洗净，切成小段儿（比寸金段儿还短些），放于盘子或碗内，加适量的食盐、醋、味精及香油，拌匀，即可。此菜制作简便，用料少，但味道好——既有芹菜和香油的香味，又有咸味兼酸味，更有味精提鲜加营养。在农村，多不加味精，不用食盐，而用老咸汤儿（多年腌咸菜的老汤），其乡味更浓。清朝末科老举人华碧岩先生曾云：“休说田家无美食，自家园中养百卉。金盘玉盏大宴好，无此腌芹第一味！”还有些老学究说古时候的圣人就爱吃“芹”，所以芹菜才至今不衰……不过须知市上卖的芹菜有两种，虽都青枝绿叶，但有一种，用手指一捏其茎就瘪——茎内是空心儿的，不好吃，不能买。

腌胡萝卜

城中或旗人常管腌胡萝卜叫“腌红根儿”。腌的胡萝卜，带汤从缸中捞出，确实是色红而润莹，甚觉可爱。因之，红根儿这名字起得不错。每年秋后，收胡萝卜时，将其秧儿去掉，最好先让胡萝卜出一出其“萝卜气”，再洗净。用干净的陶缸码一层胡萝卜，撒一层大盐（海盐）。因这种盐含有各种有益物质，味儿挺好。腌两三个月后，咸味儿也进去了，味儿正，又有萝卜味。如将其切成细丝当咸菜，是很好吃的。尤其是到了夏天，吃凉粉的时候，将咸胡萝卜擦成细丝儿，放在凉粉里面。凉粉是白的，汤汁儿是由醋和酱油合成的浅紫檀色，所用的码子——腌红根儿的末儿红彤彤的，真乃色味俱佳，是北京有名的小吃之一。

腌红根儿

农家秋后，刨来鲜胡萝卜，黄红嫩脆，又别有一股芳香，特别惹人喜爱。家人将鲜胡萝卜洗净，一层胡萝卜一层大盐地码在缸内，盖好盖子。七天后即三天一倒缸，这样做，是为了使胡萝卜腌透，腌得鲜嫩，颜色也好看。待胡萝卜腌好了时，就不必这么勤倒缸了。在冬日或春天的饭桌儿上，菜盘里有些切得很细的红根丝儿（红胡萝卜丝），显得特别好看，醒人脾胃，增人食欲，吃起来也脆腌而辛香，故北京人管它叫“腌红根儿”。在夏季，把红根儿擦成细丝，撒在扒糕或凉粉碗里特别显眼，白灰中有红，使得放了醋和酱油、芥末的扒糕、凉粉更是五味俱全，吃起来，能解饥消暑，且价钱又便宜，堪称腌菜中之一宝，普遍受到人们的垂青。

大腌萝卜

“大腌萝卜——棺材板，一天离不开的穷人饭。”旧时，为贫苦人每顿必食的老腌菜。其实就是大水萝卜经食盐腌透而成的。旧时各大小油盐店（副食店）均有出售。因片成厚板儿，与棺材板相似，故俗称之为“老棺材板”。价钱非常便宜，现吃现到油盐店中去买。售货员用穿着麻绳儿的锥子将老棺材板穿透，然后将麻绳剪断，将留在老棺材板中的麻绳儿对头一拴，就可付予买主提溜着走了。一片老棺材板，切后放点儿油、醋，就可为贫家一顿菜。有条件的人家，可于秋后自行腌之。唯一的要求就是要勤倒缸，不可使之受雨水淋。想起旧日油盐店中卖的大腌萝卜，至今还能忆其穷中乐的味道！

咸牛筋儿

这个菜叫牛筋儿，是说其像牛筋儿似的，可并不是真牛筋儿。秋日，将“箭杆大白萝卜”切成长条儿，用咸盐和五香面儿揉浸后，放在阴凉通风处，晒得皮蔫了，再入坛封存。自寒冬至春初，开坛而食，即是美味小菜。吃时，可切成小段儿，淋上点香油和米醋，则酸、咸均有，更有人好炸些辣椒油浇上，那就更美了。有一年冬天，我由西直门西道回清河镇去，中途骤起大风雪，在小村“鸭子嘴儿”王老汉家中得尝此物，其味甚美。王老汉也是个风趣人儿，他编了个顺口溜说给我听，我把它记下来，是为了有意思。今记其大略，或可供研究此类民俗者参考：“咸牛筋儿养北京，三大酱园也不顶（土音“丁”）。六必居酱园在粮食店，东杨记在那鲜鱼口儿中，独有天章在西单，三大酱园各西东，派人来求牛筋儿咸中味，农家秘方不入酱菜棚……”王老汉不仅是个养鸭的能手，而且也是个酱菜腌制的高手。笔者也是后来听别人说的，王老汉因为总不能合老闸意（不会吹牛拍马），结果，不为大酱园所用。自己家中有几亩薄田，三间草屋和几群鸭子，也就自回家来，与老妻、儿子苦守田园，自寻其乐了。

笔者自那日避风雪就和王老汉成了忘年交。在其去世时，其子还来我处报丧，哀叹之余，我只有去其家送老汉一程——一代平民中身怀酱菜绝技的老人走了，没有赶上好时代，也没把他的酱菜手艺传下来，只这咸牛筋儿还留在京郊民间！我每年秋后，也常学做此菜，但，食其味儿总不如王老汉做的味足色美！

腌黑菜

就是腌小茄包子。每年到茄子拉秧时，用不了多少钱，就可以买到许多未长成的茄子。因为外皮是黑色的，北京酱菜店中管酱小茄子也叫“黑菜”。做这种菜，只先把小茄子的外表控干净，用竹板削成的“刀子”把小茄子从上面一一割成连着点的小片片（不要割通，通则全散，不好捆绑了）。再把事先炒好了的花椒盐塞进小片片之间去，然后，用以湿水泡开的干马莲（一种捆江米粽子使的植物叶子）将小茄包子捆绑起，放入陶质的坛子里，码一层茄包子，撒一层食盐，然后封好了口儿。七八天后，打开口倒一次缸，把茄包子从上到下倒码在另一个坛子里去，也是一层盐，加一层茄子。这样倒几次，茄包子就不会坏了，而且使花椒盐咸味和香味儿都浸到茄子里去了。到腌成后吃它时，把捆绑的马莲打开，把茄子成条儿加些香油，淋一点点米醋，就可以吃了。其味道好极了，而且有隐隐的马莲香气，令人发“五月吃粽子”的遐思！真是乡俚小菜能引人深远的遐想。如今几位老人虽已相继作古，但我尚能做此菜，故记于此，使有此同爱者一试，也算给后人留下一点点不成文的小事吧！

腌白薯

每年秋后从地里刨下来白薯，最好是不碰破了皮儿就入白薯窖，等在窖中“出了汗”，再拿出来洗净，放到干净的陶器里。码一层白薯，撒一层大盐（大粒海盐），码好后腌上两三个月，咸味儿腌进白薯里去了。吃时，只要把白薯切成小菱形块儿，就成了很好的咸菜了，无论喝粥或吃饭都可以就着腌白薯吃。笔者记得郊野的土质不同，因此所种的农作物也不同。逢沙质土就多种白薯或花生之类。以白薯来说，其吃法，高的低的就不下十几种。旧日北京房山城东柳行子一带土质多沙，不爱长别的庄稼，就种白薯多。笔者曾多次在此处吃过白薯条儿，虽是个普通的腌菜，但是，它脆嫩，稍带点甜味儿，切好可端上桌，京中人还真难辨其为何物呢！

腌猪耳朵扁豆

有一种又肥又扁宽的扁豆，又叫“刀鞘子扁豆”，因其形像“刀鞘”和“猪耳朵”而得名。此豆子，又有一种为紫红色，亦可与绿色者一同洗净，控去表面水分，用大盐在陶瓦器中腌起，上面压一块大鹅卵石，以防其菜浮起而腌不好。如是，腌过半月左右，即成。将其豆捞出，横切成细丝，加些香油及米醋，当咸小菜食之，既有青豆之味，又咸香可口儿。若就着棒糁（玉米糁子）粥吃，真美极了。笔者幼时曾于冬日住在京北沙河镇之姑母家，其家有多种腌的自家园中产的小菜，但其中最绿、味最浓者，当推腌猪耳朵扁豆。不单就粥喝好吃，即使用其与小米干饭同吃，也味浓而咸，其美味不让王瓜腌大葱。

腌辣椒秧尖儿

这是一种城里人没吃过的好菜。笔者幼年没少吃此菜，至今记忆犹新。“文化大革命”中我被下放到农村。秋天，辣椒季儿快完结时，我就专掐其秧上的尖儿，用水洗净，用食盐腌一两日，即可食用。其味苦香，又有辣椒味儿，很好吃，尤其是就棒子楂粥吃，其味更好。如果把它放在酱油里，盖好，勤倒盆儿，把酱油中的白沫子撇去，熬一熬加点盐，等其凉凉了再倒回去腌辣椒秧儿尖，到冬天时便是比一般酱菜还要好吃的腌菜。有一年，准许我们回城过年，我没别的带，只把腌辣椒秧子尖儿带回城来！孩子们却说："没想到乡下还有这么好的酱菜……"其实，他们哪里知道其中的辛酸哪！我至今到秋后，还常寻此物酱之腌之！

腌韭菜末儿

这个穷菜儿却是城乡千百万人所喜爱的，且做法也很简单，春夏秋冬均可吃，唯冬季韭菜贵些罢了。但在夏秋之季，韭菜长得旺盛时，吃个腌韭菜末儿，太不算什么了。笔者犹记得，在春、秋两季，这个菜最好。有句俗语："黄瓜韭菜两头香"嘛！这"两头儿"就指的是开春儿和秋后。黄瓜、韭菜在这两个季节里味儿最好，也最鲜香。春夏之交，园内的早韭菜才下来时，或在秋末，秋雨淋着韭菜时，割下韭菜来，择好，洗净，用菜刀横切成细末儿，放在碗中，再加上适量的食盐、香油，一拌，即满室生香，无论是下酒或就饭吃均为好菜。笔者记得有卖羊肉的名叫"肉秃子"者与家中为世交。他卖完羊肉，即来吾家，常坐在园子里的大井台柳树下，等家中做小活儿的小五头来从园中弄一大把现割的大马莲韭菜，然后择好，用井水洗净，再用其卖羊肉的刀切碎，撒上点卖熟白羊肉的花椒盐儿，一拌就吃，也不放香油。然其鲜香味儿反更自然，更冲。我小时候就最爱他在井台儿上做的韭菜末儿，看着他就白酒喝，就着挑子上带来的凉烙饼，吃喝得是那么香甜。故此，至今我还常弄这个菜吃，虽不如井台儿上现割下的韭菜新鲜，但也好吃，其味儿也比别的腌菜来得冲！

腌鬼子姜

现在市场上也有卖鬼子姜的，其形似姜，然吃起来又嫩似白薯。鬼子姜秧儿长而对生圆形叶子，茎上有毛。当年，在家乡屋后的乱石堆旁，每年都有鬼子姜自生自灭，虽不知其学名叫什么，但吃起来很好吃。在秋后，人们将其地下块根（或块茎）掘出，洗干净，用咸菜缸或与其他菜品杂腌，或自行单腌均可。每到冬日，乡间早饭多是吃粥，在灶火膛中埋烧昨日的剩贴饼子，切一盘儿鬼子姜，上面再浇上些炸辣椒油。虽是粗食配粗菜，味道却很美，乡野味儿很浓。旧日，村中教书的先生们也在早晨吃此腌鬼子姜。杨逢时先生曾在废砖石堆旁种此鬼子姜，长得很茂盛。近年，笔者还乡，见其学校无大变动，倒是其后园石堆旁的鬼子姜仍很茂盛，但杨先生已作古。今见物是人非，徒增伤感而已！

暴腌苤蓝

这是北方农村常吃的季节腌菜。每逢夏秋，苤蓝肉质茎熟时，将苤蓝削去外皮，切成细丝，加入适量的食盐及炸好的三合油，拌匀即可装盘上桌。三合油，指将炸煳之花椒放入有葱花的酱油内而成。此菜，有苤蓝的清香味，又有点辛辣，还有三合油的甜香。下酒下饭是味佳菜。难怪昔日京北农村常说："暴腌苤蓝小米饭，绿豆面汤赛白面。"每年夏季，新苤蓝下来了，价钱很便宜，切成细丝做此菜是又便宜又中吃。近年，在冬春之季在塑料大棚里种出了苤蓝。笔者曾花较大价钱买回家来，做腌苤蓝丝吃，但其味儿大减于旧年在园子中长开花了、够个儿的苤蓝好吃。笔者不是提倡守旧的做菜者，但有些菜确是应节令才好吃。

腌老梢瓜

老梢瓜，是北方农村中常种的一种瓜，有的地方管它叫"菜瓜"。它比黄瓜粗而短，颜色呈白青、浅绿色。先将瓜洗净，剖开，去掉心瓤及瓜子儿，横切其瓜肉成薄片儿，放入盘子或大碗中，加入适量的细盐、香油，拌匀后即可食用。其菜脆而香，有瓜蔬之味而不浓艳，是素拌凉菜中之常品。农村中在夏季老梢瓜旺季时，常腌此瓜就着小米水饭吃，既可解暑解饥又清凉甜脆。旧日北京东便门外二闸有许多小饭馆，专供游人吃饭。但也有乡里俗菜以供客。其中有个天盛居小饭馆儿，就在夏日专卖腌老梢瓜，价钱虽比在农村吃此菜贵些，但质量还好。昔日同游者于乃千有联戏云：“一碗青绿腌梢瓜，两条花红夹被钱。”可博得一笑！

腌小葱

春月小葱正当节令，无论其翠嫩之色，或其辛而不厌的美味，均使人爱不释手。把鲜葱拔来，洗净，切去根须，横切成小段，放于碗内，加入自家做的好黄酱及香油，拌匀，甚好吃。在乡间郊野的田野中，有送饭的饭挑子送来小米干饭，绿豆面疙瘩汤，蔬菜是腌小葱。在沟坡树下一吃，真美极了，使人终生难忘其安恬清静，更难忘腌小葱之美味。后来，笔者在京西南山区搞“四清”工作，因由大队派饭到农家，春日在田间同农民一起劳动，又吃到了腌小葱，这可不是用家做的好黄酱腌的，而是用细食盐腌的，内中没放芝麻香油，放的是山区特有的核桃油（用核桃果仁榨的油），又别有一番腌小葱的风味，亦令人难以忘之！

炒咸菜缨儿

北京平民多在冬、春两季吃此菜，也有不少人是炒雪里蕻缨儿吃。旧日，笔者年幼时曾在老家吃过炒芥菜缨儿。那芥菜缨儿也是秋季用食盐腌好了的。捞出缸来，用凉水洗净，用刀切成小段儿。然后，坐锅、下底油，油热后，再下入葱心、姜片和蒜片儿。有的人家是先在热油中下入些花椒，待花椒炸出味后，再下其他小作料，好吃辣的，可以先下些干辣椒，这就变成油热后，先下花椒，出味后再下干辣椒。当辣椒色稍变黄，即下小作料，后下腌咸菜段儿。待其炒好后，那种味道也有说不出的美。芥菜是一样风味儿，雪里蕻缨儿则另有一种味儿。笔者记得昔日天桥卖艺的名家刘羽林，就好吃这个素菜。他说：“这个菜有三大好处：一是能养人；二是价钱便宜；三是它可以接青菜少而贵的缺菜季儿……”这个想法，笔者也听一位有文化修养的人说过。过去的张退思先生，无论写字、画画儿，还是作诗，都很有造诣。他最讨厌那些吹牛拍马和“朝秦暮楚”的投机分子。故此，他虽身经几个“朝代”，总能自律，能教书时教些五经四书，晚年则自种菜园子，卖点菜。笔者常去向张老问学，冬日则常见其自炒、自吃腌咸菜缨儿。他指着这个菜说：“吃这个菜，可以使人不忘艰难。所谓人要‘常将有日思无日，莫待无时思有时’……”确实如此，笔者六十多年来，就看见过不少靠祖先遗产过日子的人，擅挥霍，自己又肩不能担、手不能提，吃光祖遗，则穷困潦倒，还常吹自己昔日如何体面、威风。比起这些人来，上述刘羽林老先生和张退思老先生真乃与之有天壤之别，很值得我们这些后辈人深思和好好学习的了！

腌香椿

北京城内外不乏香椿树。香椿树有两种，一种是“菜椿”，味不浓，不受欢迎；另一种香椿味浓而好吃，才是真正的“香椿”。它的吃法有好几种。有一种“腌香椿”，特别受欢迎，确切地说是“腌香椿尖儿”。把嫩香椿的尖儿摘下来，用细食盐搓腌好，以备香椿老了时再吃。其实这种香椿尖儿也是三四茬的香椿芽了。头两茬的香椿尖儿早就掰下来当鲜货卖了。过去的大油盐店（副食店）里就卖腌香椿尖儿。北京东珠市口西口路南的饽饽铺桂兰斋是过去著名的滋兰斋的分号，所制售的点心誉满京城。它的掌柜姓蒋，就好吃香椿尖儿就酒，或当菜下饭。不过，真正讲究的腌香椿尖儿，还得属大酱园（油盐店之类的店铺，专卖酱菜），或在郊野产香椿的地方所腌制的，因为，人家那才真正是用头茬香椿尖儿腌制的呢！吃时，可以把其中的盐分抖搂干净，切碎后放些香油来吃，也可以切碎，用开水一沏，当面条儿的浇头吃。真正卖钱的好香椿树没有任其自由生长成高大树木的，因为那样不好摘取，而且产量也不会高。香椿树都养得一人多高，树帽子上可以杈儿多，但不让它往高里去生长。城中东四块玉等地有香椿园儿，城外山区则更多。京北清河镇东至永泰庄之间，有个用墙围起来的大坟地，其中种满了香椿。看坟的老头儿说，这一季早香椿芽儿若卖好了，能够全家四口人三个多月的吃穿。人们也常说："家种一棵香椿树，一年四季吃菜不发愁。"其实就是在春季里，香椿才好吃，其他季节就不行了。

咸杏仁

山区的贵菜之一是用盐水腌的杏仁儿，其味有杏仁味，又鲜又香，还有城中宴会上吃不到的山野美味。尤其是用淡盐将其暴腌后，其色白嫩光美，其味腌香飘逸。山中小孩用两块鹅卵石一上一下来砸杏核、桃核儿，以取其仁，真堪称一绝——不单速度要快，更要保证桃仁或杏仁个个儿完好。再用净水将包着仁儿的内皮泡脱，然后以食盐暴腌之，装玻璃瓶中，可久存，亦可致远送人。西山山区有亲友吴桂莲，年年送笔者两瓶咸杏仁儿，春节以其待客下酒，莫不称甚美。

腌杏叶

这个腌咸菜大概只有山区人才有缘尝到并知其做法。住在城镇或平原乡村的人，很难想象杏树叶子也能吃。其实是嫩杏叶，不是等杏子收成后的老叶子。在春季，结不出好杏的杏树，才出嫩叶，油黄嫩绿，正好采来，洗净，用盐腌起，当咸菜吃。吃时，用水洗去腌后的黏液，切一下，加上点儿香油和米醋，滋味还是很不错的，并不亚于其他野蔬。笔者曾在京南的山区乡村中屡吃此物。如腌制得法，是不难吃的。记得早年房山云居寺已衰败时，有念一和尚流落在"鸽子庵"中做住持。庙中有大杏树数十棵，念一和尚每年春季必采些杏叶腌起来吃。问其缘故，答曰："一为不忘师训，出家人以清苦自守为本，此物清苦中有清香，故食之；二为不暴殄天物——杏树即结子不良，尚可以叶现其功，故以盐腌之，以成其'正果'……"不期几片青嫩杏叶，尚蒙上人如此加爱，吾人岂不食而有戒乎？

腌杂菜

昔日，北京郊区的农户们到了秋末常用干净的陶质坛子或缸腌上杂菜，也就是用大盐（海产的大粒食盐）来腌制各样的秋菜。其大宗腌物是芥菜缨儿和雪里蕻缨儿。这两种菜的疙瘩（地下茎）也是腌菜大宗儿。油盐店还特地腌制大批的大腌萝卜，以备一年之售。然而在农村小家小户，往往一坛或一缸中腌制数样，其风味亦独具一格。笔者曾在本村的亲戚杨家看到他用坛子腌有扁豆、辣椒尖儿、豇豆、鬼子姜、甘露儿、白薯、芹菜芯儿等，不下十几样儿，均翠绿可爱，甚为喜人。他的窍门儿就是常倒坛子，熬花椒盐水，并在其中加些白干酒，其味道远非大缸腌的可比。我爱在其家吃粥就这些腌杂菜，它给人以安逸及穷中乐的感觉。故此，笔者后来虽长居城市，却很少从油盐店（副食店）中买腌菜，总是吃自家用小缸儿腌制的杂菜。这又使我想起一种专腌山野杂菜的人家。在京郊山中，人们把核桃仁、杏仁、桃仁放在一起去腌，并作为送给平原亲友的好礼物，也确实好吃，脆香异常。这当然是山区腌杂菜的上品。还有一种山民常吃的腌杂菜，满满一缸，我只能说出几样的名字：山韭菜、野胡萝卜秧儿、刺儿菜、马齿苋……总之，全是山中野产而能供人吃的野生植物。新中国成立后，搞“四清运动”时，我又在农家吃到此物，在史无前例的“文化大革命”中，我被下放到农村去，在穷困中又像遇到了老朋友一样，吃上了山野的腌杂菜。到今天，雨过天晴了，但秋日我还是自己腌些杂菜吃。

野菜

于田野或山间自生自灭之可食青菜，谓之野菜，其具体种类可太多了。在北京郊区常吃的，仅笔者所知，就不下一二百种。如刺儿菜、苣荬菜、马齿苋、车前子、野韭菜、野胡萝卜……只要制作得法，调料好些，其鲜香之味是不减于家菜（人工种植之园艺青叶菜）的。笔者曾于京郊之北山（军都山后）的山家吃过野韭菜馅儿的饺子，用的是家做的好黄酱，还有从山上套来的山鸡肉在馅儿里。那种美味，远非城里人工养的肉鸡可比。旧时在荒年，野菜可救过不少乡民的性命。因此，至今山民们不把野菜当成无用的杂草拔去，他们将其采回家来，做熟当蔬菜吃。其中也有野生树木上所产者，如柳芽儿、榆钱、杏树叶等。

拌刺菜

刺儿菜是土名，是一种农村常吃的野菜，可也是一种中药，开花的叫“大蓟”，没开花的叫“小蓟”。无论大蓟还是小蓟，农民们全吃它的叶子。采来后，将其叶子取下，用开水焯过，用刀切碎，放入家做的大黄酱以及拍成蒜末儿的大蒜，另外再淋上些芝麻香油就成了。拌匀后，以之下酒下饭，均是农家好菜。农家有两种拌法，上述是其一。另一种是不吃荤或佛家人的吃法，即不放葱、蒜等辣物，而是在其中放黄酱、香油和芥末。而道家人却是往其中放辣椒（炸过的）或韭菜花等物。其实，拌刺儿菜，只要作料配得好，还是非常可口的，只是各人的口味不同罢了。

拌苣荬菜

在春初的郊野，低洼地或盐碱地中有很多的苣荬菜。每到地里苣荬菜出土才放两个小叶、地下白茎细长时，就是采此菜的最好时机。小巷中，常有人胳膊上挎着用小榆树条儿编成的腰子篮儿（两头大，中间细，形状像个大花生似的篮子），里面成把地放着用马莲捆着的苣荬菜（其实一把儿也不过二十几根），上面还盖着潮湿的白羊肚手巾，嘴里不住地吆喝着：“吃青儿，鲜苣荬菜来买……”一个买主儿，总要买个十把八把的才够吃。拌苣荬菜有两种吃法：一种是拿苣荬菜直接蘸甜面酱来吃；一种是用白糖、芝麻酱将其腌后再食之。然而无论用哪种吃法儿，都忌讳用铁的切菜刀来切苣荬菜。也许是用铁的菜刀一切，苣荬菜的味儿就变了吧。

拌柳芽儿和柳芽儿拌豆腐

每逢春初，柳树叶尚未全绿时，摘其芯芽，用开水焯过，内中拌入些拍烂的大蒜及自家做的黄酱，再淋上一些芝麻香油，拌匀了，就可以吃了。其味微苦而香，大有醒人“春睡”之功。笔者幼时即常见老人们食此菜。北京德外三十多里处有一座不大也不小的庙宇，匾额上用砖刻着“敕建静一禅林”。庙虽不太景气，然其时尚有僧众四五个人。有个擅书画的老和尚，法号叫“宇空”。我很清楚地记得他画过一张几个农村小孩上树捋柳芽儿的图画，人物形象逼真，老树弱柳各有其韵，尤其是那“千条弱柳垂青锁”的柳条儿，画得好极了。有一有钱游客出好价，他也不卖，却把此画白送给开豆腐坊的李宝山。据说宝山就是老和尚幼时在家一起上树摘柳芽时的孩子头儿，是从家中偷豆腐和油盐的孩子。后来，老和尚因家贫多病才出了家。他从师父的点拨中学会了画半工半写的画儿。其时二人都老了，但友情弥珍。我们当时还奇怪——为什么老和尚放着高价钱不卖此画，却被李宝山老头儿用一碗柳芽儿拌豆腐换了画去……今天写记此菜时，我才深深知道，无论过去和现在，有许多用金钱买不到的东西！那些“有钱能使鬼推磨”的拜金主义者，岂不是生时“人为财死”，而“死去元知万事空”吗？看来，那些“钱串子”其心其情还真远不如一碗柳芽拌豆腐呢！故此，我于春日常吃拌柳芽和用柳芽儿来拌豆腐吃。

干马齿苋菜

马齿苋菜，又叫“马虎菜”，是一种野菜。其嫩茎、叶，无论鲜吃或晒干了当干菜吃，都很好吃，很柔软而且富于营养。近来，有人经过试验或化验，说其含养分不少，且有益于肠胃。特别是它含有一种抗癌的物质。总之，吃马齿苋菜对人是有益而无害的。特别是因为它是野菜，田野中可尽取之，不用多花钱。郊野农家，常在夏秋旺季多采马齿苋菜，晒干，以备冬春缺菜时食之。笔者曾吃过大蒸烫面儿饺子，其馅儿是用马齿苋干菜做的，很柔软而好吃。外祖母家在京西北之东北旺村，二外祖父对能食之野菜特别钟爱。除去其生长之日吃鲜菜之外，还在其生长旺季采来晒干，以为春冬时食。“野菜不野，就看家庭中如何炮制而已！”这是二外祖父（朱二清）常说的一句话。他对各种能食的野菜之性味都有研究，记得他曾手写一本《野菜纪实》。可惜当时笔者年幼，其家中又无人珍惜此书，事经六十多年，恐早失传了。

三合油拌闸草尖儿

在河中长的长长闸草，是个无毒可食的东西。但，非遇到荒年饥岁，人们都不食它。笔者年轻时曾因胰腺病住院。有一生于水库边上的老友黄石匠也因病住院，却查不出什么病来，可是每星期都得从胸中抽出许多瘀血来，不然就憋死。后来大夫们会诊其为绝症（癌症），要给他转院，已向他唯一的闺女说明其寿命期最多三个月。无知的闺女却向黄老说了，并大哭特哭。黄老却反而达观地笑了，他说人早晚也得死，自己已活了六十多年，也不少了，就一定不转院，坚持回家，坚持向水库领导要工作。领导没办法，就叫他坐一小船，每天到水库中去放鸭子，并告诉他，爱吃鸭子就杀鸭子，爱吃鸭蛋也随便吃。可是，黄老什么也不吃，每天由家里带上一小瓶三合油（香油、酱油、花椒油），到湖中专掐闸草的嫩尖儿一拌三合油就吃，慢慢食量长了，能由家里烙一张饼带去吃了。一连三年也没死，身体反而好了。到原医院去检查，大夫全奇怪了，以为是误诊。可是再会诊一拍片，只见其三个恶性瘤子，只剩了一个，而且还萎缩得很小了。有一阵子说闸草可以治癌症之风，大概就是由此兴起的吧?！不管闸草尖儿拌三合油能不能治癌症，反正由黄老证明其能吃，且无毒不害人。笔者也曾去访黄老，并亲自尝其菜，却也鲜美。其味儿和三合油拌豆芽菜差不多，只是没有那么大的豆性味儿。后来问许多乡野老人，都说河里，特别是活水里的嫩闸草尖儿，洗净后，能当菜吃，并能贴菜饼子，熬菜粥或和在面中烙菜饼吃。

西瓜皮馅

西瓜皮做吃食的方法很多，不过多为人们所忽视。特别是人们把西瓜瓤吃完后，往往将西瓜皮丢弃了，甚是可惜！农家有用西瓜果皮制成馅者，亦如冬瓜一般肉软柔嫩。将西瓜皮去掉老皮及内面剩瓤，只用其皮中二皮（嫩肉）部分，切碎，装入干净的布中包好，用手绞尽其水分，放入盆内，加入适量的食盐、香油、酱、葱末、姜末等，拌成馅儿。如爱吃肉，可加上些肉末儿。用这种馅儿可以包饺子、蒸包子或做馅儿饼等，都成。笔者早年曾在田二伯瓜棚里吃过西瓜皮馅儿的饺子，其味道真比用刚下来的西葫芦做馅还美。记得当地有儿歌云："西瓜瓤儿红又甜，卖了去还钱，吃剩瓜皮捡回去，做成馅儿也香甜！"确是如此，笔者至今犹记得幼时吃此馅的美味呢！

小吃类

大糖葫芦

此指一人多长的大串糖葫芦。用山上长的荆条穿上山里红，外面刷上饴糖，顶上再插上红的、绿的或花的小三角旗子，就做成大糖葫芦了。大糖葫芦，在北京有两处卖得最出名：一个是正月里北京的厂甸，一个是冬天和春天的大钟寺。饴糖加山里红，虽不如冰糖葫芦那么透亮好看，但其自有一种“粗犷的美”；其味儿虽也不像冰糖葫芦那么甜，但它有一种饴糖和山里红的味儿，自有喜人处。每年正月从厂甸归来，小孩子们扛两串大糖葫芦儿，乐哈哈的，自有一番风趣。在北郊乡镇，春天里万木复苏，欣欣向荣，田间地头一片生机。常见有穿红着绿的小身影儿扛着一串串发光的东西点缀其间，那便是小孩子们从大钟寺买糖葫芦归来了！

糖葫芦

糖葫芦大体上有两种：一种是外面蘸上用白糖或冰糖熬成的糖浆做成的；另一种是外面刷满了小糖子（饴糖，就是麦芽糖）的。据清末的老北京人说：“北京庆王府的小吃盖（超出一般地好，非常好，谓之‘盖’）北京！”好多小吃都是从庆王府偷艺学来的。就拿糖葫芦来说，最初，每串儿上只有大、小两个果儿。大个儿的在下面，小个儿的在上面，中间用根竹签儿穿起，像个葫芦似的，故名糖葫芦。其外面蘸上糖是为了好吃。这个说法儿，在《晚清宫廷生活见闻》中也有，大概是可靠的。糖葫芦是北京的名小吃，可以做成多种多样儿，后来发展到一根竹签儿上穿上一串儿果子，这与“葫芦”之名就相差甚远了。至于那种“把其中的大红果（山里红）剖成两半儿，剜去其肉瓤和子儿，再填满豆沙馅儿，再在上面用青、红丝（做糕点的小料）和白瓜子儿等做成京剧脸谱儿模样，以此争奇斗艳来卖大价钱的糖葫芦”则离其本义就更远矣！大凡卖此物者有三类：一类是在东安市场等大鲜果店或摊子上卖，大都是做成人物脸谱来卖或用好果子来卖，如香瓜、蜜橘之类，以供有钱的太太、小姐们光顾，用黄色的

“三榆纸”（一种专包食物用的纸）包好，让他（她）们带回府上去或戏园子里去受用。另一类，则是挑子的一头有方木盘，盘上有半圆形的木板儿，上有许多插糖葫芦的小孔，方盘上也摆着蘸好的大糖葫芦，而另一头则是个高圆箩（挑子的木柜子）。每到秋后至冬春的晚上才出来，挑子上点着明亮的“电灯”，吆喝声也好听：“冰糖葫芦新蘸的……”当然，白天也有卖的。第三类是下街巷或在郊野农村中卖糖葫芦的，多是扛个木棍或扁担。在木棍或扁担头上捆着厚厚的稻草把子，为的是插糖葫芦用。这种扛草把子叫卖的，其糖葫芦用白糖和小糖子蘸的都有，这又是一种。至于每年正月里北京城内厂甸和德胜门外大钟寺卖的大糖葫芦，则是用山上产的荆条儿穿上许多大红果，外面刷上小糖子，顶上还常插上各色小旗儿或纸做的“八仙人”，以此来招徕顾客。小孩子、大人们逛厂甸或大钟寺回来，往往都扛上两串大糖葫芦，这也就是北京人去以上二处游玩的一种风俗标志，当然是别有一番情趣了。这又是一种糖葫芦。再有一种是“家做的糖葫芦”。每到冬季，小家小户常将破竹帘子棍儿截成半尺多长，经开水煮过、消了毒，用来当糖葫芦签子，又买些红、白大海棠果儿，剪去其把儿，充当糖葫芦果儿，或用大山里红果、土豆子粒儿、马蹄荸荠、橘子等都可以，用竹签穿好。关键是在用砂锅熬糖，糖要熬得起了泡儿，但切不可熬过了火；糖熬煳，则不可要了。糖熬好了后，将穿好的葫芦在糖锅内一转，随即就拿出，放在事先在上面抹了点花生油的干净石板上，待其凉后就成糖葫芦了。也有人把刚从锅内蘸好了的糖葫芦放在厚玻璃板上或木板上，但终不如放在石板上好。笔者有一年冬季将蘸好的各种糖葫芦插满了一大竹筐，放在房上，再扣上个竹筐以防猫防鼠防尘。到正月十几了，想上房给来的亲戚小孩拿几串糖葫芦吃，不期开筐一看，半串儿都没啦——早被家中几个顽童弄个小枝够走吃光了！

拐棍糖

儿时，常于卖糖小贩的糖挑子上看到做成小拐棍形的糖。其糖有红、绿两色，上面有白色斜条纹儿，有筷子粗细，中指那样长，上部弯过来，像个拐棍似的。昔日，西城糖房胡同有笔者一位同学，我到他家去时，就看到有许多拐棍糖。我起初以为他家是贩卖这个糖的，后来才知道他家是制作此糖的。每到星期日或节假日，我去找这位叫邱得山的同学去玩，看到他家在做此糖。我去看时，只见他们将糖在锅里熔化后，加了些什么（后来才知道是食用香精和可食色素），然后就把糖放在大理石板上搓成条儿，再把带色的糖也搓成条儿，再把二者并合在一起，共搓捻成一条花色糖棍儿。接着就分段切开，并把头上弯成拐棍样子。这样就做成拐棍糖了。

糖瓜儿

“糖瓜儿祭灶二十三，难受的祭灶，好过的年。”这是老北京人到年关切近时的口头禅。因为农历腊月二十三是用糖瓜儿祭灶王的日子，这时年关切近，讨债的都来了，一挨到三十（除夕），家家吃饺子，讨账的人就过了年再说了。故此也有说：“要命的糖瓜儿，救命的煮饽饽儿。”这种糖瓜儿就是用饴糖（麦芽糖）做成瓜形，扁圆的，四周带有仿瓜形的棱儿，上下则是个扁平的小圆块儿。每年把它往供奉了一年的纸灶王爷口上一抹，烧了灶王码（纸像），就算祭了灶，糖瓜儿则由人去吃了。那时，讲究点的人家也有在糖瓜外面沾上芝麻的。此外，还有许多糖鸭子、糖娃娃等诸如此类的糖食都在这一天卖，因为这天卖糖的人特别多。说来恐怕也就是沾了“灶王爷”的光吧?!

大糖子儿

现在已没有卖这种糖果的了。昔日，在卖糖果的小贩挑子上，大多是不包糖纸的糖。大糖子儿也是没有糖纸，它中间大，两头小，尜尜形；有红的、绿的、黄的、白的，各种颜色，很好看，上边还有一层层的螺纹。是用冰糖加可食色素做成的。卖糖的人往往把它们装在大玻璃瓶内卖。乡里小孩子花一两个小铜子儿（铜钱）就可以买四五个，足够吃的。笔者记得，卖此物最贱最多的是在乡间大庙会上。有的做糖的人赶庙会，摆摊儿，现做现卖，总是有好些人围着吃或看其麻利地制作。我爱大糖子儿颜色艳丽，更爱它那“大金刚”（大蝴蝶卵）似的憨厚形状，故总要把每种颜色的都买几个，放在家中慢慢地吃。

花糖球儿

卖耍货（儿童们吃、玩的东西，总称为耍货儿）的糖挑子上总有个大玻璃罐子，里面盛着五颜六色的或带有花条纹的糖制小圆球儿，表面有麻的，有光滑的，吃在嘴内，不但甜，而且有各种小料味儿，如薄荷凉香味儿，桂花秋香味儿等。昔日在北京白塔寺、护国寺、土地庙，以及在郊区的妙峰山娘娘庙，南郊的中顶庙会上均有卖此物者，甚至连在小小的三月三便门儿娘娘庙会上，亦可见有三四份卖此物的。有一年，在农历二月初二京北二拨子庙会上有小贩将其物放在瓶内，笔者竟以为是小孩玩的玻璃球儿，花两个铜钱买到手后，才知是球形糖。其色、形竟与玻璃球儿一模一样，酷无二似！

猴拉稀

孩提时，每听到“当当”的糖锣响，总是磨着大人们要几个钱，去到“吹糖人儿”的糖挑子那儿买个糖物儿回来。当然，这种糖吃物极不卫生，但却颇受欢迎。吹糖人儿的人用染成各种不同颜色的麦芽糖吹捏出种种不同的人物、动物或植物形态来，栩栩如生，活灵活现，还真有一套手艺呢！笔者清楚地记得幼时就最爱从这种人手中买“猴拉稀”了，那真美极了——可以观察其巧妙的吹捏技巧：他把糖稀灌进猴儿空腹内，又在猴儿的屁股下捏一小糖盆儿，与猴子同粘在一根苇秆儿上，再另用一根小苇秆儿，一头粘上个吹捏好的小勺子，交给我手拿着，接着又用毛笔给小猴子点上两个红耳朵。这样，“猴拉稀”就做成了。我用勺子的另一头一捅猴屁股，那猴腹中的糖稀则自动流下，进到下面的糖盆中。我就用那小糖勺儿一勺一勺地舀着吃。等把猴儿腹中流下来的糖稀全吃光了时，糖猴子、糖盆儿、糖小勺儿虽然也可以吃，但我却始终舍不得吃掉它们，尤其是那神气活现的糖猴子竖着两只小红耳朵，真可爱极了。我往往就把它们拿回家，将糖猴子放在堆杂物的冷屋子里，好好地保存起来。这样，我有时就攒了好几只神态各异的糖猴儿，虽然有的已满身灰尘，但其神态犹存。我就常邀几个知己的小朋友到这屋子里来看这些猴子。记得有一次我邀小妞子、干巴儿、小九子等几个小朋友来看这些糖猴儿时，因天已变热，好几只猴儿已经化了，有的正在化，变得面目全非，似乎在向我们作无可奈何的告别。不想这时，感情丰富的小女孩——小妞子竟难过得哭了！我们也很不好受，只好等到天凉捏糖人儿的再来时重捏个小猴子吧！

属相糖

在冬、春两季，北京城中、郊区常有糖挑子，凭着良好的绘画手艺兜揽生意。他挑着个担子，一头是放杂物的箩筐或木柜子，另一头则有个石质的大方盘，下边是熬糖的小铜锅儿，里面是熬好的糖稀儿。卖糖者先问买糖的儿童是属什么的。那孩子如果说是属大龙的，卖糖者则用小糖勺儿舀些糖稀儿在石板上，很快地就流糖（画）出一条大龙来，然后用根细苇签儿蘸上点糖一粘，就可凭空拿起，显现出一条活灵活现的大龙来。孩子们则欢呼雀跃，争着花几个铜板，叫溜糖的给自己溜个“属相”。我犹清楚地记得当时我太小，虽然向母亲要来了溜糖钱，也知道自己是属鼠的，但是，还是得听我们“孩子头儿”（大孩子）的。我记得我们当时的孩子头姓陈，小名叫“八十头”。他很会“冒坏”。他向我说：“属鼠不好，鼠就是耗子，人人讨厌，人人喊打。回头溜属相时，你千万不能说属鼠！”我就全信他的话了，问他我说属什么的好。他告诉我说：“你就说你是属猫的！那小花猫多好看啦！他就一定给你溜只小花猫……”等到了糖挑子前，轮到我溜时，我就说我是属猫的，知道十二属相中没有猫的大孩子全笑了，我也莫名其妙。但溜糖人儿的却笑着对我说：“我知道你是只不会拿耗子的猫，我也知道你是永远不会叫猫拿着的小鼠儿，我就给你溜一个叫你瞅吧……”他边说，边在石板上溜出一只奔跑的小猫，背上却驮着个小老鼠安详地趴在那里！用苇根儿粘起来后，猫、鼠均活灵活现，好似真的一般，连调皮的“八十头”也都说溜糖师傅的手艺高！

关东糖

就是用小糖子（麦芽糖）做成的长条形的糖，有方形的、圆形的。从冬天天冷时，一直到翌年春天，郊乡各村中都有卖此糖者。他们挑着一副糖担子，打着小铜锣儿，走到哪，都有许多大人、小孩子围上来。旧时，这卖糖的就指望有人到他挑子上来“拨糖”——实际上，这是一种“赌糖”法。每个人各拿一棍挑好的糖，放在卖糖的方木盘边儿上，外面露出半截儿来，用手指往下一块按（拨），糖就会被拨出很远，以其到最远处的糖段儿为准，第二个、第三个……这样，直到赌糖的人全拨光，头糖赢事先约好了的钱数或糖数，落在最后的“末糖”付糖钱并赔“头糖”的钱。小孩子们只是等着捡拨完的糖吃，或是向大人要几个钱来买些粘牙的关东糖吃。

牛皮糖

笔者儿时常用一两个铜板在小糖挑子上买一大块牛皮糖吃。其糖为黄色，内有芝麻的片片儿，能卷起来，还能放平了，吃在嘴里有些粘牙，又甜又有芝麻的香气。我至今也不知其具体做法如何，只是它给我留下了儿时的美好回忆。不料这次到北京郊区沙河镇，又见到有小贩卖此糖的，我赶紧买了一大包。回到城内，不禁心里又茫然起来——已经“访旧半为鬼”了，几个和我一起吃过牛皮糖的儿时小友走的走了，死的死了！后来，我就拿着此糖去看望“王半疯”，这是大伙儿送给他的外号，因其虽天生五音不全，又好“黄腔走板”地唱两句二黄或西皮。他一见此糖，就乐极了，忙从柜子深处拿出一瓶好酒（茅台）来，给我满斟一盅，又自编自唱了两句倒板——“一见此糖……馋劲大发……”他又弄了两个小菜，我们唱着，又叫王大嫂再给弄些挡口的（荤菜）来。不想年过花甲的王大嫂一见这牛皮糖，也很高兴地说她久别此物几十年了，说着说着她也来了两块儿在嘴里嚼着，并说：“大体还不差，可这糖的细味儿要比从前差多了……”

杂拌儿

杂拌儿的意思就是什么都有，什么干鲜果子干啦，糖块儿啦，花生、瓜子、核桃仁啦……几乎能放些日子的小吃食都有。杂拌儿大概可分三种：好的杂拌儿内有南糖、核桃占、糖干、藕片儿等，叫作细杂拌儿；中档的，普通的杂拌儿叫作粗杂拌儿，其中有什么梨干儿、柿饼条和棒子仁什么的；最次的杂拌，叫杂抓，那可是什么可吃的贱货儿都有，它真比那粗杂拌儿还粗。笔者曾记得年轻时一件有关杂拌儿的事：昔日名刀马旦滕雪艳和名须生奚啸伯同台多年。有一年快到年关，我到她家中，看到桌上用三个大盘子摆着三种杂拌儿：好的、中档的以及不值钱的次杂拌儿——杂抓都有。当问起她来时，她苦笑了笑，叹口气对我说：“不过是吃吃细杂拌儿玩罢了，也就是随意消遣消遣吧！过去过年，到剧场的掌柜的家去拜年，掌柜的也不过用些粗杂拌儿招待招待我们！再想起幼小学艺的日子里，每逢年节，人家越乐越清闲，我们这些‘小戏子’就越累越忙，去给人家唱戏取乐，分些大人先生的‘赏钱’。稍有一点闲的日子里，买点杂抓来吃，就算不错了。如今老了，每逢闲时，就总爱想些往事……到过年时，就摆上这三盘不同的杂拌儿，也就是只我自己知道其中之用意吧！……”我不由得对滕先生肃然起敬——她如今成名了，可也不敢忘幼年唱戏的苦日子。今天卖杂拌儿的没了，什么粗的细的或杂抓都没有了，光剩些赚钱的洋货或假货了！但愿那些大众化的年货再回到我们工薪阶层和劳苦大众中来！

杂抓

一进腊月门儿，旧日北京的大街小巷有不少的小贩卖杂抓。杂抓又叫杂拌儿，就是将柿饼儿、梨干、果子干、花生、蹦酥豆，细一点儿的还有些南糖或糖果等和在一起卖的一种吃食。卖者对买得少的顾客只包个“羊犄角”包儿——用硬画报纸折卷成个三角形纸包儿，其中放上杂抓，上面用手把纸一叠一掖就成了。这种卖杂抓的也是像串门要钱的数来宝一样，边唱边吆喝（唱），大多数是自吹自擂自己卖的杂抓好之类的。吆喝没有固定的词儿。在北城鼓楼左右有个推着小车子卖杂抓的，嗓子特别亮，一声“吃来呗！”就能把人吸引着，接着就边卖边收钱边吆唤：“您老过年好喜欢，吃了杂抓能抓钱，不挣钱的学生抓识字，大姑娘抓针线……”

秋梨膏

每到金风送爽的季节，在北京的大街小巷，就有推着小车子卖秋梨膏的，其实就是芝麻、花生、糖或麦芽糖共做成的各色糖果。北京人给它起了个好名字叫“秋梨膏”。有的讲究点的秋梨膏车上有方玻璃匣子，里面放着秋梨膏，为的是防风防土。小孩子们从大人处要几个钱，就能到这儿来买几块吃。也有大人好吃此物而来买的。过去东珠市口内的东半壁街，有个卖秋梨膏的，他卖秋梨膏的车子以及玻璃匣子都很讲究，其所卖的秋梨膏又干净又好。此处多“皮局子”（卖各色皮货的地方），有个姓刘的皮局子的掌柜与在琉璃厂卖假古玩的陈琳会是酒友。我见他俩每到秋季就买一大包秋梨膏，到过街楼的酒馆里去喝酒。陈先生并大谈外国佬买古玩……当秋梨膏吃完了，酒也喝足了时，陈先生就趴在桌上醉得睡着了。这时，刘掌柜就会了酒账，并给柜上留些钱，待陈先生醒来给他弄两碗“烂肉面”吃，剩下来的钱就请交给陈琳会，他就又会去买一包秋梨膏，边走边吃地到琉璃厂去找生意。据刘掌柜讲，他家也开过古玩铺，他也算个半个内行。他说陈琳会是他古玩铺的掌眼的（看货色真假的人）。他对古玩很精通，有一肚子的“古玩能耐”，无奈，时运不济，只落得卖些假古玩来混日子。我家就住在刘掌柜隔壁。每听到陈琳会唱着京剧《秦琼卖马》来敲门找刘掌柜时，我就知道他准是做了笔好生意，手捧着一大包秋梨膏来请刘掌柜去喝酒。

果丹皮

也有叫“果蛋皮”的，是用山里红果或大山楂果子做成的。在中国古代的书上就对此物早有记载。这东西作为零食或小吃，也是个好吃食。后来，把其加上水果糖及色料，做成糖果儿，外面再加上比原物还贵的精致的外包装，其售价就是极可观的了。果丹皮有消食化水，宜于人吃的优点，特别是对儿童有好处。笔者见山区做果丹皮时，只将红果儿的外皮内核去掉，有时加糖，有时不加糖去熬，然后放入事先擦有花生油的瓷盘内，摊得薄薄的，待其晒干后，可搓成卷儿存放。

面茶

据说这是一种少数民族由其祖地带来的早点小吃，但到北京后，有所改变，加了些外地不加的小作料而成。真正的好面茶是在乡镇民间。京北清河镇中间十字路口东南犄角儿有个常摊儿，其摊主也姓常，是个回民。人家做的面茶，是纯用糜子面，即“穄子”磨成的细面，有时加点小米或黄豆面（城中多不加），熬成稀糊状，盛到碗内，在上面撒些芝麻花椒盐儿，然后用筷子在盛有芝麻酱的料缸中间来回溜动，则条条芝麻酱就落在面茶上了。喝起来，香甜微辛，又有芝麻酱味儿，是一种好早点。笔者考证，城内所卖还真不如乡下所卖的。清河安四的油茶就精工细作，吃的人也多，而且价钱又不贵。连当镇上有钱三大烧锅（做酒的厂子）的东家和账房先生们都在早晨遛弯儿后到安四摊上来吃面茶。后来，笔者在白塔寺等庙会上以及早点铺里吃面茶，都是粗粗一做，并不讲究其用料及制作法，姑算是“面茶”而已。后来一问内行方知，光卖面茶赚不了多少钱，全凭卖其他有利的吃食来赚钱。卖面茶，只不过是为了有稀的喝，用面茶来搭配别的小吃卖而已。我才大悟其中奥妙，更想到清河安四那一丝不苟所做的并且也不贵的面茶，真不容易。真可算得上是“君子爱财，取之有道”了。今者，笔者年近七十，再往其处视之，茶汤摊早改，芳踪难觅，改成卖牛仔裤的了！

油茶和茶汤

该食品又叫“油炒面儿”。北京冬季果子店有卖牛骨髓油炒面儿的，是用牛骨髓炒小麦面而成的，吃后强筋壮骨，有火力，相传是蒙古食品。家庭中则用素油炒小麦白面，充作出门之干粮或久存。吃时，只需用开水一沏，加糖或加些芝麻盐，就可吃了。既可当早点或夜宵，或干脆当“快餐”吃。在庙会或街头的饮食摊子上，有摆两把大铜壶，下边烧着火，壶内有滚开的水，此摊专卖茶汤和油茶。摆着一个个精致的小碗儿，还有盛在大盘子中的油炒面和茶汤面儿，外面罩着大玻璃罩子。其油茶中往往有瓜子仁等果料，并把白糖掺在面中，用大铜壶之滚水冲开，用小碗儿卖给顾客。昔年几乎每条大街均有卖茶汤者。在北京西城大庙白塔寺正门前，有一个茶汤摊儿，真可谓三净：人净、物净、器皿净。大家都爱在此买碗茶汤或油炒面吃。那味儿极高，其所卖的茶汤是用壶内的滚水把盛在小碗中的糜子面（也就是穄子面）冲开，放上些黑糖（红糖），再放个小勺儿，供顾客吃用。人们常说：“进出白塔寺走前门儿，进去喝油茶，回来喝碗茶汤定定神儿！”

油炒面

这原是个蒙古吃食，也有人说是来自军旅，也有说来自民间的。不管来自何方，反正这个小吃也是个很流行的好吃食。锅内下底油及牛（或羊）的骨髓油，见热后，下入小麦白面，勤翻勤炒，有的还可加些熟芝麻、青丝、红丝。面熟后，倒出，凉后，即可取些放入碗内，用开水沏熟（边沏边搅动），供食用。吃时，加一些白糖。有的则是在炒面凉后就掺入白糖了。这种饮食，作为小吃，吃起来香甜可口，可解饥，又可“湿稀干强”相当，使人胃口大开。家乡的油炒面是在用开水沏开、搅动时再放入白糖，外边点心铺卖的油炒面儿是将白糖和一切配料都兑好了才卖的。放时间稍长，则其味不正，反不好吃了。

杏仁茶

“说茶不茶可当茶，早点可以喝碗它！”这句顺口溜，就说的是杏仁茶。用好稻米磨成面，放进锅内去熬，中间放入磨碎的干杏仁儿，熬熟后，就成了杏仁茶。在北京城中卖早点的，多有制售此物者。笔者旧日在京西海淀区的乡村中曾喝过农家自做的杏仁茶：用自家稻田内新产的好稻米（也有用江米的），磨成面粉，下入水锅内熬，中间放入山区送来的当年收的干杏仁儿。熬熟后饮之，较城内用隔年陈米、陈杏仁儿熬的杏仁茶好喝得多了。其味不只香甜有米味，还会令人生“早春之思念”。所以说，一碗好杏仁茶，顶得两碗好米粥。但如今的杏仁茶，不知是用什么做的，空有其名而无其实了。

枣儿糕与盆儿糕

将黄黏米面加上洗好的白豇豆、小蜜枣儿一并入屉蒸熟。然后，用屉布裹拍成大圆饼儿，再用刀一块块地切着吃，叫枣儿糕，这是把小枣码在底上一层蒸的。如果把枣儿混在面里，一起放入盆中去蒸熟，熟后整盆扣在案子上的，就叫作“盆糕”。这两种食品，市面上都有制卖者。然而在郊区农家，多自产米、豇豆和枣，常自制其糕而食。自家园产的，吃着格外亲切。有歌儿唱道：“丫头丫，会看家，偷老米，换芝麻。芝麻细，枣儿糕，撑得丫头叫姥姥！”有人据此说枣儿糕内有芝麻，这是不对的。该儿歌中是唱了三样食物——老米（陈米）、芝麻、枣儿糕。旧时，北京果子市南口路西，有一个卖盆糕的，蒸的总是供不应求，每天就卖四盆。这在旧社会真是件稀罕事儿。

豌豆黄

这个吃食，可以说是北京地区的特产小吃。每逢春夏之日，或社火庙会，就有推小木车子的卖此物者，多为回民。车子四周和案子上饰有铜配件，连刀把儿上也镶着黄、红铜的花儿，很是讲究。车子的木案上放着几个扣着的砂锅，内里有豌豆黄儿。卖的时候是用刀一块一块地切着卖。其制法与农家自制的差不多，都是把豌豆洗净，在大锅里煮烂煮熟，去掉豆皮，加入洗干净、泡好了的小红枣儿，然后趁热盛入砂锅内。等其凉了时，一叩即出，可以切着卖或供食用。庙会上吃的是隔年豌豆做的豌豆黄儿，当年夏末或秋冬两季才能吃到当年豌豆做的豌豆黄。其食黄玉色，内中有小枣，也有的还夹些白糖，则更甜、更好吃。

驴打滚儿

现在许多小吃店里又恢复卖此食物了，不过其中放豆沙馅儿，与农村自家做的不同。郊野乡家常用自己收的黏谷或黏玉米、黏高粱等磨成面，用温水和好。另把好黄豆炒熟后磨成面粉（去了豆皮），成为深黄色的豆面，再把黑糖掺点豆面擀碎，然后把备好的黏面擀成圆饼状，在其上面撒上碎黑糖，然后把有糖的黏面饼横着卷起来，再用刀横着把面切成寸半左右的小段儿，放到笼屉里盖上笼屉帽，上火蒸熟。熟后从笼屉中取出时，再撒上足够的豆面儿，就成了自做的“驴打滚儿”。吃起来香甜可口，且能饱人。不像城中卖的，其放豆沙或枣泥馅儿，吃起来甜得腻人，并没有什么黏面味儿。

面炸糕

北京特产面炸糕又简称“面儿糕”，相传来自民间。小炸货屋子（作坊）亦制售此物。郊区在重阳登高日（九月初九）尚有制食此糕者。其制法很简便，然吃起来，外皮焦酥，内软甜柔：用开水沏白面，用去掉外皮的新柳木棍子搅和，搅成可以包馅儿的稠糊，然后分切成一个个的小面剂儿，就着补面将小面剂儿擀开，包上黑糖（或加上青、红丝），再按成圆饼儿，比烧饼小些，然后在面上打上一胭脂红记或“福”“寿”字样，再放进热油中去炸熟即成。郊野有儿童云：“面儿糕，黑糖馅儿青红条（丝），吃起来一年比那一年高！”旧时，我常从家中偷出十几个面糕来，给其他小朋友吃。印象最深的是我们揣着面儿糕，钻到鼓楼上去吃，惊得野鸽子乱飞，真有意思！

金糕

又名“山楂糕”，是用红果（山里红）去掉核、皮后加糖及凝固料做成的。其色鲜红，凝成大方块在果子店中用刀割着卖，也可切成小条或小块儿，作为切糕、黏（年）糕及点心上的装饰物儿。不过在山区或半山区的京郊地方，农家常自己做此物吃：把山里红洗干净，剖开，去掉核儿及外皮，在锅内熬，并加入糖料，最好是加碎冰糖渣儿，也有加入白绵糖的。在其快熟时，加入一些好淀粉，最好加水生的藕粉或菱角粉。熬成了以后倒入大瓷盘或盆中，就行了。做法虽不一样，但所用主料是一样的。昔日，每近年关，这便是山家往平原送礼的好东西。笔者的先师陆宗达教授常称其为“败火下酒又艳丽的好果料”。故每年必买此物，以为酒菜。

酸枣糕（或面儿）

城中小贩的挑子或摊子上，有一些切成方薄片儿卖的“酸枣糕”（又称山楂糕或山楂面儿），多是用整酸枣碾碎成细面儿，再和压成长方块儿或大坨子，小贩们再切成一块一块地卖与小孩。其味有枣香、糊味儿和一种似山楂的味儿，有化食、祛痰之功效，是孩提时常买的一种零吃食品。在乡间庙会上，也有叫卖此物者。然在乡间，特别是山乡，是从不用花钱买的。乡间山野的荒坡野岗、沟坎地旁有得是酸枣。到秋后，收了酸枣儿，可以生食，亦可做酸枣面（或糕）。儿歌云：“离城十里遥，就到老山坳，酸枣儿多如麻，煮汤又做糕！”在北京西山和北山中，许多人家均常做此物，很值得春秋时一访之！

豆面糕与豆面糖

每至秋冬之夜，常闻有“豆面糕来，多给……”的叫卖声。其糕味美，多豆面儿之味，甚为可口，别有一番夜小吃的风情。另外，在白日的糖挑子上或庙会的糖摊子上还有一种其貌不扬，然而却很好吃的糖，那就是豆面糖。它是用豆面及糖做的。糖棍颜色呈灰黑色，有小指般粗细和长短，外面有一层滚上的黄豆粉，像驴打滚儿上滚的粉，吃起来甜蜜蜜的，带有豆粉的香气。旧日在北京前门外任家头胡同的一个小院子里，我有个远房三舅住在那里。他就是制作豆面糖的，每天晚上就一盘盘地把豆面糖送到先农坛“耍货儿市场”的批发货家去，供其在早市上出售。我爱吃豆面糖，每次到三舅家去，就看他做此糖，并吃个够才回家。

扒糕

这在农村，本不算什么好吃食，但到了北京城中，却做成了拿到大街上来卖的好吃食。每逢夏季，扒糕、凉粉还成了卖得多的大路货。在乡村，把荞麦面和好，做成小饼子状（用手一拍捏）就放到笼屉上去蒸熟，取出后，放到清凉的净水盆子中。吃时，拿出来切成小细条片，浇上擦碎的胡萝卜丝、芝麻酱（用澥开的）和烂蒜、醋，一起拌匀就可以吃了。其味清凉酸辣咸香，又有胡萝卜和荞麦面的香味儿。过去，在北京天桥，有位中国古典式摔跤名家叫满宝珍，当过北京队的教练。听说其父亲就被称为“扒糕满”。他家制售的扒糕比别家精细而又味正，是京南小吃之一绝。在郊乡自己家做此者，只要作料全，其味也不差！

甑儿糕

昔日，在北京的大街小巷中有挑担子卖甑儿糕的，这实际上就是一种蒸糕，把糕料儿放在甑儿内蒸熟。用钱买来吃时，糕是热的。这种甑儿糕，就像后来的小笼蒸糕。甑子，从前是一种蒸制食物的器具，底部有许多小孔，下面可以加热，使糕蒸熟。后来，人们不用这种瓦器了，改用小笼屉来代替了。不过这些年，也不见卖甑儿糕的了。过去在前门外一带的小胡同里有一个姓刘的老头，挑着挑子吆喝着“甑子糕，好吃又多给……”我们许多小孩向大人们要几个钱，就可以买个甑儿糕吃。后来，笔者在去盘山（京东）的途中遇雨，竟在一家小店（德安店）无意中看到店家在做此食物，用钱向其讨买些时，他却慷慨相赠！

芸豆糕

农村做这个吃食可谓“货真价实”：把自家园内产的大芸豆洗净，放到水锅中去熬，熟了以后去掉皮，加上白糖和一些蜜饯桂花（自己家若无桂花和糖蜜，可到中药店去买）拌匀，用手捏成饼儿，放于盘中，入笼屉稍一蒸，即可供食用。也可以用个八瓣儿的大料（八角茴香）当戳儿蘸点胭脂红，往糕上一按，一个红红的八角红花儿就印上了。那红红的花儿，与芸豆糕面儿相染，慢慢成了另一种娇艳的粉色……也有用五根切断的细高粱秆儿绑在一起当戳子，用那齐整的一头儿当“梅花五朵”的红印，印在芸豆糕上，也别有情趣。那糕芸豆香甜，那红色变粉色的八角花儿及梅花五朵更使人难忘！

凉糕

在北京城内，将用枣儿或豆沙及糖和糯米（江米）做成的切糕切成长方块儿放在冰上，上面盖上干净的新白布，这就成了凉糕。吃起来，又凉、又甜，味道很好，是夏日切黏糕的一种吃法。北京城中，夏季以前门外大栅栏中的门框胡同卖此物者比较多。然而，在郊区乡间则另有一种凉糕：把红（或白的）豆粒儿用清水洗净，加上冰糖（或白糖）、桂花共煮成泥，再把它与核仁（碎的）一起搓成豆馅儿。然后，用黄黏米（黄谷子或黍子面）与水和好，擀开，在案子上铺一层黏面，上铺一层馅儿，再铺一层黏面，然后切成小方块儿，四周撒上一些炒黄豆面儿。然后一块块、一层层地码入大点儿的瓦陶瓮中，封严了口儿。再放入用粗绳编的瓮络子中，然后用绳子把瓮系入水井底部。两日后提上来吃，那糕凉而不伤人，而且糕味儿一点也不走，也没有直接接触冰的“水气味”。还可以屡吃屡往瓮里续糕，沉入井底，可长期保持不坏，那井成了民间早年的“天然冰箱”。这种冰糕，今已随着乡间自来水的兴建和城乡冰箱的入户而不见了。然而，笔者仍思念那与用冰或用冰箱冻出来的“凉糕”味儿不同的“土凉糕”！虽然如今时过境迁，也物换星移了，但是，我还愿以乡间俗食的风味，将土凉糕书记于此，以志不忘，以示后人，或有机会时可以一试其美！

这其实就是用开水去沏（冲）淀粉，外加白糖而已，其味道也很不错。在北方，这种吃食是多为小孩或老人所准备的。笔者家临水泽河塘，不乏藕、菱角等，旱地的绿豆、玉米也多。

这几种植物的籽实，都能制作“面粉”，其中尤以藕粉和菱角粉为贵。笔者记得，小时候就最爱吃“冲菱角粉”。那粉有浅紫色，放上绵白糖一起拌搅匀了，吃到口中很软、很面、很甜又有菱角味儿。其实，各种粉子都可以加上白糖用开水去冲，供人吃用，只是各人所好不同罢了。我就记得大妹妹春芝最好吃藕粉。在我上初中的时候，她还在老家上小学。她人长得好，也用功，更如大人般地懂礼貌。可惜她幼年早逝。故每到清明，母亲总要冲一碗藕粉来祭奠她！冲粉也能当祭品，真少见！

凉粉

这是北方消夏食品之一大宗。其做法、样式和名称各有不同。但其主料，均以淀粉熬成，别的做不了。有将凉粉刮成条儿来卖的，有将凉粉切成长方块儿来卖的，也有将粉子经“漏勺”漏成一个个像蝌蚪形的，叫作“蛤蟆骨朵”“凉粉鱼儿”，再浇上腌胡萝卜丝儿、酱油、醋和炸辣椒油、澥好的芝麻酱来吃。在乡村，其作料随地而异，花样也多一点儿。我记得除去上述的作料外，还有加进自己家做的韭菜花的。昔年在黄二大车店里有“荤凉粉”。那就是盛上凉粉，先不浇作料，而是把凉酱肉（瘦肉）丁儿放在凉粉里，再浇作料，不浇炸辣椒油，却放入青辣椒末儿，有荤有素，是为一种既吃肉又消暑的好法子！

刨冰和雪花落

这是民国年间兴起的冷食。有的地方就直接叫它是“刨冰”，可是卖此物者，多称其为“雪花落”——用个带手摇钻的刨床儿，把冰块儿卡在圆盘上的卡头上，圆盘上有口子，口子上有长片儿的“刨刀”。用手一摇动，冰即被削成碎花儿，如同雪花一样，落在圆盘下的盘子里或小碗里，再在上面浇些含有甜味儿的红、黄、绿色的汁儿，就成为一盘（碗）很好的刨冰（雪花落）了。昔日朝外大街路北有一位“刨冰王”，京北清河镇北头路东有一家孙记自行车行，夏日在门口有“雪花落”(刨冰)机出卖，也有刨冰卖。这两处，我认为是京城内外卖此食物中味儿比较好的，用料也比较好的——不用糖精用白糖。因此，做出来的刨冰(雪花落)很受买主的欢迎！

薄脆

如今的北京小青年知道薄脆的人真不多了，只知早点时吃几根本不是北京小吃的“油条”。其实，五六十年前，在北京吃早点，常向卖炸油饼的要个炸薄脆，就是把炸油饼的面剂儿(面团儿)在有油的案子上擀得又薄又大，再用割面的小铁刀在上面划几刀子，放到油锅中去炸，翻个儿，出锅，就成了个又薄又大又脆的大油饼儿，就叫“薄脆”。过去，凡卖炸油饼、炸油炸鬼的全会炸薄脆。从前永定门把门脸儿有一家烧饼铺，有个姓赵的师傅炸薄脆炸得最好，那真是又薄又大，颜色不过火(发煳)也不生(发白)，炸得正好儿。据说他的窍门儿就是事先在素炸油中加些穿透力强的动物油，这也许有理吧！

脆麻花

人言天津的大脆麻花好，上面撒有冰糖渣儿。但我觉得北京的小脆麻花也有其长处，讲究用油和小麦白面，在其中又事先加了一些白糖，一起搓成条条儿，每根如筷子粗，然后，用手一捏两头，一拧，放进油锅去炸，熟后，香甜可口，是个北京常吃之物。在郊区农村我也常吃此物，而且很有意思：每到农历每月初二和十六两天，老太太们总要用三盅老酒和一盘子脆麻花去“财神楼”磕头上供。回来那麻花就成了小孩子们的美食。那财神楼更逗——只是一个用土坯砌的小小房子，里边常住些刺猬等小动物。每年打了麦子、谷子等，在场院上都要把打得的粮食堆起来，也要用盘脆麻花来“祭(粮)堆”。小孩们关心的还是那些甜脆的麻花儿。我至今就爱吃此物。这个吃食，外边有卖的，也可以家中自己做。外边卖的，顶多是用油和水各一半儿来和白面，和好了后，在有油的石板上（当案子使）搓好了去炸。在家中则是为了自己吃，当然，是过年过节时的一种小吃或一盘酒菜儿了。我家中，每年都是由母亲用花生油和白面放到好大豆油中去炸麻花，那真是酥脆极了。记得我在那年才知道母亲的名字叫“朱凤贤”。因为看到外祖母给我母亲送来一竹篮子炸脆麻花和一封信，信封上写着：“凤贤儿亲启”。母亲看完信，笑了笑，就把我和几个弟弟妹妹全叫来，说：“外祖母知道我们爱吃炸脆麻花，又怕你们母亲做不好，就特地叫人送一篮子来给我们分着吃。”其实，我们根本一顿吃不完，然其情可敬。

油炸鬼（果）

我认为北京的早点小吃油炸果的“果”字从意义上讲，或从其由来（音变）上来讲，都应该是“果”字。这在烹饪研讨中，我已有论文，这里不再赘述。不过近年来，在北京却不见了此物，多是炸油饼、油条之类的。其实油炸果是很好看，也很好吃的。它也用炸油饼的面，做成上下连带着，中间又分开的两根小油条样，炸成后，是用细油条做成个椭圆形的圈儿。旧时的早点摊儿上，烧饼铺里都制售此物，可以夹在芝麻烧饼内吃。在庙会上常有夹好油炸果的烧饼卖。有杨老柱头，每早可炸十几斤面的油条卖，因其面好，又用的是素油，干净、清香。故此，大庙（华严寺）中管做饭的火济道人总拿着竹筐来买他的。

驴油排叉儿

过去，北京人讲究吃“砂锅（窝）门”（左安门）的驴油炸大排叉儿。因为那儿的“汤锅”（私人宰杀牲畜的作坊）多，有许多动物油可卖。其地有个烧饼铺，专到汤锅上去买驴油。用炼好的驴油去炸大个儿的白面排叉，既酥脆但又不是一碰就碎，而且色儿好、味儿正。因为驴油不像猪脂油，凉后有一层凝聚物浸在排叉儿表面上。记得当年北京人讲究在前门都一处饭馆买它烙的“家常饼”，并用此饼来卷砂锅门的驴油大排叉儿吃起来，那才叫香呢。笔者上初中时，有一天，几个同学要一起到香山去“远足”（游玩），就派我去都一处买烙饼，派另一个同学到砂锅门去买驴油大排叉。那天我们一同坐在香山“鬼见愁”山崖上，大嚼家常饼夹驴油排叉儿。那个美劲儿，甭提了。现在想起来，犹齿颊生香，馋涎欲滴呢！

土豆粉（面）炸油饼

这是个大众化的油炸吃食。北京临近解放时，大街小巷中多有卖此吃食的。其油饼是用胡麻油（其实多为杂油或棉籽油）炸的，可以论斤买。其面则多是白面掺上大量土豆面而成的。土豆面好起暄，不难吃，掺些白面可以加强其抻扯力，增其白色。它是用土豆去皮后磨碎，取其沉淀物（粉）晒干而成的，价钱较白面便宜。用土豆粉和白面炸出的油饼，厚而暄，常为卖苦力的人或平民好吃之物。1948 年北京的经济已经千疮百孔了，笔者大表兄王明就在二龙路那儿炸土豆粉油饼卖。他说他做的这种油饼外焦里嫩，比一般油饼厚实得多，因此买的人也不少。笔者也曾亲口尝过。的确，他炸的土豆粉炸油饼滋味比别人炸的好，难怪他的生意挺兴旺，回头客还不少呢！

老豆皮儿和炸卷儿

北京城内外大街小巷差不多都有卖老豆腐的，这是用砂锅做的豆腐，干净，味儿好。我昔日住在前外冰窖厂，见有位好下象棋的栾鸿树，家里开个“玉尘轩”澡堂子。他每天向住在后营胡同卖老豆腐的田掌柜买一张从豆腐锅内揭出的老豆腐皮子，又薄又有油性。田掌柜总是揭下来，把皮子泡在酱油大缸子里，到栾记门口给栾先生送去。栾先生是我的棋友，他常请我一起喝酒，吃此豆腐皮做的菜。其做法很简单：将豆皮儿切成细丝，加上黄瓜丝或葱丝儿，淋上些香油、食盐，即可吃，既香又有嚼劲儿，还有豆性味儿，是个好酒菜。有时田掌柜送的豆腐皮多，有好多张，栾先生就叫其夫人给我们弄两三样可口的吃食：拌豆腐皮丝儿是一样。另用那豆腐皮儿卷上胡萝卜丝儿、豆芽菜丝儿、葱姜丝儿等合做成的馅儿，卷好用好油一炸，码盘上桌，蘸“过桥码儿”吃，和春卷儿差不多，这又是一样儿。再有一样儿，是用此豆腐皮儿卷上事先入好了味的肉馅儿，用好油炸完供人吃用。这些都是老北京“方”字旁（旗人）的吃法儿。当然，肉馅儿要用葱末、姜末、香油、料酒、味精、酱油等小料入好味，有时还得加点干淀粉。这“过桥儿佐料”可有讲究：过去在老北京的山东饭馆卖“干炸丸子”时，都讲究给食客上三样“过桥佐料”，叫人家随意蘸着吃。一盘是“老虎酱”——好黄酱拌烂蒜泥；一盘是花椒盐儿；另一盘则是做熟的卤汁儿。吃时，要用筷子夹起干炸丸子，过到料汁碗中去，再走弧线入口，就如同人走过桥面儿一样，故此，叫“过桥儿”。旧时，您到北京的饭馆里要个“干炸丸子带过桥儿”，就是如此。不像如今，不管客人爱吃不爱吃，就是一样佐料——花椒盐。不是事先给客人撒在丸子盘里，就是在干炸丸子的碟子边儿上，放一撮花椒盐在上边，一堆小苍蝇似的最难看。如今，我们都老了，每每谈起京城中的饭馆来，我们一不是因循守旧、故步自封，二不是自己吃不起馆子，瞎埋怨，而确实是现在那做得是味儿、又便宜实惠的“二荤铺”和小饭馆已如凤毛麟角，很难见到其踪影了。我想，中餐业之所以不景气，其主要原因恐怕还是“自己搬砖砸自己的脚”吧?! 我所怀念的老豆腐皮，这个北京特有的小吃，何时才能归来？

炸回头

北京的老小吃里有一种“炸回头”，现已绝迹了。住在前门外后营胡同的回民常大伯活到八十几岁才故去，他几乎卖了一辈子的小吃。他推个小车子，上有案子、油锅和炸回头的主料及辅料。按我来看，这炸回头就是把捏好了的饺子，对头一捏成个元宝形儿，放到油锅去炸熟，那味儿好吃极了。所以，我常管其叫“炸元宝饺子”。好素馅：以胡萝卜、木耳、鸡蛋等为主；有荤馅则以牛肉或羊肉为主。不管其荤素，在冬日或春季里，常大爷都在其中放上一些鲜青韭，那味儿好极了。每天我都爱买几个炸回头，到家去就酒喝。在我家门口有个祥瑞轩大茶馆儿，每天也常有茶客买常爷几个炸回头到茶馆中再买几个馒头吃，其味儿就是好。

墩儿饽饽

这是老北京的小吃之一，多为回民所制售。其大若银元，高高的有半个拳头高，像个旧时用高粱叶拧的粗绳，再盘起而做成的“墩子”（当座儿使），故此得名。它颜色白净，没有心馅，甜香可口，滋味颇佳，不像别的糖物儿使人发腻。过去小吃店或烧饼铺全制售此物，今已不多见。在阔别此物二三十年后，笔者在东四牌楼大街近牌楼（已拆除）路西的瑞珍厚回民饭馆见到此物，买了几个吃，其味儿还与过去差不离。瑞珍厚也是北京城中有点名气的回族饭馆，门口设有小吃部，多卖些旧日小吃，很受老北京人欢迎。还是那句老话：“要解馋上瑞珍厚，没钱的吃墩儿饽饽，有钱的吃涮肉。”昔日，在西直门外大街路北有一家小店，专门制卖墩儿饽饽，除零售外还兼营批发。每天有城外小贩来此趸墩儿饽饽卖。他家的墩儿饽饽做得样儿好，不破不裂，且内中有香甜味儿，虽不浓，但合人口味。正面印上一个红方儿，外观甚美。其货远发到东北旺、西北旺村。小贩们总好吆喝：“西直门的墩儿饽饽，好吃又便宜……”到郊区昌平一带，此物虽也由回民制售，但就有些“农村气”了——个儿大，实惠得很。在村中小吃挑子上买两套烧饼夹馃子，就能当一顿饭了。再买几个大墩儿饽饽当夜宵，就是村中小康人家好吃喝的水平了。记得，皇庄子的账房先生总买几个墩儿饽饽当夜宵，他常说：“吃了墩儿饽饽发胖，不长个儿！”因为他太瘦小了。

饽饽渣儿

这是在糕点铺或糕点作坊常出售的一种很好吃的贱物儿。有钱的人怕丢身份，不肯买此物吃。其实，它就是从盛糕点的木匣子中或盘子中倒出的各种点心掉下的碎渣儿。当然，其中也有些破碎了的糕点。总之，几乎凡点心铺中卖的吃食它都有，其中最多的是酥皮糕点掉下的皮儿。花不了几个钱就能买一斤二斤的。买回来可以就茶水吃，也可以把它当作油、盐，与和好了的面烙饼吃，更可以用玉米面（棒子面）将其包好，包成大团子蒸着吃。这几种吃法，我全在卖草虫儿（蛐蛐及蝈蝈等）的谭瘪子家吃过，并看其亲手做过。别瞧他今日落魄了，穷苦得很，但他却是清代“黄带子”出身，就喜欢人家称他为“谭爷”呢！

馅烧饼

这可是老北京回民小吃店里常制售的食物。虽然汉族烧饼铺也做，家中也常自做自食，然终不如人家回族人小吃店做的样儿好、味儿正：薄薄的白面皮儿包着用糖、桂花和红小豆等糗成的豆馅儿，烧饼外面四周还滚沾上芝麻，上面的正中央还盖着一个红色的方印儿。这种烧饼也是用炉子烙熟的，一年四季都可以从烧饼铺中买到。昔时，在京西东北旺家，外祖母曾给我和姨姐任淑兰等做过这种烧饼，她是用家产的枣儿做成的枣泥馅儿来做这种烧饼的，其中没有桂花，却放进了碎冰糖渣儿，四外边儿上也滚沾上自家地里产的芝麻，烧饼面上不是印着红色方儿，而是用齐整的大料（八角茴香）染上胭脂红印在烧饼面上的，美观得很。

眼钱火烧

老北京著名的小吃“卤煮火烧”和“苏造肉”等，其中都应该放“眼钱火烧”。把这种火烧用锅中的肉汤煮透，并与其中的肉、猪下水和炸豆腐一起切成条或块，再用热汤烧两遍，再加上作料去吃，那味儿才正呢。现在多用半发面的牛舌头饼放进锅内去煮，然后切成条儿，冒充那死面儿的眼钱火烧，当然这味道和嚼劲就差远了。近来在北京天桥的小胡同里（中华电影院南侧）路南有一家小店，专卖京味儿的苏造肉，就自己做这种死面的眼钱火烧，很有滋味儿。过去，北京卤煮小肠是个普通的吃食，一般都是用双轱辘的平推车，上面罩着玻璃罩子，里面放着酱肉和白酒等。另一头儿就放着个底下有火炉子的锅。车子的外边有支板儿，可支起来供食客坐下来吃。锅内则放着卤煮小肠，四围有死面的眼钱火烧。每天下午就将此物做熟了，一般到晚上才推出车来，点上明亮的电石灯来卖。这本不算什么的小吃，到后来却发展成为有名的吃食了，还出来什么“专家”，真是可笑得很！前不久，笔者走到北京城内某家专卖卤煮小肠的店中去，见其门楣上还有××城区指定的“传统卤煮小肠”牌子，可是甭吃，只端上来一看，即知是蒙人了：或其不懂，或根本不按真正的卤煮小肠去做——用的是大条子切的半发面牛舌头饼。经汤一泡发起来，一咬一发面糊，全失卤煮小肠煮死面眼钱饼的风味！

叉子火烧

现在卖这种吃食的几乎没有了。但它却是外焦里嫩，很香，很好吃。老北京人讲究吃叉子火烧夹酱猪肉，喝馄饨。将小麦面加水及油和成烧火饼（小饼，如烧饼样），在两边面上用碗底儿印上个圆圈儿。然后，在饼铛上将火烧两面都加点油烙一下，再立着挨个儿放在长圆圈儿的铁叉子上，放进特制的大膛（里面能托着铁叉子）里去烤。这种火烧里外都有油，里面层儿多，又因为是用铁叉儿烧熟的，因而外面两边都是均匀的焦黄，一嚼即酥脆香美。过去在北京东珠市口西口路南有一溜儿很窄（进身小）的小店，专卖叉子火烧、酱猪肉和馄饨这三样。我觉得这三样快餐远比现代的一些洋快餐味儿好得多。我不是狭隘的民族主义者，而是现代许多人（特别是年轻人）没吃到过祖国特有的快餐类食品，所以就认为洋快餐又时髦又好吃。加之，正式的中式快餐又不按着老规矩做，还说是什么“改革”，其实这是“瞎改”。我认为改革不是胡来，是在一定的调查研究后，有目的地改变过去不合理的部分。例如，我认为，现在要做“叉子火烧”，就不必放入火膛内去烤，那样做既要手艺，又担心煳了，而且烤得少，为了能及时地供广大食客们吃，完全可以用现代化的微波炉去烤。这也是正确的“改革”，而不是无端的“胡干”。我把这个想法和会做叉子火烧的安老头说了。现在他又在教徒弟了，不知能笑纳此法否！我正等着叉子火烧归来！

烧饼夹肉

“庙里庙外逛个够，饿了就吃烧饼夹肉。”农民老乡抽空去逛庙会，买些农具，要改善一下伙食，就到赶庙会的小吃摊上去买几个新出炉的芝麻烧饼，再去买一斤半斤的熟猪头肉，夹在烧饼中去吃，其味很美而又能解馋，再贵一点的可以夹酱猪头肉或肘子肉、酱肉，素的可夹油饼或油炸鬼（果）。春天，北京四郊的庙会很多，而在京南的中顶庙上卖此吃食的最多，而且那里还有许多小饭馆也卖此物。记得我当年正值年少，本不会饮酒，然与几个同窗好友一起到南顶庙去玩。饿了，就到有个叫“芳竹园”的小饭馆中去吃饭，因爱其干净，名儿又雅。顾客不少，我们几个人不耐久等，就买了一瓶白酒和二斤猪肉。结果，酒没喝完，可倒是吃了不少的烧饼夹肉！

山东锅饼

昔日，北京城郊都有卖山东大锅饼的。这是个风味儿独具的小吃，直径有四十多厘米，厚约十厘米，两面上有凹凸圆圈儿，硬硬的，可是滋味很好。许多卖此山东锅饼的都愿意挨着“煮炸丸子炸豆腐”的挑子，或自己就带卖炸丸子汤。人们买上一斤半斤山东大锅饼，就一碗炸丸子豆腐，就能吃饱。有人爱吃口软的，卖者就将大锅饼切成大小适合的小块儿，放在碗中，用炸丸子炸豆腐的热汤儿一浇，再加上些作料、码子，就可以吃了。昔日庙会上不少卖此小吃者，因为它完全可以当正餐吃。许多劳苦群众都爱吃它。北京有句俚语道："一张锅饼来山东，又大又圆把人撑！"

牛舌头饼

昔日，在北京各火烧、烧饼铺中均卖这种牛舌头饼，因其形状是长椭圆形的，又厚实，就像牛的舌头一样，故名牛舌头饼。其价钱比一般烧饼低些，因它是用半发面儿做的，中间放一点油，烙成后，只上下两层皮，中间是空的。其实，这才是好手艺呢！因为牛舌头饼初意是为了打开一头，往里面塞酱肉、油炸鬼（果）之类的馅儿而一起吃的。如果烙成实心的，犹如一块熟发面那样，那手艺就潮（次等的）了。昔日，各大城门脸儿里外均有制售此物者，以备出城远行的人（如"驴驮子"等）多买此饼夹些耐长行的油饼或油炸鬼（果）带着，以备路上吃。人们常说："牛舌头饼瓤里空，半发面儿长又松。夹个油饼买几套，揣在怀里好远行。"

杠头

这是一种白面火烧名，又叫"小山东锅饼"。因其是山东锅饼一类的做法，很酥、很面——人一嚼就能掉干渣儿，但它又很有"嚼劲儿"，好吃得很，不同于一般的烧饼、火烧，它干而不强，硬而不发死。昔日，在街头巷尾有不少专制售这种火烧的摊子或小店。制作时，为使白面发硬，需要用真正的木杠子来压，反复地将面劲儿压出来，才能制成小饼，上火制熟，故名"杠头火烧"。北京人就简称其为"杠头"。前外廊房三条有个修表著名的"钟表张"，他就爱吃此物。他有个好友，是个小有名气的文人，也好吃此物。哥俩常一起以炒花生米就酒，吃杠头当饭。然而，后来，杠头不见了，只剩下一些没滋没味的土造"火烧"了，那就没什么吃头了。后来听说在前门大栅栏东口的粮食店街中路西有一家人民餐厅又制售杠头火烧。老哥俩就欣喜若狂，每天去买此物。笔者因与张先生有一段情谊——张先生的亲姑姑张世华女士是笔者幼年的老师，一直把我教到四年级。正好我也爱吃杠头，因为都是老北京了，就常常依恋这些传统食物。如今，人民餐厅也不卖这种不能多挣钱、又费工费事的杠头了。听说擅制此食的老师傅也退休走了！不由吾等长思——“杠头何日归来兮”！

大麦粥

在乡下，大麦打下来，人不吃，主要是带着皮儿去当料食喂牲口。但是，如果将大麦舂下外皮和内皮儿，将大麦仁儿和水熬成粥，便成了一种有名的好小吃——大麦粥。北京城中人最好吃它。著名的大鼓艺人刘宝全确实爱吃此物（听老人们讲说）。想不到因此而被著名的相声大师侯宝林用此说了个相声段子，硬说那时因年月不好，艺人们全改行了，唱大鼓的外号“鼓王”的刘宝全去卖大麦粥了，并且还用大鼓调儿、大麦粥的词儿唱道：“大麦稀粥俩子儿一碗……”还说用勺一搅动粥锅，想起打大鼓来，结果一下子将大麦锅打坏了……这虽是一噱，但说明大麦仁熬粥确实在城中风行一时。如今山区乡野间，尚能吃到此物，当然也很少见了！

鲜豆腐脑儿

好的鲜豆腐脑儿就是真正像动物脑浆一样的豆腐。那是在做豆腐时未用盐卤或石膏点凝前才能有的。街上卖的豆腐脑儿，且不言其往上浇卤汁，就其豆腐而言，它就已经被点成豆腐了。叫它豆腐脑儿，其实已失其“象形意义”了。笔者记得幼时，在农村家中，常做豆腐，因此常吃此物。其最好的农村吃法是先给你盛上一碗未经盐卤或石膏点的豆腐，那真和动物脑浆一样有稠的、有水的，色白如玉，再在上面浇上点红炸辣椒和绿色的韭菜花儿，味道真好极了，完全不同于外边卖的豆腐脑儿。特别是在过年的风雪之日，外面朔风呼啸，大雪飘飘，室内炉火熊熊，温暖如春，人们喝着自家做的豆腐脑。真可谓："一碗白红又绿的豆腐脑，令人解渴解馋又耐饱！"

热豆腐脑儿

这可不是指小贩卖的、浇卤汁的豆腐脑儿，而是指在豆腐坊中或自家做豆腐时磨完豆腐浆，经煮后，还没点卤（或石膏）成块时的热豆腐。其呈白黄色粥状，很像动物的脑子，故名"热豆腐脑儿"。有的地方管此物叫做"豆花"。将此物盛到碗中后，上面或撒上些白糖或盐末儿供食，或浇上些有咸味的韭菜花、辣椒糊食用。总之，不管浇什么佐料，此物之新鲜豆腐味是美好的，很是养人。故此，儿歌说："要想胖，去开豆腐坊，一天到晚热豆腐脑儿填肚肠。"特别是在农村，自家用新大豆做豆腐时出的"热豆腐脑儿"，浇上自家做的韭菜花儿，其鲜其美，其味道，令人终生难忘！

豆浆

北京人早点总爱吃烧饼、馃子，喝碗豆浆。过去的好豆腐浆，是把大豆（黄豆）磨成豆渣子，再加水磨成浆，然后熬煮，喝起来真有鲜豆腐味儿，而且较稠黏、养人，并在其中放些白糖或者放些细盐。后来，用现成的"豆腐粉"一熬就卖，其色、味大减。在农村，多为做豆腐时，取其鲜浆而饮，就是不加糖、盐，其香也不减，自是好喝。每逢年节，家中做豆腐，都是用自家地里所产的黄豆（大豆）来自磨自食。当然，要比城中用陈豆子或豆腐粉做的豆浆好吃多了。老人常说"喝碗真豆浆，顶得一顿饭"，是很有道理的。因为真正的好豆浆，其营养并不亚于一碗小米干饭！

爆肚儿

爆羊肚儿，这在北京城乡可是个著名的老小吃了。不论回民、汉民都爱吃它。笔者昔年家中在京北清河镇开有荣华纸店。我父亲李荣（李华庭）是掌柜的。我记得他几乎每天叫徒弟或我到西后门回民马记买两个羊肚来，在柜上洗好，分档下料，叫厨子给用水氽着吃（水一开锅即捞出食之，北京谓之“涮”）。他就吃其肚子上的“伞子”（细肚褶子）。这羊肚上有六七个部位，可以分开来涮着吃，各有其独特的风味，昔日讲究在北京前门外的门框胡同各小摊上吃涮羊肚子，可分着卖，各有各的价钱：羊爆上分实信儿、蘑菇、伞子（丹）、肚头儿、肚板儿、肚仁儿……其佐料主要有香油、酱油、醋、香菜末、葱末、炸辣椒油、酱豆腐等。那调料的小碗儿也很讲究——一律用青花瓷的，如吃着主料或佐料不够时，可以随意叫摊主儿给添。其中很有几位卖得出名，比专卖此食的大馆子一点也不次。昔日每晚差不多笔者都来此摊上吃碗爆肚儿，喝二两白酒。其最令人心酸的是在这些小摊前，总有几个手拿布掸子给食客掸座儿的小姑娘、小男孩，“老爷、大爷、太太、小姐”地叫着给您掸座上的尘土，来向您讨几个钱去充饥。我的老友自编自制自己跑印刷厂，再自家发售了一份小报（《369画报》）。他曾有几句话配着所发表的小孩子掸座儿的照片说：“忙中偷闲到门框胡同吃碟爆肚，再喝上二两烧酒，本是美事儿。什么蘑菇、实信儿随便要，芝麻烧饼也烙得好，就是回头看见掸座儿的小孩苦，不由得伸手去掏腰包。救得小孩临时苦，管不了孩子一生的温饱……”确是如此！现在门框胡同的饮食摊儿没了，也不见了用布掸子给客人掸座儿的小孩，这本是件好事，可现在又兴起了“西四小吃一条街”。笔者乘兴光顾了一下，真正的“北京风味”已不多了，而且其价钱，可不是昔日小吃的价儿了，简直是有点儿“宰人”，很使人望而生畏、欲购不能。我还是期盼着价廉物美、货真价实的爆羊肚儿归来吧！也省得我每星期天去北苑市场买生肚、作料，回来自做自解馋了！

煮驴大肠

将驴大肠翻过来，用净水洗几次后，还要用醋及碱泡的水来择洗，再用清水洗净，放入锅中，加清水，放入花椒、大料、小茴香、豆蔻、砂仁（这些小料儿，共放在一个新白布口袋内，缝好口儿，放入肉锅中去）、葱段、姜块等一起煮，等肠子半熟时下入食盐和一些料酒（用白干酒）。大开锅之后，改用文火将驴大肠炖煮至熟。捞出锅来之后，把驴大肠切成小细丝儿，再拌上些大葱花儿，淋上些芝麻香油，就成了一盘美味之好凉菜了。笔者祖母（张老太太）就爱吃此物。她身居郊乡，每逢汤锅上有好驴大肠时，她总要厨师按她的意思去做。每逢她到北京城内，就要买最好的驴大肠吃。但她总说城里做的其味不够！

白汤羊杂碎

北京人讲究煮熟羊杂碎的汤颜色要白，盛到碗里之后才浇佐料。要说，在北京城内卖此白汤羊杂碎的可不少，但讲究的，还是吃前门大街北头路西“一条龙”饭馆做的。然而，我却每见此物，就想起了郊区的老家，想起老家那白汤羊杂碎。北京至昌平县的大道旁，有个大车店兼牛羊店的黄二店。这是个大店，但兼卖牛羊肉和杂碎。他家所卖的白汤羊杂碎，真正是西口大绵羊新杀的。白汤羊杂碎的做法是：把羊杂碎（五脏）翻过来用清凉的井水洗干净，再用醋和碱泡的水择洗一次，再用清井水泡上两三个钟头，然后才捞出来下锅。煮熟后，切碎了，再下锅，见开后才盛入碗中，浇上芝麻酱、香菜末、大葱末和清盐水儿，爱吃辣的可浇些炸辣椒。有人还专爱吃此物当饱，不吃别的主食。

炒肝儿

七十岁左右的老北京人差不多都爱吃炒肝儿。过去，卖这种风味小吃最著名的是前门外鲜鱼口路北的天兴居和路南的会仙居。当时有句俚语专记其盛炒肝的小碗及其吃法儿说："炒肝儿碗，耳朵眼儿（小），两嘬一吸溜甭涮碗！"这是形容那青花小碗的玲珑别致以及炒肝儿汁明芡亮、稠度合适，味道又好，吃时，不用筷子和勺儿，只用嘴顺着碗边儿一嘬一吸溜即可尽享其美味了。如今，在城内城外虽也有不少卖炒肝儿的，可是，不用说质量不好，就是所用的小碗儿也全"走神儿了"；不但其主料中没有猪肝儿，而且还犯了大忌——有脏气味儿；其碗也改用普通饭碗了。那汁儿给的倒是不少，可稀溜溜的全无汁芡的美味。在崇文门外虽有一家是用小碗儿，但其碗为全素白色，而且厚重粗笨，使人一看就生厌。这种美食不配美器，是与中餐讲究色、香、味、形、器相悖的。后来，在北京市服务管理学校烹饪特级技师冯端阳处，笔者又吃到了地道的炒肝儿，不但主辅料考究，汁芡漂亮，而且一端起那青花小锅来，就令人痛快，大有"炒肝归来兮"之感。冯先生戏捧我为"烹饪训诂家"。其实真正的炒肝用料和做法儿还得听人家厨师的。问起这炒肝中的"炒"字为何不炒，我只是抛砖引玉地说："炒字的古字也不这样写，而且其本义为'熬'，见《说文》。所以，看来后来有人管这种吃食叫什么'熬肠儿'或'烩肠儿'，似乎也有点儿道理……"端阳笑着说："这两种说法也不全面，不贴切，都丢了其中的'肝儿'；从技法上讲叫'熬'吧，又都用了'芡'，叫'烩'吧，芡又稠而不那么亮。总之，中国菜的命名是丰富多彩的，又是各有其由来，不可任意胡来。例如，我们今天侃的炒肝儿，找到其名中用'炒'字的由来就行了。切不可强命新名，以示现代化，结果难免会闹出笑话来。现在各行各业中，那种'硬叫岳飞挎盒子炮'的笑话还少吗？"我们由炒肝儿侃到"硬叫岳飞挎盒子炮"；自命为烹饪专家的把"烹"字讲成是有锅盖、锅肚儿和火的象形字；戏曲专家讲别在戏曲中用错别字，自己却把《浣纱溪》中的"浣"字读成"碗"……越侃越来劲儿，我不知不觉已吃了冯先生五小碗炒肝儿，其他的朋友也没少吃。一锅家庭炒肝，不觉已告罄！看来这"侃"与"炒肝儿"都具有消食化水之功啊！大家都笑了！

八宝莲子粥与凉果粥

在城中，夏季，人们往往到果子店或小吃店去买碗八宝莲子粥吃。其实，它也不过是用普遍好白米加一点糯米（江米）放上一点果料儿熬成的粥而已。因为其中有莲子，外有点金糕丝等，就能起个好名儿卖高价了。在郊野农村，每逢夏季也爱弄些消夏的粥吃。我曾见家人用自家地里产的好小米加点黄黏谷米及好大米，放入几个干红枣儿、核桃仁、杏仁、桃仁，还有从岸下塘中采来的莲子（要穿去其心儿，不然发苦）一同熬成粥，放到瓮中，封严了口儿，用绳编的“瓮络子”将瓮放到水井底去，第二天中午提上来，一喝，凉而不伤牙，是自然而带“水气”的润凉，不像城中消夏食品的“干凉”。这名儿叫“果料糖”，又叫“赶夏凉”。名儿都有乡俚味儿呢！

荷叶粥

每到夏季，在北京的什刹海，水中就打上了木桩子，上铺木板，曲曲弯弯的供游人行走。其拐弯处，往往搭起棚子，内有各式杂耍和小吃卖。其中有一种荷叶粥，盛在小碗里卖，其实也就是大米粥加上白糖，带一点荷叶的清香味儿罢了。在郊区，我们老家多水泽池塘，要想吃荷叶粥，那可以说是手到摘来，不用费什么事，而且质量保证比什刹海卖的好。这可是我最爱吃的粥之一！到水中摘一些才离开水面的青嫩荷叶——注意：有水性味儿的不用；长大了，发老绿的，不新鲜了，也不用——讲究的就是用这种才离水面之嫩荷叶。回家来熬一锅二米子粥（小米加大米称为二米子），要熬得不稀也不稠，待其快熬成时，往里加上适量的白糖，然后改用文火熬，粥上面盖上摘来的鲜荷叶，并盖上锅盖，以免荷叶味儿跑掉。待粥熬成，揭开盖子，用筷子将荷叶挑出扔掉，就成了很好吃的荷叶粥了。可比店中卖的强多了！首先用料就新鲜、纯净，并且所用的又是新井水，三是其中不放糖精，而纯粹是放白糖。再加上其荷叶是活水中才离水的，不是撕点老荷叶，有点荷叶味儿就行了的那种荷叶。每值暑假，在家中水傍地里的大墩台（大高土台子，古代放烟火——报警之物）上供人休息的好去处，喝此荷叶粥，看山乡野景，真山真水真自然，真乃悠然自得，妙趣横生。每逢盛夏，在中学教我国文的闻国新先生就多来我家消暑。他最爱吃此荷叶粥，总觉得确和城中所卖的味儿大不相同——特别清雅宜人。他曾言："农家一碗荷叶粥，贪看野景去人愁。多将愁事寄白云，远胜万里觅封侯。"这确是闻先生顺口之言，我以学生之身记之至今。后来（新中国成立后）听说闻先生住在西郊北京师范学院（今首都师范大学）托儿所楼上。我去看望他时，他已不能自己下楼了，常把写好的信函贴上邮票，扔下楼，托人送进邮筒去。其时，家乡的老人都去世了，大墩台也给平了，水质也被污染了！这些，闻先生都不知道，也不曾料想得到，因而他还对已近天命之年的我问长问短，尤其是当他问到那令人思之、不可多得的荷叶粥时，笔者不觉黯然……

洋粉冻儿

过去，每到夏季，北京城内外就有不少挑担子的、推小车的卖冷饮、卖消暑饮食。他们都打一双"冰盏"儿，并不怎么吆喝。大人小孩一听到"冰盏儿"声，就知道他们来了，就出去买。那冰盏儿就是上下两个小铜碗儿，拿在一个手中，中间用指头隔开，再"叮叮当当"地打出点儿来，确似美妙乐曲，十分悦耳。其担子或车子上有一碗碗红红绿绿的冻儿，十分鲜艳，很是美观，吃起来甜蜜蜜、凉丝丝的，十分好吃，人们都管这叫"洋粉"。后来，才知道这就是琼脂加上糖和色料熬的。在后门玉皇阁的大槐树下，有一个卖洋粉的老头儿，挑着一副很讲究的大挑子，那上面净是锃亮的大铜铆钉。他做的洋粉中看又中吃。其独特之处在于：他的洋粉中常带有几片藕或南荠，外加几枝香菜（芫荽）叶茎儿做成的花。所以，人们都爱买他的。

豆面汤

这是北京郊区农家常用之食，也很好吃，很有营养，其做法又很简单易行：坐锅，下底油，油热后，放入葱花、姜丝、蒜片儿，煸出味后，放汤（多放些水），汤开后，用小簸箕或大碗、小盆等盛上好绿豆面，其上洒些水珠儿，将小簸箕摇晃，有沾水的小面珠儿即滚入锅中。如此下面珠子，至与锅内水相适合时止，再下入些食盐，有的还加入些碎菜叶儿，临出锅时再淋上点儿香油，其味儿就更美了。农家常将此物挑送到田地中，以飨干活者。做得好的豆面汤，其汤浑而不稠。其豆面颗儿，真如“大珠小珠落玉盘”。在田边地头，或坡沟坎儿上的野草地内，吃着送到田间的农家饭菜，喝着豆面汤儿，令人有一种说不出的美好情怀！

鸡蛋汤

用新下的鸡蛋做汤，另有个新鲜味儿。用一小锅开水，打碎两三个新鲜的鸡蛋，倒入锅内，见开后即熟，可在汤中下点细盐，淋上些香油，就可以出锅吃了。这是乡村里最简单的鸡蛋汤，可是其口味一点也不低于城中饭馆卖的“高汤甩果儿”。笔者记得，昔年在北京南郊黄土岗村有一家远亲。有一年我从南顶庙回来，特意到他家去拜访，刚巧他们一家三口中两位老人均出门了，只有个才十三四岁的小女儿在家。我们就帮助她弄饭，正有家养的小鸡下蛋，于是就用这个鸡蛋做了鸡蛋汤。不想这个乡间饮食却给当时与我同行的《369画报》编辑宋上达留下了深刻印象，她给此女孩拍了照片，并在其报上发表，署有：“小家碧玉女，鸡蛋鲜果香”之句。

卤煮丸子

北京的秋冬之夜较长。但很有意思的是，它和白天一样——几乎一直都有卖各种各样小吃的。到晚间，胡同里就有卖卤煮丸子的。那卖卤煮丸子的挑子，一头是个煮丸子的大砂锅，一头是上面摆着各色调料罐儿的大圆木箩筐。那丸子很小，全是绿豆面加些作料做的，用油炸熟后，放进汤锅里丢煮，等丸子煮熟了，再放入适量的好淀粉芡，使汤成为卤汁儿，这就成了卤煮丸子。盛入碗中放上些烂蒜、韭菜花、炸辣椒油等，就成了秋冬之夜的美味——便宜夜宵。晚上，在家里煤球炉子上烤几片窝头片儿，喝一碗卤煮丸子汤，那也是京城中“小家之乐”！现在卤煮丸子已见不到了，大街上毛玻璃的小吃店，我们这些“工薪阶层”的小人物是不敢进去的，因此“小家之乐”也得换换方式了——泡一包方便面，就充夜宵了。如今，笔者也年老了。一日，到和平门外保安寺街的旧居去串门儿，看到年近七十的老友刘文东一个人守着油锅在炸豆面丸子。那小小的绿豆面中加上了胡萝卜丝儿、香菜（芫荽）以及粉豆儿，胡椒粉和盐等。文东说：“我这是改造了的卤煮丸子。做些素干炸丸子，当酒菜儿，放进油锅里去煮熟，再加上调料就成了新型的卤丸子了。今天，你来了，‘难得风雨故人来’嘛。有酒，有素炸丸子，还有卤丸子压轴儿，就算你我的福气了……”确是如此，我在此过了个十分痛快的好夜晚！

田鸡丸子

这是在刚开春时用才出土的蛤蟆（肉）加作料做的丸子。蛤蟆，又叫“田鸡”，因其是吃蚊子等害虫的益虫，所以现在很少有人吃它。然而，有一种在春天由土中一拱土儿就出来“发愣”的田鸡，很好捉。把它捉来，去掉头及爪和外皮，把肉和嫩骨一齐剁碎，并掺上花椒末儿、姜末、葱末、咸盐等小作料，一起挤成小丸子，下开水锅煮熟，那真好吃极了，又香又有肉味儿，而且不腥不膻。这种田鸡在京北大汤山和小汤山一带最多。昔年笔者曾设帐于此，与刘文林、冯永芳、李铎诸好友常寻觅野味儿吃。有一年春季，刘文林带我们去捉这开春儿的“愣蛤蟆”，地上凸起一个包来，一扒开土儿就是一只田鸡，真有意思极了。但此事俱往矣！

豆汁儿

豆汁儿是北京的特产。相传清朝乾隆三十八年（1773），宫内就有令大臣验看豆汁有无毒性一事。后来，豆汁儿才进宫成为御食，宫内皇家也大为赏识。豆汁儿有两种：面里有饭粒儿的叫豆汁粥；无饭粒儿的才叫豆汁儿。豆汁是做绿豆粉时所出的。过去街上有卖熟豆汁的，也有卖生豆汁的。但很多人熬豆汁，不得其窍，只以为用大锅将豆汁儿熬开了锅就行了。其实不然，一般熬出的豆汁儿总是上面是水分，下面是豆汁，喝起来没有豆汁的稠黏利口之感，总是汤汤水水的。笔者曾见在颐和园侍候过皇家豆汁锅的外祖父熬过此物，其诀窍就是熬时先在锅内舀上一勺豆汁，见开后再舀一勺……直到添满一小锅为止。豆汁总是开着锅，其稠度、口感才好。

臭豆腐与酱豆腐

这是众所皆知的小菜。尤其是臭豆腐，可称是老北京的特产。旧日，在琉璃厂东门北面“王致和”“王政和”“王芝和”，还有什么“真王政和”、老“王芝和”等打得不可开交。新中国成立后，才弄清，听说已将其作坊（制作处）挪到东北郊区去了。但是，城乡的油盐店（副食店）仍可买到这两种食物。笔者认为可记的是：那些旧日到乡村去买此二物者，乃各有其用：臭豆腐就饽饽，臭豆腐汤儿拌擀条儿（与三合油一起拌）臭而不厌人；酱豆腐当好酱菜吃，用其汤来腌葱花或拌鲜苤蓝丝儿，一红一绿，或一红一白，颜色好看而味正。在村中挑两个木圆圈卖此二物者，往往单带两个瓶子，里面藏着臭豆腐汤儿、酱豆腐汤儿，在卖给臭豆腐或酱豆腐时给盛上一两勺汤儿，吃起来就更有味儿了。

烤白薯

在农村和北京城中都有烤白薯这种小吃。过去，城里人生煤球炉子，就在炉台上码好白薯，上扣个铁锅，等到白薯烤熟了，把铁锅揭开，即可吃了。当然难免也有生熟不匀之弊端。笔者见有邻居研究了个土烤箱，非常实用，兹介绍如下：将煤油桶（或盛别的油的新薄铁桶）桶底去掉，以扣在大眼上。桶正面中上部开个长方形的小门，弄两个土合页连起来，再装个开合门的“把手”。桶侧面适当位置凿些小洞，来回穿入铁丝，当箅子使，这样，土烤箱就做成了。将土烤箱扣在火眼儿上，打开小门，往箅子上放白薯。放完后把小门关上。不一会儿烤白薯的香味儿就出来了。打开小门，用筷子将烤白薯翻翻个儿，很快就会烤熟了。用土烤箱烤出来的白薯同样也是色、香、味、形俱佳。不信，请读者诸君一试便知！

人参筋儿

北京人在春天将又细又好的白薯从地窖里取出来，放在锅里煮熟，就成了熬白薯。熬白薯在城里城外都有得卖。卖的人在锅上横一块很干净的狭条白木板儿，木板上摆着从锅内捞出来的、带甜汤儿的熬白薯，他还不断地用干净的白麻刷子往白薯上刷其汤儿。因此，其所卖的白薯，总是油亮油亮的，味儿纯正、香甜，很好吃。不过当老窖内的白薯已吃完了，新白薯还没有下来时，这时白薯就紧缺了，成了值钱货了，老北京人管这时的白薯叫“人参筋儿”，意思是说它真如人参一样贵。这话虽然有些过分，但也说明了这小白薯的可贵。如今，这卖小白薯的已没有了。但作为一个北京的老市民，我还是想那“人参筋儿”！

煮鸡蛋

煮鸡蛋虽是个俗而又俗的吃食，但怎么煮，煮到什么成色，蘸什么吃，都有讲究。别瞧远在乡野之间，但其吃法却很新鲜别致，远非城中膏粱可比。北京东北七八十里地有个小汤山很出名，因其地下有镭矿，所以此地的温泉水与别处的不一样，可以沐浴而去皮肤病，增进身心健康。早在清代就在此建有供皇家受用的宫室了。当地虽是个小村庄，但是人很开通，多见过大世面。笔者有亲戚家居此，他们常吃自做的“煮鸡蛋”。我原认为这个俗吃无什么劲头儿，谁知一吃，则觉其鲜美无比，绝不同于他处之鸡蛋。给我做此食的赵姐说，必须用小鸡新下的、没被蚊蝇之类的虫子污抱过的鸡蛋。把鸡蛋装在干净的布口袋里，用绳子系好了口袋嘴儿，放入温泉水池中去，越深越好。过三四个时辰，再把口袋拉上来，拿回家中，放到事先就放有花椒盐的小碟儿里，剥开来就可以食用了。这种用温泉水泡熟的鸡蛋绝不同于用一般水煮熟的鸡蛋，其鲜味一点也不亚于生鸡蛋，其蛋清、蛋黄也已定了形，但绝非是用柴火和水煮熟的，而是被“镭水”泡“熟”了的，所含之矿物“营养”当然就更为丰富了。后来，笔者和同学周大中等曾数往其地，到赵姐家去大饱口福——享用此蛋。只是后来那儿盖了房子，水池子又难以接近，也就难以吃到此食了。不过，赵二哥发现，看水池子的老张是熟人，所以仍可偷偷去泡蛋吃。如今，该处已是高楼林立，疗养院遍布，前来游览疗养的人蜂拥而至、趋之若鹜，昔日泡蛋的乡趣也早就没有了。是可悲，可叹欤？

茶鸡蛋

今日大街上卖茶的小地摊上有卖此物者，然而都不是好做法做的——大部分是用剩茶叶卤泡煮鸡蛋做的。这和正宗的好茶鸡蛋不一样，总有些“茶根子”味或放了几天的馊味儿。笔者昔年听旗人谭瘪子（爱好听人称其为“谭爷”）讲过此物：先将大个儿的好鸡蛋洗干净，放入清水中去煮成半熟儿（鸡蛋清定了），捞出后用大针在每个鸡蛋的蛋壳上扎几个眼儿，再放入好茶叶沏成的茶水中去泡一夜（夏天可泡三两个小时），捞出后再用好清水煮熟，然后再放到好茶叶水中去浸泡。这样方可称为“茶鸡子儿”，不是现在用剩茶水煮鸡蛋，如茶味儿进不去，就把蛋皮子磕破了再煮的那种所谓的“茶鸡蛋”……据谭爷说，这可是个又费好茶叶，又费事的讲究吃物儿。

烤毛鸡蛋

过去有句俗话说：“吃烤毛蛋，上通县！”毛鸡蛋，又叫“毛鸡子儿”，是在孵化期内未能孵化出小鸡的鸡蛋。这是一种“武吃”，胆子小或讲究吃食卫生的人是不敢吃此物的。在北京城中做此物，多用蒸法做，或吃或卖，多在小酒馆儿当酒菜卖。但到了京城东郊通县，过去叫通州，就讲究用烤法做此物了。先是把毛鸡蛋洗净，外面糊上两三层白纸，用烤法将此毛鸡蛋烤熟了，再去掉外面的纸及蛋壳儿而食之，里面则是未成形的小鸡，有油有肉，也有毛，故名毛鸡蛋，其味道鲜美而较一般鸡蛋解馋，且有烧烤之美味。过去，在通县有名的学校——潞河中学，有一位颇有点文名的教国文的老师张世宗老先生，每到春日孵鸡时，专爱吃烤毛鸡子儿下酒，比吃什么酒菜都香。是时，笔者有不少兄妹出自张先生的门墙，故此，常见其乐呵呵地就着毛鸡蛋喝酒、写字、写诗。我爱他那手拙而不俗的行书字，那真远比现在自称为大书法家的人那笔刷子强多了。记得在他似醉非醉时，我以晚生后辈向他求墨宝，他用行书字即兴写了一首打油诗：“老张生就非长线，平生好吃烤毛蛋。四两烧刀送我醉，信笔涂鸦名胡干。”落款竟是“毛蛋烤人”，真“癫雅”极了！

蒸毛鸡子儿

现在大街上卖的毛鸡子儿多是用铝锅加水煮熟的，还大声吆唤什么“毛鸡子儿大补……”且不言这毛鸡子儿是不是大补，单就这一煮，就把毛鸡子儿的营养和味道丧失一大半儿了。毛鸡子儿讲究的是用蒸法上笼屉去蒸，才能既保持味道鲜，又能保存营养久。也有用“烧法”制毛鸡子儿的，那是另一种做法，味道也不一样。唯独用“煮法”来做，最不可取。实质上，毛鸡子儿就是孵小鸡的鸡蛋，未能在孵化期内孵出鸡来。将其蒸熟后，剥皮而食，则往往可见小鸡已成形，有肉有油，有的还有蛋质，总之，这是一种“武吃”，胆子小的人是不敢吃的，有人嫌它脏，也不敢吃，可有人就专爱吃这种食物。旧时，常在小酒铺中见到此物，用作下酒菜儿吃。每到春天，京中大街小巷中也不乏卖此吃食者。也有的人到孵鸡场或担子上买生毛鸡子儿，回家后自己做熟了再吃。旧年，前门外冰窖厂有个大茶馆“祥瑞轩”，其中有个堂倌（管沏茶的人）叫刘凤祥，他就最爱吃此物。此人，蘸得一手好“糖葫芦”。但每到春日，他则大买毛鸡子儿，蒸熟后吃之，有时吃上劲儿来，真连干粮都不吃了。光吃毛鸡子儿能吃饱了，也可算是“吃中一怪”了！

炒大花生

顾名思义，炒大花生就是炒熟了的大个儿的落花生。这是落花生的一个品种。因其个儿大，且花生仁的皮是深红色的，故此又名“大红袍”。这种花生多半是用去榨油。秋后，先将从地中刨来的大花生晒干了，再在盐水中泡一泡，待其入了咸味儿后，再晒干。从河里捞点白沙子，用清水洗干净，晒干。这时候烧柴锅，先将干净的沙子放进锅中去炒热，再把晒干的咸花生放入锅内，和沙子一起炒，要勤翻动，使花生受热均匀。待其炒熟后则用细筛子将沙子筛净。把筛下的沙子装入口袋留起来，可长久地用来炒花生或蚕豆。用这种炒法炒出的大花生外皮不煳，花生仁香脆。农村中多半是在冬天“烧炕”取暖时兼炒花生，一举两得之。

烧花生

花生又叫“落花生”，往往在还没从地里刨出之前，我们的孩子头儿就召集我们，说什么地方有一片好花生，又有田间的沟坡可供使用……于是，我们就出发了，拔来花生秧儿，摘下秧儿上的大个儿鲜花生，放入衣服口袋内。待装满了时，才一同到田间地沟里，用手刨一个土坑，中间横插上青玉米秸或高粱秸，如一时弄不到，就在地埂子上撅些粗点儿的树枝插上也成，这主要起个“箅子”的作用——把花生往上一倒，摊匀了，上面再盖上花生秧子、老玉米叶子等青湿植物，在这些叶子上再堆上刨出的土。然后，在箅子下的土坑中用火柴点燃干柴火。待花生烧熟了时，大家剥而食之。这与煮花生、炒花生的味儿当然是不同的了。

煮五香花生

煮五香花生最好是用鲜花生。用手或用钳子将用清水洗净的大花生捏开嘴儿，使之有缝好进味。然后，坐水锅，放咸盐、大料、花椒。等锅开了，就放入捏开嘴的新花生。注意：一定要把花生仁儿煮面糊了才行。如煮至半途，锅中的水不够用，可以往里添开水，再加火煮。北京郊区的沙质土地多种植花生，故每年秋后总有大批的新花生上市。笔者家中就有一片四十亩沙质地，每年轮作种花生、白薯或土豆儿等农作物。记得村中有位开小铺（卖给农民所用的杂货）的武先生，做此物最得法。他每天煮一大盆卖，总剩不下。有几位常到北山、十三陵去写生的画家就常在此歇脚儿，喝二两酒，吃煮大花生，然后从其隔壁杨老柱头小饭馆中买几个菜端到这里来下饭。后来才知这些人为何不从此买花生到杨老柱头小饭馆去喝酒吃饭，原来这位在乡间开小铺的武先生也无师自通地画得一笔好画儿，而且花鸟鱼虫人物山水等都画。我曾亲见过他在我祖父做寿时只用胭脂、藤花和墨就画出一幅有梗有叶的大寿桃来，而且笔锋遒劲有力，且无俗笔败墨。祖父甚爱之，托人到城中裱起，常挂于卧室欣赏。后来，我到过武先生的住房内，见其墙上挂着不少名家手笔，上款儿均为“武贤兄大览”或“正之”。只记得其中竟还有齐璜和徐悲鸿的墨宝。看来真是：“谁言市井无贤达，隐形不出龙作雨！”想不到，武先生一代人才却老死在开小铺中，令人扼腕叹息！

桉罗花生米

别瞧我生自农村，又常到农村老家中去过活，但从未见到过这些“桉罗花生仁儿”，只是在北京干果子店的大玻璃缸子中看见过它们。那花生仁儿细长，而周身都是皱褶儿，但是，吃起来却甜、咸、香，比一般的大花生米好吃得多了，颇似炒花生米中小而细长者，但亦比其好吃。且一般炒花生米的是大为美，细小而瘦者颇少。这种梭罗花生米，价钱比一般花生米要贵得多。至今，笔者只知道它可能是花生的一个亚种或变种，但对其具体学名、产区和习性等，都是一无所知的。今者，干果子店多已改用毛玻璃在外、水晶玻璃在内的柜子了，柜中的“舶来品”果子贵而又贵，而真正中国土产的好吃物，如“梭罗花生米”，早已不见踪影了。

炒花生仁儿

又叫炒花生米。这是谁都知道的北方俗吃食。可是怎样炒，用什么做配料来炒，这里面可大有学问。先用“压床子”（又叫“花生床子”）把花生壳压去。压好后，把花生仁放到调好咸（放入盐）味的大水锅里去煮。煮到八九成熟入了味之后，出锅放在新苇席上，上面再盖张席子。待其快干时，再入锅加干儿土（一种白色无毒的砂性物）一起来炒至熟了为止。炒熟了的花生仁外面有一层白霜似的东西，吃起来香酥可口。至于什么“黑花生仁”“甘草花生仁”等，全凭其在水煮时所加的作料而命名的。可是在乡郊老家农户中，多半不用上述炒花生仁的做法，而是先用花椒、大料（八角茴香）、茴香等把花生仁煮好，然后铺在大筛子上，盖好，再在锅里放上用清水洗净的白沙子，锅下加火烧。沙子热了，再放入花生仁去炒，花生仁熟后，就可以吃了。注意：千万不可在锅内炒过了火，过火就苦了。此外，还另有一种小家小户的土炒法，是什么也不放。将花生剥出花生仁后，也不用加料的水去煮，也不用沙子，而是直接放入锅中去炒，并不停地搅动，以防花生仁煳。炒熟后，吃起来也很香。其最大的特点，就是保持了花生的原味，不被其他配料的复合杂香所扰。花生仁的吃法甚多，这里不再一一罗列了。在笔者京郊家乡，尤其是在乡镇上，几乎各种炒法的花生米都有，开花生店的马四花生店里此种货色最全，旧日，常见穷困潦倒之文人墨客，用一包花生仁儿，就着四两老白干（酒）喝。其落拓不羁，自命清高之态，实令人心酸，且有爱莫能助之感！

盐水炒一窝猴

小花生在农村里称之为“一窝猴”。因为这种花生在地下生长比较集中，成为一窝小猴似的，所以名为“一窝猴”。先用清水将一窝猴洗干净，然后用铁钳子一个个地将其捏开口儿。（用手不容易捏开，因其花生仁往往很足，是顶着外皮生的。）捏好后，放到用盐水调好的汤中去煮熟。注意：此物很费火，一定要把花生仁儿煮面糊了，才好吃。如果水不够了，中途可以往锅里加开水，不要加凉水。京郊有沙质土地，不乏种此物者，花生店内也常炒此物出卖。不过，在农家，多是煮着吃。在冬天，每晚烧炕取暖时，锅内就附带煮了一窝猴。人们常说：“饿了不用愁，锅里常煮一窝猴！”

香椿花生

这是典型的农家吃法。一般人好做“香椿豆儿”，是用水将大豆（黄豆）煮熟，再用其热汤沏开香椿末儿和食盐，放在一起，咸、香而有豆子味儿，是下酒的良菜。但是，另有一种吃法比此更美，只不过做起来费点事儿：先把鲜香椿尖儿用清水洗净，再加入适量的食盐，盖严，使香椿味儿泡出来，再用其一部分汤汁来泡花生仁儿，泡得花生仁儿有点香椿味和咸味后，一同倒入锅中，加上料包儿去煮。那料包儿是用新白布小口袋，内装花椒、大料（八角茴香）、砂仁、小茴香等。等把花生仁煮得熟而且面糊了以后，再倒入事先用盐泡好的香椿中。这样，两三天都不会坏，且香、咸好吃，除保有花生及香椿味外，还另有种说不出的美味！

炒半空儿

“半空儿多给……”旧日北京城中，每逢冬日快上灯时，就有穷苦儿童拿着一杆自制的秤，背着半麻袋“半空儿”，沿胡同叫卖。家人多花几个钱买二斤三斤，以围炉夜话时食之。所谓半空儿，即花生筛选以后所剩下的“筛漏儿”，其仁儿也干小，故曰“半空儿”，价廉好卖。在郊野农家，则炒一簸箕放在热灶头上，一家人喝山茶吃半空儿谈天说地，倒也乐在其中。城里卖半空儿的多以少许钱从花生店买来再卖出去。在农家则为自产自食。吃半空儿夜谈天，独为别致。无论在城中或在村野人家中，笔者全亲身经历过。至今回味起来，犹有恋恋之情。最令我终生难忘的是，秋后夜晚，室内炉火初红，笔者恩师陆宗达教授常来我家来串门，与我家严和贩书大王孙殿起先生一起谈天说地。其晚不备别的吃食，只一大堆“半空儿”，并清茶一杯谈古论今。孙先生是个买卖旧书的专家，陆先生是位训诂专家，家严则是买卖书画的行家。虽为学者与买卖人聚会，但均不失“文化人士”身份。每谈到古今名人大作巨著时，他们则侃侃而谈，各抒己见。当时，笔者虽年幼，但亦能听懂一二。谈起旧书版本及其中名句时，陆先生就非常推崇教了一辈子中学的张相先生，说“赏心乐事谁家院”中的“谁家”二字他解得好，纠正了历代各家解成“谁家之院”的说法，而解成“还成个什么院子”，这和剧情反映的朝代及社会是一致的，更和当时“商女不知亡国恨，隔江犹唱后庭花”的情景是一致的……家严与孙先生很赞成陆先生之论，且又谈到这部书的真伪版本及有价值的手抄本等，这都给我以后学训诂学和版本学打下了基础。所以，至今我每吃到半空儿时，常手拿半空儿不食，而呆呆地回忆起这些往事。三位先生早已作古，我也已过了“耳顺”之年，而只有“半空儿”才永远是“半空”呢——月盈则亏，水满则溢。只有永远保持谦虚、谨慎的“半空”状态，才能永不满足地学习知识、吸收知识、掌握知识，并以学到的知识为人民服务，为社会做贡献！

炒葵花子儿

园子边儿上种几棵向日葵，到秋后，将那向日葵的大头砍下来，晒干，把子儿搓下来。有好几种吃法呢！最简单的就是用锅将葵花子儿炒熟，嗑着吃。若是讲究点儿的，是先用盆水将葵花子儿泡一宿，第二天，再把葵花子儿晒干或半干儿，然后放入锅中去炒。这又是一种吃法儿。笔者犹记得昔年种向日葵多的人家，在过年时常事先炒制好五香葵花子儿，以备年下待客。也有的先用有盐的开水把花椒、大料（八角茴香）、小茴香、砂仁等共煮好，再用此水来一锅一锅地熬那大个儿的葵花子儿，熬入了味时，放到席子上去，盖好闷它一夜，等明日晒得半干时，再入锅炒熟，其味真比外面卖的还好吃！

酥豆儿

城郊农家终年都制此物用来哄小孩子。笔者记得，幼时常去村中武家去玩。其家有女，名武佩芝，最擅做此食。无论什么豆子，她都能做得又香、又甜、又酥、又脆。当然，大芸豆或蚕豆是最好的了。先将豆子洗净，控去浮水，坐锅，在锅内先少放些油，将豆子放入锅中，不断地翻炒，使豆子受热均匀，不至于煳了。然后再倒入事先准备好的糖水，盖严，焖一会儿，揭开盖，再翻炒，直到豆子皮裂开，豆子也就变酥了，再炒至干熟，则豆子又酥又脆，又甜又香。儿童歌谣曰："爱不够，糖酥豆！"若不放糖水，泼入盐水，则成咸酥豆儿了。旧年，农村种有一种虎皮豆，皮色花，似虎皮，粒儿大，比芸豆略小，以此豆做酥豆儿吃，其味最美。

炒糖豆

昔日，北京郊区农村中，给小孩子准备零食小吃时，有一种炒糖豆儿最为普遍了。它是用黄豆加糖炒成的。在炒之前，先将大豆（黄豆）在水中煮熟，水中加入了适当的糖，以使豆入味。炒完后，将豆晒得半干，再入锅去炒，要勤翻动，不要炒煳了，炒得豆子干了，也就熟了，倒在大盆中，趁热撒上白糖，边撒边搅动，务使其糖匀和。豆儿凉后，即可以食用了。家中常有此物，待小孩子闹魔要零食吃时，就用小木碗给盛半碗吃。笔者记得，有一年，正值中秋前后，打谷的场院上堆满了谷子、高粱头等，我们几个小伙伴各自从家里拿来了半碗糖豆儿，去空地上围成圈儿坐着。一边看着天上眨着眼睛的星星，一边互相品尝着各自的糖豆儿。大家吃着，评论着谁家糖豆儿炒得好吃。结果是只有高大竹子家炒得好，不煳也不生，甜味儿也好。这时，大竹子高兴极了，她又回家去给大伙儿拿了许多糖豆儿来吃……天上，月亮圆圆的，亮亮的，场院的土地是光滑而干净的，每个小朋友的心儿也都是洁净而善良的……往事过去多年，当年的小友生老病死，不得全见面了。笔者近年回乡去看望，真如杜甫在《赠卫八处士》诗中所云："访旧半为鬼，惊呼热中肠！"但是，那场院还在，那夜也还有十几个男女少年在那儿嬉笑玩耍，可是我均不认识，细一问起来，他们已是孙子辈的少年了！但是，我居然看到有的孩子手中还拿个小木碗，那其中竟有我魂牵梦萦的炒糖豆！

炒蚕豆

蚕豆有好多种吃法儿，有煮烂蚕豆、大豆芽儿（蚕豆芽儿）、酥蚕豆、炒（铁）蚕豆等。乡下老人们常说："麦垄里种蚕豆——白得"是说在北方清明前后栽瓜种豆的季节里，在返了青的麦子垄上，用镐刨个小坑儿，种下两三粒蚕豆粒儿，到麦了熟后，那一尺来高的蚕豆苗儿也长出了油绿的豆荚儿。收回来后，将豆荚剥开，鲜蚕豆粒儿就出来了。在锅（或炒勺）中下底油，放入葱花、姜末等小作料，煸出味儿后，再放入些肉末儿，翻炒一下，即下入些料酒（白干酒也行），这时下入些酱油，见开后再放入鲜蚕豆，可加些白汤（或骨头汤），如不够咸，再放入些食盐。豆熟后再淋上些芝麻香油，即可出勺装盘上桌了。其菜鲜绿而美。

玛瑙红

这是一种桃子名，因其红嫩可爱，色如玛瑙而得名。最难能可贵的是，这种桃子用手拿起来朝着日光去细看，可以看得见桃子核的上半部。故此，在果子市上大受欢迎，售价也高。它与“鸭蛋李子”并称为“北山二果仙”。它也产在十三陵地区，也曾给北山山民带来不少的财富。笔者老家在京北回龙观村，村中有条阳光大道，北通北山、西山，南达北京德胜门。每逢桃季儿下来时，就有不少载着果子的驴驮子从村中经过。他们有的在村中北庙前饮驴，人也在此处吃饭“打尖”（休息、吃东西）。当时就有村中小贩和驴驮子讨价还价将玛瑙红桃子买下，然后挑到各村去卖，一路上还吆喝着“真正北山的玛瑙红哎！便宜又好吃唻……”

鸭蛋李子

这是李子的一种，因其好吃、好看，个儿又大，故此得名。在京中果子市上很受欢迎。此种李子多产在京北十三陵一带，与“玛瑙红蜜桃”合称为“北山二果仙”。本来，十三陵中曾有不少的鸭蛋李子树，也为当地人们创下了不少的财富。可是，日本鬼子一来，搞了“三光政策”，把树都给砍了，还美其名曰“开阔视野”，实质上这是对中国人民犯下的又一罪行。笔者在京郊老家，看见父亲李荣从十三陵中弄来了几棵鸭蛋李子的树苗儿，小心地栽在我家的小果园里。起初，叶子和树枝都长得很茂盛，大家都非常喜爱它，希望它能开花，结出鸭蛋李子。好容易将李子树盼得开了鲜嫩的白花，但是，其所结的李子却比原地产的小多了。真是“一方水土养一方人”。水土一不同，其出产亦有天壤之别了。我家离十三陵才不过几十里地可就不行了。高家姑父高三也特爱摆弄果树。曾见他带着本地土坨儿从十三陵鸭蛋白的产地把树秧儿移过来。然而，几年后，也结不出鸭蛋白的李子来……日本鬼子投降后，笔者曾几次到十三陵去寻购此物，却没有了，只有比平常李子大一些的李子。今者，十三陵产鸭蛋白李子的地带已改建为十三陵水库了，就更难觅此物了，果子市上也见不到这种果子了。近闻山林果树为农民自家栽育，可以“谁栽谁受益”，我不觉为此政策所振奋——非常希望在十三陵一带能再睹鸭蛋白李子的倩影，并尝其醒神之美味。然，以后能见此物否？

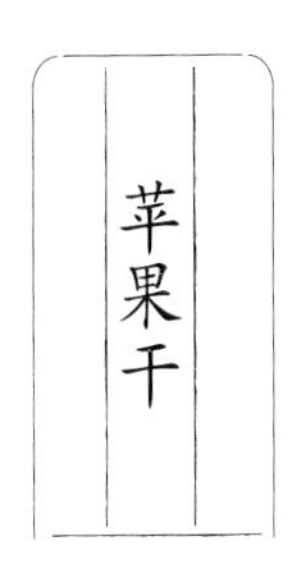

用好苹果做的果干儿就是苹果干。民谚云：“小三儿，卖果干，骡子放个屁，崩得小三儿二里地……”就说的是小贩们常贩售此物。在山区，则是将适合于切果干的苹果洗净，横切成片儿，晾干，忌曝晒，要常翻倒，勿着雨水，勿使其发霉，干后则皮软，可存可食了。注意：切不可曝晒至水分全失，否则就成干燥物，一点也没有苹果味儿了。此物为干果中之细货，可单吃，也可用凉开水泡“苹果干水”喝。可常在城乡小贩的摊上、挑子中见到此物。其味甚好，微现甜酸且有苹果味儿，亦可发开后，放入“果子干汤”中去，味道亦颇佳，很受人们的钟爱。

杏干儿

此食为北京山区普通的小吃。每年四季都运往城镇，再批给小贩出售。杏干儿酸甜可口，以无虫蛀、肉厚、个大、色好者为佳，单吃可以，做“果子干汤”更妙。北京北山、西山都盛产此物，以“铁巴达”“观音脸儿”两种杏子做的杏干儿最好。其做法是：于“杏秋”（杏子熟之旺季）将肉厚、色绛红的杏子去核，切成两半儿，晾晒（在席子上，切不可着雨水），勤翻，以杏肉皮软为度，切不可使之水分耗尽晒干。此为干果中之著名普通吃食，城中小摊上，乡镇庙会饮食摊上，均有此物出售。山中晒杏仁儿，讲究在大石板上晒，不是在土地上放席子或木板、纸上晒，切不可着雨水，若着雨水则烂或苦涩，就不堪吃用了。

大石榴

五月石榴花开，百里红，其情其景非是无端的夸张。笔者昔年在京郊西北山村中就见到过此景。那时，人烟稀少，野生环境也好，真可谓是“百里花香伴君行，山家浅雾朦胧中”。山区产的大石榴有小饭碗那么大，咧开嘴儿（胀破外果皮），露出颗颗如明珠般晶莹光润的石榴子儿。不用说吃，看着就令人喜欢。这也是产自北京西部、北部山中的名果。在旧时德胜门的果子市上也很受欢迎。北京市人买此物，不光是为了吃，也是为了当作屋中的果品陈设，以增室辉，醒人脾胃！记得昔日有不少人家堂屋的正中有张八仙桌儿，桌上有只大果盘，盘中码着上尖儿的大石榴，很是赏心悦目。我有个同学叫徐文庆，他家是开果局的，家中几乎年年都有大石榴上桌儿。

大黑枣儿和黑枣儿糖葫芦

到山村去吃黑枣儿，那是常事儿。最甜而好吃的是从那野生的黑枣树上摘下来的黑枣儿。它们几经山风暴雪，挂在小树枝上不动。其顽强性可佩，其甜香味可赞。然而，这种山乡自然美味在城中却是吃不到的。往日，在城中只能吃到由果子市发卖的大黑枣儿，其色黑，果肉呈黄褐色，也很甜，并稍有柿子味儿。其实，柿子是没有树种儿的，是用柿树嫩芽子嫁接到黑枣树上而长成的。所以，吃大盖柿时，有时会吃出黑枣儿子来。城中还有另一种吃法，就是把大黑枣捅掉核儿，用竹签子穿成串儿，在糖锅内一蘸，糖当然是熬好了的可以蘸糖葫芦的糖。这就成了“黑枣糖葫芦”——中吃不中看！

蜜枣儿

冬日，将晒干之小枣儿用水洗净，放入锅内，加水去煮，后用文火慢炖，至枣出黏儿时可加入些黑糖及桂花，其味更美，是下酒的名菜，农家亦当作上好小吃用之。笔者幼时曾常食此物。每年八月收桂花、蜂蜜，秋末收晒小蜜枣儿。冬月则常以此数物做“桂花蜜枣儿”吃。私塾华碧岩老先生曾谚此种小吃为“香甜不腻人，犹如妇女重抹而不失天真”！品之，信然！京北沙河镇北头路西有“万福居”饭馆，是笔者亲姑父王华庭开的，并亲自掌勺。他就常自制许多桂花蜜枣儿，除去在席面上作“凉盘儿”上之外，就是自已吃。常见他喝二两黄酒，吃一大盘蜜枣儿，并弄一盘子给我们小孩子吃，姑父说这东西能养人。

干红枣

干红枣儿是一种可做多种食物的料物，也可以单吃。吃起来又甜又有咬劲儿，与吃鲜枣儿不一样，别有一种风味儿。但，不是什么枣子都可以做“干红枣儿”的。单有一种大红枣儿，熟后摘下或打下，可晒成干红枣，其中没有“蛆包”（虫子包）者为佳。旧时，粮店或干鲜果子店中单有卖干红枣儿的，以备平日蒸枣糕、熬枣汤或农历腊月初八熬腊八粥吃。笔者记得本村（回龙观村）于大伯家西北两面俱是高土坡子，上植若干棵大枣树，其枣可以晒大红枣儿。每值秋季枣儿熟时，许多儿童用砖石去砍枣子食，被大人们喝退，但，一会儿又回来砍。村中顽童只顾眼前吃枣儿，不顾其能晒成干枣儿供人食用。

醉枣

“搬不倒儿，搬不倒儿，天天吃俩醉枣儿！”这是儿歌。把醉枣儿与“搬不倒”长寿人联系在一起，以彰醉枣之美，醉枣之功。“搬不倒儿”即是儿童玩具“不倒翁”——用胶泥做个可以四外摇动的半圆形底座儿，上面用纸糊个高高的、越往上越小的小人形，刷好白粉地儿，再画上个鼻子、眼和嘴等成人形儿，用手一拨弄，小不倒翁就摇晃起来而不倒下，故此得名。醉枣儿是乡下有名的吃食。把打下的大红枣儿，拣那没有“蛆包”(虫包)的晒得半干，再用好白酒泡过，然后再倒出，放在阴凉通风处吹一吹，即成醉枣儿。也有就泡在酒中，吃时再倒出来的。这种枣儿，吃起来有枣子味儿，又有酒香。好的醉枣并不发蔫，而是脆甜的。记得笔者本村于家多有好枣树，好制此物卖，大受乡里欢迎。我外祖父尚文玉家门前有一棵脆枣树，枣儿大又甜，每年制不少的醉枣儿送亲友。其制法据说很细致，不同一般。外祖父是在清代末期的御膳房学过徒的，做得一手好菜，他做醉枣的法子，也许得自大内，也未可知。可惜是时笔者年幼，只知道吃，而不懂学其做醉枣儿的方法。

挂落枣

这是一种特制的枣儿小吃。过去，出自产枣儿的山乡。把大红枣儿去核，烘干，整个枣儿变得又硬又醉脆，中间是空的，可用绳子穿成圆串儿，故名挂落枣。笔者记得幼年时，城中、乡镇有不少卖此食物者，特别是到乡村庙会上，卖大挂山里红，大挂挂落枣儿的人很多，且花不了几个钱就能买一挂吃。我们几个小朋友，家里给了些钱，也来逛庙会，买挂挂落枣儿吃。在戏台下，一边看戏一边吃，还剩下些，就套在脖子上，跑到庙前庙后的石碑那儿，骑在大王八(实为赑屃)脖子上。一会儿，野腔野调地大嚷大叫，一会儿又咿咿呀呀斯斯文文地学那戏文中的词句。饿了就吃套在脖子上的挂落枣儿，赛若去了笼头的骏马，飞出笼的鸟儿！一切都那么美好，一切都那么自在！童趣啊童趣，令人永远怀念的童趣！

甜酸老虎眼

北京郊区大田沟边坡上或坟地野草地上长着一种比小酸枣儿大、比大枣儿小的枣儿，其形圆，其味酸甜可口，成熟后，在树上时往往是红绿相间，很好看，因此得名叫“老虎眼”。有的人家庭院里种上这种枣树，结的枣儿又多又好吃。笔者清楚地记得，在我老家回龙观村与二拨子村之间的北坟地里，杂树丛生，野花遍地，草儿茂盛，其中有一棵野生的老虎眼枣树。每到枣儿熟时，我们就去现摘现吃。那才真是“树熟儿”（在树上自然长熟的，而不是卖的“焯漉”——用热水焯红的未熟枣儿）呢！以后到城中，见卖的枣儿多是下来的早货——且价钱又不便宜。可惜的是，现如今老虎眼甜酸枣儿已不多见了。

土冰激凌

就是“柿子冰激凌”。这可是旧时代中学生们的发明。笔者记得当时我是在北京西城白塔寺后沟沿街的平民中学（今北京第四十一中）上学。每到冬季，有家住城区的同学假日后带回来不少大红柿子，甜蜜蜜的，稀溜溜的很好吃。有一次，我回家向母亲说起此事，她笑着说：“咱家有你房山吴家坡亲戚送来的房山清汤儿大盖柿，明儿个你带到学校去，跟他们的柿子比比美……”星期一晚上打开由家中带来的东西一看，果真多了十几个大盖柿。一吃，那汤儿真是比别处的柿子又甜又多。有个同学把从西单商场小摊上买来的牛奶粉倒在大搪瓷杯中，又倒了些清汤大盖柿的清汤儿，用勺子使劲儿搅，搅时间长了，柿子汤儿和奶粉合在了一起，泛起了白沫子，一吃，真比那夏日的冰激凌还解馋呢。于是大家就一传俩、俩传仨地将此法推而广之。后来听说在隔着一条胡同（鳢鱼胡同）的女三中也大做特做土冰激凌吃了。如今，我已年近七十。有一天到老同学刘文林（密云人）家去做客，他竟然用柿汤加奶粉做出土冰激凌来招待我！……我慨然泪下，说，不想老弟台在五十多年以后，犹能做食此物，实属难得……在场的儿女们听到此话亦感慨万分！

土烧栗子

在山区生活过的孩子大多都吃过，也做过这种吃食。那金色的童年之事是不会从人生的历程中磨灭的。将那熟了的大板栗从树上打下，择去外毛，放在大白沙子上，上面再盖好白沙子，要厚一些。在其下面挖一个洞，洞顶儿就挨着盛栗子的白沙子。刨这个洞可需要点“技术”——不能把洞塌了，或在其中一点火就烧塌了。故此，有些孩子怕弄不好，就先刨个坑，在坑上码上粗一点儿的荆条或榆、柳树枝，上面铺上白沙子，再铺齐大板栗，再铺一层厚厚的白沙子，下面再点上火，把沙子烧热，以其热力把大板栗烧（焖）熟了。有时，见那上面盖的沙子薄了，或大板栗被火气烧起了泡，一迸而起，“噼噼啪啪”地把沙子崩得很高，孩子们则拍手大笑，一是笑栗子烧熟了，可以去扒着吃了；二是笑上边盖的沙子太薄了，或者下边火坑里火烧得太大太猛了……这时，孩子们抢着去扒开沙子堆，吹去栗子上的沙子，剥开皮，其栗子果肉香美异常。绝不是京中自我标榜为“糖炒栗子”者可比。还有一种烧法儿：在乡下，做完饭菜后不烧火的灶火膛里，用掏灰耙子把其中柴火的余烬扒开弄平，放入大板栗，再盖上火灰用灶堂中的余热将大板栗焖熟。不过有时大板栗“犯脾气”——崩得铁锅底直响，老人们听到了，就把用灶膛烧栗子的孩子们给骂一顿。但下一次，在大孩子们的带领下，仍偷偷地到火膛中去烧栗子。这些往事怎能忘呢？

大海棠果

到城中来卖的大海棠果儿有两种：一种是大白海棠，多买去做糖葫芦或“蜜饯果”用；那红色的，除去做糖葫芦用之外，多作水果供人吃用。北京人好在秋、冬、春三季买此果吃，而且随季节不同各有不同的风味：秋天，海棠刚下来时，其色红粉相间，汁味儿也足，可与沙果、槟子、虎拉车等一同充北方的果子市，供人们当鲜水果吃；在秋日，秋风儿下来了，别的水果有的已没了，可经秋风一吹，大红海棠就更好吃了，成了北京人爱吃的“风蔫大海棠”；到了冬季，只要你不把海棠的外皮碰破，它可以直放到寒冬，上了冰后，带着冰碴儿当水果为人所爱，被称为“冰碴儿大海棠”！一物当三季之果，供人吃用，海棠之功不可没！

大挂山里红

山里红是北方山区的一种土特产，又名“红果儿”，如弹丸大小，有核儿，外皮红色且有斑点，肉色粉嫩而酸多甜少。京中多用其蘸糖葫芦或熬山楂糕（金糕）用。昔日城中、乡村庙会上，有成斤卖此物者，也有用麻绳儿穿成圆环而卖者。卖者多在小臂上搭条新口袋，上面套着几挂山里红，一边吆喝“大挂山里红”，一边用另一只手拿着一挂山里红叫游人瞧其个大果好。笔者幼年常去京北二拨子庙（农历二月十九）玩，遇见二姐杨淑琴，曾一下子给我买了两挂山里红套在脖子上。那果儿是那么圆、那么红，多得根本吃不了。我把它带回家去，挂在窗棂上，两三个月都没有坏。后来，把它蘸白糖吃了。

烂择儿

旧时北京南城前门外冰窖厂有个大茶馆儿，一些做小买卖的常到此洗脸、喝茶，买一盘花生米，就着自己带来的窝头或贴饼子吃。其中有一位黑老头，年已逾六十，没家没业，住在伙屋子里——几个穷哥儿们合租一间屋子住的地方。黑老头白天到果子市去给各果行帮忙做杂事儿，到没事了时，店中或商贩们就把择出来有伤、不值得入行发卖的干鲜果子白给黑老头，稍好一点的、多一点的，就向黑老头收几个钱。黑老头就把这些食物串小胡同儿去卖，而且一边还吆唤：“烂择儿多给……”顷刻就能招来一大群孩子，用几个大子儿（铜板）买一堆去吃，也有大人买其干果儿去就酒喝的。京中，像黑老头卖“烂择儿”的苦人不在少数，也是算一行吧！

果子干汤

春末夏初，街头巷尾常有卖果子干汤者。其食甚好吃，在城中为挑担者或小吃店中之售卖物。有的饭馆（如著名的北京粮食店“馅饼周”）在饭前为顾客先上一碗果子干汤，上面还摆两片鲜藕，既美观又好吃。其实，此物在农家完全自产。倒碗凉开水，将熟透的柿子汤及子儿放到碗内，再把用水洗净并发好了的柿饼儿、杏干儿放入碗内一起搅匀。有的不用凉开水，全用熟柿子汤儿，则更好。有的在其中还加上些白糖，以增其甜度，在汤上加几片鲜藕或鲜荸荠片儿，则更是美上加美。真可谓："夏日冰盏儿响，叫卖果子干汤。"

白香瓜

这是香瓜的一种，也是价钱最贵的一种。白香瓜外皮色白如玉，瓜瓤香甜似蜜。北京人早年总好在瓜季儿多买些，把其中熟透了的吃掉，不十分熟的放在大果盘里，摆在桌子上，则满室清香，沁人肺腑。昔年我幼时，在农村有个孩子头儿（大点的顽童）叫"八十头"，他带我去扒瓜（到瓜地去偷瓜），从瓜地旁的大庄稼地爬着把瓜地里的瓜秧儿一拉，则大瓜、小瓜全拉过来了。记得那是田家的白香瓜地，看瓜园的田老头有一杆"莲花口"的土枪（枪口有莲花形的较短的土枪）。老头只朝天放了一枪，就把我们给吓尿了，不敢动弹。田老头把我们四个孩子都带到瓜棚下，叫我们坐在地上，把装进裤兜子里的白香瓜全掏出来，摆在每个人的面前。田老头笑着问我们偷瓜干什么。我们说是想吃。他就笑着对我们说："我方才朝天放枪是吓唬那偷瓜的猹和獾的，没想到把你们小哥儿几个给吓着了！好啦，我也不告诉你们家的大人们了，只是请你们把眼前偷的瓜全吃了，我还另送你们几个熟透了的好白香瓜……"我们信以为真，就咬了一口瓜，却苦得连舌头都伸不出来了！老人大笑，对我们说，偷没熟的瓜，吃不得，是糟蹋天生之物，有"罪"。那瓜非到熟了不能吃……从那次起，我才知道瓜不熟，一定不能吃。直到现在，我已近七十岁了，但每在城中见到白香瓜总要买几个回去，而且总是回忆起这个往事。一次，在瓜摊上碰到昔年一起偷瓜的老蠢头。我们两人一见面，想起那年偷瓜的往事，不由得捧腹大笑起来！

虎拉车

北京人又常把虎拉车叫“闻香果”。该果每年秋初上市，红绿白黄甚是美观。乍看，和苹果差不多，其口味则脆而甜。有的发绵发面，但却极好闻——有一种甜蜜、清香的果味，这是别的果子所没有的。故许多人买来放在大果盘里，摆在桌儿上熏屋子，等放熟透了再吃，吃完再买一大盘来。其价钱比苹果便宜多了。这是北京特有的水果，多产于西山或北山。每当此果与许多秋果下来时，京中许多果局子（发卖果子的店铺）就派伙计往京北几十里去“接驮子”，实际上就是“劫驴子”，叫这一队的水果直接送到城中他们店里，并且负责赶驮子的人吃、喝、住，一直到把果子卖完，付了钱为止。

生熟荸荠

荸荠，是水生的果儿（其实是其地下茎），生吃是一种很好的水果食品，用开水煮熟后，其肉为玉色，更好吃。往日，大街小巷，或村镇中有挑担卖此物者，放在水盆中，上搭几棵油绿的鲜菠菜。记得，京北回龙观村是个大村子。村里有个人叫路石头，他每于春夏卖此物吆喝得特别好听，像唱歌一般：“水儿荸荠唻，嫩又甜哪……”农家常于水地中自种荸荠，其秧苗和慈姑相似，从生，每叶有三个尖，很雄壮而好看。家中采来荸荠煮熟，供孩子们吃，大人们则常剥其生者下酒。美哉！此物可观、可食，可谓“物华天宝”！然而，旧时，荸荠常野生于清河至沙河的故道浅泽中，自生自灭，但总是顽强地生长着。真如“野火烧不尽，春风吹又生”！

炸桃仁、杏仁儿

昔日，笔者年幼时，每逢年节，总好到郊区的山乡去，表面上是去给老人拜年贺节，实际上是想和那些年纪相仿的小朋友们一起上山去玩，更是为了去吃那来自自然界的各种干鲜果儿，其中就有炒桃仁和炒杏仁两样。然而，老人们给我的这些吃食总跟城里干果店中花钱买的不一样，比买的要好吃得多了。我在山家见过吴伯母炒此物。她先用盐水或糖水把桃仁或杏仁浸泡，使其入了甜味或咸味儿（也有做“甜咸口”的），再在阴凉通风处将其风干。然后坐锅，用山里最好的核桃仁油把桃、杏仁儿炸熟了吃。其香气扑鼻，吃起来还有桃、杏仁味儿。外边炒熟了的其味出不来。近日有用什么微波炉等烤干的，更是先失其味而后供人食之的了。

煮梨

不论什么梨均可，但最好是大鸭梨。洗净，切成块儿或片儿，放进开水锅去煮，多放些汤，以梨烂为度。可以在其汤内加些白糖，最好加冰糖。其汤可以镇咳、祛痰、解渴。无病饮之亦佳，且营养较其他饮料不少。故秋冬之日，家中常买梨熬汤供大人、小孩子们喝。然在山间，则用自产之梨煮之，别有一番清新之意。笔者曾在京郊近山区吴家坡喝到用山泉净水煮自家树上产的红肖梨的汤液，甜中微有酸味，但其山川自然美气溢于汤间，妙不可言。京郊北山多产糖梨，个儿小，外表为红黄色。其梨不耐生吃，而煮之成梨汤，如再稍加黑糖则味儿更佳，且有补人气血之功。一位有名的当地人向笔者推荐此梨，试之，果然有效。

煮大芸豆

芸豆即是农家的菜豆，其粒大者，称为大芸豆，可以做豆沙吃，亦可煮熟吃。城中有卖这种芸豆做的豆沙吃的。还有的人将芸豆粉按进木模子里做成各种小饽饽，然后在上面放些糖或盐，上点可食色素再卖的。卖时，吆喝“烂糊芸豆”，或打小糖锣。笔者有表弟来自乡间，从不花钱购此物吃。他说，他家有的是芸豆，何必花钱买它？后至其家，果然见大锅煮好芸豆，蘸白糖或蘸食盐，请我食之。吃起来，很沙，很肉头，十分可口。回城后，偶动乡关之思，亦常于小贩柜子中购此物吃。“一碟芸豆少，亲情乡思多。”这是旧年笔者和教书的杨晓峰先生分手时，吃老酒和咸煮大芸豆时，老先生送我的一联！

煮芽豆

北京人将用水泡出了豆芽儿的带皮蚕豆叫作芽豆，可以作为一种蔬菜或小吃食用。特别是在冬日，绿叶蔬菜短缺时，芽豆更为人所欢迎。旧时，北京城中常有身背椭圆木盒子，内盛有煮烂糊的芽豆，上盖小白棉被的小贩，沿小胡同叫卖：“烂糊蚕豆……多给！”儿童及下酒的人常于此小贩手中买食之。自己家做时，可以买泡好的芽豆，也可以自家泡制：先将大蚕豆洗净，再在瓦盆内用清水浸泡之，水量以没过豆为宜。上盖好，一天一换水，几天后，蚕豆便发芽，取出，用水洗净，放于锅内，放入茴香、大料、花椒、食盐等，加水慢煮，至水快尽，豆以熟糊为度，其五香味及咸味儿都浸入了豆中，便可供食。在乡郊，蚕豆是自种之物，是春天在小麦垄中空当上种的，俗谓：“麦垄中种蚕豆——白得”，意思是说在麦垄中种蚕豆不用耕耘，即有收获。因麦垄儿闲着也是白闲着。要在种豆时下种，农谚所说：“清明前后，栽瓜埯豆。”不可错过农时。笔者幼年在农村常见麦垄中开起长龙似的蚕豆花，煞是好看。蚕豆，青时可以炒蚕豆；老时可以炒铁蚕豆，可以煮蚕豆。每值夏季风雨日，大人们则煮一盆蚕豆供孩子们零食，其味香甜，至今犹忆之。

煮咸豌豆

这可是旧日城郊农村中各家均常备的小吃。其用料和做法都很简单，但却很好吃，可以当咸菜吃，也可以少放些盐当小吃吃。把自家地里产的新豌豆粒儿，择净，洗净，下入水锅中去煮，先少放些盐。煮熟后，如嫌口轻（不咸）时，也可以再加些盐。在乡间，每于冬日早上喝粥，吃之以当咸菜，很好吃。笔者幼年时，在农历二月初二二拨子村的庙会上还看见有的小朋友用晾干了的咸豌豆当小吃吃。后来成年后，终日为生计奔波。一日天晚遇雪，宿于北房西南的“红罗寺”中，这本是一座为了年老失养的太监而修的一座“太监庙”。不期老太监用老咸汤儿腌豌豆当咸菜供客食用，其豌豆味中有咸味，有各种腌鲜菜味儿，也甚好吃。

煮栗子

这本是山区之美食。因其味好，且制法又简便，便传到平原乡间，又到了京城百姓家。后来，大茶馆儿（二荤铺）或酒馆儿，也有卖此物的了，然而我终不忘年幼时在山区亲戚家阎姐给我煮的“花椒栗子”。她只用自家产的鲜大板栗，剥去外皮，放于水锅中，放入山上自产的鲜花椒和食盐共煮，直至把栗子煮熟。其咸香自与外边卖的所谓“五香煮栗子”不同。他们不剥栗子外皮，顶多是用铁钳子给捏开个口儿，就煮，且往往煮不熟透就给人吃。阎姐说，煮不透，栗子味就出不来，其他作料的香味也进不去，不会好吃……后来，阎姐嫁到平川乡村“马坊”。只要家乡送来了大板栗她都还煮熟来送给我吃。不期她遇车祸而早逝……

煮菱角

从北京德胜门外北关起，往北直至昌平县，在明清两代还是直通的官道。真是“多年的媳妇熬成婆，多年的大道走成河”。至民国年间，这条大道已成为沟渠纵横、泽多地少的水网地带了，大小池沼星罗棋布，特别是自清河至沙河之间，更是流水潺潺，几欲成河了。每至夏日，淫雨霏霏，两河（清河、沙河）之鱼虾可互相往游，人多获之以为美食；平日亦多菱芡之物。笔者故园即在其间的“北坟地”——原为一王陵，后废为村民聚居之处，下坡即是一望十里的水乡，杂草丛生，菱藕盛长，自生自灭，采之不尽。每于菱熟之日，无须驾小舟，只用一白薯钩子（烧白薯炕钩火用的钩子，长木柄，上端有长长的铁制钩子）一钩，就有菱角秧子可拉过来，摘到上边的菱角，把秧子放回去，它会自生自长地又结出菱角。农家吃菱角不用什么工具（夹钳），特别是小孩子，对生熟菱角，只用牙一咬，即可剥开食其白肉。生食菱角，鲜甜可口；用水煮熟的菱角，色如美玉，味香宜人，是下酒的美物，水产小吃中的上品。

煮慈姑

“慈姑叶儿英雄插，白白的球儿生水下。”这句俚歌，是说箭头形的慈姑叶儿常插在古代英雄的帽子上。其白色的球茎生在水中，可供人吃。可将其球茎从水中取出，洗净，放在碗内，上锅蒸熟后，蘸白糖吃，也可将其煮熟后吃，口感很面软而香，有些像吃蒸白薯，且能解饥。笔者记得，在京北十几里的老家中，坡下即是南通北京、北至昌平县的水泽之乡。水边常有一丛丛野生之慈姑，穷人家常于夏秋两季采之蒸食或煮食。记得发大水那年，大水过后，犹有一丛丛慈姑没被冲走，仍然亭亭玉立于水边。这下子可救了穷人的急了——多去采其球茎食之。当村教私塾的老先生也靠学生们采野慈姑而度日。记得老先生曾对我们这些孩子们说：“一方水土养一方人。天生谷物不可糟蹋，要知‘一粥一饭当思来之不易’，切不可暴殄天物……”对照着当年吃慈姑以度荒年时老先生的谆谆教导，再看看现代年轻人的随手抛弃食物，真乃令人不齿，可气可恼极了。

煮老鸡头

老鸡头，即“芡”，也叫鸡头，其种子叫芡实，也叫鸡头米。儿歌云：“老鸡头，浑身刺儿开紫花，圆圆的叶儿水上爬，结个果儿像鸡头，煮熟吃起顶呱呱！”老鸡头常野生于河泽水塘中，也有专门种养者。秋日可摘其状似鸡头的花托，拿到市中去当水果卖。然而在家乡水泽之地，老鸡头是野生，小孩子们下河塘去洗澡或摸鱼时即可摘许多老鸡头回来，放在锅内，加水煮熟后，剥其瓤儿吃，也美得很，它既不像慈姑那样面软，也不像藕似的那么脆硬，而是软硬适口，好吃得很，可以帮助穷人家度荒年。记得家乡有名“八十头”者，每年都多采此物，煮熟后到城镇去卖，也颇受人们欢迎，因将其戏称为“八鸡头”。

鲜榆钱儿

春天，有的榆树在未开花之前就先长出了一串串的浅绿色种子，其形小而圆，中间有圆形的凸起，这就是榆树的种子，也就是我们常说的榆钱儿。此时也正是此物好吃的时候。过时，则老了，就不可吃了。孩子们就乘此时爬上树，一竹篮一竹篮地将榆树钱儿捋下，带回家中去做许多吃食。如榆钱粑落儿、榆钱贴子、榆钱窝头、榆钱烙饼……最简便而拿手的好戏就是在树上先拣大的好的鲜榆钱儿吃个够，然后才往篮子里捋。那些上不去树的小孩子在树下要吃鲜榆钱时，树上的孩子就拣榆钱长得密的地方，撅上一两枝儿扔下去给他们抢着吃，那是一种乐趣！那是一种令人回味起来犹感到甜蜜的儿时的乐趣！如今，有榆钱的榆树已不多了。偶或见之，则上树捋榆钱者却又是一代少年矣！今天，笔者还记得一件与鲜榆钱有关的往事——一位曾与我共同南下过江的老战友梅雪华，是我们支队里的大姐。她懂的东西比我们多，深受我们大家的尊敬。她人长得漂亮，工作也很出色，但不知为什么，她始终也不曾提起过“爱情”两个字。有一次，当我们几个人聊起少年时上树摘鲜榆钱的事时，梅姐却好端端地哭了起来。我们不知是不是我们说什么说走了嘴才惹得她哭了。问她时，她却摇头说不是。后来才知道，原来她在家乡蓟县有一位同她是青梅竹马的好朋友，到中学时，又一同去参的军。他们互相爱慕，却谁也不肯先说出口。后来，那男友从树上给她摘下一串鲜榆钱，其后不久就作战身亡了……事隔近六十年了。不想，未婚的梅姐在年老病重时，我们去看她，问她要什么时，好久好久她才说出希望在她的墓中有一枝鲜榆树钱儿……我们的眼眶中噙满了泪水，为她的深情，为她的痴情，为她忠贞不渝的爱情。我们还能怎么做呢？……今年（1997）清明，我们几个人，托人弄了几枝鲜榆钱，来看梅姐，并把鲜榆钱摆在了她的墓前。我们想，若梅姐九泉之下有知，也必定会感到一丝慰藉的吧！？

鲜槐花

有一种枝儿上带刺的槐树，叫“洋槐树”。它的花是在春夏之交开，在个别山区是在夏季之初始开。那花洁白如玉，而且香甜好闻，更好吃。在花多的地方，总有放蜂人带着蜂箱来此放养。蜜蜂采花，而放蜂人则吃花，吃那槐树的鲜花——其花香甜无毒。笔者在儿时就曾吃过。在史无前例的“文化大革命”中笔者被下放到人烟稀少的山区，时值春夏之交，然而山中野寺的桃花却开得如火如荼，方信唐朝诗人白居易四月“山寺桃花始盛开”之句并非杜撰！至秋初，又见刺槐在山坳中怒放。起初，我以为那白茫茫的一片是野山花，到次日上山打（割）荆条时，始知竟是槐花，于是上树饱尝其鲜——不期于难中，尚有此佳赐，真“天养人也”！

烧麦穗儿

这是笔者儿时常吃的一种农村野食。北方冬小麦返青后，在春雨中茁壮地成长，等到扬花时节过去后，就到“四月怀胎（长穗）五月熟”的节气了。不等其全熟，在农民叫作麦子灌浆的时候，从地中将青麦穗儿带梗儿拔下，然后在柴草地里用野火烧熟，再用手搓下烧熟了的麦粒儿，吹去麦皮，放在口中一嚼，那股子鲜香劲儿真比麦子面还好吃。我记得麦秋（收麦季节）之前，我们几个幼年小友总在孩子头儿的带领下从家中偷一盒火柴出来，到麦子地里去弄青麦子，然后拿到田中沟坡下。这时候，小孩子们有负责拾干柴火的，有挖地坑的，有负责烧麦子的……那大一点的孩子头儿则什么活儿也不干，专等着吃现成的烧麦子穗！

甜棒与枪根

玉米（棒子）地里众玉米秧中不结实者叫“甜棒”，这是北京地区的土叫法，也有称其为“枪根”的。从地里把它撅下来，去掉头、尾，剥掉外皮，咀嚼其瓤汁，是很甜的，所以叫“甜棒”，又因其只充数而不结果实，所以又叫“枪根”。笔者儿时在京郊乡野，每到玉米成熟时，几个小伙伴儿常到玉米地里去找甜棒吃。孩子当中有个叫“八十头”的，姓陈，他的岁数最大，有十三四的样子，他是我们的孩子头儿。我们到瓜地里去“扒瓜”（偷瓜），到池塘里去捉鱼、踩藕……全是他出的主意。有时他带我们去一起干，有时他命令我们去干，拿回来他享受，他“坐地分赃”。记得有一回，他叫我们弄了许多根甜棒回来。他觉得甜棒汁儿很好吃，应该像庙会上卖的“甜水”一样久存，于是就找来几个洋瓶子（玻璃瓶子），用块硬纸卷起来当“漏子”，叫每个人把嚼到嘴里的甜棒汁儿都吐入瓶中，封起瓶儿来。结果，几天以后再喝，又酸又不是味儿，全倒了。但是，那鲜甜的甜棒汁儿，至今其香甜犹在笔者口中！

节令祭食类

团圆饭

这往往是指一家人团圆在一起吃饭，或指夫妻团圆共同用饭。旧时，吃团圆饭的日子很多，大致每到“立秋”“立春”“除夕”“中秋节”“上元节”等重要的节令和日子时，全家人都在一起会餐，都可以称之为“团圆饭”。但其中最重要的是农历除夕（腊月三十）这天晚上，全家都要坐在一起，吃一顿丰盛的团圆饭。是时，座次有序，年纪最长的长辈要坐在席之正中，然后各按辈分依次坐下。有的大家庭吃团圆饭要摆上三四张大八仙桌儿才够用，可是有的小家庭中，往往却只有夫妻两口人吃团圆饭。这种饭，不论其菜肴丰盛与否，家中每个人却得“全到”。有时缺一两个重要的人士，席面上就显得冷落和尴尬！

除夕素馅饺子

北方的风俗，是在每年农历正月初一（春节的早上），全家吃素馅水饺。昔年，家人用大盘子将剁碎的摊鸡蛋，发好的木耳，香菇、黄花、菠菜、大白菜、粉条头子等在盘中一溜溜地码好，到拌馅儿时，再在其中加入香油、细盐、姜末等，共拌成馅儿。老人们认为韭菜、葱等辛辣之物为荤品，不能入除夕饺子，那样做，是对佛祖的不尊敬……反正我吃起来，那素馅儿也很好吃。还有的在其中之一个水饺里放有一枚小铜制钱儿，谁若是吃到此钱，即一年大吉大利，可发财（只不过不能说出，只能偷偷地把那铜钱儿压在佛爷桌上的铜磬之下）。吃完除夕饺子就成了“磕头虫儿”——到本家各处去磕头拜年。最后是拜邻居，这也是一种“睦邻”的好方式——邻里之间有什么不和之处，到过年时一互相拜年，就全解开了，又开始一种新的友好关系了。有人说拜年纯是陋习或无用的礼仪，我则不敢苟同。连除夕吃素馅饺子也一样，仍可作为一种古朴民风相传下去，其害何在？

破五饺子

每年农历正月初五这一天，旧日风俗习惯是家家要吃煮饽饽（饺子）。由大年初一起至初五这几天，那“老论儿”（即繁文缛节或专门讲究之处）可多了，不许往外扫地倒垃圾——那是往出扫财破物。好像这几天都是在神仙主使下生活，不许妇女动针线，说是怕扎了龙眼睛，等等。唯独到初五这一天家家非吃饺子不可，不知是为了什么，还管这叫“破五儿饺子”。讲究一点的人家，还在这一天吃素馅饺子。记得在北京南城有一个湘绣手艺很不错的外号叫“赵瞎子”的，在正月初五这天就不吃水饺，而吃油炸饺子，并且还是用荤馅儿。他说吃荤馅比素馅儿更“敬佛”，因为其炸油用的是“佛前海灯”里的油……其实这是瞎说八道，只不过是爱吃炸饺子而已！

腊八粥

民谚说：“小小子儿你别馋，过去腊八儿就是年（除夕）。”这“腊八儿”就指的是农历腊月（十二月）初八。这一天，家家要熬“腊八粥”吃，并把粥供佛，又抹到车上、树上等处，以祈求一年的平安和丰收。故此日又称“浴佛节”，其由来已久。腊八儿粥，要在头天晚上就准备好物料儿。在城中是向粮店去买现成的；在乡间，则要自剥栗子、花生、瓜子儿，将各种各样可熬粥的米及豆子都掺杂在一起。天不亮就起来点火煮水，先熬豆子，豆子熟了再下米，米到半熟时，再下物料。粥熬得要黏稠。吃时，再在粥中放些白糖或黑糖。天一亮就喝粥，并各家互相馈送，以为吉祥之物，亦大有年关切近之风趣。

蒸元宵

南方管元宵叫“汤圆”，其馅儿的样式很多，外皮儿多用糯米面，但在北方民间用黏谷面、黏玉米面甚至用黏高粱面均可。然其吃法多是煮熟吃，但也有用油炸熟了吃的。昔年笔者在马兰峪天竺山寺中游住，见其僧人竟用蒸法把施主（民间信佛向庙中施舍财物的人）送来的元宵做熟，上面搭着几条施给的金糕条儿，煞是好看。再看其元宵竟有三种颜色：有白白净净的，那是用糯米做的，乃为常见之物；有黄色的，寺僧言此乃用黏黄谷米做的；至于那发暗红者，乃是用黏高粱面做的。至于其馅子，以甜为主，其中有豆沙馅、糖馅、山楂馅等好几种，其中都有山区特产的果料儿：核桃、栗子等。吃起来亦别有风味，大不同于市面上所售之。

交杯酒

这是一种特定的酒，也是一种特定的饮酒方式，酒一定要用甜的红酒，别的都不行。在结婚典礼上，新郎新娘举行完很多烦琐的仪式，好不容易入了“洞房”（新婚之居室）。夫妻二人共坐在帐内床沿上（谓之“坐帐”），由主办喜事儿的老太太们倒来两杯红甜酒，用盘子托着到新夫妇面前。新人们要各自举杯而饮一小口儿，再交换杯子来互饮，这就是所谓的交杯酒，是“永盟白头和好”之意。

龙凤饼

这是一种特制的点心，可到点心铺去买。之所以写它，就因为它有一种特殊的用处，其实与一般的酥皮饽饽无甚两样，只是块儿大些。它的特殊用处是订婚或陪嫁时用。女儿临嫁时，“填箱”往往装上些龙凤饼，以私下当点心用。此饼即是白糖馅儿的酥皮大饽饽，上面有用饽饽模子刻的龙凤纹，又因其为婚嫁特用，故名龙凤饼。笔者犹记幼时，大嫂陪嫁有龙凤饼，尝私与小姑、小叔们吃。春风荡漾，大哥初婚，我们小弟妹们不知何事，只知多了一个人——新嫂嫂，她给我们的龙凤饼分外好吃，似乎比起那点心铺买来的大饽饽更好吃些。待到自己长大结婚时，再吃那些龙凤饼，亦不过尔耳，方知“物随境迁”的道理。

子孙饽饽

旧时，结婚之日，新郎新娘都要吃新娘从娘家带来的“子孙饽饽”。这个民俗，全国都有，其形式也差不多。在京郊乡间或城内，那子孙饽饽就是用小碗儿盛着煮得半生不熟的小水饺儿，借其“生”字来祝新娘能生育。这是在新郎新娘拜完天地后“坐帐”时，由老太太们端给新夫妇吃，各咬个一两口就成了。其时，老太太们大声问“生不生”，早就趴在窗户外头的小顽童们则大声应曰：“生，生……”这时，大把的糖果儿就向窗外的孩子们撒去，孩子们则忙着抢食。这也是乡中结婚时一个不可少的节目。于是那小碗中的“子孙饽饽”也就成了特定时期时的特殊食品。只取其“生”的吉利，故切不可真煮熟。

催生馒头

在我国北方城市、农村中，常有娘家为嫁往婆家的妇女送一百个白面馒头的习俗。因为这位妇女快生小孩了，这种白面馒头称为“催生馒头”，是祝其早生贵子之意。那白白的馒头顶儿上都盖有鲜红的花儿，那不是用八角茴香蘸红胭脂点的，就是用线把五根细高粱秆儿绑在一起，将头儿上切齐成五个花瓣儿，再蘸上红胭脂点的，有的馒头上还带有用红面条儿贴上的“福”“寿”字儿。这种馒头无论大小，都要送一百个整数儿，以取其吉利。笔者记得，那时我们家是个大家庭，年轻生育的媳妇也多，不断有“催生馒头”送来。其实也不管是男人生孩子，还是女人生孩子，反正人人有份，分给大家吃罢了。这也算是个习俗吧！

缸炉

这是一种糕点名。现在若到糕点铺去买，恐怕年轻的售货员都不知道什么叫“缸炉”了。缸炉色深黄有些发红，上有篆字儿的大红戳子印儿，有的乡下糕点铺做得粗些的就没有这红戳儿。其味甜，质松软，旧时，是妇女生完小孩必吃的一种普通食品，价钱又不贵，谁家生了孩子，往往买一蒲包缸炉送去，外加四十个鸡蛋（不可送单数儿的），就算是一份说得过去的礼品了。我记得在我大嫂（杨淑兰）生大女儿时，在堂屋的八仙桌子上就摆着几十个装着缸炉的蒲包儿。讲究的人家是用一个饽饽匣子来装缸炉，或油糟、蛋糕之类。那时，坐月子（生小孩）的妇人吃不了太多，其余的缸炉就分给我们吃——便宜了我们这些小顽童了。然而，现在缸炉已没了，诸君作何感受乎？

满月面

这是为庆祝生小孩满一个月而用面条加炒菜来待客的一种宴席，又叫“炒菜面”，为借其吉利，称为“满月面”。笔者曾吃过这种满月面。这种席面有多种，席面考究的，可以有十几个炒菜、大碗汤菜，喝酒，并上打卤面；有的只用四个凉菜、四个热菜来喝酒，吃面条；有的只备有打卤面条待客，不备酒菜，算是最简单的了。满月面的面条，多为打卤面。但，讲究的人家在席面上也可上四五种面条浇头来待客：有荤、素炸酱，荤、素卤汁，荤、素氽子，芝麻酱和三合油等，面码儿更齐全，样数甚多，供客享用，以防不顺来客的口味。这是很讲究的大型满月面。笔者赴中学校长得孙子之宴时，就吃过这种多浇头、多面码的满月面；在乡村，沙河北大地主李砚农家吃过讲究的庆祝满月的“炒菜面”，那是很丰盛、很破费的了！

掰百日

掰百日是北方民间的习俗。小孩生满百日时，在他（她）脖子上挂上一个用线穿起的白面饽饽，任其掰弄，曰掰百日。这是一种白面做的小发面饽饽，也有的为了好吃，在其中加些白糖的。昔日，老人们最讲究给孩子掰百日了。记得1943年，白面正困难时，邻家孟记有老两口子，把平日省下的几斤白面送到我家来，说是给孩子做百日饽饽用，其实用不了这些面。孟老夫妇说借机给坐月子（生小孩）的产妇补补身子。老夫妇平日靠打鱼为生，种十几亩地，无儿无女，生活总算还富裕。不过，若不是积善人家，是不会如此送白面的。这件事，我始终铭记在心，今日写出来，亦谓记一笔“燕赵自古多义士”的孟老夫妇之侠义心肠。

长寿面

旧日，过生日时吃面条，称之为吃“长寿面”，以面条儿的长，取“长寿”之意。娶嫁或生小孩时，吃的面条叫“喜面”，以取其为“吉祥喜事”之意。这长寿面条多半是打卤面，或炸酱面，很少吃汆子面。笔者犹记得有两件出在京郊之事与长寿面有关：一件是本村王姓家有老太爷整一百岁时，家人甚喜，特为其办生日，大请亲友及邻居，就吃的是打卤面。老寿星王老太爷，一辈子行善事，善对邻里，故此往贺者极多。一件是本地大特务崔小伙子给他爷办生日。因为他是日本特务，一般趋炎附势者多携重礼往其门为贺。其实，他也就是借此机会发财，其爷是他发财的工具——偶像。故此，真正的乡里好人均不往贺。正所谓“设宴容易请客难”。吃长寿面庆贺生日，全要看家中人缘如何了。因此，长寿在好人是好事，在坏人则是“长受”——受够了时，必然会走向反面。果然，崔小伙子的爷在其办生日正吃长寿面时死了。大伙儿背地里都说这是“受”够了，该死了。

寿桃

旧日，给老人做生日时都送“寿桃”。这种做生日礼物的寿桃有四种：讲究的是以名人花卉画的双寿图送人；次等的是写大寿字儿中堂或买瓷质大红寿桃送人；再有，就是赶上有鲜桃的季节，从鲜果店中买四大盘或两大盘鲜桃去送人做寿日（生日）；最贱最现成的是到卖馒头的山东馒头铺去订几碗“白面制寿桃”。那寿桃儿染着红嘴儿，下面还衬有几瓣绿叶儿，寿桃上用红面条盘贴上“寿”字儿。这是最次的普通寿礼了。我曾见名画大师齐璜（齐白石）画的双桃，边上只有几瓣桃叶儿，水灵洁净十分可爱，还见过比其小一辈的名画家王雪涛大师用半工半写画的有木干嫩枝的艳丽双桃，亦很传神。此二位作画人虽已作古，但其画犹在。妙笔传神，丹青遗风，真乃世间一宝也！

月饼

这是一种用各种馅子做成的点心，呈圆形，较厚实，取的是“团圆欢乐”之意。按照我国民间风俗，农历八月十五（中秋节）那天，人们都要吃月饼、赏月。中秋之夜，月亮又大又圆，又白又亮！中秋中秋，亦寓意着、蕴藏着人们的期盼：秋禾丰收，亲人团圆！中秋之夜亲人团聚、把酒赏月，真乃一大乐事。而圆月形的、象征人间团圆的月饼则更增添了思亲、团圆的节日气氛。月饼，南、北方的品类和做法均有不同：南方多为“翻毛月饼”，即内有馅儿，而外面则由模子[1]印成各种吉祥花纹，或直接用文字注明“山楂”“澄沙”“五仁”“广东月饼”等字样儿；北方则都是圆厚小型的点心，内有不同的馅子。表皮红黄、上有深褐色圆圈儿的称为“自来红”；其为白色，上有红圆圈儿的，称为“自来白”。多用蒲包、纸包或纸匣子装之送人。近来挖空心思，有用大漆或竹木、玻璃做成十分美观的装月饼匣子，其价却贵得怕人——真有几千元一盒者，可谓“媳妇不贵，媒人贵”，简直是“哗众取宠、喧宾夺主”，有违中华民族崇尚节俭之美德！还有一种较“自来红”大的月饼。旧时，作为给佛爷的供品用，其实也是“心到神知，上供人吃”。但其形制和讲究都很可爱，也不像那些包装极美但价钱极贵的中秋月饼。昔日，每快到农历腊月年关时，总有人携带着做月饼的炊具到各村镇去揽活儿，做什么馅儿，用什么油，用多少面，均可由做月饼的顾客自送料来，人家只管

1 模子：做饽饽的模子，多为木质，两头长，中间宽，有圆形的凹印，将面团塞进去，磕出来，其上就印上了花纹。

加工，这叫“打月饼”。在点心铺也可以这样做，也可以用打月饼人的料，由主顾提出做多大的。打的月饼是三组（碗）或五组（碗）为一堂，从下边往上数，一个比一个小，垒起来很稳、很好看，上面是个圆形的月饼托[1]儿，上摆着一个面做的大桃儿，内有心馅儿，在桃上则插上有“福”“禄”“寿”“喜”“财”，或“刘海儿戏金蟾”[2]的纸花儿。那纸花儿是长方形的，背后有硬铁扦子可以插在面桃儿上。如在佛前用高脚子盘[3]放好了五碗月饼供，那也是很好看的。这供要由腊月年前一直摆到出正月“撤供”时为止。在年后，小孩子一向大人闹魔[4]，老人们就常叫孩子们别闹，去给佛爷磕个头，撤块供尖儿吃。就是让大人带着去佛前磕个头，从月饼托下拿个最小的月饼吃，那叫“供尖儿”。有时，孩子嫌月饼小，摇头不要，指指要那底下的大个儿的……母亲则偷偷向孩子摆摆手，给换个大点的，但不敢换那个最大的，还哄孩子说：“不能要那个大的，那是佛爷的供，换那个是要遭罪的……”其实换那个大的是怕老太太知道后挨骂！想起这些往事，也是很好玩的。现在的点心铺中月饼不分大小，全一个样儿，全一般大，七扭八歪地也垒不起来，但我还是拣那样子周正些的，买他二十个，虽然垒不起来，成不了一碗，但在底下码四个，上边放一个总成吧！按着过去老谱儿（迷信）的说法，是“神三鬼四”，我用二十头码成四碟，前面倒上四杯白酒，再摆上四盘鲜果来对亡者寄托我的哀思总不算过吧！我也无须向不知礼教的儿孙们说我是在祭奠谁……月饼啊月饼，你带着老一代人多少悲欢的往事年年而至！

1 月饼托：在每碗月饼供最上边的小月饼上有一面制的小圆盘儿，四外高，中间低些，为的是上面好放面制的桃儿。其托儿四周有红色的花边儿。

2 刘海儿戏金蟾：取自民间故事做成的一种人兽画儿：上有一袒胸露腹赤脚的小男孩儿，名为刘海，双手抡起个红绳儿，上有五个画的金钱，脚下则踩着一只三条腿的金蟾蜍。单腿而立于蟾背之上，很有生气，很好看。民间以之为“招财进宝”的吉祥物。

3 高脚子盘：是中国传统的碟子之一种。碟子下面有倒喇叭花形的脚，以备其下面好放平脚盘子，上面可架平脚盘子，这是一种很好的餐具。

4 闹魔：北方指小孩子向大人哭闹，要吃的、玩的，或要睡觉等。

两米粽子

在中国南北各方有许多种粽子，但都是以每年农历五月初五端午节那天为吃粽子的主要日子，据说是为了纪念战国时期楚国大诗人屈原，这且有待专家们去考证。在北方农村中，每到农历五月则苇塘里苇叶已长成了，水深点的地方其叶子更宽，最适宜用来包粽子了。房檐下成捆的干马莲，用温水发开来，正好用来捆粽子，使其味中有马莲味儿。所用的二色米是家中有的：白色的是自产的糯米（江米），黄色的是黄谷子米。那小枣儿是自己枣树上摘下晒干的。有上述的几样，两米粽子就包成了，放到水锅中煮熟，再放到冷水盆中冷却，剥开，上撒白糖，虽为乡味，却甚为好吃！

春饼

吃春饼，由来已久，是立春之日应节的食品，主要是为祝贺春天到来、万物复苏，预示一年丰收之意吧！此风俗至今仍广在中华大地上流传，毋庸笔者赘述。虽然历史的前进与变革及各地饮食文化有差异，但其吃春饼的具体情况却是大同小异的，尤其是在一些偏僻小村小店中，犹保存着古风古意。笔者少年时，在燕山深处山村（四回台村）有亲戚。一年春天，在其家中吃春饼，那是用各种可吃的草籽儿（包括谷子）磨成面，加上小麦面儿和榆树皮面儿共同加水制成的双页（上下两片）薄饼，中间夹上主要以春日野菜和山鸡或野兔、斑鸠肉等制成的“春盘儿”（春菜）而做成的。其味鲜美，极为可口，是城里所吃不到的。给我印象最深的是那用多样面烙成的春饼，那饼既有咬劲儿，又香甜，远比城中用白面烙的强多了。

春卷儿

今日城中就有卖春卷儿皮子的，饭馆中仍有卖炸春卷儿的。但笔者对此均兴趣不大，因其技术及用料离真“春卷儿”差得远矣。有人说我太苛求，“萝卜白菜——各有所爱”。这也许有道理。但是，我每尝到外边用机器制成的“春卷皮子”就够了，因其不但一般薄厚，且死板板得像“机器饺子皮”一样死硬。中国菜饭，有些同艺术品一样，只可由不同手艺的厨师自制，不可用机器千篇一律地去制售，这也许是“工业食品”“中国烹饪食品”的主要区别之处吧！最可悲者是把二者混为一谈，只图口适腹饱而已。单说这春卷皮子吧，讲究的是“吊春卷皮子”。笔者在《人民日报》（海外版）上有我和我的德国学生的照片发表。为何要提及此事，就是因为那天他们向面点特级技师崔振先生学习如何用手工吊春卷皮子。德国学生很用心学，有的把拿面团的手都烫了也学不好。崔先生说这是技术，也是艺术，更不是一课就能学会的……我就以这个例子，在给外国学生讲《中国烹饪史略》时说了此事。学生们认为有道理，就找崔先生和我一起在校门口照相留念，可是怎么也没找到崔先生（已回家了），这才和我照了相。我告诉他们说，做春卷儿的馅儿也是因地不同而不同，但都得用春季新出之菜。笔者幼年在燕山区就吃过山民们用山沟新出的可食野菜，加上打来的山鸡肉及小作料（如盐、姜、葱等）做成春卷馅子，并用山区特有的核桃油炸熟，其味隽永，远非城中所做之“春卷儿”可比！

立夏粥

旧时，每到立夏这一天，人人都要喝这天熬的立夏粥，其实就是各家用米熬的粥。有云：喝此物可保一夏天无有病灾。这乃是乡间一种习俗，且颇有宜人处。笔者记得北京城北大村回龙观有老媪冉四奶奶，每于立夏日亲往各家要米豆，然后在村东后头树林草地空旷处挖坑坐锅、起灶，用百家米熬粥，粥成时，合村老少各携碗筷来树林中索一碗立夏粥吃。其时，要粥声，熬粥声，喝粥声，加上男女老少之欢声笑语，热闹异常。仅此一番乡情、亲情，足可除去一生灾病与不祥。难怪当时有人打油曰：“一碗立夏粥，终身不发愁。入肚安五脏，百年病全丢！”

登高糕

中国自古即有“登高”吃“糕”之习俗。古人于九月九日重阳节登山，怀念自己的亲人，大有“遍插茱萸少一人”之叹。后来，城中的士大夫及豪门富户亦备酒席前往名胜古迹去登高以寄雅兴。然而，在乡野山村，则往往是去高山上走一趟，吃些自家做的年糕，以取其吉利而已。北京北郊无大山可登，然有明、清留下的烽火台[1]，其砖石早已为人拆去，但留下的高高土墩，亦庞然可观，且草木野花丛生，亦是登高之好去处，笔者幼年就以此为登高之所。记得是日，家中用黄黏谷米磨面，放了些红豇豆和干枣儿，共蒸为糕，外面再贴了些炒黄豆面儿，带到此台上，玩够了一吃，亦甚美。也有带去其他糕者，在其糕上有青丝、红丝[2]当小料，称为“花糕”[3]。几路登高人，会于土台高顶，互道“年年高升”等吉利话语。闲谈之后，席地而坐，便把所带之糕共享之。还有年高好酒者，带来酒和菜，临秋末之风于高埠之上慢慢饮之，亦为一大乐事。我家西洼地，为当时大道，久已成河，其旁即有大墩台，供人登高。其地虽无茱萸，然野草杂花尚自芳菲。我们的孩子头儿“八十头”，常自掐自戴满头的野花，四周再用柳条当帽圈儿，以“狼尾草”[4]为雉翎。他嗓子很好，学两句京戏小生：“秋风起，驻马听銮铃……”还真有点当地戏班儿内名小生“高喇叭”的味儿。有时，登高的人多，都拿出糕来，请“八十头”吃，邀他来几句新鲜的。他就席地盘腿而坐，用乡村妇女特有的“哭腔儿”来学大姑奶奶闹丧[5]，或老太太给儿子上坟等，连哭带骂，陈谷子烂芝麻的家长里短话儿哭唱得像极了！大家边乐边吃年糕。

那乡野登高，亦自有其乐趣！

寒食供

每年农历春季有寒食节，在清明前一天。相传，战国时代晋国公子重耳四十三岁离晋，经过十九年奔波，于六十二岁时在秦穆公帮助下回晋被立为晋文公。在大封有功之臣时，唯独忘了在其流亡、食不果腹时曾割股啖君的介

1 烽火台：封建时代的通信设施，由地方至中央，往往是“十里一墩，五里一台”，上备干柴野草，有警时，点起烟火向下台报警。其烟称为“狼烟”，可高达十数丈。

2 青丝、红丝：是做糕点的小料儿，过去从油盐店（副食店）或果局子（鲜干果店）就能买来，因其为红、绿二色之细儿，故名。

3 花糕：一种糕点，因其面上有青、红丝，桃、杏仁儿等做的花样，故名。

4 狼尾草：一种长的野草，其顶端生有带茸毛的长穗子，犹如狼尾。

5 闹丧：指旧时，家中死了人，多由出嫁的姑娘回来挑家人办丧事的不恰之处，在死者灵前哭闹，被人称为“闹丧”。

子推。介与其母隐入深山，重耳往寻之不遇，则放火焚山，以迫使介出山相见。大火三日，介终不出，与其母相拥被焚而亡。晋文公深感痛悔，遂改其山名为介山，立其县为介休县（谓介子推休息之地）。后人为纪念介，遂于清明之前后三日“禁火”、冷食。于是乃有寒食节，后渐成为人们烧纸上供，祭奠亡人的日子。其时，在死者坟前都要上供品，有饺子、炒菜、糕点和酒等，大都是死者生前好食之物。祭后，一般也不拿回去，只留在坟前，往往被左近之穷苦人家所食。古书中即记有“吃祭供”之事。而写寒食节的诗就更多了。笔者以为唐白居易写得最为悲切动人：“乌啼鹊噪昏乔木，清明寒食谁家哭。风吹旷野纸钱飞，古墓垒垒春草绿。棠梨花映白杨树，尽是死生别离处。冥冥重泉哭不闻，萧萧暮雨人归去！”旧时每到寒食节，我看见家家坟前有寒食供，很悲切。特别是中年离家后，奔波于江湖间，真是“七千里鞭丝帽影，野祭倩谁哭”，大有自悲之感！

财神楼供

在京郊农村，凡大一点儿的人家几乎家家都在屋后园边或场院边上用砖盖个半人多高的小房子，仅在正面留一个小门儿。说这是家族必供的“财神楼”。哪里是楼，只是一个小屋罢了。我记得在每年农历腊月三十前，还给这小屋儿贴上对联：“财主人间利市，神辖世上金银。”横批四个字是：“日进斗金”，真是财迷心窍，又迷信愚昧极了！每月的初一、十五及初二、十六，家里人都要在这小屋前来烧三炷香，上几碟子自家做的“小炸食”——炸甜麻花、炸排叉、炸饹馇或炸豆腐、炸素丸子等。每上完供后，我们就从旁边的篱笆后或柴火垛后钻出来，帮助拿供品，好回去分着吃。这倒是风雨不误的好事儿。今天在乡村，这种小屋子早已不存在了，但留给我们的儿时记忆太强了！今则成为迷信风俗趣谈，书此以悦后人，知当日农乡之风习有可留者，亦有当除者。然而无论是除或留，作为研究民间习俗者都应知之。不知方家以为然否？

蜜供与蜜供坨儿

这个吃食有两种：一种是糕点铺到冬日专请做泥瓦工的瓦匠来将炸好的一寸来长、二三分见方、中有红条的小面条儿用糖蜜粘成方塔形，直上直下，上方呈尖状，再去外面浇好糖浆，锃光发亮，煞是好看；尖儿上插有用铁扦子贴好的“福”“禄”“寿”“喜”“财”等带花的字儿，呈长方花形儿。每五个算为“一堂”，多于年前买下，底下垫好大盘子或大型油纸，放在佛像前当祭品用，所以叫作“蜜供”。有一斤一碗的，有二斤一碗的，大小不等，可由主变。笔者本村据说在明朝时于“土木之变”中对明英宗有功，故其蜜供在过去是由皇家御赐的，可达十斤一碗，共有五十斤！“神三鬼四”是烧香上供的规矩。故而，在神像前只能上五碗，小的上三碗。如在“灶王爷”“土地爷”等佛前，因其像小位卑只能上三碗供，但切不能上双数儿，这是一种。再有一种，就是糕点铺中将炸弯了或不成形的蜜供条儿浇上麦芽糖（有的加点糖蜜桂花），叫作“蜜供坨儿”，用铁制带尖的冰镩砸开，论斤地卖给顾客。这也是北方城镇糕点铺中的一种应节糕点，且其价钱亦不贵。笔者就记得幼年时，村中还存有明英宗遗风：每年农历正月十四、十五、十六三天为“灯节”（古称“上元节”），庙中摆放各种各样的“宫灯”，其中正殿点上明英宗御赐的一人多高的八角大宫灯，其穗子为黄色，很是气派。殿中正座儿供着三尊高大的金佛坐像（后来才知是“过去”“现在”“未来”之三世佛）。前面的祭供也最丰盛，其中就有五碗每碗十多斤重的大蜜供。前来烧香者络绎不绝，都要烧完香“撂香钱”（给打磬的人）。打磬者姓张，因是“兔唇”，外号叫“小豁子”，他也很小，是我们一头儿的——顽童中之一员，我们头儿姓陈，叫“八十头”。他带着我们个子小的、胆子大的，先钻到三世佛（大泥塑）身后，再爬到供桌上去，将那大蜜供的后半扇心全掏空了，运回来，到庙后的树林中，由孩子头儿“八十头”给大家分着吃。因为庙大，供桌儿又高又大，小孩子在晚上去偷供，谁也看不见。打磬的张豁子看见了也不管，因为回去还有他一份呢！所以，每到灯节完毕撤供时，见蜜供的后半扇全没了，有的说是叫耗子给吃了，有人迷信说是叫佛爷手下的“看庙神”给吃了，这是好事——佛爷受了人间烟火，人间是要一年风调雨顺的……其实那都叫我们这些两条腿的耗子给吃了！八十头和张豁子都绷起脸不许我们这样胡说，因为我们都是童子（没结婚的小孩），佛爷是爱我们的，我们可以代替那“看庙神”来吃蜜供……不管怎么说，这一段幼年可笑的往事，却是对迷信的一大讽刺！事过六十年一花甲，人事沧桑变幻无常。如今，再去看那庙时，已面目全非，听说是已改成大队部了，佛也没有，蜜供也没了，只有庙前那座美丽玲珑的大影壁还没被拆除。那可是明代匠人的巧手佳作，算得上是北京古建中的上乘之品！听说大队书记是黄湛然，是笔者幼年同窗，想找他保护此物，也没找到他。此物何所寄？实堪令人忧！

供尖儿

笔者本村是个大村子，在北京郊区也数得着。旧时有三个大庙：北庙、南庙、东庙。每到年关和农历正月十四、十五、十六“灯节”（古称“上元节”）时，都有各种祭品，尤以大小月饼、蜜供等为多，因其可以久存不坏。正月或灯节过去了，庙里奏乐，将挂着的纸像《七十二司》[1]撤下（名叫“撤供”），将蜜供和大小月饼（叫“供尖儿”[2]）均砸碎，由会中人和庙中的老僧等义务善人挎着篮子，内盛满各种砸供品，按村内四条正街去送“供尖儿”。接到供尖儿的人家以为这是大吉大利，是神佛赐给的福物[3]，要先放到佛前去烧好香，磕头，供一供，再由人“分福”而食。其实也就是所谓“心到神知，上供人吃”罢了！

1《七十二司》：有泥塑者，如北京朝阳门外路北的东岳庙内就有土捏的神鬼之像，共有七十二个司，几殿阎君(阎王爷)和各种各样的小鬼，多为受苦受罪的人像（魂）。寓意人若活在世间不做好事，到死后的阴间就该受什么罪。这也是以迷信来劝人行善之意。

2 供尖儿：各种祭品的最上层之物。其实凡一切碎供，均可称为“供尖儿”。

3 福物：有福气之物。旧时，多指由佛或僧道送给人的东西，也不一定是吃食，也可以是一些佩戴之物，如各种金玉或小动物像、玉环、玉佩等。

跑方破城

直到如今我也弄不清这是怎么回事儿：每逢大户人家遇有死人的丧事，总要在乡间宽敞的大场院中，将白面饽饽或白色糕点用新瓦上下合着，再由一些年老有德的老道头儿手执桃木宝剑，口中念念有词。据说其所念的是某种“咒语”，也有的说他念的全是“亡者的生辰八字儿”，更有人说，谁也听不见他念的是什么，根本就是瞎念……反正说什么的都有。客人们和小孩子们只是静静地在旁边等着，等其“跑方破城”将瓦踩碎后，抢其中的白面饽饽或糕点吃。这个迷信的习俗与饮食有关，破费不少，且不说给那老道头儿多少钱，光码成个“跑方破城”的新瓦及点心钱就得花许多！结果也只是落个大家吃罢了！

祭堆供

城里人是不知道什么叫“祭堆”的，更不知道什么是“祭堆供”了。在乡下，这可是个大事儿，也是农民喜欢干的事儿。每年秋天，直到后秋，逐渐收新粮食了，几乎天天都有“祭堆”。我们小孩子则盼的是吃那祭完堆的供品。最次的也是一盘自炸的小糖麻花，一盘儿炸小排叉儿，还有一盘炒肉之类的肉制品，有时是从猪肉杠（店）买来的猪肚子，小肚儿、肉肠儿、肝儿、心儿什么的。有时收完后，打下的新谷子多，堆成小山似的，这就要大祭堆了：在谷子堆的尖儿上插一把头儿朝上的木锨，在堆前放上煮熟的整只鸡、鸭、猪、牛、羊肉，点心等，农民要向粮堆烧香、磕头，感谢丰收！这时的小孩子们则早就盼着那“祭堆神知，上供人吃”的开斋大吃之时呢！

倒头饭

我国北方民俗，有“倒头饭”一说，就是在死人头前供一碗饭，上有一双筷子，一面打狗旗，一根打狗棒。迷信说法：

亡灵到了恶狗村，好用其来打狗，而不致受伤害。乡村里一般人家在人死后均供有此饭。旧年，我老家有十几间堆草料及杂物的土屋子，每逢冬雪严寒日，有不少乞丐或生活无着的人去居住。遇有死去的人，无饭可供，则由伙伴儿们向主家讨一碗饭来供供。笔者幼年曾记得，由海淀流落到此的一位害眼病的人画得一手好画，然死后连碗倒头饭也没有。我祖母给其蒸了一碗倒头饭，用旧屋旁的杂树开了一副薄板，钉了个薄材，将其埋在乱葬岗子了。一代文人就落得这么个下场，怎不令人扼腕叹息?！哀哉！悲哉！

饽饽桌子

什么叫“饽饽桌子”？这不是普通摆饽饽的桌子，而是办丧事（死人）时所用的一种食物。在灵棚中，有干净的方木桌子，上面摆着一盘盘的白面饽饽。有的有钱人家，可摆几桌饽饽，名义上一举两用：一是显示家中有钱，能供亡者以后享受；二是为在和尚“转宅咒”（绕棺念经）给死者“传灯人儿”（用纸糊的人，用线在棺前传动）后，将饽饽桌子上的饽饽撤向静等着的穷人、乞丐及小孩子们吃。第二天又将会有新饽饽摆上桌子，以示阔气……笔者幼时曾在外祖母村看乡下人大办丧事。有钱的地主家花十亩地来为其亡母办丧事，棚中竟有十几桌的饽饽桌子。后来城中有些人家办丧事，棚中竟也有此物！

谢秋宴

此宴来源甚古，本是农民为庆祝秋收于秋后举行的“万民同乐”宴席，大吃大喝一顿。后来，在农村中多为大地主及村长等“土霸王”所专有，并借此向各家强收“谢秋宴捐钱”，成了穷苦农民的负担了。日本鬼子侵华前，笔者尚年幼，但已记事。记得那时民风犹朴，民间多存古风，特别是在北京郊乡，燕赵之风广存——每于秋收后，在公众的庙中唱戏以谢神，并在庙外树林的大空地中，挖坑起灶，大炖猪肉，多蒸白面馒首，几坛村酿的白干酒放在当央，任人以碗取饮，村中老幼多来此吃喝。记得，越是穷苦人家或残疾人士越受大家照顾……其情其景甚为感人。真如唐朝诗人所云：“家家扶得醉人归！”一派太平景象！今者，农村“谢秋宴”实属罕见了！

贴秋膘儿

北京人的老论儿（即繁文缛节或专门讲究之处）多，但有的也很有意思。比如，贴秋膘儿就是个朴直的民间好风俗，没有什么理由非给革掉不可。昔日，在立秋这个大节气的日子，有亲友或邻居来家时，必定要吃点什么食物再离去，说这是“贴秋膘”，以示秋日万物开花结果收成好，人亦膘肥体胖有精神去干活儿。一家之主设宴请家人和亲友们吃，到山里乡间，则常自做些可口的小吃来待客。自家也尽量吃点顺口的，以示秋来秋凉了，人自珍重。昔日，到燕山内亲戚家去做客，正赶上立秋日，家家贴秋膘儿，不仅桌上有柿子、梨等时鲜果品，家里大人们还从山上套来了活山鸡，捉来了花斑鸠……用酱炒花斑鸠喝酒，吃野韭菜加野山鸡做馅儿的饺子，那美味城中人是品尝不到的。每在城里家中贴秋膘，不过是做些费钱又费事的鱼、肉菜肴，吃大米饭而已。我倒不是故作风雅，直到长成人后，每到此日吃这类食品时，我总觉得不如幼时在山村吃那酱炒花斑鸠香，大米饭和鱼肉也远不如山村那山韭菜野山鸡馅包的饺子香！可惜到现在，不要说在山林，就是城中也早把什么叫“贴秋膘儿”给忘得一干二净的了！

燎秋鲜儿

又叫“烧秋”，这是临近中秋时谷子等收割后，在田野里吃的一种颇有新意的野食，多为打农工的人或拾柴火、捡粪的孩子们的吃食。在田间的沟、坡、坎下，挖个一尺来深的土坑，留个火口儿，上边用青树枝或青秫秸秆儿搭成箅子，把弄来的什么青玉米、鲜豆荚、野蚂蚱、大肚子蝈蝈等凡能吃之物均放在箅子上，上面用植物叶子盖好，再封上湿泥土，底下点着了火，待到下边火尽，上面箅子塌或封土崩了时，则里面可食之物也就可吃了。几个人围火而食，大嚼新鲜的秋禾野物，其香甜不亚于城中酒宴。旧时，常见打工的人在田野中烧食此物，小孩们凑去，亦不吝共食。食后躺在田中，望白云之悠悠，其乐无穷。

酒水饮料类

高粱酒

这是烧酒（蒸馏法制酒）的一大宗，用纯高粱加酒曲酿制而成。在旧社会是以水质来辨别高粱酒之优劣。在京北，光清河镇一处就有南烧锅（制酒作坊）涌泉，北烧锅永和泉，西烧锅润泉；清河至巩华城之间又有西三旗村之烧锅，占地更多，规模更大，均以酿制高粱酒为业，然均以水质好为盛。人云“水是酒母”，此话真是一点儿也不假。每逢京北大小庙会，各烧锅均助“香资钱”，并设酒摊，供人廉价饮用，此亦可谓是广告之一法也。当地乡民则驮上一二斗高粱至其处，既可换酒，又可买回一些日常零用小物件。西三旗的大烧锅院中就设有卖百货的“绒线铺”（百货店）。以高粱酒为主，农村农民的买卖很兴旺。

杂粮酒

用各种杂粮，烧制（蒸馏）的白酒称为“杂粮酒”，虽不及高粱酒之有高粱味，也不如高达七十多度的绿豆烧酒醇厚，然其度数不低，且价钱比较低廉。大酒缸及小酒馆儿等大众饮食处多出售此酒。贩运私酒者亦多以其酒走私。所谓“私酿”和“村酿”等多指用杂粮自家烧制的酒饮。古人有不少诗词是歌颂杂粮酒的。从北京德胜门外的马甸直至昌平县城的大道，基本上笔直，途经无数荒村野店及清河、沙河两镇。“多年大道走成河”，确是如此，这条大道已自然形成了有不少沟沟坎坎、塘塘水水的河网地带。两旁有不少的野店均制售杂粮酒。笔者家住清河与沙河之间的北坟地，开有一大茶饭馆，也制卖此酒。

茵陈酒

“买茵陈，泡酒喝……”旧时，每逢正月初几，就有臂挎小篮，篮内盛有匝地棵儿的小茵陈，外覆湿新羊肚毛巾的小贩在走街串巷地叫卖才出土不久的青蒿苗儿——茵陈。人们买来，洗净，控净水分，泡在白酒里，过一两个星期，酒呈淡绿色，甚是可爱，又有清香的茵陈味道，并可清热利湿，去黄疸身热之症。俗谓："正月茵陈，二月蒿。"茵陈一到农历二月就长大了，不宜泡酒用，且其春生初发的劲脉也没了，人们就不爱用它了。笔者幼年，胡同里正月间常有住户买此物泡酒，以为一年之吉利好用。教私塾的杨晓峰先生平时不沾酒，唯在正月买茵陈泡酒一二斤，以为一年享用。记得有同人老先生曰之："晓翁不沾酒，醉时骂茵陈。"成为当时文人圈之笑谈。笔者知几位著名的武生演员均好于春初用茵陈泡酒，每完戏喝一小盅儿入睡，其香甜宜人，世人皆知。

大碗茶

此亦为北京特有之饮水。火车站等地常有小贩备有大暖壶，盛着沏好的茶水，用大饭碗卖，一碗也就毛八分钱，是种经济实惠的大众饮料。后来有人以此发财，称"大碗茶"，实际上是"大宰人"，真可谓无耻至极，然竟有喊"宰得舒服"者，奇怪之至！现在，真正卖大碗茶的，是用带盖的玻璃杯或瓶子，比较卫生，但，价钱也涨到三四毛钱一碗。一两茶叶（次者）可沏几壶？令人咋舌！不过，在公共场所，国家所许可卖的大碗茶也不失为普通老百姓的一种好饮料。真正的老北京人知道什么叫大碗茶，它既不是北京的特有土产，也无须无中生有地以它做门面。"大碗茶"就是一大碗茶嘛！

满天星和高末儿

这两个名称全是对茶叶末儿的称呼。满天星，是对茶叶末儿的贬称，因其被水沏泡，犹如满天星斗，少候，才能下沉。高末儿，则是指茶叶店中的碎茶。一般熏配上等茶叶剩下的碎末儿，就称"高末儿"。每一小包高末儿也就等于一般小包茶叶的一半儿。到茶馆内沏一壶高末儿，那是最便宜的了。笔者记得，家住北京前门外冰窖厂时，有一大茶馆祥瑞轩，到此喝茶的有些是下层的劳苦群众，不喝昂贵的好茶，只沏壶高末儿解解渴而已！有位拉车的朱斗子，幼年学过说评书，他曾唱一段太平歌词说这高末儿："拉座儿我拉到街西，走进茶馆解渴我好稀奇，有钱的喝毛尖还嫌味不够啊，我喝高末儿满天星斗稀！"

枣叶茶

忆旧时，冬日晚饭后，一家人聚坐在热灶头儿上，喝着自己家树上或山野酸枣树上枣树叶子做的茶叶，听二外祖父朱二清说《十三妹》。乡梓亲情，至今不忘，茶香亦至今不衰。早春，在枣树才发芽时摘下其芽叶，洗净，蒸得半熟，即倒在大案子上擦晒成卷儿，再于通风处阴干。勿晒，一旦晒干，则其茶叶味儿大减。待其阴干后，收起，可当茶饮。于夏季茉莉花盛时，可用茉莉熏之，则成茉莉花茶。秋月，桂花盛时，经桂花熏之，则成桂花味儿的茶叶。这是农民自产自制茶叶之一。"要喝枣叶茶，市郊到佛家"，这句话还真不假，笔者少年时同几位好友去郊游，也学古人的"旗亭问酒，萧寺寻茶"，到北京土城外的一家有数十棵枣树环抱的"敕建通古禅寺"去叩扉求茶喝。老和尚还不错，他把自己喝的枣叶儿茶沏来给我们喝，还大谈该茶的好处，并说这水是从本寺后院自家深井打上来的，绝对干净清冽。我们一因年少，二因口渴，也不顾什么风雅之举，开怀畅饮，只觉得其茶好喝至极。然其所言及枣叶茶之香却时时萦于心头，总想再去寻之，问个究竟，以博自家知识。谁知事过境迁，十几年后，我于春日乘兴再去该处寻访时，老和尚早已去世，小和尚不做什么佛事，俗不可耐。且寺中大殿、配房内全住着国军暂编第三军，又是骑兵，人马糟蹋，甚不像样。且西厢住着一个官儿，又有个妖里妖气的官太太，正骂枣叶茶不好喝，喊着叫人到城里大栅栏张一元茶叶店去给她买毛尖。真真狗屁不通之一群无赖之徒！

野山茶

“山茶棵，山茶棵，地里庄稼熟了想哥哥！”这是农村的儿歌，是说这野山茶与做农活儿的人是离不开的。记得每当夏天歇晌以后，人们总爱在西屋檐下，或大树下喝足了山茶水，才到田里去干活儿。平时，用大卤壶（一种瓦制灰色有四个提耳的大茶壶）往地里去送，也是送这种野山茶棵子沏的水。至今笔者也没有向植物学家讨教这种野山茶棵子学名叫什么。只知其为丛生、互生椭圆叶子。将其叶子摘下，上锅炒一炒，以去其“青气性儿”，然后搓成茶叶形，放于通风处阴干之，干后可当茶叶饮。夏七月用茉莉熏之，则成“茉莉山茶”；秋月用桂花熏制，则成“桂花山茶”。这是农家自产茶叶之一。

绿豆汤

绿豆汤是城里城外暑日必备的饮料。尤其当夏日庙会期间，常有慈善家熬此汤，免费供客人解渴。笔者幼年，夏日在乡村有常备的此汤供饮。尤其是此汤凉后，用井巴凉水镇凉，再加些白糖在其中，真是绝好的消暑饮料，绝不亚于汽水等消夏饮料。将好绿豆洗净，用水选法淘去其浮于水面的不实者，放于水锅内煮，待绿豆开了花，汤色变浓为止，凉后即可供人饮用。民谚云：“解暑绿豆汤，无病度三伏（指最热的初伏、二伏和三伏）。”每年农历四月份，是京郊西北大庙——妙峰山娘娘庙的盛会，从京城及四面八方，多少朝山进香者、形形色色的还愿者不绝于道。是时，各路均设有茶棚，有的就施绿豆汤给大家喝，不愧为一大善举！

酸梅汤

“喝来呗，又凉又甜的好梅汤，一大碗唻……”在城中的街头巷尾，或乡村的庙会上，常有卖梅汤小贩的吆喝声。做此物大有学问，在城中，早年至今，就数东琉璃厂西口路南信远斋制售的好。如今，此店已迁至朝阳门外东大桥以东路南，买卖就差多了。加之，被新出的各种饮料所排挤，生意更不如从前了。然而，喝它所制售的酸梅汤，还是强于其他后出之饮料。早年，在庙会上所售之酸梅汤，其中多用糖精，实为次品。夏日，家中自制此品亦远胜于庙会所卖之品。在北方，则从干果店或中药店中买酸梅回家，有的用开水沏泡，有的用净水煮沸，加上白糖或冰糖，再加些从中药店里买来的“蜜桂花”，其味亦甚好喝，为京中消暑胜品。

枣儿汤

自家院子或空地中植几株枣儿树，是最好的绿化，既美化了庭园空地，又得到了实惠——枣叶可以当茶叶；枣花开的时候，又可为蜜蜂提供很好的“蜜源”；鲜枣儿红熟时，又是美果；枣花晒干后，成为熬粥，做糕、汤的好主料。每到夏日，大人们将干枣儿洗净，放到开水锅中去煮，要多放些水，等到将枣子煮开了花时，其汤则有枣味美，微甜可饮；凉后当日常饮料，既养人又经济。在城中或乡间庙会中，有小贩制售此物，售价亦颇便宜。若在枣汤中再加些黑糖、白糖或冰糖，则其味更美。此为城中家内常放之物；在乡间，则什么也不放，亦多自然之美。庙会中小贩制售的枣汤中，多放入糖精，虽甜，然对人无益。

酸枣汤

旧北京的城墙上，乡野的沟坡上，山间路旁……可以说随处都能见到酸枣儿的影子，其生命力之强在植物中是少见的。酸枣儿在秋天结果，果圆，似小手指头肚大小；味酸，也有酸甜儿的。其核中有小仁儿，可入药，对心脏、肾脏有好处。然人们多于夏日用去年存放的干酸枣儿加水熬汤饮用，其汤色微黄，有安神补气之作用，且解渴好喝。乡间讲究吃当年的鲜酸枣儿，喝去年的干酸枣儿汤。在我上中学时，有几个城中同学，暑假同我一起回乡村老家住、吃、喝、玩……他们真高兴极了，就像乡下人进城一样——看什么都新鲜，吃什么乡食都觉得好——在城中吃不到，特别是当他们喝起酸枣汤时，竟不知何物所做，觉得比酸梅汤还好喝！

杏干儿汤

杏干儿汤，也有人称其为“杏干儿水”的，其实这是两种做法、两种小吃：杏干儿水，是用好杏干加凉开水泡成，是饮料，在乡镇或城中的小摊儿、挑担子上均常可买到，很便宜，是儿童的一种常用饮料。杏干儿汤则是用干净的凉水熬好杏干儿，使杏干儿发开而做的，带有杏子味。每盛一小碗，再在碗中放些白糖，吃着就更香甜可口了，是一种小吃类的食物。不过，杏干儿汤的营养并不低，可顶得上一听杏子罐头，且没有于人无益的防腐剂，可算是廉价的好小吃儿。笔者于郊区的三义庙、四月庙及二拨子二月十九庙会上，都吃过此小吃。尤其是在京北回龙观正月十五灯节会上，冬春之际饮此汤，更别有一番情趣——冬冷春夏到。

心里美汤儿

心里美，是北京人对水萝卜的爱称。其萝卜，皮儿上青下白，瓤儿则红、粉、白、紫色，真是美不胜收。此萝卜不单色美，亦可吃也，人吃后，感觉脆甜可口，微有萝卜味儿，而在烹饪中，可将其刻成各种花样，为美味佳肴增辉生色不少！其中尤以刻成玫瑰花最为美观，观赏价值极高！心里美萝卜在山农之家并不十分可贵。笔者曾亲在山区吴桂莲家喝过“心里美汤儿”，然绝不见其物（萝卜），据云是把心里美去皮后切碎，放在净布内绞取其汁液，积少成多后，再放入些白糖，供人饮，则美不胜收。只不过这种汤儿只宜现取现饮，不能长时间存放。它是“隔顿（饭）就馊”，馊了，就不堪饮用了。

野菜汤

此汤纯为农家饮料，用以佐餐。做法简便，用料可随所采之野菜而用。此汤也有两种做法。一种是“炝锅的野菜汤”：把采来的野菜洗净、择好，横切成段儿。另坐锅，下底油，油热了放入葱花、姜片、蒜瓣儿片等，煸出味儿后，放汤，汤开了，再放入备好的野菜，开锅后即熟。此汤味儿好，营养不次于有名的菜汤。另一种是“倒炝锅野菜汤”：把野菜洗净、择好，横切成段儿，投入开水锅内。开两开后，即盛入有倒炝锅作料的碗内供食用。其倒炝锅作料有食盐、香油、姜丝、蒜片儿、葱花、醋等。其汤略有酸味而野菜味浓，且有葱、姜等作料味儿，是就饭的妙品，且营养也较丰富。

米汤

米汤，是煮饭或捞饭剩下的汁液。大米、二米、青谷米、老米等米的汁，均称之为汤。其营养并不亚于米饭，有时反比米饭还要高些。故此，民谚有颂米汤云：“喝米汤，胖又胖。吃饭的，瘦干郎！”在农村，常以米汤就饭吃，或留作汤饮，亦甚养人。笔者记得，幼年时每渴了，家中的大绿瓦盆里总有米汤可饮。清晨，往往随母亲送饭到田间，在那地头的柳树下，闻着新翻的泥土香气及百花野草青鲜味儿，吃完饭，喝碗热米汤，则别有一番农家乐趣，至今犹在眼前、口边一般。如今，虽然住在北京城里，但仍旧吃捞饭，并不把米汤扔掉，而是用米汤做稀食当汤饮。同时，也教导儿孙们惜福，懂得喝米汤的原因和道理。

白菜汤

是农家冬日常食用的一种汤菜，或汤饮。将白菜洗净，横切成段儿。坐锅，下底油，油热后，放入葱花、姜丝、蒜片儿，煸出味来，这时候下食盐不下，很有学问——老人们讲：

如下盐煸炒后再放汤，则成白色的奶汤样儿；如果先放汤，后加食盐，则为清汤儿。见开后再下入切好的白菜段儿，见几开后，就成了白菜汤。该汤下饭，又适人口味，不腻而香。笔者少年时在乡间常食此白菜汤。后在城中自做自食，亦颇鲜美，且令人崇尚俭朴。如出锅后，盛入碗内，再淋些香油和胡椒粉，香中有微辣，更为汤中之佳品。俗话说："一碗白菜汤，送你过长江。江南油菜好，不敌白菜长（远）。"大概是夸江北大白菜比江南的油菜还好吧！

鸡子儿汤

"厨子忙，鸡子（蛋）汤。"是说厨师忙时，就用"鸡子儿汤"供客，以免费事再做别的汤饮佐餐。鸡子儿汤又叫"高汤甩果儿"。其实民间做的鸡子儿汤是不同于厨师做的高汤甩果儿的。鸡子汤有两种做法。炝锅鸡子儿汤：先在锅内下底油，煸葱花、姜丝、蒜瓣儿，出味后，再放汤，汤开了，打进鸡蛋去，可以不打碎蛋黄儿，成"卧果儿"，也可在碗内先把鸡子打散，再倒入汤内，快熟时，加入些食盐及醋即成。再有一种是"倒炝锅鸡子儿汤"，只用白水煮鸡蛋，熟后，盛入有倒炝锅作料的碗内供食用。倒炝锅碗内的作料有食盐、香油、葱末、姜末、蒜瓣儿等。其汤自有一番鲜味儿，不同于炝锅鸡子儿汤。

鸡血汤

在乡间，每逢年节杀鸡时，总用小碗单盛鸡血。在城里，菜市场也卖此定成小坨儿的鸡血。将鸡血切成细丝，另起锅烧开水，放入些醋、酱油、食盐，见开后，放入切好了的鸡血丝儿，开两开后，再放入葱花、姜末及味精（没条件时，可以不放），并少放些料酒或白酒，即可盛入碗内，再撒上些胡椒粉和香菜末儿，就成了家常做的鸡血汤了。若逢年节有"白汤"，则不用开水，改用白汤更妙。此汤香中有鲜，不同于一般俗汤，以此汤下饭最好。在城中饭馆里，有鸡血或鸭血做成的汤卖，然其鸡血、鸭血多来自菜市场，鲜味大减，做出来一尝，几乎除去油香及味精味儿之外，别无他味。与往日自家做者去之甚远！

氽鱼汤

故人张宗乙君在通县渔夫中有好友李老头，李老常在潮白河及通县护城河等地捕鱼。他把捕到的鲜鱼在河水中洗净，用岸上带去的净水洗过，又用该水在船上烧开，白水下鲜鱼，将其汤盛入用姜末、葱花、黄酒、食盐、香油等当佐料的碗内。人喝一口此汤，其鲜美远非城里金堂大宴中之汤可比。早年，张宗乙君曾偕笔者造访李老，在其船上烧此汤饮，适逢春雨潇潇，雾气蒙蒙，岸边垂柳，依稀可辨；人在其中，浑如梦境。正是所谓“难得风雨故人来”的时节，酒后饮此活鱼汤，真妙不可言，美不胜收。而今，宗乙君已作古，遍访渔父李老时，已无人知晓。江河依旧，故人踪杳，再喝此氽鱼汤，除去美味，却添了几分伤感！

桂花蜜水儿

去城中中药店买上一两“蜂蜜桂花”，回家放在干净的瓷盆内，用开水沏开，并搅动之。不够甜时，再加入些白糖，凉凉后，即为解暑消热的好饮料——桂花蜜水儿。其实，此物在乡间，完全不用买，全系产自家园中，且新鲜无比。笔者早年常住亲戚陆砚卿家，其家在京北梁庄子，虽是个小村，但四周树木稼禾茂盛，且各色家花野卉众多，家家养有蜜蜂。村中有几家人家有桂花大树，每值秋后，自家蜜熟，新桂花亦上市。以此二物加些白糖，共用开水沏之，凉后供饮，其味，有中秋桂花之美，且多蜂蜜之缠绵香甜，真是饮而美之，有口难言其妙！然其水不宜多饮，可谓只可解其馋，不可解其渴。若真渴时，饮其水是不行的。

小叶白糖水

老北京人讲究喝“小叶白糖水”，言其可以祛痰降火，又解渴又能治病。在茶馆或澡堂子里，不少顾客自带好白糖，叫柜上给沏一壶好小叶茶水来。柜上往往是每一小包茶叶沏一壶茶，沏好后，把上有价钱的包茶叶的纸叠好，掖在茶壶嘴儿上，给顾客端来。小叶儿，指的是从南方来的叶小、味正的茶叶，例如“毛尖”“雨前”等，价钱比较贵。好小叶儿加好白糖，用干净的水沏开，不单好喝，也确实是一服好平安药。笔者曾患眼疾——暴发火眼。外祖父每天早晨即用此水叫我熏眼，另弄一碗来饮。不到一个星期，眼疾就好了，而且从未再犯过，人云：北方自产自做之枣叶茶加好白糖亦可，唯用山茶棵子沏茶加白糖则次之。

姜糖水

小时候，遇有伤风感冒，老太太们则常沏一碗姜糖水来给喝下，发发汗，就好了。所谓“姜糖水能治百病”，当然是言过其实。然就其用料和功效而言，确也有独到之处，尤其是其制法简便，人人可制之：将鲜姜洗净，切成细丝儿，放在碗内，并加上适量的黑糖，然后用沸水沏之，即成。让患者趁热喝下，喝时，能出些汗，就更好了。姜，辛辣，能祛邪气而开人胃口；黑糖，可补人血、气，以防姜蒸发过甚而造成人的虚脱；开水能融合姜、糖二物，使其发挥各自的作用，且有热力，能引导姜、糖入内，并且以热力驱赶体中寒邪，入人脾胃，是很有作用的。简单的三味饮食，完全合乎中医“君臣佐使”的用药方法。

糖藕水

秋末，摘完莲蓬，即下水踩藕——用脚踩到，再用手将其取出，名曰“踩藕”。人们常把鲜藕洗净，做成各种菜肴和煮取藕粉。到夏日，常把鲜藕切成薄片放入开水中煮。多煮一煮，除去藕片可食之外，其熬藕的汤汁亦可做很好的饮料。如能在其中放些白糖或冰糖，成为“糖藕水”，则更好喝了。过去，只知莲藕可制肴馔或小吃“糖藕片儿”，不知道尚可做很好的饮料。笔者年少时往京北三合庄杨淑琴二姐家，正值暑伏连天，酷热侵人，忽见二姐拿来个绿瓷盆，中无他物，唯清汤而已。取杯尝之，甚是甜美，而有水乡之味。二姐说，此即是“糖藕水”。其美，绝不输城中汽水半分。

杏干儿水

“喝来呗，杏干儿水，一大碗**唻!**”这是京郊乡间庙会上卖饮料小贩的吆喝声，至今犹在耳际。每忆起，不禁引起童年乐趣的遐思：把杏干儿洗净，用开水煮熟。煮时，加些白糖，最好是加冰糖渣儿，其汤水，色微黄，口味凉酸中带甜，且可细嚼杏干的美味，是一种普通的廉价饮料。在乡间庙会上常有制售此品的小贩。然在山区农家，则是用山泉清水煮自家园产的杏干，不加什么糖，其甜酸不减，清美自在。笔者在京郊山区吴家坡吴桂莲家常喝此水。回城后亦常于夏日自做此水，以为常饮。读者自可试之。今日庙会上或农贸市场中，也有人卖此水，甚至有人以××山××地天然杏汁为原料……其实内中多糖精，饮者当视之，切莫被此辈小儿糊弄!

冰糖水儿

用凉开水泡开小冰糖渣儿，再兑上不同颜色的“食色”就成冰糖水儿了。颜色很多，有红的、绿的、黄的，等等。在乡村社火庙会上，有专门卖这种冰糖凉水的小贩。该水装在有“亚”字形脖儿的瓶子里，“亚”字中间有一能转动的玻璃球儿，可以控制瓶内水的流速。喝时，珠儿不断地转动，很是好看。这种卖水小贩的吆喝声也颇具特色，往往在吆喝词儿中，述说某种与甜水有关的情况。有人夸大其词地戏唱道：“喂：喝来呗，又凉又甜又好喝，讲究卫生好处多。我知道那糖精甜来，我也不敢搁——警察来了他给我翻了车！”其实，庙会上所售之糖水，多不用价钱较贵的冰糖，而是偷偷地用糖精。在农村，自己家做的，确是用凉开水沏冰糖渣，只是一般不加“食色”罢了。

冰核儿水

将成块的冰化成水，其甘凉如同饮井巴凉水。北京城中夏季，常有推小车子或挑担小贩卖砸碎的冰块，名曰“冰核”，常吆喝：“冰核来窝！”旧时，多为自然冰收藏至翌年夏季者。城中多取自护城河的天然冰，不卫生。城内有冰窖，专门藏冰，用来冰藏鲜果等物。到夏日，卖冰很能赚钱。小贩们以几个钱从冰窖买得一块冰，沿街叫卖，用“冰镩”（一种头上带尖儿的粗短铁棍，用来弄碎大块的冰）砸冰来卖。人们把买来的冰核儿化成水来饮，亦甚凉爽。在乡间，则于“腊八”——腊月初八日，到河中凿取大块冰放在自家的粪堆上，使冰核儿慢慢化成水浸入粪中，以求来年之丰收。

井巴凉水

井巴凉水是北方乡间人称从水井内新取出之水，凉而好喝。夏日，常于菜园子或大井台上去喝井巴凉水，不闹肚子，且好喝、解暑热。但在旧时，亦需喝甜水井中之水；苦水井中之水虽凉，却不堪入口。在北京城中即有此二种水井。至今犹存有“甘井儿胡同”“三眼井”等地名可考。在郊野，自古就有此两种水。京北回龙观北庙台上，有东西两眼水质迥然不同的井，相距只不过二十来米远。西边的井水，终日有来汲水饮用者，夏日更多来喝其井巴凉水者；东边一眼为苦水，井沿石上虽有绳子磨的凹痕，并有一深凹的马蹄子印，然却不可饮。郊野水好者不乏其处，然以玉泉山之泉水为最好。

芦根水

芦根，即从塘内采来的新鲜的芦苇根，细而有节，其实是苇子的地下茎。它有利尿和清热解毒之功效。将采来的芦根用清水洗净，切成小段儿，放入开水中去煮，多煮几开后，其水即可当饮料用。笔者记得，小时候在农村，春天大人们常以此水为儿童解渴。其时有赵姓名陈姑者，最善采此根熬水送人饮用。人们常说："春饮芦根，夏用绿豆汤，百病不生更硬朗！"这是夸芦根水的美。其水有鲜苇根之清香，微苦，并略有中药味道，虽不如绿豆汤好喝，然其功不可灭。笔者犹记，每年京西北妙峰山娘娘庙会最为热闹，游人最多，香客也最多。由我家去的一路上就有三个大茶棚施饮芦根水，还外加白糖。真乃善事一桩！

北京郊区的水

旧北京的郊野之乡不乏味甜而美的水井，供北京人世代饮用。元朝宫廷御医忽思慧著的《饮膳正要》中记载，至大（元朝年号，1308年—1311年）初，皇帝至北京郊外去放鹰，请皇太后去观看。途经邹店，皇后饮其水美，特命造石栏以护其井。今其地虽不可考，然亦足证北京郊区自古即有美水。还有的不单水美，取用也很方便——井水升至井口了。至今，京北犹有以"满井"作村名的。京北回龙观村于家菜园有井，水满至井半，常年汲而不断，足见水脉之足。全村有水井不下一二十处，有的就是苦水，如该村北庙前东边一眼井即是。有张氏挖出为旧日三国时期的大井，井口直径可达丈余，开为菜园，其水亦甜美。

泉水

天下山泉水虽多，大多数都甘洌好喝，然最好喝的当属北京城西玉泉山的泉水。其泉名为"玉泉"。相传金章宗曾避暑到此。清圣祖在其山麓建有"静明园"。其泉水水质清明美好，有益于人，清时曾为皇家用水，一直到末代皇帝溥仪时，还有一辆水车，每天由玉泉运水入宫，车上插黄旗，出入阜成门，走路中央，无人敢阻。相传，清朝乾隆皇帝曾用秤称，较量其水与京郊各种名井名泉的水，然均不及玉泉水轻，遂定此为皇家饮用水。至今，有 × 集团开发其泉，用其泉水装瓶成为“玉泉山矿泉水”畅销北京及外埠。笔者家住京北，曾数往玉泉山去玩，饮其泉水。所谓：“千山景不够，独此一泉美！”“玉泉垂虹”是燕京八景之一。真是：山美、水美、景美，泉更美！

雪水

“一杯净雪水，来自野僧家。虽无肴待客，清心有山茶。”这是题在京北十三陵一供游客食宿山寺壁上的诗，虽不讲什么格律，但却道出山家清寂之情，道出游客自寻清净的境界。郊野山寺之僧，或居乡之有识之士，往往于冬日取篱上或树上之“净雪”，化成水，存于净瓷罐中，留待夏日烹茶用，其味甚是香美。笔者认识的吕振东，即是国民党第二十九路军的一位连长，因负伤掉队，隐于民间当农民，从不为日本敌伪做事，乡人亦敬其志节，无人举报。笔者曾见其于下大雪之日广收雪水，夏日以此水烹制“枣叶儿茶”，其味美香清醇，非一般卖自店中者可比。其人寡言，然于劳动和收雪水却是好手。

长流水

一年山水长流，在全国各地不知有多少，但以此水为饮、为景、为用的却不多，特别是在北京郊区的无名小溪更是如此。在京西南郊房山县城西山区有一对黄姓老夫妇，院后自山缝间流下一条涓涓细流，长年不断。即便在严寒冬日，用此水洗菜亦不蔫、不脏。此水流入老夫妇院内自然成为一条小小溪，供人饮用、观赏后，又缓缓流出院外，到山下去汇合其他大溪而去。笔者曾亲尝其溪水之甘美，绝不亚于玉泉之水，并胜于城内诸甜水，是泉水中之佼佼者。据老乡们说，老夫妇之独子身居高位，曾数次接老夫妇到城中去而不往。是否即恋此“一泉之美”？笔者问黄老，则笑而不答。每于酒后问及时，则答曰“故土难离”而已！

原料调料类

细罗面

“细罗面，细罗面，擀条儿包饺子全能干，就是当中得掺榆皮面。”这首京乡俚歌说的是，细罗面与榆皮面儿配合在一起，可以擀面条、包饺子、烙饼、压饸饹等多种食品。但其面，一般是用白玉米（白棒子）粒儿碾碎，过细罗而成，再掺上一些榆树皮碾的面，以增加其黏合力。细罗面是农村中比较细的粮食。笔者犹记幼时在京北三合庄有姨姐任淑兰家，最擅制此面，多少人家碾细罗面都到其家去请教。其主要是只用头罗面掺榆皮面，不用“二烂面”。头罗面，即是将白玉米粒碾碎后，第一次用细绢罗筛过，不含一点儿玉米皮子，再掺入榆树皮面后，吃起来滑润而有劲，又无玉米皮子渣在面中作怪。

一罗到底面

和乡下农村人一说这个词儿，他就知道这是个说面的等级的词儿。凡把谷物的种子磨成面粉，都有这种面。就是在碾子或石磨中一次将谷子轧碎得没法再轧，这时，过罗一筛，罗下的面，就叫“一罗到底面”。其面含有谷子的细碎皮子，是个不多出谷皮子的办法，但其面较次。轧小麦种子做面粉，最讲究的是“头罗面”，再次的是“二罗面”，最次的是这“一罗到底面”。其面又称“黑面”，因其很少出“麸子”（麦粒皮子），大部分麦皮子都被轧碎筛入面中去了。可是小麦的一部分营养成分恰恰就在这麦皮子当中！故此，人说吃这种面比吃麸子少的“头罗面”还要好。旧时农村中，日常吃这种面最多！

二罗面

也称“二烂面”，这是京郊农民对各种面的等级的一种称呼。凡谷类籽实被上碾子轧时，头一次轧，过罗筛下的为“头罗面”，质量最好。把头罗面筛过的谷身子（糁子）再上石碾子轧碎，再用罗罗出来的面，被称为“二罗面”，也叫“二烂面”，其质量不如“头罗面”好，内中有细碎的谷皮子。在农村，磨小麦成面粉时，最讲究这个道理：头罗面，往往留住过年过节，或招待客人时吃；自家吃顿白面时，往往吃这“二罗面”。其颜色不如头罗面白，可是口感好——俗称有咬劲儿。在农村中，如果用这二罗面来吃“板儿条”(宽面条的一种)，浇自家在河中捉的小河虾米炸酱，面中再拌些黄瓜当菜码子，那滋味好极了。

小麦片儿

这是一种很特殊的粮食。把洗干净的好小麦粒儿上石碾子稍轧一下，用罗过一下子，罗中就是“小麦片儿”了。有麸子(小麦粒的外皮儿)，有白面，加水熬成粥，就是很讲究的“小麦片粥”。如用鸭汤熬成，就叫“鸭汤小麦片粥”。昔日，北京的老号“全聚德”就在每晚夜宵中卖此粥，而且价钱甚便宜。更有用白水煮鸡后，用其汤来与小麦片熬成粥者，曰“鸡汤小麦片粥”。其实这两种食物，在郊区乡间均不难得。因为家中地里可产小麦，岸下水泽中养着几百只大白鸭子，那墩台(古时点烽火报警的大台子)四围有墙，土墩上长满灌木和草丛，还有一个鸡窝，每天撒些次谷子，可终日捡鸡蛋，吃鸡肉，也可以做些鸡汤(鸭汤)小麦片粥吃吃，真是美事一桩!

小米面

有两种小米面。一种是纯用小米(谷粒仁)磨成的面粉。在乡间用它和玉米面、糜子面、小麦白面按一定比例掺匀，用水和好，发酵后，蒸成发面饽饽，为北方过年时常备的主食之一。其味甜而微酸，北方冬季过年前就蒸很多这样的发面饽饽，装在大缸里，放到院中阴凉通风处，盖严盖子，有亲友来时，在锅上笼屉内馏馒头时，捎带加几个发面饽饽，留给自己吃。另一种，则专指北京人常用来蒸窝头的小米面。这也是北京人的常食之一。

解放前后，在北京南城最著名的厂家是骡马市（或云为西珠市口）路北的“大和恒粮店”。这种小米面也是由玉米、黄豆、糜子等共同磨成的。当时大街小巷中都有专卖此物者。

棒子面

这是北京人的叫法，它是“玉蜀黍”的籽实磨的面，又叫“玉米面”“杂合面”等，是北京大众的常食面，它可以做成许多种吃食，如窝头、贴饼子、粥、粑粒、摇汆汆儿、糊饼等。大致可分黄、白两种。黄玉米碾成面时，最好的是在其中掺四分之一的大豆（黄豆），磨出面来既有甜香味儿，又有营养。白玉米，讲究的是一种“马牙玉米”，因其棒子大，粒儿大如马牙，故名。其籽粒含面量大，多出净玉米皮子，过细罗成为细罗面，可掺入一定比例的小麦白面或榆树皮面来包饺子、烙饼、擀条儿等，做较细一点的饭食吃。

大破粒（小破粒）

北京人把“粒”读白了成“烂儿”。用玉蜀黍（老玉米）粒儿碾一遍，簸掉玉米皮儿，光剩破粒儿后的大块心渣儿，即成“大破粒儿”，多碾两遍，即成碎块儿的“小破粒儿”。一般吃法是，用大破粒儿捞饭（熬粥也行），用小破粒儿熬粥。大、小破粒儿，是农家必备的常用粮食。老农民常说：“早饭小破粒儿粥，晚饭大挡戗（白薯），只有午饭好，窝头当干粮。”北京西南房山县山多地少，有许多地区就吃破烂儿粥以度日。到贫穷山区则吃不出皮儿的磨玉米粒，叫“馇子粥”，更是难吃。笔者在“文化大革命”时期因为成分高，又不会“拍马屁”，用言语得罪了“军代表”，被发往穷山区去劳动，几乎每天吃破烂儿粥或馇子粥。自回北京后，一是不敢忘那段辛酸可恨的历史，二是着实想念那些贫穷山区的老乡亲们。不想有位姓阎的老乡亲带孩子来北京看眼病，还特意给我带来一些去净了皮的大、小破烂儿，并不好意思地说："穷山区没别的好带，叫你笑话啦……"说罢，声泪俱下，我也感动得落了泪。留他父子治好眼病，给了几件衣服、几十斤大米和一些钱。送他父子上车时，还托他问乡亲们好，不想几位知心要好的乡亲在壮年就去世了……我留下一些大、小破烂儿，舍不得吃，也为留下些"念想"吧！

绿豆粉

绿豆，在粮食中算细粮。一是因为它产量低；二是不好收种：在收时，不熟不能收，但一到熟了，一割其豆秧子就"爆角儿"（豆角自行干裂开，豆粒儿就散落在田野中了）。到乡镇集市上去卖，也比别的豆子值钱。它可以"漏粉"（制成粉丝），亦可碾成面粉做"疙瘩汤""拨鱼儿"等吃。旧时，在村中有用人工或机械把绿豆面轧成细面条儿的。在绿豆里掺入些其他杂豆，轧出来的绿豆杂面，其味儿差远了。如果用自己地里产的绿豆碾成面粉，再做成绿豆面条儿，味道当然就纯正了。再用一些肥羊肉和黄酱炸成酱来当浇头，那滋味就更不一样了，怎么也比买来的强！

大麦粒儿

用大麦粒儿米熬粥，这种普通吃食乡里人常做得吃，城里也有得卖。好的大麦粒儿及其碾成的面粉，在价值上、味道上是不亚于小麦的。然而，农村里却很少有人种大麦，即便是种一些，也是正当其麦粒足、似老未老之时用镰刀割下来，铡碎了当"料食"喂牲口。但也有的地却只适合于种这类庄稼。笔者记得在故乡有一片由河泽开垦的田地，当中有一座"家庙"，庙不大，很有点来头，据说它是宫中王老公的家庙。庙中的主要木结构全是修明十三陵时的剩余木料运到此盖的。它的周围是"庙产"，其地就只适合种大麦。每到大麦生长的旺季儿，只见庙四周是一片青绿：大麦的颜色是发青的绿，上有白霜儿。所以，其庙里麦粒儿就多。

荞麦面

这是用荞麦去皮后磨成的面，其颜色灰白，有一种特别的荞麦味儿。有人说其性寒，胃软的人不敢吃它。其实它也是很有营养的，也是个农民度饥荒时的“功臣”。老乡们常说：“水涝天旱秋作害，日子短了种荞麦。”它一尺多高，红茎，绿叶，白花儿，很是好看。花开季节，不少人在荞麦地里放蜂采蜜。荞麦面，乡下人吃，也登大雅之堂——旧时，北京大李纱帽胡同东口路北，有个二楼九间门面的大饭庄（同福居），就向劳动大众卖“荞麦锅贴儿萝卜汤”——一份很好的便餐。乡下家中，几乎每年在地里旱涝时都补种荞麦，用荞麦面烙饼、包饺子、擀条儿，无所不可。如掺入些白面或榆树皮面儿，就更好了。

糜子面

糜子又叫“穄子”，所以用这种谷物磨成的面粉，又叫“穄子面”。这种谷物的样子（棵、穗）和黍子差不多，只是其穗子较密，籽粒不发黏。用这种谷物推成的面，一是与玉米面等掺在一起做“发饽饽”吃；再就是用水将其和成稀糊状，在烙糕子铛上烙糕子吃，既松软，又甜，颜色嫩黄，好看好吃。人们多是在地边儿上种上几垄糜子，整亩地多种者较少，因其产量不如玉米、谷子等高。它长在地里，外行人很难将其与黍子分开。但簸打后，可以看得出来，这种糜子的粒儿较大较白。在城里，一般是将其磨成细面儿，用开水冲开，加上黑糖，瓜子等果料等，就成了城中有名的“茶汤”。旧时，在庙会中常有用大壶冲，小碗卖的。笔者年幼时，在北京西城之白塔寺庙门前，有一份大茶汤摊子，两把大铜壶中满盛了开水，小青花碗内盛着“油茶面儿”和“茶汤面儿”，由顾客自选，很干净，很好吃。当时，真想不到这乡中产物居然也会登上城中讲究的小吃摊儿。今天，改革开放后，在乡间田地中，我又看到了高不过二三尺，垂头散穗儿的绿油油的糜子，如见故人。农民们说，这打下来的糜子或磨出来的糜子粉，是专以小杂粮的身份，卖给杂细粮店的，也可能是卖给小摊主去冲茶汤卖……昔日有农谚云："一棵糜子，（打）二两粒儿，费工费肥又费事儿；冲成茶汤喝一口，又甜又面舔舔嘴儿！"真是很诙谐地把"谁知盘中餐，粒粒皆辛苦"的诗句给形容得很具体了！

黏面

黏面的种类可多了。提起吃黏面来，我认为真正在乡下住的人比总在城中住的人吃的样儿多。城市中，不过平日吃个盆糕、年糕、八宝粥、粽子什么的，大体上离不了江米（糯米）面及黄谷子米面。但黏老玉米面儿，黏高粱面儿，黍子面儿等就很少吃到了。因为这几种黏物的色儿远不如江米白。每年农历正月十五"灯节儿"（上元节）时，乡下用黏高粱磨成面粉，过细罗，筛出面来，包上瓜子仁、核桃仁、花生仁等细碎果物当馅儿，共制成元宵，煮熟后，其色微红褐，颇像浅巧克力色，然其滋味则隽永！

杂豆面

秋后，在收过豆子的"豆茬子"（割走豆秧，剩下的短茎、根、须）旁有散落的各种豆子，尤其是在放"豆铺儿"（割满一把豆子，放在一处，以捆成捆儿拉走）的地方，掉下的豆粒儿就更多。穷苦人家用小口袋去豆垄旁捡各种杂豆粒儿，回来用水洗净，磨成面粉，做"擀条儿"吃，其味道兼有各种滋味儿和豆性味，真比那单一用绿豆做的杂面条味儿还好。笔者幼年时就常和小朋友拿个小口袋替他去捡杂豆粒儿，一边捡，一边在田里玩，半天就可以捡不少的豆粒儿。第二天，就可见小朋友和他妈妈或是奶奶来碾杂豆面。

黍子面

这是用与糜子（穄子）差不多的黍子磨成的面粉。其籽粒较糜子小但有光泽，而且很黏，同黏谷、黏玉米等一样。不过黍子面是黏面中最贵的了。笔者年幼时，看到每到年关人们都用好豇豆、豆果仁、核桃仁、花生仁等果料儿与黍子掺在一起，做成“黏（年）饭”，盛在一个盆里，上面还插着用高粱秸及其皮（细蔑儿）穰（禾瓤儿）做成的很多穗子，穗子头上又“结”着许多果实（禾穰做的），插在年饭盆上，摆在佛爷供桌的铜磬旁。听磬声为“普天同庆”之意；受众人礼拜为“拜祝一年五谷丰登”之意……总之，是个吉祥物。将其磨成面与果料儿做元宵，那是正月十五的事了。

土豆面（粉）

北方多产土豆。将其削皮切碎后，榨出浆，滤掉残渣，沉淀后，其底部就是既细腻、又有营养的土豆粉，可以用开水冲熟加白糖食之，与藕粉、菱角粉、荸荠粉等有同功，但是，价钱却便宜多了。一般人家是将土豆粉晒干，当面粉吃。北京解放前后，街上有不少手推车子的小贩，车上有个油锅，底下点着火。可以用小麦白面掺上一定比例的土豆粉共同用水和好，做成大油饼儿，放于油锅内炸熟，车上有小秤儿，可以论斤称着卖，其价钱比纯以小麦白面炸的油饼便宜，而且厚实，有咬劲，很好吃，很适合劳动人民吃。过去的北京西栈（站），专进出卸货的火车，其中搬运工人都爱买二斤这种炸油饼，就着两棵鲜大葱吃，还挺美的呢！

麸子面与黑面烙饼

麸子面就是指不去掉小麦外皮的面，连皮一起碾碎，其面色黑而且口感有劲儿，人们通常也管它叫“黑面”，其价钱当然要比白净的小麦面便宜了。不过，就是这种黑面，在旧时的乡里城中下等人家也不是天天都能吃到的。在乡村，吃顿此面，就算是改善生活了。尤其是用黑面来烙饼或做擀条儿，那更是难得一见了。用自家地中产的小麦磨成黑面，做成黑面饼，再卷上几根自家菜园子里出的鲜葱和鲜辣椒，抹上家做的好黄酱，就着小米水饭吃，干稀相配，乃一顿好乡食。

榆皮面

即“榆树皮面儿”。在郊野农村，有谁家锯倒大榆树，去做柁檩时，人们就去“钉榆树皮”，把榆树的外表粗皮去掉，只要其二皮和挨着木质的里皮，晒干后，用石碾子碾碎，用罗罗过，呈浅粉色的粉面，可以与细罗玉米面掺在一起，包饺子、烙饼、做擀条儿都成。人吃着滑腻而有营养，且其黏性和韧性好，能帮助细罗玉米面增加黏合力，因此，可以做细吃食。旧日，城镇或乡村中，单有挑桶卖榆皮面者，其用处颇广，人们把其当成不可少的较细的粮食之一。人们常说：“细罗面，细罗面，离不开榆皮面。”笔者昔日在京北沙河镇姑母家常吃压饸饹或捏格儿，是白老玉米细罗面做的，但都有些粉红色，问起二表哥，才知那是面里边掺了榆皮面的缘故，所以吃起来滑润而香。真可谓“乡食中亦有盛者”也。

野河粉

老乡们从河塘水泽中将野生的可以做粉的东西，如野藕、菱角、荸荠等捞出来，做成粉末，晒干后，用开水一沏，再加些白糖，就成了上等小吃。城里人往往花钱买一盒盒包装得挺漂亮的什么“真藕粉”“菱角粉”……我一看见其粉面儿是浅粉色的，就知道这和旧时我家乡人从水泽中捞的野生菱、藕做的“野河粉”差不多。有时还真没有那“野河粉”味儿香呢！昔年，我那在城中负责做买卖的舅父朱得福就对我说：“这些卖的藕粉之类的，其中大多数都掺有代替物，它的味儿还不如咱们家乡用野生的做得真实呢！……”我知道他是家乡采野生水物的能手，所以，我就相信他说的话！

杏仁油和核桃油

这是两种山家自做的好油，也是送给平原亲友的珍贵礼物。笔者曾不止一次地吃到过这两种油。在北山杏果多的“三家山村”中，大人、小孩均用鹅卵石熟练地砸杏仁儿。用杏仁儿榨成的油清亮微黄，清香而微现杏仁儿清香。用其油炒山中套来的活山鸡（肉）或花斑鸠肉，真好吃极了。吃后使人觉得荤而不腻。用核桃的果仁儿榨出的油亦为贵物，可炒菜，可在拌凉菜时当香油加入，其味香而又有核桃味儿。旧时，我的大师兄陈恩远家住西山菩萨木村。其父每年杏秋时，都用背篓儿[1]给我们背一篓子“观音脸儿”[2]或“铁八达”[3]来，还外加两大瓶核桃油和杏仁油。祖母总舍不得吃，非留着过年过节时再吃。老人来时，总要在家中住几天，玩一玩，听听戏，和我们说些山乡奇异的趣事儿。但，过几天就说城里太憋闷，不如山乡宽爽，就背着一些相赠的城中物回乡了。其事犹在眼前，但，今者，老人与大师兄均已逝去，我也很久没到那迷人的小山村——菩萨木（墓）去了！

棉花子油与大麻子油

棉花子儿，即棉籽，也能榨油供人食用。在乡村，每年秋末冬初，将棉籽榨出的油倒入陶制坛子里，埋入地下，来年就能吃用了。老乡们说，唯有这样做，才能把棉籽油的土腥味给去掉。大麻子油，又叫“蓖麻子油”。蓖麻，在北方乡间，常种于地头道旁，为一年生或多年生的草本植物，棵高叶大。它的籽实榨成油，多用于工业或入药。在农村，则多用其做润滑车轴的油。但是，这种油若榨得好，炼得好，然后入坛，埋于地下，过年则去净其涩味及土腥味，亦可以供人食用。以上两种油，在农村，多用于过年过节时炸饹馇、炸丸子、炸豆腐等，用

1 背篓儿：山区常用的一种盛东西的运输工具。用山上产的荆条编成上开口而较大、下渐小而有底儿、人可以背起来的篓子。

2 观音脸儿：是北京山区所产的一种著名的杏果名儿，因其红晕似观音菩萨之面，故名。

3 铁八达：又叫“八旦杏”，是北京山区一种有特点的好杏果，其果肉不暄而好。

于直接炒菜亦可，当然，没有花生油等好吃。

椿油

别瞧俗名叫“臭椿树”的树木质暄而不值钱，但其生命力很强：有个地方就能生长，在平原，在山区随处可见。在城中，往往在老房的瓦缝里都能长出小小的臭椿树来。可是很少有人知道其一串串穗儿状的树子儿还能榨油吃！山乡往往于秋季广收其树子儿，舂去外皮，上锅炒后，用其榨油。油为深黄色，味道比商店卖的菜籽油强多了。它是山村用来炸货或日常食用的好油。笔者曾无数次在燕山余脉的小山村（吴家坡）中吃到吴伯母用这个油给我炸的香椿鱼儿、花椒鱼儿和炸花生米。那油没有菜籽油那么多的沫子，且味儿正。如今，吴伯母已逝去多年，其后人虽在，但都早已不用此油做饭了……

三合油

这是浇面用的一种调料，为“十八种浇头”之一。制法甚简易：把酱油放在碗内，用花生油炸花椒，将花椒炸焦，即成花椒油，倒入酱油碗中，再放入些香油，就成了“三合油”，其味香美，咸中不腻，用来浇面最佳。此物为京城内外贫富人家均食之浇头，可称为是“雅俗共赏”之食品。有竹枝词云：“肉上的肉疼不够，挖空心思肉嫌瘦。抻面条儿油三样，撑得丫头直转磨。”配制三合油，也有讲究。笔者在六盘山空云寺中听给和尚做饭的火济道人讲，酱油，最好不用从外边买的，而要在伏天晒酱时，自己从酱缸内撇取的汤儿，那才是真酱油。用香油把当年的花椒炸出香味儿来，再倒入好酱油里，才能成为真正的三合油。

真酱油

老百姓旧日常爱用自己家做的“真酱油”。他们把外边油盐店（相当于现在的副食店）卖的酱油叫作人工做的假酱油，说这种酱油的味儿不好，不如真酱油味醇，有酱香。其所谓的真酱油就是从自家做的酱缸里晒出的汁液，撇出来，放到瓶里，用它来做菜肴、酱菜，那才是真正的味儿呢！笔者在北京山区有好几家亲戚。旧日，常看见他们将这种酱油装满了瓶子，放到山洞里的通风阴凉处，还真坏不了！每到年节就用这种酱油来炖肉或做菜。西山四马台山区有个教私塾的老学究吴天佑，写得一笔好小字——刘春霖体，写日记也用正楷。我记得在日记中他有一句夸这种酱油的话：“山外人说是酱汤儿，我说这才是真酱油。”

家做黄酱

有的住在城镇的人家总好到油盐店去买稀黄酱或干黄酱。在山野乡间多是自家做黄酱吃。每年春风临及人间，农家则用黄豆（大豆）及玉米（棒子）一起磨成面儿，用罗罗去其中皮子，再蒸成长圆形的饽饽。然后再盖好，使饽饽发酵，长出黄绿绒毛（霉菌），称为“酱糗子”。接着，刷去其发霉之毛儿，将酱糗子磨碎，加盐和水搅拌均匀，盖严，每逢中午日晒时，打开缸盖来“晒酱”，并用一木棍，头上装有长方形木锹头儿，来提搅酱缸。这样，至夏季，则其新酱就做成了，可接上旧年陈酱吃用。旧时，乡中老家每年总要做八九缸黄酱，连城中自家开设的文具纸张店铺都要去乡中家里去取自家做的好黄酱吃！

芝麻酱

芝麻炒后磨成的酱叫作芝麻酱，可做炒菜、凉菜的作料，亦可作为吃面条的浇头。将芝麻酱用水慢慢澥开，加入适量的食盐，即成浇面的好浇头。尤其是在夏日，用澥好的芝麻酱浇凉面，加点醋，食之甚美。昔人夸此浇头云："芝麻将军挑大梁，盐水来澥做咸汤。浇入面中成配角，无它便成白坯郎。"白坯郎是指什么都不浇的白坯面条。旧时，磨香油的油坊就卖芝麻酱。不过，最好还是农家自家将芝麻炒熟后自磨的芝麻酱。但，小门小户是磨不起的。旧时，往往几十户人家合开个油坊带磨芝麻酱。笔者记得，每逢冬日，农村中就有不少的这类油坊。有时，几个小村合办一个。比如，京北的三拨子、四拨子等小村，都是这样。

花生酱

此食近年来已不多见了。询其内行，则云，花生酱赚不了大钱，故此无人做了。在20世纪三四十年代，此物正走红。家住外地或家中不富裕的住宿中学生们多用玻璃罐子买一斤来，每天以之蘸玉米面窝头吃。其实在当时，一斤真正的花生酱，其价也不贱。笔者记得那还是1941年，日本鬼子统治北平，正闹着叫中国市民吃"混合面"。我当时在北平西城的平民中学（现改为四十一中学）上学，我由家中带来一瓶自家磨的花生酱和一瓶子小虾米炸酱。本想着这两瓶子酱足够吃一个星期了，还能请同桌的几位学友改善一下伙食——用窝头蘸着吃，哪知竟被训育主任张大嘴以"不卫生"之名而没收了。真是岂有此理！

老虎酱

就是老蒜去皮后，砸烂，用黄酱和香油共拌之后所做成的酱，又叫"蒜酱"。因其辛辣咸俱有，故名"老虎酱"。此菜为北方民间饭桌上常有之物，抹在饽饽上食之，味美无穷。昔日京北上地苏老公家有苏小姐，是位有学问的老小姐，曾教笔者三年级语文。此人虽是女人，却颇有男子风范，好喝大酒，吃些民间小吃，"老虎酱"是其每食必备的好小菜之一。其人颇有新学知识，我就是从她那里得知大蒜有杀菌养人之功效的。她说，早年医疗条件简陋，就将大蒜汁液滴进人鼻孔治疗肺病……老虎酱，是一种极合乎卫生和营养条件的好小菜。民间常说："老虎酱，穷三样，吃起来养人又去胖！"

炸卤虾酱

这是一种颇有风味的酱，可以蘸窝头吃，可以浇面条或汆汆吃，更可以与豆腐做成"卤虾豆腐"。把买来的卤虾酱放入碗内，如其中有大盐可拣出去，或其太咸，则可先少放些在碗里，然后坐锅，下底油（油要多些），爱吃辣的，可先放入几个干辣椒段儿，待其稍变色后，即倒入卤虾酱，不停地用勺子推动，待虾酱炸出了虾米香味儿，即成。昔年在京东潞河张老伯家，吃其用炸虾酱浇的过水面条，其味美甚。待到在他小船中与其闲话时，天公下起毛毛细雨，满河雾色，近听雨打篷窗之声，颇多安适之感。待到吃饭时，又是卤虾酱，只不过是用炸卤虾拌陆地上小菜（经热水焯过），细品其味，真美不胜收，使人竟不感到上下顿吃卤虾而烦倦。吃其小菜，喝村酿枣酒，其风味，其风韵，使人终生难忘。至今笔者每吃炸卤虾酱，即怀念擅做此食的张老伯。今者老伯逝去，潞河又多污染，少见往日鱼虾，令人怅怅然！

炸虾酱

这是用小虾米制成的虾酱，盐很多，有一股虾腥味儿，故又名"臭卤虾"。其实，卤虾酱经人工调制后，成为炸虾酱，无论是抹在窝头上吃，还是拌面条吃，都很好吃。只是炸这卤虾酱，需要点技术，也必须要有鸡蛋做"添加剂"才成。将鸡蛋打碎在碗中搅匀，切好葱花，坐锅，下底油，放入葱花，待葱花煸出味来后，再下入备好的卤虾酱、鸡子浆，搅匀，待热熟后，即可出锅就食。也有在虾酱内加些粗玉米面再炸成酱的，但总不如放鸡蛋好。炸卤虾酱可就各种饽饽吃，亦可用它拌面条儿或擀条儿、揪片儿、揪疙瘩等吃。这种酱很能久存不坏，是贫家的好小菜儿。

炸酱（荤）

荤炸酱就是用肉及荤物做料物的炸酱。但炸酱作为一种吃面时的浇头，其炸法是有一套的，弄不好就或是炸生了有生酱味，或是炸过火了有煳酱味。这里主要是两点：一点是先用油刷一下炸酱的锅，以防嘎巴锅；一点是放入酱后，火不可太旺，要勤开锅勤少量地兑水，酱变了色，稠度黏合了就行了。荤炸酱，包括各种动物及肉，如羊肉炸酱、猪肉炸酱、小虾米炸酱等。以油刷完锅内，下底油，将葱、姜末（或辣椒）放入出了香味，再把切碎、入好味的肉料放进，煸出味后再下酱，文火，屡使酱开锅，屡兑入少量温水（或白汤），直到酱色变重，物料已熟为度。所谓“炸好一锅酱，要学几年徒”，其实不假。

素炸酱

既名素炸酱，不但酱内不可有荤腥肉物，即使调料内亦不应有葱花等荤性物。一般只是指没肉物，但可多用葱花，这样炸出的酱也可称素炸酱。其实，严格来讲，葱也是荤物，亦不可放入。炸好一锅酱，并不容易：先用油将锅内刷一遍，以防嘎巴锅，再放入底油，油热后再放进姜等素调料，出味后，放入酱，用文火熬，酱屡开屡兑温水，并勤用勺子搅，直到酱熟变成重色，方可装碗当浇头。素炸酱，虽然饭馆里卖，自已家里也做，但，究竟做不过人家大庙里给和尚们做饭的火济道人。京西紫竹寺中用自家地中所产的芝麻做好香油来炸自家做的黄酱，且炸得得法，炸出的酱，又香又好吃，又不粘碗留酱底子。作者常去寺里游玩，就食此酱。

虾米皮炸酱与小河虾炸酱

这是城市中或乡镇里常吃的一种浇头儿，用来拌面条或擀条都可以，也有的人拌在窝头上或拌米饭来吃。不过，用买来的虾米皮来炸酱，可要点儿手艺。不能坐上锅，下了底油，底油一热，就把虾米皮等和酱一齐下锅去炸，那样是炸不出味儿来的，不是把酱炸过了火儿——煳了，发苦味，就是不能吃，有生酱味儿——炸不熟。要先坐锅热底油，待油热后，下葱花、姜末、蒜片儿，稍出味儿之后，即下入虾米皮，翻炒两遍再下入些好黄酱。如太干，可先掺些白汤或白开水，待锅中的黄酱快糗熟时，再下入些黄酱和白汤，再糗……这样一部分一部分地往勺（或锅）内下黄酱，才能把酱炸好，又有油水，不显得干，且无酱过火或太生之弊。尤其是用夏日自己家人从河中捞来晒干的小河虾[1]炸酱，更要炸酱的手艺。这虽然是一种粗浇头，但不容易做得香美。笔者乡下老家即在京北的长河泽旁，每于夏季则在河中拦河垒起“坝埂子”[2]，留两个口子放上游的来水，在口子下用粗木棍子支好大筛子或大荆条[3]编的“浅子”[4]，把随水而下的大小鱼虾全截落在筛子或浅子中，这时用手捉入水桶中，提到岸上，回家吃用。这在夏日，是个非常好的活计，大人小孩子都爱干。每逢雨天，则其情其景更美——在岸边树下用草搭起有两三进[5]的窝棚[6]，下面铺着苇席子，人待在里面可以随意吃喝玩耍或睡觉。因下面有用木棍子搭起的窝棚腿子，离地面较高，底下可以自去流水，全不妨碍上面人的坐卧。远近风景可以在窝棚中一览无遗。尤其是在雨天，雨水顺着窝棚上的稻草流往棚外地下，棚中则无水患，且稻草下边还有二层苇席相接……这时水上烟雾迷离，岸柳依稀，尤其是那水中的荷莲水草等物，若有若无……这时鱼虾则大批地随口子中的水落到筛子中来，人们即可在岸上吃到新下来的活鱼，而把大量

1 小河虾：一种河水中特产的小虾米，甚香。

2 坝埂子：在水中垒起的土坝，以节制水。

3 荆条：乡间山上产的一种灌木，其枝条韧长有力，可编成篮子、荆排子等大小器物，能防水、禁干旱。

4 浅子：一种放食物等的器物，四边高，有边儿，而中间则较凹，以盛东西。

5 进：即“进深”，形容房屋等由门到后墙有多长。

6 窝棚：乡间地里或山中搭盖的简易住房，形式多种。大体可分离地有腿子的和就地无腿子的。

的小河虾摊放在空房中的苇席上，再拌上一些细盐，则虾米一会儿就受盐腌又缺水而死，人们可用耙子将其勤翻身儿。到晴天则晒于阳光之下，一二日即可干好而色发红，收到阴凉通风之处，可供一年之享用，以此虾米炒韭菜或炸酱食之，则另有风味。尤其是用它来炸酱，那虾米的刺儿及长须还往往露出酱外，颇有些“宁死不屈”的劲儿。我有南方来的中学同学叫刘赢倜，与我来乡下共赏此景，当他看到并吃到这“小河虾炸酱”时，伸出大拇指，风趣地夸这河虾还真有点儿“燕赵水族之雄风”！可叹者，今水已污染，我们也老了，往日之情虽如昨日，但却再也见不到“小河虾炸酱”了。

三样酱

又叫秦椒酱，是农家常用的一种小菜，其味辣中有鲜香，又有酱香和咸味，是吃饭、就饽饽下饭的好小菜。将香菜（芫荽）洗净、切碎，放于碗内，另将大葱（或小葱、羊角葱）切碎，放入碗中，再将青秦椒洗净，去掉瓤子及底把儿，切碎亦放入碗中，将香菜、葱花、秦椒末，外加些黄酱及香油一起拌匀，即成为三样酱。北方民谚云：“香菜小嫩鲜，秦椒正当年，葱儿不论老或少，共切末儿加酱拌，着些香油更加美，吃起来赛过赴大宴！”这几句顺口溜选自民间的太平歌词，是夸这三样酱的，虽有过誉之词，然亦有独到之美！

西红柿酱

西红柿，也叫番茄，系从外洋传入。笔者记得在六十年前，在北京只在一些大西餐馆或饭馆里才有用西红柿做的菜肴，老百姓都把西餐馆叫“番菜馆”；西红柿在一般人家里也只作观赏用，而不爱吃它。大人们常叫小孩们闻一闻西红柿的秧子或叶子上的辛辣异味儿，就说这柿子“有毒”“不能吃”，等等。人们大量吃西红柿还是20世纪三四十年代的事儿。近来更有人用西红柿做酱，当买来的番茄酱或瓶装的“番茄沙司”用。当然，自做的比不上买来的合乎卫生，但若做好了，也可放得时间长些，且其鲜美的味道也并不减。将鲜西红柿洗净，去掉蒂及外皮，用干净纱布过滤其汁其瓤，去掉其中籽粒，将过滤后无皮无籽的西红柿果肉连浓汁一同装入可密封的玻璃罐或瓶子内，封好口，放进热水中煮（玻璃器皿要用见开水而不炸裂的）过，消了毒，存于阴凉通风之处即可。需用时，开器皿取出，做任何有西红柿的菜肴（如“杏干肉”“番茄鱼片”等）均可不变本味本色。

蒜泥和蒜酱

在郊区乡村中，蒜泥是个常用的小作料，即便是当小菜儿，也非常好吃。它能下饭，且有杀菌消毒的作用，对人体极有好处。把大蒜剥去外皮儿，放在蒜臼[1]中用蒜杵[2]将蒜瓣儿砸成碎泥状，盛入碗内，就成了蒜泥，可以做烹调中的作料使用。若是在其中放进些香油和细食盐，那就成了香、咸、辣的“蒜酱”；若是放进适量的家做好黄酱，那就成了有酱香、酱咸又有蒜辛的“老虎酱”！这都是乡食中制作容易又有滋味儿的东西。我记得幼年时，常看到我家做长工的喜叔（他小名叫“小喜头”），不吃炸酱，自用蒜泥加盐及香油和醋来拌面条儿吃，我也试着用此法去吃，那味儿还真好，真不同一般！有人把蒜泥拌在窝头上吃，也不错。有人用蒜泥拌在烙饼上，外放上两根鲜葱和嫩萝卜缨儿，一起卷起来吃，也辛香有味。在城内，我在前门外住，常见姓芦的裁缝师傅把蒜泥抹在劈开的烧饼或火烧中，再来个油饼或油炸鬼（桧）吃。这些便当的吃法儿，都充分发挥了大蒜的刺激食欲及医疗作用。因此，这是个好菜儿。

1 蒜臼：现有卖者，用石头或木头，或陶瓦（厚重些）做成的小罐子，用来捣蒜用，就像旧时中药店内的铜制药臼一样。

2 蒜杵：和蒜臼成为一套儿，一起使用，也可用石头、木头，或陶瓦做成，是个较粗的短棍子，头下（砸蒜的地方）有较粗的头儿，以便用来捣臼中之蒜。

浇头

北京俗称有十八样浇头。浇头，指用来浇面、浇汆汆、浇揪片儿、浇擀条儿之类的调料，各有特色，根据食客的饭食习尚而取之。这十八样浇头，大致包括全了：荤炸酱（有荤有素有多种）、素炸酱、氽子、咸汤、臭豆腐、穷人乐（穷三样）、三合油、花椒油、芝麻酱、烧羊肉汤、杂合菜、盐水儿、烂肉、肉汤、香椿、鸡丝、排骨、调料（包括各种配好味之浇头，如四川面的辣味调料等）。过去，特别是在北京，因旗人多，吃面最讲究两样：一是讲究菜码儿要样多并合时令；二就讲究面条的浇头要好，也要合时令。比如，到了冬天再吃芝麻酱面，就不好了。

杂合菜浇头

杂合菜，一指城中大饭馆杂合在一起的"折箩菜"；一指郊野各种剩菜，或多种可食之菜混在一起之菜。用这两种菜做吃面条时的浇头，亦别有一番滋味，并可省去面码子。平民百姓，特别是寒苦人家，用杂合菜浇头是常事。笔者记得，幼年在海淀区东北旺村朱姓外祖母家，吃此浇头浇面条时，杂合菜为马齿苋、车前子、苣荬菜、刺菜等六七种野菜合熬成的（先用葱末、姜末炝锅，加油、盐放汤熬野菜），用这种浇头浇荞麦面擀条儿，真是"粗（粮）对粗（菜浇头）"，也好吃，更不同于京中以荤物浇面条的油腻可比。北京南城抄手胡同有张老夫妇，名为"杂合菜张"，许多劳动者均买其杂合菜当作面条儿的浇头！

烂肉浇头

用煮肉的碎块做吃面条的浇头，亦为十八种浇头之一，其味亦佳。俗话说："管它驴或马，吃饱了烂肉面再打镲。"打镲，指谈天说地，闲聊。城中郊野不乏"汤锅"（宰杀牲口之处），卖烂肉做浇头，几乎到处都有，而且价钱甚是便宜。记得，出德胜门三十余里，大道旁有北坟地之庄户，设有汤锅及价廉之旅店。来往口外或到十三陵游玩者，多落脚此处。该店所制售之烂肉面最有名。做浇头之烂肉，其中常有煮熟之小方块炖肉，可为寒者解馋去饥。谁云野店无佳肴？远胜城中金匾铺！另者，北京城内多有带卖饭菜的大茶馆儿，称“二荤铺”，也兼卖此物。此外，还有专门卖烂肉面的小面馆子呢！

肉汤浇头

这是用炖肉汤做的面条的浇头，其荤中不见肉却又有肉味在。如再加上菜码儿，则别有一种滋味！在小饭铺或家中，可常见此浇头。家中吃炖肉，剩下的汤，可用来浇面吃，甚是难得。笔者记得，京郊农家于办喜庆事后几天常食此浇头。在城中，过街楼小饭馆中亦常卖此物。一碗肉汤浇面仅比一斤窝头贵半成儿。笔者在城中上中学时，每星期天改善伙食，常花几个钱买两碗肉汤浇面吃，也甚快意。北京人常说的一句口头禅是：“有钱的去饭店，钱少的去二荤铺吃肉浇面。”二荤铺，在北京城内旧时是指既卖茶又卖简单吃食的大茶馆。以卖茶为主，只附带卖些吃食的大茶馆儿叫二荤铺，规模较小；而以卖茶为辅，主要卖炒菜和主食的，虽也叫二荤铺，但规模就大些了。这些二荤铺中，用炖肉汤浇面条儿，白给面码儿，只收面条钱，故很受穷顾客的欢迎。难怪北京人常说：“要解馋上春三元（卖猪肉的铺子），没钱去二荤铺吃肉汤浇面。”

烧羊肉汤

此物是北京特产之一，乃是烧羊肉的汤汁。京郊各卖羊肉者均有之，但以京中月盛斋的最为有名. 此物虽不值什么钱，但其味道甚美，若浇入白坯面中，更妙。故城内城外平民常于吃面之前向羊肉铺买一瓶或一碗烧羊肉汤来做浇头用。城中穷困文人墨客无钱买烧羊肉吃，就买一瓶汤来浇面，亦是常有的事。竹枝词有云："羊肉烧汤美死人，面浇美味又通神。一碗浇汤入了肚，无钱亦可买销魂。"笔者幼年时住在北京北城玉皇阁后坑二十一号，祖父却偏爱吃月盛斋的烧羊肉，更爱吃其汤。有一天是秋后假日，我在家和几个同学商量着要到天坛去逮蟋蟀，北京俗称为"蛐蛐"。祖父因是老旗人了，也是个蛐蛐迷，就兴致勃勃地和我们孩子们一起去。当然，和祖父去能有吃有喝有钱花，谁不愿意去呀！可没想到，他老人家更是个"馋迷"，特别馋月盛斋的肉和汤，走到天安门东侧邮政总局的北边月盛斋（其故址）就不走了，请我们饱餐一顿烧羊肉，回来还要带两瓶烧羊肉汤回去。回去一边吃着烧羊肉汤拌面，一边查看我们逮来的蛐蛐儿，哪条是"横虫"（好的，能斗的），再花几十个铜子儿向我们买下。他老真是吃玩两不误啊！

香椿浇头

此又是一种农家可自制之面条浇头。城中人家也可于市上买些香椿自己做此浇头，其味甚美。除去春天香椿旺季之外，其价甚廉。将香椿尖洗净，控干水分，切碎，加适量之食盐，用开水沏之，淋上些香油，以此浇面条或擀条儿等食物，其味浓香而素雅。在拌面类的十八种浇头中，此香椿浇头可算是上乘之物了。尤其是在农家，俗云："种一棵香椿树，一年四季有菜吃。"即过了春季吃香椿尖儿，平日亦可吃香椿叶，冬日还可在大棚或温室内培育香椿吃或出售卖钱。总之，春夏秋冬均可做香椿浇头，其味又不俗。所谓："隔夜香椿老，犹敌百菜香。"俗俚间，家有几棵香椿树不算什么。有一年，笔者到房山郑宝军家。他家庭院内南墙边有两棵香椿树，平时要是没有别的菜，就可上树掐下两棵椿尖儿用开水一泡，无论是拌豆腐吃或浇点盐水儿做面条浇头儿，其味均颇佳。当时，宝军用几个才掐下的香椿尖儿摊两个鸡蛋就酒喝，把另外的香椿尖儿切碎，加盐用开水沏后，当面条的浇头吃。就这样，我们乐呵呵地享受了一顿乡村美餐。

鸡丝浇头

煮好面条类食品，然后用鸡丝（加汤）浇之，可算是一种高档食品了。小鸡用白水加花椒、大料炖熟，临吃时，再加入适量的食盐（切不可加酱油等有色调味品），将鸡肉切成细丝码在面条上面，再用热鸡汤浇面条供食用，其味隽美，营养丰富，不乏美食美味之誉。城中饭铺、面馆多有售者，然亦不如农家自产自制而现吃现宰鸡之美也。记得在家乡，遇有喜庆或有人身体不适，常现宰鸡炖之，煮面条，做份鸡丝面供其食用。小孩子食其剩余之面也会美滋滋的。旧时，城里饭馆虽然也卖鸡丝面或鸡丝汤面，但究竟是做做样子罢了。真正的鸡丝浇头，就用鸡肉切成细丝，不加什么咸味儿，咸味和其他味道是由别的料物单加的，并不混入鸡丝当中去。然，城里饭馆所售之鸡丝面确如此否？

老咸汤儿

北方农家腌咸菜的汤汁，就是老咸汤儿。农家常为去其白而重熬，可以久存而不坏，每年腌菜都用它。老咸汤儿也是一种好调料，尤其是用它来浇面条儿吃之，味儿更妙，除去咸外，还有一种说不清的美味。故此，农村中，夏日吃压饸饹、拨鱼儿等，或吃面条、擀条儿的时候，除去用应时的自产面码儿（如白菜、菠菜、芹菜、萝卜丝等）外，就浇上咸汤儿吃，其味妙不可言。读者到郊野农家即可尝到此物；在城内，则不易得之。“老咸汤是个宝，家家户户少不了”——这是郊野农家俗谚。京北鸽子庵的水月禅师告诉给我家做饭的冉四奶奶：老咸汤儿若用来腌各种鲜菜，不但不用放盐，连香油也不用放就自有其美味，这是庙里和尚做的俗菜。冉四奶奶一试，果然如此。

肉片卤

“长寿面，生日必吃肉片儿打卤面。”这是北京城乡人民中的俗话。单说这用肉片儿打的卤，虽是个用来浇面条儿吃的“浇头”，但要做得又香又入味却不容易。人说“好厨子必有好汤”，是不错的。即使在乡间或山村，凡给老人过生日，吃肉片打卤面条时，也是头一天就用净水白煮猪肉和猪蹄子等，大火煮开后再用小火慢煮至肉熟烂（大方块肉），中间汤少可随时往内兑开水（千万不能兑凉水），再把这肉汤中的杂质去净，再放入黄花、木耳、口蘑等（已先用水发好了），再加酱油、盐、料酒、姜、葱等，同时把大方块猪肉切成薄片儿，下入卤汤中，调好了咸淡，再下入适量的水淀粉，一锅好卤就成了。

豆腐卤儿

这是一种由外地传到京郊的菜肴，农家可粗做亦可细做，传到京中以后多为细做，亦有在其中多下些食盐而当面条浇头的。其做法是：先在锅内放水熬切成小方块儿的豆腐，然后下酱油，少放些食盐，见开后，再放入白菜或菠菜等蔬菜，其快熟时再下些香油、葱末、姜末儿，见开后即熟，盛入碗内供食。细做法是先把干木耳、黄花、口蘑用水发好，然后择洗干净。把肉切成片儿或丝儿。坐锅下底油，油热了，煸葱花、姜末，出味后再放入肉，再煸炒，下木耳、黄花，煸两过儿，放白汤或温水，见开后下入豆腐、口蘑、食盐，开两开后再下蔬菜，见开后即熟。两种做法，均可于快出锅时倒入水淀粉。

汆子

这里所说的汆子，不是指用马口铁制的煮水工具，而是指吃面条的浇头。它有许多种，大致可分荤汆子与素汆子。荤者有肉，素者无肉无荤腥（如葱花）在内。此处介绍两种农家简易之汆子：一、豇豆荤汆子：把摘来之鲜豇豆洗净，控去水分，切成小段，把肉切成小丁儿。锅内放底油，油热后放葱花、姜末，出味后再放入肉丁，肉八成熟后再放入豇豆段，并加入适量的盐或酱油，熟后放些汤，开锅即成荤汆子。二、素野菜汆子：各种可吃之野菜均可，洗净，切成小段。涮锅，下底油，下姜末（也有下葱花的）等，菜出味后，再放些菜，开锅，即成素菜汆子。亦有在其中加素炸豆腐、素丸子的。用素汆子浇面条，亦饶有风味。

菜汆子

无论用什么蔬菜都可以做菜汆子。当然，最好是用有叶子的菜来做这种浇面条儿食品的汆子。因为是用菜做成的，故名菜汆子。这种素汆子，若做好了也非常好吃。过去，在北京南城东珠市口内路南的过街楼儿内有一家小饭馆做这素菜浇面条儿的汆子，非常好吃，其咸淡适中，而且还有香油、鲜菜、木耳、口蘑等，故非常可口。在京东消夏盛地——二闸儿，也有一个名号很雅的小饭馆叫“荷香轩”，用水产菜如角荠、慈姑、藕、菱角等当主料，做成的素菜汆儿，味儿也很清雅。唯独在乡间，常用采来的野菜做成汆子，如刺儿菜汆儿，其主料就是用蓟菜做的，野味新嫩。笔者就曾数次在乡间吃刺儿菜汆子浇擀条儿，真比肉片打卤的面条还好吃！

菜码儿

以各种菜做吃面条时用的码子，样数是很多的。常谓吃面条有十八种浇头，十样菜码儿。兹将十样菜码儿之名列出如下：青豆嘴儿、黄豆嘴儿、焯白菜丝儿、掐菜、小红萝卜、焯菠菜、王瓜丝、芹菜末儿、香椿末儿、韭菜段儿。各见专条。除此之外，因地区、季节、习尚的不同，浇面的菜码儿也有不同之处，即使在北京郊区也是如此。如京北，好以小萝卜秧（才放两叶的间棵小萝卜秧）为面码儿。这些不普遍的面码儿，也各有其特色、特味儿。

作者在京郊山区就见到过，以山区野菜可食者为面码儿，亲口一尝，亦鲜香满口，绝不亚于上述十种面码儿。可谓：“隔河不下雨，百里不同风（俗）！”

焯白菜丝

面码有多种多样，在北京地区大约就有十种。不过在冬天，城里城外均将白菜切成丝，用开水焯过，就当面码子用了。此码子做之甚易，价钱又便宜。不论吃面条、擀条儿，揪片儿、揪咯哒，摇尜尜等均可用此物当面码。正是：白菜丝当码子，入得富贵家，亦进穷人家。笔者外祖父尚文玉幼时曾在颐和园南厨房学徒，曾见西太后食面条时，亦有用焯白菜丝当面码儿吃的，管厨房的太监吃面条时也用此物。至今，城里城外吃面条等，还是沿用此物。是可谓，当用之物百代而不衰。白菜丝儿也不是用大白菜外面的老帮子，而是用当中的不老不嫩的菜帮儿，先用菜刀细切成丝，再到开水锅中去一焯，即出锅装盘，上桌供食。切不可在浑汤的煮面锅里来焯白菜丝。那样做，白菜丝儿发黏，既不好看，也不中吃了。

焯菠菜

此菜为吃面条的十样码子之一。将鲜菠菜择好、洗净，经开水焯过，切成短段，当吃面条类食品的菜码子用。此菜一年四季都有，用作菜码，既有新鲜菠菜味又不厌气。特别是在初春时节，万物苏醒，更新在即，风障下的菠菜才一二寸高时，取来当菜码，有发陈除旧之功，且新鲜可爱，无论其色其味均甚宜人。其他季节焯作菜码，亦不乏美味，价且不高，是菜码中之中品。这可是个拿手的活儿，一般人以为焯个菠菜当码子没有什么，随便焯焯算了！其实不然。厨师们说，一是不能在煮面条锅里用煮面水来焯，那样一焯，本来叶多茎少又鲜又嫩的菠菜就全趴在碟子里了，到了面条碗里也不易拌开；二是在焯前一定要去掉其老根儿，洗干净再下水焯。看来，要将菠菜焯好当面码子用，还真得讲究讲究呢！

王瓜丝

此为菜码子之一。将鲜王瓜切成细丝儿当吃面条类食品的菜码子用，其味全发，有清香王瓜气。王瓜，又有黄瓜等许多名称，切细丝可与葱丝一起腌着吃。但唯独当面码时不可切得过细，成了碎条，否则就适得其反了。无论浇炸酱或其他浇头，以王瓜当菜码，均可各显其味，而不致独专。故，王瓜丝是为菜码中之上品。特别是在冬日，切王瓜细条时，可使满室顿生清香瓜气，不俗而厌人。切黄瓜丝儿，先要去掉其头冒儿及尾巴，这样切出的丝儿就匀而不苦。有经验的厨师往往在切王瓜之前，先切一小块儿尝尝苦不苦，然后再用。这是因为，有的王瓜在架上浇了不洁净的水，就会变苦了。所以种菜园子的人，最忌讳那些用了化妆品、有异香气味儿的人进王瓜棚架，因王瓜最娇气。

焯韭菜段儿

此为十大菜码子之一。将新鲜韭菜择好洗净，在开水中焯过，再切成半寸长之小段，用来当面条类食品的菜码子用，甚是好吃。此为菜码中之中品。韭菜有多种，且各有美味。做吃面用的菜码子，春天用春韭，夏天用广韭，秋天用秋韭，俗话说："王瓜韭菜两头（春秋）鲜。"冬日用青韭，很是讲究。在郊野农家，则是赶上家里有什么韭菜就用什么韭菜，只取其鲜嫩，亦别有风味。在京中或饭馆里则是讲究四季各有所用之韭菜。所谓："韭菜韭菜，可以久吃不殆；然须知四季，各用其所爱！"别瞧是个当面码子用的焯韭菜段儿，焯起来也不能马虎，要使其色绿不失鲜美，就要在干净的开水锅里去焯，且不能焯得时间过长，否则把韭菜焯老了，当面码子就不好了。

肉料

每逢过年节，或家中炖肉时，总是用花椒、大料、豆蔻、桂皮、茴香、咸盐和葱、姜之类的当作料。我记得稍讲究点的人家，过年过节，杀猪宰羊很多，总要到中药店中去买由十几味中药配成的“肉料”来炖肉。那肉料是一包包的，每包都是碎面儿。一方面是使之容易与肉味相和而出美味；另一方面也是隐去其原形，怕别人家仿制吧！我记得是各大中药店，每家有每家的“肉料”，其处方不尽相同。我家只用老字号同仁堂的处方。后来年纪大了，愿知其详，我就搜集到了几家药店的处方，见其用料则大同小异，然竟无一家敢自称是同仁堂的处方。我曾用各种处方的肉料来炖肉，那味儿是有所区别的. 可见中国烹调之博大精深。然而，即便是家庭中常用的俗料（上已述）来炖猪肉等，也自有风味。唯独北京西山中山民们炖猪肉时，除去放一般的作料外，还放几个山里红果在其内，说为使得肉容易烂糊，更把一种山中野生的什么植物根弄成小段儿，放在肉中，说能消毒，且使肉味儿好。我在幼时，曾住在西山白杨城张家亲戚家，就见其往肉中放过此物，然不知是何物。只记得那炖肉的味儿确是不同于郊区老家或城中家庭的炖肉。他们说，在山上炖别的野生动物肉时，放了此物才能消毒并去其土腥之气……可惜，至今记此事时，笔者也没机会去看此物究竟是什么，为何有这么大的作用。过去，笔者因年幼，不记此事；今者已近古稀，更苦无济胜之具去刨根问底了。仅记于此，以示后人。

泼芥末

葱、蒜、萝卜、辣椒等，虽都有辣味儿，但各自辣味迥然不同。俗语说：“葱蒜辣嘴，萝卜辣心，辣椒专辣腮帮子和嘴唇！”唯独这芥末的辣新鲜——它是芥末菜籽儿磨碎而成的。但是若用水泼不好芥末，它就一点辣味也没有，还会出现苦味儿。厨师们说，若用开水沏芥末，用筷子搅动好后，要盖严，放到凉处才行；若用冷水化好芥末，要盖严，放到热处（如炉台儿上）才能辣。但不管是用冷水还是热水来泼芥末，最初都不可用水过多；芥末稀了，就不出味儿了。泼好的芥末，用处很多，是饮食中不可缺少的调料。特别是它的辣味儿更新鲜，能辣人的口、鼻腔，一直辣到人的脑门左近。如吃带韭菜馅的食物，定是离不开它的。

胭脂色

胭脂的写法很多：燕支、燕脂……大体上有两种制法：一种是用苏木或红蓝花制成的红色颜料；一种是用雌性胭脂虫经用纯碱等处理后而得的，可用于食品、糕点起装饰作用。早在我国晋朝崔豹《古今注》上就有，在元朝太医忽思慧《饮膳正要》上把胭脂当烹饪料物来用。其美丽的粉红颜色，至今仍在沿用。历史上有不少优美的诗句形容它。唐杜甫云："林花著雨胭脂湿"，宋黄庭坚云："小桃犹学淡燕支"。在唐代，汉中郡向皇帝进贡的贡品中就有胭脂。我们今天往往以胭脂入于红色丝绵中，还有人用八角茴香或高粱细秆做戳子，蘸点胭脂，往馒头、糕点等上去点，以增其美。《饮膳正要》上说它味辛、性温、无毒，可食用。

器皿技术类

铁锅与铁鏊

其实这可以说是两种不同形制的生铁锅，全是用“铸法”制成的。在农村，家中再穷，也得有口铁锅，安在土坯或砖垒成的灶上，才能烧火做菜。小户人家，凡做蒸、炸、煮、烙各种饭菜，全用这口锅做。铁锅有大小好几个型号。有个笑话可说明家家必备有铁锅，有时还不止一个：有个有家（和尚们称原来的家为娘家）的小和尚，邻居出了丧事，请他师父带领他去念经。到休息下座时，这小和尚见此邻家窗根下有个大秤砣，就提起来隔墙抛到他自家院内去，不想砸碎家中新买的铁锅，家中的孩子还因此挨了一顿说。小和尚非常懊悔，在上座儿念经时，顺着念经的腔调，就把这件事情给念出来了：“师父师父，你细听我说，窗根儿底下，有个秤砣，如果隔墙抛过，那可就是咱们的啰！不想秤砣砸了铁锅，孩子还挨了一顿说，你说哪个值得多……”这虽说是个笑话，也说明铁锅对农家的重要。铁鏊，则是腔儿较深，个儿较小，底下有三个短腿儿的铁锅，多用其来炖制各种食品，常在护灶上使，不在柴火灶上烧。在农村中，跑大棚的厨师家往往有十几个铁鏊，以分拨儿去应付各家的丧、喜事。在农村办事的局面大些，就有炖鸡、炖肉、炖鸭子、炖素油炸豆腐、炖饹馇等各种铁鏊。也有用“砂鏊”“砂鐾子”或“铁鐾子”来炖制的。所谓的“鐾子”，上边和铁鏊差不多，只是直筒儿，没有往外撇出的沿儿；底下没有短腿，只有一凸起的圆圈儿做底儿罢了。笔者常看到跑大棚的厨师家院中合着摞起二十多个铁鏊。

小把锅

“小把儿锅当炒勺，民间做菜味儿也不孬。”现在，大体上也还是如此：许多家庭中均用小把儿锅做菜或热饭，而不用饭馆用的炒勺。小把儿锅是铸铁（生铁）铸成的小锅，下面三个小爪儿（小脚子），上锅沿儿下边一点儿铸有个带孔的铁把儿，三四寸长，使用时可在空铁把处安上一较长的木柄儿，一为了好端，二为了不传热。现代许多山区农村饭馆或城市用煤气灶的家庭仍用这种锅炒菜。笔者在太行山嘴村的大道旁，见一位掌灶的妇女，就用小把锅炒各种菜，那真是麻利极了，味儿又好。我亲眼见她做了个摊鸡蛋、一个韭菜烹小虾米，味儿真好。在我们没喝完酒时，那热乎的炖肉及“和尚头”等饭菜就上来了，也是那位妇女用小把锅给热的。下山后又在此用饭，作者就向那位女掌勺的讨教为什么不用炒勺，她笑了笑说：“那玩意儿用不惯。我们这里祖祖辈辈都用这生铁做的小把儿锅，做菜沉重又好吃……”确实如此，再问她用什么炖肉时，她带我到厨房去，并介绍说：“我们这里一切按老办法做：炖肉用大砂蛊子，不用铁器，炖出来的肉色好味好。要热菜时，就用小把锅加加热，因为量少，且是熟菜，不会影响味道的，我们这里熬粥都讲究用砂锅，不用铁锅，熬出的豆儿粥原汤原味儿，就是和用铁锅熬的不一样。一切全用不使化肥的鲜物……”说着，她又用小把锅给我们炒了一个从山上采回来的无毒鲜蘑，上面漂几根青野菜，那味道及颜色均好极了。

这是用沙土和陶土烧制成的锅，帮直，底部逐渐凹到锅心。因其是沙土和陶土制成，不易为酸、碱物所侵蚀，不易使食物变馊，故农家多用之。城中人多用来熬大剂子的中药，也常用来做豆酱、炖肉或做小枣豌豆黄儿。每年农历三月初三，在远近闻名的北京东便门的娘娘庙会上，有许多卖豌豆黄儿的小车子，下搭蓝布，上面扣有几个内有豌豆黄儿的砂蛊子。故此豌豆黄儿亦是砂蛊子形，用刀切开，则有小枣儿露出，黄中透红，别有风味。与其他城市家庭一样，笔者家中，遇过年节，也用砂蛊子炖肉；平日，在冬季则用砂蛊子打豆儿酱，既好吃，又能保持食物原味儿。

砂浅儿

也叫小砂锅，是比较浅的砂锅，常用来做少数人的菜饭，或热少数人的菜饭。其形圆，帮儿浅，而底稍厚，但传热性好，且因为沙质，不受酸性或碱性（食物）的侵蚀，故所做出的食物能保持原汁原味儿。过去北京城内的大饭庄好用此物，后来，渐渐不用了。然山区或远郊农村中，仍用其为主要炊具之一。有一年，年关切近，笔者正值中年，往燕山中一个小山村（有仙村）去看望多年的同窗故友。因天色较晚，且路又不好走，只有在小村野店中歇脚，以便明日再行。店主妇就用砂浅儿给我热菜、熬粥，其味竟如新制。次日到老友家中，家中人用砂浅儿炒山韭菜（野韭）加鸡蛋，非常好吃。正如老杜所云："夜雨剪春韭，新炊间黄粱。"

砂盦子

旧时，在城乡专有跑大棚的厨师，只应各家各户中的婚丧喜事的席面。他们总是头一天或两天之前就来整治、预备须事先蒸、炸、煮、烙的菜肴。其中有个炖东西的主要炊具，就是砂盦子。这是个陡直的深锅，一般用沙土烧制。因为它是陶质，不易与酸性或碱性食物发生化学变化，故多用于炖肉、炖吊子、吊炸豆腐等东西。跑大棚的厨师往往家有二三十个砂盦子，以备事主多，分拨儿赶趟子用。这种砂盦子因为被油、煤所浸，用了几年后，就成了外面有一层保护色的老盦子了，只要不摔不碰，它是可以久用而不误事的。笔者有个师叔叫董玉，他是京北小牛坊的人，他家有砂盦子，油光瓦亮，据说已用了几十年。

铁盦子

用铸铁（生铁）铸制的一种锅，直壁较深，底下有三个小脚儿，形制与砂盦子差不多。其用处主要也是厨师在正事儿前一天"落作儿"使，用来炖煮一些明日正事必用之物。比如吊汤，炖大肚儿，炖鸡、鸭……其比砂盦子强的优点是不怕较小的磕碰，不爱坏。旧时，城内外跑大棚的厨子们常备有十几个大铁盦子，以备遇见有事时，分拨儿去应酬。笔者幼时看见有财主大家庭办婚事，跑大棚的厨师头天就到了，盘好灶后，烧起火来，就坐上十几个大铁盦子，还有大砂盦子，放入不同的荤素食物，加进作料和水去煮，以备第二天做菜之需。但因所带之盦子不够用，就现到当村卖砂锅的店中又去买了十几个砂盦子。真是“救场如救火”。从那儿以后，这盦子给我留下了很深的印象。有时外祖父尚文玉家里的家伙屋中，靠墙一边扣着几十个砂盦子，那边又扣着几十个铁盦子。我虽知外祖父是个跑大棚的厨子头儿，但却不知他们还有这么多的家伙，更不知其各干什么使的。经外祖父一一讲授，我才知其大概。后来有厨师杨师傅到我家并在京北清河镇上的荣华纸店中当厨师，他在过年时，看到有乡村老家中送来的猪肉、牛羊肉和鸡鸭，就向掌柜的说需多买几个铁盦子来炖“年货儿”，仅有的两个砂盦子只能盛打好的“豆儿酱”用。柜上只好去买了几个铁盦子，可拿回来一看，杨师傅就笑了，对买东西的徒弟说：“你拿回去换换吧，这不是铁盦子，是铁罄，用处不一样！”

烙糕子铛

近日，笔者于外地人摆的小摊儿上看到烙糕子铛，觉得如故友重逢，于是，不惜花十几元钱买了一个回家。不用说儿孙们不知此为何物，连出身于城市家庭的老伴儿亦叫不上它的名儿来。它是铸铁的，用模子做的。在旧时，日用杂品商店里就有得卖，和烙饼的铛一样，很普通。它下面有三个短腿子，圆形，中间稍凸起，四周有并不太明显的浅沿，用来放上盖儿，并防止烙糕子面太稀而流出。上盖儿是个空的圆盖子，四周有凸出的厚边儿，其外面中间有个凸起的“人”字纽儿，并有个小孔，可以穿进绳子提起来，防止烫手。铛儿虽古旧，但样儿很好看，但可惜没有做烙糕子的糜子面儿了，也是白费。故此，在双休日，为了要几斤烙糕子面，我到远郊区山乡的亲友家去了一趟。归家后，将那新铛擦洗干净，又用花生油将铛里涂了一遍并加了热，使油与铁相适合了，再把其坐在有“盖火”（盖火眼儿的厚铁板）的火上，中间放好烹饪油。另将烙糕子面用水和成糊状，内中稍加些了白糖（咸口儿的可加些食盐），待铛中油热了时，用勺儿将烙糕子摊放在里面，盖上铛盖儿，待其熟后，揭开了铛盖，从铛上拿起一张又松软、又黄嫩的烙糕子吃了。不过烙这种糕是需要些技术的：一是火旺了不成，火小了也不成，熟不了；第二是用水和面，稀了不成，和稠了也不成；第三是用小勺往铛上舀糊，要注意薄厚，不要流出来。我烙了几次，非煳即不熟。直到乡间何大琴姐姐来家给孩子们做此食时，才真正好看又好吃！

柳木大锅盖

昔日，在农村，锅，特别是大锅，讲究用几块白柳木板儿合钉成的大圆锅盖，每块板儿用鱼鳔粘好，再横着穿上根带（即木条儿），中间再横着钉好一个把手，可用来揭锅盖、盖锅盖。过去，做柳木锅盖可是要有木匠的手艺才行——做得又秀气又轻巧，还得够尺寸；越是大锅盖越不好做。京北有个二拨子村，村中有姓马的老头儿，人称“马木匠”，好手艺，凡农村插窗户格子、打大小木车轮子、钉大锅盖，都找他去做。其人已去世多年，然而，近年我到老家二伯父家去吃饭，看到炖肉炖菜的锅所使用的柳木锅盖已用得油光锃亮颜色黄褐，可还是那么结实，不散落。据家人说，那锅盖还是二十多年前马木匠做的呢！

锅排儿

又叫“盖点儿”，是将高粱秸上部的细秆儿（粗细差不多的），用麻绳穿在一起编成的。编好后根据锅（直径）的大小，用斧子剁掉多余的高粱秆儿，就成了圆形的锅排儿了，它可以当锅盖来盖锅、盖菜盆等，也可在上面放才捏好的生饺子、烙饼等吃食。这个全用自家农产品自制的炊具，既清洁又不用花钱去买。城里人也有到农产品集市上去花钱买的。农乡儿歌云："小小锅排儿蹲墙角，做菜做饭用处真不小，能盛烙饼和饽饽，过年过节用它盛捏饺！"笔者家中厨房仍挂着燕山上万村郑宝军给我穿的锅排儿，那秸秆儿编得又细又密、又干净、又轻巧，真不像出自男人之手！

高粱叶子笼屉帽

这是个既经济又卫生，且能增加食物清香的炊具。秋日，人们常擗回大量的高粱叶子，一是因为高粱棵上叶子多了，高粱不爱生长；二是一些低处的高粱叶子会使田禾垄中不透风，在下面的庄稼，如大豆、豇豆或绿豆等受到遮挡，就长不好，因此低矮处的高粱叶儿必须及时擗下。其用处有三：一是用铡刀铡碎去喂牲口；二是将好的、细长的拧编成长长的粗高粱叶绳子，盘好，用绳子缝上，可以当供人坐的墩子，清凉而不脏衣物；三是可以用这种长粗绳子绕编成穹庐形的笼屉帽，做铁锅的盖子用。锅中盛上水，放上竹箅子，上面铺好屉布，屉布上码好要蒸制的饽饽或"碗菜"，再把这种用高粱叶子做成笼屉帽盖好，就可以下面加火蒸了！

高脚子碗

旧时，有一种瓷碗，下面有倒牵牛花形的碗脚子和碗连在一起，叫作"高脚子碗"，在酒宴上才上这种碗来盛"碗菜"[1]，其下面摆平底儿的盘子，上面可架平底儿的盘子，很会利用宴席中桌面上的有限空间。昔日，一般有钱的人家在过年过节时或设宴席时常用之。在农村有"租家伙"[2]的，也多备此碗，以应办事人家需要。笔者记得吾家有一堂高脚碗和高脚盘等，为一堂整齐的桌上餐具，到过年过节吃团圆饭时才拿出来使用，

1 碗菜：用碗盛着的菜肴，多为有汤汁的，或无汤汁而需用碗盛才好看的，如米粉肉。凡用碗盛而用蒸法制做的菜，多为"白案儿厨师"所做，今则一切菜肴均为"红案儿厨师"所做了。

2 租家伙：过去"五行八作"中单有一种行业，他们广有各种碗、筷子等餐具，用以租给办事设宴的人家，取其租用钱。

平日即有宴席，也从不用此套瓷器。据说它是祖传下来的明代瓷器。我记得它是“五花”[1]多彩的，有花鸟人物，也有山水房屋。几十年来，我也不知这堂餐具全不全，落于谁手了！

筷子

可以说此物是中国特有的餐具。其实只是一尺左右长的两根棍儿，其粗细不过如毛笔管儿。在炸货屋子（发卖油炸食品的作坊）的炸锅上，有长二尺多的大筷子，多是用粗如中指的“六道木”制成的，或用铁棍儿制成。这可以说是筷子中的长者了。六道木是产自山上的一种小灌木，硬而耐高温，不怕油炸，因其身上有六道浅浅的凹痕，故名。然而，这筷子的来源很古老且不必说，就其贵贱种类也就数不清了。古书上说，中国古代封王就用象牙制成筷子，近世又有在其头儿上镶银以防试食物有毒与否，另有顶部用金银包镶者，用景泰蓝包镶者，还有以玉石为筷子的。中档筷子就更多了：以乌木、牛骨、硬木等为之。次等则多以竹为之，常为城乡平民之家所用。然而，筷子的用料，上可至金玉、象牙，下可至随手可得的植物细条段。笔者犹记，幼年常随往田中送饭人去送饭。有一次到田间的大树下吃饭时，饭篮里竟没带筷子。送饭人很不好意思，不知如何是好。记得在场有拉竿儿的（长工头儿，不做实际的活儿，只管分配哪些地各分种什么庄稼）张二叔，他笑笑说没关系，随手就从田头的柳树丛中撅下两枝柳条做成了筷子。一时，大家全照此办理，有的还用小榆树的枝条段儿撅成筷子，还给了我一双。用那柳条段当筷子，去喝绿豆疙瘩汤，那真是另有一股子柳叶的清香味儿。再有一次快过年时，笔者将高粱穗下的细秆儿拿回家去用麻绳绑笤帚时，也给自己弄了双高粱秆儿的筷子，既轻巧，又灵便，又实用。可见万物皆有巧，只要你动脑筋去找！

1 五花：指由多种颜色组成，不单指用五种颜色，如猪肉的生肉有“五花三层”儿，则多指其肉有肥有瘦，相间而生。

这是一种农村用柴火烧开水喝时很快就能将水烧开的水壶。这种快捷、有趣而又实用的器具，如今已快失传了。只有在还用柴火废枝条烧水做饭的山乡人家才偶尔能看到。快壶是用马口铁（铁皮）做的，制作工艺比较难：先用焊锡将马口铁焊成个下宽（直径约四寸），上窄（直径约三寸）的带梢的圆筒儿，三尺多高。在这个圆筒的周围再用马口铁和焊锡焊个直径六七寸的圆筒，将底连焊在带梢的筒外，上有套下中间小圆筒的圆铁盖儿，外圆内贮满了凉水，把盖儿盖好（上有一铁提溜儿），壶底下焊有三个离地三寸左右的铁腿儿，以利进风。快壶的外铁筒上有个较大的耳形把手，可提起全壶。把柴火在中间筒内燃烧，不一会儿壶水就被烧开，故其名曰“快壶”。烧开的水足供三四个人喝的。而且，这种快壶很能将就柴火，什么树枝子、禾秆子、乱干植物及其叶子均可入壶腔儿中去烧。因上下通风，火很旺，故水开得很快，这个实用又合乎科学道理、且能消灭大量乱柴杂叶的快壶，在平原竟被人们弃之不用。连我那四十岁的儿子随我进山，都不知道此是何物，叫什么，干什么使的。故此，我认为将民族的、有用的好东西保存下来，不使之失传，乃是我们大家应尽的义务和责任！

卤壶

就是北方农村用的大茶壶，多为瓦制，枣核形，有盖有嘴子，上边四周有四个可以穿绳的“耳子”。农村每到夏季，做工的吃完中午饭睡醒中午觉后，常在西屋阴下，或大树下喝足了山茶（农村常喝的一种茶叶梗子，廉价，由茶叶铺买来）。这种茶就沏在大卤壶里，其壶上下尖，大腹，足有二尺高。农村中，往田地里去送饭时，把米汤等饮料也常装在这种大卤壶里。这种卤壶也有外面挂绿釉儿的，壶价要比瓦壶大两三倍。旧时，农村中大一点的家庭中几乎都有大卤壶，有的家中甚至有好几把。这就是北京城中论茶具者常说的“龙井茶配小盖碗儿，山茶梗子配大卤壶”。如今，此壶已不见，慢慢竟会成为农用“古物”了。

四耳罐子

旧日，郊野农村家户中差不多都有这种罐子，其个头儿不大不小，就像个大西瓜似的，其样子也像切去了四分之一的大西瓜，而口儿上稍稍耸起，在其沿下边半寸多处很匀称地有四个可以穿绳而提的“耳子”，瓦质耐朽，里外刷有深黄色的釉子，用绳穿起来，农家常当作盛菜的器具，可盛够两三个人吃的米饭，或可以用篮子盛干饽饽而用这种罐子盛汤水，给田里干活的人送饭。笔者在幼时，就看到小伙伴小羊儿（小名）每天用根小扁担，一头挑着四耳罐，一头挑着个篮子往田里去送饭；回来时，则给我们带回许多田野中才有的好吃食或玩物。有一回他带回一只小野兔，我们给它吃的，可它什么都不吃，终于趁我们不注意的时候一下子跑掉了。

豆罐

又称“发豆芽罐”，瓦质，两头稍小，中腹大，呈鼓形。底部有许多小圆孔，可以给罐中所发的绿豆芽换水用。把好绿豆用清水洗净（用水选法去掉漂在水面上的次绿豆）。在豆罐底部放好干净纱布（过去是放干净的高粱叶薄片儿），上放洗净的绿豆，豆上覆块好白布，罐口上盖好用高粱秆和麻绳穿的“锅排儿”（又叫“盖点儿”），然后把这豆罐放在热炕头上，或放于暖和处，每日换一次清水，水从豆罐下的小孔中漏出去。这样，一般过一个星期左右，绿豆就长成了又白又长又嫩的绿豆芽儿。掐去头、尾，即成为“掐菜”，可当面条码儿或烹炒供食之。在冬季，北京市上此菜颇多。

牛犄角盐筒子

这是许多年轻人都没看见过的一种老用具了。旧时，凡卖“白羊头肉”“牛蹄筋儿”等白香又烂糊的肉制品的，都有一个大牛犄角，擦洗得干干净净，头儿上钻着几个小孔，内中满盛着胡盐。这种胡盐是用花椒炒出味儿来，擀碎，与炒熟的细盐面儿掺在一起做成的。有人说是把花椒和盐一起炒再擀。但切记：这二者是“胡不到一起的”，一定要单炒后再兑在一起，才有味儿。这是卖白羊头肉的赵四把式告诉笔者的。大牛犄角盛满了胡盐，宽大的一头儿用布蒙住，用细麻绳捆绑好，就能用了。北京人用此来形容两个人不说里话的歇后语：“卖羊头肉的回家——不过（筛）细盐（言）”。此盐及白羊头肉，以北京廊房二条中间路北大酒缸门口儿摆肉摊儿的马二把做得最好，被称为“京城一绝”。这在《中国食品》杂志上有专文介绍。不过后来，凡卖熟切肉的，都用大牛犄角装胡盐，或撒在肉中加其咸味儿，或给买主撒在干净的纸中包起，带回去，任您自撒。

捏格儿筒子

现在已不多见此种炊具。用马口铁先焊个空筒，上有可用手捏的厚沿儿，底下有可漏下面条儿的小孔，这就是外筒，可以用来装入和得合适的绿豆面或“细筛面”或掺有榆皮面的面粉等，也有干脆装小麦白面的。再做一个比外筒直径小些儿的空心白口铁筒子，这就是压筒。压筒上有一个大于筒子的铁盖儿和一个蒜头大小的纽儿。将外筒内放入半罐子和好了的面，再把压筒儿放进去。一手拿着外筒的厚沿儿，另一手用大拇指压压筒儿，那又细又长的面条儿就从外筒底下的小圆孔中漏往开水锅里去了。这就是用“捏格儿筒子”压的面条儿。近年，笔者在远郊农村看到这“捏格儿筒子”还被农家广泛地使用着呢！

柳条儿笊篱和其他柳条器物

去了皮的细柳条儿，又白又净，用其编成笊篱，用处颇多，可以用来捞面条、饺子、溜鱼儿等。用旧了时，小孩子拿去，到阴雨天鱼儿泛出了池塘河沼时就竖立在（池塘）附近的大车沟儿（车辙沟儿）内，从远处轰赶小鱼虾往笊篱处游，然后提起柳条笊篱来，便可捉到许多小鱼小虾。上面雨点儿淋光身，下面光脚儿踩软泥，嘴里大声吆喝着轰赶小鱼小虾入笊篱，那种儿童乐趣，真令人惬意透了！

在野外，撅根细柳条即可当筷子用。有的粗一点的柳条儿可以编成笸箩、簸箕等。用细白柳条儿编成的有提手的篮子，既干净，又有白玉之色。因此，笔者家中，至今保存着已故农民老友毛万有给我编的柳条篮子，以为纪念，因为这乃是出自农民之手的艺术品！

水氽儿

这是北方农村几乎家家都有的坐水的工具，制作很简单，但很实用。一个直径一寸多，长半尺多的有底儿的圆筒儿，接近口部安有一个半尺长的把儿。灌满了冷水后放入炉子火眼中去烧，既快又便当，三五分钟即可喝到开水。在旧时，这是个了不起的便民炊具，很值得大书特书一笔。近日，笔者到燕山深处小山村去看老亲老友，更去看看“文化大革命”中我下放时的那些“人穷志不穷”的山村农户。他们在改革开放的新政策下生活好了，能吃饱、吃好了。但是，万没想到山村的人们还没忘掉那小水氽儿，用它来给我坐水喝！“物虽无言情依旧”，比一些势利小人及所谓的“人”强多了。我爱那小水氽儿，爱它默默地给人们奉献热量及开水的无私精神！后来，笔者在北京郊区又看到了这种小水氽儿。想不到，在如今现代化设备逐渐普及的京郊农村，小水氽儿依旧广为人们所钟爱！

酒水葫芦

有一种葫芦结出的果儿很好看：上小下大中间有细腰儿，头上还有个一二寸长的秧儿当把儿。这种长相好、个头好的葫芦叫“亚腰葫芦”，其用途有三：最好的被人擦摸出黄褐色的包浆——古玩器表面上的光泽，当成古玩供人赏鉴、收藏。其余的则可以当酒葫芦、水葫芦用：将葫芦从上部锯开，把干净的小石头子儿装进去，摇晃后倒出，再装进去摇动，再倒出，反复这样做几次，把其中的籽实及干燥了的瓤儿摇碎并倒出来。里面基本上弄干净了以后就用来装酒，当酒葫芦，若装水当水壶用，就是“水葫芦”，但均需在上部锯下的那一小截中镶上木塞子，可插入葫芦中当塞子，使用起来既经济又卫生！

瓢

把在秧子上长老了、木质化了的葫芦取下来切成两半儿，去净其中的籽实和干瓤儿，便成了两个瓢，可以用作舀水的工具，在水中不下沉，小一点的，可用来舀面粉、豆子、白面等。瓢身儿厚实、形儿好的，可在上面打下二十几个小孔，成为漏凉粉做“蝌蚪鱼儿”的“漏勺”。这个素日没人管的植物，结出的果实竟有这么大的用处！它在青色幼嫩时，还可以摘下来当蔬菜吃。笔者记得年幼时，看到家家菜园的篱笆上或庭院的木头架上就常有葫芦生长。外祖父朱二清还用手摘下嫩葫芦，去掉籽实及外皮和内瓤儿，与猪肉片儿和青辣椒一起炒着吃，也很美。

柏木筲

就是用柏树木板儿做的水桶。北方人土话把水桶叫“筲”。因为柏木质地坚硬，越见水越结实，且有一股子柏木清香气，不伤人畜。因此，昔时，往往用柏木板做水桶的帮和底，并用铁箍子箍住水桶的帮。用这种柏木做的水筲从井中打水，往家中水缸里倒水。每每在道边有水井处，就常摆着几副柏木水筲打的水，以备来往人、畜饮水用。在农村家中的大院内，常放着几副内中装满水的水筲，被中午的太阳晒热乎了，那是预备给家人洗衣或洗脸、洗澡等用的，同时，也为了以水来保养柏木筲——其筲越见水越结实。清晨用柏木水筲新汲之井水，没有着地就饮之，古人谓之“无根井华水”，饮之宜人。

饭络子

即盛饭菜及碗筷等餐品和餐具的大圆筐。其面积如小圆桌儿大小，四周有一尺多高的帮子，用细荆条编成的，可用四条麻绳从底下四面兜起。挑子的那一端常常是个盛着汤水的瓦罐，这一副往田间送菜饭的饭挑子，在北京近郊是早已看不见了。在远郊的山区，人们仍用此饭络子给在山田中操作的人送饭。操作人数少时，只挎个饭篮子，提个瓦壶（卤壶）就行了。旧时，笔者常随家里人挑着饭络子往田间去送饭。农人们吃完饭，饭络子里往往装回可当小吃的农田产品或田野沟坡上找来的小香瓜、大个的西瓜等。我记得，因表弟、姨姐等从城中来，好吃比南方甘蔗更加鲜美甜香的“甜棒”，我就沿路在玉米地里大撅甜棒子，放在饭络子里挑回家来给他们吃了。

络斗子

这个农家常用之物，现已见不到了。它是用较粗的无皮柳树条儿和麻绳或“牛筋线”制成的像半个大冬瓜一样的半长圈斗儿，上有薄木板圈成的帮儿，在帮上用一较粗之柳木弯成半圆，插牢在络斗的斗子上当梁儿。过去，农家常用它来盛各种种子，或盛细贵食物，如花生仁、核桃、芝麻等。旧日亲戚家往来，也常到点心铺去包个蒲包儿，再用络斗儿盛上些自家出的土产物去看望人。往日儿歌常唱：“二月二，接宝贝（闺女）儿，拿蒲包，提个络斗儿，里边装着核桃、栗子、花生仁儿！”笔者近年到山区亲戚家走动，吴老伯母已去世，我却见到她在世时常提着走亲戚的络斗儿，我就特地向她家人要了此物，以为纪念，以志怀念！

礤床儿

又叫“礤宗”，是把瓜、萝卜、土豆等擦成丝儿的器具。在木板或竹板等的中间开一个长方形的洞，洞上钉上一块有鳞状小孔的铁板，小孔翘起的鳞状部分即是擦物成丝的小刀片儿。别瞧礤床儿的物件小，但其用处却很大，城乡家庭中每到用萝卜丝、土豆丝来吃饺子、做馅饼等时，总要用到它。昔年，笔者尚年幼，和大孩子们到田野中玩，大一点儿的带有镰刀、口袋去打草，小一点的拿个花铲去挖猪食菜，像我这种最小的孩子，只能跟着去玩。没想到我们在大北窑的田野水沟中找到一棵绞瓜秧子，竟结了五六个大绞（脚）瓜。弄回家来，家里的老奶奶很高兴，竟借了邻家好几个礤床儿把绞瓜做成馅儿，包了细罗面饺子请大家尝！

案板与墩子

这也就是切菜和揉面用的大长方木板子，一面当“红案”——切菜切肉；一面当“白案”——制做面条、烙饼等。讲究的人家将红、白两种案子分开，并把切熟肉与切生肉的案子也分开来。分得最细的，要数营业性的大饭馆儿及城中豪门富户家的厨房了。案子，在北方一般都讲究用白柳木做，有一寸多厚，为长方形。其长短宽窄没一定尺寸，但不可过小。因为白河柳木做案子用，一是不夹刀，不掉木屑，使切出的食物颜色好看；二是这种案子还“吃刀”，好切、剁，不“顶刀”。所以，旧日的日用杂品商店中卖案板时总好标出是白柳木的。昔日，在德胜门外大街路西有一家专卖笼屉及白柳木案子的商店，其货价钱较贵，但质量甚好！案板大的，可对面坐五六个人干活，这种案板叫“案子”，多在包子铺或制做点心的地方用之，其厚度也大，足有二三寸。笔者曾在北京东珠市口路南的“桂兰斋”糕点铺的“后柜”（做点心的地方）看到过，这种大案子面对面坐着十几个人制做各种点心。其前柜西山墙上挂着有著名书法家魏谨（旭东）的尺学大楷书唐诗，字迹端正遒劲，堪称一绝。桂兰斋为糕点名店（原大栅栏口上“滋兰斋”的分号），它所制售的“细小八件”在形质与味道上均为上乘，故人们常把到其柜上吃细小八件儿，以及看魏谨的楷书看作是一种“双绝”的享受。至于墩子，也是家中及饭馆中常用之炊具，也讲究用白河柳木制成。家中及饭馆里用的墩子比较扁，可以放在案子上用，而猪肉店中的则比较厚而敦实，可以用来切、剁肉。总之，一般来说，墩子都比较长、比较大。

肉柜子

旧时，小贩们走街串巷卖煮熟了的猪头肉、驴肉或狗肉时都是用形状像鸭蛋似的、很深的木柜子来装肉，上面盖着的木板就是切肉的砧板，切肉刀就放在柜中和肉在一起。人们管这叫“肉柜子”，其实并不是柜子。凡卖猪肉或猪头肉的，总吆喝“切猪肉……”，卖驴肉的总吆喝“肥驴肉……”，卖狗肉却吆喝什么“五香狗肉……”。各城卖肉的吆喝都不一样，但都夸自家肉煮得好。的确，有些肉柜子是卖自家煮的肉，其颜色，其味儿还真比某些挂着“金匾大字”的字号店中卖的还要好。旧时，我住在鼓楼后头，有人就背着肉柜子走街串巷卖狗肉。夏秋两季儿用鲜荷叶或鲜大麻子叶包肉，冬季用干荷叶，从不用有字的纸来包。看起来，还蛮注意卫生的呢。要不，生意怎么会那么好呢？

油缸

过去城乡的大户人家或油盐店（副食店）都有专门用来盛油的陶质大缸，分别装香油、花生油、豆油等。因而，有的人家就会有好几缸油，终年也吃不完。那油盐店内就更多了，旧时北平被解放军围城时，笔者因感时事日艰，并没有什么“进步思想”，就写了一首类似打油诗的顺口溜：“国破家亡难当头，柴缺米贵没有油。问君如何使肚饱？叹曰一炮（泡）解千愁。”被好事的同学拿去在小报上发表了，坏就坏在这“炮”字上——那意思是说，还不如叫解放军一炮打进城来，砸烂这囚人的“死城”呢！于是，有一天夜间，便衣、警察和宪兵十九团[1]的“勇士”们，就如临大敌般地把我抓走，什么“赤色学生”[2]啦，“职业学生”[3]啦，一大堆反对当局的帽子全给我扣上了。苦打了几回，一调查，找不出什么线索，就把我送到天坛去和东北“流亡学生”[4]在一起，每天发些煮老玉米豆儿度命。当时守北平南外城的反动派部队说为了“开阔视野”，城门外一华里内的建筑物全要拆除……就把我们这些学生和监狱内的犯人编在一起去城外拆房。我见到永定门外一个老油盐店，库房内竟缸上摞缸地存了几十桶香油、花生油，因城外打枪，国民党也不敢运出城去，就叫我们用大竹竿子捅了下去。当时真是“油醋满地，哀鸿遍野”！

水缸

这是盛饮水的大陶制品，一般都上大、下稍小，上面可以另配木制缸盖。别瞧是个家家都有的水缸，可有些学问在里边。那时农村中或城市中还都没有自来水，所以家家都要有水缸。水缸有两种：一种是放在屋里，还往往在其上面放上一个木质的大案板，既当缸盖，又可以在上面切菜或做面活儿，成为一举两得的家什；另一种是把水缸放在院中，埋在地中三分之一，而且给离露在地上的三分之二部分外面半尺多远外加上高粱秆（秫秸）做的围子，并在中间用上要子[5]以使秫秸不散，最后在水缸与高粱秆之间填满了黄土，可以给缸内的水保凉或冬天保暖。没有外围子、放在屋内的水缸，其外一

1 宪兵十九团：当时北平属该团管，有重大案件，他们才参加。

2 赤色学生：国民党反动派把心红爱国的学生叫赤色学生。

3 职业学生：国民党反动派说学生是“共产党拿钱雇用的”，是有职业的，故称之为“职业学生”。

4 东北流亡学生：东北解放后，有些不明真相的学生跑进关来，住在北京天坛，当局谎称其为东北流亡来的学生。

5 要子：用麦秆、稻草等临时拧成的绳状物，用来捆麦子、稻子等。

有水渗出，就预示着要下雨。“水缸穿裙儿，下雨差不离儿”是农民的一句老话。过去均在水缸内养几尾金鱼，好吃水内杂物。今者，城区或郊区大部分吃自来水，就干净得多了。还有一种水缸，特别大，立于屋前院中，或以铜制成，有汉白玉石座儿，立于宫殿或帝王陵寝旁，既作有气派的装饰物，又当实用物——里面总是贮满了清水，这叫“防火水缸”，为临时用来救火使的。如今家住偏远山区、吃水困难的小村子，各家各户用人或牲口到远处去运水，家中则还备有水缸，且爱水如油。笔者最近曾到一个燕山深处的小山村去访贫问苦，则见到此物。有一家水缸形状奇突，在其口上竟有阴文“明永乐十年造”。

腌菜坛子和缸

在郊野农家，总是有腌咸菜用的陶质坛子或大缸、小缸。坛子是用来腌制什么芥菜头、大萝卜、山药等物用的，以其口儿小、好盖严为好。那小缸或大缸，则是用来腌各种叶子蔬菜使的。比如，到冬天激白菜；秋后用盐腌雪里蕻秧儿等。这些缸缸罐罐，在农家都是有用的。有的人家，在秋后在坛子中、缸中都用大盐（海盐，粒儿大）腌满了，以为一年吃菜之需。特别是旧时寺庙，因庙中僧众人多，且不断有来客，须备简单的素饭招待，就需要几样腌菜、泡菜和激菜来应酬。笔者幼年随老师到十三陵庙中去用素斋（饭），桌上就有切成细丝的隔年老咸菜以及味儿奇美的、不用荤物的鲜嫩泡菜，还有大碗盛的熬酸菜粉条儿。

罗是昔日农村中推碾子、推磨磨面粉必不可少的工具，呈圆形，大小如面盆，帮儿多半是用细白柳木做的，轻巧而不硌手。以其底部所蒙之物分，有“粗罗”（罗出的面粉粗），细罗（罗出的面粉细小）；以其质地分，则有“马尾罗”、“铜罗”、“绢罗”（细罗）。如把玉米（玉蜀黍）碾成面儿，过细罗筛过，则成为

“细罗面”，在其中掺入一定比例的白面或榆皮面儿，则可做饺子、馅饼、烙饼等多种吃食。笔者幼时常随母亲到外祖父尚文玉家去吃细罗面包的绞（脚）瓜馅儿水饺。当时，尚家较穷，但每年自己种的绞（脚）瓜收后总要弄些细罗面掺小麦白面包饺子来请我和母亲。其食虽粗，然其情甚深！

自从有了电磨，罗床已不多见了。然而昔日在农村，只要是推碾子、推磨，就少不了要用罗。罗在大笸箩中筛，罗下就要有罗床，不然罗就无法来回筛。罗床是由两根扁棍儿组成。扁棍两头儿各有一块横木在下边连着，罗就放在扁棍上来回走动；扁棍下部离开罗底有好一段距离，可以存漏筛下来的面。故人们常说：“罗床儿虽小用处大，没它罗面甭说话（罗不成）！”笔者犹记得，幼年在乡下老家，有碾坊和磨坊，分别由阎五叔和刁二叔负责推碾子、推磨。每天他们都忙个不休。有时，我也去到他们那儿帮忙——其实，纯粹是瞎胡闹罢了。可两位老人却总是笑呵呵的，从来也不因我的淘气而呵斥、责备我。可如今两位慈祥的长者已仙逝多年了，我还时常想起他们……

小石磨

北方出石器的山民用不掉渣儿的好石料凿成上下两扇儿的小石磨子，既好看，又实用，既是炊具，又有收藏价值。现在市面上又有卖此物的了。但是，看其做工则甚粗糙。笔者在山东菜特级技师张守锡老先生处看到了一个制作很精致的小石磨。上扇上面有装豆料子（碎黄豆，用水发过）的小孔，可漏至下面磨盘上的“人”字沟槽内。上面的半扇与下边的“磨盘”中间有凹凸的圆铜柱眼和柱头，可以让上磨扇转动而不离开下面的磨扇儿。听说中间的铜凹凸柱及其槽儿又叫“磨脐儿”。下面的磨盘，除了有和上扇一般大小的磨扇外，下边还连着个四周有高墙儿的“磨沟儿”，并在一处有个凸出的“磨嘴儿”，用来流磨好的豆浆，据说这个小磨子是明代的产物，是如今轻易得不到的传统炊具。小磨的上半扇儿的一旁，多出一块儿，中间有个穿透的圆孔，在其中穿上木棍儿，露出有二尺来长，以便人用手来把住，摇动小石磨子转动。小石磨子的上下两扇儿的内面，都凿有“人”字形槽儿，好存、磨豆料子。旧时，乡间或城中卖豆腐浆的或自家做豆腐都用这种磨。记得笔者幼时，有首儿歌说：“小磨儿轻，小磨儿圆，磨成的豆腐香，磨出的豆浆甜。就怕姐儿的手不巧，破出的豆料子酸！”如今，小石磨归来了！有得卖了！真正的人工磨制的“鲜豆腐浆”也回到人间早点中来了！

石碾子和石磨

这是用石头做成的轧面粉、去谷皮等的工具，有大、小两号。碾盘较大，呈扁圆形，厚二尺多，中间立有一根镶着铁签（长方铁条）的圆木柱。另有用四根木头做成“方”形的碾框。这种家家离不开的石碾子，在农村逐渐消失了，而被电磨所代替了。效率是高了，可用钢辊硬轧出的谷子和面粉，带有“火性”味，不如石碾子或石磨轧出的食品好吃。然而，用电磨的又说，电磨磨面或轧谷子，不像石碾子、石碾砣或石磨那样会掉石渣儿……总之，各有利弊。但为人民服务几千年的石碾子，应在民食民俗的“功劳簿”上记上它一笔才对！石磨亦如此！石磨有上下两扇儿，在两扇相合的面上，各凿有“人”字凹凸槽儿，以利粉碎谷物或磨浆（如豆浆），两扇中间有作为“榫头”用的铁棍儿和铁槽儿，称为“磨脐儿”。上扇上有一孔眼，可填入谷物，其侧边外缘有一用铁丝绑牢的长粗木棍，人或牲畜可以推拉着，转动该上盘扇。下盘下则用砖、石砌有“磨台”，以提高石磨的位置。石磨有用水或风的力量来转动的，其历史已很悠久。在河北冀县（今河北省衡水市冀州区）县北的农田中即有三国时期袁绍遗留下来的水力石磨！

荆条篓子

过去常用山上产的灌木荆条的枝条来编成篓子，并在篓子外面糊好纸，刷上不掉色、也不串味的“桐油”。大型的篓子可盛油或烧酒，其下部为长方形的渐成坡面形地往口上攒。装好了油或酒，口儿上用干猪尿脬（猪膀胱）皮蒙好，再用麻绳儿绕捆好，就能远运不洒，久存不漏。大者可盛五六十斤油或酒，特大者可盛百斤。小的荆条篓儿形式和大篓子相似，做法也差不多，但其个儿小得多，半尺多高，五寸多宽，八寸多长，主要是装酱菜用。像北京旧日著名的卖酱菜的酱园子，如天章、六必居等都用这种小荆条篓子装酱菜，口上除去蒙上防湿的油纸外，还有一张粉红地儿印有黑蓝色字儿的“门票”（介绍本号的广告），用红麻绳儿捆好，往往就成了每两篓儿为一份的送礼礼品。外加上两瓶好酒，一个点心匣子，就算是一份不算轻的礼物了。笔者幼时，记得每到过年时，家里总有上百个小荆条篓子。人们吃完其中的酱菜，常用其篓子盛食盐用。小孩子则把它洗刷干净，到夏天盛上水不漏，用它来盛从河泽中捉来的小鱼、小虾。山区人们用荆条编好这种大、小篓子，运到平原来，专卖给糊纸、上桐油的地方（作坊）。旧日有歌谣说这个篓子，我记得其大概的词儿是：“荆条短，荆条长，荆条开花儿紫又香，放出蜜蜂儿采花忙。砍去荆条儿编篮又编筐，编出大小篓子换大洋（钱），磨破了手儿点灯编，一编编到大天亮。……”如今，那装酱菜的小篓子和装油、酒的大篓子都不见了。现在装油、装酒，少量的改成用塑料袋儿，大量的则用大塑料桶了……听说国外早已有规定：不论什么饮食，均不可用任何塑料做包装……因其不利于人们饮用！而中国却充耳不闻，照装不误！笔者是这方面的外行，不敢断言是非。但切不要像20世纪五六十年代用别国早就不许用的农药那样，照样把不利于人的东西仍旧广而用之！故此，我们大家都期盼着能有比荆条篓子更简便、更先进的，但却安全、无毒、无害于人体健康的新型包装物早日面世！

笸箩与簸箕

这是旧日几乎家家都有的两种器物。它们都是用粗白柳条儿编的。笸箩有大有小，有方形的，有长方形而中间稍往里缩的叫“亚腰笸箩”，用来筛米、面，或盛米面用。簸箕，为近四方形，有一面是向外平敞开，但用薄木板做舌头（沿），其他三面则高起三四寸，可以用来上下颠簸粮食，去掉其中不实者或杂物、尘土等。笸箩也是四周高起一尺左右。二者均为用细白的粗柳木条儿加“牛筋儿线”缝组而成。旧时，每逢北京城郊庙会，都有卖这两种器物的，农民们就常在这些庙会或集市上卖。平常，亦有挑子备有各种零部件及各种工具到各村中去修补笸箩、簸箕，并以右手捂耳吆喝“修笸箩簸箕”，此亦旧日之风物也！

土炕灶

这可以说是中国北方农民的一个发明：共用一个烧柴火的土灶，既做菜、做饭又兼“烧炕”——给人睡觉的土坯炕取暖。这种灶往往设在和土炕连着的地方，冒出的炊烟则经过烟道入土炕膛儿，再从房上的烟囱中冒出去。这些灶都烧柴火——庄稼的秸秆、废木料、树枝、柴草等都可以。烧后的灰烬常可以扒开来埋入凉玉米贴饼子，再埋上灰，待吃用时，将贴饼子扒出，则外焦里嫩，甚热乎。昔日郊区农家往往早饭就吃柴火灶熬的大破粒儿粥，吃灶膛内的贴饼子，就炸辣椒浇腌芥菜（或雪里蕻缨儿）。烧过火的灶膛灰中不仅能埋贴饼子，还能埋入小块儿的生白薯或生大花生等。有一回，我把从山村带回的板栗埋在其中，熟后亦甚美。

轻灶儿

轻便的炉灶几乎是旧日北京乡郊家家都有的炉灶，不用什么钱，全用自己舂小麦剩下的“麦余子”（麦子皮儿）与好黄土加水和好后垒起而成。但垒时要反复摔泥，使之吃住劲儿，能立住才行。用和好的泥塑成一个轻便的炉灶。这种炉灶的炉膛（肚儿）稍大，其前面与一直立的烟囱相连，中间上面可坐上中号铁锅。炉灶下部是个平底座儿，底座后部向外伸出来，犹如唇状，称之为“鸭尾”，可以让烧柴的未燃烧部分有地方放。用这种轻灶做饭炒菜，甚是简便。平时，轻灶就放在院中；遇到刮风、下雨或下雪的时候，两个人一抬，或力气大的人一个人就可把轻灶儿弄到大门过道里去做菜做饭。

五十三块砖

俗话说：“好厨子得上有好汤，下有好灶，没汤没灶纯属瞎胡闹。”说明厨师必须有好使的炉灶。炉灶有多少种，但有一种很特殊，用处也很明确，就是在郊区乡镇人家遇婚丧嫁娶做生日等办事的日子里要招待亲友用饭，办多少桌酒席，这时，请来的厨师就会搭临时用的“快灶”了：只用五十三块砖，即可码好一盘炉灶，下面放木柴，上面放煤，即可点火做饭，甚是好使；用完后，砖还是好的，可另用别处。盘这种炉灶，必须是内行，外行盘不好，也不好使。所以，人们常管跑大棚的厨师叫作“五十三块砖的厨子”，说明他是内行，会盘灶。如今，许多会炒几个菜的人就称是“厨师”，其实是连炉灶也不会搭的。现在通煤气、沼气、电气的地方，在全国来说还是不够普遍的，特别是到一些偏僻的地方，或用煤普遍的地方，不会用砖搭个临时炉灶，就是当厨子的缺点了。故凡是跑大棚应红白喜事的厨子，没有不会自己盘炉灶的。所以老乡亲们常说：“厨师是鬼还是仙，全看五十三块砖！”

支炉儿

又叫“支炉瓦儿”，其实是用小砖头儿打磨的，一般用的是新灰砖。一块砖可出四块支炉儿。先将一块整砖破成四瓣儿（不要摔，要用钢锯锯开），再将其逐个儿打磨精细了，就可以用一堂（三个）支炉儿把铁锅、铛等支起来又不妨碍火苗儿的上升，把锅烧热。旧时，北京城中，有挑着担子卖此物者，总吆唤着："好使的支炉瓦儿……"在乡村，则没有花钱买支炉瓦儿使的，全是自己磨制。有时找不到新砖，就用旧砖磨制，但是，旧砖不好磨。农村的大孩子们常唱歌谣："磨支炉瓦，磨支炉瓦，磨得手上出了泡，还是差不点儿（三个不一样）！"

肉笼

这可以说是旧时农家的"土冰箱"或"冷藏柜"，是用山上荆条编成的一种大筐，长椭圆形，有四五尺长，三尺高，上有盖子，可以随便开合。农家的肉制品及熟食多放入其中，做熟了的年菜也放入其中，往往是放在家中阴凉而通风处。一家往往有好几个肉笼。笔者幼年时，家里就有四个大肉笼。一个放生猪肉，一个放生牛羊肉，两个放年菜，而把做熟了的、不怎么怕热的年菜放在不生火的屋中，如炸饹馇儿，炸白薯条儿等。小时候，在大孩子的带领下，往往去大肉笼里偷拿吃的。记得有一次从肉笼里拿出一个大猪肘子来，几个孩子跑到人迹罕至的"魁星楼"上去吃。一吃，哪知那是个半成品，不能吃。

肉井

这是旧时在北方城里城外卖肉的店铺中存放鲜肉或熟肉用的无水干井。那时，没有冰箱和冰柜。卖肉的店铺都在自家院中挖一个没有水的干井，有的是在屋中挖。这种井上面有木盖子，盖在四周宽厚的木井帮上，并用几根粗铁棍横架在上面，杠上挂着几个挂肉的铁钩子，钩子上挂着成片或大块的生肉，有的钩子上挂着大柳条或荆条编的大篮子，里面则存放着煮好的熟肉。这就是肉铺必备的"肉井"。肉店将新宰或新煮熟的肉用钩子放到这干井中，不会很快就坏。白天卖不完的生熟肉，也钩在此井中。大肉店则在井下或井中间有个横出的空单间，用来保存肉，人可以坐在辘轳上上下。这种土井子巧妙地解决了肉铺的生熟肉存放问题。

白菜窖

在城中，每到秋后冬初时，大白菜大量上市了。这时，副食店卖菜的售货员就忙了——动员每户去买冬贮大白菜。在城中贮存大白菜比较困难，而且也买得少。一般是在太阳地上先把大白菜晒蔫了，去去其水分及生性味儿，然后就放在楼房的阳台上，并用废报纸逐棵包好，中间隔上木棍儿，放到春节前后还能吃。而在郊区乡间，一方面为自己吃，一方面为了在冬季卖好价儿，就常几万斤、几千斤地贮存大白菜，这还是小户存菜。大户或公家存菜，一存就是几十万斤，那就需要挖比小户白菜窖大几倍的大窖才能贮存。现就一般的白菜窖记述如下：挖一个一丈二尺多深，宽八九尺，长几丈的大土坑，出口处要挖成可以出入手推车的慢坡儿走道，菜窖门儿口排上不透寒风冷气的“厚门帘子”。菜窖顶部横着码木檩条儿，两边用苇席或油毡、稻草和泥土封好顶子，中间留有可通气及进阳光的、与洞一般长的、宽约二尺的空间，上面有可以随意卷放的厚草帘子。每到中午要卷起草帘子给白菜放风换气，进阳光以暖窖温。窖内要用一层层的高粱秸排子将白菜隔开，以通风并防霉。每天都要“倒菜”——给白菜翻身，挪动存放的位置，以防多掉菜帮子或受霉发烂。每天用手推车将掉下的白菜帮子运到窖外，保持白菜窖内清洁，才能损失小，菜质好，每到隆冬季节，北方正值缺菜之季，大白菜正好吃，可应市场上缺菜之急。人们吃到鲜白菜，可谓来之不易！

萝卜窖

北京郊乡农家的藏萝卜窖有的特殊，细琢磨起来，也很简便，又很合乎科学道理。在秋后，大萝卜，甭管是心里美脆萝卜，还是灯笼红大卞萝卜，都得经入窖再扒出来后才好吃。老乡们说，那是萝卜经窖藏，出尽了不正的“萝卜气”和“生性味儿”。但是，凡入窖的萝卜一定要好的，不但本身没有“镐伤”和被地蛆咬过，还得是没碰破了外皮的。在干净地方挖一个深三米左右的土坑，灌足了水，待水渗干后，在坑中间立一个直径有一尺左右的高粱秸秆捆成的把子，直通到坑外。然后，在其四周码一层萝卜，撒一层黄土，再码一层萝卜，撒一层黄土……这样，直到离坑沿二尺左右的地方，就只往内填土了。上面盖些柴火以防寒冻，中间则有高粱秸把儿通空气，不致使萝卜因闷气而烂掉。到冬、春二季，扒开一层黄土就可以弄出一层码的萝卜来，不但不坏，还甜脆而好吃。这样，可把萝卜一直保存到春天。

白薯窖和白薯井子

秋后收藏白薯有两种方法：一种是用“白薯窖”，一种是用“白薯井子”。不过，所收的白薯都不可碰破了外皮，以防其入窖或井子后发霉烂掉。在干净土地上挖一个一丈多深的长方形坑，将白薯码放在其中，上则横上横木，木上再放好谷草或稻草，再放上些高粱秸，上面再厚厚地盖上土，留个方口儿能上下人及提白薯用的篮子，口儿要用柴火封严，不可露风，以免使白薯坏了。这是白薯窖。白薯井子做起来费点事儿，但可使个几年。挖一个直上直下的干土井子，上面安装一个可送人上下及提送白薯的辘轳。辘轳上有可绞的粗绳及可坐人的荆条筐。有的还在井底部往横的方向打洞，以盛白薯。讲究的白薯井子，是在井子的中部横向打井，以存放白薯。这种收藏的白薯可存至翌年新白薯下来时。因此时藏的白薯价钱贵，在北面市上煮熟了，带上煮白薯汤儿卖，俗称其为“人参筋儿”——多半是“麦茬儿白薯”，较“春薯”（春天种的白薯）个儿小而长，像人参，故名。

冰核儿来窝与冰窖

挖地窖在冬日存冰，一方面为了来年夏天祛暑用，一方面是为了在冰窖中的大缸里存放各种鲜果子。这事儿，我国自古已有之，并且是我国北方在仲春之际保存肉类祭品、食品的好法子。在那时北京没有“人造冰”的情况下，城内外挖冰窖，可谓是一举数得的事儿了。所以，开设冰窖的就有很多户。旧日，京华在冬天各河湖均会冻成厚冰，尤以旧护城河、北海等地为多。这时，开冰窖的人就雇穷人为其在河中凿大块的冰，运至冰窖中码摞起来，留出能走人、运肉及鲜货的通道，又用厚土及稻草护着，使冰不化。城中各大鲜果子店都与冰窖建有存取关系。所以，他们所卖之鲜果能在冬日还很新鲜。每听鲜果店中的人叫学徒到库房去取鲜果，那就是叫学徒去到某冰窖去取。特别是每到年关（春节）前，鲜果子店特忙，有送礼的，看亲戚或病人的，都要包个鲜果蒲包儿。每年夏日，各冰窖除向大饭庄等户卖大块冰还不算，还以几个钱把小块碎冰卖给做小买卖的，如卖果子干汤的，卖凉年糕的，卖爆肚儿的。最碎的冰就连卖带送地给了卖冰核的穷孩子。这些穷家孩子们推着个用两根手腕粗的长木棍合成个“人”字形的小车子，这种所谓的“车子”只不过是在“人”字形的长木棍交叉点上弄两个窟窿，中间夹个铁轱辘，再用一根铁棍儿当轴一穿，上面再钉几个木板儿，就成了“小车”了。车子上放个木匣子或苇席篓子，里面放着大小块碎冰，外面放一个用铁棍做的、一头有尖儿的冰镩。他们推着小车子，满大街小巷地吆喝着：“冰核儿来窝！钱少给的多……”在暑日引得人们来买。其穷苦贫困之相实令人可怜与心酸！

冰盏儿

这是一种北京卖冷饮所特有的招牌。每逢夏日，街头巷尾大树下，常有卖冷饮者的挑子放在那里，什么色洋粉、荸荠、果子干汤、糖水、汽水、冰棍……消夏的饮食应有尽有。其售货者常用一副冰盏儿相击，发出“叮当叮当”清脆的响声。人们一听见冰盏声，就知是卖冷饮的过来了。那副小冰盏儿甚是好看：是两个小铜饭碗儿，只有大柿子般大小。卖冷饮者拿在手中，中间隔开一指，上下相击作响，甚好听，可醒人困乏，提人精神。有竹枝词云：“夏日困乏倦睡长，不知不觉到天晌。几声冰盏南柯醒，数票买杯消暑汤。”后人把冰盏解释成“盛冰的盘子”，这是或有其出处，或未见其物而望文生义而已。六十岁以上的老人定见过并亲往打“冰盏儿”的摊挑上吃过消夏食品。笔者记得在北京北城有个颇著名的大冰盏儿挑子叫“赵铁肩膀儿”。他的冰盏儿挑子上各种消夏食品俱全，而且都很干净卫生。我最爱吃其挑子上的各色盛在小碗内的“洋粉”，红的、粉的、绿的、黄的……各种颜色的全有，且味道鲜香，价儿又便宜，真能消暑解热！

熗锅

这是常用的烹调方法之一，用于做菜。先在锅内下底油，烧热后，再放进肉及作料，煸炒出味后，再放入肉丝（丁、片）煸至八成熟后，放入蔬菜，一并炒熟供食用。例如，炒肉丝、炒豆芽等。严格地说起来，这“熗锅”和“炝锅”有所不同。如今则不论其“熗”或“炝”了，差不多都一样。其实不一样。作者就此问过外祖父尚文玉（跑大棚的厨师）和常为大宅门儿做饭的冉四奶奶。他们都说，熗锅是指在锅内底油中把作料（花椒、葱花、姜片等）炸得稍过火，再放水煮面条，或炒制一些适合有作料大出味儿的菜肴；炝锅儿则是在锅内底油中，放入作料后，才煸出味儿来就放水煮菜或炒菜肴，适合做“汤菜”或适于用炝锅炒的菜肴。他们举出：做汤面或大荤菜肴适合用熗锅；做汤菜或烹豆芽菜等，就适合于用炝锅法。今者，“公说公有理，婆道婆为是”，究竟谁是谁非，有待于读者亲试，方能别之！

炝锅

炝，有两种烹调方法：一种是先把要做菜的肉或蔬菜放在开水中略煮一下，捞出后，再用酱油、香油、醋、味精等作料拌一下，供食用。例如，炝田螺蛳、炝芹菜等。另一种方法是先把要做菜的肉（丝、片、肉丁儿），葱末、姜末等作料放在锅中，用热油略炒一下，再加高汤或温开水和作料煮熟。切勿用凉水，用凉水则肉味发腥，有扰菜肴的美味。例如，炝锅肉丝（片），用葱花炝锅等。还有“倒炝锅”，详见该条。凡是民间炒菜，用炝锅者多。笔者曾在京北三合庄任淑兰姐姐家吃她做的“三炝锅”，很有风味，特记于此，以飨同好者。三炝锅，就是一个菜炝三回锅。主料是青菜、蘑菇、活虾。将葱丝、姜丝切好，坐锅，下底油，油热了先下入洗净切好的鲜青菜段儿，稍烹即出锅。再净锅，下底油，油热后，下花椒，花椒煎煳出味后，再稍下一两段干辣椒，出味后即捞出料物，用其带味的油来烹洗净并挦好的鲜蘑翻炒两过儿，出勺。再净锅下底油，油热即放入洗净、择好的鲜韭菜段儿，随后放入洗净的鲜河虾米，虾米见红后，即放入备好的蘑菇、青菜，共同炒一会儿就出勺。这个俗菜，经过三次炝锅儿，味道香鲜，绝不同于一次炝锅的“一锅熬”。任淑兰大姐说，这个法子是一位专做俗菜的大宅门厨娘教给的。笔者曾数次亲尝，味道实在不同于一般。然而依其法，从市上购人工蘑菇做之，则远无其韵矣！

倒炝锅

这是一种用作料炝锅的方法。北方民间常用之。用其法可使所做的菜别有一种鲜美味，非一般先炝锅所能比。其法是：在碗内先放入葱末、姜末、醋、酱油、食盐、香油、味精，共同拌好（有肉则加料酒或白酒），十几分钟后，即可用之。用法是，待锅中菜（例如白菜）熟后，即下“倒炝锅”之作料，见开后即可出锅供食。旧时，出家人，尤其是和尚，最讲究吃倒炝锅的菜，可是其中不用荤物——葱花，而改用花椒，却也别有味道。笔者曾在京南祥安寺住过，因遇大雨不可行，一连住了七八天，每天吃老和尚从树上摘下的鲜花椒，用来炝锅，其鲜香远比用老葱强。他特地做了一道水焯青野菜，用倒炝锅法制之，其色翠绿，其味鲜香飘逸，真比俗家炝锅熬菜强多了，后来，笔者也受其熏陶，多吃倒炝锅菜，也犹自清香。读者可自试之，自觉其味然然，不同凡响。

抓斤两

旧时，饭馆里做墩子的（切菜、配菜的）和火上掌勺的人，都能抓斤两——用手一抓菜或肉等料物，就是几两或一二斤，其误差，在秤上只许头高头低，而不能失准。旧日流落在乡镇饭馆的师傅也有能抓斤两的高手。笔者的姑父（王华庭）在京北沙河镇开了个万福居饭馆。他曾在清末宫内南厨房学过徒，在盐厂等大去处给人做过酒席。他即抓得一手好斤两。记得在万福居，一声喊“下十个木须肉来”。他即在十盘内抓木耳、猪肉片，均合乎一卖的分量，上秤也只在高低之间。厨师们说抓斤两是“打闪纫针”的快活儿，不能来回来去地加减，那就不叫抓斤两了。过去在西琉璃厂一家小饭馆里一位师傅抓用炒饼切好的饼条，一抓，一斤或二斤，不带差的；有时候抓一小卖——三两或五两的，照样准确。

跑大棚的

厨师有许多种。其中有一种，在城乡中专应各家各户的婚丧嫁娶、做生日等活动，事主事先与厨师头儿说明办什么席面、办多少桌；由厨师头儿讲明钱数，每位厨师各多少钱，一共多少钱。菜料等物若由厨师去买，或包给厨师，则须事先付款。到时候，厨师来盘灶，运来一切手使家伙，伺候开席。不过，席间所用碗盘、茶碗等餐具需由事主儿向“赁家伙的”另行租用。跑大棚的厨子在旧社会也有师傅、有徒弟，也分所谓的“帮派”——各占一方来做买卖。笔者外祖父尚文玉就是京北回龙观村人，他的徒弟董玉在外国大使馆做饭。虽然他有了钱，师父也不去揩他的油，犹自立门户，带一帮徒弟在京北应人家红白喜事的厨房事务。记得在日本鬼子侵华时期，京北清河镇出了个魔王特务李永明，在日本1418部队中很吃得开，手下一百多便衣多是鸡鸣狗盗和杀人不眨眼之徒。李永明杀人不用刀，而用自制的一把铁锹，叫犯人自己先挖坑，他再用该铁锹劈死人，埋于坑中。北京北城特务和尚胡老道亲自押队给李永明去送“万民伞”“万民旗”，直送到他家(永泰庄村)。是时，他叫笔者外祖父尚文玉去给他做几天的宴席。尚文玉鄙视其为人，硬是不去，被他手下迫拿了好些日子，由此可见，在旧社会各行各业中均不乏爱国有志之士。这段事，当地六十岁上下的人均能道之!

租家伙的

在市面上的五行八作中，单有一行人，他们家中有许多碗筷，高、中、低档的都有，并设有挑这些瓷器的筐、柜。每有办喜庆丧事的人家要开几十桌宴席，在自己家中请厨师来办，那就要去和这种租家伙的人商量用什么家伙，价钱多少，用多少日子，有损坏怎么办等事。在农村中，此行人颇多。在京北回龙观村北头有一个叫“大宋”的山东人，只一个人，就拜吴家老太太为“干娘”，也就住在老太太家。大宋有几堂瓷器，可是却房无一间，地无一垄。他就靠这些家伙的租赁钱，和吴老太太的几亩田地过活，倒也一般可过得去。但，因为多次取送家伙，与厨师有了交情，故此，他还会做得一手好荤素菜。这却是人们很少知道、也很少想得到的一件秘密呢!

习俗逸闻类

包饭

这是一种由古代传留下来的食法，又叫“菜包饭”。其食法很新鲜，又有古意，并且好吃。用大白菜或圆白菜的单片大叶子，洗净，仰放着，在其中放入米饭及各种菜肴，然后包起来，拿着吃。也有先在菜叶上涂些酱，放些葱花，再放饭和肴蔬的。总之，是用大菜叶子来包着吃。旧年，笔者在北京南郊朋友家小住。一日，在吃饭时，不是用筷子往人嘴里夹菜，而是往大菜叶子上送，然后包起来，拿着吃，也别有风趣，有菜叶之香鲜之气。归来，语及家人，方知在城郊各地均有此食，是老辈子传下来的，只不过家中久不食此物了。从此，又吃起包饭了。二哥自京中来，常在京中饭馆里吃“包饭”，这个“包饭”自不同于用菜叶包的饭了。故其在日记中常写：“今日又不食‘包饭’而食包饭了。”字同义不同，此为汉字在饮食上又一例也，故记之。

斋和白斋

旧时的“斋”是指没有一点儿荤料的素菜饭，是僧、道、尼等人的日常饭食。昔日，也有人生来就不能吃荤食，叫“胎里素”；也有为父母生病许愿，或为自己许愿吃多少日子的斋（这就是迷信了）。还有一种最难吃的饭菜，就是饭菜内不放一点儿盐，叫“吃白斋”。有人是因有病（肾脏病等），遵医嘱而少吃盐或不吃盐，也叫“吃白斋”。中医有个补救法子，就是菜中放入中药秋石，因秋石不含盐中的氯化钠。但是，笔者见到有一个山民叫王大顺的，生下来会吃东西时，就不吃盐，活到六七十岁仍“吃白斋”，身体也无大差异，这不能不是医学上值得研究的问题。因为人多吃盐当然不好，但是，一生不吃盐又怎么能行？

压桌和敬菜

其实这指的是一样东西，只是叫法不同罢了。大饭馆（山东饭馆居多）在客人未点菜饭之前先抹干净桌面儿，上四个小菜，说是柜上给顾客的敬菜，也叫“压桌菜”，说柜上是不另收钱的，其实早把这菜的价钱加在其他菜中了。客人们进门先洗脸洗手、喝茶，夏日先喝点冷饮，尝一尝敬菜，再点酒点菜饭。这四个“敬菜”在大饭馆中很重要，因为它们常可代表这个饭馆的档次高低，故常常是应时当令的小菜，或违令而缺贵的“洞子货”——暖房或暖棚里种植的鲜菜，也有用那“窖藏”——冰窖内藏的鲜菜来做的。比如，我就亲口吃过大李纱帽胡同东口路北大山东馆子“同福居”的“压桌菜”，记得当时是我父亲（李华庭）宴请先师陆颖明教授（名教授陆宗达，训诂学家）。当时是冬天，上来的四个“压桌小菜”是拍黄瓜、小葱拌豆腐、炸花生仁和小红萝卜蘸甜面酱。这些压桌用的敬菜，真比后来上桌的大鱼大肉都好吃。陆先生好酒量儿。我记得当时在座的还有几位在古书或古画、古玩界有点儿名声的人，其中就有教我《文字蒙求》的“通学斋”掌柜孙殿起先生（《贩书偶记》作者）。席上，他们是谁（忘了）说了个很有意思的关于“压桌菜”的笑话儿，我却记得：清朝末年，有个师爷（做官人的代笔人和参谋），挟着个维新派的大皮包，到山东馆子的单间里来吃饭。当时大饭馆都有女招待。这位师爷到单间里洗脸又洗手，女招待将压桌（四个敬菜）摆好，静等师爷喝完茶好点菜，问：“先生，你点什么菜，好叫后堂给您做！”那师爷蛮神气地说：“呜呀！不要急嘛！我先喝喝茶，定一定神嘛！”女招待忙出去了。再回来给师爷续茶水，她见那师爷喝了三壶茶了，也不点菜，就又问他要什么菜。师爷瞪起眼说：“讨厌得很！不叫你打搅我，你偏来打搅我！我先喝点儿茶嘛！续上茶出去，不叫你不要来！”女招待忙又给他续好茶水，出去了，好半天也不见其中的师爷言语，以为他睡着了，就轻轻拉开门进去，一看那师爷正在品茶看报。再问他时，他却说：“点什么菜呀？我就着你端来四个敬菜，早把我皮包内的米饭吃了！你真讨厌，讨厌得很……”随即扔下两个小钱当小费，并说："记住，下次不可！"听罢，大家不觉大笑，这时菜已经来了。我还傻里傻气地偷偷地问哥哥："他在看报，品茶，他哪里来的报呀！"哥哥说："你真蠢！那是用报纸放在大皮包里好盛由家中带来的米饭！就着不要钱的压桌菜，吃完皮包内的自带米饭，不正好看那垫饭的报纸嘛！"我才悟到这笑话儿的全部，更在冬日尝到一般吃不到的鲜压桌菜！如今，几位老前辈均已作古，大李纱帽胡同九间门面带二楼的同福居也早就关门了，如今成了大杂院儿式的居民住宅。

遛斋

民谚常说老人"八十八（岁）不痴呆，吃饱了去遛斋"，说老人吃饭后，不可即睡，要去遛一遛弯儿。吃饱了去遛弯儿，俗称"遛斋"，其实这句话原是指出家人吃过饭后去遛弯儿。斋，乃指出家人或吃斋人的饭食。旧时，家中有丧事，请和尚、道士或尼姑来念经。每晚，吃完饭与念晚经之间这些人要出去走走，称为"遛斋"。后发展到泛指人饭后去闲步。笔者记得幼年时京北三旗村有个蔡和尚，很"近代化"，他有家眷，到哪村去做佛事总领着一帮和尚骑自行车去。他又好耍钱，常常一棚经还没念下来，就把"搭衣送殡"的钱全输了。他就最讲究遛斋。每遇丧事去念经，吃过饭后总要带领着和尚们到村外去遛够了才回来喝水，念经，到死者棺前去"传灯"。据说他在家无事时饭后也去遛斋。他常说："饭后走一走，能活九十九。"他真是活到八十几岁，长寿而终的。

压灶头子食和亏心饭

人们常说："吃不时，好得压灶头子食。"吃不时，是说人不按顿儿吃饭；压灶头子食，则指临睡觉之前所吃的食物不易消化，故名"压灶头子食"。它不同于晚饭或夜宵。因其吃完就睡，有人不吃此饭就睡不好觉，这也是一种毛病（恶习）。

“亏心饭”常指人吃了饭不长肉（不胖），或指吃得多但总不饱的大肚汉。另外，亏心饭是指有甲亢病或糖尿病的人，总好饿，吃后还想吃。这两种人在城乡均有之。因此，这两句话也就流传下来了。现代的养生之道也讲晚饭不要吃得太饱。过去老人们教育晚辈晚饭不要吃“压灶头子食”也是这个道理。吃亏心饭的人是否有病，那要请医生来鉴别。不要把人能吃、天生的饭量大都说成是吃“亏心饭”的病（消渴症）。过去中医把糖尿病就叫“消渴症”。有的假大夫凭借自己有点医学知识，就来蒙哄人，胡说八道，以达到自己不可告人的目的。笔者同村就有一个开个蒙人的小药铺、自己硬充大夫的任正德。大家都叫他“人缺德”，他有四十亩地，雇了几个长工。到年终或农活忙过去了，他就说长工们吃“亏心饭”，是“消渴症”，借此不给长工工钱或少给钱。后来名声传开了，他家地种不过来，又没人敢租用，弄个“害人反害己”——地荒了，只能卖掉。

旧日北京城中的小酒馆儿或小饭铺儿，有不少卖的是“私酒”。所谓“私酒”，就是没经上税所烧制的白酒。过去，多在市郊有私烧锅（烧酒的作坊）烧制私酒，贩运的人，多用干“猪尿脬”盛好，围在腰间，混进城来，或私爬城墙进城。笔者幼时，住在鼓楼后，靠近城墙的地方——玉皇阁后坑，曾见过一位四十多岁的妇女，身间挂着不少有私酒的猪尿脬，在呈九十度的城拐角或垛子处，以背靠城墙，手脚并用，就可一步一步地爬上城去，再爬下来，私酒就进城了。也有空人上城，再用绳子把私酒提上来，再放下到城内去，人下城墙后再取之而去。贩运私酒，可谓旧北京之一景观。

提

又名“漏子”，是昔时量油、酒、醋等液体物的器具，其有铁质、锡质，最多的是竹质。其形制虽简单，但所容之分量一定要准才行。过去在酒店多用锡制或马口铁质的“提”，醋及油、酱油等多用竹质的“提”。有五钱（提）、一两、二两、四两、半斤、一斤等不同的提。其样子，只是一个圆形的小圆罐儿，边上有长长高起的把儿，以供人提起来去罐或缸中去提取油、酒等。昔日，在酒店或大烧锅的门市里，酒柜上常放着个用锡做的长方浅盒儿，里面盛着各种分量的酒提，多为锡制，其把儿顶头上还缠有藤条儿，很精致。在油盐店的酱油、醋缸上，有块横在缸上的木板儿，放着竹制的提；在那各种油缸上，则多放铁制的提。

酒嗉子和酒嘟噜

这两种盛酒的器皿，很值得记述一下，且今日已不多见，只见于名人手笔之绘画。酒嗉子，就是盛酒用的小茶壶儿（因其形制与茶壶差不多）。过去，酒嗉子很玲珑好看，多为红铜制或锡制、砂制等，又因其可以存少量的酒（最多盛四小两儿），犹如鸡嗉子一般，故名。笔者家藏一只锡嗉子，是河南张氏所赠。据其云，这是过去出土的旧物，因形制别巧，又古拙，故留下为古玩，今赠君以为充槅（客气话，补充百宝槅子用）……至于那“酒嘟噜”可是旧日农村人盛酒的好器皿，它是瓷制，也有陶制的，多为黑色的大瓶子——上有喇叭口儿，盛酒后，在其口上塞上老玉米核儿就行。口下有细脖儿，从脖儿往下逐渐扩大成圆形的瓶腹，再收敛渐小，底部有一烧制的圆圈儿，可作蹲立酒嘟噜的底儿。在农村，这本是常用物，常见老农民背着二斗红高粱，提着个盛四五斤的酒嘟噜，到附近的烧锅里去换酒喝。旧时，笔者年幼，用小酒嗉子给伯父去烧锅打四两烧酒，买两包花生仁儿，那其中的一包当他的酒菜，一包儿就给我们分着吃，也曾给祖父背着酒嘟噜到东三旗大烧锅去换酒。其后，在烧锅门口儿，祖父喝酒，我吃油炸丸子及豆腐。那种太平乐趣已过去。不料想，在我收拾父亲的杂乱遗物时，却发现了一张少见的小中堂儿画，上画着一个大半敞开着的月洞窗，窗内案上摆着一个高酒嘟噜，一个矮酒嗉子，旁边没有酒盏，却有一把半抽出的宝剑和一只破碗内种着的麦苗儿；上斜有浅蓝色的帐幔，下面窗外斜出一枝梅花。若论这几样东西很不协调，但在画家的丹青高手下，淡淡几笔，就绘声绘色，且其有款儿的提示曰：“华庭老棣雅鉴：破碗能育青苗子，尺案亦能长英雄”，下款竟署名曰“齐璜”。经画里行家看过，这确是齐白石中年之笔。故此，我珍藏了起来，一为对先父的纪念，二为是齐先生亲笔。更没想到酒嗉子和酒嘟噜两件俗物，却能经名家之笔而登大雅之堂！

大酒缸

“城内大酒缸、半截（儿）地下藏。好酒常年有，当桌（儿）又当缸。”这是北京人说北京大酒缸的大实话。笔者曾亲见北京西珠市口一进东口路北的广发家大酒缸、原宣武区铁门儿胡同把南口路北的山西削面馆的大酒缸，还有草厂东口路北的大酒缸，这是笔者曾不止一次光顾的大酒缸。其实，北京在旧日有不少店将这种大缸半截儿埋在店中地下，上盖红色的大厚木盖子，当桌子用，缸内又盛着白干酒。这形成了北京特有的大众酒馆儿的桌子。在大酒缸喝一个酒（一小酒碗儿，合小两二两），吃一碟下酒菜儿，很有北京的地方情味儿。大酒缸，多为卖各种下酒小菜的酒铺儿提供了方便，旧日，多为山西人所开设。在原宣武区骡马市大街梁家园把口路北，有个凹进去的两间小门脸儿，开个小酒铺叫“松鹤轩”，是老夫妇俩开的，卖各种白酒、色酒、黄酒。虽也称为酒缸，但做法儿却不同：屋内有硬木小桌椅，供客人使用。每天早上，多是上窑台儿溜完嗓子的梨园行人到此，先喝点好茶，再喝点酒。其午间和晚间，则多文人墨客光顾，几碟小菜、二两烧刀，谈天说地地能混好几个钟头。这个酒铺所卖的酒菜儿净是些下酒的嘎咕玩意儿，并能应时当令。

虽多卖些钱但也不讹人，反正你在别处吃不着。春日什么柳芽拌豆腐、炸开河鱼啦；夏天什么糖醋白藕、冰镇鲜货啦；秋日则有什么素炒茭白、盐炝大青虾啦；到冬日则有坛子肉（小碗）、酸辣白菜心儿等。按节气每晚有专人给送，老太太和个帮手亲手来做，既干净又新鲜，可称得起是个京中的文明酒铺儿。

东来顺大板凳

老北京人差不多都知道在东城东安市场（东风市场）内有个有名的大饭馆叫“东来顺”，是住在东风市场对过、菜厂胡同内路北丁家的买卖。但是，只有七十岁左右的人才记得在东来顺老号（市场内，与旧吉祥戏园子斜对门儿）的楼下，有羊肉杂面、肉头饺子、馅饼等各种小吃，都是现场做现卖，给顾客都预备的是大长条儿板凳。其所卖之物，主要的肉料全是给楼上做菜剩下的刀头刀尾肉头儿；可是真给顾客肉吃，且价钱又比别的饭馆便宜得多，因此叫“大板凳”，多为市场内做小买卖的、逛市场的小市民、学生等准备的。据说人家不指望在此赚多少钱，而是为了方便大家，旧社会也讲究“为人”！笔者年幼时就与几个同学几乎常年在这里吃饭，花钱很少，与在好一点儿的学校里入伙差不多。我总记得那肉头馅儿的饺子，真是一兜儿肉与少量的大葱花，真比小饺子馆儿卖的强得多；那羊肉煮杂面内真有大块儿的羊肉（当然不是好肥瘦肉），汤好，作料全，肉多，面味儿正。有时，买几个肉饼吃，其皮薄、馅多，味儿正，也是其他小饭馆儿比不了的。如今吉祥戏院及东来顺都搬到北门大街上来了。最近又听说全拆了，另盖新的……不管盖什么样的，作为北京平民百姓，还希望有东来顺，更希望有“楼下大板凳”——以使大家吃到经济实惠的饭。但愿把我们民族好的东西多留下点儿，以利当代，造福后人！

蒲包

“送蒲包儿点心匣，亲戚就是咱俩家！”这是京郊农民常爱说的一句和送礼人开玩笑的话。蒲包儿，近年来已见不到了。那是用蒲草编成片儿的长方形单片子，把要送人的节物或点心放在其中，从四面一折，就在四角儿上出现四角犄角儿，中间放上点心铺的红地黑字儿门票——印着售物商店的字号、地址和所售货物名称的单子。用红色麻绳儿一捆，中间还捆个提溜，就是一份送礼的礼品，这是比送点心匣子轻些的普通礼品。旧时，蒲包儿多用来包月饼、粽子或时鲜果子等物，因那时还不讲究送什么花篮儿之类的。笔者曾与著名书商孙殿起（《贩书偶记》作者）的大公子孙金鳌一起到果子市捆了六个装南鲜（南方鲜果的统称）的蒲包，去送给他新成亲的老丈人家。有一年，我在家中过中秋节，打开一些蒲包，其中净是时令节物，自来红、自来白——红黄色的或白色的小月饼。其外面之色美，馅子之讲究，远不是今日一盒卖数百元或上千元者所能比的。

点心匣子

现代的人送礼，不管什么日子都讲究送圆盒儿“蛋糕”，也不管它好吃不好吃，只是将纸袋中的奶油从小口中往蛋糕上挤所要的“文字”或花样儿就行了。这恐怕也算是一种“时尚”吧！过去送点心，都装在匣子中，内中有各式可口点心，买者也可自己装点什么。匣子有两样：一种是外面贴有“门票”的——商店名称、地址，所擅长的食品，等等。现在虽也有纸匣子，但与过去的不同。过去，一律是长方形，硬纸板儿外糊上各色花纸，再用红麻绳儿捆成“井”字儿，又在中间捆个提头。旧时，京中多有外省在京做生意的人往家乡捎京式点心，其点心的重量，最重的有十几斤重，用木匣子装就不容易使点心弄碎了。笔者曾在著名的滋兰斋（大栅栏东口）看到过十六斤重的木匣点心。

烧锅

昔日，在乡野郊区，每逢有水质好的地方，差不多都有烧锅，也就是烧制白酒的大作坊，其所烧之酒必佳，除供自家门市卖以闯牌号之外，还发往外埠，甚至在外边自家开店，以成“城乡犄角”之势。例如，在京北的西三旗村就有个大烧锅，其中附设“绒线铺”（百货布店），油盐店（副食店）。在清河因其水质好，就连着开了三个烧锅：西烧锅（润泉），南烧锅（涌泉），北烧锅（永和泉），规模都不小，酒质醇厚又洁净。南烧锅涌泉还在北京德胜门晓市大街路西开一三间门面的酒铺儿，卖本家酒兼卖各种时鲜小菜。其门外则用细苇插成花篱笆障，种些牵牛花之类花草，仅留一间门面供人出入，亦甚雅洁，为当时城中酒馆儿的上等店铺。据说，这个酒铺不是为了赚钱，一是为了卖自家烧制的酒，闯门面，为在京中占有一席之地；二是为了京北郊乡的涌泉烧锅在城内有个存酒的地方和批酒的地处；三则是为了城外来往柜上的人有个落脚的地方，做起买卖来方便。比如，同在京北，自东三旗村至昌平县城，水源虽多，然无质纯之好水，故没有烧锅。新中国成立后，发现昌平之北有好水，故有国产“十三陵”牌的二锅头烧酒，价廉而质量好，其销路甚广，渐为人知，现已出多种包装，提纯更净，成为国宴或出口的产品。其实，在京东北有个高丽营村，是个几村一大镇的好去处，河塘多有水流过，而其水质甚佳，旧日有东、西两大烧锅酿酒，仍供不应求！

起火小店和大车店

这两种店，在郊区、乡野的道途、村落中都有。起火小店，是指到乡间做小买卖的，如赶庙会的、变戏法的、串村子喝（卖）鸡蛋的等人住的小店。一间大屋内有炕，当地有炉灶，柜上卖些简单的玉米面和调料等，做小买卖的人可以买些来用店中的炉灶做些饭吃，也可以热一下自己带来的干粮，故此叫“起火（搭伙做饭）小店”。这和北京城内的“鸡毛小店”差不多。大车店，则多设在大车道旁，门大，院子大，可以进车、存车、存货和住赶车、押车的人。这种店中，也住做小本生意的人，但其所制售的饭菜要略强于起火小店。有时在冬季从口外赶羊群或牛群来的客人也住在此种店中，且夜间常有防火防盗的人值班儿！

野茶饭馆儿

在乡野各条大道上或名胜古迹处，过去有野茶饭馆儿。因为这种小店往往既卖茶又卖简单的饭食，故叫野茶饭馆儿。但是，他们也各有自家的字号，有的字号匾额还是出自名人手笔呢！笔者幼年，这些茶饭馆的生意还可以。若设在邻近北京的大去处，则每逢春日踏青（人们在青草初生之日，到郊外去玩），人们玩得饿渴时，就会“旗亭问酒，萧寺寻茶”，来到这些茶饭馆儿饮茶吃饭，平日则做那些过路的人的买卖。其名号多是什么“居”“馆”“轩”之类。但在去昌平十三陵的大道旁有一家设在道边的茶馆饭馆，因其在柳林旁，且有水泽浅塘荷藕，故其字号曰“荷柳深处”，其墨宝竟出自清末大学士翁同龢之手。到笔者在城中上中学时，其店铺犹在。我曾多少次地在北京南新华街路东“通学斋”旧书店中看那翁老亲笔写的“通学斋”三字，其笔意端庄，间架功力竟与“荷柳深处”一样。故此，我亦几番请教我《文字蒙求》的孙殿起先生一同去鉴其字真伪。孙先生虽不是书画专家，然其手笔和对字画的鉴定能力，凡知其内情者，无有不佩服的。一年夏季，又值孙先生要去昌平看一部手抄本的真伪，就随我回故乡一游。经孙先生敲定，“荷柳深处”四个字，确为真迹。当时店老板就到镇子上给这块手写字配上玻璃和镜框儿，摆到后柜去了。前面则换上了一块由当地人写的“荷柳深处”匾额。那字虽也端庄，但却是老舍所说的“酱肘子体”——肥圆一般粗细，除去端正，无可人处！

野饭摊儿

旧日，在车走人行的大道旁，特别是在那些上不着村、下不着店的地方，路边常背朝西北用柴火垒起个篱笆圈儿，或用“干打垒”[1]法垒起两段土墙，内中设个野摊子，卖简单饭食如揪面片儿，烙饼粥，或煮炸丸子、炸豆腐等，有的还带卖私酒[2]和一些酒菜儿。在京张公路由回龙观至沙河一段上，就有好几个野饭摊儿，其中有个外号叫“肉丸子”的。每于冬日在其摊儿上就可吃到绞（脚）瓜、粉头儿等炸成的素丸子和素炸豆腐，小作料全，味儿又好，还兼卖大饼和“细罗面烙饼”。

和尚店

旧时，寺院名刹或帝王陵寝多的地方，多有供游客膳宿的庙宇，庙里的和尚亦多以此为业。至于那些庙产多、有钱或有政治后台的大庙或大户人家的私庙，虽也在郊野留宿客人，供给吃食，但并不是卖，而是由香客自愿布施多少，这也就是给行旅人预备方便罢了，并不是营业性的。那“和尚店”可就有营业性了：其住房素雅，被褥整洁，所供素食分为上、中、下三等。笔者昔日曾随文俊师等游于十三陵山中，住在和尚店里。我印象最深的还是庙中那特有的照明之物——在屋内石壁上凿一个洞，洞内放着带有松香的松木，可用此照明兼取暖，其尘灰自落于洞内，流溢到外面者不多。在其照明下，可听得见外面招徕住客的和尚高喊：“施主[3]，上不着村，下不着店，在我庙中歇宿吧！煮鸡蛋大白馒头，热炕大被窝……”其词虽俗，然其食甚洁净，且都为山家之物。有一盘香椿拌豆腐，一盘煮五香栗子，一盘蜜枣儿和一盘咸菜来下酒，饭食是大豇豆米粥和白面馒头。夜里每更均可听到庙外的打更梆子[4]声。在那东壁用石灰抹的白方块中有一联曰：“夜更梆声鸟不惊，残

1 干打垒：北方的一种做墙法：两边用木板夹住，以稍湿的土干砸于木板之间成为墙。

2 私酒：没上税的私酿酒。

3 施主：旧时，出家人管向庙中施舍钱的人叫施主。

4 打更梆子：旧时，整夜都有两个人打大梆子，以向人们报点。天黑时开始打（走街串巷）为定更梆子；底下由一更打一下儿，直打到五更；天亮时乱打一阵即算完了一夜之更事。

月犹照寺柳青。”真是俗语写实情了。特别是寺中的晨钟暮鼓很能发人深省。笔者其时虽年岁尚小，然亦觉此行不同于到他处去远足[1]，有着更多的别样情趣！当时，我忽然忆起《名贤集》或什么旧书上的一句话来：“山寺日高僧未起，看来名利不如闲。”看着这些早晚都要烧香、念经、做功课，又要招待客人住宿，又要到山外去买东西购置日用品、到田间地中去劳作的和尚，我忽然茅塞顿开，想：他们的辛苦并不亚于村中农民，那旧书上所说的也许是另一类的“懒和尚”吧！不过，如今这种别具风味的“和尚店”已经再也看不到了。

酒馆儿

又叫“酒铺儿”，可以买零酒或整瓶儿酒，也可以买零两的碗儿酒，再买些下酒菜，坐在铺中吃。这种卖零酒的小酒馆，在北京的城中或郊区很多，尤其是在郊区，各有其特色。不光是卖酒，往往给人以地区风光俗尚的享受。这种小酒铺儿从业人不多，菜样儿却不少，招徕的顾客也不同。北京原宣武门外梁家园南口外、骡马市大街路北有个“松鹤轩”小酒馆儿，桌椅和所卖菜肴都很新鲜，其顾客多为梨园界（戏曲界）朋友，然其经营者，却只是老夫妇二位。给笔者印象深的是出北城往北十来里，有一处叫“牤牛桥”，借其没有流水的桥洞儿当店堂，卖碗酒和乡村野菜，最有风趣，然其经营者却是有八个儿女的夫妻俩。犹记得，就其碗酒吃柳芽儿拌豆腐，吃煮炸丸子、炸豆腐和芝麻烧饼，味儿真好极了。一面望着窗外的毛毛春雨和伸出棒秸篱笆的老杏树，枝上开满了“不知人间艰辛”、总是笑脸对人的小杏花，一面慢慢呷着醉香可人的佳酿，这就是酒馆儿给人带来的乐趣。

茶馆儿

北京管卖茶水，喝茶的店铺叫条馆儿。这茶馆在北京也分三六九等：

1 远足：旧时，到远处去游玩或逛名胜、古迹，叫“远足”，多在学校中由教师们组织学生们于春假或暑假中行之。

有的只卖茶；有的带卖些小点心；有的卖些主食和简单的菜；有的则兼卖炒菜，称作“二荤铺”；有的兼有说评书，或唱大鼓；有的兼设清唱京剧；有的兼摆棋盘……不过，各有其固定的主顾，有的茶馆则兼为“攒儿上”（各行各业到一定的时间来此喝茶并互相做买卖、通信息）。笔者家在南城时，附近就有个大茶馆，既卖大馒头又卖花生米，下午还是“打鼓的”（买卖旧衣物的小贩）攒儿上，晚上还有清唱京剧。顾客除去付茶资之外，还需另付其他费用。过去所谓“茶馆酒肆是非地”，其茶客中亦不乏不法之徒鱼目其中，且有旧日的侦缉队（便衣警察）化装混入茶客中，虽也破案，但只是些偷鸡摸狗的小案，遇有大案时，则设法钻入其中，找空子弄钱用（俗称“找臭鱼吃”）。真可谓“老舍写的茶馆也不能包罗万象写尽旧社会人情”，只是借“茶馆”一个场所来暴露一下旧社会的黑暗罢了。

茶叶店

卖茶叶的店铺有什么可记述的？然旧日北京的茶叶店，多为前店后作坊：从南方运来茶叶，又在自家的作坊中用鲜茉莉花熏制，味道芬芳，且各有不同。且各家茶店有各家独有的风格，也自有自家的顾客。旧日北京有茶叶八大家之称，其中有汪家，汪元昌茶叶店，在东四珠市大街。其店开业于清代，所制之茶叶有独到的香味，且服务态度很好，故顾客盈门。另一大家“吴记”，远到郊区全有其吴字号茶叶店，如京北清河镇吴德泰茶叶店便是。其所售之茶，全保吴家旧制，不因地处乡间小镇而有所减弱。所以，郊区一般小茶叶店全顶不过吴字号的锋芒，纷纷倒闭。所以，作为北京的茶叶店，已形成自家的风采，颇可记之。

果子市

昔日北京有两大果子市，专门卖来自南北的干鲜果品。今则空有其名，市集则早搬了家或消失了。过去，在北城德胜门内，有一条大街开有果子行，花生店，瓜子店等，其实就是果子市。每天自早晨忙到中午，从城北或城西来的干鲜果品大都在此处批发，很少有零售的。然在果子市外边一点儿，就有从果子市批来的干鲜果品小摊儿，其价钱只稍比市上批发贵些，然比其他果子店中或挑担下街去卖者要便宜得多。笔者曾在近中秋节时从这类小摊上买了二十斤大北石榴，裂嘴露珠，十分晶莹可爱，摆在家中堂屋的大盘子里，以应秋景儿。后来到后门的果子店中一问其价儿，货色一样，然价钱却比我买的贵三分之一多！北京南城的果子市在前门外大街路东，大街之后便是，其地北起大蒋家胡同（内含“瓜子店街”），南一直至东珠市口儿。其市上亦有“南鲜”（南方来的鲜果）出售。这里亦多果子店。他们讲究派出几个伙计到京北、京西一带，远程去接“果驮子”——驮着干鲜果品的驴驮子，往往一队有二十几个小驴儿驮子。把他们直接接到果子市柜上，对赶驴驮子的人管吃管住，这些赶驴驮子的人只管去休息、去玩；对小驴儿则多加草料，另有喂养处……这些赶驴驮子的人，到时候净睄着拿果子货钱。昔日，各家都讲信义，不故意少给人家货钱。后来，这个果子市被挪到永定门外去了。当地至今空有“果子市”的地名，而多已成住家户了。其北首路东一家磨砖对缝的门面上还有“广顺果局”之字号！

发货屋子

旧时在北京，有一种不做门市零售、而专门做出炸货来批发给小贩的作坊，叫“发货屋子”。他们有时到市场上摆摊去卖，有时在家专等小贩们来自取。其中多以做炸麻花、排叉或糕点什么的为主，大部分是儿童的零食。有年老的人在胡同中开个卖杂货的小铺儿，发货屋子则有专人按时送上门去。那时，其质量虽不如那金匾大字的食品店做的，但也不错，也讲究用质量来拉主顾，不像现代有些人专以假广告和吹牛来赚钱。笔者年轻时，家住前门外西湖营，有时就近在后营胡同的萧家小货店买几块自来红月饼当早点，看其成色、质量和口味，真与那些大点心铺的差不多，可价钱却便宜得多。故，制售原料干净的发货屋子，其生意也不差。此类作坊在北京南城为多，在天桥至南城根儿一带新中国成立前后有很多这类作坊。它们多在夜间做活儿，等天亮时小贩们来贩取。当时，还有外城墙，以及早晨开、晚上关的大城门。因此，城外小贩或小铺儿来贩货的人多是走夜道儿，赶顶城门的五更。城门未开时，人已到；城门一开，则大家一拥而进，以便早买早回早卖。这样，既省时间，货又新鲜。那时，在城中下夜班时，南城发货屋子中的大案子上早摆满了夜间做出来的蜜麻花、小排叉、小脆麻花等；做糕点的则多为自来红、自来白等月饼，没有做酥皮儿饽饽的，因其不好运输。这种发货屋子不零售，至少要买个十斤、五斤的。笔者于中秋节前就曾从发货屋子中买五斤自来红、五斤自来白，其做工质量均不错！

羊肉床子和猪肉杠、盒子菜铺

旧时，卖生、熟羊肉的商店多由回民们经营，常被人称为“羊肉床子”。在门口外，设有一张木桌子，凡有大教人（汉民）到羊肉床子来买肉，就要将其从别的地方买的东西放在这木桌子上，不可轻易携入店内，以免引起回民兄弟反感。羊肉床子里放肉的木案、木杠、木凳子，每天都要用碱水用大刷子刷出木纹儿来。木杠上挂牛、羊肉的全是黄铜大钩子，其案子或肉柜子上全镶有大黄铜钉子，最好看的是他们盛熟肉的大黄铜盘子，直径有三尺左右，中间稍凸起。烧羊肉新出锅后，就放在大铜盘子上，香闻半条街，买的人很多。人们也把专卖生、熟猪肉的商店称为“猪肉杠”，管专卖熟猪肉的商店称为“盒子菜铺”，因为旧时，这种肉铺往往把煮熟的猪肉、猪头、猪内脏等分开切好，装入有格子的大木漆盘内，上有木漆盖儿，每一盒标着卖多少钱，称之为“盒子菜”。以后，盒子虽然不用了，但其名字却因此被保留了下来。后来改用荷叶来给顾客包生、熟肉，既卫生，又另是一番情味了；20 世纪 50 年代则又改用木纸——就是像纸一般薄的圆形木片儿，虽卫生了，可就是浪费木料了；后又改用硬洋画报纸等，却既不卫生又不好看了。最后，由政府统一管理，均用消了毒的黄色的“三榆纸”来包生、熟肉。不过，笔者仍记得，昔日有京西萧村人，外号叫“肉秃子”者，是回民，挑的挑子及生、熟羊肉都极干净。在夏秋两季，用从田边上弄来的“鲜大麻子叶”给人包肉——哪怕是四两鲜生肉，或一对熟羊蹄儿，放在那鲜大麻子叶上，绿莹莹的叶儿衬着肉色，甭说是吃，看着都令人高兴，比今日用透明的白的塑料袋子装更卫生些，还可以降低生产成本及少产生城镇的“白色垃圾”（废白塑料袋子）。

菜挑子、菜车子、菜床子和菜市

鲜菜，北京人几乎天天要吃，而且至今也离不开。但是，这其中有很多事儿值得记述。过去北京的四郊，种菜的人家比较多。至今广安门之南还留有“菜户营”的老地名儿。昔日北京人有句歇后语，形容人能吃菜，或本身是种菜的，说是：“彰义门的姑爷——菜虎子”！说明大量的种菜户全在城门脸儿以外。每天清早，一开城门，顶着城门进来的是运菜的担子或车子。他们大部分是到聚处去卖，其聚处称“菜市”，各城都有。南城在今天桥对过“七条胡同”中，广安门内也有菜市场。城中挑担推车的也全是在早晨到菜市上去趸菜回来卖。各大油盐店，除去有城外菜园子专门给送大路菜之外，一些小零碎菜，如芫荽，青椒等，还得派人到菜市上去趸，趸回来码在斜立着的菜架子上（竹木做的排子）。这种菜架子就叫作“菜柜上”或“菜床子”。其实，北京人将专卖青菜的常摊儿或店，叫作“菜床儿”，城乡郊区亦如此。例如，北京京北十八里地的清河镇中间路西，荣华纸店南面，就有个常年在门口儿摆菜摊儿、院内住家又存菜（细菜）的“刘家菜床儿”，能和镇上泰聚兴、泰源等大油盐店的菜柜顶着卖。他卖的质量和价钱若比不过大油盐店的话，那他是立不住脚的。他的儿子（小刘）就每天上菜市或菜园子中去取菜，粗细菜都有。城里用两轮车子由菜市趸些青菜下街卖的，叫“菜车子”；挑担的，叫“菜挑子”。其吆喝声非常清脆悦耳。相声大师侯宝林曾有个段子叫《改行》，其中学卖青菜的下街串胡同吆喝，真是很像！绝了！

五月鲜儿

老北京人讲究吃“五月鲜儿”，这多半是指吃早上市的煮熟了的老玉米（玉蜀黍）。过去没有大棚，暖房子多用玻璃，其中也不种什么早老玉米，而是单有一种早玉米种子，每年由有经验的老农种在向阳又背西北风的肥沃土地中，粪、水都浇足，到农历五月份，这种玉米准结棒儿，可煮了吃。其时城中则有专卖此玉米的小贩，推着小车子，车上放有火炉子及煮玉米的热锅，上横一块木板儿，放着几个煮好的老玉米，其香气四溢。卖玉米人则吆喝：“吃来呗！五月的鲜儿，另个味儿嗒……”这种玉米虽熟嫩香甜，且又被吆喝成是什么“活秧儿的”，但，总不如在郊区自家园子龙沟（走水的小沟）边上现掰现煮现吃的好，那才真正是活秧儿的呢！每到农历五月份，新鲜的农副产品很多。从广义上说，北京的“五月鲜儿”还有桑葚、樱桃、青蒜苗，这几样儿均可吃，吃的人也不少，产地也广。不过，北京人最讲究的还是吃京南南苑一带沙性地的“白桑葚”，又干净又甜。樱桃则有红、白两种，在京郊西山、北山均产之。红樱桃个儿虽小，但红嫩可爱；白樱桃颗大水足香甜可口，但价钱贵点。京西樱桃沟的大樱桃是最好的了，后来也没了。北京人有句俗话是“樱桃桑葚，货卖当时”，说明了其季节性非常强，过时即完；即便有一些，也过了时，不好吃了。特别是青蒜苗，本是由地中长着的青蒜中抽拔的心儿，拔早了影响蒜头儿的生长，拔晚了则老而不堪吃。旧时，五月中，北京讲究吃青蒜苗焖鲜黄花鱼，或焖猪肉丝儿！

树熟儿、焯漉与树鲜儿

这是北京话，是专说鲜果的，主要是说枣子。枣儿有多少种，在北京的市面上或家中园里，有一头儿尖形，底部稍尖，中间肥大的“紥紥枣”，有形如高腔儿小鼓（如手指肚儿大小）的脆枣，有如中指肚大小而圆，口头甜酸的“老虎眼”，最多、最贱、生命力最强的要数“小酸枣儿”。在城墙上，在田头沟坡或山石缝里都能看到一丛丛的酸枣棵子。每到秋初，就有鲜红的枣儿上市，那不是真的树上熟的，而是用开水焯青枣儿再当熟枣儿来卖的，并不如真枣儿甜、脆、香，那叫作“焯漉”，只是为了下来早，能卖好价钱。故此，北京人调侃儿话——管那些华而不实的假货，或自命能耐的人，叫“焯漉”。人们常说 × 人或 × 货不是“树熟儿”而是“焯漉”，就是这个意思。这时的枣儿，有青、有红，其色很自然又很挺实，那才是早下的“树鲜儿”呢！无论什么果子，才从树上摘下就吃，都叫“树鲜儿”。有些果子，如柿子、李子、杏子等，在城中根本吃不到真正的“树鲜儿”，都是没熟就从树上摘下，装筐运到城里过程中自己熟了的，那叫“蹲熟”，因为一等其在地里或树上熟了再摘，运到城里就烂了，不能吃了。西瓜等尤其如此，枣儿也一样。真正在树上熟了，或在瓜地熟了的，得拿到瓜地或果树下去吃，那叫“树熟”，吃这类瓜果才能真得其味，既好吃又有营养。故名医王实卿在京北回龙观教私塾时，就常说：“宁吃树熟儿一口，不吃焯漉一筐！”这是很有道理的。笔者故乡在郊野，山村中又有亲戚，故对此几种瓜果都亲自尝试过，觉得道理确如王实卿先生所言。我还记得王先生不得志时，在村中当“冬烘先生”，常到我们家私塾家馆中来找华碧岩老先生喝酒谈天。我看到他一个个地吃那半青半红的枣儿，就问他：“先生为什么爱吃这个？”他摸摸我的头说：“你们小孩子不懂，这虽是个小酸枣，但是你们从树上才摘下来的树鲜儿，虽不是树熟儿，但也不是那市上卖的焯漉……”说罢，大笑，又与华先生喝起酒来。我们当时虽小，但也知道从树上摘半青不红的树鲜吃。后来，到北京城中上中学，看见同学们买来许多大红紥紥枣儿，我却一个也不吃。他们问我为什么，我才向他们说明这叫“焯漉”。又说什么叫“树鲜”，什么叫“树熟”。大家说没想到吃枣儿还有这么多讲究！

喝蝌蚪

乡间春日的池边小溪里，伴着细细的水流，或充满泥草香的池边，总有成群的小黑蝌蚪，乡下人管它们叫“蛤蟆骨朵”。用笊篱捞在清水碗里，百头攒动，小尾急摆，充满活力。将蝌蚪用净水洗干净，连同清水一同喝下，云：可以明目清心。这是旧日乡村的一种饮食习尚。然青蛙为益虫，一只蝌蚪即可成长为一只青蛙，每饮下百十头蝌蚪，无疑即等于吃掉百十只青蛙，故近代，很少有人喝蝌蚪了。其有何医疗作用或补养功能，尚待有关专家们去研究。不过，从环境保护的角度出发，是不应该喝此物的。

勺把儿

这是厨师们的行话，是指炒菜剩下的吃食；家庭中则用来常指炒菜时故意留下的那部分，或指客人吃剩下的菜（一般叫“折箩”）。吃这种菜，叫吃“勺把儿”，有时外地来的名厨师，也学北京人开句玩笑，说谁去吃谁的勺把儿。例如，有一次笔者去看望四川菜名师伍钰盛老先生。老先生非请我吃饭不可，我则说才从他老的徒弟（冯端阳）那儿来，在他家吃了我最爱吃的红烧肉……伍老即和我开玩笑地说：“哦！你在他家已吃了勺把儿了，那就等晚饭时再吃吧！”年已九十高龄的山东菜老技师张守锡先生做葱烧海参是一绝，我为他写一篇介绍此菜的小文，他就亲手给我烧个海参吃，并且开玩笑地说：“你尝尝我的勺把儿！”

砸冰窟窿鱼

捉鱼摸虾，本是乡村孩子们的拿手戏，连小点儿的孩子也能干。但是，每到冬日，乡中讲究吃“砸冰窟窿鱼”。因为其时的鱼均在河底的浅水中静度寒冬，其肉膘肥而鲜嫩。孩子们不到深塘、大河中去干此事，而是在从北京德胜门外一直到昌平县城的大道变成的浅河泽水里去凿冰取鱼。因这河泽是断断续续的，有浅水，有深水，有的地方甚至冬日无水。孩子们早就知道哪些地方的水不深也不浅，正好在冬日里藏鱼。于是，在冬日，十几个小伙伴儿就拿着凿冰的大尖铁棍（冰镩）、铁镐、镐锹，用根长木杆儿上绑上旧了的笊篱，来到河中，凿开一个大窟窿，用锹镐清净了冰窟窿四周，用长木杆绑的笊篱下去捞那水底的鱼。好玩极了！

背私酒的

私酒，在旧日，就是没有上税的酒。在旧社会中，有烧（制）私酒的，有存放批发私酒的，最难，赚钱最少的是背（运）私酒的。这种背私酒的可得有真功夫——能将干猪尿脬灌满酒达五六十斤，绑缠在腰背间，在城墙九十度拐角处上下城墙，以避开出入城门受到军、警、宪、特的检查或要“走私钱”纳入自己的腰包。城墙用大城砖砌成，是上小下大梯形的，非常牢固。但砖与砖之间有很小的距离，人可在其转角处，背向城墙踏着城砖之间小空隙上下城墙。那时，我家在城内鼓楼后玉皇阁开有富贵香箔厂，在北郊清河镇开有荣华纸店。其时村中有个熟人，来找掌柜的（我父亲）讲述要爱国的道理，并告诉说城外的八路军正需三样东西：一是电池、电筒、电灯泡；二是油印机、油墨；三是白纸张。我父亲知道我们有个邻居叫刘全顺，他全家都会上城下城背私酒。故与其秘密协商，多给钱，由城内富贵香箔厂上货，从城墙上偷运出去，在清河荣华纸店交货，以济八路军之需。当时是日本统治时期，上述三物被视为禁品和军用品，但我们还是用这个方法一直干了八年；到国民党来以后，城外需要的是“矮帮儿的胶皮鞋”，我们就又改运私酒为运胶皮鞋。笔者就曾亲眼见到刘家的孩子敢爬上城墙去摘甜酸枣儿吃。可见，当时能爬城墙、下城墙运私酒和私货的，不只是刘记一家。背私酒，在旧社会也可以算作是一个行业吧！

卖河鲜儿的

旧时，在北京几乎一年四季中都有卖时令鲜货的。然而，其最突出的是城乡中有一种人是“冬天吃坡，夏天吃河”——到冬天，则下网、养鹰犬，玩火枪以抓黄鼠狼卖其毛，抓野兔卖其肉，抓狐狸以用其皮……到了春夏之季，其所卖之物更多了。春天，才一开河，冰才解冻，这时的鱼虾正肥，在郊乡也是庙会最多的时候。于是，这些人就到才开化的河内去捉鱼摸虾，是开河之鲜；到夏日，在城内什刹海等地卖一棵稗子（不长粮食的似稻子的东西），上面拴个大蜻蜓，也是一种河鲜；在秋日，卖鲜荷叶、荷花、鲜莲蓬、鲜菱角、慈姑等，都统称为“河鲜儿”。这行人在北京的城中郊野并不少，多为落魄的汉子！

卖野菜的

住在城内，也有许多人好“野意儿”，好吃野菜。昔日，农田中也没有用有害的农药，连野菜也是新鲜的，干净的。能进城卖的野菜很多，但，最使我印象深的是卖茵陈和卖苣荬菜的。昔日，每值农历正月，就有人臂挎小篮，小篮里用干净布包着茵陈，串胡同吆唤“买茵陈，泡酒喝”。所谓“正月茵陈，一日蒿”嘛！人们多在正月买茵陈来泡酒，过十天半月酒色即青绿了，可下痰去火，有益人体。再有，就是从农村低洼湿处将苣荬菜才出土长成的两个绿叶连地下的白长根茎一起挖出来，再用经温水泡开了的马莲捆成十几根一个把儿、十几根一个把儿去卖，其价可称为“贵”，然而以糖芝麻、白糖、醋、共拌苣荬菜吃，乃是北京春菜之一大景也！其他，如五月买蒲草艾棵儿，秋日买稗子草拴蜻蜓，秋月买莲花、菱、芡、藕，冬日买干大酸枣儿等。总之，在城中，一年四季可以买好几种野菜吃。但若论真吃野草，并得其鲜儿，那还是比不过住在农乡的人，他们吃野菜不用花钱，自己拿着花铲（一种铁质、薄片如枣核形，曲柄上安有木把儿的铲子），挎个小篮儿，到野地里就可以挖到好几种。忆起幼年的小伙伴儿：小妞子，小干巴，小九儿，小羊子……曾不止一次地去挖茵陈，挖苣荬菜和刺儿菜（蓟菜），其野趣则更浓，更不是城中逛什么名公园儿所能得到的。其日春光融融，孩子们的青梅竹马情更真，田野里春风如游丝般地迎面轻拂，更掸去杨花柳絮的缠绕，个个手提野菜篮，说笑而归；到村头，男孩子还上树捋些榆钱或拧两根柳笛而归！其情其景与其乐，至今难忘。记得有一早春之日，我们十几个小伙伴儿看见小喇嘛愁眉苦脸的，就知其外祖母又病了，因其家中只有孤苦伶仃的老外祖母和他一个人，小妞子就催大家快去多挖苣荬菜，然后洗净，用个好篮子盛着，盖上小妞子从家里拿来的新白羊肚手巾，叫小喇嘛快往就近的大楼宿舍里挨门去送。有两个男孩子跟着向买主儿哀告，请人家买下。当时大楼内多住的是陆军军官学校的家属，都解囊相助——多给野菜钱……没想到那次小孩子们的急中生智，却救了苦老太太的一条命。卖回的野菜钱，请当时在村内教书、后来成为北京名医的王实卿先生看病，他不仅不要钱，还出钱给老太太买药，吃了二十多剂汤药，病才好了！这件事令我没齿不忘！

包干枝儿的

旧时，单有一种果子行中人，在冬、春两季都到盛产鲜果或核果的山村去，谁家有多少棵果木树，在什么方位，都看好了，树上还没见一个绿叶儿，树枝还枯干着时，就和树主人讲好了价钱，一共多少棵树，多少钱，事先付给树主多少钱。树主也一定用心为“包树产果”的人护养好树，一直到新果子下来，赔与赚各不相欺。如果春日风大，果花受粉不好，树木挂果儿少，“包干枝儿的”就赚钱少，甚至赔本；如果春日风少，受粉好，挂果儿多，又无别的什么病虫害，那么，“包干枝儿的”就赚钱了。这虽然是双方碰大运的买卖，但也彼此最讲信义。差不多包干枝儿的人与树主儿都是熟人为多，很少两不相识就包干枝儿的。

赶川儿的

旧时，北京城内外把那些在人家办丧事或喜事时来要饭吃的人叫“赶川儿”的。后来，国家衰落，要饭吃的人多了起来，传说中要饭的乞丐都是有组织的话，渐渐也就失真了。不过，有一些会数来宝、念喜歌、打牛胯骨等有技术的乞丐还是“有师傅有徒弟”的，还是要有人教的。赶川儿的既会应景儿自编自演数来宝，还会念喜歌；遇有人家有喜事，就登门去唱喜歌，其词有“生小孩”“满生”“做生日”“结婚”之类的话。笔者幼时还亲见过有个人称“杨老三”的老头，家境虽很贫穷，但他并不干什么活儿。那些有点来路的乞丐，弄来点好饭菜或喜歌钱，都先来孝敬他，听说他就是赶川儿的头儿，他不单会数来宝和许多喜歌，并能教没饭吃的小孩子学这个。且村镇上的穷苦人家出了丧事，死了老人埋不了，他能带着“丧种”（丧家的主要后人）到乡镇中的大户人家去“化钱”（求钱帮助）。据说那些大户人家都不敢不给点儿。人们传说，哪家若是不给杨老三一点面子，出不了多少日子，那大户人家就要着把火，或出点意外的事儿。地面儿上的恶吏（警察及地方团队等）、地痞流氓全不敢轻易整治他，因为维护杨老三的乞丐和穷人太多了。

闾巷话蔬食拾遗

您别瞧谭三狗子把城中有三进院子的房产，全一间一块地割着卖光了，只得和老母搬到郊区的乡下住，可是谭三狗子的“方”字旁的（旗人）习气还不掉价儿，总撇着大嘴，眯缝着眼挑着草虫篓子去做买卖。大杂院中的老街坊都知道他爱面子，顶多叫他“金三”，不当面喊他“谭三狗子”，只有住在门口拉排子车的张豁子叫他句“谭三爷”！他就高声答应，浑身通泰！阳历八月十五，正赶上日本鬼子投降，谭三狗子又把一只“左翅”蛐蛐儿卖了个特好的价钱，就买些肉菜，准备回家来美食一顿！到大杂院门口，张豁子看他提拉个猪头回来，就说：“三爷今儿个要炖猪头呀，我到同仁堂去给您买‘肉料’啊！”这本是奚落金三的话。做乡下饭菜也讲究用料及做法儿的谭三就翻着白眼向张豁子说：“什么，这叫猪头？告诉你这正宗叫‘牙叉儿’！知道怎么做吗？得先在大盐水中（腌菜用的大粒盐）把它紧紧（花椒水煮）以去其腥膻之气，再用同仁堂的‘肉料’去卤。至于肉料嘛，我老太爷当年在火器营当差的时候，家里就派专人到城里同仁堂去买肉料……”张豁子问：“老太爷那时候也吃猪头？”谭三狗子就没好气儿去向张豁子说：“不懂就别胡问胡说！”就悻悻地走了。张豁子向他的背影儿吐吐舌头，做了个鬼脸儿！谭三狗子是个很会做饭菜又爱脸面的人。每年枣儿下来，正值“秋声秋色秋宜人”的季节，他借到密云县去收秋虫之机，多买当地的小枣，因该枣肉厚核儿小，颜色又好看。谭三狗子把收来的密云枣洗净，晒干了，拌上些从北京南庆仁堂药铺买来的“蜜饯桂花”，分装在许多小陶瓷坛中，封好口儿，放到阴凉背阴处，待到投亲会友或拜年时，送上一坛“桂花枣”，是既省钱又比送点心匣子好的礼物。送给富贵之家的，外加俩小蛐蛐罐，内装好叫好斗的小蛐蛐儿，主人们给谭三狗子的赏钱，就足够他过年用的了。他最拿手的是在自己最倒霉的时候最能用所做的粗菜给自己打气儿，还能叫穷哥儿们爱吃爱跟他学。他把鲜小红萝卜洗净，只去掉根须，全棵切碎，放入一些香油，就把黄酱倒入，拌好后就可以吃了，又好做又好吃。就饭、下酒均可得鲜香清辣之味。谭三狗子则对此菜另有说道，菜名“将三旗”。同院教私塾的郭又文老先生，自称对训诂有研究，就拿着酒瓶子来向三狗子请教这酱拌小红萝卜怎么会叫“将三旗”。谭三狗子见连大家都说附近最有学问的郭老都来向他请教，就非常引以为荣，忙给郭老摊两个鸡蛋下酒，就说：“拿这个菜来说，俗家管它叫摊鸡蛋，饭馆管它叫摊黄菜，我们衣胞子埋在衣胞胡同，到宗人府领过钱粮俸米的旗人管这个菜叫‘扯黄旗’是有来头的——以示不忘黄、白两旗的誉满天下……”郭老夫子呷了口酒，强点了点头，心说：“摊鸡蛋做菜，也能和旗人的黄、白两旗沾上边儿，真能扯！”谭三狗子见郭老点头，就以为他给这酱拌小红萝卜起名“将三旗”是找着训诂的根据了，于是就进一步对郭老说：“说评书的连阔如说刘邦所以能领导萧何、韩信等文武大臣，就是他能将将！这第一个‘将’字儿就是‘领导’‘率领’的意思。故这个菜名用‘将’，不用‘酱’字，‘将’和‘酱’乃谐其音也。小红萝卜虽为贱物，但其绿、白、红则可表为‘绿旗’‘白旗’‘红旗’三旗；故此菜的全名可称是‘将三旗’，是困中饭食亦不能忘祖宗也……”郭老不好意思说他这是“臭其文”，也就吃喝完毕，拱拱手出门走了。不想这个话把儿却成全了这个拌小萝卜成了十里八乡的常吃菜。在1982年我遛弯时，见“铁嘴”王文一（王质彬）还讲他蛮爱此菜的用料便宜，制作容易，好吃又好看！

糖醋小萝卜、肉末三丁

京北清河镇路西有个“阎记绒线铺”——专卖妇女们常使的什么针头线脑等。这店只母女两人。因与我家是邻居，且其母女和我的母亲及四姐极好，值其母生日，我随母亲带生日礼品去给其做寿。席间有阎姐做的糖醋小萝卜和肉末三丁甚是清雅好吃，而又很好做。事后，四姐特请阎姐到我家来教她做这两样菜。我在旁细看，也就会了。以后，我多少次以二菜待友，无不称其色味俱美！糖醋小萝卜：将小红萝卜去皮，切成椭圆形小片，在开水中焯过，备用。煖锅多放葱花，再下备用的小红萝卜片，加一点汤或开水，见两开后，放入适量食盐，再见开后，放入些米醋，适量的白糖，出锅即可食。肉末三丁是个蒸碗菜——在碗中码好了土豆、山药、猪肉丁儿，把黄花、木耳、口蘑均切碎用开水浸泡开了，再把它们连浸汤一起倒入三丁碗内，再加入适量的食盐、姜末、葱末和脂油。上屉蒸熟，即可成色味俱佳且营养丰富又好吃的蒸碗菜。阎姐说这是她去世的父亲教给她的。父亲是名厨。这个菜多为红白喜事时，每桌上一碗的菜，故宜一屉可蒸十几碗。母亲为了纪念父亲，故此不怕做此菜的费料又费事，每至年节招待亲朋好友或父亲的忌日，均备此菜上桌。今已人去音儿远，然愿此菜犹可飨后人，故记之！

香椿五法

香椿面

京北第一大镇是清河镇。镇有东西两后街，当中是正街，中间路西有荣华南纸文具店，其掌柜的李华亭掌管北京、天津、上海等地七八个店，他最爱吃，故清河店就请镇北后屯村的王师傅做饭，王师傅自幼跟他师傅当小伙计，故深得其师做菜真传。其师给军阀吴大帅的六姨太太当过厨师。六姨太在吃山珍海味之余，还常好吃些民间俗菜。故王厨子的师傅不仅会做燕窝鱼翅等珍馐美味，还广知民间可吃的俗菜，这些正是可清肠胃的好菜，所以深得六姨太的喜爱。王师傅也就学会了这个手艺。初春，香椿才冒芽儿，长到一寸来长，即掐下切碎，加适量的食盐，用开水沏而盖好，然后用其浇白坯面条食之，不用加任何菜码，其独具清纯咸雅，即可使人食之称美。这种香椿面是王师傅给李掌柜在春食桌上的美馔，故此店中同仁均爱吃这个香椿面。该店前脸儿在中街做买卖，有四五层院落，直通镇西后街。隔街虽是花红柳绿的富家园子，但总不如此店最后院落中的十几棵香椿树紫绿盎然。王师傅几乎一年四季均采嫩香椿而食之。这种树采其嫩尖儿，它即可在原地再生出芽叶来，真如老乡们说的：“家有香椿树，四季有菜蔬！”

香椿拌豆腐

王师傅告诉我，香椿树有一种叫菜椿，其味还不如此。市坊上往往以菜椿冒充香椿，一吃，才知上当！谁都知把切碎的香椿加盐和豆腐一起拌好就可以吃了，但千万不要往上淋香油，那就显不出香椿的鲜香了，是画蛇添足，加香油就成了喧宾夺主了。

香椿鱼和花椒鱼、炸三鱼

王师傅说一般炸香椿鱼只在加盐的面糊中一裹就放进油锅去炸，这样炸的不好吃，必须只用一个香椿尖儿，在用玉米面、鸡蛋汁、白面加食盐的糊中去蘸裹（挂糊），再放进油锅去炸，则细长如小鱼，金黄可爱又好吃。“花椒鱼”，糊中放些白胡椒粉，那味儿更好。切记所用的花椒必须是鲜嫩的新尖儿，如放得过久，都蔫了，即不可再炸花椒鱼。王师傅把小白条鱼儿收拾干净，用适量的食盐、白糖把鱼入味，再挂上有细葱末、姜末、蒜末和白面和好的糊，在油锅中炸好，放在有香椿鱼、花椒鱼的盘中，其名就叫“炸三鱼”。此虽是王师傅自创着玩的菜，却得李华亭老掌柜的好评，并每以其菜饷客，故使该菜得以在别处推广。王师傅常说做菜最要紧的是“得味”，千万不可胡调味冒充是“创造”！常见他把用盐腌过的香椿小叶在绿豆面中经一摇动，就成了白头绿尾巴的小面鱼儿，好看极了，一尝，还挺好吃。王师傅说这是他老母亲常做给他吃的乡下饭儿。

摊黄菜

摊黄菜就是摊鸡蛋，是个俗了又俗的乡下菜。提起这个菜来，王师傅得意地笑了，李掌柜则呷口老酒，用筷子一指这摊黄菜，向我们说：“你们别认为这是乡下俗菜，须知这里边的学问可大了。”他说：“京北小汤山有西太后老佛爷的行宫。一次老佛爷来洗温泉澡后，想吃乡下俗菜，当地的厨子就贡上个摊鸡蛋，老佛爷摇头说‘不对’，慌得厨子们多次更换鸡蛋、食油、作料等再做，太后还说‘不对’，厨子头儿只好用钱买动跟前儿的太监去问什么不对。太后才笑着说：‘蛋、油等都对，只是蛋中加的作料儿不对！’厨子们忙把葱花、韭菜等黄菜的作料全换遍了，还是不对。厨子头儿忙把在沙河镇上开大饭馆的王掌勺的（王华庭）请来做此菜，据说王华庭的上辈在颐和园厨房做过菜。果然把王华庭做的摊黄菜端上去，老佛爷一看就笑了说：‘这才对了！’还赏了王华庭十两银子！原来做这菜用韭菜、香椿、葱花等当俏头全对，只是要‘有其味儿不能现其形’！王华庭用细纱布绞出的俏菜汁儿混在鸡蛋中再摊，就能有俏头滋味，而无俏菜在内，尽显黄菜之美。老佛爷说：‘皇（黄）菜不能许杂色就其中！’”这真是“俗菜中亦藏有真讲究”！直到如今，我也弄不清在荣华做饭的王师傅常吃的腌香椿是怎么做的，为什么一年四季中，它也不干、不碎且有正合适的湿软。直到以后许多年，在大副食店中都能买到此菜，许多人拿腌香椿当上好的咸菜吃。

十里八乡的老人们，都管当过县长的刘士堃叫“窝囊县长”。刘士堃只一笑置之，自己细想起来也对——小军阀李景林手下的一个连长，为向刘士堃要五十两火烟土，把刘士堃扒了裤子打二十马鞭，还抢走了他的茶镜和獭帽子。后来日本侵入，又把他的十八亩好地修成了靶场；县长也换了，叫汉奸崔文魁当！刘士堃只能守着十几亩地和个菜园子活着。他的文武才质都不怎么样，可能写一笔好字。我祖父是他的好友，故把他亲笔写的自作诗文《田园白话》留作纪念。今翻祖父遗物，见之。该《田园白话》虽不及陶令的“暧暧远人村，依依墟里烟”文美，但其真情实见，爽直自然，亦实可贵。见其记有关饮食者，可爱而记之，诗中有联云：“胡萝卜就酒甜中脆，生啃花生天给香。”吾尝试之，生吃胡萝卜，再喝点儿白干酒，果有一般下酒菜不可达的趣味，令人生乡关之思。据祖父云，刘士堃一年四季把生花生米当干果吃，而能起得吃水果的效果，且可养生。后见许多人亦如是吃法。

大椒肉皮、死面饺、丸子汤

村中冉世林前门开“猪肉杠”（卖生熟猪肉的铺子），后门开“汤锅”（旧时，主要宰杀骡马牛驴等，卖其皮肉。其所宰杀之牲口，多为从不正当之道弄来者）。冉世林是我读蒙学时的小友，后来他承父业，干了这行。每逢假期，我们还聚几个发孩儿小友去大河中洗澡或打鱼摸虾。到冉世林成家娶了媳妇，还念念不忘我们这伙小伴儿——有一年八月节，他把我们找在一起，说：“宰猪的冉世林，请家乡的伙伴吃家乡饭……”他这桌家乡饭上有俗家俗讲究的一菜是大椒肉皮：把自家菜园子中的红色大柿子椒，掰成小碎片，把煮熟了的猪肉皮切成小片片与红柿椒碎片一起下锅儿炒，炒中加入适量的白糖及食盐，稍加白汤或开水，翻炒几过儿就行了。死面炸饺：用死面擀成薄圆皮，包上由猪肉丁、葱花、咸盐、姜末拌和的芯馅，包成饺子，放入掺有猪脂油的油内炸熟。蘸着蒜泥吃，则焦香软脆而解馋不腻人！吃上述一菜一食，再一喝丸子汤，真可谓“美汤能疏美食，美菜入人之脏腑”。因为这丸子汤是冉世林用好羊肉馅加姜末葱末、花椒盐和鲜毛豆碎渣以藕粉团成的小丸子，放在白开水中煮熟，不加香油等调味，只在汤中放些白胡椒粉就可以了。其汤清雅微辣，又有羊肉及毛豆之增其鲜美，则远胜其他汤味！

羊霜肠炖酸菜

近检旧民间俗菜中，有以酸菜炖羊霜肠者。我问过“羊肉床子”（旧称专卖羊肉的店）的马二把，他说把新宰的羊血灌入洗干净的羊肠子当中，系好入口处。其肠处有零星白色羊油似霜似雪留于其上，故名。此物无论在羊肉床子里或卖羊肉的挑子上，都很快地叫汉人买去做菜吃，大多数回民是不吃此物的。尤其是在十冬腊月，二姥爷（二外祖父）从海淀买回羊霜肠来，外祖母把它洗净，剁成一寸长的大段儿，放入锅中和切好的酸大白菜一起炖，如果看锅内汤少，可加点白开水，切勿加凉水。炖的过程中，再加入适量的盐，使其鲜咸适宜。此菜既省钱又省事，是农家的好菜。我犹记得我和大妹妹春芝二人往往只吃此菜，喝此汤，一口饭或饽饽都不吃！后来春芝韶华早殇，我们即不食此物。然见郊市常有此物出卖，更多有人家以酸菜炖霜肠者。故于此记此俗菜之美！

地丁黄饼子

赵姐是我非常要好的发孩儿，她家很穷，常于春初到沟坡野地去挖野菜吃。回到家里，赵妈把这些可吃的野菜洗净，加点盐和玉米面一起和好，贴饼子吃。赵姐和看我的五姐也相熟，故此，常和五姐到她家去玩。赵姐看到枯草丛中的小绿叶就摘下来，她告诉我这是黄花地丁。村中老中医说："它学名叫蒲公英，在中药里它能解热。吃它嫩叶可以败火……"我只觉得它做地丁黄饼子特别新鲜又好吃。看到它后来还能开可爱的小黄花，在草坡中比什么野花全开得早，那黄嫩嫩的小花特别招人喜欢，待到我念的课本上写它由小到老的话时，就爱它了："金黄发儿蒲公英，如今变成白头翁；明年开花养儿女，儿女再去作旅行……"看到它到老来直梗上变成一个个小梗顶着有种子的白球儿，随风飘去，好像是从天而降的伞兵！好玩极了！只可惜那课文中没写上蒲公英一出土就能当野菜给人解饿，开小黄花美化荒坡，全身投入药味去解人体之热，到老来还远播种子，以备来年为人做贡献！正如一位诗人所云："谁说市井无贤达，谁言荒野无花香，世界上存在着无穷的生的力量！"我至今犹记得是那地丁黄饼子拯救无数苦难人的饥荒——1936年，我母亲带着我，和许多乡亲们到西山的"天棚沟"去逃难，以避日寇的烧杀，就是靠吃蒲公英等活命的！

驴油炸吃食四法

驴油的穿透力最强，且带有使人不腻的肉香，故用其做炸食，是很好的。我上中学时，每年春、秋两季，同学们聚在一起去远足（现在叫“春游”、“秋游”），就讲究带上砂锅门（左安门）的驴油排叉。因为它又长又大又酥脆好吃。所谓“排叉”，就是一种面食小点心，把一长方形的面片儿在一边的中间扭几个麻花，再与另一张和其一样的面片对合起来，使两边有扭花儿，中间空，下油锅炸熟，供食。一般的排叉在面中略加些盐，以使其有味，也有放些白糖的。点心铺的小排叉长如小指，外浇糖蜜。靠干“炸货屋子”（旧时专炸些麻花、排叉等小吃，批发给小贩的不零售的铺子）起家的张傻子，其实他不傻，且更精于做买卖。他从“汤锅”买来驴油炸的排叉，和砂锅门排叉一样，引得许多人来买。他又多了一招儿——用素油炸的排叉可当供佛供品，亦可做清明节或死人灵前的供品。因此，张傻子的排叉荤素都有。更显他的炸货多样的是用驴油炸白薯：最要手艺的是炸圆圆的不带皮的白薯片儿，要炸熟，色黄嫩，不能挂胡子（片的边缘不能有深色的炸痕）。炸毕浇上透明的糖蜜，上卷几条红色的金糕，比街上小贩们卖的好吃。做炸薯片剩下的刀头刀尾不成形的块块，也用驴油炸熟，可便宜地卖掉，引得大人孩子们争相买食。张傻子用驴油炸豆面做的饹馇，把饹馇卷成细长的卷儿，用刀切成一个个小段儿，再入锅炸熟，酥脆香美，是下酒的好菜，连镇上的酒铺儿全来趸批此物去卖。远近闻名的是张傻子的“驴油小丸子”：他把胡萝卜丝、剁碎的粉丝头、黄花、木耳和姜末、葱花搅和在一起，再掺进去胡椒盐，都掺和好后，打几个鸡蛋后再搅和，最后才下进掺有绿豆淀粉的白面粉，加入凉水共搅成用手抓得起来的团团，用拇指和食指间的空口，稍一挤，手内的团团就由其孔冒出一小股来，只用一根筷子一扒拉就成一个小丸形掉进油锅内，这样做，很快就炸成一盆小丸子，很香很好吃，就酒下饭或混入汤内与菜共熬亦可，真是如镇上教书的齐老先生所戏比，这丸子是“浓妆淡抹总相宜”！几十年后我再访此地，则高楼林立，卖大鱼大肉的饭店很多，唯不见往昔如“柴门小家碧玉”的可人的驴油四炸！我也向近百岁的齐老先生掉个书袋子，喻比是“黄鹤一去不复返”！老先生笑着叹气说：“也许饮食文化回归后还能吃到这些吧！”

仙（鲜）饽饽和山咸菜

1945年，小日本投降了，我急着回燕山余脉深处的姥姥家去看看，十来年回不去，真想看看那慈祥的姥姥，那绿油的果树草地；想找那能往围棋盘上随便扔几个子儿，等我码好，再和我对弈，却叫我盘盘赢不了的老和尚明空。这正是绿麦灌浆满，麦垄中豌豆向肥的好季节。令我悲伤和惆怅的是，可敬的姥姥没了，棋艺深不可测的明空老禅师也圆寂了。所幸的是古寺“禅铭寺”不但还在，还经政府修缮保护——寺中所有佛像全是石制的，更令我惊奇的是，当年只给老和尚提着棋子儿盒的小和尚斋云也能让我三个子儿，令我费尽心思也开不了张（指赢不了）。窗外雨潺潺，窗内我对着“复棋”思绪连连……斋云笑着端来庙中待客的“仙（鲜）饽饽”、小米粥。那小米粥是常食物，那号称“仙饽饽”的食物却把我从百思不得其解的连连愁想中拉了回来——什么东西？这么好吃又好看？浅青豆绿被，外披薄白纱，真如夸美女的话：“嫩面薄妙笑对客，愁思解去寄白云。”原来是庙后的几亩好地，种有小麦，其垄中种豌豆。将嫩麦粒和嫩豌豆粒合砸碎成饼，外表黏以庙下坡塘中产的菱角磨的白粉，上铛略加油熥之即可。这是庙中历来待游客的上品。听罢，才知旧时，为什么许多并不富贵，但有学问的人，常来此踏青或野游！临别时，我对此处、此景、此处人，均依依不舍。老表弟说，山家无可赠，只送我一小陶坛的“山咸菜”，这是城中所买不着的真野香。坛中是盐腌的甜杏仁、桃仁、核桃仁，莹白细嫩中还有绿精精的腌花椒尖儿。不用吃，一看就令人久想常生乡关之思！

熏猪尾巴和君子不器的百家饽饽

旧时，京郊除去一些平俗汉民，就是游手好闲的旗人遗老遗少，鲜有成功成名者。家境好点儿的父母，等儿子念完三本小书（《百家姓》《三字经》《千字文》）后，总把孩子送到离家好几里地的严家祠堂去听严老先生开讲《孟子》《论语》。学堂里的大学长（班长）郭士谦因要帮爸爸杀完猪才来，他不来，严老夫子可不开讲，因为大学长总给严先生带一包熟猪杂碎来。大学长也带根熟猪尾巴作午饭的肉菜。他这猪尾巴味可真好，因为他事先总把煮熟了的猪尾巴再用松柏树叶儿裹好上火熏成焦黄流油再吃。学里另一个难缠的是刘比弟，外号人称“刘鼻涕”，他很早就横躺在学堂的门槛上，看见他不敢惹的学生，就起身让过去，看见是小一点儿的学生，就强要点儿午饭饽饽才放他过去。这件事叫严老夫子知道了，说这是“为盗不道，应罚！”就叫大学长摁着刘鼻涕打了十板子。此时老师正讲《论语》，这刘鼻涕还自吹自擂地讲他强要同学的饽饽吃是有能耐，是有各样法子使肚子饱，这就叫“君子不器”……有的同学开玩笑地对大学长郭士谦说：“你能把煮熟了的猪尾巴，再用松柏枝熏美，这也是‘一专多能’的‘君子不器’吧！”

活熬

过去只听说小户人家办白事（丧事）招待人吃饭，只能上四碗活熬当菜吃。可四碗活熬究竟是什么东西，怎么做？直到冉四奶奶大骂地主孙小抠娶儿媳妇办席时，才知这四碗活熬是指碗菜中没有肉，也不见有大油的“熬白菜”、“熬豆腐”、“熬粉条”和“熬大萝卜”。一般是小户人家办白事用这个当席面。可孙小抠娶儿媳妇是办“红事”，他为了省钱，收了份礼钱，叫人家吃这个，故此冉老太太骂他“刻字的叫门——抠到家了”。孙小抠说他这四碗活熬中没有白菜、大萝卜，是“熬饹馇”和“熬炸豆腐”！我才知道四碗活熬就是熥锅儿加水及适量的盐把放入的菜料熬熟了，做法简单，又省钱。

龇牙咧嘴、熬菠菜粉、老虎酱

黄拴柱跟我是发孩儿。我总忘不了春天人们修剪柳树时，他把柳枝的绿皮拧下来做成柳笛，吹起《小白菜》的歌儿来，吹着吹着他就哭了，他说他比小白菜还苦，八岁上就死爹又死娘。后来他被一个远房舅舅带走了。那舅舅是个跑大棚的厨师（就是给办红白事等的主顾做饭菜的厨子），在旧社会这是一行业。可是我总想拴柱。

不想十多年后，我在村中一本家小弟的婚宴上，见到做菜的厨师正是拴柱。我们两个三十来岁的汉子，全抹眼泪了……他说婚丧嫁娶时席面是应酬饭，不是我们平头百姓日常吃的饭菜。因此，邀我一起到他家去住几天，吃吃百姓饭。拴柱和我都好喝口儿，因此满上酒，端上酒菜是一盘子柳芽黄豆嘴儿，拴柱说村里人开玩笑给这菜起名叫“龇牙咧嘴”。住在拴柱隔壁的是尚舅舅，他家穷，娶不起媳妇，就和一个从大地主家逃出来的使唤丫头成了亲，我们就管这个女人叫“小舅母”，因她比舅舅小一轮（十二岁）。舅母会做粗饭食，她做的菠菜粉，是个很好吃的汤菜：先熗锅儿放汤，在汤中加点盐煮粗粉条，等把粉条煮好了再放入切好的菠菜。做起来不费事，还好吃，当汤喝当菜吃均可。至于那“老虎酱”更好做了——把蒜瓣儿砸烂，放进黄酱里，一拌和就成了。可舅母说，这酱又叫“蒜泥酱”，有好几种做法：也可以把切碎的青辣椒放进去；种菜的常把碎苏子叶、辣椒、韭菜末儿和黄酱一起拌好；也有在其中放点儿鲜花椒的，但花椒不可多，有点味儿就成！

丁四爷的『四大俗菜』

五里三村的都知道丁四爷是个好瓦匠，连北庙大屋顶上九十二条绿瓦顶子漏水，别的瓦匠修不了的活儿全请他去修，可是许多请他修房吃酒饭的主儿们，总闹不清他为什么滴酒不沾，还不吃肉。只有和他是莫逆之交的我的祖父（李永禄）知道。丁四爷会武，在二十九军中当过教官，七七事变时，曾用双刀砍死过三个鬼子，后隐在乡间，以当瓦匠过活。他怕喝酒吐真言惹麻烦；不吃肉，他说看见肉，眼前就现出被日本鬼子杀死的同胞的肉血之躯。他孤身一人，住在我家坊房的小院里，可好自己做农家菜，还自称其菜为“四大俗”，可是很好，好几个老头，连教书先生都常找到他吃饭。他取伤边儿的嫩苏子叶，切碎用黄酱、香油、蒜末儿拌着吃；第二个菜是农家常吃的黄瓜腌葱，所不同的是他不用盐，而用老咸汤儿来调味，别有一番清香；第三个俗菜是把腌造的芥菜疙瘩切成小丁去拌鲜豆腐，不放盐，而放入擀碎的炒芝麻；再一俗菜是花生煮咸茄，把切成小方块的茄子放入炝过锅的汤里，再把生花生米放进锅里，别有风味。四样俗菜经他稍稍一改，即风味迥异。他说这不是胡来，这如同给瓦房勾缝，不能老一套法子干，才能勾后又好看又不漏水。

烧仓鼠

在田地里有一种老鼠似的小动物，大家都叫它仓鼠。这家伙是害虫，专吃大豆、玉米等粮食，故此很肥，其肉亦好吃。最可恨的是它能做很深很好的洞，把弄来的豆子、玉米等分别存放在洞内，以备冬日吃。人们每挖着一个仓鼠洞，就能得到许多粮食。人们捉着仓鼠，用铁丝缠住它的脚、嘴，用砸碎的花椒和黄土泥，把仓鼠糊满，放在铁篱子或河卵石上架火烤熟，扒去泥和鼠皮，蘸盐花或酱吃，味美极了，如再就上根鲜葱吃，就更好了。笔者幼年时常和伙伴们去捉仓鼠烤着吃。我们的孩子头儿叫“八十头”（因生他时，他爷爷正八十岁），他是个捉仓鼠的能手。吃田里的青玉米、门薯，河里的鱼虾田鸡等，我们都是跟他学的。

烧大匾儿、烧鸡儿乐

有一种蝗虫类的蚂蚱，人称“大匾儿”，细长绿色，在田野的沟坡、草地上很多，把它捉来，用鲜桑叶包卷好，再用青马莲叶将桑叶卷儿捆好。系在树枝上在火堆上烧，将其中的大匾儿烧熟，蘸花椒盐儿吃，田间野味椒香无比。后来我们才知道那花椒盐是八十头从杨老柱头烧饼铺偷来的，专为到田野中当可口的作料用。有一种秧儿矮小的玉米，结的果儿也小，有的地方叫它“小黄儿”或“六十天还家”，多作为田中缺苗处的补种品。因鸡抬头就能吃其种粒，故名“鸡儿乐”。把该植物全株拔来，去掉根叶及果上多余部分，手拿果下的茎秆在火上烧熟即可吃。故此，当我们在田头吃着烤大匾儿和烤鸡儿乐时，我们的头儿八十头就撇着嘴向大伙儿说：“你们跟我玩，才能吃大匾儿有菜，吃鸡儿乐有香饭……”儿食的野食，其美，至今难忘！

炸心肝、烙柿糕与『喝来蜜』

农谚：“秋后的白薯入了窖，自家的柿子上了房。”才从地里刨出的白薯不好吃，非得入了窖，出了汗，去了生气，才好吃。山农的家户院中都有几棵柿子树，摘下柿子来，不用漤，码在房顶上，四周用玉米秸圈好压上砖或石头。经冬风吹日晒，柿子去了涩味和表皮的水汽，到冬末春初喝柿汤甜润迷人，叫“喝来蜜”，故此市中卖柿子的小贩也吆喝卖柿子为“喝来蜜”。幼时，每到半山区的姑妈家，老远的就能看见家家石板房上晒着的柿子。我最爱吃的是姑妈做的“炸心肝”——把白面调成糊状，把柿子中的籽儿用筷子夹出在面糊里裹好，放进油锅炸熟，真比甜点心还好吃。柿籽儿是宝贝，面是妈妈，把宝贝包裹好，放在热锅里去炸，如同宝贝回到了热乎的娘家。姑妈的另一个拿手吃食叫“烙柿糕”，也是用料及做法均简单，可是很好吃。用烙饼的白面将柿子核包在其中烙熟即可。妙在姑妈把未烙的柿糕放在木制的饽饽模子里一磕印，个个成了银锭形的或元宝形的小点心，烙熟了略见焦黄，不论色、味，都不比点心铺卖的点心差。今姑妈早已作古，然我每到冬日还自做这两种吃食，儿孙们均说好吃胜过糕点。故记之呈诸大家，以佐尊餐！

婆婆丁蘸酱

早春田野的沟坡上，向南朝阳的北坡上，在枯叶中最早展笑伸枝的是一朵朵嫩黄的小花儿，挺着嫩茎，拉着下面绿才几分长的娇叶儿，随轻柔的惠风向春阳点头，似向踏青的人们祝好……但馋嘴好食春菜的人们总爱摘取其小绿叶来蘸黄酱吃，苦香而美，往往使人食之有如得游高层境界之妙。别瞧小小野菜，却能发人深省，远胜俗家之大鱼大肉。几询乡人，方知其名“婆婆丁”，然不知其学名为何，更不知其神韵何来！村中有老中医杨文翠先生告余，此物春初可食，味虽苦而能致人经远，泄实火，强筋去湿。故我每春必食此物。然谨遵杨文翠先生言：必每株取二三叶，留二三叶于株以供其长，以修物德。

揪疙瘩、烩窝头

小龙凹村在山区煤矿和大龙镇的中间，田老爹在村头几间土坯房和个大院子里，就开了个大车店，来往的果驮子，拉石头的大车等都在这田家店过夜。田老夫妇是干枝绝后。在卢沟桥七七事变前来了个瘸子郝大山拉了匹瘸马，靠用这马从山里驮木炭到镇上去卖而生活。别瞧郝大山是瘸子，可人性好，力气大。一来二去的就成了田老夫妇的干儿子。田家人和过往住店的都爱吃田大妈的揪疙瘩——从面盆中揪一面团在手，以另一只手从面团上揪一小块面疙瘩到开水锅中，揪得又快大小又匀实，盛一盆浇开“穷三样儿”（麻酱、韭菜花、辣椒糊）吃，既香咸又解饿。瘸子从镇上卖炭回来，总把肉行剔下肉的大小猪骨头廉价买回，大骨头砸碎取其中的骨髓熬汤，可用这汤熬菜，有油又有肉香。田大妈常用此汤加上点菜叶来熬切成小方块的剩窝头，名叫“烩窝头”，真是连汤带饭，干湿可口，是穷哥儿们的好吃食。可有一回郝大山一去好几天没回来。七七事变刚过，日本兵烧杀正凶，怎不叫人担心！田大爹恨不过，就聚几个年轻的小伙子们弄个大刀红枪会，想保护村子平安。从庙中泥佛爷座后，抽出当年义和团用的“扶清灭洋”大刀片和花枪。大家闹得正热火，郝大山忽然回来了，腰里别着日本的王八盒子，肩上还挎着一杆德国造的“金钩马枪”。田老爹当过兵，说这枪是骑兵使的，因枪尾有个钩儿，所以叫金钩马枪。大家惊喜地问大山是怎么回事。大山才说出了真情：他原是冯玉祥的骑兵，在长城保卫战和日本骑兵的血拼中，他被打散，骑马跑了，白天躲在山林里，夜里趁日本官和当地地主喝酒时，他杀了日本官得了王八盒子，杀了地主汉奸得二百块洋钱，把枪和洋钱埋藏起来，换了便衣才来到小龙凹，半路上叫鬼子兵把人和马用枪打瘸了。他说，这回非和鬼子再干干，就取出钱和枪来村中参加大刀红枪会……这天，田大妈用鸡肉炸酱浇揪疙瘩，用香油、鸡油给大伙儿烩窝头！

双酱十八豆

在高粱长成时，在其棵下，有一种豇豆能缠高粱茎秆儿向上生长，其中有籽粒十八粒，故又称“十八豆”。其嫩时，荚果青脆，有豆性味儿，不腻人而微甜，且清香带有农田之禾稼气，可供人当蔬充饭，食之俱佳。一日，几个伙伴到田陌间捉蝈蝈玩，因大雨连日不断，离家较远，被困于村头油坊中，榨油人见我们几个男孩饿得撑不住了，就拿出煮熟的十八豆来，还端了一碗有咸味的芝麻酱来，叫我们吃。当时大伙儿狼吞虎咽地吃起来，只觉得此豆能治饿，后才知其味美。更想到在家中，往往不用芝麻酱拌食，而用家做的咸黄酱加蒜泥和醋一起拌切碎的十八豆，其味是香咸兼酸辣，更是乡间佳味。何日再重得？

酱苦藚儿与甜苦藚儿菜

草长莺飞的二月天，在京郊的田野里，几乎处处都可以看到那铺地而生的苦藚菜，它贴地皮生出绿绿的略带锯齿的嫩叶儿，其叶可作蔬菜，虽是味道苦苦的，但深有初春的天然之香，是农家饭桌儿上常见的野菜。元朝经皇家御准的《饮膳正要》说“苦藚菜味苦、冷、无毒，治面目黄，强力止困，可敷诸疮。”后因写词条读此书才知野菜苦藚竟有此能处，则益发遐思故人往事：幼时在家乡回龙观村春日常食此菜，唯加黄酱、香油拌好供食；但不知为何清明节后，乡俗则用白糖加酸醋拌苦藚而食。后经真懂民俗的师姐陆砚卿细析才知：“苦，表苦情，为自然所加；糖，甜蜜相关，是乃人情；酸，酸自苦甜轮回，乃表人之真情也……”听之催人泪下，才知其真谛，更明白了是日母亲朱凤贤为何呆对此菜默默不食——是遐想早逝之贤惠大妹李春芝。亦可知，清明日苦菜来，多少乡关遥献泪水来！

农家山茶水忆四店

提起茶、茶店、茶水来，金五能给你说讲个没完没了。有的是他亲身体会到和见到的，有的则是他听老辈子们讲的，可全是真事儿。就拿他的姓名来说吧：金五，他确实姓金，他则自豪地说，逢姓金的都是爱新觉罗的后代；他确实行五，则因他爷爷也行五，家资尚称富有，故人称他金五爷，可到了他时则沦为到皇庄子来看坊了。每到年关，他送一两钱给茶馆为“喜钱”，茶馆的伙计们说了句：“谢金五爷赏！”又听到了带“爷”字儿的金五，就飘飘然地喝着高末儿茶水开了话匣子：“北京的茶叶店都好，且各有各的长处，讲究的人都知道，吴裕泰的劲儿，张一元的劲儿，森泰的画儿，永安的字儿。高眼人不单喝好茶，还会品茶品其高处！就拿森泰茶庄的画儿来说吧，门面上白大理石刻着张伯英写的‘森泰茶庄’；屋正中是张海若写的对联，他是故宫描拓的专家；东西墙上各有张大千、张善子画的山水虎；南墙垛子上有青藤的红叶下骑驴读书人的条幅；往里去可见萧谦中春夏秋冬的四条山水。画都很好，但其字均不如于右任写的‘永安茶庄’四个字，那字真是融名家之长于一体……”记得是1938年麦秋时，在清河北皇庄子的坊院边儿上，大家围着大卤壶喝山茶水，阎五叔对他说：“五字儿的！你能说说这山茶水的来历吗？”金五说：“你别挖苦我，我说的都是真的。别瞧我现在坐到这儿，想当年在城里住时，这几个大茶庄我都亲自去过，各店的好茶叶我也常喝。你别瞧这山茶，可是茶叶店的大宗儿货。就拿咱们清河镇来说，就是著名的‘吴字号’的‘吴德泰茶庄’，每天能卖百十多斤山茶，发往各村乡小店或农家。这叶子是南方苦丁茶的叶子，有苦叶，又近茶叶味，再经茶叶店后柜一炮制就成了价廉而好喝解渴能耗时候的山茶了。故此，农人下地前或往田地里送水全是沏好的山茶……”金五说起这些个来还真有门道，不全是瞎说。故此大伙儿都开玩笑地称他为“山茶金五”，金五说如后面再加个“爷”字儿就好了！

两豆腐面

许多人好用臭豆腐拌面条吃，别有风味。可是用臭豆腐和酱豆腐两种豆腐拌面吃，则源自“臭豆腐刘”。他一年卖此两样，一担挑两个黑木圆柜子，一头是臭豆腐，一头是酱豆腐。柜中另有大肚玻璃瓶盛着臭豆腐汤和酱豆腐汤。不单人帅气，所挑的担子和货，也收拾得干净利落，一看就令人喜欢，而不嫌其味。

几个村都有人喜欢买他两块带汤的臭豆腐和酱豆腐来拌面吃。我和阎五叔就常买来，在坊房儿里吃，真是别有风味，既不同于臭豆腐拌面只一种味儿，也不同于酱豆腐拌面的多咸少风趣。再从坊旁的小菜园里摘来青柿椒和鲜黄瓜同食，则更妙了。至今思之，尚口有昔日味，留有昔日香！

虾饼子、卤杂菜、韭秆虾

四合子村很大，有两千多户人家，有一道南北走向的大河穿通村中，有的地方是河滩，有的地方是人可蹚水走的湿地，可一到雨季，则一道汪洋大河，只能行小船往来。人们从这曲曲弯弯、忽大忽小的河中取得吃喝：打鱼，种莲藕、菱、芡，收芦苇，还可靠摆渡为生。村有每天宰猪卖肉的冉记肉杠，有个大杂货铺，有专卖油、调料的小铺，总之应有尽有，不亚于镇。其中最大的是靠水旱两路行人吃住的杨记饭馆兼大车店，店主兼掌勺的杨三老台，每当中午饭稍后，全完事该吃午饭了，则来了带着卤肉锅底儿的冉老辫子和打鱼的李船老，最后来的是开杂货铺的贾阔老儿，他总带一大瓶子老酒来。几个老乡亲老头儿，坐在杨三老台门口河旁的大槐树下，在石桌上摆上用卤肉锅底的杂碎肉加上土豆块儿或胡萝卜块儿熬熟的卤杂菜和大瓶酒，最后端来虾饼子，大伙儿就边吃边天南地北地聊起来。其中别开生面又别有一番味道和做法的虾饼子可得提提：打鱼的李船老每天把捉到的鱼儿全卖给卖炸鱼的，打来的虾却不卖——大个儿的配上韭菜的嫩秆儿炒熟为下酒菜“韭秆虾”；小点儿的则倒入早配好料、入好味的稀面糊中，任其挣扎，亦不能动跳，然后用勺舀起，摊在有热油的饼铛中，翻转烙熟，两面焦黄、甜香可口，既可下酒，也可当饭饼食之。烙此饼是杨三老台的拿手活儿。几位老人，劳作之后，围坐一起，饮酒谈天，此情此乐真比那些高官富贵强，更比那一生连直溜黄瓜都舍不得吃的土老财们强万倍！

韭菜虾米皮饺子、虾仁饺子

虽然虾米皮和虾仁都是虾，但因水土产地不同而味道不同，都是韭菜但品种也不同。这是厨子王师傅的经验方子。他说用韭菜做馅儿则是紫根儿的比绿根儿的香；炒菜用绿根的香而少韭辣气。河产的虾米，无论其鲜干均不如海产的，河产的虾皮干瘪肉少味；海产的虾米皮，无论其大小，均有肉有虾味。至于海产之虾仁，更味美，但以其做馅配韭菜，则远不如用海产虾米皮配紫根儿韭菜包饺，其自有一种美味，因紫根韭大放其辛辣与韭香，遇海虾皮，一陆一海两味相敌又不相让，可谓二美并妍……我不服王师傅之论，买各物试之，方知其言不谬！

羊骨头杂面汤

老田家有个小男孩，小名叫小驴子，自幼没了父母，靠叔伯的哥哥嫂嫂养大。哥哥指一架轧面条的机器过活，给人家遇红白喜事轧面条赚几个钱，每天还用杂豆面和绿豆面轧成“杂面”，叫小驴子推着木头做的小车到清河镇里去卖。杂豆轧的面条价钱便宜，纯绿豆面轧的面条价贵些，可两种均称“杂面”。小驴子因遵哥训：斤两足，两种杂面各按其价，所以很受买主欢迎。小驴子每天卖杂面回来，总到卖羊肉的“白记羊肉床子”上，弄些羊骨头回来，白记看他人诚实又苦命，就不要他钱，有时还白送他些羊油，回去煮面吃。小驴子用这些煮杂面条儿，再放些食盐和香菜，就成了美餐。喝汤，吃面条儿就窝头吃就更美啦！后来，我在城里东安市场的东来顺楼下“大板凳”吃羊肉杂面，才知其味甚美，就不由得想起幼年小伙伴儿小驴子八岁就推着小车卖杂面来！不由得吃杂面而酸从胸中来！

干马虎菜死面蒸饺

尚老姨出自贫家，自幼就给富家支使着，所以无论针线把式活儿全会干，且能做一些粗食饭儿。她能在粗中生巧，不怕困难渡难关。尚老太太怕冷而无柴取暖，老姨就到火车站去扫煤渣、煤土，不仅给尚老太太烧了灶，还用其火做了饭。记得有一次到年关时，尚姨靠上冰窖给人家倒码细菜挣几个钱，买了二斤白面，想过年包顿饺子，但没有钱买菜、肉当馅儿，她就用夏日晒干的马虎菜（马齿苋）发好切细当馅。当时，我家正杀猪，奶奶就叫妈妈割一块猪肉给尚姨送去。尚姨用此肉和马虎菜当馅，以死面儿当皮，包的死面饺子，真好吃。她还以此物送给奶奶当年礼，奶奶含泪接受了这份热心礼，给了尚姨六块钱还礼。尚姨就用这六块钱当本钱，在村口大路旁开了个小饭铺，并和此地的主人许万有夫妇商量好，在四周干打垒筑起围墙，开了大车店。日本投降后，才知道尚老姨她们大车店是八路军的联络点，在抗日战争中起了许多好作用。

拌菠菜、菠菜粉条汤

小山东儿原名叫王小山，是国民党从山东抓丁来的农民，在 109 师中当伙夫。因为被混蛋连长给逼急了，他把连长打坏了，就逃跑了，到山村当了长工。因为他会武功又懂种菜技术，就叫他在菜园子里干。他总爱从园中弄点儿菜，做个简单的菜吃。那时，我正在养病吃素，常吃他的拌菠菜：把嫩菠菜洗净，在开水里焯一焯，再用凉水拔凉了，切切，拌上芝麻酱、食盐，或用花椒油拌，清香下饭，不腻人。他谈吃菠菜就吃个鲜嫩：“开春了，小虫儿都向绿地里爬，人还不应趁早春吃点鲜菜！”吃小米干饭时，他就从粉房里弄点干粉条儿，在锅中煮熟软，下些切了的小菠菜，只放些食盐，在汤中洒点儿香油就成了粉条儿菠菜汤。他还调皮地向我说：“叫它是菠菜粉条汤也成。”在菜园水井大柳树下的石板桌上，吃这种俭约而清香的饭菜，真静中甜香，可果腹，可净人思！

烩豌豆、油炸三角、蘑菇鸡块

别瞧三路居是个小饭馆，厨师的手艺可不错。上学的时候每逢攒几个钱，便去到三路居买俩菜解解馋，因为三路居不但能做些传统菜，还自创了好多好吃的菜，且价钱又不贵。我向朋友刘瞎子（刘芝谦）说起此事。他却不信。同学管他叫“瞎子”，不仅因他是大近视眼，常戴着“三环套月”般的大眼镜，还因为他既好吃，又总好瞎挑眼。他家中又有钱供他花，三街六巷的饭馆，他几乎吃遍了，总好瞎评论某些大饭馆的菜是“盛名之下，其实难副”。他掏钱请我们几个到三路居来，专门吃它的自创菜。三路居的烩豌豆，用白汤把鲜豌豆煮熟，放入适量的食盐后，用纯藕粉勾芡。汤汁明亮，味道迥异。刘瞎子看后细尝尝，点点头。他吃了油炸三角后，叫跑堂的把做菜的大师傅请来，才知其妙是用花生油加适量的猪油炸，三角是切成厚三角形片儿，用刀从中间劈开，一片抹上甜面酱，一片抹上黄酱再入锅炸的。瞎子说：“研究到家了——好吃不腻，稍有荤味儿而不见荤物，且有可口的酱香。”到吃了蘑菇鸡块时，瞎子说他吃大饭馆有加大红柿子椒炒笋鸡八块的，可没这菜好吃又好看，尤其问是用的什么蘑菇，白嫩肉感强……掌勺的师傅说：“这回，您问到点子上了。谁都知道小鸡长到脱了毛，能分出公母的时候，肉最嫩美。养鸡人家，也只留下一两只公鸡，剩下的全卖了，饭馆也正在此时做笋鸡八块的菜卖。跟别家不同的是，我们不加柿子椒，而加白嫩的蘑菇块。而且这种蘑菇很怪，只在笋鸡长成时，在阴天或下雨后，在回龙观村的二眼井以南的大泊岸上和此庙后的大片湿草地上有，只从地下鼓起个小包来，只用手一掀，就有个白嫩的圆形蘑菇，就赶快取回洗净，和切成块儿的笋鸡肉合炒。不要等这蘑菇一破土出头，就苦不堪吃了……”我等不期一个小饭馆的自创菜中还有这么多的讲究，所以都听呆了。刘瞎子双手合十地说：“有学问！洒家不知个理，请我佛大发慈悲，宥我过去非礼……”大家全笑了。事已六七十年，但回想这段往事，犹畅胸怀！

老虎眼、大黑牛

京北回龙观村与北面二拨子村之间，有一座王陵，俗曰“叔王坟”，也不知是哪一朝皇帝的叔叔，大家俗称其为“北坟地”。笔者记事时，此坟早已败落。唯剩“金顶玉葬”的王陵大坟坑和葬其夫人的大土坑。可是堆在周边的厚厚黄土，荆棘杂草丛生，其中最可喜的是有几株枣树，树不高，但每年结果累累，是又大又圆又酸又甜，形似老虎眼珠的枣儿。所以人们都称其为

“老虎眼”。本家有贫穷者，尝取这“老虎眼”到庙会或集上去卖，深受买主喜爱。王坟占地广阔，在其北面的小花园中有结果儿一黑紫、一白黄的几棵大桑树，其果大而甚甜，家人多取其晒干，到年关冬日食之，犹甜如初时，且耐久藏。老人言古时即有以干桑葚为军粮者。据闻此三种果树已为识者早有移种，而今忆之犹可追记其味，但愿其芳甜远留人间。

懒丝儿、虾仁芹梗、拌芹叶

开小铺的李千和他的媳妇，人称是“铜盆对铁刷子”——李千是好吃，他媳妇好做菜，可两口子都抠门儿，故此，村人才这么看这两口子。李千买豆腐丝时，总叫卖豆腐丝兼卖驴肉的六福子顺便把葱给切成细丝儿，搁点香油一拌，就成了中午的酒菜和饭菜。所以六福子一边为他切葱丝，一边叨念他懒得出格儿，抠得出奇。天天如此，大伙儿管李千吃的叫“懒丝儿”。李千的媳妇在做菜方面是味儿好，料省钱又抠门儿，常因买土豆和卖菜人吵嘴。她把切好的大芹菜梗儿用白汤煮半熟凉凉，再放入早用水泡开的干虾仁，略放些食盐拌好即可食，假素真雅，下酒最佳。她把摘下的芹菜叶儿洗净，加黄酱、蒜末儿和少许香油一拌和，料品虽俗，味儿可浓美！

我在城中上中学，每回京郊老家，必经六福子开的德福居小饭铺。常花两三个铜板，就能在此吃碗二米子饭（大米、小米合成的饭）及一碗热乎好吃的菜丸子。这菜丸子好就好在能随季节在丸子汤中换菜。比如，春季放菠菜，初夏就用鲜豌豆，秋天加油菜叶儿，冬则加大白菜叶儿，从不见加老菜帮子。丸子是小水的肉丸子，又香又美，连汤带菜，非常合人胃口。吃完饭，还可以喝碗老板六福子的高末儿，就是大茶叶店各种茶剩下的碎末儿，价廉、味儿也不错，就是看起来破碎，所以茶叶店给它起了个美名叫“高末”。尤其是用开水一沏，这茶叶末儿满水面漂，喝主儿还美其名叫“满天星”，大伙儿笑称其为“满天飞”。

乔奶奶的勒面条与田姐姐的拨面鱼、咸笋丁

您别认为我是瞎编的，其实这些都是我本人经历的事或听过的实话。那一年我们部队到了湖北，农会给我们派饭到军烈属家去吃。因我个子大，又是个男人，就成了带四个女同志的“临时班长”，带她们到烈属乔奶奶家去吃“勒面鱼儿”。乔奶奶热情地请我们吃茶，她就在开水锅的小灶旁，左边是和好的面团，右边是小水缸中漂着的葫芦瓢。大娘用两腿夹着底儿朝上的葫芦瓢，左手从面盆内抓一块面就糊摊在瓢肚上，然后敏捷地从发髻中抽出了一条带油泥的勒头绳儿，往瓢肚上糊的面上一切，再用两手在两头儿把这绳儿一绷，一根细长的面条儿就蹦进开水锅里了，快捷地如此操作，一会儿一碗勒面条儿就成了，盛入碗内，浇上点咸笋汤儿就能吃了。如此勒面条儿，有两个女同志吃不下去，一个女同志强吃了一碗，到外面就全吐了，只有要饭花子出身的田大姐不在乎地吃了两碗。我是饿急了，连吃了三碗！第二天，农会的人给送来了几斤面，田大姐和成了面糊，用铁铲子铲起来，再用一根筷子一切一拨割，就有一根小面条入进开水锅里，如此操作，也很快地做出一碗短面条，其大小宽窄像鱼，故大家都叫它“拨鱼儿”。再浇上些咸汤笋丁儿，可谓是既干净又好吃。那笋丁咸汤咸中有笋味，可当菜吃，也可作吃面的浇头！事过六十多年了，我至今还想乔奶奶的忠厚，田姐姐等人的勤快能干！今人各一方，唯记其实，聊慰思念之渴！

虾皮烧小萝卜和酱拌萝卜缨

孟老头名“尊亚”，早年教过书，在盐店当过写账先生。因一独生儿被军阀孙连仲抓走战死了，老婆也痛极而亡！每

问及其失子丧妻之事，孟老则仅摆摆手。至亲好朋多不敢言及此事。后来，孟老只守着几亩薄田和一个菜园子过活，自食自力聊以自慰。他又是棋中高手。屋里园中大柳树下，有两个大石板棋盘，一个为象棋盘，一个是大棋（围棋）盘。我自认为棋艺不错，可是在象棋中，孟老让我一个子，在大棋中能让我“五子挂灯笼”不开和！孟老常请我吃饭，并教给我虾皮烧小萝卜——把小红萝卜去皮，斜切成薄片儿，炝锅炒虾米皮，加点水再放入切好的萝卜，翻炒待汁儿快干时，再放些食油，翻勺即可出锅供食，上面再略撒上点青蒜末，更好了。切下的小红萝卜缨儿，可洗干净，切碎，加入黄酱、香油供食，制作简单，用料随手可得，但吃起来香美下饭，是俗菜中之上品！

活虾鸡蛋

罗三奶奶过去是小军阀罗旅长抢来的四姨太太。后来罗旅长被打死了，她才跟给旅长当厨子的“铁勺把儿”一起跑到这小镇上来，因号称铁勺把儿的手艺好，由卖馄饨大饼到开小饭馆儿。罗三奶奶有两个嗜好：一是每天早起来，得喝小叶（好茶叶）白糖；二是好自己琢磨吃物。她叫打鱼的周大宝每天把捞的活虾，挑大个的送来，先放在净水加少量食盐中将肚中的泥土杂味吐净，然后放在调好味的稀面糊中；另把煮熟的鸡蛋去了皮，再大针多扎几个窟窿眼儿。然后把带糊的大个虾米糊在上述的鸡蛋上，共下油锅炸好供食。其法怪，其色味则甚美。久而久之传到外面，竟成了这小饭馆的一道名食。

小碗居的四个菜

早年，京城内外大小饭馆林立的时候，小碗居是个地处小街、不起眼儿的小饭铺。可是当时一些钱少又嘴馋的先生们则对小碗居颇有好口碑。我的街坊刘三爷只靠“拉房牵”过日子。他就常带许多朋友来小碗居吃“鱼头豆腐”——据说是在大饭庄子买菜的杂役们每天把大饭庄做“熘鱼片”时割下的大鱼头，送到小碗居来，加作料、鲜豆腐共炖熟，别有风味，特别是小碗居做的“荸荠藕”，虽是个下酒的小凉菜，但做法不同。把蒸（不用煮法）熟的藕切成片，把大个的生荸荠去皮切成片，二者合混后，少量的“蜜桂花”（中药店卖）拌之供食，香甜雅淡隽永，其“饹馇条儿”是入盘的炸饹馇条儿，用熬白糖加芝麻拌，甜香而脆，又不令人发腻。尤其是其“堆儿肉和尚头”，更是下饭的荤素俱有的好菜。用碗装加料炖熟的、切成四方块块的五花猪肉，四周码好煮熟后去了皮的鹌鹑蛋（蛋均用大针扎出眼儿），再浇上卤肉汤，细火煨之，后在灶台上熥一夜，次日客来时，上桌供食，正如刘三爷所说，吃此菜，花钱不多，却能解馋又解饿！

炸四仁儿

笔者幼时常听九十七岁的老爷爷讲游明十三陵，东可进东山口，西可由钱粮口进。山区多古庙。有专供人食宿的庵刹。爷爷深爱其中龙禅寺的热炕大被窝，干净而肃静，吃食则馒头鸡蛋熬素菜。尤爱其中的四样小菜：炸核桃仁、炸杏仁、炸桃仁、炸榛子仁。每次四个小炸碟后，跟上两个小碗：一个里面是白糖，一个里面是细食盐。您爱甜口，则用其中的炸仁蘸白糖吃；爱咸口，则蘸食盐吃；爱甜咸口的，则可二者并蘸着吃。备有本地酿的素酒。夜晚，则在墙壁上有带小烟道的壁洞中燃有松香味的豆油照亮。饭后有棋和茶，亦可邀僧谈佛。如此情境，似画中美景，然确是晚清犹在的游览十三陵的实情。但自洋人侵入，军阀混战，陵区惨遭破坏盗取，故其景物早已消失，唯剩少数陵寝的断瓦颓垣陪着荒草森木呆立在荒山野地。

炒三丁儿、大糊饼、杂米粥

前房临街有小饭馆，后院连着菜园子。在这乡镇邻连农村，又紧靠大马路的姥姥（外祖母）家，可称得起是俗人“得天独厚”了。我和几个小伙伴常到姥姥家玩。姥姥见到我来，从小饭馆里加个菜，不是炒三丁儿，就是肉丁酱。她家常吃的主食是大糊饼和“改造粥”。今记之如下，以为一念，或为可用之食。先用白汤（家庭中没白汤，可用荤菜汤或白水）把切成小丁块的胡萝卜煮熟备用，把肉丁、莴苣丁与备用的胡萝卜丁儿下炝锅同炒，加点食盐、少量汤水，出锅即熟，色味俱佳。大糊饼是姥姥家亦商亦农的家常大路吃食。玉米面中加葱末、食盐，加水和成糨糊状，下刷了食油的热铛或锅中摊如饼状，加上盖子，熟后，用饭铲取出供食——下边焦脆，上边黄香，是农家食中的上品。至于“杂米饭”，可谓是姥姥家的“独品”——她把大米、小米和青谷米汇在一起，做成米饭。尤其是其中的青谷米更不可多得，是籽粒青色的谷子的一种，因产量少要肥多而不为人所欢迎。可是姥姥爱其色美而谷味浓淡不同于其他米，故总于离家较近的三庙地中种之。后亦有少数爱它的人，向姥姥求青谷种，故其得以流传。我幼年所好，今访之，则渺渺然，往事如烟矣！

白汤

如今说说“白汤”为旧时小饭馆或富家厨中所用者，非大饭馆所谓“白汤”又名“奶汤者”，可也用料简而富营养。特别是姥姥家，有条件以白汤生财：房后有沙滩小河柳树行子，养了很多鸭子、小鸡。鸭子长成时，做填鸭，每天送到烤鸭店去卖，小鸡长到能分公母时，把公的在饭馆中卖“笋鸡八块”，母的留着下蛋。每天把一只老鸭和一只大公鸡去毛及五脏，熬煮成汤，无论做菜做汤卖均味美实用。许多顾客都夸姥姥家的素菜味儿好，哪知其实是称素的不素——每个菜做时全加了白汤。到晚上用此汤做馄饨卖，剩下的骨架子和少量的肉则加些菜供大伙儿吃饭，真是使这些鸡鸭能“死后尽瘁”矣！

遍地锦装鳖、香酥鱼、酥泥鳅

老人们常云："馋当厨子懒出家，爱媳妇卖翠花！"四和尚熬受不了庙里的清苦，就跑出去拜师当了厨子。他学做菜的手艺好，人又利落乖巧。他先在德顺居掌勺儿，后被贾军长的姨太太看中了，就把他要到军长府上去当厨子。三姨太的酒量大，常和军长一同喝得酩酊大醉。贾军长是大土匪出身，好吃好色又好附庸风雅。四和尚深知军长和三姨太这些"包袱里的烂事儿"。军长最爱吃甲鱼，四和尚就把清蒸甲鱼变个样儿，变清蒸为用鸡鸭汤蒸，并在其四周码上些鹌鹑蛋，对军长胡说是他学成离师时，师傅传给他的古代名菜"遍地锦装鳖"。军长自然喜欢这好吃又通古的菜。其实当地跑大棚的厨子全知道这个菜叫"王八看蛋"。四和尚做得滋味好的拿手菜是他师傅教他的酥泥鳅，绝不同于一般的酥法。先把泥鳅开膛以盐、糖、花椒盐入好了味，再把它套在大葱叶子的筒儿内，码在陶盆内，上加姜片、蒜瓣儿、白汤，给陶盆加上盖，在灶台㸆熟。其肉酥美，而其味迥异于一般的炖河鱼。后来笔者在清河镇的海顺居饭馆吃过酥泥鳅，肉及味亦好，闻即为四和尚所传焉！

牙七儿和硬件儿

清王朝虽然倒了许多年，可金秃子还"不掉价儿"——放不下旗人的架子。别瞧落得只背肉柜子卖猪头肉和猪蹄子、猪尾巴了，还是管猪头叫"牙七儿"，称猪蹄猪尾巴为"硬件儿"（即"硬下水"）。因姓金，爱听茶馆酒肆儿中的伙计称他为"金爷"，冲着管他叫"金秃子"的人翻白眼儿。常在胡同口上等位儿的拉洋车的马三儿每见到金爷就大声叫他"金秃子"，并撇着嘴对他说："都脑袋上没毛了，秃就秃罢，还摆架子称什么爷呀！"可是大伙儿爱买金秃子的猪头肉和猪蹄子、猪尾巴吃。他煮做的猪头，绝无猪的腥邪味，且从不往皮上刷些红食色，而刷些薄香油，总滑润香美。那猪蹄子和尾巴煮得烂糊而香。原来他是用做"苏造肉"的料物来卤猪头和蹄尾，外加放入些山里红果儿，以保肉烂味鲜。

刮皮肉饼和卤丸子

旧时郊区有很多的汤锅——专门买病、老或偷来的牛驴骡马等，其肉煮熟了贱卖，皮可卖个大价钱，最不值钱的是用刀从皮里刮下来的肉，以小价钱卖给小贩，加上姜葱盐等调料，再加上点贱菜，以面皮包之，在大铛里放些饭馆用剩下的“落锅油”，共做“肉饼”卖。常见庙会或平民游乐场所有人吆喝：“油多大肉饼，好吃不贵！”大肉饼，就是用“刮皮肉”做成的。

往昔，在京城的大小胡同里，昼夜都有卖小吃和杂物的。记得有一种卖“卤丸子”的：他的挑子上，一头挑着个下面带小煤炉子的大锅，里面是带卤味的汤水，煮着小丸子。那丸子是绿豆坊上粉丝碎头等做成的。另一头挑个带底箱子的大方木盘，木盘中有辣椒罐、韭菜花罐等，盛一碗卤丸子，可随意放些木盘中的调料。如果顾客带着碗来，可盛好丸子，浇上调味料，拿家去吃。如果你想就地吃，卖卤丸子的从方木盘的小柜子里给你掏出个小木板凳儿，叫你坐着吃。这两种吃法至今回忆起来还如在眼前：从家里拿块剩饽饽，坐在挑子上吃，还可以叫他再给添些卤汤儿。住在西房的赵大姐常拿个大碗出来买碗多要卤汤的丸子，拿回家去吃。这些卖丸子的和买丸子的都跟一家人一样，乡情加亲情！往事已成云烟，可至今回忆起仍还暖暖，正如冰心女士写的“你们是回忆中幸福的眼泪”！

五月鲜儿和烧门茄

农历五月，最早结果儿的玉蜀黍，北京人给它起了个好名字叫“五月鲜儿”。带一层嫩皮儿煮熟了卖，在城中真比那鲜樱桃、桑葚还贵。五月鲜儿，令人吃起来甜而不齁，别有一种令人神往的清香。每年均卖此物的朱顺子有条好嗓子，他在胡口儿吆喝一声“五月鲜儿来卖……”清脆打远儿又好听，真像唱戏的好角儿“闷帘儿起板”！不到胡同头儿，就能卖光一小车子五月鲜儿。可是我一看见这五月鲜儿，甭吃就引我特别想五月的乡下老家（回龙观村）。那时候，天地都绿莹莹的，到处是香喷喷的，再看那些花木野花下的男女孩子们，纽扣上挂着五月节避邪的小饰件儿，在追闹着玩耍。真如大手笔林徽因所记的：“你们是爱，你们是一树一树的花开！”我爱一切，爱村头张三狗儿菜园中的鲜菜，像花儿一样美。那黑中有紫，而稍带有绿色的茄子秧儿，在草木万美中，除去顶上开了小紫花外，秧中还结个又光亮又圆乎的大茄果儿，张三狗儿说这叫“门茄”，是最先结的大蔬果，往上就越结越小了，有个顺口溜说茄果是“一门，二跨，三为星，四门斗，最后是小茄子满天星”。那满天星的小茄子，却被酱菜的收走，经酱腌后可卖个好价钱，起个名儿叫“黑菜”。张三狗儿，是个和善的好“园头”（种菜的头儿）。他还给我们做过“炸门茄”吃。他把茄子皮搭在篱笆下，说到冬天茄子皮已经四季的风吹日晒和日月精华，用它来炖肉吃，能长寿……他把门茄切成三角块儿，只用点食油烧得茄块儿成两面焦黄，蘸点花椒盐一吃香味满口，鲜清诱人！“五月鲜呀，大门茄，至死不忘五月节！”

猪油哼哈二将和细罗面烙饼

镇上孟二屁头的“哼哈二将”小吃摊儿，很有名。哼哈二将指的是粉红色的灌肠和肉色的白灌肠。一些庙会上卖这种小吃，都是用食油煸炸后，蘸蒜汁儿吃。可孟二屁头是用好香脂油（猪板油）来炸这两色灌肠，称为“猪油哼哈二将”，因为味香可吃，所以常卖不衰，也就成了名小吃。据说二屁头的爷爷就在这庙门口塌了架的哼哈二泥像跟前卖灌肠，他还很迷信——是哼哈二将促着他才靠卖灌肠发了点儿小财，所以三辈传流卖物，每日给哼哈二将烧三炷香。久而久之，二将的垮泥胎没了，庙也成了专卖农用物和各样小吃的乡镇市场了。于是孟二屁头这种“猪油哼哈二将”的灌肠摊儿也留了下来。这镇上的农户，几乎家家都常吃“细罗面烙饼”，而且做得特别好吃，色泽真富过白面烙饼。人都说是因为这地方产的白老玉米好，才使面好。那是碾好的白老玉米面用细罗罗过，加水和面，擀面成圆薄饼，抹上些自家做的黄酱，再撒上些花椒盐，卷成长卷，盘起再擀成圆饼烙熟。我二姨家住在此镇，常做此饼供我们吃，如在饼中再卷上孟二屁头的“猪油哼哈二将”吃，那就更美了。后来听说孟二屁头死了，他的儿子也改行当泥瓦匠了。这种小家俗人俗物已过多年，可是今捡旧日记，如见往日斯人斯物，不免口中仍有余味，唯盼犹能再吃此二物，以得童年之美！

炒血脖儿和炖鸭屁股

记得在大庙中给和尚和教书先生做饭的张老道，是个好诙谐又多能的人，在五里三村中很招人喜爱，他常到各村去给人家杀猪。每杀猪后，本家都炒一大盘子猪血脖肉（猪脖子挨刀捅杀的地方的肉），肥软而不如身上别处肉好吃，张老道说要用黄酱炒，并加上辣椒、蒜瓣片儿就好吃了。他几乎每天都到我家来，叫我帮他把河滩柳林下的填鸭装在笼子里，他好送鸭到城中的烤鸭店去。他总从店中带回那肥肥的烤鸭屁股来，炖菜吃。每逢帮他干完活儿，唯一的犒劳是，他总朝我唱一句梆子腔的《春秋配》：“李春发在荒郊扬鞭打马！”少年时的我总对他说：“我叫李春方，也不叫李春发呀！”他就一笑说：“回头我给你带回烤鸭来请请你！”其实，他所谓的“烤鸭”，就是烤鸭师傅把鸭肉全用刀旋走了的“鸭子屁股”，肥腻而有烤鸭香气，只能熬菜吃。

炸酱肉丁、焰菜和水揪片儿

金秃子爱听叫他“金爷”。金爷虽然成了卖猪头肉的小贩，可吃饭是“穷吃不掉价儿”。他常吃炸油肉丁酱拌玉米面的“摇尜尜”吃，但告诉他老婆说：“您那炸酱的肉丁儿大小得与尜尜一般大……”吃尜尜、面条、面片、揪片儿时的面码儿有“掐菜”。金爷吃的掐菜都有讲究：其实所谓掐菜，就是绿豆芽儿菜掐去芽头和尾须儿，只用中段的肥白部分才对。金秃子讲他家老人当过颐和园御膳房的头儿，专门用未婚的小姑娘伺候西太后。这掐菜必须用小姑娘来掐，一避男厨的手脏；二要去其老幼之身，以肥壮之躯进膳；三用小姑娘黄花净手为之以敬太后。听金爷这么一讲，大杂院中好养鸟儿的许老先生等都说：“真大学问！”拉车的三儿则摇头说这是“金秃子瞎白话……”说法虽不一，但掐菜确好吃。春初至夏暑之日，金秃子爱吃“水揪片儿”。一日，金秃子媳妇把白面和好，擀成薄圆饼，再用刀割成一寸来长的长条儿，然后一手拿着这面片条儿，一手揪其成短片儿入开水锅内煮熟后，捞入凉水中浸凉，再盛入碗中，浇上“穷三样”（麻酱、辣椒酱、腌韭菜花）并醋、蒜、掐菜、黄瓜等供食之。虽为粗食，但其面味中杂夹凉香酸辣，真乃俗饭中之佳食也。金爷正端着碗“水揪片儿”吹其长美。拉车的三儿瞧后说：“我请问金爷这猪肉柜子中怎么跑出羊蹄儿来了？您这常吃棒子面的主儿，怎么也能吃白面水揪片儿啦……”金爷不等三儿说完就一脚把他踹跑了！大杂院之情，令人回味！

蒸倭瓜和蒸色子

我们几个八九十岁的老翁，聚在一起多不容易呀！正如马文举“好说不好听”之所云：“死一个少一个！”但那“放情人性，田园牧歌”的恬适却永不能忘掉，哪怕它会随时灭去，亦渺存人间。其实那时我们的家境都不富裕。以学历说，最好的是读完《十三经》，当个教书先生；中流者读了《论语》《孟子》，到商店客栈中去写账；最多的人是读完《六言杂字》后就到油盐店、布铺等地去学徒了。被抓去或怀着梦想去当兵的人，差不多都战死了！只剩下最老的九十七岁的老黑头拖着瘸腿逃回村来，看着水车改改水口！他每逢见着老同学，总是说：“梁园虽好，不是久留之地，还是穷家乡好啊……”想起这些旧人旧物，总是让人老泪纵横。看见篱笆上长的老倭瓜，就能叫出它的名字是“一串铃儿”，每年能自生自落，能在秋冬两季供人吃之。因它沿着篱笆一串一串地结着南瓜，别瞧它个子小，可外有青黄，内瓤儿则金黄而甜，还能把白满的瓜子儿供人冬日炒熟吃。不知是谁发明将坡下湿地中的野莲子半子儿掰碎和切成小块的荸荠等，塞在掏去瓜子儿的倭瓜肚中，再放些白糖，盖上旋下的倭瓜瓣儿为盖子，放于大碗内，上屉蒸熟而食，甚别具水陆之香而甜的风味，绝不是那金盆玉器的肴馔所能有的！今思之，其甜香犹在齿旁……大家都记得家乡有一种美食叫“蒸色子”。因它是大小如色子的小方块面，面中有碎花生仁、杏仁、桃仁等，加上些糖，用水和好，上屉蒸熟，晾干，可好吃而能致久远。尤其是马文举的母亲，用胭脂，在小方面块上都如色子一样点上小红点儿，故由此得名叫“蒸色子”！奇哉美哉是乡食！老来见着马文举的面儿，还常念起当年他和小伙伴们躺在木樨地里唱着：“天不怕，地不怕，就怕老妈不给吃蒸色咂（子），天是老三，咱老二，老大是咱妈……”最令人笑的是贾学文，因音近，大伙儿全管他叫“假学问”。他自吹会作诗，其实是吹牛，可说的全是当年的实事儿：“木樨地的花儿红，摸摸手心屁股疼，原是老师和妈妈打，因为不背‘子曰’偷花生。”老翁们想起说起这些少年往事，不由得在笑声中老泪纵横了……

老少红、腊八醋、青蒜盘心

老娘娘总爱把一个山里红果和一个“挂乐枣”（一种去了核烤干的大红枣儿）用绳穿起来，挂在儿童的脖子上，既好玩又好吃。这种做法，渐渐传遍百里乡村，竟成为各庙会上常见的好吃食。过去，我们总认为这只是一种乡间土产的小吃罢了，哪知其中还有一段起因的隐情在里面。后来为写《地方志》的民俗，拜访百岁老人荣全利才得知其渊源。每到农历十二月，俗称“腊月”，家中妇女们总在这一天在醋内放进去许多去皮的白蒜儿，叫腊八醋，其中的蒜叫腊八蒜，要封好泡腊八醋的容器的口儿，等到除夕吃饺子时，打开容器吃其醋、蒜，味儿有说不全的香美。醋液金黄酸辣香甜而带有醋味，其蒜则青白相兼，青色如浅墨绿，白如象牙白兼玉色，吃起有醋酸蒜辣和二者合出之香气，极好调味品也。难怪家妇以为春初之美味。其实，平日以醋泡蒜亦可，然终不及“腊八醋蒜”之美。私塾中杨晓峰老先生另有美色美味在除夕时供餐——他在冬至之后就在大盘中放了清水，用高粱秆儿的外皮劈成细篾子来穿蒜瓣成大小圆圈儿，外大内小地放入盘子的水中，放于屋内朝阳的案子上，不日即可长出青翠的蒜苗，然需常换水，以滋蒜长而无活水及蒜气。可食三四茬青蒜苗，到除夕时则更有青苗可供餐美。杨老曾对此慨叹道：“尺盘能育青苗子，几案亦可长英雄！”

羊角葱蘸黄酱、猪头肉夹烧饼、甜水儿

春日吃一种短而粗的白皮大葱，其绿苗弯曲如羊角，以其嫩叶蘸黄酱，就玉米面饼子，软硬香辣还略带葱香，可谓农家春日饭菜中之佳品。记得昔时春日，见各家多食此物，食毕则成群搭伙地去逛“春神庙”。儿童则早就盼这一天的到来。小伙伴儿们换上节日才许穿的好衣裳去逛庙。我尤其记得往日只穿个长过膝盖大黑袄，两条袖子上用鼻涕抹得锃亮的戴妞子也换上红地儿上有小白花的袄。她用指头给我指指那袄上的小花儿，恐怕我们不知道其好看似的。好嫉妒的小奔儿头撇着嘴冲她说：“臭美。”大伙儿说说笑笑，孩子们打打闹闹地走在洒满阳光的乡间小路上，好像连路边的小花青草全在羡慕我们去逛庙的人……我们手心儿里攥着大人给的几个铜板，看着什么都想买，可又都舍不得去买。最后，饿得实在受不了啦，又馋得不得了，才买了一套烧饼夹猪头肉。那芝麻烧饼好吃，那切成薄片儿的猪头肉，别提多香了！吃完了，看着那卖甜糖水儿的车子上摆满了花花绿绿的瓶子，盛着甜水儿。只来回地看看，再也舍不得用手中的唯一的铜板去买甜水喝了，只能听那卖甜水儿的，连吆喝带诉说唱道：“喝来呗！一大（指铜板）碗味！噢！又凉又甜来又好喝！熟水白糖给得多！我知道那糖精甜来，我也不敢搁——那警察来了给我翻了车……”

其实卖的“甜水儿”就是凉开水兑糖精，加上红的或绿的食色，灌入各式玻璃瓶子中或盛在碗中来卖。他的吆喝词中说他不敢在水里放糖精，那是“此地无银三百两”的骗人把戏！

甜豆、酥豆、铁蚕豆和炒花生豆

村里掌家的老太太们，总把“虎皮豆”或“大芸豆”在糖水里泡两夜，再上锅去炒。豆子熟后，略带点甜味，孩子闹时，或要去买豆子吃时，老太太们就抓一把自家炒的“甜豆”给孩子。在太阳没山儿了的时分，常有卖“酥豆”和“铁蚕豆”的串街叫卖。那酥豆是怎么酥的，到现在我也弄不明白，只知道它是用蚕豆做成的。至于那家中自炒的花生豆又叫炒花生米。那可与外头卖的各样炒花生米不同——人家有五香花生米、甜甘草花生米、海水味花生米和普通加白粉子炒的花生米，等等，样儿好，味儿也好。家中把好的花生全卖了，只剩下破碎或瘦小的花生，把它们的花生仁剥出来，那真是大小老少三辈儿。老奶奶把它们放进大锅里，下面烧柴火，虽用铁铲子不断地翻炒，但还是小个儿的煳，大个儿的生。大哥借说了一句俏皮话，挑着大拇指对老奶奶说：“您炒的花生豆真棒，真如陶行知所说的，书呆子烧饭，一锅烧了四样——生、煳、焦、烂！”等老奶奶弄明白这是大哥在笑话她时，大哥挨了一铲子，笑着跑了。我们还拿着小碗来盛那炒花生豆，毕竟比炒黄豆好吃！

大葱炒磨裆和葱丝猪耳朵

二两烧刀子（白酒）能喝半天儿，因为菜好。谁这样喝，什么好菜？笔者旧时亲眼所见的清河镇荣华纸店的老板就是这样喝酒。别瞧他是学徒出身，可学会了他当徒工时那老板常如此喝酒的坏脾气！先话“大葱炒磨裆儿”：葱必须用老干葱的皮肉好芯儿，切成斜象眼的细丝；肉是从卖羊肉的羊肉床子上买的羊腿中间号称磨裆儿的肉，因此肉最细美而嫩，以之切成肉条儿，共用香油和作料爆炒，其味美色鲜。“葱丝儿拌猪耳朵”，葱也要大葱切成细丝；猪耳朵，要用长成的大猪的煮熟的，因此种耳朵才没有猪的烦人的气息味儿，将大葱丝与切细的猪耳朵合拌，再加上些香油、醋和酱油，就成了美妙的凉菜。用这个菜下酒是有凉有热，但各具美味，所以能佐二锅头喝半天儿！久之，此二菜之美使之渐成本地两大名饭馆的名菜——回民饭馆以其料、法制菜上桌供客，大受欢迎；汉民饭馆同合轩以此法制成的“葱丝猪耳朵”成了大众化、普受欢迎的贱价凉酒菜。后来笔者于假期闲日，从菜肉市场购全做二菜必需之物，邀三五知己，于郊区家篱内，小葡萄架下，弄一斤烧刀，与友赏之。其菜、其情、其景，真可饱忙中人之口福也！

炖羊肚蕈、拌三丝和芹菜饺子

刘排长自打长城保卫战中用半条腿换三个鬼子命之后，向国军摆摆手，叫把给他的奖金和抚恤金都留给抗日的兄弟们，自己为了不叫“荣军院”加负担，就由乡下媳妇接回老家去靠种几亩土地和菜园子生活。可人们敬重他，还叫他“刘排长”。他常叨念想还能来的发小伙伴，不管男女贫富，只要人心不变，述念旧情的老亲老友都行……为了他这份能了的心愿，他那爱他又憨厚的老伴儿，跑了许多地方，终于在那年八月节把人请齐了，一下来了二十来个。刘排长感动得哭了，大家也掉了泪。他不用大鱼大肉地招待大伙儿，只多用家园产的粗菜饭来请大伙！大家都说有这种“亲情”，比什么山珍海味都强！大家齐动手。一会儿，饭菜全齐了。在大土炕上，连拼三张大炕桌子，众人团团围坐，上的头道菜是一盆猪肉炖羊肚蕈，那蕈子是从菜园子篱笆根下现拔的，既新鲜好吃又无毒。第二道菜，也是用大绿盆儿拌豆腐丝、葱丝和柿子椒丝，至于什么拍黄瓜、肉熬茄菜等是常吃菜，就不必细说了。那天的主食是芹菜馅饺子。把芹菜梗儿用开水焯过，切碎和猪肉小丁及作料等共做成馅，用面皮包成饺子下锅，煮熟供食。那天又有刘嫂嫂在去年腊八做的腊八醋、蒜就饺子吃，当时的美食、美情让人终生难忘！

熘地梨和双青末儿

种菜园子的何老怪，人不爱言语，也不爱交往，却能下得一手好棋！连南庙中的老和尚全下不过他。只有学里教书的周次鹤老师才能和他打个平手儿。除去这两位，何老怪几乎没什么朋友，只是种种菜，种种庄稼，从不到村中人多的地方去。连挑着担子卖菜全是他媳妇去。可是他会做菜、做饭。每逢老和尚及周老师等棋友来，他全管饭菜吃，爱喝时人家还有酒供给。我清楚地记得1944年春节我和周老师几个去给何老怪拜年，他抱拳相迎，强含着不流出的眼泪对大家说："谢谢你们还想着我这没人爱理的人……"周老师说道："什么话呀！你虽黑，我也是爱你的白，黑白本是一盘棋中缺一不可的，我们怎能不来呢？"大家全乐了。何老怪亲自给我们做了"熘地梨"。我一看那切得又白又嫩的薄片儿说："这不是荸荠吗！"老怪说："因为它好吃，使船儿的都管它叫'地梨'！"荸荠本生熟都可以吃，可是老怪的熘荸荠片，还真没吃过。老怪把切好的地梨片，稍蘸鸡蛋糊后放进七成熟的油中炸好，再放进炒锅去加水煮开，再放进水藕粉去熘，出锅上桌，那微甜而鲜滑的劲儿味儿真难道出。老怪还开玩笑似的向棋友们说："这叫'小尖'一'镇'便使你'撒手扔兵刃'地服输！"大家笑着说："你可真是个'棋迷'，做菜还用下棋的行话来讲……"有次正值秋日，去找何老怪下棋，他正在菜地里忙活，见我们来了，他说："米饭是焖熟了，就请您吃个'快菜'吧！"他就把韭菜黄瓜都切碎，撒上细盐和香油一拌和即成"双青末儿"，那香嫩而清雅，真是人间少有。他说："这正是证明了'黄瓜、韭菜两头鲜'！"两头，指的是春、秋两季。

蚂蝴菜大饼

蚂蝴菜的学名“马齿苋”，粗名叫“麻绳菜”，茎叶均可吃，干湿也可吃，是贫农家可常从野地寻到的菜，就给它起了个好名儿叫“长寿菜”。记得我外祖母在春夏两季儿就常从田地埂上或沟坡儿上弄许多蚂蝴菜来，择去其根须，鲜可加油盐做菜吃，更可把它切碎与面在一起和好，擀起圆片儿放油、盐或熟芝麻（或麻酱）卷起盘好再擀成饼，烙熟供食。春、夏、秋三季均可将其搭在篱笆上晾干，别着雨水，见干了就收起，到冬季，用温水将干蚂蝴菜泡开，加油盐等，也可熬、炒菜吃，也可混入白面、细罗面加作料做大面饼吃。当然用小麦白面加作料和它做大饼吃最好。然用它和罗过的玉米面（细罗面）做大饼，亦别有风味。

酸辣鱼儿和卤和尚头

卖要货（儿童吃的、玩具的统称）的路十头，不单会自己用粗料做些要货来卖，还常琢磨些吃食来自我解馋。他常自做些酒菜儿来找开小铺的武麻子换酒喝。他把从大湿地中拾来的鸭蛋，在从许六头“汤锅”要来的肉汤锅内煮得半熟，捞出，用大针扎几个窟窿儿，再放进卤汁锅内煮得全熟，用碗端着找武麻子，武麻子倒了满满一大杯老白干儿给他，他喝完了，往往对武麻子说：“武哥，再来点儿！”在夏季，路十头挑个干净的木挑子，一头是大圆木浅盆中凉水泡着蝌蚪，上横宽木板，板上有醋、酱油、胡萝卜丝等盛于碗内，挑子后的方盘内有小碗及小勺，以供买食者用之。路十头担子柜内早有和好的稀面糊。到中午饭时，把挑子放在武麻子门口的大柳树下。在武麻子的灶上放了大开水锅，用铲子铲好面糊，用一根筷子拨铲上稀面糊成细条鱼儿蹦入开水锅中，捞起条儿入凉水中，再捞起入碗，撒上胡萝卜丝、黄瓜丝、醋、酱油，再来点青蒜末儿，拌匀后一吃，酸辣、咸、凉，看着白红绿美，怪不得路十头管这叫“酸辣鱼儿”。武麻子吃了两碗“酸辣鱼儿”后，抹抹嘴，叹口气说：“又叫路十头这小子蒙了我二两烧刀子去……”

四鲜盘和三鲜盒

马长福做小买卖会赚钱。一是人家能卖吃食“随时当会”；二是所卖物干净卫生，这在当时很难做到。每到五月节（端午节）时，一般卖樱桃桑葚的，多是单一种，或品种低平，只顾卖了赚钱就行。马长福则不同：卖红、白樱，其必来自京西樱桃沟的；黑白桑葚，必卖京南海子里沙地产的大个甜足的葚果儿。再加上用白瓷盘子铺上绿叶儿上放的白樱桃如白玉，自而润，红樱果如珊瑚，红而不浮，爱人眼而不扎眼，二者，观之使人生爱；食之使美心美口。盘盛黑白二种桑葚，颇受大棋（围棋）爱好者喜欢，曰：“此中非但有美，而更有黑白两地之天地大味……”集此四种果为一大盘，名曰“四鲜盘”。我幼时居北京钟楼后之玉皇阁二十一号。其地多旗人（满族人），好时令，爱饮食。常听邻居旗人富察太太（旗人称她为“福晋”）说：“瓜果亦当讲究‘不时者不食’！”

那时，祖父母都说到学校去上学是念洋书赶时髦，长不了什么真学识，就托人让我去富察太太的家馆（自家请老师的私塾）去念旧书。其实那些字句，有些个，小孩子们根本听不懂，就跟着耗时间瞎起哄。富察太太又好端着酒盅儿到厨房去自显其能教大师傅，到家馆中在老师学生面前显显她有学问。一天正赶上老师给我们讲《滕王阁序》，富察太太说：“序中的‘落霞与孤鹜齐飞，秋水共长天一色’是从庾子山《马射赋》中‘落花与芝盖同飞，杨柳共春旗一色’化来的……”她又说“芝盖”就是如今厨房所做“三鲜盒”中的大蘑菇盖儿……这些事我为什么记得这样清楚？因为那天我也是因为背不过来《滕王阁序》去罚跪的学生之一。又因为去厨房偷看“芝盖”是什么，尝尝“三鲜盒”好吃不好吃，才记得这么牢！今忆之不觉可耻，反觉有意思，故记此一笑！那“三鲜盒”，就是用大蘑盖子片上下两片，中间夹着用入了味又炒熟了的竹笋丁、笋鸡肉丁和鲜黄瓜丁，外挂好鸡蛋糊后用油炸熟即成。

烤窝头片、蒜泥酱

京城冬日，格外寒冷。我们的大杂院中，唯一有生铁做的洋炉子的是郭北海家。北海在街对面的蜀珍油盐店里当先生，他把在城中念中学的小伙伴们都拢在身旁，省得在学校中入伙吃日本时期的“混合面”，有西北中学的魏仲平、惜阴中学的张宗乙、南堂中学的王者兴等，大家挤在一间屋子里住。晚间，张宗乙围炉肚子圈一圈带高沿儿的铁丝圈儿，在上面烤上切成片的窝头，过一两个钟头，就成了熟又焦的烤窝头片。小魏则用蒜杵子在石臼中把蒜瓣砸烂，倒在碗中，再倒入稀黄酱，就成了蒜泥酱，又叫“老虎酱”。用它抹在烤窝头片儿上吃，味儿好，省事又省钱。正如王者兴说的：“穷要样，窝头片抹老虎酱；日本发明了混合面，东亚共荣王八蛋！”如今“混合面”随日本兵完蛋了，可那烤窝头片及蒜泥酱仍不失为粗粮中耐吃之美食。

白面窝头、野菜熬豆腐、炒红白豆腐

周敬天老先生是“老《四书》底儿”，一辈子不得志，顶多当过几个月的盐店写账先生，靠祖上留下的三间瓦房，一间是周老夫妇的卧室兼厨房；两间做教室，教二十几个村童，混口饭吃。周师母是又厚道又勤快的人，每年她到田地去拾麦穗，拾人家丢在地里的花生、白薯，最使人称赞的是她在秋后的豆秧茬子下，一粒一粒地把各种遗落的豆子拾起，再把它们跟玉米粒一起碾成面，在这种面蒸出的窝头里放点儿盐，就叫白面窝头。别瞧这个事儿小，可就凭这种面，能够二老四五个月的口粮。我在周老先生的私塾中读小蒙学时，就吃过这种窝头，是很好吃的。记得那天正有个妇女拿钱来请周先生买点裱心黄纸给写一百张“仙帖”，到处去贴，上写“天皇皇，地皇皇！我家有个夜哭郎，过路君子念三遍，一觉睡到大天亮！”老先生就认真地对那妇女说：“这是蒙人的迷信瞎说，你赶快拿钱去请先生给孩子看看病再吃药……”那妇女刚走，村中好吃懒做的刘二混子又来了，他抄起白面窝头就吃，又见周师母做菜，炝锅儿发汤来熬切好的马虎菜（马齿苋）和豆腐，又放进点儿盐，这种野菜熬豆腐，真有大鱼大肉熬菜比不了的清美。刘二混子说："再点上些香油就更好了！"周师母戳了二混子一指头说："行啦！你就凑合点儿吃吧！"二混子嬉皮笑脸地说："二婶子，今儿个我可不白吃……"说着就从怀里掏出个一寸多长，比指头丁点儿的黑色河卵石来，说是在通州地面上，帮曹家迁坟，在尸骨身下拾来的，某专家说是曹雪芹爷爷塞肛门的"玉栓"，那专家要用一块现洋从混子手中买去。今天特请有学问的周老先生过目，若是真的，好能上古玩铺卖个好价钱……周老先生生气地对二混子说："我没这种学问，你吃饱了就赶紧滚吧！"刘二混子正找不着台阶儿下，可巧会杀猪做菜的张老道提着一份血豆腐，来找周先生给他写给孙记办喜事的"干菜单子"（做宴席所用料物的明细单），就向二混子说："正好！我这儿也有块小石头，你拿走叫专家们看看这是不是曹雪芹奶奶的玉栓？"二混子白了张老道一眼，就忙跑了。张老道向周老生说："别生二混子和那玉栓的气了，这种东西就指着胡说八道蒙人吃饭哪！还是我陪您喝两盅儿，尝尝我的手艺吧！"他说红豆腐是用猪的鲜血凝固的，必先用花椒、葱、蒜放在开水中，再放入切成方块的红豆腐一同煮一煮，以去其杀腥含冤之气，煮后，炝锅，再把红、白豆腐小方块一起炒，如爱吃辣的，再加几刀辣椒，则其味更美了，是下酒粗菜中的精品！如今，虽该人、该事已过七十多年，但该三种故人粗食，其乡谊、乡音、乡味仍使我终生难忘，故记之以呈诸所好。

炸烧饼、炸发饽饽、炸茵陈卷

上元节俗称"灯节"。村中北庙头上元节十几天就为节中的社火、走会、灯棚、佛像、《七十二司》（以七十二幅挂画，写出阴间善恶报应事）等忙活。正月十四、十五、十六这三天是灯节的正日子，或延长几天，多唱几天社戏，多走几天高跷、五虎棍等，那要村中再定。但，每年节后，都有大量的花生油、芝麻油作为给佛像点“油灯”用的剩余品，就全归本庙的僧道所有了。节后，北庙又恢复成有好几位教师的小学校。给老师及和尚们做饭的火济道士张老道最美：有一次节后，张老道给老师做完饭，给和尚们做完窝头、老咸菜、小米粥之后，等他们都吃完饭，热了节中剩下的油，炸他从杨老柱头烧饼铺买来的烧饼，再掰开烧饼夹上白糖来吃，真是又香又甜。还见过在冬日人家常做许多用发白面和玉米面合蒸成的“发饽饽”，为除夕到上元节前后，代替白面馒头的主要食品。张老道把发饽饽切成厚片儿，放在油锅里去炸了吃，又热乎又香脆。最新鲜的是他的“炸茵陈卷儿”——人们常说：“正月茵陈二月蒿。”每到正月，在墙角沟坡的向阳处，常见一片片嫩绿可爱的铺地而生的茵陈蒿，人们常取它洗净泡入白干酒来喝。它还能入中药。茵陈有浓清香气，并有发汗、利尿、利胆的功能。张老道取其嫩叶加细花椒盐，一同和入白面团中，擀成细长小补面卷，放入香油锅中去炸熟供食，色现金黄，味呈嫩香。村人们常戏说：“张老道三炸入油锅，他吃油来佛背锅（言为其背黑锅）”！

大豆真黄酱、梨汁蒸山药

老人们常说：“世上的事情多是大人出名，小人出力。”还真是这样，就拿做黄酱这个事来说吧：城里有个很有名的大酱园（大油盐店或专卖酱和酱菜的商店），其所卖所用的“酱”，大都是郊区油盐店所制成的。笔者的表妹夫索兴，就是这店中制酱的，他十岁入店学徒，已五十多年，深知其中奥秘。旧时，他从不吃店中和那些所谓名店、名牌的酱。他说这些酱既不卫生，又是“走了精华的酱”。每将玉米面和少许大豆，共捏成大长饼子，以纸裹好，放在大屋中一层一层地码好，然后把屋的窗门糊严，使其中的面饼子长了绿毛后，再轧碎，加盐及开水共进大池子中，这时叫光着身子的学徒在池中踩踏，名为“踩黄子”，几天后，把池子中踏好的糊状物装入各个大缸内，盖好，其时已至夏日，每到日午掀开盖，打酱——用一长圆木棍，在其一端安上个厚实的小方木板，用此物在酱缸中反复搅打，即成为黄酱；其中生了蛆虫也没关系，把酱上石磨一磨，蛆虫既死，又将酱入缸，运到名店中即成了好吃又黄澄澄的“黄酱”。如以洗净的王瓜、柿椒、芥菜头等直入酱缸中去成酱菜，行中人管这法子叫“直酱”；如将瓜果等装入布袋中再入酱缸中去酱，这法子叫“偷酱”。有个知酱个里的教书先生，给油盐店踏黄子的大屋子写春联是“半老徐娘黄脸美，小家碧玉白身香”，横批是“没脏没净”。油盐店的掌柜的一是没文化，二是只知挣钱，对联爱写什么写什么。索兴所吃的家做大豆黄酱，做法和用料，全按东北黑龙一带的法子：在农历正月，头十五以前，就把大黄豆磨碎蒸熟，再捏成长饼子，用纸包好存于不透风处，让其长绿毛。到农历四月，在初八、十八或二十八日，取出黄豆长饼子，掰碎，加盐、水入缸搅碾成酱。上午可掀开盖子，晾晒，下午则不可。用上述的原料、做法和日期，做酱，可使酱色好，味醇，而不生蛆，可谓好吃又卫生。

索兴还有一种做吃食法：用鲜梨汁和去了外皮切成小段的山药，共入碗中入屉蒸熟，既有白黄玉色，又有稍甜的清香。他说这是他早年到明十三陵去玩，一位庙中的老和尚教给他的。后来，我依法做“梨汁蒸山药”果然如此。故至今常做之，记此以供同好。

汆鱼汤和炖杂鱼

赵二丫头是男的，因他妈最想来个女儿，所以管他叫二丫头。谁知赵妈又连生三个孩子全是男的，赵妈很生气。这在那重男轻女的时代，是很少有的。邻居都劝她说：“小子不吃十年闲饭，丫头养成了也是个赔钱货……”赵二丫头果然十岁上就能使着爷爷留下的破渔船，到河中去打鱼挣钱了。他是我们的小孩子头儿，故此，我们不敢叫他赵二丫头，都叫他“二哥”。我们都佩服他敢干又有能耐。可以说，我们到河岸洞里去摸虾蟹，用小蛤蟆来钓黑鱼，会用鱼叉叉鱼，都是跟他学的。我到城里去读六年的中学，总盼着寒暑假到，回乡去和赵二哥一起到河上去玩。到他成了家，有了赵二嫂，我们照样去找他去下河。我最爱吃他们的汆鱼汤和炖杂鱼。二嫂子手乖又好客总亲手给我们做饭吃。她把那总在水面游的白条鱼打来，开膛去鳞及心脏，往开水锅里一扔，煮两开儿，就捞往菜锅里和其他的杂鱼一起炖熟吃。那炖杂鱼的香味，远不是在岸上吃炖鱼的味儿，别有一番香美。尤其那汆鱼汤，只在捞出鱼后，下些姜片、花椒、咸盐、醋，就盛在碗内，那鲜香清淡味儿引人入胜。望着江水远去，在船头坐下吃炖杂鱼，喝汆鱼汤，真不知人间还有没有过此者！后读唐诗中有“钓罢归来不系船，江村月落正堪眠。纵然一夜风吹去，只在芦花浅水边”，反复读念，不肯释手——又想起那船，那鱼，那和赵二哥们相处的日子是否能在可寻见的芦花浅水边？

卤虾拌豆腐和虞姬霸王思（丝）

去北京南城外的南顶去玩，特别的美。笔者幼时曾和九叔一起去玩。正值春夏之际，沿途芳菲，游人各呈喜悦，路皆平安。道旁柴扉短篱上花果累累。有小饭馆“小芳斋”隐于篱后，其所制卖的菜肴均为自家菜，不卖外间大鱼大肉的俗肴。有个九叔爱吃的酒菜“卤虾拌豆腐”，制作很省事，只用从“六必居”买来的卤虾放在豆腐中一拌，加点儿香油就成了。饭菜更好吃，有野鸡脖儿炒肉丝。野鸡脖儿是一种色味俱美的韭菜，一拃来长，如筷子顶细，下白中紫稍绿，上尖嫩黄，有韭菜味儿而另有一种鲜肥，加肉丝儿共炒之，则荤香韭香，色好看，吃起来更好更入胃。有用白水煮熟的鸡肉，切成细丝，加配香嫩的黄瓜细丝，不加别的调料，只加入适量的细盐，名为“虞姬霸王思（丝）”。香远宜人，非俗菜可比，更不同于市间卖之筒子鸡拌黄瓜。笔者后屡往食之，方知其主人为“好读书，不好为官”者，隐于菜馆之中自食其力。日寇侵华后，小芳斋渐亡之。

熘三片儿和烩豆腐、大炖肉

京北清河镇北头路西有“海顺居”饭馆，该饭馆开设有年矣，笔者赶上其老掌柜为“刘秃子”。其孙刘如海为我盟弟。可惜后人失祖业而为官矣！自当下级吏目，以无视六亲，自护顶戴而终。而其大众名菜，则远胜其人而流传后世。以去其刺骨的鱼片、炸豆腐片、莴笋片合而熘之成菜。色淡而味浓，入饭下酒均快人意。那时，春秋两季，镇中心小学常开运动会。四乡八村的小学老师都带着学生来镇参加运动会，均在海顺居给学生们供饭，饭菜钱则由村公所出。海顺居除了上桌一般的菜肴外，最受欢迎的有“熘三片儿”和大碗的“烩豆腐”，是用卤肉汤加木耳、黄花来熬鲜豆腐条儿，每人一碗，又贱又好吃。给人解馋的是“大炖肉”，就是用家常的作料，把大方块的猪五花肉炖熟，不加粉丝和大白菜，而其中常有比肉块小的熟鸽子蛋等，很受小同学们欢迎。我常参加此宴，见校长陈秩序和老师杜文俊就这几样菜喝酒吃饭，并说比只用花生米下酒，小葱拌豆腐吃饭强！

炸年糕、猪肉炖青鳝、杂豆粥

每年的二月二,二姥爷准把我和妈妈接去，姥姥则叫我们吃她的用豆馅、黏面包的，花生油炸的“年糕”。不能说“黏”，一定要用“年”字，既表示又一年了，更为“年高德寿长”来歌颂。这种年糕除去小豆馅中的糖是外卖的，剩下所用的全是自家田地中的产物。那味儿是浓美的，可幼时的我最爱吃当中的甜豆馅儿！二姥爷带我去田野中的三角形大坑的旱底中去捉才出泥土的青色鳝鱼。我怕那鱼脊背上的刺儿，可爱吃那同猪肉炖过的青鳝肉，又白嫩而没有鱼腥味儿。并且肉中没有其他鱼中的肉刺儿。这夏秋才活于野水中，冬春初则能钻入地内的青鳝在鱼市场上不能见到。我吃了多年的青鳝，也想那不令人注意的荒野中的三角坑。它周遭没有树、石和亭台，只在夏季为良地存放多年的雨水；在冬春中养育了不知名而肉美的青鳝，我常想它就如同那在人海中做贡献的不知名的人们！我这不是瞎想和遐想，而是俗人敬想这些不登大雅的俗人俗事！说起这些俗事，就更记下罗四舅母的杂豆粥：四舅母是一个人过日子的苦人，常到秋后的田地里去拾掉下的豆子，有大豆、绿豆和红小豆、虎皮豆等杂豆，和上些给人家干活儿给的小米熬成“杂豆粥”充饥。久而久之，一些穷人们也到田地里去拾各种豆子了，村子里的人家也用各种豆子煮烂，再下小米熬粥，那粥的味儿确不同于别的粥，更不同于城中所卖的什么老米粥、荷叶粥和那价贵的莲子粥等。幼时，妈妈就用几种杂豆加小米给我们熬这种粥吃。记得“卢沟桥事变”时，我们到罗四舅母的小草屋去避难时，她就几天给我们熬这种粥吃。直到现在，我一吃各种粥时，就觉得不如罗四舅母的杂豆粥香甜而有粥外的亲情，这绝不是那些名贵的银耳粥、燕窝粥等所能比拟的！

驴油炸白薯和香油炸金钩

这两样家乡土产物，真教我神往！有时一见到俗物白薯，我就想起那“驴油炸白薯”。每遇到下雨时，就想那时在雨中大人孩子吃“香油炸金钩”的美情美景！田麻子会用唾手可得的乡产物来换钱。他在乡镇头上临大马路开个大车店。按说已有大车店了，他这不是自找没生意吗！可真不是，嘴馋的人都往他的店中跑。因为他店中特有的驴油炸白薯好吃又便宜。在他的店左右都有汤锅，左边是黑四儿专收小道（偷盗）来的畜口；右边远点儿的马记汤锅主要靠买卖驴主来要钱过日子，两汤锅都不断地有驴宰杀，他就用小价钱专买驴肉来炸去了皮的白薯块儿。因为后边有春季灶白薯秧子的李记，冬有各户窖藏的白薯，所以可说他一年四季有炸白薯卖。驴油的穿透力和酥物力都强，又有一种肉香，价又不贵，所以生意挺好。闵记酒铺，有一种用香油炸泥鳅的菜，叫“香油炸金钩”，与沿湿地各农家用一般油炸泥鳅的味儿不同。每临夏季雨水多前，沿湿地的农家，总把湿地中淤的土地铲了，一是用该土堆砌两岸的田埂子，防水浸；二是为了疏通河道送水泄入大河以防涝灾。可是泥鳅多住在其中，所以在湿地中，只要用铁锹一挖，就可见挖断的和完好的好几条泥鳅，家人们就拾去炖着吃，或用面裹好炸着吃。总不如闵记酒铺用芝麻香油炸的好看又好吃。闵老板专要那个儿不大又不小的活泥鳅，先放在有咸味的水里，叫泥鳅把泥和泥味儿吐净，再放入有葱、姜、蒜、花椒末的面糊中自然翻裹，然后用铁筷子夹起放入六七成热的香油锅里去炸，那裹面的泥鳅自然弯如钩状，焦黄可爱又可口。这两种食物，都是我幼年常吃之物，使我至今难忘其美，故记之以呈同好，以念往昔！

青山挂雪

张顺是教做菜的老师。他是画山水的谢小山好友，俩人总是互相吹捧。张顺称谢小山为“小山先生”；谢小山称他“顺公”。二人虽各有所长，在众人中也就是一般，可二人总自我感觉良好，自命不凡且生不适辰。有人夸他们两句，便更飘飘然了。有一次小山请顺公喝酒，为的是叫顺公看看有人拿钱求他画一幅仿张大千的山水。顺公看看快到中午饭的时候啦，就多捧了小山两句，小山忙留他喝酒吃饭。小山媳妇一是因为小山这月还没交钱，二是看不惯他二人那股子互相吹捧劲儿，所以上的酒菜就是炸咸辣拌白菜帮子，饭菜是豆腐熬白菜。小山看不过去，才从画柜中拿出才从肉秃子挑子上赊来的熟羊蹄儿当酒菜。顺公看桌上无汤少菜的，也想就机会露一手儿。他就到厨房献个笑脸儿向小山嫂子要了两个鸡蛋，把蛋黄摊了，加点韭菜炒炒算多了一个菜。最妙的是，他那鸡蛋清儿，打了几百遍，成了蛋沫子，就用筷子夹起小心地注入只加了盐的白水中一堆一往上挑，就有一堆堆像雪山似的蛋沫，慢慢漂动在汤中，其味虽俗，但景情动人。后来顺公教的徒弟真风雅且会挣钱——在那汤中的蛋沫子堆上，撒上些绿色食色，起个名儿叫“青山挂雪”，当上等汤卖。蒙得吃公款的陪官儿连连叫好，那些老外们也挑着大拇指称汤是“OK”！这可称是吃食中的趣闻。直记于此，以广多见！

扦子活儿和食雕

近日看各饭馆以至大饭店，在上桌供客的菜盘子边儿上，总爱放上些花儿什么的“碟饰”，以增其景，以开顾客的口、胃，本无可厚非，亦是一件美意的创新，但做得过火了就犯了喧宾夺主的毛病。比如，在盘子沿儿上放一圈儿用白萝卜染色刻的小鱼，当盘饰花儿，盘子中只放一小堆海蜇，名为“老醋蜇头”，不知是吃海蜇，还是看染色的小萝卜鱼儿；在红烧鲤鱼的鱼盘两头，各放一莲带莲叶的荷花，真是画蛇添足！也有简易而为的：把心儿里美的大水萝卜切成薄薄大圆片儿，用手折攒起似花朵儿样，底下用牙签儿一穿，就成碟饰花儿。上面是厚笨的萝卜假花，下面用一根牙签儿穿住，谁都知道牙签是见了令人生恶心联想的剔牙用具，用牙签作美食作用，来“适得其所”反而弄巧成拙吧！笔者在《散文》杂志上的《刻花》一文中，已写了关于“碟饰”的令人生美感，故不谈其佳美作用，只谈用料不当会加饮食以丑。“食雕”，用食物来雕刻花卉人物等，如扬州的“瓜灯”等自不必多说。用白绿萝卜、黄倭瓜等做食雕，亦多佳作。如食雕高手赵国忠所做的“春江水暖”，就深受澳大利亚总理夫人的赞许。《食品》杂志上有用白萝卜雕的尚未开的肥嫩菊花蕾，题名为“待字闺中”；在由“枣糕、黄白年糕、豌豆黄儿”共于大盘中为食品，上下错落为山形，其碟饰则由于糕的四只白萝卜雕的小仙鹤，题曰“商山四寿”，亦不显其过，反令人觉美。是所谓食雕者亦是用当通神！

肚黄面和豆青脆

李宝山从家中老辈人手里接过来两样法宝。一是专喂养老母猪，以下小猪卖钱。最新鲜的是他有四亩瓜地，每种一年后，就在这四亩地中放猪，即便自长出些猪能吃的野菜，他也拔了喂猪，他说这叫“养地”。不能连茬儿种瓜，那瓜才长得好，有特色，能卖个好价钱……他说这么做，是从老辈子传下来的“高招儿”。这招儿还真灵：每到隔年的田瓜（香瓜）熟了的季节，城中的鲜果店还真派人来买他家的瓜，专卖到城里大宅门儿去。李宝山拣上好的瓜卖给果店的来人，剩下的，其味形也比别种香瓜好吃，五里八乡的小瓜贩，都抢着买走。其色红中黄嫩，大瓜肚儿的叫“肚黄面”。因它不仅香甜，更肉面松软，很受老人们欢迎。其色豆青，不花绿，而稍带有细浅瓜纹者名“豆青脆”。其香气浓厚而雅，其甜可口不腻。村人们爱用梆子腔唱：“李宝山养小猪，猪儿满圈；种田瓜，隔茬地闲……”

大萝卜丝儿烙饼、豆馅贴饼子

戴妈妈，因为没儿子，就一个漂亮女儿，许多小伙子都想娶其女儿为妻。可是戴妈妈的条件不单是小伙儿长得帅气，还必须得当倒插门儿的女婿。因此，小伙子们都可望而不可得，大家就戏作戴妈妈的干儿子，管她叫“干妈”。戴干妈是做乡下饭菜的高手。她每到春季，把大红卞萝卜擦成细丝，用五香面儿加细盐揉过，再与白面和在一起烙饼吃，那种农家香甜不为城中所有，更令我们这些生长在乡村的孩子们远乡关之思。戴干妈在玉米面贴饼子中间，夹上有糖的豆沙馅儿，吃起来，更是美不胜收！难怪有一次笔者回乡探亲时，戴干妈老泪纵横地给我做我点要的这两样吃食。她昔日漂亮的女儿也带着儿子来了。我们虽高兴能如往日般欢聚一堂，吃到昔日常吃的食物，但，我们不由得全哭了……往事如云烟……人虽依旧，但那醉人的往情却不堪回首……

甜棒、妊头、凉凉脐儿

这三种田间沟坡所产的可食植物，是我们这些八十岁上下的农家儿往日常吃的，更是常使我们含泪忆起的上天野赐。在棒子地中，有一种玉米，光长秧子，不结玉米而其茎秆儿甜如甘蔗。每到秋季，我们常在玉米地中寻而食之。记得我已到城中去住宿上中学了，临回城时，母亲早把一捆二尺多长的甜棒给我准备好了。连儿时爱吃的俗物，母亲都给我想到，真是可怜天下父母心……在快长穗儿时的高粱地里，有一种在头上不长穗，而嫩叶包着白白棒儿的高粱棵子，那白白的棒儿，可以吃，脆美稍甜，也是我儿时常吃的一种田地食物。特别记得我们的孩子头儿“八十头”，带着我们十几个毛孩子满地里去寻“甜棒”找“妊头”。结果叫看青的（专职看庄稼的人）误认为是偷庄稼的贼，就把我们追得“燕山不下蛋”地跑。我们的头儿“八十头”早跑得没影儿了。看青的人光把我们几个抱甜棒、妊头的小毛孩给捉住了。那看青的人把我们带到田头墩台（古代点火报信的大土堆）下，他先大吃大嚼我们的妊头、甜棒，然后全没收了他吃剩下的甜棒和妊头，还大骂了我们一通，才把我们放了。事后，八十头还骂我们是笨蛋！我最不愿说的，可最爱自己回忆的是那“凉凉脐儿”，我至今也不知道它的学名是什么，属于哪一类的植物。旧时，在郊野和沟坡上常见它一二尺高，卵形绿叶，结紫红小果如黄豆粒大，酸甜可口，乡下人都管它叫“凉凉脐儿”。我幼时同“二鞑子”（李春林）到北坟地里去玩，在看坟人的北房后头，发现了一棵大凉凉脐儿，我们俩就高兴地吃，吃得嘴唇全紫了才不吃了。可是生怕别人给全吃了，我俩就研究一个好办法——每人向凉凉脐上撒一泡尿，就可以防被别人吃了！于是就开始往上撒尿。第二天一看，果然没人来吃，于是二人又痛痛快快地大吃起来……成人后，每忆及此事，真是天下奇吃之奇事！记此，以幼儿可笑供君乐之！

杏炸核桃球、二白美

老姑妈李吴氏，是我最想念的人之一——我在1957年被打成“右派”之后，到山区来改造。正直的人们都知道这是一种指鹿为马的事儿，但我只能敢怒不敢言地忍受了！多亏在山区受到了正直的人的正确待遇。老姑妈就是其中的一位。她教我怎样把去了核桃墙的整个儿的核桃仁，在白糖里滚一滚，再在鸡蛋糊里挂好了糊，放进油锅里去炸，用“六道木”（一种山产的不怕油炸的丛生小木）的筷子翻，不要炸煳了，取出来一吃，香甜热不用说，光说那种外焦（蛋糊）里嫩（核桃仁）、外熟里生的美劲儿，就是别的食物难比的。姑妈用白盘子盛着用盐腌好的杏仁及桃仁，叫"二白美"，那白洁和纯咸的风骨，实可令人想到做人应自洁其身，自贤其身，不可随流直下，自污洁贤！

炸双鱼、熘三片、熥螃蟹、五花肉炖鲇鱼

小名叫"小奔儿头"的田家俊是我的发孩儿。连教私塾的老先生全可惜田家俊家穷上不起学了。他虽没上几年学，可他那"背书"和"回讲"，都叫我们佩服，我深深地记得他。他讲《三字经》的"香九龄，能温席"时，联系自己和爸爸住"地窝子"，给爸爸捉蚊子的事，把我们都讲哭了……他九岁就到饭馆里去当童工，他却忍累干下来，并学得一手做菜的好手艺。除会做一些传统菜，还自创了许多合时令、快人胃口的菜：春季他做"炸双鱼"，用加味的鸡蛋和藕粉糊来裹挂香椿尖和花椒叶尖儿，下油炸好上桌，清新香嫩，很受欢迎。夏季，人多口腻胃满，喜爱吃清淡的，他就用熘法来熘山药片、竹笋片、马蹄片，加上用稍有肉味的白汤汁来熘炒，很有特色，叫人看之雅淡，食之香而不腻。秋季正当螃蟹肥时，他把大活团脐蟹放入调好味的汤液中浸泡一夜。取蟹入加了食油的大饼中，上用盘子一扣，下通火加热，使蟹熟于铛中，起出蘸姜汁醋食，其美胜于别法之制。冬季时，他从打鱼人手中买来大黄鲇鱼，去掉其内脏及鳃鳍，用开水浇烫之，切成段儿同猪的五花肉（切成与鱼段大小相同的块儿）一起下锅加炖肉作料，一起炖熟，其味隽永，不同于一般的炖鱼、炖肉。用此下酒就饭极佳！因此，不知哪位学人雅士赐其小菜馆名曰"会月楼"，且亲笔为书，笔力苍劲带书卷气！小奔儿头菜馆以此出名，其曰："无楼而得赐名'会月楼'，从此得有若许高人来会！"遭逢兵火离乱，再访，则"访旧半为鬼，惊呼热中肠"矣！昔日发孩小奔儿头已阴阳隔世，会月楼已如烟没去！人与物俱去，令我

伤之未已！唯望盛世再有来者！

珍珠汤、红白饭、鸭架冬瓜

老姨是个苦命的人。人长得虽然漂亮，却落得被打瘸一条腿，逃回本村，给人做饭。听母亲说，当年军头儿（军阀）混战夺地盘儿带抢人。老百姓给军阀张宗昌编了个顺口溜说："张宗昌吊儿郎当，破鞋破袜子破军装，背着'搅火棍'（破枪），只会到处抢姑娘！"老姨就是被他的兵抢走的，又为了争老姨而彼此动了枪，老姨被枪打瘸了腿，夜里偷着跑了，几经风险才回到本村。她做得一手好乡下饭。那"珍珠汤"就是用两个小簸箕，一个里面盛白面，一个里面盛绿豆面，两样面中全撒有细盐。然后用手在两个簸箕中分别点上点儿凉水，紧左右摇动，则有珍珠般的小圆面珠儿滚到开水锅内，再连汤带面珠儿盛在碗中，浇上点花椒油葱花儿一吃，既好看又好吃。人们总爱吃好看又肉软好吃的白高粱米，不爱吃红高粱米。老姨把这两种米掺在一起做米饭，大伙儿都夸她真会想法子做饭！最好的是赶车给城里烤鸭店去送填鸭回来，常带回店中片了肉的骨架子，上面还有油、肉和骨髓，把鸭架子拆碎放进水锅加火熬，其中放入适量的食盐、姜、花椒、葱等，最后将生冬瓜片儿放进去。待冬瓜片煮熟时，连汤带冬瓜片和鸭架碎肉共盛一大碗，再撒上点白胡椒面儿，那味道就更美了，每逢食鸭架熬冬瓜，大伙儿都说汤、菜俱佳，就这一个菜足能下饭！

花生米大馒头、花生米烧饼、小叶白糖

北京前门外冰窖厂有个大菜馆"祥瑞轩"。其顾客有上、中、下三等人，饮食各具特色。这茶馆的特点是带卖花生米和大白发面馒头，都用中个儿的瓷碟儿盛着，一碟熟花生米，有炒的，有加味煮的，还有"糖蘸花生米"；随上一个大白发面馒头占满一个碟子，再配上一壶热茶水，就能成了一种特殊

风味的便餐。棚匠李四刚给銮庆胡同唐记糊完一堂楼库（用纸糊的楼台殿阁为死人烧奠用物），换了些钱，到茶馆中就高声叫伙计给他换包好茶叶沏水；祖上靠开大烟馆起家的顾八爷，虽落魄了，还用两个茶碗——一碗用头碗茶水来清目（用手指点茶水洗眼），一向不吃茶馆的馒头，而吃自带来的“烧饼徐记”制卖的烧饼，就着茶馆的五香煮花生米，他这“一软一硬”不仅可当早点，亦可健人齿……黄带子出身的那拉三爷虽仅靠仿画活着，但仍不失皇家后裔的风雅，来到茶馆喝自带的永安茶庄的小叶茶和白糖，沏好了茶，先在桌上铺上白羊肚手巾，用茶卤在白巾上洇湿一小块儿，再从怀中掏出装草虫儿的葫芦来，放出草虫到湿手巾上，虫声一叫，那爷才高兴地合眼喝口“小叶白糖”的茶水。这些茶馆中的食物、茶水、人物构成了那个时代独有的茶馆风情。

炒三段、肉汤三才

柳芽发，又清明，城里人都好此时到郊外去踏青。记得去年，我、陆敬（老师陆宗达之子）、孙金鳌（孙殿起先生之子）、夏小丘（清末词人夏仁虎之孙）等几个小伙伴，因家长友情，除去到陆先生前青厂家中去听学（其实去捣乱），总缠着先生带我们去踏青。先生拗不过孩子们的纠缠，才带我们去京西南角的陶然亭去踏青。陶然亭庙里的签，传说最灵验，然其价也最贵，它的特色是每支签上没有上、中、下的俗玩意儿，而是每支下有一句唐诗，仅凭诗意喻示您的前途。陆先生见其好玩，就花钱求了一支签。签上写着一句诗是“一声蝉继一声蝉”，先生笑问我们这是什么意思。我们几个都“张飞拿耗子——大眼瞪小眼”地答不上来。我们几个人中，孙金鳌的岁数最大，就冒着胆子说这是一句唐诗，却说不出是什么意思。先生指着我们说：“你们这伙笨才！这说明我得在讲台上叫唤一辈子，还得去教书！”因为那时先生不想再教书了，也不知去做什么工作……过几年，又值踏青时，孙殿起先生走南闯北去买书卖书，又正从昌平城里旧书铺中买了一部明人点的《二十四史》，先生们就叫孙先生请客到昌平来踏青。途经清河镇与二拨子村之间有座王爷坟，花木繁盛，湿地旱地均有踏青之美，当你要“旗亭问酒，萧寺寻茶”时，路边有小饭馆儿连茶带酒均可满足所需。小饭馆的店名亦俗中引笑曰“歇腿居”。所制售的除去凉菜“柳芽咸黄牙”和“豆儿酱”是乡味俗菜外，热菜的“肉炒三段儿”荤素相配，荤有肥瘦肉丁儿解馋，素有芹菜段、春韭段和玻璃房子中长出的黄瓜段。这三种切成小段儿的青菜和肉丁加调料一炒，其热而不燥，清香宜人，正合春季踏青之美。再有那别出心裁的“肉汤三才”，更叫人奇怪——到底是什么菜叫人不解！等到用汤盆儿端上来一看，原来是用炖猪肉的原汤熬的白豆腐块儿、炸豆腐泡、面筋泡儿。可为汤，可为菜，下酒下饭均宜。汤中还撒了些青蒜叶儿切的末儿，店主说这样做是为了解肉汤之腻，亦献青于浑黄中点染点青翠，以合“踏青”之美。故这里的人都戏称此菜为“喇嘛踏青”！

窝头三过桥

“过桥”，在饭桌上是指可蘸料物食的菜肴。从大碟、碗中夹出菜肴来到旁边的小料物碗中去蘸一蘸再吃，其动作犹如过桥一般。比如，吃“三过桥的干炸丸子”时，其边儿上，就有三个分别盛着卤汁、花椒盐、蒜泥酱的小碗，夹起丸子可随个人爱好去蘸某种小料而食，犹如架空过桥去借味儿。人云：“怪人多怪事，诗人亦多怪事。”我不信此话，在冀南文艺社时，我就爱王雁伍所写的诗，如《滏阳河上春风吹》：“……从南方来的紫燕啊，用尖利的尾巴剪开了滏阳河的水，剪折了那膏药旗……”待他以一首《豆花开的时候》的新诗，在《人民日报》上发表，引得袁水拍为诗作序，郭沫若为诗作跋。那诗的淳朴清新和动人，使许多人陶醉了。我们去看他时，他用他最爱吃的“窝头三过桥”来招待大家。把那金黄暄腾的窝头摆在中间，四周有三个小碟，分别盛着白糖、咸菜丁儿、蒜泥黄酱。锅里有熬好的二米子（小米、大米）粥……大伙儿吃着，谈着，笑着，真像早晨一群快乐的小鸟，叽叽喳喳叫个没完，张咏说这就是百灵鸟叫的第一套——“百鸟闹林”……后来，我考入了《工人日报》，看到王雁伍到文学研究所后以儿歌形式写的讽刺宣传部长的诗，我向雁伍说：“不必这样吧……”但，他却不以为然，仍倨傲自信。果然不久即离开了文学研究所，难怪马紫笙老师早就管雁伍叫“五自先生”（自私自利自高自大自以为是）。马先生教育我们做人一定要时时虚怀若谷，不可骄傲自满……马老为第一届人民代表大会的代表。看他的简历才知道，他曾任冀鲁豫抗日联军的总参谋长，新中国成立后，任河北省文化局长，对外联络局长等职，逝世后，保定市几乎半条街的人为马老送行。我和雁伍都没认真听马老师的话，1962年我在冯村集上见到雁伍，他脖子上挎个小木方盘，一把剪刀，一些黑相纸，二元钱一个地给人剪侧面像；方盘边上有小钉子挂着他代人拍死者遗像的相片，其价钱远比照相馆便宜得多……在他暂住的小客馆中，他照样用“窝头三过桥”来招待我，但已完全不是昔日食此物时的滋味……我俩默对酒杯无心饮，只有泪在眼中，默默而已！

炒窝头、烩窝头、棒子面甜粥

村中有个专住过往做小买卖的、赶庙会卖艺、变戏法儿的店。店中有炉火，也做卖些便宜的饭食。村人们有个顺口溜说：“穷住李家店，饿吃炒窝头、烩窝头，剩下小钱能喝粥！”店主用棒子面蒸成窝头卖，也可以加点油，把切成小方块的窝头上勺炒炒吃，或加汤加点菜叶儿和盐熬熬吃，名叫“烩窝头”，钱少了，只能向店主买棒子面熬的粥喝了。您别瞧棒子面粥这个贱物，不会熬还真熬不好。要先在锅中把水烧开，另在碗中用水把棒子面澥成糊状，再慢将糊泻入开水中，勤搅动方成。书此，犹忆儿时生病，家无贵物，只留有母亲生育时吃的红糖，母亲即把糖化入棒子面中来喂我！今再回味其亲甜之情如在眼前！

死面眼钱火烧、牛舌头饼

别瞧蓝文田落到以“大打鼓儿”[1]为生，可是人家吃过、见过，他是最恨那些“挂羊头卖狗肉”——满嘴里喷粪，胡说八道的“时髦名人”“专家”，等等。人称他句“蓝爷”，他马上回敬“爷爷”，总不言他祖上是贝勒[2]，是吃皇粮的[3]。这天，他正因为在东四北大街路东一个国营卖卤煮火烧的小吃店内，吃了两口满不是原味儿的卤煮火烧，而到祥瑞轩大茶馆里，沏壶森泰茶庄的高末儿[4]，解解这口窝囊气！一个大打鼓的陈子庚忙过来给蓝爷倒碗热茶说：“您尝口我这永安记的香片[5]！”蓝爷“哦”了声说：“陈爷，您到西珠市口那收药的地方去了吗？”陈子庚面带羞哭地答道：“正如您说的似的，我把那个假犀角尖儿叫人家一看，人家就说要卖就用斧子劈开，若其中有鬃眼，是真犀牛角，按值付钱；若无鬃眼，是假货，一分不值，白劈！劈开一瞧，没鬃眼。正如您说的是用‘广牛角’冒充犀牛角的假货，我这回是买打眼[6]了，我花五块钱买假货算是‘馅饼刷油——白搭’！我算服您了，您称得起是大打鼓儿的！”蓝爷只一笑说：“干哪行都要讲真话，办实事。咱们行里的‘小白点’自称是懂书画的专家，可把真正的宋版书随一般旧书卖了。人家用其中的一本宋版书卖给皕宋楼[7]，就得了八百块袁大头[8]！”蓝爷叹了口气，又说，“今儿个我也打了眼，拿吃卤煮火烧说吧，我吃了一口不对味儿，还去吃第二口，直到夹起来细一瞧，那火烧不但块儿大，且虚胞囊肿是大发面儿的，原来是用牛舌头饼[9]来冒充死面眼钱火烧[10]的……”陈子庚忙插话说：“人家可是国营，还推着老字号著名中华小吃的大金招牌哪！”蓝爷气愤地说：“那才是‘挂羊头卖狗

1 大打鼓儿：旧时只肩搭一块竹布包袱皮儿，手打小皮鼓儿，专门走街串巷，收购古玩玉器书画等较贵物品的行业或人。

2 贝勒：清朝的皇封职位，仅次于郡王。

3 吃皇粮的：清朝时吃皇帝给予俸禄的人，多指生下来就由皇家给生活费的旗人。

4 高末儿：一种较贵的茶叶末儿。多为大茶店将各种茶叶的货底子碎末合在一起来卖，又叫“满天星”。

5 香片：一种南产的茶叶名。以安徽六安所产之最有名。

6 打眼：北京方言，指被假货给蒙了。

7 皕宋楼：北京有名的藏书家之一。

8 袁大头：银圆，俗称洋钱、大人头。因其上铸有袁世凯的头像故名。

9 牛舌头饼：一种椭圆形的小白面饼，为普通廉价小吃，因其形如牛的舌头，故名。

10 死面眼钱火烧：一种专为卤煮小肠锅中下煮的小白面饼儿，因不用发面而用死面为之，又因其个儿小故名，其实形似钱，而比铜钱大，烧饼略小。

肉’呢！就是这些人把国营给弄砸了，把中华名小吃给弄假了，成了吃炒肝[1]带吐核儿，喝豆汁糊上膛[2]！”陈子庚又给蓝爷换上了新茶，请蓝爷细说说这些民间常吃的东西。蓝爷摇摇头说：“说多了，人家不爱听；说走了，碍了政治就是反社会主义……”在大伙儿一再要求下，蓝爷才说：“咱们卖力气的平民百姓常吃的牛舌头饼，是发面或半发面做的，不能下卤锅当卤煮火烧吃；只能不下卤锅、水锅吃，才能有面味，有香味儿。那死面做的比烧饼小的火烧，码在卤煮小肠的锅沿儿上，下到锅内，与卤熟的肉肠等一起捞出，火烧要切成小块儿，带汤供人吃，那火烧又筋道又有嚼头，外带有面饼香味，与卤熟的肉肠等相得益彰，叫人吃起来有菜有饭（就头）而好吃，如用牛舌头饼，则食兴趣味全无。您看那天兴居的炒肝，盛入深斗小蓝花碗，冻儿深咖啡色，味儿有猪肠之肉香，有蒜香而不像现代的稀黄汁中有大蒜渣儿，一边吃一边吐蒜渣，如同吃鲜果吐核儿。喝豆汁是老北京的每天必用的廉价小吃，讲究清香利口，酸甜得体；现在卖豆汁儿的，不是上为清汤，下是浑稠，就是稠黏糊嘴粘人上膛，原因是没按原来的煮法。许多小吃就如同某些自称是‘名人’‘专家’的人一样——光吹自己品儿如西施，其实乃‘东施’也！”大家都笑着点头称是！

墩儿饽饽、杠头火烧、杠头锅饼、（煮）炸丸子炸豆腐

天下之事，真是无奇不有：老伙伴儿王六子说他今天早晨吃早点时，吃“墩儿饽饽”在里面吃出个红樱桃来，一问服务员才知道这是革新后的墩儿饽饽。这真是“吃糖葫芦蘸卤虾，胡吃二五八”！“墩儿饽饽”本是有特色的著名小吃，其外形高如同民间坐具“蒲墩儿”，内则干面香甜有咬头儿。如在其内加上个小水果，则什么都不是了，改革可以，但不能胡来！同院的胡丫头则不同意地说：“胡来，往往不是能歪打正着吗？你不见现在在圆面包中胡夹点青菜和肉肠什么的，叫热狗，卖

1 炒肝：北京特有的小吃之一。以洗净的猪肝、小肠为主煮以浓稠汁儿（有调味料）。

2 上膛：指人口腔中的上部。

得很红火吗？我就跟着潮流走，追时尚——在烧饼夹肉中夹上点儿大葱丝，叫热猫。夜里到交叉路口去卖给的哥等人，大伙儿都说放入些大葱丝儿好吃，可这是吃物，跟猫没什么关系，别学追洋屁叫热猫……我虽然嘴上答应了，但，还是大喊叫它热猫，因为这样起胡起名儿‘追洋屁’能惹人注意，多卖钱就好，管它什么胡干不胡干！”大伙儿看胡丫头这种不顾一切的“追屁”伟大精神也就不再说什么了。王六子是山东人，他说想吃真正的“杠头火烧”和“杠头大锅饼”，都快想疯了。“杠头”，六子说是用木杠子把白面反复压打后再制成的面食。在北京，老百姓很爱吃它！杠头，有制成大圆厚饼的，有制成长方形的，杠头制成比普通火烧大两三倍的称“杠头火烧”，外焦里嫩，一咬就掉面渣儿，香而微甜，并且面味儿十足。把论斤买的大杠头饼，切成小块块，泡进煮炸丸子炸豆腐大碗内去吃，那叫香美——既有炸丸子味，又有炸豆腐味，外加煮丸子、豆腐的汤，有杠头小饼块加入，连汤带菜和主食全有了。只花几个钱就能买此一顿美食。其乡俚情浓佐以民食之美，是大席大宴中所不可有的，更是大鱼大肉之味所不能及的！提起杠头来，我也与六子有同感。我们都记得，每在小吃摊子上吃饱了炸丸子豆腐泡扛头后，还要买几个杠头火烧带回家去。乡镇街头，城里城外常有挑担或设摊儿卖煮炸丸子豆腐的，在大锅里煮着炸丸子、豆腐等，丸子有荤（加肉末）的，有素的，主要是用粉丝头儿、绞瓜丝儿、盐及姜等作料和在白面或豆面里做成经油炸的；炸豆腐，是把鲜豆腐切成小三角片儿炸好的。丸子和炸豆腐一起放到锅中煮开锅，汤中常放些鹿角菜、口蘑等，以调其味，还有的放几大片肥瘦猪肉，以使其汤味美色也美，常买一碗就芝麻烧饼吃。若有山东杠头火烧切小块放入其中就更美了，与就着芝麻烧饼吃的美味各领风骚！当然，也有的穷哥儿们，买碗炸丸子豆腐，从怀里掏出个饼子，或窝头来吃，但那热气也暖人心！上述其人其情已渺渺，但愿其食及做法留予后世飨人！

腌满天星、酱小柿子椒

“一门，二跨，四门斗，八大杈满天星。”这是种菜园子的人对茄子一生的纪实：茄秧结的第一个茄子，又大又亮又好吃，叫“门茄”；茄秧分枝后结两个茄子，叫“二跨”；到长四五个茄子时，那是茄子的鼎盛时期，个儿虽不如门茄大，可是结的茄子多，如旧时给官儿看门儿的门斗儿兵，故称“四门斗”；待中秋以后，茄秧枝杈多了，生出许多小茄子，如满天的星星，不堪做菜用，常卖与酱菜作坊叫“黑菜”；乡民们则将其中剖，塞入一大片姜，一大片菊芋（又叫洋芋、鬼子姜），两大片中只夹一瓣大料（八角茴香）和几粒花椒，不可多加，以免“喧宾夺主”——乱了主味。然后，外用青马兰叶条儿捆好，放入咸盐汤中去腌，入冬后，去掉马兰，切而入碟，是为最美味的好咸菜，虽为自家土产，却可比京中六必居的黑菜。提起酱菜来，笔者表妹夫索兴，一辈子为大酱菜园子做酱、酱菜。酱菜有两种：一曰直酱——就是把要酱的菜、果等洗干晾净，直接放入酱缸中去腌酱；一是把要酱的菜、果洗干晾净，装入布或线网中再入酱缸中去腌酱。菜民们秋末，常把一种果小如乒乓球、色深绿而外有深沟儿，像小柿子似的小秦椒入自家做的大黄豆酱中去腌酱，其味儿真赛过六必居酱的。如今，六必居却没了此酱。然而，地处京郊的远村农家，仍有此色形美、质咸微辣带有黄豆酱味的好酱菜。今（2013）已过七十的表妹（杨翠珍）还令她的孙女（杨晓琪）给我们送来一小坛腌满天星和一小坛酱小柿子椒，见此物，不由得令我热泪涌目——“日暮乡关何处是，变鬼犹拜故土园！”

海带糊糊、两蛋饼、甜老等

京北郊，特别是远郊的农民每年春末必上“三义庙”[1]去买麦收的农具等，靠听“祭神戏”[2]来玩。故有“上完二遍[3]上三月庙”的农谚。小孩

1 三义庙：旧时祭祀刘备、关羽、张飞的庙。

2 祭神戏：旧时庙会开戏前，先由唱戏人装扮好去庙中祭拜神佛时的戏。

3 上完二遍：在田地中锄二遍杂草，松动土地。

子们更盼这一天早来，能穿点好鞋袜，磨大人几个钱去逛庙会！戴大妈虽然知道女儿小妞子敢和小男孩们一起野跑，拽土里棵，但终因年岁太小，上三义庙有好几里地，小妞子去，大妈不放心，就把小妞子的大大小小的伙伴全叫她家来请大伙儿喝“海带糊糊”[1]，还能随便吃烤窝头片儿，然后给每人两大枚（两个铜板），只是叫大家都护住小妞子。大家都答应了。小九儿又要了一碗海带糊糊，大家也觉得好吃，就都就势儿也要了起来。那海带糊糊是好，后来听妈妈说：“先把海带泡开，切细上屉蒸熟再下开水锅内，下些食盐，再放入熟黄豆嘴儿，然后加热，加入用凉水和稀的玉米面，就成了稍有咸味儿的海带糊糊。”据说这是戴家祖上由海边上带来的农家菜粥，不久就在乡里传开了……一伙孩子才一出村，小妞子就从兜里掏出个一捏肚子就会叫唤的小泥狗来臭显弄，小九儿一努嘴儿，我们几个就上去从小妞子手中抢过来了……妞子哭着跑回家去，戴大妈听后，就叫妞子不用哭也不用忙，一会儿那小狗就能要回来，还说一顿这伙孩子……大妈把一个鸡蛋和一个鸭蛋都打碎放在大碗内，又切了些葱花也撒在碗中，又放入些盐，最后加入适量的白面，共打成糊后，倒入热油当中去摊成了好吃的“两蛋饼”[2]。小妞子吃着这饼儿，心里可还惦念着那被抢走的小泥狗！戴大妈看见身穿藕荷春衫花条裤子的任淑兰大姐和一身男孩打扮、头上梳着两个鬏髻的赵二丫头也一同去三义庙玩去，就托付他俩带着小妞子去。在热闹的庙会戏台下，赵二丫头只用手一指，就把我们一群小孩子带到人稀少的庙东墙处，还没等他开口，小九儿就忙把那小泥狗还给了小妞子。依赵二丫头的意思，给我们每人两巴掌。任淑兰姐姐不叫打，只对我们说：“以后不许欺负人、抢人家东西，要互相爱护小朋友……”赵二丫头抢着说：“是人都知道‘好狗还护三村’哪，你们吃人家花人家的，还抢人家的小狗，真连狗都不如……”任淑兰大姐就忙给解围说：“行啦，明白了能改就好！”大姐还带着我们去各个殿里去玩，讲释迦牟尼、达摩老祖……看孩子们都要去井台上喝凉水，大姐不叫去，说凉水里有病菌，

1 海带糊糊：有海带丝儿在内的粥样吃食。

2 两蛋饼：用鸡、鸭两种蛋打碎与白面等共烙成的饼。

喝了要生病……她买了酸梅汤叫大家喝，还给每人买一个灌有红绿等各种颜色的甜水的“甜老等”[1]。这是卖水饮的小贩，会做买卖——他把那用玻璃做的空心“白鹳”灌上甜水，小孩子向那玻璃白鹳的嘴儿一嘬，就能吸到其中的甜水。白鹳，常单腿立浅水中，单等那小鱼虾来，一嘴一个，吃完了再等，所以乡人们都管它叫“老等”或“捞鱼罐”。小妞子手托着那灌有藕荷色甜水的甜老等，看看那甜水又看着淑兰姐的藕荷色春衫，总也舍不得喝！是，是！七十多年前的藕荷甜水和藕荷春衫早已如风似烟地去了无可觅处，但那藕荷色的美却永留在人的脑中！

炖吊子、卤硬下水

聚珍楼虽然以宰杀生猪、卖猪肉为生，可是却以制售猪的“软硬下水”[2]出名。所以后来许多卖生猪肉的肉杠，都把软硬下水送来卖给聚珍楼。渐渐地，聚珍楼成了有名制售此两种下水的专卖店。这真是无心插柳柳成行！先说说聚珍楼“炖吊子”，讲究“洗三蒸一煮一”：主要是下水中的肠子，一定要把它翻过来倒尽杂物，先用清水洗以去杂物之气，再用稀碱水洗以去其偏盛之脏气，再用稀醋水洗以去其邪味邪气；再上屉蒸熟，以便食用；最后下入有姜、葱、盐等调料调好的汤内去煮。经过几番清洗再入味煮熟，这种制法做出的“炖吊子”味正色净而不失其本肉味。好喝酒的人，几乎都爱吃。胡八爷从“跤场”[3]回来，路过聚珍楼，早给他准备齐了——鲜荷叶上两个酱猪脑、两个卤猪耳朵。随后，等卤完肉后，也到胡八爷吃晚饭的时候了，同院拉洋车的李三儿回家吃饭，顺便由聚珍楼给胡八爷带回个“酱爪尖”[4]回来。八爷高兴，夸李三儿：“你小子还有点儿孝心，省得我再跑一趟去拿这酱爪尖儿，来吧，大饼就猪蹄——连吃带啃，咱爷俩一块吃吧！”胡八奶奶把上顿饭留下的一个酱猪脑再加些蒜瓣末儿，一个猪耳朵切细丝儿加上些葱丝，再淋上些香油，叫八爷和李三儿喝

1 甜老等：装有甜水的玻璃白鹳瓶。

2 软硬下水：指猪肚内可吃的脏器。如肠、肚、心、肝等。硬下水：指猪的头、蹄及尾巴。

3 跤场：练习摔跤或以之卖艺的地方。

4 酱爪尖：用酱肉法制熟的猪蹄。

酒。八爷对李三说："小子！你记住：穷吃也不能离谱儿胡吃，这酱猪脑必须加烂蒜，才够味儿。猪耳朵是好下酒的菜，但加上细葱丝儿和一点香油和米醋，才出味儿，刚才你大妈就忘加醋了，所以这味儿就差多了……"八奶奶听见这话，就气不打一处来，大声吼道："行啦，别臭讲究啦，这不是您扑户[1]吃皇粮的时候啦！……"李三儿见胡八爷两口子要弄僵，就忙从八奶奶手里接过酱爪尖儿，大声地学起"架冬瓜"[2]唱"滑稽大鼓"[3]《穷大奶奶逛万寿寺》[4]："大奶奶她出离了角门就遘奔了河沿儿……那破鞋烂袜子还舍不得扔啊，绕世界寻摸，哦，捡了个荷叶就包在里边呀，说要是有人将我问呀，我就说给我们当家的带的酒菜'酱爪尖儿'……"逗得八爷和八奶奶全乐了！八爷指着那酱爪尖说："这是猪硬八件里最好吃又最有用的东西，可就得会制作才行。家庭中说吃此物可以使妇女下奶，常被人们炖着吃，可总有腥气味儿。厨师们先把它收拾干净，一定要用火松香去其毛，不可用烧红了的火筷子烫来去毛，这样去毛后，不论你怎么做，这猪蹄总有腥气和火燎味儿。应在去毛收拾好之后，先用刀在蹄腹中剖一刀，以进酱汁之味，然后再放于酱汁中慢慢煨熟，才能显出猪蹄的皮、筋、肉、骨共合出的特殊香味，外有酱汁冻儿的香美……"八爷一边说着这酱爪尖的美味由来，一边高谈其精通烹饪之道……李三儿则忙从八奶奶手中接过一大碗炖吊子浇面条来，大吃起来，全不把八爷的"京味儿的开讲"放进耳朵里去！

青谷米水饭、鬼子拎刀

魏仲平"胎里素"（天生吃素食），特爱吃家乡饭，但，俗中有雅兴。他是西北中学的高中优才生，你给他出半道"三角题"，他就能猜出你下面要他证什么。可是他很孤倔、不合群儿，没有几个能和他说得来的。他特别喜欢农作物和园艺。听说他上了农业大学，虽几十年见不着他了，但，他搭

1 扑户：又作扑虎，指靠摔跤为皇家当差的人。

2 架冬瓜：旧时一个唱滑稽大鼓的艺人的艺名。

3 滑稽大鼓：一种鼓曲，用丝弦及鼓等伴奏，内容及表演充满逗乐。

4《穷大奶奶逛万寿寺》：为滑稽大鼓的一个曲艺段子。

配的农家菜饭，使我终生难忘。今写给诸位，或可为一记。有一种谷子穗子紧小，号“绳头紧”，它谷粒小，青色，但很好吃，很香；不过产量低，人多不爱种之。经魏仲平把青谷和粒大产量高的一种谷子（外号“大狼尾巴”）杂交后，产量上来了，人们爱种了，所以，乡亲们都管这种谷叫“魏青谷”。可惜在军阀混战的年代，谁来重视推广农家良种呢！魏大妈总唠叨魏仲平把挺好的菜园子糟踏了——不种赶季节能卖钱的好菜，净种些杂七麻八的东西，还不辞苦地整天钻到里头研究什么“杂交杂配”！魏大爷则说：“我在镇上开个山货栈，挣得足够吃喝花用的，不用那菜园子卖几个钱！叫他研究去，爱种什么种什么！”仲平朝父亲挑挑大拇指，母亲只白了魏大爷一眼，也不用唠叨什么了！有一回我们几个伙伴儿去找魏仲平。他正在研究用白薯或山药与菊芋杂交。郭北海拿起一块菊芋来说：“这个我认识，在咱们村的墙角或篱笆根儿都有，不用管它，能自生自灭可皮实了！到秋后，把土中的块茎往腌菜缸里一扔，冬春两季就能把它当好咸菜吃……”我们都知道它通称“洋芋”，老乡们都叫它“鬼子姜”！魏仲平说，如果研究好它和别的块茎杂交，其味道则更新更美了……一到吃午饭时，在井台大树下的石头桌子上一大碟子咸菜，有一疙瘩一块的小块鬼子姜，还有腌好的刀鞘子扁豆切成了宽条儿。魏仲平说这个咸菜叫“鬼子挎刀”，今儿个非把它吃光了不可！他又从井中提上来一个大瓦陶罐子，里面是用绿豆和青谷米做熟的水饭，带原汤倒在瓦罐里，盖严了盖子，用粗点儿的麻绳网子把罐子盛好，用钢绳拴柱，下到井底去冰凉。早晨做，中午正热时，提上来吃。吃“青米水饭”就咸而不齁的“鬼子挎刀”，其清素雅，远非身居庙堂的大人先生们所能知能得！其时，还可吃到魏妈妈送上的“枣窝头”——那金黄的窝头中藏好如糖似蜜的金丝小枣儿，大妈说：“这是穷中有甜……”

炒剩粥

小喇嘛是个苦孩子，七八岁上死了父母，由穷舅舅从天津把他领回姥姥家。姥姥和他只靠舅舅给人家当长工生活。姥姥是个非常能守清贫而爱干净的人，娘儿俩常吃早饭剩下的“大破粒粥”（把玉米粒稍碾破，去其外皮，而加水熬成的粥）。姥姥不仅把茅屋内外都打扫得干干净净，还能卤得一手好肉，她说这是自幼从开猪肉杠的爸爸那儿学来的。因此，隔天就去本村冉记猪肉杠中给店主佣工煮肉。每次都向肉杠主人要点猪油回来，姥姥就切些葱花，加点盐来炒吃剩下的粥。有一次清明节，我因急着去找小喇嘛跟他学做柳笛吹《小放牛》，没吃早饭就忙着去了。正赶上姥姥炒剩粥，看着她做，她又盛了一小碗给我，并说：“您也尝尝这炒剩粥。”我一吃，还真比新熬的大破粒粥香甜有味儿：用猪油炒的剩粥，香而不腻；用一般菜油炒的，素淡可吃。我至今回忆起这炒剩粥来，还能回味起当初的美味！如今虽然人已不知何处去，粥也不为当下好生活的人们再吃，但，应知“炒剩粥”也是俗家粗食中的一美味！愿能占家俚常食中一席之地！

二花汤、炒二黄

黄花菜，正名叫“金针菜”，也俗叫它“黄花”。从我们家到南北通的大车道，是一条我们小李庄通往庄外田地和大道的一条三四里地长的大车道。道头住着看坟的黄大爷一家，黄家除看坟得点“年钱”（一年的工资）外，就靠这条大年道活着了——道两边有自生自灭的黄花和开兰花的马兰，黄花早晨花开艳香无比，马兰在黄花株下开紫色长筒花，二花被其绿叶托衬，好看极了。由春到冬，车行其中，其色其香真能使人流连忘返！黄大爷每割马兰长叶，晾干后，卖予用家，可为包粽子的捆绳儿，既耐用又有清香气，足增粽子的色味，亦卖到肉杠，用作短麻绳，包捆鲜肉熟肉俱佳。卖马兰、黄花是一大收入。尤其是黄花，亭亭玉立，夏秋向人间献其黄嫩之美，雅淡清香。其可人处是黄昏之前，令人摘取晾干之后，即为著名的干菜，常与木耳搭配做卤、炒菜均可，是一种常用菜。黄大爷把干黄花洗净，再用温水将其泡开，切碎，和原泡汤一起下锅，烧开锅放些盐，把打散了的鸡蛋溜入汤内，即成“二花汤”——黄大爷说因为这汤有黄花和蛋花儿，所以叫它二花汤，好喝不腻人，而且自家都有，不用花钱去买。如果就用切成短段儿的黄花菜来和摊好又切成条儿的鸡蛋，再炝锅炒，我就叫它“炒二黄”！这有段真小笑话是黄大爷的兄弟（黄老二）很不愿意这菜叫“炒二黄”！爱开玩笑的黄大爷说：“那么，我和你不是也是‘二黄’嘛！管它叫什么名呢，只要好吃就行！”黄老二也苦笑着没话说了！

炸泥鳅、刀里加鞭、葱丝猪耳朵

好几里地长的湿地穿过村中，每到正月春季地暖时，从冬日干涸的湿地床中，冬眠入河底的大小泥鳅全蹿出来晒暖找水！人们就取其入花椒、姜末水中去吐泥味，待其急喝姜椒水儿后，把半死不活的泥鳅放进有盐及葱蒜末儿和好的面糊中去，由其自然弯曲，用筷子夹起放入油锅内炸熟供食。每年春季此菜几乎成了家家户户必做食的好菜！开肉杠的冉世林家门口正是一个湿地水湾处，故此，每年春季此处捉泥鳅甚多。冉世林则把泥鳅用开水烫过，去其滑皮及腥气，再去其内脏，然后大个儿的中切两刀，小个儿的就不切而共入卤肉汤内和肥猪肉一起炖熟，也很好吃。冉世林的好酒友是开酒铺儿的李锐，他管这个菜叫“刀里加鞭”（白肉片儿如刀，泥鳅似鞭），冉世林举着酒杯对李锐说：“你这是胡起名，来，喝吧！好吃就行，别胡给起名了……”李锐酒劲儿上来了说：“怎么是胡起名？这是学问，我念《六言杂字》，又会武术，把练武术的一手拿单刀，一手舞七节铜鞭的武艺形象给这些起名，这才是‘文武相通’！哪像你大字不识一升……”正说到此处，冉世林媳妇给端上一大盘子细切熟猪耳朵加细姜丝来，李锐一看就馋性大发，正显其吃上的学问说：“再淋上点儿醋，加点香油就更好了！”冉世林媳妇笑着对李锐说：“行啦，您就对付着吃吧！哪那么多的臭讲究呀！”李锐忙夹了一大箸子猪耳朵丝儿放到嘴里吃着，没容他还嘴，冉世林就对媳妇说：“甭理他，喝高了，净胡挑鼻子竖挑眼，怪不得人说这酒是穿肠毒药，喝多了就胡说……”李锐翻起白眼儿对冉世林夫妇说：“你们怎么不说那色是刮骨钢刀呢？”冉世林媳妇朝李锐骂了句：“缺德！”就忙着进里院去了。大家都知冉世林这位续弦的小媳妇比他小一轮（十二岁）还多呢！

蜜供麻花和肉烧饼

沙河镇上田记烧饼铺的田四裙儿头，因为他三个哥哥全在军阀队伍中当兵死了，他妈就给他起了个女孩子的名字叫“裙儿头”，希望他留在身边像个“妈妈的小棉袄”样的闺女，叫他承父业开烧饼铺。四裙儿头虽然长得不好看——脑袋是前奔儿头后迸子的，但脑子很好使，烙烧饼做炸货的手艺好，且更好改进。他在炸麻花的面条儿中夹着一条红色的面条，再做成麻花去炸，就成了又甜又好吃、如同蜜供的麻花，就管它叫“蜜供麻花”。他在制烧饼时，在其中包有酱肉的肉馅再以烙烧饼法做熟，既有芝麻烧饼的美味儿，又有不同一般烧饼夹肉吃的意外香味儿，叫“肉烧饼”又不同于一般内有鲜肉馅的烧饼，因此，买主多了，他也出名了。

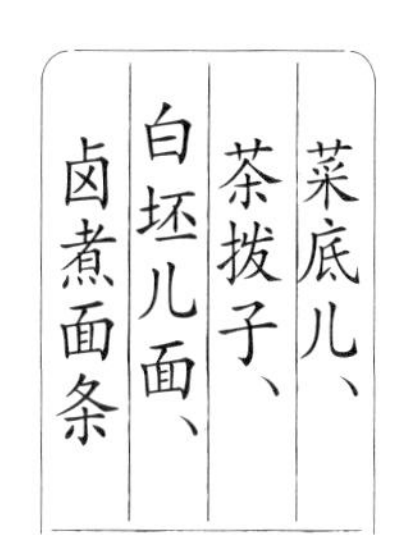

拉洋车的全三儿，靠卖力气自己攒钱买了辆新车。连杂院邻居刘大妈全夸他是“剃头不哭——好孩子”！全三不单车新，脑子也新，他专门拉唱戏的有名的“二路角儿”，他说您别瞧不起那是二路配角儿，可是能天天有戏唱，挣钱又省心，拉他们赶唱戏，戏完了挣钱拿戏份儿（工薪）回家，高兴时，真比正角儿给钱都多！刘大妈好说北京歇后语的俏皮话儿，说全三儿变拉二路唱戏的回家，会挣钱，是“黄鼠狼钻水沟——各有一条道”。真是如此。全三在饮食上也有“一条道”：拉二路角去唱戏，到了戏园子，他拿着角儿的专用戏衣和饮场的小茶壶儿，装成跟包的，戏园子的人都认得他。进去后，把角儿饮场的茶沏好，自己也有个在怀中揣着的小茶壶，偷角儿点好茶叶沏好了，把角儿饮场的茶交给后台专管“饮场”的人，他拿着自家的小茶壶到门口外推车专卖“卤煮火烧”的摊子上，买二两白干儿和一切“菜底儿”（卤煮火烧中不要其中的死面眼钱火烧的肉的部分）。喝完酒，再品着小茶壶中的茶水和人们“侃大山”说他一口就能尝出是张一元的碧螺春还是吴裕泰的毛尖！卖卤煮的和全三好开玩笑，于是说：“全不是，三爷喝的是由后台弄来的‘偷尖’！”大伙全乐了，全三也不在乎，照旧托着小茶壶回后台去听“蹭儿戏”。卖糖葫芦的朝全三摇摇头说：“喝着茶拨子还吹牛呢！”小孩子们不懂就问：“什么叫茶拨子？”大人们告诉他们：“别人喝剩的茶水或茶叶叫茶拨子！”戏散了，全三由卖卤煮的手中接过早给准备好了的一大茶缸子多加浓汤的“菜底儿”。他把二路角儿送回家去，再回到自己家门口的小饭馆中买半斤白坯儿面（不加任何浇头的白煮面条儿）。到家里，叫他媳妇再把面条儿在开水锅中焯一焯，盛在大碗内，把那菜底儿往里面一倒，那有特殊滋味的“卤煮面”就好了。这时的全三正如“拉洋车的到家，胜过督察”！他一看桌上只有一碟老咸菜，就高声叫媳妇：“把黄瓜面码儿拿来，没有码子怎么吃面哪！”媳妇气声气恼地回嘴说：“没有！没钱哪有黄瓜码呀！”全三听说只嘿嘿一乐点点头说：“行！顶得对牙口！”就吃完面，把一天挣来的一块二角钱往桌上一放，对媳妇说：“您过过目，看看够不够明儿个买黄瓜的钱！”媳妇一见钱这才笑了。全三儿往灶上一躺唱起了：“孤王把你封在了游戏宫……”

喜连双和龙凤面

孟广琏这小子，几乎十里八乡的人都知道他阴阳两面坑害人的东西。以前他装是峰峰道长的大弟子，知人生死，会开阴阳榜（看死人的手相，开具抬埋日期、棺材走向等事宜）的阴阳生，俗称是“靠拉死人手吃饭”的人。其实这种人除去装神弄鬼地胡说之外，是什么正事儿也不会干的！他靠这手活儿骗来个媳妇，还是个“久经沙场”的“风月能手”，干脆说吧，就是个吃人的“破鞋”，带来的女儿也不知是谁的种儿。后来他骗来的破鞋又跟一个日本翻译官跑了，这个翻译官又把这破鞋和女儿（外号“小金崽儿”）一同卖到张家口的窑子里去了。孟广琏苦想了三天，才想出个挣钱快，又吃喝活得快活的好主意——就投到日本1418部队驻在清河镇的大特务李永明手下，当了个三等的臭汉奸。他听说小南村大财主王墨林娶个十五岁的黄花闺女做姨太太，还大办喜事请名厨做什么名菜“喜连双”和用白汤煮的“龙凤面条”，他就想这可是天赐良机的好事儿来了。他腰中插上两把下插梭的德国镜面盒子枪，就只身来会王墨林，提出两个要求：一是和新娘睡头一宿的得是他；二是要吃好厨子做的“喜连双”和“龙凤面”。王墨林竟痛快地满口全答应了。喜连双是两个比一般肉丸子大些的丸子，其一是由猪肉、黄花、木耳、鸡蛋、绿豆团粉和一般丸子作料制成的丸子，要由其中伸出一条黄花菜来，与另一个伸出一条海参或别的海菜来，由海参、鱼肉（或讲究的用燕窝）等制成的丸子搭配一起炸熟，共盛一碗，用汤泡之，取“海誓山盟两相团圆”之意。龙凤面，是把一碗面条共煮熟后盘成龙与凤形，在龙上放上点红丝，在凤上放上点青丝，代表红男绿女，龙凤呈祥的意思。这是当地婚礼上男女在“合卺”坐帐时必合食之物。事后，只知王墨林顺利地娶媳妇过夜，却不见了孟广琏的影儿！有人知道王墨林早就是日本宪兵队黑山大佐的便衣队长了，当晚指使两个便衣将孟广琏灌醉装进麻袋里加两块大石头扔进窖坑深处了，两把盒子枪作为两个便衣卖给汉奸大乡长的礼物。这档子“黑吃黑”的事，王墨林只需向黑山大佐打个报告说杀了个八路军的卧底就行了！

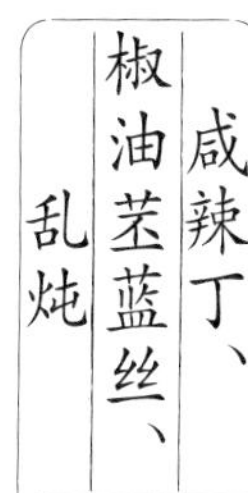

开肉杠的冉世林正因自己睛字不识，所以他特别敬重文人，常请村学的胡子畬老先生到他肉店里坐坐，一同喝口老

酒，吃顿家常饭。胡老正因嗜酒，家贫不可常得而犯愁，见世林派小伙计来请，就欣然而往。世林后院有大井台儿，台边有几棵大榆柳树，在树下放个小饭桌，井台上有得是可当小凳的大石头，随便搬来坐在桌旁就是了。先端上一盘“咸辣丁”——是把腌雪里蕻和大柿子椒、黄瓜都切成小丁儿一拌，只淋上些香油就成了。胡老先生喜其咸辣不重，正可口儿，又有黄瓜丁在内调和，又外加香油增其美味，真是“菜小而味全”。不等胡老品尽，又上来一碟“椒油苤蓝丝儿”，是把鲜苤蓝去皮切成细丝儿装入盘中，只淋上点儿花椒油和细盐一拌即成。那香鲜脆中带有苤蓝的菜辣味儿，其美就别提了。怪不得胡老先生夸其菜“此味只得天上有……”二人正吃喝得高兴，常帮冉世林捆猪宰牲口的张老大外号张老道的来了，坐下便吃喝。他也好念书但家里太穷，只念到《千字文》就回家帮老爹看庙学宰猪了。故此他管没念过书的冉世林叫“空醋瓶子”；管自己和认识几个字儿的人叫“醋瓶子底儿”；称那只能教学生认字，不会给学生开讲的冬烘先生叫“半瓶子醋”！可他非常敬重这位考过秀才的胡子畲老先生。听到胡老夸乡下粗小菜时，都能出口成章似的有文气儿，于是就拱拱手儿问胡老：“您屋中墙上挂着个光有字儿没有画儿的‘君子不器’是什么意思?”胡老见问此事，就长出了口气，“唉”了声说：“这是《论语》上的一句话，朋友写来送我，以励志向上；可我虽为君子，能不器，而所挣之资仅能糊口，其奈我何……”问答正值紧要关头，世林媳妇端来一小盆子“杂炖”，她没文化却心直口快，可就恼人咬文嚼字儿有话不直说，于是听众人说什么“君子不器”就说：“什么君子，我们这儿没有荤子(君子)，只有蘑菇；什么不器，根本就用不着不生气(不器)，干脆你们别瞎讲说啦，趁热儿快吃吧!”张老道把一个瘦肉瓜儿夹进嘴里嚼起来，胡老也忙把块肥瘦肉夹进碗里吃起来，一时真鸦雀无声，唯闻饭菜入口之音了。所谓的“乱炖”，就是把卖猪肉剩下的刀头刀尾和从后门儿汤锅扔下的大骨上剔下的肉头儿一起下锅加盐坐锅共炖熟上桌，也很解馋而好吃!

豆馅团子和炒豆腐渣

许二奶奶就好在她的大院子里种红小豆。每逢过节她就用红小豆糗豆馅儿，在馅中放点黑糖。再讲究点儿是到南城的南庆仁堂药店，去买点蜜饯桂花，那团子蒸出来真比月盛斋的点心好吃。特别是许二奶奶每年八月十五往三福晋府送去的小豆馅团子，团子皮儿是白发面的，顶上头还有“五福捧寿庆团圆”的大红印子，那是许二条在福晋府膳食房做点心用过，二奶奶还留着用的。老福晋一看见这团子就不由得“思旧”，总丰盛地赏评二奶奶。自家吃的团子是用棒子面做皮子的，也别具一种香甜。据说老福晋临终前还想见见许二奶奶，还想尝一口她蒸的白面豆馅团子。如今老人们均已去世，可是这种豆馅团子的用料及做法却在许家辈传下来。我吃过许二奶奶做的团子，也吃过她儿媳妇做的，在 1942 年，我回老家再想吃许家的豆馅团子就吃不成了——日本兵把村子糟蹋得不成样子。许家只剩下个许二奶奶的孙媳妇带着个三岁的孩子，大人们全叫日本兵用机枪打死了——硬说这村是“八路村”……许二奶奶的孙媳妇和村中的许多老太太到镇上豆腐坊去弄些豆腐渣来，混上些玉米面、葱花和盐炒着吃。“炒豆腐渣”是那时候穷人度命的粮食。今日虽无人再吃此物，但，这也写下了一段“烹饪史”！

扁豆面、扁豆炸鱼

人怕见旧物，想往事——总引人回忆那割不断扔不掉的亲情。翻旧报，见有《广西日报》发表的拙作《锦书难记》，又有八桂诗人刘清宏的《读〈锦书难记〉有感》。这两篇文章均是怀念远去台湾的亲人的。我更想大妹志丽来，她人好、手巧，而命不好——两次失败婚姻打击大，又随暴躁酗酒的丈夫去了台湾，至今“杳如黄鹤”。记得往昔父母因紧急事往姑母家去，才八九岁的大妹志丽给我们兄妹三个孩子做“扁豆面”吃。她把从小园子中摘来的扁豆择洗好，熫锅加盐多放点汤，开锅后，再把生面条放在锅中的扁豆上，盖上盖子，焖熟了锅中的面条，扁豆也熟了。盛给每人一碗，又香软又好吃，连菜带饭全有了。真不知道九岁的大妹妹是什么时候跟妈妈学到的这一手儿。最叫我们欢喜的是，到吃晚饭的时候父母还没回来。大妹淘米做饭，她给我们每人饭碗上放一条“扁豆炸鱼”——她把母亲走前拌好的肉馅儿放在用刀剖开肚的扁豆里，再把这扁豆在有盐的面糊中一滚裹，放在开油锅中去炸熟，就像一条条炸鱼了，面裹肉菜，真好吃。当时，我们都管大妹叫“大厨娘”！待到妈妈急着回来看我们这些吃不上饭的孩子时，我们笑跳着说我们早吃好又吃饱了……母亲搂抱起大妹，两个人都泪汪汪了！我至今一想大妹，就自己做这两样饭菜吃！吃着吃着，想起这些往事，不觉已热泪盈眶了……

万花肠、鸡蹄冻儿

王小宝头是外公尚文玉的徒弟。有一年，我家请他来做“年菜”（旧时过年时吃的菜）。王小宝头好创制些新菜。一起跑大棚子的厨子都说他离经叛道，外祖父却说：“菜，都是人创的，只要不违味性地胡来，就可以……”小宝头把新宰猪的大肠里外用醋、碱水洗净，然后往肠内灌上蜜枣肉、泡开的豌豆粒儿、有咸味儿的肥瘦猪肉丁儿及好绿豆团粉浆。把大肠系好口儿，放有姜、蒜、葱及花椒、大料、盐调好的汤水中去煮。熟后凉凉，横切圆片儿上碟，则色香味俱佳，名“万花肠”。他又把剔去大骨的猪蹄儿和鸡共剁成块，在加盐及姜、花椒大料等作料的汤中煮熟，然后除去汤中的作料等杂物，再煮开锅时加入些青蒜末儿，待凉后稍切装盘上桌，则肉汤明亮，蒜青如星，再食其中的猪蹄肉及鸡肉，则凉美不腻，是下酒或做凉菜用的佳味！小宝头说这是“粗料细做，为大厨之道也……”

张氏炮羊肉、野兔毛豆汤、知音肉糊

旧学校培养出来的学生们和我这“老右派”一起到北京房山县去接受贫下中农教育，进行再改造。我跟一伙男子入了“沙大男系”（人们管挖沙子的沙坑叫“沙坑大学”简称“沙大”，挖沙子的男队叫“男系”）。一天正是中秋节，领导给了些羊肉，自称是“烹饪能手”的张庆文，就大显身手，他边切葱切肉边给我们讲切菜切肉都讲究刀工……大葱炮羊肉要油热火旺……待他炮了一大盘子肉上桌时，狂回首，惊了一身冷汗——案子上有一大堆切好了的葱！原来是炮羊肉忘了搁葱！张庆文向大家抱拳说：“请诸位千万别将我炮羊肉没搁葱的事传出去，不然我这一世英名付与流水……”大家笑得直不起腰来，比他大的马连山却说：“没关系，这正是‘张氏炮肉’的特色……”庆文只摆摆手儿说他日后必定能把此偶然过失补回来！凉风阵阵，大庄稼全被收割完了。赖以存身的地方少了，正如老乡常说的歇后语“秋后的兔子——发愣”。张庆文从沙窝里一下子逮住大小一家子四只兔子，这下子他可有了补敷过去炮羊肉忘了放葱的丢人的机会啦！他用兔肉加鲜毛豆加作料共做成“野兔毛豆丸子汤”，再淋点儿香油和香菜末儿，真好吃又好喝，大家都夸好。此时的张庆文又成了挺着肚子自称能一专多能的张先生了。马连山就指着那挖沙子用的板儿锹向张庆文说：“张先生上工时别忘了带板儿锹！”张庆文瞪了他一眼，也没说什么。有一次，我们躺在沙坑里休息，聊起找对象的事，大伙都说连山找的农村姑娘是找对了……连山却叹口气说他媳妇“不知音”！庆文说：“什么是知音？你一拉《蝶恋花》，她就掉眼泪，哭饿了一揭锅盖，什么都没有，吃‘知音’？你们能一听队长敲钟，赶紧抄起板锹去挖沙子，挣五分（工分）那就是‘知音’！还有什么‘知音’呀！”后来，连山闹病吃不了饭。他媳妇把肉切成细末儿，把鸡蛋黄儿捣碎，用这两种吃食和白面熬成流食，一勺一勺地喂他，直到把他将养好了。张庆文对连山说：“这也是真知音，别胡思乱想了……”转眼到了农历新年，有人在张庆文的门框上贴了副对联：“张氏炮羊肉一世英名付流水，野兔毛豆汤满门忠烈飨馋人”，横批是“知音肉糊”。据说当时有“积极分子”向领导汇报了“臭老九贴门联”。领导看看内容没什么反毛泽东思想的地方，也就不深究了。

李逵鱼、火箭包

民间的粗食或里巷日常小吃，都是活人养命的必用之物，但均不可胡来，比如，没有拿糖葫芦蘸卤虾吃的。可是当今在某个公园大餐馆里居然出现了用糖醋鱼佐蛋糕成为名餐。董师傅本是白案上烙大饼出身，硬要把炒菜改一改。这也无可厚非，但不可胡来。他曾到学校的烹饪专业问做鱼菜的师傅：“你们怎么使鱼做出来嫩黄微黑呀？”做鱼的师傅告诉他收拾完后，在鱼体两侧花（划）完刀，用手拍上点酱油。董师傅就自己琢磨着把鱼收拾完后，在酱油盆内浸泡后，再入油锅炸，其色当更美了。没想到用此法炸出的鱼过黑了，同志们称之为“李逵鱼”，因为鱼更黑、更难看了。笔者当时住在大蒋家胡同西口中的小蒋家胡同二十一号。院住着滕雪艳，是正宗的青衣兼工武旦的名角儿，曾在石家庄市京剧团任副团长，正团长是四大须生之一的奚啸伯。她人缘极好，又好诙谐，有一天她从外边风风火火地跑进院就喊：“可了不得了——火箭都打到大蒋家胡同口儿了……”大家都不信。我看见大蒋家胡同口外的前门大街路东的一家很有名的大饭馆的橱窗里，果然有一个活似真火箭的面制品在展出。细长的身子，头顶是个红色的尖儿，尾巴是炸弹形的三片尾翼，上写“炸弹包”三字，说是响应时代的创新作品。系由“澄沙包儿”演变而来的“豆沙包”，并预备推广之，向大众兜售！据说成功后，还将有“飞碟烧饼”和“榴弹汤”出世！大家说这真是令人笑掉牙的胡干糟改食品！

虾皮熬南瓜、虾皮鸡蛋炸酱、青白擀条、蜜葫芦

别看戴妞子是个小女孩子，可她比男孩子还顽皮，还好打架！她和我是发孩儿，几乎天天在一起玩，可她总是事事儿要拔尖儿。为争一个胶泥窝子，我俩闹翻了打架，我是我们后街的孩子头儿，她是前街孩子的头儿。我们把他们打败了。妞子到我奶奶处去告我。结果是爷爷强拉着我到妞子家去赔不是（道歉）。妞子她爷爷和我爷爷一见面儿，就乐着说："要不是这两个不让人省心的孩子，还真没工夫叫咱们老哥俩到一块好好喝阵子聊聊……"结果连孩子打架的事儿一字没提，老哥俩就边聊边喝起酒来。妞子奶奶给了我和妞子一人一个煮鹅蛋。给老哥俩上了一盘鸡蛋炒韭菜、一盘子五香花生豆和一盘腌肉炒青蒜，最后上了一大碗虾皮熬南瓜。我吃了说好吃。妞子一指胸脯儿说："这我也会做！"戴爷爷笑着指指妞子说："这小丫头人小心大，是她奶奶做的菜，她全学会了。"妞子偷着对我说："那虾皮熬南瓜最好做：把南瓜去了其中的瓜子儿和瓜把儿，切成小方块往炝好了锅的锅中一倒，放点水后放虾米皮，尝尝不够咸再放盐。开锅后盖上锅盖，多焖一会儿就自然熬出南瓜汤儿了。"她笑指着母亲端来的"虾皮鸡蛋炸酱"说："大伙常说妈的'鸡蛋炸酱'是一个鸡蛋一把盐，咸得没法吃！妈说盐少了不够吃。后来才少放盐，搁些自家从稻地水沟中逮的虾做成的虾皮，待干后就剩皮，没有肉了，但是，那也比不用它，多放盐好吃……"母亲用指头戳戳妞子的脑袋说："吃着还堵不上你的嘴！"这种炸酱的味道也很好吃，后竟成了这一带的普通食物。至于我们吃到的"青白擀条"，浇上那炸酱就更好吃了。妞子告诉我擀这种面条儿千万要记着是"青三白二补面黄"：青指发青灰色的荞麦面，用它三成；白指白面，用它二成。共和成面擀成薄饼片，把饼片折叠好及用刀切成条儿时，防面片粘连要随时撒上些黄色的玉米面儿，叫"补面黄"！那一天真没白过：大人们酒足饭饱；我和妞子早把那打架的事儿忘了，又好如一个人啦！临走时，妞子又把一个很好玩的，里边盛着半葫芦蜂蜜的"蜜葫芦"送给我。她说这是在她家荞

麦地旁放蜜蜂箱的琪妹妹送给她的，她说她只喝了半葫芦，送给我喝。七十多年前的往事已如云烟，但其美食美味尚留在人间！

四丁炖排骨

别的铺户栈房等买卖地儿，每逢农历的初二和十六，都吃“犒劳”[1]，每人一碗炖猪肉。不知是谁传下来的，我们青龙镇是吃“四丁炖猪排骨”。每逢这种日子，许多外来的卖猪肉的车子，全来此卖猪排骨。许多人都认为这“四丁炖排骨”比那腻人的炖猪肉好吃。不过做起来比炖猪肉麻烦，小学徒更喜爱的是可三碗两碗地吃——管够！那四丁是胡萝卜丁、土豆丁、豆腐干丁和口蘑丁。先把浸泡的口蘑丁连原汤和排骨加“肉料”[2]一起炖，那三种丁儿则入笼屉蒸熟，再把这三丁和炖排骨、口蘑放在一大锅内熬，见两开锅，就可以吃了。每逢此日，我就跑到镇上的店里“打牙祭”！那四丁炖排骨真色可观、菜可吃！

红心粽、红将军、黑将军

每到端午节，我的同学孟繁启都会向我讲起他如何苦苦地思乡，尤其是想到绿肥红瘦时五月节祭屈原的动人情景：孟家湾原是个背山离大河远的小土山村，因背西北风又朝阳，所以果木花草都熟得比较早，可就是缺水。据说是一位姓孟的大官儿因得罪了皇上，就贬为知县，并把孟姓九族都迁到这里。孟知县用几年的工夫才和族人一起开通了这万里长二里宽的人工运河，把大河水引来，使这小村的人好过起来，孟知县和村民们特别敬仰屈原。在河头建了个供奉屈原的庙，到五月节时，各村都来敬拜屈原，听大戏。这里虽然没有龙舟，可各船上全敲打锣鼓，把祭神供搬子放在水里，那搬子是用鲜苇秆和马兰编成的，上放着粽子和时令果品——樱桃、桑葚等，还烧三炷香！

1 犒劳：俗称每月中或月底商店等都吃肉以谢神、犒赏同人；后指“赶嘴”到别人家去吃好食物。

2 肉料：炖肉用的调料，由多种中药组成，讲究到北京同仁堂药店去买。

庙里正中坐着屈原的塑像。前面的供桌上，正中供着红心粽：代表村民（粽）总是赤心（红樱桃）敬拜屈子。其实就是用红樱桃做馅包成的江米粽子。红心粽两边儿的供品，更是神话了，可它代表了历代村民“爱正驱邪”的民心、民风：左边是疾恶如仇、讲义气的“红将军”——关羽，怀抱着蒲剑（蒲叶），就是一大碗山里红中间插着一丛蒲叶；右边是一大碗黑桑葚中间插着一丛艾子，名曰“黑将军”，象征着“仗义千秋”的张飞。用这些村中自产的朱果实物来给屈原上供，且别笑其是不懂历史，而正是代表了不同时代的“民心”！

三味菜帮、骨头白菜、虎拉车

杨殿果自打从清河军官学校的“查马长”职位下来，算看破红尘了——一个土混混仗着当小排长的小舅子，都能用马鞭子抽他十几下子，强要个马跑了，他还得担当丢马的责任！赌气不干了，回老家来靠老丈人的十几亩薄田和一个苹果园子生活。可又嘴儿馋好琢磨吃喝。媳妇说他是“宁可屁股受苦（挨鞭子抽），也不能叫嘴头儿受苦（爱吃喝）”。他把大白菜的外皮内的“二菜帮”切成小四方块儿，淋上香油炸的辣椒油、花椒油和细盐，拌和好之后，就着白干烧刀子一喝，喝美了还拍着大腿唱什么“我本是卧龙岗一个散淡的人……”听到他媳妇高声吓骂着：“瞎叫唤什么！快吃饱了去浇园……”他才不敢再唱，盛碗“骨头白菜”就着小米干饭吃起来，心想着这送菜到镇上从马贵猪肉杠要来的大猪骨头，用斧子砸开来熬白菜虽然好吃，但是人家都说羊肉配白菜比猪肉配韭菜还好吃。他就决定明天早晨往镇上送菜时，向羊肉床子上的白掌柜要些羊骨头来熬白菜，看看怎么样。第二天，用羊骨头一熬大白菜，果然是另有一股子香美。他忙盛一碗敬献给“媳妇大人”尝尝，“媳妇大人”吃着微微一笑，用筷子指指他说：“你真会‘溜西瓜皮搬桌子——穷排场中寻美味’！”没想此一举竟能得到“媳妇大人”的赏识与笑奖。所以当他到上打“吊杆儿”浇园时，不喝井水了，去摘果树上的“虎拉车”吃，媳妇也没骂他。他明知道“虎拉车”（又叫“闻香果”）是北京地区特产的水果。它如苹果大小、绿白中又有些爱人的红晕，口感松软而脆，不像有些苹果肉吃起来像嚼棉花似的无味而烦人……杨殿果更知道这园中几十棵“虎拉车”果树是老丈人和城里的万顺大鲜果局子订了“包干枝”[1]合同的，不能私摘一个果子。万顺果局子是用它包好“蒲包”[2]卖给“南鲜”果店当贵重的北方果子卖的，并对老丈人说，这几十棵果树能保一家人半年多的“嚼裹”（指生活费）。杨殿果是个失去亲人的南方苦孩子，靠自学成才和自俭有了几个钱，因没有靠山，只当了个“查马长”，娶个当地农家女。我和他是多年的邻居，他看到我家南迁时，很伤感。他送给我一张照片，在我的纪念册上写上句话，以言其志：“生死农家常有乐，何处黄土不埋人。”

米汤根儿、麦面饼、炒黑豆芽儿、野菜粥

1940年秋天，三个日本兵正巡查京张铁路，也不知是谁从路旁的高粱地里扔出好儿颗手榴弹，把日本兵炸得两死一重伤。日本兵查了好多日子也没查出扔手榴弹的人，过了好些日子，看青的[3]张二才从大苇塘边儿上背回个快死的年轻小伙子。看他穿着中国军队的破军装，腰里还别着一个木杷儿手榴弹，张二就点点头明白了，叫媳妇先喂点“米汤根儿”[4]缓缓气儿。张二媳妇说：“他没有外伤，都饿成这样了，喂点儿米汤根儿管什么……”张二催媳妇快把米汤根儿见见热去喂，一边对媳妇说：“老娘儿们懂得什么！这人吃点生玉米、野菜野果的又拉肚子又不解饿，那肠子早乏粘了，吃凉的、硬的都不行，得先喝点米汤根儿缓缓气儿才能吃东西……”他媳妇听他一说，也就不言语了。见这小伙子缓过气儿来了，张二媳妇就把热好了的“麦面饼”和“炒黑豆芽儿”[5]叫小伙子吃，他向张二夫妇抱拳拱拱手。张

1 包干枝：冬季果店出资向果树主买好，来年果树结的果全归果店所有。

2 蒲包：旧时用香蒲叶编成的包皮，内装果子或点心等。上有红色的宣传该店的单子、用红麻绳捆好送人。

3 看青的：专门看管庄稼的人。

4 米汤根儿：煮米饭剩下的稀汤底儿。

5 炒黑豆芽儿：把黑豆发成豆芽，炝锅炒好，当蔬菜吃。

二一摆手说："吃吧，兄弟，穷人家没什么顺口好吃的！这是你嫂子给大户家磨面时，顺手儿拿来的，磨完没出白面的带麦子面，加上点儿油盐烙成饼，就是最上等的好吃食了……"张二媳妇又给他把用野菜加玉米面熬的野菜粥端来，叫他慢慢地喝了。在张二家偷偷地养些日子后，那小伙子还要去找军队打鬼子。张二说国军早撤走了。就把他介绍给八路军。这小伙子后来就是日本驻清河镇的1418部队头子出一千块袁大头买他人头的"雷头风"！结果直到日本投降，日本人也没买到他的人头，反倒叫"雷头风"砍了几个鬼子和汉奸们的头！

双面炸油饼、两面炸糕、芝麻饹馇

白三儿心想白家三辈儿卖炸货，没想到杨老柱头的炸货花样儿，想夺白家的买卖。于是白三儿就在镇北头又开了个专卖炸货的铺子，他家最拿手的招儿，是给他家当伙计多年的阎五叔说的，往炸货的花生油中兑进五分之一的猪油，可使炸出的食物色好滋味好。他做的"双面炸油饼"是在未炸的油饼上两面都贴上黑糖面的圆片片，再炸，则更香甜；"两面炸糕"是用黄米黏面片和白色江米面片合起来，中间装有甜澄沙馅的炸糕，放进油锅里炸熟，色两种，中夹有咖啡色的心馅。这是花样翻新！至于他在饹馇的圆面片上先刷上些黏糖色，撒上点儿芝麻再卷成圆卷切成小段，放入油锅炸出来，是又甜又脆酥的好下酒菜，也可当小吃。故此，白三儿卖的"芝麻饹馇"也出了名，很受酒鬼和儿童们的欢迎！

五香菱角、糟白条儿、过桥苦藚菜、过桥顷地菜

真正的踏青是杨柳才黄的新春季节，不应是花团锦簇到人山人海的公园去踏青，刘芝谦说那不是踏青，是去"踏人"！京郊野地不乏踏青佳处。如由北京德胜门外一直往北，经清河镇、沙河镇，直至明十三陵，原有一条官道，多年后即被踏成存水的湿地，旁另有一条可行之道。但沿途花草

水木足可供人春游。尤其是清河镇因水质好，多有造酒的烧锅。因此，“清河酒”出了名，小酒馆儿不算，有四个有名的大烧锅：南烧锅“涌泉”、西烧锅“润泉”、北烧锅“永和泉”和西三旗村的大烧锅。在这条长达百里的湿地、土路和村镇上，可供踏青的去处，几乎处处皆有。尤其那供人食饮和歇脚儿的小酒馆、大饭铺比比皆是。笔者曾记得有个名曰“小碗居”的小酒饭馆就很有特色，大家都非常喜欢它制售的几样小菜，更能迎游人口味。五香菱角：当地的小孩都当歌唱：“青菱小，红菱老，采菱卖给小碗居，给的钱儿真不少……”小碗居的女老板用五香调料熬水煮菱角，那味道是一般煮菱角比不了的。踏青的人花不了几个钱，就能买一大盘“五香菱角”来下酒助游兴。女老板很会既叫调皮的小男孩玩，又能使孩子们挣点钱花。她把孩子们从湿地小溪里捞来的白条儿鱼收拾好后，用做酥糟鱼法做熟，还带点儿原汁，就成了下酒就饭吃的“糟白条儿”。菜园子篱笆根上每年自生自灭的山药豆儿，多穿成糖葫芦卖，可老板娘却把它加点蜜饯桂花蒸熟了装盘后，再在上面放上几粒红红的“蜜饯榅桲”[1]，浅黄色的山药豆配红榅桲放在大白碟子里，格外显目鲜活，吃起来又是香甜有点儿酸味，那种受用就别提多美啦！真是在大饭店里吃不着的。特别是小碗居的“过桥苦蕒菜”和“过桥顷地菜”：过桥，本是吃干炸丸子类菜肴时，用筷子夹个丸子，到设在它周围的一小碗卤汁，或一小碗蒜拌黄酱和一小碗花椒盐儿里去一蘸再送进嘴里去吃，这么夹干炸丸子到小料碗，再从小料碗进嘴吃，就同走过水桥梁似的，所以叫过桥。女老板把这种吃法移植到吃苦蕒菜和顷地菜上来，为了中和菜的苦味儿，又加一小碗芝麻酱和一小碗白砂糖，这可称是烹调技法上的锦上添花，使顾客很喜欢吃这个菜。我的先师陆宗达教授常对人说：“这女老板是把顾客的心理琢磨透了！”听了这话，女老板又联想起前年有踏青的老中医说在北宋嘉祐年间的医书《嘉祐本草》和元朝大名鼎鼎的医食养生书《饮膳正要》上都说苦蕒菜无毒，可食，并能治面目黄，能强力止困，外用可以敷蛇虫咬等外伤……她想古

1 蜜饯榅桲：用液体糖蜜浸了的一种似山里红的榅桲果，是冬日北京鲜果店常卖的名食品。

代医书上都说苦荬菜好，陆教授又夸这菜好，女老板更对事理人心有研究……女老板高兴极了，就请教陆先生挂在中间屋中的那副对联中上联的末一字念什么，怎么讲。陆先生见对联是“沽酒店开风亦酥，卖花人过路犹香”。先生见落款是“郑板桥”，知其书法虽为仿写，但也可观，尤其是夸那联的意境完美高远。女老板说：“我是问您这上联的末一个字念什么。我们大伙儿都不认识。问过左近认字最多的骟猪[1]的胡二麻子，他说这字是‘醉’字的别写，还说我们没学问，不懂字……您说是不是这样？”陆先生沉吟了一会儿说：“不是这样儿！这个字应当念‘zhū’，是说酒店一开门儿，连风全带斟酒和饮酒的酒香味儿！”女老板“嗯”了声说：“这就明白了！怪不得人总说胡二麻子净胡说八道！许多人都说‘醉’字就没有‘别写体’的这个字儿……”听说后来有人告诉胡二麻子他别再胡批乱讲了。胡二麻子用手摆弄摆弄他自行车把上用铁丝挑着的一大束红毛[2]，摇着头说：“也许因为我认的字儿多，又着记错了，正因为认字多了没有用处，还净出错儿，我才改行骟猪了……”胡二麻子装没看见女老板朝他撇嘴羞脸蛋儿，忙骑上车跑了！

三蛋铺衬汤、白水两样面条

我外祖母总爱叫大姨姐的小名“大爱子”，我们自幼儿就叫她“爱姐”。姐很爱听，说“爱”字儿充满了亲情。爱姐烹调手艺高，家里家外三十多人的饮食全由她带着阿姨冉妈来做。故此，当她出嫁走了时，冉妈狠哭了一天。我们再也难吃到她给我们做的蛋汤和擀条儿了。外祖母家是南北通长的三进四合院，前面四合院的南房倒开门面是饭馆儿；后院开后门，开着养鸡鸭鹅的场房，因门外正临着大河沙滩，还有许多柳树。场工们每隔一天就要往城里的烤鸭店送鸭子；那鹅主要是卖给订婚家用的；养鸡到长成“灯笼棵”[3]时，公鸡卖到饭馆做“笋鸡八块”[4]，母

1 骟猪：阉割猪的生殖器官以使其不生育，生好肉，是兽医的一种专业。

2 一大束红毛：是骟猪专业的幌子，往往立在骟猪人的自行车的车把上。

3 灯笼棵：指动、植物长到和小长圆灯笼一般时。

4 笋鸡八块：小鸡和红柿子椒共切成块炒熟吃，是有名的时令菜。笋鸡：指幼小的鸡。

鸡下蛋又卖予生小孩的人及病人熬汤做菜。因此，每天都能吃到这三种禽蛋。大妹妹春芝生病时，爱姐给她做了一盆子好吃的“三蛋铺衬汤”，春芝才吃一小碗，剩下的都给我们这伙小孩吃，我们才知道爱姐为什么一回做那么多铺衬[1]汤。四妹春玲看爱姐把鸡、鸭、鹅蛋都打碎混在一起加料水[2]及细盐来和面，把和好的面擀成薄皮，再用手把薄皮撕成铺衬样的小片片，放在开水锅里煮一下就成了，连汤带片儿地盛在碗内白净素雅又可口。如果爱吃醋辣味的，可点上点儿醋、酱和胡椒粉，如再漂上几叶香菜叶，则在美汤中又添上几小片绿香！爱姐把这三禽蛋的汁儿和“细罗面”[3]“榆皮面”[4]和适量的花椒盐[5]搅均匀，加水和好，擀成薄片，撒点玉米面当防粘连的补面，然后折叠面皮，切成细条，下锅煮熟，盛在碗中，不加任何浇头，即可以吃，人称为白水两样面条，香美而见其他浇头和“面码儿”。如今，爱姐和冉阿姨都已作古了。我们几个吃过此种美而香的乡食的人，都八十多了，可是我们还念着这种吃食，怀念那些有亲情的人。大家就试着照原样儿做了几回，那味儿还真差不多！大家都说清明节快到了，这样做吃食比那上坟、烧纸、哭儿声强！

私酒、靠柜酒、炖杂鱼、牛蹄筋

水湾子小营的大灰板是有名的大水码头[6]。无论装或卸船以及来往码头运货物的都少不了装卸工和“扛大个儿的”[7]及“船夫”[8]。因此附近就开了不少的饭铺和小酒馆。王寡妇的小酒馆顾客最多，这不仅因为她人和气，还因为她的酒馆离码头最近。她卖的是“私酒”[9]，卖最不赚钱的“靠柜酒”——累得恨不得就地躺下睡的穷哥儿们来到店中，靠着柜台喝二两，也舍不得买盘酒菜，就随便扔下两个铜子儿，

1 铺衬：原指小块的布头或破旧陈布，在此借指面片的小而薄。

2 料水：用纱布包料物拧出的水。

3 细罗面：指旧时用细眼罗筛过的玉米面。

4 榆皮面：用榆树的内皮磨成的面粉，有黏性，可掺在别的面粉中供食。

5 花椒盐：把花椒碾碎与细盐一起炒过，当调味料用。副食店中有售。

6 水码头：专门供由水路来船停靠的地方。

7 扛大个儿的：指靠背大个物品的人。

8 船夫：旧指用船载人或载货的人。

9 私酒：不上捐税私造的酒。

顺手从柜台摆着的“五香烂蚕豆”或“甘草花生仁”[1]盘中，捏俩扔到嘴里嚼着就走了。王寡妇不拦也不说什么。座儿上的酒客们朝王寡妇挑挑大拇哥！王寡妇只一笑，又去忙着打酒端菜了。这种喝柜台酒的人虽穷，可最有良心——往往在雨后，喝柜台酒的人从雨后的坑洼车沟子里捉到杂鱼，只往王寡妇的酒馆中一扔，人就走了。王寡妇追喊着给鱼钱，那哥儿们就像没听见一样，头也不回地走了！王寡妇只好将这鱼和卖杂鱼的白老头送来的杂鱼一齐修理干净，多下调料，还放入些肥猪肉片儿，外加点儿白糖和黄酒炖上。虽然叫“炖杂鱼”，可那滋味真敢和大饭馆做的炖鱼比！有人说比大饭馆的强……送牛蹄筋儿的来，王寡妇给完钱，总要他吃完饭再走。王寡妇说：“这年月，在市面上混，都不容易，能帮的就帮……”她就一个闺女嫁到天津三条石，丈夫死了，混不下去了，就带个九岁的小小子来投奔她。她叫闺女承她的小酒馆。她告诫闺女：一定要善待顾客，尤其是穷卖力气的；一定要做买卖凭良心，卖的食物要干净，不要赚昧心钱[2]！

芝麻酱糖饼、离娘肉、腌杏仁

真是老人们常谈的“隔河不下雨，百里不同风”：一条大河分南北，河南下大雨，河北却是万里晴空。河南闺女出嫁时，母女分吃小母鸡肉是“离娘肉”；河北则在闺女出嫁时，母女们相抱痛哭一场，叫“离娘泪”。表姐杨翠珍是个苦命姑娘——姑母生她时即因难产而死。姑父跪着把她送到母亲的手上，就跺脚走了……表姐始终管我母亲叫“妈”。到姐姐十八岁时，正是“卢沟桥事变”，姐姐向母亲表示：她愿和那个杀了好几个鬼子、满身是刀伤的国军连长远走……母亲问清楚这个在我家地窖里养好了伤的连长，佩服他俩有中国人爱国的志气，就同意了。那天，母亲把白面团擀成薄饼，在上面抹上芝麻酱，撒上黑糖，卷起再擀好，烙成了我们非常想吃的芝麻酱糖饼。她又忍心地把那只毛腿凤头的小母油鸡用好酱

1 甘草花生仁：一种用料有中药甘草在内炒熟的花生米。

2 昧心钱：用坏了良心的法子挣来的钱。

炒成“离娘肉”，叫表姐和那个连长吃，可是他们谁也吃不下去，全满含着泪水，望着母亲，却说不出话来……表姐夹着那“离娘肉”送到我们这些不懂事的孩子们的嘴里……在天色蒙蒙亮的秋风细雨中，母亲抹着泪，叫我把一小罐腌杏仁送到翠珍姐手中——以表“俺祝去人幸福”！表姐抱住小罐子跪向母亲磕头痛哭……大家全哭了，连我们这些那时还不太懂事的孩子们全哭了！后来，我才明白这真是“丈夫有泪不轻弹，只因未到伤心处”！

黄豆嘴儿炒豆腐、青椒拌豆腐、煮栗子

靠“开殃榜”[1]吃饭的程半仙，回到家里先用碱水洗洗手，以杀其晦气。他老婆家是开豆腐坊的，家有小菜园子，又有好几棵栗子树。故此，她常一个钱也甭花地从娘家拿菜来，到家一做，就算给程半仙做好的酒菜了，主食是家里剩的窝头、贴饼子之类的，上火熥熥就成了。单说那“黄豆嘴儿炒豆腐”：主料全是从娘家顺手拿来的，黄豆才泡出小嫩芽儿来，是娘家每天都卖的豆儿菜，那豆腐就甭提啦。这两样拿回家来，只炝个锅儿一炒和点盐儿就行了。从娘家小菜园里摘几个青辣椒回来加点油盐一拌和就算是给程半仙下酒的凉菜。至于那煮栗子就更省事了——娘家妈每年都把栗子用厨刀切开，放到水锅里，加盐、花椒、大料和姜等一同煮熟就成了。在娘家那盛煮栗子的大盆里舀两下子就够吃的了。程半仙看看老婆给他准备好了菜，就从打主丧家拿来的酒瓶子里满满倒了一杯，一口气地就喝了，赶到倒第二杯细品这三样菜时，才惋惜地向老婆说：“可惜没个肉菜啊！”看老婆瞪他一眼说：“你就忙塞吧，‘拉死人手’的还配吃什么肉菜？”这时程半仙才想起还没向老婆交挣来的钱呢，忙把钱带笑地托献到面前，老婆才一笑地忙抓了过去！程半仙叹了口气说：“这儿的素菜也这么贵！”

1 开殃榜：旧时，死了人要请看阴阳的人，根据死人的死时辰、手相，来开出棺木什么走向，头朝什么方向等。

糨子、糕干、糖金刚、豆面拐棍糖

谁都知道糨子是用来糊窗户或粘东西的，可是它在旧时是一种使幼儿活命的食品。穷人家生小孩，因母亲没有奶汁或奶汁少，不够小孩吃的，就用糨子代之，往小孩口中抹，以代母奶，使小孩活命。母亲曾教育我们要知福，她指指姐姐说："她就是靠吃糨子活过来的。那时候一般人是吃不起牛奶的，谁家用'糕干'代奶，那就算有钱人家了。"所以人们总说："穷糨子，富糕干，活过来才能吃个'糖金刚'！"那时，讲究"杨村糕干"，是用微黄的纸儿包着，里面是一寸见方的小方块儿，可用温开水化开，代奶喂养幼儿。我曾在别人家见过此物。但不知杨村在哪儿！至于大糖子儿"糖金刚"是我小时候常吃之零食。记得"挑八根绳"[1]卖"耍货"[2]的"小八子"担子上就有白的绿的"糖金刚"。我们一听到小八子的小糖锣声，就磨着母亲，要钱去买着吃。那天，母亲多给了几个铜板，让多买几个，和弟弟妹妹等分着吃。可是我一个都没买回来，只买回一组小泥玩具来：一个小毛驴上骑着个红裤子绿袄的小媳妇，后面跟个背着包袱，拿着赶驴鞭子的"傻柱子"。在那驴的后腿上有一根铁丝做的圆圈儿套着，可以转动，另一头伸出来穿在傻柱子的脚板上粘死后，再伸出去翘起做个可用手捏着的把儿，就成一组"傻柱子接媳妇"的小泥玩具。弟弟妹妹们看着我用手转那来回走的"傻柱子"，嘴里还唱着小八子教给的词儿："傻柱子累得高声喊哪！哎哟！我这两条腿呀还是追不上那四条腿的驴呀……"孩子们全乐了。母亲也没了申斥我的心，只说："这'傻柱子接媳妇'的词儿怎么小八子一唱你就学会了，教你念好几遍的《弟子规》[3]，你还是背不过来呀……"回娘家来的大姐忙给我解了围——她扶着我肩膀儿，带着弟妹们一起去小八子挑子上去买"糖金刚"了。春芝妹就爱吃那"豆面拐棍糖"，大姐也给我们买四五根儿。我知道那两头尖中间肥大，全身还带螺纹的金刚糖，因为全身像个没变成大花蝴蝶的

1 挑八根绳：泛指旧时挑担子的小贩。因其挑子系用八根绳子捆住总交在扁担上。

2 耍货：一切玩具类的物品，因供人玩耍用，故名。

3《弟子规》：旧时教育徒弟、学生们应守的规矩的书。

虫蛹，所以叫糖金刚，我更知道那绿色的带有点薄荷味……可那“豆面拐棍糖”怎么那样好吃？大姐说那是用好黄豆面、白面、黏面加白糖和在一起做成拐棍样，在油锅里炸熟后，再滚些炒熟了的黄豆面了才成！我才明白它不太甜，可非常好吃，又像个小拐棍儿，非常好玩！逝去的幼儿食品哟，能不能再回来？

炸柳叶鱼、四合面饼子、大葱蘸酱

房山县毛万有大哥家，墙外有拒马河经过。该河至此水流缓浅，是深仅没脚的大沙坡，坡底是多年积挤平坦的好去处，村人多用细柳条儿编的排子，排头用大块河卵石压住，排尾则编个直立的挡头，随水而下的“柳叶小鱼”正好被挡积在排上。榆钱熟时，正是柳叶小鱼多时，村人们从排子上取下小鱼，就清澈的河水去掉柳叶鱼的浅鳞及内脏，放进早用姜末、葱末、花椒盐等加玉米面调好的糊中去滚裹，用六道木[1]的大长筷子夹出装盘上桌，真是外焦里嫩香肥不腻，是下酒或就饭的好菜。毛大哥是个没媳妇的光棍儿，不但是高跷秧歌会中的“耍公子”[2]，更是做此菜的高手。到此季节，毛大哥一手把着酒壶，一边炸柳叶鱼，炸一条，吃一条，喝口酒，还高兴地用秧歌调唱着自编的应景儿词，招了我们一伙小孩，围着他要口炸鱼，听他唱：“说光棍儿，道光棍儿，光棍是后门独座的魏征[3]神儿，左手把着酒壶睡……”这时正巧邻居老婶儿来找毛大哥去帮她家盖车棚子[4]，毛大哥虽比老婶大十几岁，可是按辈分论，他是晚辈，还得管来的妇女叫老婶儿，农村中大侄儿跟小婶儿是随便开玩笑的。于是，毛大哥一指老婶儿，就唱道：“噢噢！光棍儿，光棍真有趣儿，左手把着酒壶睡，右手搂着老婶来亲嘴……”气得老婶儿揪着毛万有的耳朵往家去拽！我们这些孩子们可乐坏

1 六道木：一种山区小灌木，硬实强直，耐油、耐热水浸泡，因其周身有六道小深沟故名。旧时多用两根做大筷子用，捞面条、入油锅捞起被炸物；道路施工时，用三根六道木为一组，上用绳捆起，下叉开，摆于道中，以作界线。

2 耍公子：高跷秧歌会中有一头戴公子巾，一身花花公子衣袄，敞开大披做玩耍动作的角色，名曰“耍公子”。

3 魏征：原为唐朝敢直谏的臣子，后受人敬仰，所以旧时，有后门的家产，常贴其纸像，以为可避邪的神。

4 车棚子：旧时，无大门的屋子，可供大车出入，又能避风雨。

了，因为毛大哥这一走，我们就“猪八戒过稀屎洞——得吃又得喝了”，由大女孩小妞子给我们炸柳叶小鱼吃，那叫解馋，吃光了算！此时，榆树上那串串的大榆钱儿，别说吃它，光是看着就那么爱人儿……所以，这时农家都喜欢用榆钱做馅，用四样面（玉米面、大豆面、白面、糜子面[1]）包它成大馅贴饼子，贴在锅帮上，放点水，盖好锅盖，等饼子熟了吃。桌上还有一碗家做的大黄酱以备用大葱段蘸着吃。怪不得毛大哥常唱：“四月里，农村的天上天：柳叶小鱼就烧酒，四合面的贴饼子香又鲜，来口家园的大葱蘸黄酱，‘人王子’[2]比不了咱这‘土地仙’[3]！”这些虽已是七十多年前的故人旧事，但那爽口宜人的炸柳叶鱼、四合面饼子、大葱蘸黄酱等真正的农家吃食，应“余音永存”吧！

花椒油疙瘩皮、肉炒疙瘩皮丝

北京前门外大街路东的鲜鱼口是一条东通崇外大街的大胡同，也称得是个“小街”——因两旁窄如同大胡同一样，可它是由五条大胡同连贯起来的。进入鲜鱼口，是地名叫“小桥”的地方，有南北走向的胡同穿过，形成个十字路口，在西南角把口是“东杨记”大油盐店。虽说是个大油盐店，但穷人们最喜欢的是它卖的“芥菜皮”——也有人说是芥菜的一个变种雪里蕻的皮，其实还是正宗的芥菜疙瘩下的皮味正，带有特殊的芥菜辣。穷苦人家很爱吃，花不了几个钱就能在东杨记买一斤五香芥菜皮，回家来，切成细丝儿，就是喝粥、就饭或窝头吃的好菜。如果再浇上点儿炸辣椒油，味儿更美了。每逢年节的好菜单上，也少不了它。那时笔者住在小蒋家胡同（现小江胡同）的大杂院里，几乎天天到东杨记去买芥菜皮。记得有一回嫂嫂的爸爸来，妈妈也上了一盘疙瘩丝儿，不过是加肉丝炒的，爸爸用眼瞪了妈妈一眼，似乎是埋怨不该弄疙瘩皮上桌。可是亲家却连说好吃，并要求妈妈教他怎么做这个菜。妈妈说这是从北孝顺胡同邓大妈学来的，连大财主銮庆胡同唐家都每饭必要这个菜，叫“肉炒疙瘩

1 糜子面：糜黍磨成的面粉。

2 人王子：指皇帝。

3 土地仙：也称“土地爷”，是地神。此指当地的老百姓。

丝”。先用温水把从东杨记买来的芥菜皮洗净，切成丝，炝锅下丝翻炒，多加点水，待疙瘩丝已软、芥菜味出来时，再放进入好味的细肉丝加葱花，翻炒后出锅时略淋上点儿香油即成。直到今日，我仍好做此菜吃，不过东杨记早已没了，真正的芥菜疙瘩还得到我老家（回龙观）二大爷李顺家去要，因为他好在自家的小园子中种这些不与菜家争利的菜品。真是“乡关有处，旧物难寻”了！

腌香椿、五香萝卜干儿、辣萝卜干儿、糖酒萝卜干

外号于瞎子的于文奎分家有了一顷多地，烧得他不知怎么好了。他学过油盐店，便认为自己是个当老板的料儿，如今又有钱，就在镇上开了两个油盐店：镇北头儿的“隆聚兴”，镇南头儿的“隆聚家”。请行里有名的“牛皮大将”崔二富为两号的总管。于文奎认为这就行了，他每天去打麻将，抽大烟……不到两年，两个油盐店全关张了，崔二富也拐了点钱，带着镇上的土娼刘小辫儿跑了！只有“隆聚家”的两间门外房和一个小院，叫于文奎顶了赌账。阎三跨子买过来，接着开小油盐店，字号“信记”，因为货真价实不坑人，小买卖逐渐有了点儿起色，好开玩笑的张顺说他这是“死人放屁——有缓”！加之阎三跨子是“门里出身”——内行干油盐训的，他和他老爹、媳妇三个人苦熬苦干，尤其是他家制售的三种小菜，又便宜又好吃很受欢迎：不知他们用什么法子制“腌香椿”，咸而有香椿味儿，最怪的是经年不干也不湿，吃来顺口儿。后几十年，油盐店均有售此物者。他用不了多少钱就从专供城中大酱菜园菜料的园子边上或篱笆根儿等边边沿沿的空地上拔来的白萝卜秆子，切成大条儿，用细盐和辣椒面儿揉搓成的辣萝卜干儿，和用那些秋后长不大的小萝卜头儿切成几瓣儿，用五香花椒面儿揉搓成五香萝卜干儿来卖，上述的两种萝卜干，和别的油盐店中卖的辣萝卜干、腌萝卜干都不一样味儿，似乎都比别家卖的萝卜干儿好吃。仅凭这两三样小腌菜就使这家小油盐店出了名。这家卖的别的调料和蔬菜等，也本着货真价实和

薄利多销做买卖，从不像别家小胡同的小油盐店坑人……可巧和他家成邻居的刘凤鸣刘二爷本是专修三轮车的，常说三轮车上换大链套和加轮盘是他研究后发明的。刘二爷笑请阎三跨子喝酒，上了一盘刘二爷自制的“糖酒萝卜干儿”，又甜又咸还有酒味，可把三跨子乐坏了，他太机灵了，马上作揖戏称“师傅”：从这时候起阎三跨子的小油盐店里又有了“糖酒萝卜干儿”，又多了一样赚钱的小菜儿。人们常说：“阎三跨子真不垮，到处拜师学艺把钱挖！”

棺材板、里一外九、两样面大馒头、胡椒鸡块

春芹四姐每两天准提溜回两块用麻绳拴着的大腌萝卜来，旧时油盐店里卖的廉价咸菜大腌萝卜，外号叫“棺材板”，遵妈妈的吩咐，四姐把一块大腌萝卜送给同院住的小士子的娘，以使穷人家有口咸菜吃。别说，那时候油盐店卖的“棺材板”，还真受大家欢迎——味咸只香不齁人，脆嫩可口还有点儿酒味，小士子的爹是拉排子车的，怪不得他到家吃着“棺材板”时，就用拉洋片[1]的调儿唱着说：“唉……望那饭桌上看哪，又一片，腆着肚子的阔老倌，吃的是鸡鸭鱼肉大摆宴；噢，我们穷人哪，是里一外九地啃棺材板哪，哼唉……”大伙儿全说他唱得真有味儿，赛过天桥的“小金牙”[2]！小士子的娘则朝他喊道：“别瞎咧咧啦，快塞吧，塞饱了快去给周大户家拉黄土垫花园去！”小士子他爹是个“穷乐观”，就挤挤眼说：“中，得会儿哦！拉洋片的改拉排子车，还是穷光蛋一个。”这个穷大院中，穷帮穷的永远充满人间的“穷欢乐”！有一回我到前门外冰窖厂的“祥瑞轩”大茶馆中去找卖葡萄的刘信去天坛捉蟋蟀，看见小士子爹拉完活儿，从城外河滩里带来一小口袋的好细白沙子，叫茶馆掌柜的张大爷好给养“百灵”的茶客们换笼子中的沙子。当时张大爷就给小士子爹沏了壶小叶茶[3]，

1 拉洋片：旧时的一种游戏。用木头制成个前有望眼后有供看的景物片子的木箱、箱后上方是存有景物片子的地方，有绳子可放片入下箱中。箱前的望眼前摆有小木凳，以供人坐着看拉洋片。箱旁有带机关绳动的锣鼓架子，以供拉洋片人随唱随拉绳敲打。

2 小金牙：旧时北京天桥以艺名大金牙的最著名，后其徒（罗沛霖）名“小金牙”亦为著名艺人。

3 小叶茶：北京俗称由小叶（茶尖）炒制的高档花茶。

还上了一盘一个的“两样面大馒头”外加一盘花生米！养白灵的高四爷又给小土子爹加了两个馒头，两盘花生米。小土子他爹舍不得吃，用张柜上的画报纸包回家去给孩子们吃。其实，小土子他爹是个非常聪明好学的人，他幼小到“外馆”[1]齐家，除了陪“洋爹中妈”[2]的小约翰玩耍外，爱和小约翰学弹钢琴。到十八岁上小约翰回国了，小土子他爹就听老人的话，用手中的三十多块洋钱买了个媳妇，一连生了好几个孩子，只落得拉排子车卖黄土生活。一天有个“扛窝脖儿”[3]的朋友，叫他垫上被子，拿好了绳子给一个老妇人搬一架钢琴。到她的新居，把钢琴放好后，小土子爹竟掀开琴盖，从低音到高音部都试了试，那琴主老妇人惊讶不止，便客气地问小土子爹：“您也通此道？”小土子爹似乎抱歉地说：“我是怕把琴弄坏了，遇见搬琴的活儿，我们全试一试！”老妇人很礼貌地说：“好！好！能否再请教一曲？”小土子爹随即弹了一首《纺织曲》。老妇人惊叹不止，她请小土子爹他们吃她自创自制的胡椒鸡，一边做一边叹道：“文化通上下，谁说市井无贤达，上回我搬家时，一位搬琴工人就给我弹了一曲，已使我很惊讶，不想今天又听到您弹了此劳动琴音赞劳动的曲子，真使我增加了许多见识……”她给小土子爹煮做她最拿手的胡椒鸡块时，并随做随教会了小土子爹等：把切成方块的嫩鸡，用葱姜末儿及盐等入好味，再放到有白胡椒粉与面粉调好的糊中去炸即可。其味不单有鸡肉香，亦有辣味可食，真是家庭菜中易做味好的上品。

肉排叉、冻豆腐酸菜蒸饺、红白高粱米粥

戴云的母亲，是一位非常慈祥厚道的人，她常说，她养的一儿一女，性格一点儿也不随她。儿子戴云像个女孩似的少言孤静；女儿妞子则像个天不怕地不怕的野小子，可天生爱学做菜做饭。我和他们兄妹是发孩儿，我自小就爱吃妞子和她妈学做的“肉排叉”：把细碎的猪肉

1 外馆：对外国人做生意的商户。

2 洋爹中妈：父为外国人，母为中国人。

3 扛窝脖儿：指窝着脖子为人扛东西的工人。

末儿和着姜末、葱末、花椒盐儿一起与白面和好，擀成小薄片儿，在片儿中间划一刀，劈开，把两边的片儿稍拧成麻花梯，放到油锅中去炸熟后捞出，那深黄排叉上略有肉、姜、葱末儿，既好看又好吃，每到年节时，妞子就喊我去她家吃她做的肉排叉。特别是每年正月，我给戴妈妈去拜年时，戴妈妈一定要我吃她做的有特色的“冻豆腐酸菜蒸饺”。蒸饺儿好吃极了，十里八乡，许多人都是戴妈妈教会做此饺的。戴妈妈说这在东北，是乡村过年节时好做好吃的好饭食。就是把木耳、摊好的鸡蛋、酸菜、冻豆腐和姜等都切碎，加盐、酱，共拌成馅，用白面包成饺子，上屉蒸熟（不要下水锅去煮），蘸醋、蒜泥吃。喝红白高粱米粥——把白高粱米及红高粱米都碾碎去掉皮儿，共同下锅加水熬成粥，稠黏好喝。昔日，冬季大雪，坐在乡家热炕头上，吃此粥，吃腌杂咸菜，可感到无比的乡关温暖心生深深的眷恋。这些吃食，这些情景，构成使人终生难忘的“人生文化”！

猪肉榨菜丁、榨菜豆饭、怀中抱月

范屹，号友兰，虽能诗文，但不擅经营丰厚祖产，待田庐卖尽，亲友不与通问讯的情况下，只有学《儒林外史》的杜少卿常去看他。他又无高官贵友可攀，只靠在村中教几个顽童度日。其妻贤惠，既能为人缝补铺棉，又能为人筹办婚丧嫁娶……得些钱财以济家用。她最拿手的本领是能知人所好而做饭食，以投其所好。范屹结识了一个在光绪年间与其同年考举人落榜的南方人，姓郑名谷，号百川，为生计给某知县当了七八年师爷，攒下些钱，买了几亩地，还在范屹村中开了个卖油盐杂货的小铺儿。此人极好吃喝，总说他吃北方的饭菜不顺口儿。范屹媳妇做了个猪肉丁炒榨菜丁，又香又辣，又用了南方人爱吃的榨菜，郑谷吃了极称赞。饭是把榨菜切成小丁儿与煮开了花儿的红小豆一起混入大米中做成的“榨菜豆饭”，这更合南方人的口味了。待那碗“怀中抱月”的汤菜端上来，更叫郑谷难识其物了，一吃，连说很好。其实就是熄锅加调味料加水后，捞去汤中的料物，再下入用大白菜叶儿包着的去了皮的鹌鹑蛋（或鸡蛋），上用一根韭菜叶捆着，下到锅里，开锅成为“怀中抱月（蛋黄）”。这本是范屹的媳妇琢磨给本村病后不思饮食的高老太太做的汤菜，不期又叫郑谷给看中了，他连连说这种菜饭是极合南方人吃的！范友兰的媳妇说这真是“好吃人人夸，瞎做人人骂”！此事为我从1949年7月8日的旧日记中写的“听九十一岁的爷爷说往事”中抄来。

白水榨菜豆腐汤、小沙果片、梨茶水

丁先生虽是个乡村医生，但医理很深，用药甚当，并且从不讹人，甚受人尊重。老伴死了，又无儿女，但是，依旧活得很乐观，很自然。他说人生在世会有各式各样的坏事打击，对他只是“串皮，不入内”，因为多伤心也没用，并且自己早晚也得死，常拿曹操的话对人讲：“神龟虽寿，犹有竟时！”尤其是他八十多岁了，还每日三餐自做自食。他说做饭是“必须”，也是“锻炼”，更是“养生”。我见他把豆腐、榨菜、猪肉都片成薄片儿放到开水锅中去煮，只放些盐、姜丝，看上去淡淡清白，各种料物各干各的，可是喝起来，则其味甚美。我至今仍爱自做自食此物，许多朋友也照样做，都说另有一种情趣及味道。秋日，丁老先生从自家小园子中的沙果树上，摘下来许多小沙果，把它们切成片，放在大药筛子里，风干，当日常的零食干果食之。甚美，不是一般的零食所有之味。丁老先生用梨切片熬水加少许冰糖，并借其汤开热力来沏茶水喝，香甜茶味飘溢，真不可言之妙饮也。今，丁老已去，晚辈记之，以资同好，或可传草野真香也。

珍珠合子、蒜茄包、拌两头鲜

有人说贾贤超是“猪八戒不成佛——坏在嘴上了”，还真是这么档子事：老贾因为好说实话，得罪了上级，他本是个小职员，却向更上级说他的上级贪污，他不明白这在那个社会是“狗喂狗，大狗护小狗”，结果是老贾被开除了！可是老贾一笑回了家，他媳妇也是个难得的好乡下人——一向主张丈夫回家守着几亩薄田过日子，不在外面人堆儿里受气混碗饭吃……没想到老贾刚到家就赶上国军“拉壮丁”，村里保长又挨门挨户地摊要雇兵钱，老贾叹口气，就去“卖兵”，他悄悄地对媳妇说：“先收他个四十石玉米的卖兵钱，我不久就能回来了……”果然他被编入国军傅作义的队伍，新保安一仗，他就偷偷地跑回来了，在家凭自己所好种种园子，住家又离村太远，保长知道他跑回来了，也不敢言语。时值中秋，他把那嫩玉米粒儿用白面皮包起来蒸熟叫“珍珠合子”，果然那合子既有玉米和白面的米面之香，还有宜人的稻禾香气，真是非道中人不可得其美味。另有一味农家俗菜：韭菜和黄瓜共切碎，只放些油盐，就香溢满屋，贾先生则不加油盐。他说：“俗话说韭菜黄瓜两头（春、秋）鲜，若加入咸盐，则大杀其嫩，而无咸又少其味。”所以，他加咸菜汤儿，则更美了，这个菜叫“拌两头鲜”。临近茄菜快老时，他摘那顶儿上的小茄菜包儿切开，稍去其瓤，填入姜、蒜、花椒盐，合上，用马兰叶捆好，放入小坛中，略加些腌菜汤儿，封盖，置于阴凉通风处，半月后，即可开封，取出置于汤盘中，点上点儿香油，即可成为多种美味合成的佳品。人说贾贤超就会琢磨吃食。贾先生则笑笑说：“哪样吃食不是人琢磨出来的？我过去就因为琢磨不对上峰当官儿的口味，才失败的；如今怎能不再琢磨好自家的胃口？那不是太错了吗！”真是在外曰“口味”，入内曰“胃口”，人活着“何为”？

炸粥领子、倭瓜面

许万有带了一大包油炸的吃食到庙会中来，因为他要在“杠子官儿”[1]的五人会中扮演官娘子，走完会，庙里才管饭，所以，他先请走会的兄弟们垫补[2]点儿，大伙吃着都说好吃，

1 杠子官儿：一种民间花会。每年正月十五由五人组成。两个一般高的小伙子，一头一个共扛一根大杉篙，杉篙中间横着捆一根小杉篙，在小杉篙上一头坐着官娘子，一头坐着官老爷。另有一个扮作“地方”的差役，拿着锁链子。每到一家摆着茶桌、烟、点心等时，就由官老爷或官娘子找碴，怪罪摆茶桌的主家，罚香钱、佛灯油钱、供钱等，供大家取笑。一面大家同乐，一面也讽刺了官府的乱罚横行。

2 垫补：指来吃正餐前先吃一点儿东西，以免空着肚子。

可就不知道是什么东西做的。扮演官老爷的张红眼说："是用从庙中领回的香油炸的。"扮演"地方"的大胡子说："废话！谁不知是香油炸的！"扮演抬杠子的老花子及八十头两人看那吃食上的豆子皮儿，就说一定是炸豆制品的……总之，谁也弄不清是什么东西。许万有在一旁看着笑，大伙儿有的给他上烟，有的给他倒茶……待他一说出这是用香油炸"粥领子"时，大家全愣了！特别是冬季每天早晨，几乎家家全熬粥吃，在粥锅里，粥上边，围着锅有一圈儿粥汤及粥小料形成的薄又脆的东西叫"粥领子"，许万有把它们揭下来，放在大饭篮子里，攒多了，就下油锅一炸，上边放些盐花儿就是"炸咸粥领子"，放点儿白砂糖，就是"炸甜粥领子"！从此以后，几乎全村全照着样儿去做，再也不把粥领子当废物了。许万有做的"倭瓜面"，是用老倭瓜切好加作料入开水锅煮，倭瓜熟煮了时，用绿豆淀粉，或菱藕等水淀粉下入其中成为"倭瓜卤"，用此卤浇面条吃，甜中有香咸，有特别的乡关情味。

白薯黏、玉米汤、米汤根儿、疙瘩丝、苤蓝丝

阎五叔说，在乡村有三样好吃好喝的东西，常不受人重视。一是"白薯黏儿"：大锅码好了洗净的白薯，放上水，加盖，下面烧火将白薯烀热。在锅底儿有烀白薯流下的白薯黏儿，黏中透亮，又甜又有白薯田禾味，那种好吃真比水果糖好。另一种是煮青老玉米后，锅中的水，玉米汤，又卫生又甜又有青老玉米味，远胜过北京信远斋[1]的酸梅汤。阎五叔告诉我们，每天家中捞小米饭后，不但米汤好喝，那最底下的米汤根儿不稠不稀，不是粥，胜似粥；不是稀米汤，可又比米汤稠黏好喝，若再就着腌水疙瘩丝儿吃就更美了。提起腌水疙瘩丝，又勾起我对腌鲜苤蓝丝儿的想念来了。中秋后，从园子里拔来的芥菜的地下茎，乡村管它叫芥菜疙瘩，将其洗净后，扔在腌菜缸里，无论是过几天就切丝吃的"暴腌"，还是到冬日后吃的"老腌"，切成丝儿后均好吃，既是脆生的咸菜，又

1 信远斋：原地在北京东琉璃厂西口路南，该店所调制的酸梅汤，远近闻名，为夏日高贵饮料。

有芥菜辣丝丝的雅趣，那大苤蓝片去外皮后，把雪白的嫩肉切成细丝，浇上些辣花椒油，其味自然，其咸辣不烦人而可口，记下上述几样民间俗菜俗吃，可供后人不忘乡关，不忘故人，亦可为不识此物的人士清口增味。不知是否，书此质疑吧！

东坡菜、扁豆面、羊霜肠炖白菜

杨晓峰先生教过我《文字蒙求》[1]和三本小书[2]。记得先生家旁有一口井在小菜园中，五间土房是祖遗。先生的一女已远嫁，我们没见过，只知杨师母为人慈祥又厚道，每逢刮风下雨等天儿，路不好走，总留下我们几个小的或离家路远的学生在她家吃住。五里三村的人家都愿意把孩子送到他家来念书。杨老先生温和诚直，学问也好，就是不会给当官儿的和有钱人拍马，所以，只在家教点书过着饿不着也富不了的日子。先生从园子边儿上的苏子棵上掐些苏子叶，切碎，用黄酱、蒜泥和醋一拌和，又麻、又咸又辣，又有清香的麻子味儿，先生管这菜叫“东坡菜”。取“苏东坡”之意。师母说：“苏东坡先生就吃这个？你别拿苏先生开心了！”杨老说：“苏老先生不得志时，吃得没准不如这个呢……”师母端上来热乎乎的扁豆面，放在杨老面前，杨老说这是扁豆面的一种做法，是用猪肉或不加肉，只用作料把嫩扁豆焖熟，放在生面条上，入碗上屉蒸熟，原汁原味，就点儿烂蒜一吃，其味隽永，饱人又解馋！冬季，一日大雪，卖羊肉的肉秃子给杨老扔下一副“羊霜肠”，就忙去了。师母把那羊霜肠切成小段儿，和大白菜一起熬，只在锅中放几片姜和食盐。多放些汤，开锅后，盛到碗里，再点上点儿香油，一人一碗，就着小米饭吃。那美味，令我至今难忘。犹记得杨老先生一边吃羊霜肠炖白菜，一边喝酒，饮到佳处，拈一联云：“妙耒碎玉银白界，友送霜肠入酒国。”我虽至今，逢雪天还回味那联的以碎玉比雪的佳妙，犹思霜肠配大白菜的味美，可已无处再购“羊霜肠”了，也胡诌两句，以

1《文字蒙求》：旧时学习汉字的初级教材的一种。

2 三本小书：指《百家姓》《三字经》《千字文》。

记此事："往日师情犹可忆，今时旧物已难寻！"

鲜虾烹秋韭、小鱼虾饼、虾狗子韭菜团子

小河村旁是几里地长的湿地，冬割苇子，夏秋产鱼虾，春有井河肥鱼，这大片湿地养活不少穷人。这一年四季湿地产的鱼虾，我都吃过，它们是我永生不忘的童年画中重彩的一笔！春天冰化了，在冰下藏了一冬的鱼很肥，加作料一炖，那味道和别的季节炖鱼不一样味，肥而清美。夏秋两季鱼虾多为繁殖季节。用推网[1]到湿地中或稻田里去一推就能推出许多大的小的河虾、小鱼等，这是我们一群孩子最快乐的时候，欢快地蹚着河水，前面的大男孩子推推网，小点儿的跟在后面等着从推网中拿鱼虾放进鱼护[2]里。妞子虽是个女孩，也提个鱼护，跟着跑，忽然跌了一跤，弄得满脸滋泥[3]爬起来，用河水抹抹脸照旧跟着跑，那情那景，使人一生不忘这种一去不复返的时刻……到家后，妈妈叫哥哥从房边的小菜园子里拔来鲜灵灵的秋韭菜，洗净，切成寸金长的段儿，和推来的大个儿鲜虾，下锅一炒，不需加什么香油、肥肉，就清香鲜美，老爷爷就爱吃这口酒菜，记得他一边就这鲜虾烹秋韭，一边喝酒美着吟道："昔日水战猛虾兵，今日现身在盘中。"妈妈把小虾和剖腹洗净的小鱼，加些姜、葱和花椒盐，共与白面和好，烙出的小鱼虾饼，真好吃，几十年后令我回味无穷，更不是城中大饭店所能买到的！或者把这些小鱼虾和调料与切碎的秋韭加酱成馅，用玉米面包其成"虾狗子[4]韭菜团子"，更可比美大排档里所谓的美食！事过七十余年，再访其他，则"日暮乡关何处是，万家灯火遍地楼"了！

肉末烧饼、小气鼓、吊春卷皮子

北京有个莫斯科餐厅，莫斯科有个北京餐厅，专卖中式餐饮。一年中用飞机请面点技师崔振先生去一次或

1 推网：浅网口被多半个木圆圈撑起，下方用一横直木棍连着圆圈两头中间有一长木棍穿着，一头捆在圆圈上，另一头是长长的推网柄，可在浅水中推捞小鱼虾。

2 鱼护：可盛装鱼虾的小网桶。

3 滋泥：浅水底中的黑色泥土。

4 虾狗子：北方人称小河虾。

两次，去制作及传授中式面点。崔先生为人憨厚率直。有一次《食品》杂志要我写些北京小吃，我写完《肉末烧饼》叫助手李文勇给誊稿。我出去办事回来后，问文勇何人来过，她说崔先生来过。我忙问崔先生说什么，她说："他问我写什么，我说誊李先生写的《肉末烧饼》，他叫我念给他听，听完，他只一笑，就走了！"于是我忙去请教崔先生，问他我什么地方写错了，很诚恳地对他说："别叫我一个跟头摔到门外头去！"崔先生才笑笑挽起袖子，叫我看看他胳膊上的一道道烫痕，这就是烙肉末烧饼时炉烫的。

原来肉末烧饼是北海公园西北岸五龙亭一带搭席棚卖的便宜小吃：一盘五个烧饼，一盘炒肉末（其配头可随时令更换，例如，春夏之交用豌豆，后用黄瓜丁等）。其烧饼不同于市间的烧饼，炉是个大桶似的，把面饼贴在其帮上，中间是空的，好用来夹肉末。一到八月快冷时，席棚也撤了，就不卖肉末烧饼了。

后来，也不知哪位，把肉末烧饼归入名店，说是西太后吃的食品了。烧饼也胡改——做法和烙平常烧饼一样，只是中间夹个"面球"，吃时，打开烧饼，把其中的面球扔了，夹进肉末再吃，那面球就当废品扔了，真是未入口已造罪把面球丢！崔先生说，那烧饼，若是不沾芝麻，叫"小气鼓"，是很便宜的零食。有一次崔先生教德国来的学生小王（自己起的中国名），吊（制作）春卷的白面皮子，只用一手抓起个面团，另一手把空炒勺在火上烤一烤，就用面团在那勺中一蹭，翻勺而掉下来一张又薄又均匀的白面皮子，再包上馅儿弄熟，就是春日有名的吃食——春卷儿了。可是小王等德国学生，弄几次都弄不成，不是面粘住锅了，就是把手烫了。崔师傅教他们怎么掌握火候，怎么转面团，哪儿用力，怎么快……到底把他们教会了！我明白了——这就是技术，这就是中餐的艺术！

炸牛头方、红薯丝儿、状元菜

我只吃过一回“炸牛头方”。这是川菜名家伍钰盛先生招待英国魏得迈夫人的菜。那牛头方的酥嫩香甜可口，可称是一绝，使我至今难忘！我和伍先生的办公室只隔一堵墙。有一回课后闲聊，伍先生说，昔日在重庆时，刘峙是卫戍司令，连他的姨太太都是在当地跺脚乱颤的人物。有一回她让伍师傅给她炸红薯丝儿吃，伍师傅说正是旧薯已无，新薯才长秧儿，哪里给她弄红薯去！刘峙的小姨太太不依不饶，非叫伍师傅去弄不可！于是伍师傅就跑了，因为回去拿晒在院中的裤褂，被拿住，可是伍师傅又跑了！后来，管宪兵的何应钦对刘峙说：“别找了，你家的厨子现在我这儿做饭……”这才算完！伍师傅谈起往事不胜感慨：北京太平桥有个几个小伙子建成的青年餐厅，只卖些个大饼、熬菜的粗路饮食。伍先生接手后，大名角儿梅兰芳，大学者郭沫若等，都闻名来青年餐厅吃伍先生做的菜。伍先生抱歉地指着青年餐厅的粗木桌子板凳说：“真对不起几位，这设备太破了……”梅兰芳和郭老都说：“我们是赶来吃你做的菜的，也不是来吃这些桌子、板凳的……”我陪恩师陆宗达教授来青年餐厅吃红烧鲤鱼，才认识的伍先生，不期几十年后能与先生同校执教，真是人生何处不相逢！陆先生跟我说：“听说旧日，蒋介石爱吃伍先生做的鱼，在四川，叫副官李某去叫伍先生做鱼。李副官就一手提着一条大鲤鱼，一手拿着扳开了机头的手枪，满街上找伍钰盛做鱼……”新中国成立后，伍先生做的宫保鸡丁因有所改革，被中央首长称为“状元菜”。伍先生只笑笑说，那不过在刀工上有些改革，以便更适应人口吃食罢了……伍先生从不自居为大名厨，总谦称自己是个“油厨子”！

最令人感动的是，这些名厨，不单对制作高档菜肴有上好的技艺，对民间普通食品、小吃等也有独到的见解和指教。记得在恢复琉璃厂的“厂甸”时，工商干部找到我家说：“您写的快绝迹了的北京小吃，您会做吗?”我见他们说话有点儿生硬，就回说：“不会做，我写它干吗！”“请您去厂甸做做，没有本钱，我们可以供给地方由您挑，只是得快……”我说：“不用你们拿本钱，地方就在沙土园玉行会馆内，你们管理所旁，明天就去……”他们见我回话也够生硬，就告辞走了。可巧，当时，伍钰盛老师和崔振老师正在我家，他们全乐了，因为他们知道在厨艺上我是个外行，竟敢这样回复工商干部。我说明天我就去炸三角卖，于是伍先生告诉我，做冻儿一定要用好淀粉，用肉皮汤调淀粉，中间不要用盐，用酱油……崔师傅则教给我怎样使炸出的“三角儿”边儿不艮不硌牙的绝活儿……第二天到了地方，炸出三角来真是又漂亮，又好吃，后来人都排队买。白少帆教授还给起了个字号叫“吾味斋”！这些成名的老厨师都有难得的厨德——容人之量。有一回崔先生教炸马蹄酥，调皮的男学生偷吃了澄沙馅儿，崔师傅批评完了，没处罚学生，还教会了他炸马蹄酥的手艺，因此，感动了那些学生，知道错了而好好学习。伍钰盛先生的《名厨传》，本是我写的，呈上去，被上峰七砍八砍签成别人的名字，还叫伍师傅签字，气得伍老直摇头，叫他女儿送来叫我给改，并传话说：一是把要紧的地方都填上；二是我一共收了六个徒弟，四个都是李春方的介绍人，不能胡改……改后，我请我的女学生到他家去送改稿。伍先生还特来安慰我，说：“胳膊拧不过大腿去，他们爱签谁就签谁，你千万别把这当回子事，不要往心里去……”老先生们的大度和气量，使我受益匪浅！他们不仅技术高，其德其量更高！

家做三鲜饺、葱烧海参、名伶与菜肴、撕乌鱼蛋

张守溪师傅是烹制山东菜的名家。他烹制的葱烧海参在国内外都有名。《食品》杂志和我亲到致美斋去看，去吃张老的葱烧海参。有当时的照片在杂志上发表。在大盘中一条海参条儿配一条葱，其汁可谓汁明芡亮，味更葱中有参味，参中有葱味，绝不像一般把葱及海参都切碎再下锅，色、味、形都不美了，北京人管这种做法叫“搬不倒骑兔子——要跑没有跑，要走没有走”！有一次我去给张先生拜年，他说叫我尝尝家做三鲜饺，馅中以海参丁、猪肉丁、鸡蛋丁为三鲜，他说所以这么改，是因

为用鸡肉和猪肉重复用肉，反使人吃着发腻，故改鸡肉为鸡蛋！我回家照他说的法子去做，果然脱俗！张先生告诉我全北京饭馆做乌鱼蛋汤都是手撕乌鱼蛋，只有致美斋是用刀切。撕片儿蛋片在汤中成薄片；切碎，在汤中白丁点点，还好看……这虽是在技艺上小有不同，但可见老师傅们的细心和用心！最巧最妙的是拿唱戏的名伶与名菜肴相比。20世纪50年代初笔者考工人日报社时，见有名为“宋上达”的同考人，答卷时，我用钢笔追不上宋上达用墨笔写行楷！可是他说他考不上，我问他为什么，他说新中国成立前他是《369画报》的主编，还有别的历史问题……谈起《369画报》来，他说连采访带编辑，计划版面等全是他们一家子人干的，他还说其中也有些有意思的好文章。比如，其中有一小品文，名为《名伶与菜肴》，其中说：“叶盛章——油爆肚仁——一个字儿‘脆’！程砚秋——冰蘸莲子——甜倒是甜，但有一种说不出的怪味儿……”署名是“张守溪”……不期几十年后和我一同执教的老厨师也名“张守溪”，并且张守溪颇有文采——他写的板书漂亮极了，全校没一个能赶得上他的！我就问《名伶与菜肴》是不是他写的。张师傅是有名的好开玩笑，他见我如此问，就用一句市井歇后语说：“老虎闻鼻烟——没那么档子事儿！”后来他对伍钰盛先生说：“他（指我）怎么知道我年轻时候写的这篇胡说小文呢？”

绞瓜烫面饺子、水旱两米粥、蒜末拌豇豆、糖鸡块、烩柳蘑

1945年小学毕业了，几个同窗了六年的好同学，要分手了，依依不舍，各自心中有说不出的惆怅……我们几个家境比较好的去北平城上中学。最可惜的是两个尖子因家里供不起上不了学。阎念艺师妹只靠父亲种几亩地，母亲给人家做针线活过日子，使足了劲供女儿上完六年小学，尽管成绩第一，也不可能再上中学了，连我们最敬爱、最爱才的苏步耆老师全不得泪送念艺手拿文凭走向锅台——做家庭妇女。后来听说因父母双亡，自己又不甘心流入苦命……文科状元孙元家开菜园子，种三亩水地，也供

不了他上中学，父母均是慈祥老人，临别时，请我们几个要好的同学到他家里吃“聚会餐”，大家认为这桌菜饭真比过年团圆饭还丰盛。当时念艺也在，她还帮助孙大妈做“绞瓜烫面饺子”——先用热水将小麦白面和好做饺子皮，把绞瓜的瓜肉切成馅子加上作料和少许咸味儿，捏成大饺子，上屉蒸熟供食，松软可口，美香素雅。一边吃此饺子，一边喝用菱角果肉和白玉米大破粒熬成的“水旱两米粥”。粥能兼稠稀两美，口味清远。一盘蒜末拌豇豆，很快被大家吃完。把摘来的鲜嫩豇豆切成小段段，浇上用盐及凉水澥好的芝麻酱，上面再撒些新蒜切的末儿，辣中有香甜，真赛过别的好菜，“粗中有细”，虽是农家菜中的“下里巴人”，却使人感到“阳春白雪”之美。孙大妈特把家中的油公鸡杀了，以待我们这些小客人。白水炖鸡熟烂，再下锅用冰糖和白胡椒盐共炒好供食，那是大妈做姑娘时和侍候娘娘时学来的，雅淡甜咸，鲜而不腻，真绝妙也。用菜园井台上柳树根旁生出的草蘑，加大葱花、鸡蛋共炒后放汤用芡粉而制出的“烩柳蘑”，其农家特有风味，是大城镇饭馆所没有的，虽事过境迁，然此几种粗浅中有细雅的菜饭当传之后世呀！

王八看蛋和遍地锦装鳖

一个非常有名又有钱的厨子，靠胡干骗人起了家。他看当地有许多名胜古迹，外国人来此很多，就想人总是要吃饭的，就开了个饭馆儿，胡做了些菜乱加些名，冒充古代名菜来卖。买卖做大了，他想多少找点根据，好站住了脚儿。他看看记载古代菜谱的书中有个“遍地锦装鳖”[1]挺好，可惜没有用料及制法，怎么办呢？他想现代实行“包装”，他不但要在外表上给这个菜包装，更要给此菜添上用料及制作法的内容：把一只收拾好入了作料味的鳖放在大汤盘中，下面放些油炸好的细丝小油菜叶以充水草，增加观感，并在鳖的周围码一圈罐头里倒出的鹌鹑蛋，以为“鳖蛋”，以为鳖的质感及美妙加味加菜……和盘上屉蒸熟，上桌即成了古菜中有名

1 遍地锦装鳖：传为唐代名菜，散见于各古菜谱中但并无此菜的用料及制作法。

的“遍地锦装鳖”！他说给电视台钱，就能给他拍连续剧式的名片，传之后代，并说在全国大城市都有他的分店，并准备在北京也开个分店，以扬其名……他亲做此菜，叫我品尝。其事可笑，其情难却——我只能与其耳语云：此菜在北京郊区农村也有，是在红白事[1]中，跑大棚的厨师嫌主家女婿不给“汤封儿”[2]或汤封中装的钱少，特给他上此菜以为“敬菜”[3]，实为骂人，因此菜名曰“王八看蛋”，非古人传之后世的“遍地锦装鳖”也。吾等为正宗厨师，不可为此……那位老兄却把头摇得像拨浪鼓似的说：“不然，不然，您太不识时务了，如今是‘撑死胆大的，饿死胆小的’……”我心想，如今厨业就叫你们这伙“糖葫芦蘸卤虾——胡吃二五八”[4]的人给弄坏的，这话我没说出来，怕得罪一些“精英”！

酱小柿子椒、甜酱小萝卜、肉炒酱瓜丁

现年八十岁左右的昔日淘气小男孩，要朝谁的后脑勺儿打个“脖儿拐”，就调侃说给他来个“六必居的匾”——“照后海”。这是一句根据实际编的调侃话：因为处在北京前门外粮食店街路西的著名酱菜园六必居，没有一般的门面牌匾，只有“六必居”三个大木头做的大金字贴在门口上边的窗户格子上。从外面看，就像个大匾，从屋中也能看到六必居三个大字的后脑海，在全市乃至全国这样做匾的也只有这一家。提到六必居，使我更想起它用三样吃食勾起我无限“乡思遐想”：一是“酱小柿子椒”和“小酱菜篓”。那用酱酱好了的小柿子椒如小橘子大小，扁圆的小柿子四周还有南瓜一样的小深沟沟，好看好玩又好吃，那种酱香略带点苦味是别的酱菜所没有的。我们孩子们特爱吃完内中酱菜的小酱菜篓儿，它是用小荆条编的，用油纸糊染成的。下面是露着小荆条的、编纹路的长方形篓座；中层的连接篓座像篓口收拢的瓮

1 红白事：红事指好事，如结婚、满月、做寿等；白事指坏事、丧事，如死人殡丧等。

2 汤封儿：旧时厨师上汤，宴者给的红封儿（钱）。

3 敬菜：向宴者敬进的菜肴，在饭馆中管宴前先上的小菜叫“压桌”，也叫“敬菜”。

4 糖葫芦蘸卤虾——胡吃二五八：指对在饮食菜肴上胡搭配、乱用调味品的人的指责。

坛似的，用油纸糊，青黑色。我们光脚丫子穿着这个小篓子，在雨地或河边浅沙滩上追耍，好玩极了。我还记得手儿巧的刘丫儿，在篓底缝上狗皮，还在篓顶贴上块圆布，上绣弯枝杏花，在雪地中玩，惹得我们不堆雪人儿，光顾争看她这双“酱篓花靴”了……六必居的甜酱小萝卜，细长不大不小黄澄澄的，甜咸半口儿，称得起好看又好吃，是别的腌酱萝卜没法比的，在20世纪50年代，有个部门买了京郊出产酱此小萝卜用的萝卜地。负责酱此萝卜的人向政府告了状，硬把这块产甜酱小萝卜原料的土地给要回来了，才保留了这个传统的北京小吃……年关（春节）切近了，我随哥哥到老丈人家送年礼，哥哥吃饭时是“小辫冲窗户”（女婿要上座，面朝宴席，皆朝窗户，那时男人脑后均留有发辫）。席有一盘用瘦肉丁和酱瓜丁合炒的“肉炒酱瓜丁儿”，瘦肉丁和外皮黑亮，内肉浅酱色，一碟中很相配合，肉有酱瓜味，酱瓜丁兼有肉香，很好吃。我很爱这菜的颜色形状，更爱它的兼味相宜，就多吃了几口，哥哥说我“吃东西忒没礼儿”，嫂嫂却说这是小孩子“露本真”，是好品质，她还教给我怎样到六必居去买甜酱瓜儿，并把它和瘦肉一起切成色子般大的丁儿，热底油先把葱花、姜丝、蒜末等作料稍炒，下瘦肉丁及少量黄酒（或料酒），肉丁熟了再下入酱瓜，翻炒，稍加些鸡鸭汤，汤快收干时，淋上点香油，即可出勺装盘上桌了……

甜辣鱼儿（干）、酱炒野兔、凉切地羊

武宽外号武和尚，一辈子没娶上媳妇，一个人“冬天吃坡，夏天吃河”，水性好，好打土枪，又做得一手好菜，中等人家有红白事，请不起大帮的厨子，就请武宽带两三个帮手，就把这家做副食包了！他好酒贪杯，也不要什么工钱，主家给点儿钱全分给帮手了，自己只要主家送的几斤白酒就行了。他有一条木船在渡口渡人，带撒网，卖酒，剩下的小杂鱼，稍去外鳞和内脏，用大葱花、辣椒段、盐下油锅炒熟加点白糖，甜辣咸可口，用细铁丝把较大的穿起来，在阴凉通风处晾干，就成了好吃的干酒菜，可以久

藏或至远。冬日，武宽房后的枣林小道旁，总下十几把打黄鼠狼的夹子，其中拴个小笼子，里面有半死不活的麻雀以为诱饵，一冬天武宽总能用此法逮许多只黄鼠狼，以其皮卖给每年来收黄鼠狼皮的人。因为冬皮毛正值钱，所以此项收入足够他半年买粮食的。他有一杆特好的火枪，上面当中有一条直线上通枪口，下至扳机上端，并有“慈禧太后护卫火枪队”的字号，他说这是在西太后往西安逃跑时，父亲用十两银子从护卫队逃兵手中买来的，故此，视此枪为至宝，冬天常和好打猎的人架鹰带狗扛枪去野外打猎。大家都爱吃武宽的“酱炒野兔”——他把剥好去脏的野兔切成小块，只用家做的老黄酱下锅炒，肥嫩鲜香，真比那大鱼大肉香！武宽常把炖好的大块狗肉凉凉后，用刀切成薄片儿，再加酱油和蒜末儿吃，那凉中香，不腻人不烦人。猎户们都管狗叫“地羊”，这菜就叫“凉切地羊”。我在今日河中游览的小轮船上，便回想起昔日武宽赤脚长篙雨中行木船的一派农家烟雨，口中不乏鱼干儿、兔肉和凉切地羊的美味……

烂择儿、蛤蟆骨朵

京中果子市上非常热闹，各种果子经挑选后，剩下不好的不用几个钱就卖与了帮助果店忙活的小苦孩或大人，再由他们串街走胡同去廉价出卖，有的甚至是白给些小苦孩。黑老头是个勤快又乐观的回民苦老人。他在果子市人缘极好，果子店甚至在忙活后，随便他挑，装满一篮子到胡同去卖，我忘不了亲眼见他把一大捧黑枣和冻海棠送给那蹲墙根没钱买烂择儿的小花子吃。送黑老头上坟地那天，几乎前三门（崇文、宣武、前门）的乞丐全到了，全哭了……

每到春水漪漪，杨柳旖旎时，便有挑大木浅盆的，内有清水，中游无数的小蛤蟆骨朵（小蝌蚪），黑莹莹游于白水间，甚是可人。胡同中的小孩和妇女拿个瓷碗来，由卖蝌蚪人用小纱布做的笊篱舀一舀子，放进瓷碗内，孩子放下两个铜板，端着碗欢叫而进宅……人云用清水送喝小蝌蚪入人口，可清目善肝……当然此举既不卫生又无治病根据，然亦可留一时代穷人儿童饮食文化之实际。

喝来蜜、土冰激凌、猴拉稀

冬日，解渴解馋又凉快，莫过于吃廉价的大柿子，皮薄瓤儿甜，不稠不稀正中口儿。常见有挑着果挑子，大方浅木盘上放着黄澄澄大盖柿的小贩们，一手捂着耳朵，长音吆着“喝来蜜咪凉又甜……”手托大黄柿子，只在柿子上咬破一个小口儿，用嘴一嘬，不稀不浓的带果甜汤儿就入口，其甜别样美。笔者记得上中学时，美国人假慈悲，发给中学生每人一筒牛奶粉来邀买人心。学生们在一大茶杯中放奶粉，把柿子汤儿放入，用羹匙一搅和，就成了“土冰激凌”，同学们笑指美国奶粉说：“叫它苦心坏味儿改成甜心蜜味儿。”老人们常说柿子底把儿叫“柿蒂”，入药治气抑不舒。每见吹糖人的挑子来，大伙儿高兴极了，都爱用手中的零花钱买个用糖吹的小人或小动物。我最爱叫吹糖人的给我吹个“猴拉稀”——又好吃，又好玩。一根筷子似的苇秆上粘有一只张着嘴的小猴子，它下面有糖捏的小盆儿，中有一个苇秆做把儿的小糖勺儿。吹糖人的从猴嘴内灌下稀糖浆去，就由糖猴的肛门流入下面的小糖盆儿中。小伙伴们追着我跑，我站在石碾盘上，用那小糖勺儿一勺勺地往小伙伴儿们的嘴里倒。像只老鸦喂下面一群张嘴等候的小鸦，其乐无比。记得个子矮的妞子，挤不进去，急得直哭，大爱姐看见，一把连猴带盆都夺过去给妞吃。我们全跑了，妞子乐了，我依稀还听见大爱姐的斥责声：“净花钱买这些招人嫌的玩意儿……”可是她又叫捏糖人的给她捏“梅兰竹菊”的四盆小盆景儿。今再忆此情此景，虽已物是人非，但也算是往日胡同儿一食景吧！

榆皮面、佛油年糕、白菜棒子面粥

张兆琪和媳妇张王氏是“老绝后”，又瞎字不识，广有家财，有水旱地及汽轱辘大车。可是两口子就是爱财如命的抠门儿。家旁大风连根儿拔了一棵大榆树，两口子黑天白日地看住，不叫别人动这树，他们俩把老树皮剥去烧火，内皮晒干磨成粉面，与各种面掺在一起做面条、烙饼，均可省粮，增色又增味儿。把这榆皮面磨好了，张兆琪用两个新煤油铁桶挑着，满村子走街串巷地去卖，大声吆喝：“卖榆皮面……”人均笑之，李大妈实在看不下去了，就把他叫到跟前，用脚把那两只铁桶踢翻，并骂道：“你个老混蛋，舍命不舍财，弄点儿榆皮面还来得罪老乡亲哪……”张兆琪一看是老婶子李大妈，就不敢言语，拿着空桶跑了。李大妈叫穷人许万有、和尚德荣等老乡亲把上面没沾土的榆皮面弄回家去吃！别瞧张兆琪两口子抠门儿，可非常迷信，张王氏又会做饭，每到年关（春节），她都做一种特殊的炸年糕来供佛，以求得“年年高寿，高打粮食”。张王氏做炸年糕之前要洗手向佛像叩头上香！她把青丝、红丝[1]和黑糖全掺在豆沙馅中，放在黄黏面摊的大方块儿上，并撒上些由中药铺买来的“蜜饯桂花”[2]，上面盖上江米面的大方块，上按满小枣儿，再用刀切成小方块儿，放到有佛前海灯[3]油在内的佛油中去炸熟，这样的炸年糕，不但佛爷爱吃，是人都爱吃，因此这种炸年糕渐渐成了五里八村的年节供品，更是人们喜看爱吃的年节食品。每年春节贴的春联全是张兆琪拿红纸求村中教书先生给写，润笔[4]也是几块上过供的炸年糕。这年先生到别的大户家去了。我们的大学长（班长）就主动用自家的红纸，用篆字给张兆琪家贴春联，门外影壁[5]上应贴“出门见喜”，却是篆字“出来进去”，院中墙上应贴吉祥话“宅院生辉”，大学长却把应贴在猪圈的“肥猪满圈”给贴在院中了，以报复他那年上房偷了张兆琪院中核桃树上的几个青核桃，叫张兆琪把他当贼打得屁

1 青丝、红丝：果皮用食色染红色和绿色后切成细丝，用于糕点等食物中，以增色美味好。

2 蜜饯桂花：用糖蜜腌酿的鲜桂花。旧时中药店卖此物，做食疗用品。

3 海灯：指佛前吊挂的油灯，以示佛光不灭。

4 润笔：指写字画钱。

5 影壁：旧建筑在门里或门外砌的一段小墙，也有用木头做的，下面有底座儿，以障直视屋院。

股胂了好几天……当大学长领着我们来给张兆琪贴春联儿时，张兆琪想不到不费红纸、不送炸年糕，竟有人送货上门来贴篆字春联，真高兴极了！大家一看他老两口子正吃饭，吃什么饭呢——是他们心痛倒大白菜时，掉下的外皮大白菜帮子，就是菜切碎放到开水锅里，再倒入些玉米面儿和适量的食盐，这简直就是猪食！大腊月的，在年根儿底下，张兆琪两口子的饮食真是节俭到家了！

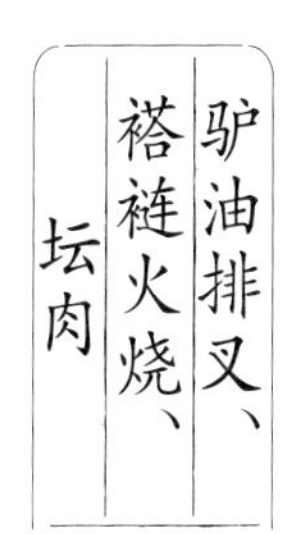

住在鼓楼前小豆角胡同的傅九爷，本是皇家后代，至今落得靠卖黄土[1]为生。可天无绝人之路——他被表妹玉花叫去，因玉花嫁的丈夫做过二品盐巡史，晚年虽赶上清王朝倒了，可手头总留着点儿积蓄，玉花孤寡一人过日子，总舍不得把丈夫给留下的一对金玉耳环卖掉，到临死前，不得不把唯一的亲人表哥傅九爷叫来，把耳环交给他，只求他发送自己，买块土把自己埋了……傅九在京北土城的乱葬岗子，用口狗碰头的棺材[2]把玉花埋了，剩下卖耳环的钱又唤起他那讲吃喝摆臭架子的八旗子弟毛病。这天，傅九手托着由砂锅门买回的“驴油大排叉”，碰见同胡同住的唱京剧老生（刚有名的）的阮鸣贵，傅九就仰着脸儿问：“鸣贵，今儿个叫什么戏码儿呀？”阮鸣贵看他是个老一辈的分儿上，忙赔笑说：“九叔，今晚上在鼓楼戏园子中唱《斩子》。”傅九拉着阮鸣贵跟他去就驴油大排叉喝酒、吃褡裢火烧，他说：“这北京卖炸排叉的不少，我为什么非老远的去砂锅门买这驴油排叉？你先看看这排叉的颜色黄红透着苍劲，就像你们唱戏的补单闷帘儿[3]就叫下个‘好儿’，一出门亮相儿就是个满堂彩。不信，你再尝尝排叉口调[4]，那香脆酥脆真像开口跳[5]的，令人看了爽快……”谁都知道九爷是个戏迷，还是个“吃迷”——每讲一样饭菜，必然就连讲到戏剧的事儿。他说：“做北京的褡裢火烧，既要有包

1 卖黄土：旧时生活无着落时，就挖城墙的黄土，卖给种花、垫院子或摇煤球的用。

2 狗碰头的棺材：指非常次的棺材，狗用头一碰就破了。

3 闷帘儿：指在戏台帘内唱。

4 口调：指食品吃到口中的滋味。

5 开口跳：戏中管唱武小花的人叫“开口跳”。

馅饼的好馅儿，不论馅儿是荤的或素的都要好的，更不能胡加料和调和料。比如，素的在春天用小火焰菠菜[1]，用老点的就失去了其青嫩菠菜味儿，讲荤馅，肉必须用新鲜的五花三层[2]的好猪肉，肥肉不行，太腻，光用瘦肉没香味也不成。那油更讲究了，不能全用芝麻香油，用多了有油脂捻子味儿。皮包着好馅成长方形的样儿要互相褡裢着放入油铛中去烙熟，两面焦黄而香美四溢，吃起来，既有馅饼味儿，又有水饺的酥软。这就像你唱《斩子》一样，唱到开头要杀杨宗保时，就要调儿高昂带怒气；等到见母时，要唱娃娃调[3]，既有敬亲之气，又有对母顺尊之状；等见了穆桂英时，就变用表惨恐的老生调儿了……”阮鸣贵只顾自己吃好喝好，不听九爷大吹饮食和瞎吹戏剧。实在不耐烦了，就向九爷抱拳说：“九爷，我向您告个假，先走一步，该上园子了，武场也是《斩子》。”九爷拉住鸣贵说：“我听过你的这出戏，那腔儿多半是老谭派[4]的，可那彩裤穿得不对，老谭派要穿红彩裤，这个老衣箱上应该懂，千万要‘愣穿破，别穿错’。像前儿个我在新丰楼吃坛肉[5]，那小厨子硬把做西餐用的香叶和烤羊肉用的孜然胡往这炖猪肉里放，弄得人闻其味就熏得脑袋疼……全不是正宗的用料。”傅九爷深感人的饮食也被一些胡改革的人给越改越糟了！

榆皮面捏格儿、鸡蛋炸酱、菜汆儿、三合油

民间常云：“要饱还是家常饭，要暖还是粗布衣。”至今仍可看到那些处在交通不便，深山区的老农们，一辈子穿布衣，吃粗饭却能长寿；终生脸朝黄土背朝天的人却身体健康，没病没灾能劳动。事实证明：终日大鱼大肉生猛海鲜的人，不见得长寿；粗茶淡饭育人养力，生命可逾百岁！可见“满招损，谦受益”亦合乎人之饮食——看食物良莠，还要顾及人体所需和能否吸收！我幼时即常见老翁老妪，手提一瓦罐煮饭剩下的米汤，放在

1 火焰菠菜：一种叶子像烧着火苗一样的菠菜。

2 五花三层：指有肥有瘦的好猪肉。

3 娃娃调：指戏中唱调的一种，音声宛如娃娃腔调。

4 老谭派：指老一辈京剧名家谭鑫培所创的唱腔。

5 坛肉：一种北京炖猪肉，肉块儿连皮有肥瘦。

田头园子的土井里，就能存一日之饮。带几个干菜窝头[1]、几块老咸菜就可满足半日之主餐。在农家中吃上一顿“榆皮面捏格儿”和“鸡蛋炸酱”就算是美餐了。城里人，特别是有钱的人，一辈子也不准吃过那榆树的第二层内皮，剥下来，晒干，磨成面和细玉米面和一起，放炊具“捏格儿”[2]或“压饸饹床子”[3]中去压，细长的圆面条儿，煮熟后可好吃了。再浇上“鸡蛋炸酱”或“菜汆儿”，更是美味饭食了。把鸡蛋打碎入锅摊熟再出锅切碎，和黄酱一起入有底油的锅中炸成的酱叫“鸡蛋炸酱”，挺好吃。可是我还记得农家老太太做的可不好吃——因为孩子多，老太太只用一个鸡蛋，只用酱就够咸的了，老太太还往里加盐，结果是吃面条不放酱是“白坯儿”[4]没法吃，像老太太似的放多了，就咸苦得无法吃，可老太太还说：“人多了，一个鸡蛋，一把盐——放少了不够吃。”这不是闲话，而是旧时农村做此菜的一个文化背景吧！至于那“菜汆儿”，可真是素中美的“农村口味”了——它只有油加姜、葱、蒜炝锅儿，加些黄酱和少许盐，最后下入什么可食的青菜均可，样儿多了也没关系，可在吃面条时当浇头，也可就其他主食，当汤菜吃。大伯母做的“三合油”真好吃，用来浇面条，或捏格儿等都是美而雅的好东西，做起来又很方便，故传到今天，农村依然可见它的倩影：在碗内放半碗酱油，再放入些葱花和姜末儿，然后用铁勺把花生油烧热，放点花椒，花椒炸煳后，再放几段干辣椒，倒入那酱油碗内就成了。

1 干菜窝头：用秋日采来蒸后晒干的马虎菜（马齿苋）等，在春日菜缺少时，用此与玉米面加水合蒸的窝头。

2 捏格儿：一带有厚沿儿的小洋铁筒儿，底儿上有漏面用的许多小圆孔儿。把和好了的面搓进筒内，用比圆筒稍瘦些的铁质圆空筒，上有个提头（以供出起圆筒），以手捏此圆筒压入带面的圆筒内，则面条成小圆条地从筒下落入开水锅内。是小型的制面条的炊具。

3 压饸饹床子：是比较大型的制面条类食品的炊具。用一根比较长的长方形木头（可架在土炕的大锅上），朝锅处凿有一水罐儿粗细的窟窿，下安有一面条漏孔的铁片，可把和好的面团放入窟窿中，上有一条与下面长方木一般长短的木杠子，一头连着下面的木头，两头儿连着有可上下起动的床子头，杠子中安有对准塞面孔的一个细于塞面孔的圆形木物，另一头用力压下，则上杠圆木物压入有面的窟窿中，则如面条等物就从铁板孔中流入下面的水锅内。

4 白坯儿：此指只有面条儿，既没有浇头，也没有菜码儿的面条儿。

碎蜜供尖儿、糖酥蜜供尖儿、油酥火烧

京北回龙观是个大村子，每逢春秋两社祭，在春节、上元节（正月十五）时，还要挂佛像，点佛前海灯，使我

们儿童印象最深的还是那些好看又好吃的零食。每到上元节，又叫灯节，北庙成了社火的集中地，庙门前左右两排摆满小摊，我最爱糖果摊上那各色的“拐棍糖”，用红绿黄白各种糖条缠在一起而拧转成棍儿，一米长，把一头拧弯就成了“花拐棍糖”了，用豆面黏面和黑糖等做成小拐棍样的“豆面拐棍糖”，价钱便宜又好看又好吃，是当时儿童们常买食的好零食，特别是灯节时，一边吃着拐棍糖，一边追耍或看“蹦蹦戏”（后来叫“落子”或“评戏”），那情趣更不是平日所有了……每逢灯节过后，庙中便有人挎着大篮子盛着砸碎了的“蜜供”，到各门各户去撒“碎蜜供”，又叫“供尖儿”或“福尖儿”，各门各户喜得之，并赏给送蜜供尖儿的人几个“送福钱”！小孩子们则更追着那人跑，要供尖儿吃……村中开烧饼铺，还卖炸货的杨老柱头，看村中大人小孩都爱吃上元节撒的碎蜜供尖儿，就回家炸了蜜供尖儿卖，又酥又甜又新鲜，比那在佛前供了好多日子，再砸碎送到各家去的蜜供好吃多了，所以能卖很长时间，村人们都说杨老柱头会做买卖！一年四季，每在早晨都能听见村南半部做卖油酥火烧的人吆喝着“油酥哎糖火烧……”可永不到村北头来，因为村子太大，不到村中间就卖完了。记得小孩们总学着他的声调，把词儿“油酥哎糖火烧”改成“刘秃子哎打我喽”……可至今我也没看到过，更没尝到过那油酥火烧！事已过八十多年，其脆音长调犹在耳边！

腌心儿里美丝、斜象眼苤蓝块、死面眼钱火烧、三角炸豆腐块儿

旧时，有人推着个豆汁车子，上有一玻璃罩儿，罩内放俩大盘子：一盘内是盐腌的水萝卜（心儿里美）丝；一盘内是盐腌的白苤蓝片儿（片儿要切成菱角样），有的还浇上点儿炸辣椒油。用这两样廉价小菜儿，供在桌子两旁的放下的木板上。喝豆汁时白吃，有的收钱也只收一分钱。后来用酱腌菜就豆汁喝，也能卖钱，却全然失去了萝卜丝、苤蓝片儿就豆汁的风味。赵四爷说：“吃窝头就酱肉，各失风味儿！”赵四老爷已八十多了，卖

了多半辈子生熟豆汁，人家深懂其中奥秘。人家吃过见过，不像有些只会吹牛、胡干乱干的人。他说小吃要细做，才能好吃又受顾客欢迎。比如，“卤煮小肠”讲究卖者必知“四要”：在下锅前一要用新鲜无病的猪小肠和肺头；二要将小肠等洗刷干净，去其不正的味道；三要记住，切不可胡放调料以夺其味；四要“时辰到”——煮得要烂而不过火。其中有两样配料也很讲究：最主要的是其中的火烧（小面饼），必须用死白面做的眼钱火烧，不能像有的自命为“中华著名小吃”，却用发面的大牛舌头饼切碎，泡在汤内充眼钱火烧，吃起来像咬棉花团一样“无味而无咬头”！第二样是其中的炸豆腐，要切成三角形的豆腐片儿，炸要刚到好处，多数是认为炸得焦黄透了才好，其实不然。炸透了就无味而苦，要炸得“黄嫩适口”。过去“卤煮小肠”主要是推着车子，夜里在大戏园、游乐园等地卖，车上有酱肉和白干酒卖。不像后来大开门面，更大吹什么“小肠王”“小肠李”……做卖出的全不是卤煮原味，所以长久下去，越做越走样，就不得不“夏天改卖西瓜，冬日改卖‘喝来蜜（柿子）’”了。

心里美—水萝卜、羊肉氽象牙白—大长白萝卜、灯笼红—大卞萝卜团子

冬日夜晚，有走街串巷卖水萝卜的小贩，提小玻璃灯，身背一个椭圆柳条筐，内有小厚棉被盖着的清脆水萝卜和一把锋利的小刀。吆喝声使胡同中的夜黑寒气变暖变有生气了。至今回味起来，那带有京都气味的声音，使人在千里之外，亦起乡关之思……听：“萝卜赛过梨哟，不糠不辣……”在门洞里叫过来卖心里美水萝卜的，打开小筐，用手指弹弹，找个脆而实看的，叫卖萝卜的用小刀劈成几瓣儿，供人吃那鲜香水嫩，再加上特有红粉美色，真使冬日的冷黑门洞里来了“春的消息”。怪不得有些姑娘叫卖萝卜的用力在心里美上劈刻几刀，就成了各色的鲜花，摆在窗前的水仙花盆内，真是冬日可见的“红装素裹看春绿”了！把旋剩下的萝卜皮切成细条，略加油、盐、醋，就是好味的小菜。

莲妹妹早晨由村镇的集市上回来，买来一条肥羊肉和一根大白萝卜，还有几根香菜和一小袋子白胡椒粉。在一锅白开水中煮沸羊肉片儿，再放入大白长萝卜片儿，加些适口儿的咸盐（切不可放酱油、醋及香油），萝卜片煮熟后，即可连汤及羊肉、萝卜片一起出锅入海碗[1]，撒上些白胡椒面儿及碎香菜供食，花钱不多，制作颇易，雅俗共赏的美味，宜人可口。在京郊农家便饭或城中雅食均可添美。

城中六年的中学，每天吃窝头和老咸菜，喝蒸锅水[2]，更想农村老家（回龙观村）的灯笼红大卞萝卜加作料做馅，玉米面做皮蒸熟的大团子，喝那暖人脾胃的小米粥。真是"吃起来不知够"。每见秋日，在小园子中挖大坑，中间立一束高粱秆儿捆成的把儿圈，码一层灯笼红的大卞萝卜，盖一层黄土，如此一直码到土坑沿儿，让高粱秆把儿露出，四外再埋土加厚，上放禾稼的茬子[3]。春日扒开一层土就可见一层鲜红的大卞萝卜，切碎煮熟，在大罗筛内澄干，加上五香大作料及盐、酱等为馅，用细罗白玉米面包成大团子，上屉蒸熟后，香甜无比，就老米粥一喝，足增春光。常见砚卿妹在书案上不摆水仙盆，却用大盘子盛清水，中放用高粱皮细篾穿成圆圈的蒜瓣儿，蒜长出青嫩的苗叶时，婆娑可爱，觉比盆水仙别有一番情趣。上面由窗棂杆吊下的两个倒悬的灯笼红萝卜，心肉已挖空，只留中间有萝卜根的一阔条萝卜肉以连着萝卜圆体，倒挂成花篮形，中填些新棉花，撒麦粒儿于其中，每日要添给清水，正值春节时，萝卜红色更润，体中麦生黄绿新苗，倒悬的萝卜体顶嘴处则又生大绿萝卜缨儿，更像两盏中外新生的花灯，与书案上青蒜上下相映，令读书人临案生辉，春满前程！

1 海碗：大碗。

2 蒸锅水：蒸馒头等锅内剩下的水。

3 茬子：农作物收割后残留在地里的根茎。

豆渣窝头、
小葱拌苏叶、
黄瓜腌葱、
倭瓜粥、煮汆汆、
喇嘛逛青、
虾皮炸酱、
白水羊头、
驴油排叉、
家常饼、
褡裢火烧

金五爷、金六爷哥儿俩常向人说，别瞧大清国倒了，为反民国的大辫子兵[1]也玩完了，可我们这些后代人的“范儿”[2]不能倒……金五爷落在老家火器营村给人家看坟，可身穿的衣物总在邻近菜园子的水塘里洗得干干净净的，顺手从菜园子里拔些应时的菜蔬，来充实一日三餐。早晨给村里田记豆腐坊送去一担新鲜牛草，换回几斤豆腐渣和棒子面合在一起成为“豆渣窝头”，把从菜园弄来的小葱和苏子叶切碎用点儿黄酱一拌就是好菜“小葱拌苏叶”。中午从院子里弄两条黄瓜和葱切碎，加上些盐，就是农家菜“黄瓜腌葱”，就玉米面贴饼子一吃，就成了午饭。晚餐好办——把从园子摘来的老倭瓜切成小块，往稀粥中一煮，就成了“倭瓜粥”。金六爷为混口饭吃，跟师父法一接管京城火神了。师父圆寂[3]后，金六爷和京城内落魄的皇族人都挺着腰杆儿，撇着大嘴，眼常朝天看，自己就把爷房卖了，吃喝嫖赌抽，很快就穷了，仗着娶的媳妇针线活手巧，整几个钱养活金六。六爷挑个筐去打鼓儿[4]，也凑合着能过。每日三餐总是在玉米面上找，不是窝头、贴饼子，就是煮汆汆或“喇嘛逛青”[5]。弄好了，来一顿两样面擀条儿[6]，虾米皮炸酱[7]。可是，金六爷不能改祖上传下来的谱儿——每晨起必须开水沏“满天星”喝，还嫌人总管这叫“茶叶末子”，连茶叶店都管这种箱底儿叫“高末儿”，他却说叫“末儿”，不雅！气得他媳妇说他这是“溜（啃的意思）西瓜皮搬桌子——臭排场”，不管谁怎么说，金六爷总放不下“自我感觉良好”的臭架子。有一天，金六爷买了一大套“万寿不到头”花纹的盘子，行里人认为是西太后做寿时供寿礼的瓷器，所以卖了个好价钱。金六爷的饮食顿时就改了往

1 大辫子兵：指主张恢复帝制的军阀张勋，其所率全军都留着长发辫子，故百姓称其为大辫子兵。

2 范儿：也作“法儿”。指样子、架势、习惯等。

3 圆寂：和尚死了。

4 打鼓儿：旧时买破旧物品的，打一小皮鼓儿以为幌子，故名。

5 喇嘛逛青：平民食物名，于煮小圆玉米棒子锅内加入些青菜，有黄色有绿色故名。

6 两样面擀条儿：平民食品名，因用白面和过了细罗的白色玉米面合在一起故名。

7 虾米皮炸酱：用买的虾米皮下底油炸，再放入生黄酱共炸熟的酱，可做吃面条的浇头。

日贫民的样儿，早晨喝吴裕泰的香片[1]，都觉不够味儿，必须喝张一元的碧螺春[2]，他媳妇沏好茶叫他喝，六爷翻着眼皮看看他媳妇，他媳妇生气地问："干吗拿卫生眼珠[3]看我呀？哪点儿不对呀？"他指指日历牌说："知道不，今儿个立夏啦，应当喝龙井茶……"午间，金六爷特到西城锦什坊街的"武洲酒店"买了瓶莲花白以应夏令，到前门外廊房二条路北的同丰酒缸，不喝"靠柜酒"了，只叫在同丰门口卖白水羊头[4]的马二把不要再给他包些"猫食"[5]下酒了，破天荒地切"羊脸儿"包回家去喝莲花白。叫媳妇到砂锅门杨记去买驴油排叉，在前门外大街路东的都一处饭馆买家常饼以充午餐。晚饭喝"精米稀粥"就高粱胡同祥瑞饭馆的褡裢火烧。他媳妇连气骂带劝说他要"细水长流，好日子不能一天全过了"，金六爷不但不听，反更搭起八旗遗老的谱气了——买一只长相好的"红子"[6]，每天早晨托着架子上的"红子"，到"窑台儿"[7]遛弯儿。可巧碰见了每天来此喊嗓子唱武生的张来玉，知道金六是怎么回事儿，就打个千儿[8]问金六："六哥，今儿个晌午，咱们吃什么呀？"金六顺手摸摸兜儿里，只有几个铜子儿啦，就一笑儿，仰着脸走了……

柳芽黄豆、棒子面豆粥、荞面饼

春风习习，杨柳又绿。忆昔日陪恩师陆宗达教授、周祖谟教授等，同到我的故里——京北沙河镇去瞻仰"巩华城"，共到表妹家吃饭。时值青黄不接，无可待客，大家却说："正为得食真正农家饭也……"菜有"柳芽黄豆"——采春日柳条之新叶，过开水焯后，攥成团儿，入净凉水中拔其苦涩重味留清香之气与温水泡开之黄豆共拌，加入适量之精盐，盛于素白盘内，略点上些香油，则清香加豆黄色，犹如春行河埠，冰如春塘之。虽粗菜亦富无限情趣，颇为众人宠爱。棒子面豆粥——用开水先把红小豆

1 香片：一种茶叶名。

2 碧螺春：一种茶叶名。

3 拿卫生眼珠：指用似卫生球的白眼睛来看，以表轻蔑而视。

4 白水羊头：北京名肉食名。用白水及其他料物共煮的羊头。

5 猫食：由白水羊头片下的表皮，常廉价买回喂猫，也有穷苦人买，当下酒物。

6 红子：一种供观赏听叫声的小鸟。

7 窑台儿：北京陶然亭公园的旧称。

8 打个千儿：旧式封建礼节，单腿下跪。

煮烂，再下入用凉水搅开之玉米面，开锅即熟，黄稀中有种红豆粲然，虽无重味，然微香稍甜，可润喉胃，亦是粥中之精者。一张张热气暖人心口的荞麦面烙饼，亦是久居城市人所难得也。饭后，表妹夫索兴，赠每人一包荞麦皮，云带回城去，把每日喝完茶水的乏茶叶，晒干，与荞麦皮合充枕内，枕之可明目养肝。此为乡中名医郭鹤年老先生传之也，每行有效，故传之久远，人颇重之。

五月鲜、甜辣咸螺蛳、薄脆、铁蚕豆、甜酥豆、五香煮蚕豆

卢沟桥事变前，日本鬼子已经横行到京郊了。那时我老家在回龙观村与二拨子村中间的北坟地。记得我们扒着篱笆缝儿看见一队队日本兵往西南方开去，我母亲带着我向西山的天棚沟外国教堂去避难，碰上了杨大妈带着小闺女杨翠珍，也来此避难。两家成了真正的亲家——把我和翠珍姐姐订为“发孩亲”[1]。后来杨家因会做绒绢纸花[2]，搬到北京城内崇文门上三条去住，我和杨翠珍由青梅竹马到上中学，十几年的交往，幼时的情景永生难忘。记得每到农历五月左右，妈就叫五叔扛一麻袋才下来的青玉米，此正是京中吃新煮老玉米时，人称“五月鲜儿”，给杨大爷带去他最爱的酒菜——甜辣咸螺蛳。杨大妈把煮熟了的五月鲜分送给大杂院中的街坊们吃，人人都欢迎。西屋住的许二奶奶说：“煮五月鲜的水叫‘迎夏水’[3]，人喝了能延年益寿去百病……”杨大爷和拉洋车的徐二侉子、棚匠[4]顾老台等一边喝酒一边说：“这甜辣咸螺蛳，最讲的是用立夏前从水里捞来的，用清水洗干净后，要在醋、酱油、咸汤中泡一宿进进味，再到用辣椒、葱花、椒片、蒜片炝锅中放汤去熬炒，最后放点儿糖，以增口味……”徐二侉子说：“一个粗下酒菜儿，还有这么些讲究。”杨大爷瞪二侉子一眼说：“你是个跪腿儿的猪，懂得什么？不这么做就不好吃。甭拿别的说，就说这

1 发孩亲：男女幼小时，男女双方的父母给订成夫妻关系。

2 绒绢纸花：旧时用绒、绢和色纸等制成的花朵，可供妇女们戴为头饰，是北京特有的工艺品。

3 迎夏水：迎着立夏节气的水，旧俗指煮五月鲜玉米的水，有淡甜清香味，可助人迎夏暑。

4 棚匠：旧时以搭建席棚为生的人。

甜螺蛳，一入夏就不入味，个儿大了更不好吃……这是我们‘指腹婚’的亲家李老万从他村活水河底捞上的‘开河螺蛳’[1]……”别瞧我当时已是大男孩了，可一向不知什么叫“发孩亲”，也不知翠珍知不知道。我们依旧在城中逛窑台、上厂甸，到乡下老家湿地中去采荷花、菱角，到田野中奔跑捉蝴蝶、湿地粘蜻蜓……直到新中国成立后我南下时，我们列队唱“我们是民主青年……”在队伍中，看见流着眼泪的翠珍向我招手，我才似乎有点“心有灵犀一点通”，等到十几年后我再回到北京见翠珍时，真是“昔别君未婚，儿女忽成行”，只有杯茶同忆往昔时。幼时，我住在杨家，每天早晨杨大爷准用马兰给我们买回几个香酥的“薄脆”[2]来；晚间杨大妈叫我和翠珍姐姐一起去把卖“铁蚕豆”和“甜酥豆”的叫到大院里来，孩子、大人们都花不了几个钱就能买到那又酥又甜的炒蚕豆，好吃又不费牙；晚上，把一把又硬又香又费牙，可又爱吃的“铁蚕豆”往炕上一撒，小孩子们用手指头先在两个铁蚕豆之间轻轻划一横道儿，再用两个指头捏着弹其中的一个铁蚕豆，如两豆撞上了，这两个铁蚕豆就归弹豆的人所有了，依次弹下去，如果没弹着，就让给下一个孩子去弹……儿时往事，犹在眼前，再相见时，则俨然老媪老翁矣。当我坐在桌上喝酒时，竟然看到有一盘杨大爷的好酒菜——“五香煮蚕豆”[3]！一切人物往事涌上心头，我再也忍不住热泪两行了……

榆钱合子、野韭菜炒河虾、三仙（鲜）合子、羊骨头杂面

京西肃村有每日挑担卖羊肉者，因其歇顶[4]，乡里称其“肉秃子”。此人虽是做小买卖的，但饮食和衣着常自做而干净，他与我九叔李华丰是棋友，故我幼时常随九叔到肉秃子家去，并常食其自做的“真驴打滚”，他说外面卖的江米白面裹豆沙，滚黄豆面的驴打滚和平常家里用黄黍米夹黑糖馅、蘸黄豆面做的驴打滚都是“假驴打滚儿”，应再滚上些炒熟的芝

1 开河螺蛳：春夏之交活水中初长成的小螺蛳。

2 薄脆：一种油炸的面食，大薄片儿质感酥脆。

3 五香煮蚕豆：大蚕豆经水泡出芽后，加五味料物，放水煮熟后香软可口。

4 歇顶：人的头顶上不生头发，是顶上休息了，故名。

麻，则味更香，更像驴打滚时沾上了小沙子，所以他这么做才叫“真驴打滚”。九叔笑着对肉秃子说：“你这纯粹是物好吃，话谬论。”秃子好交朋友，每逢风雨不卖羊肉时，常邀九叔及几个朋友到他家去，一边下棋，一边品其自制的小菜下酒。小菜很有特色，用物随着季节走，他说：“人得会吃鲜儿。”教私塾的杨晓峰先生曰：“这是遵古训——不时者不食。”会唱太平歌词的油坊师傅说：“甭管它时不时，好吃就行……”春炸榆钱合子——新下树的大榆钱，择去其底瓣儿，稍加些白糖，放在两张面片儿中间（面片如茶杯口大小），捏严周边，放在油锅内炸熟吃，另有清香及微甜之感。夏则用长竹竿挑着旧冷布[1]兜子，内放些鲜羊骨头，放入池塘内，待从塘边草沟坡上拔了野韭菜回来，从塘水内挑起竹竿，则大小鲜河虾均收到，熗锅用野韭炒河虾只略加些盐，则鲜嫩可口，有虾肉即不腻人，号称“野韭菜炒河虾”，后为乡里常食之菜。秋末，采小嫩荷叶铺于碗内，放入鲜玉米粒儿，加点儿糖，再点上些从中药店中买来的“蜜饯桂花”，上面也盖上小嫩荷叶，上屉蒸半个小时，就可供吃了。荷香清隽，桂味宜人，好吃极了。当时，我是个十来岁的孩子，就能连吃三碗。肉秃子管这种吃食叫“三仙（鲜）合子”。冬日许多贫家人向肉秃子要羊骨头，砸开放入水锅熬汤来煮杂豆面[2]，加些腌咸菜汤叫“羊骨头杂面汤”。久为各村之贫家美食。开烧饼铺的杨老柱头称这菜为“穷人乐”。真是说不完道不尽的城乡平民菜饭和饮食，有的可广达城乡各处，人皆效做。可见粗食美可养人，不必胡吃海塞找病生！

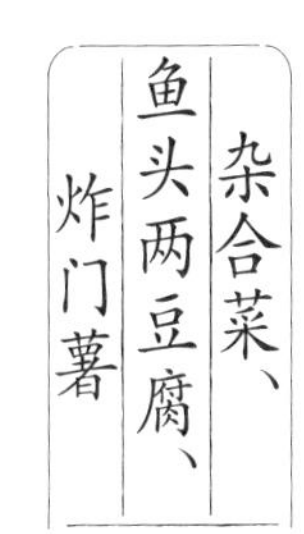

回忆上中学时，家在农村，只得在平民中学（现四十一中）苦熬。最令我难忘的是学校每日三餐，都是窝头老咸菜，最难下咽的是在蒸锅水中放些菜叶子，加一大把盐，当作汤饮……每月到前门外打磨厂，去义记纸店拿一个月的饭钱时，用妈偷给的小钱买包花生米（炒花生仁）吃，就觉得香极了。学校的饭

1 冷布：旧时以棉线织成有四方小眼以防蚊蝇的布。

2 杂豆面：旧时用各种豆子磨面制成的面条。

食，真不如在农村老家吃的农家饭。一次拿了饭钱，想找个小理发馆推推头时，在鲜鱼口内路南的抄手胡同中有两间靠墙的小房，窗台上摆着几碗小菜卖，价儿很便宜，味儿还挺香，后来才知这菜叫“杂合菜”，是由各大“冷饭庄”[1]用几个钱买的“折箩”[2]，加热再卖的剩菜。卖这种菜的是张老夫妇，因为收拾得干净，并与各大冷饭庄都有交往，故老张头的折箩菜很受穷苦人的欢迎，我也爱上了此菜，因为每月的饭钱每天买俩小米面窝头和一碗杂合菜吃，全够，还有点儿小富余。张老夫妇待人又好，常把些好的杂合菜留给我吃。使我最难忘的是冬日那“鱼头两豆腐”——从冷饭庄买回的有各种吃剩下的大鱼头，如红烧鱼、糖醋鱼等，只剩下个大脑袋，张老太太则分别把每种鱼头放在一个碗内，再加些葱姜作料，并加入几小方块鲜豆腐和冻豆腐，放入汤水，上锅一蒸，气味更有一番美香，很受食者欢迎，曾见前三门有钱的唐红凯、顾老八、栾鸿树等专门来买此种鱼头当酒菜。秋日来京，从田中装几个门薯[3]送张老，老夫妇很喜欢我这个小友，说我“人小有仗义心”，并告诉我，白薯不入窖藏，二次经土气出了汗才好吃，但门薯久得天地养生之气，切片油炸后蘸白糖吃可补气，蘸黑糖吃能补血……”在饮食上张老另有一套老北京的独论——他老辈子人曾三代在皇家南厨房做饭菜，到他这辈，沦落街头卖杂合菜，但很讲究卫生，他常说：“衣裳不喜欢可扔换，饭菜好坏入口能杀人！”

蒜泥麻酱咸茄、爆辣白菜帮儿、紫根韭菜花、香葱王瓜酱

外号“老倭瓜”的刘平安，是穷人中的燕赵豪侠——刘平安虽穷而一辈子没娶媳妇，可是当见有一对被地主夺了地赶出村的穷妇母女，刘平安则假娶那寡妇为妻，善待其女，并把自己仅有的四亩地和一个菜园子交给这母女过日子，他就不知去向了！其实智者都知他是夜入那村杀了地主，然后就远走高飞了。那寡妇娘俩在家中给刘平安立了“木主”（牌位），每天遥祈其福，坚守刘

1 冷饭庄：旧时不日常对外营业，只为顾客办红白事时制作菜饭和作饮宴处所的大饭庄。

2 折箩：指饭庄从席面上撤下来的饭菜。

3 门薯：指白薯秧结出的第一块白薯，往往露出地面，块头较大。

平安不吃肉食的意愿，并常吃他教做的四个小菜：蒜泥麻酱咸茄——把切成条儿的茄菜蒸熟，拌上蒜泥、麻酱、细盐供食，柔嫩中有微辣和香雅；爆辣白菜帮儿——大白菜帮儿，切成小块，只加盐及切碎的春辣椒，略点上一些香油就成，可谓新香中有咸辣；从菜园的紫色根儿的韭菜中，摘取其花，只加盐腌之，加上一两个酸梨，盖好，一个月后可食之，则别有清香扑鼻；从菜园中弄来的鲜香菜、葱、黄瓜共切碎加黄酱拌和，略加点芝麻香油，清香远辣，可清心解燥。这是七十多年前发生在黄西店村的一件真人真事。刘平安虽是个粗人，但满身豪侠气，远非一些“肥马轻裘”满口“仁义道德”，一生男盗女娼者可比！其菜亦如是“清气近人”，故记之，以为视者醒目。

荤油炸蟹

京畿农家，常云“上完二遍（春锄地两遍之称），三义庙上见”。每值此庙会，卖耍货（游戏品之统称）针线，吃食糖果等甚多，且有敬神蹦蹦戏（后称评戏），开场无非什么《打狗劝夫》《王小打鸟》《王少安赶船》等，压大轴戏多是《杨三姐告状》《锯碗钉》什么的。而儿时的我和伙伴儿，最欢喜的是花妈妈给的二大枚（铜板），就能在杨老柱头的炸货摊儿上，买两个“荤油炸蟹”吃，那真是解馋又香甜。细细地看才知道杨老柱头的媳妇早把摊好的荷包蛋（加咸味的炸鸡蛋）上下用饺子面皮包好，两边插上入了味的小河鱼，折中一弯，活像螃蟹腿儿，前面再按上俩长点的开河虾米，放入化有猪油的油锅一炸，其形颇似，其味香美。故其炸蟹摊儿上，大人或小孩，总不断买者。

娘俩好

旧时酒酣耳热，吹牛说“房山的古迹虽多，但我都看过……”，六表妹吴桂莲当即问道：“白水寺你去过吗？”我真晕了，即求其同去一观。白水寺在房山县城西北二里许。其寺甚怪——仅一间由河卵石垒起之尖顶形石室，内中供一高大佛像，左手掌上有一草木枝结的鸟窝，余下空无。寺下白水一条已枯竭，惟有断碑，已无可辨。寺旁树林一户人家，只老夫妇，老翁终日无一语，老妪淳朴好客。时逢大雨，不能行，老妪将腌菜缸内，拣出腌雪里蕻，经水洗切成细末，同才拔来的鲜雪里蕻缨儿炝锅炒，其味清隽鲜香，就小米干饭以待客，并云：此菜乡俚称之为“娘俩亲”，若能再加些肉末，则更美……后来余常思此情此景以谢故老。每加肉末做此菜，其美犹在，而斯人已往矣！旧菜不仅可疗饥，亦可供后人思情，故记之！

菜饭

青云观，本是个老道庙，不知什么时候“孟光接了梁鸿案，又生个张天师”，这是五里三村对这个大庙的既真实又戏谑的概称。真不知这样一个大庙，何由演变成这么奇怪的样子。那时候，才兴小学校中有个女尼老师。我一年级的老师张华纹先生就带我们去这个观中访女尼当教师的驳云老师，是她在雅俗共赏的文中，告我正音的知识。比如，她告我：“出必告，返必告”中的第二个“告”，应读“gù”；我爱读的《六言杂字》中的“看家狗儿汪汪”的“汪”应读如“bāng”。后院的和尚们，靠应丧葬佛事得活。管僧尼收入饭食的庙中的张老道，带着几个徒弟，耕种庙产几十亩薄田，还兼做全庙僧、尼、道的吃穿用度。也许是历史把他们逼住在一起的吧！驳云开设小学，以广幼儿知识，老师云其是女子师范的一名优秀生，因婚姻蹉跎而入空门；众僧则是所处小庙被军阀抢占而由师傅聚集于此；张老道则为地主佛门纳善缘，以力养众力。其更能身心用具洁净，做得一手好素菜饭。从全院日常饮食到迎客送宾，俱能深达彼意。我最欣赏其“菜饭”，可因四时可食之菜，入米面蒸之，稍加细盐，则可使食者，无荤而觉美，无侍供而觉远馨。于麦熟时，吃其有鲜豌豆糕及碎芹菜茎而蒸的“菜饭”，其妙其味真达“俗不可得”地步。

酱油冬鱼

京北沙河镇北头路西有饭馆曰“万福居”。其掌柜名王华庭，乃余姑父。其于居中掌勺，所制菜肴多所自创，而味绝殊。其尝言，真酱油者乃酱之精华也，每夏日晒酱缸，其酱面中凹处有液状物，食之，咸甜美，是谓“酱油”。京郊农家每至农历十二月八日曰“腊八”，是日用冰镩（破冰的长尖铁棍）取下大块冰，拉回立于粪堆上，祈望来年粪肥丰收。此时聚于冰下水中的鱼儿，积肥少动，故另有滋味，取来去掉五脏及外鳞，洗净，于其肚内入食盐少许，填好姜、葱、蒜、花椒等小料，头尾交错，中隔不太辣之大秦椒，码于坛中，浇好“酱油”，泥封坛口，置于背阴处。来年春分过后，即可开坛取些许入大碗内，加入自家产的黄花、木耳少许，然后以适量的清净井水倒入碗内蒸熟，其味天得，别有一番味道。此菜，为王氏私藏非卖品，每有亲友至，则奉为上等菜。当时任国民党昌平县县长的田发生几求其菜尚未可得。据云田后逃至香港，尚向来自大陆的昌平乡绅询问此菜，可谓真味远传难忘！

草尜儿蘸野蜂蜜

苏天顺是我的发孩儿老朋友。他出“牛棚”的第二天就请我去他家吃“苹果蘸蜂蜜”，我真没想到会吃这个，他也忘情了，两个人无言地对此掉泪了。良久，他对我说：“还记得塔院老枣树洞中的野蜂蜜和满地的草尜吗？”这时，我明白了，他是想起我们幼年那唯一能解饿的美食，就是到北大庙的塔院中去吃蜂蜜和草尜。塔院传说常有鬼魂追到塔中向老和尚要供食吃，故无人。苏天顺自幼胆大，又会摔跤，故此，孩子都很敬他，尊他是孩子头儿。他丧了父母，给地主当半拉子（小做活的），常带我们到塔院中的老枣树下去吃老树洞中野蜜蜂酿的蜜，还到草丛中去吃那草尜儿。至今我也不知道那草尜儿学名叫什么，属哪一科的植物，只知它清香可吃并能解饿，再蘸些甜蜂蜜吃，那真是甜美不可言的神仙食品。后来我们天各一方，不知谁死活。没想到他参军成了官儿；我成了“走白专道路”

的知识分子。我们都是“牛棚”中出来的未死人，都退休了。回故里，那塔院早变成公路了，那美味的野蜂蜜和草粢儿不见了，我们这两个老发孩儿却泪眼相见，不期忆起那美不可言的野蜂蜜和草粢儿。

华碧岩蔬食

华老为我祖父（李永禄）文武同年，因遭清末家国之乱，无心仕途，且不愿回故里，故于我家学塾中任教，我虽未及受先生教诲，但其饮食之风在我家几传为美德。华先生钟爱粗食：小米饭、窝头、贴饼子等，其蔬菜则好自做，且用料皆家产，能随季节而变，祖父曾曰其蔬为“四季美”，实则为“四季菜”——均无肉腥，但不忌辛辣，华先生笑曰“是不从僧道远荤之论也”。春多食“柳芽大豆”——采新柳叶之芽，煮后经凉水拔除其涩，攥干与煮熟之大豆加适量水同腌，则清美爽口；夏日，爱食腌韭菜末儿，该菜既省事又好吃——从畦中拔鲜韭菜洗净，切成细末儿，撒上适量的食盐和少许香油即成；秋日，马蹄（荸荠）渐肥，从小溪中取来，洗净去皮切成方块，入少许鲜尖椒切碎同炒，水陆二仙（鲜），味兼两极——辛辣至水鲜无味而隐有稍甜；冬日大雪，尝见先生将冻豆腐与酸菜同熬，后加酱菜老腌汤，无论喝汤吃菜，均可御寒，配窗外之雪美。

清泉馆之俗中雅

日军强占了崔清泉的二亩地，修北京至张家口的公路，只给他剩下点儿地头，又在该地打了自流水的洋井，以利于浇灌日军的菜地。崔清泉死中求活，在其地开了个小饭铺，因自己的名字和井名相同，就起个“清泉居”的字号。来往的赶大车、驮脚的穷哥儿们，在此饮牲口，往往掏出什么干饼子、干饽饽，就点儿凉水吃，崔清泉看不过，就炝个锅儿，给他们熬热了吃，大伙儿都挺感激他，有钱的给俩钱，没钱的就不用给。过往客商吃点儿像样的饭菜，也好吃不贵，因此，清泉居渐渐有了名。这个小饭铺还能随着节季用料合人的口味。春天有“菠菜肉末粉”——先炒肉丝半熟，放汤煮粉条至熟，再放入些食盐及白胡椒粉，最后放进切好的菠菜，装碗供食，色味均佳；夏天，先给顾客上一碗果子干汤，然后的菜是新下来的嫩韭炒小活虾米，那虾米是打鱼的每天携小篓子送来的，换白吃清泉居的饭；秋来了，老玉米尚有青嫩苗，清泉居用青玉米粒与猪肉丁加葱花同炒，真别有风味；冬天则常供猪肉炖粉条大白菜，肥而不腻。难怪在镇上教中学的张退思先生给清泉居画一帧画：一盏红烛照书函，旁有一泥盆长着青青蒜苗，题“书卷青苗同案美，光烛永照清泉红”。可谓俗中有雅，雅能及俗也。

王八看蛋与遍地锦装鳖

董君字子吟，名号虽雅，然不好读书，且困于早恋，家虽富有，然其不争气上进，气得老父终将其赶出家，与相恋之贫女大竹子双双投奔我外公尚文玉门下，学当厨子。外祖父原是个小武官，好吃，向将军的厨师学了许多技艺。清朝灭亡后，就当了乡下跑大棚的厨子，因做菜好，人又厚道，故在京郊很有名气。董君夫妇说“侍候人就侍候到底”，所以决心当厨子，且崇信尚文玉很有名，又能说服董老太爷，所以董君就拜我外公为师，大竹子也成了做菜饭的好手，又乖巧，很得师父师母的满意。一次大财主高四爷因无子，决定再娶三姨太生儿子，还要大办酒席，就请了尚文玉带徒弟去办席面。高四爷虽富甲一方，却是个吝啬鬼。宴会后赏厨子的“汤封儿”（席后给厨师的赏钱，往往用红封套盛着）竟是两角钱。四爷又叫厨师把席间剩下的折箩（剩饭菜）重做给他吃。董子吟就把一只剩甲鱼放在盘子里，只炸些切细了的油菜叶儿，绿绿的，像水草，甲鱼的周围码了一圈儿鹌鹑蛋，并对四爷说龟鳖是高岁，绿草是“禄禄永来”，鹌鹑蛋是“蛋多子来”……四爷非常高兴。尚文玉师傅们都知道，这道菜叫“王八看蛋”，是厨子们治姑老爷、席主家的秘方。不期后来有些自命烹饪专家或考证家们说，这就是古代名菜“遍地锦装鳖”。其实散见于各种古籍中的“遍地锦装鳖”只有其名，关于用料及做法等，什么也没说。尽管如此，有些人还以菜上席，言其为古菜而大赚人钱！德乎，何在？

李二姐的『肉丝炒刀鞘子』

二姐是我大伯母的娘家侄女，为人手巧忠厚，嫁夫于外交使馆做饭。不期丈夫早亡，红颜薄命，后嫁到沙河镇南之半壁店。在我将到城里去上中学，不能常见到二姐时，我就到其新家去看望。这二姐夫是个憨厚的农民青年，就一个人过日子，他说娶了我二姐后才吃上好饭菜。二姐笑说：“你二姐夫耪地就耪两头，他说耪中间害怕，所以我还得陪着去耪地……”大家全笑了，农家是这样无私忠厚和睦，二姐说：“不同先前在城中买什么都方便，先前你二姐夫又会做，现在我做俩菜，你们凑合着吃吧。”她从自家小菜园的篱笆墙上摘了些刀鞘子扁豆（豆性味大，扁平的绿扁豆），切成细丝儿，先在开水锅中焯一焯，不但能去其偏盛的豆气，还消其毒，还使其更鲜嫩，加入猪肉丝一炒，色味俱佳。她的摊鸡蛋中也没放任何俏头，但其中却有香椿韭菜味。二姐说：“这是和你那当厨子的二姐夫学的。摊鸡蛋叫‘摊黄菜’，其中要有香椿、韭菜等，但不可有其形……”原来是光把香椿、韭菜、葱花等放纱布中，取出其味汁，放在鸡蛋中搅匀，再下油锅摊之。二姐已作古，此等菜后人能认否？

杨二姐的『脂油饼』

杨二姐大吾三岁，是嫂嫂的娘家妹妹。吾随哥哥在其家吃她做的“脂油饼”，其形味远胜俗手之做。二姐家左是一间宰猪卖肉的店，所以，我们每次去，二姐总是从肉铺里买了香脂油（又叫板油）来，和面擀起薄饼，把切碎的香脂油匀铺在上面，再加入适量的葱花及食盐。卷起、盘圆后再慢擀成饼，下饼铛摊熟供食，则香而不腻。再以一碗稀小米粥、一碟老咸菜相配，那真可称是一顿美食了。

老北京的贫人美食

黄六大爷是旗人，穷是穷，可还爱摆个旗人的谱儿，又嘴馋，总好吃个有滋味的食物。那时我和他都住在北京东珠市口的一个大杂院中。黄六大爷是个老光棍儿，从赶马车到拉洋车，身板好，人帅气，可就是脾气有点儿怪——只要挣够吃一顿的钱，就千金难买一动地不干了。他常拍着茶壶盖儿教个孩子唱他自编的“地理穷吃歌”——从东到西两口香（从东珠市口往东到磁器口）五里长，没有大饭店来小店忙。叉子火烧盆糕贱[1]，桥湾买酒油渣儿王[2]。黄六爷这首自编歌，可真实地唱出那时候这条街的地势和普通美吃来了。

豌豆饭与绿豆面疙瘩汤

邹先生总叹自己怀才不遇，在镇中开个小杂货铺，进货卖货全仰仗其老婆。邹先生好交游，镇上中西医大夫和学堂里的教师都常来与邹先生喝酒、吃饭。邹先生小铺卖酒，可是他白喝，酒菜钱由来的朋友出。秋夏则在小院的葡萄架下欢聚，春冬都在小铺的柜房中同饮。一日，吃杂豆饭——邹老板娘手巧，做的饭菜可口，把鲜豌豆和米共做成米饭，上浇用绿豆面和葱花做成的汤。她盛了一碗递给他，邹先生喝得七分醉，又想在朋友面前抖抖威风，就指着饭碗气说：“唉，我说我怎么得不到出头之日呢？原来就坏在你头上……”老板娘问：“你出不了头，这饭怎么了？”邹公说：“你看你每次给我盛的饭全上了尖儿，这太压我的运气了……”老板娘夺过饭碗，一饭勺子把尖儿砍去。邹公又叹气说：“完了，完了！这是砍了福尖，坏了尖运……”老板娘问：“怎

1 叉子火烧盆糕贱：东珠市口一进口路北，有一卖盆糕的，将生黄米面加入些发好的红豇豆，入大缸盆内上火蒸熟，就倒在大木案上，论斤卖，价廉而热熟好吃，为穷人之好饭食。东珠市口路南临街有一长条小饭馆只卖馄饨、酱肉和叉子火烧，其火烧最有名，用铁叉子码好面，火烧插入炉内烤熟，黄澄澄，两面焦，好看又好吃。

2 桥湾买酒油渣儿王：东珠市口大街中间路北有个庙曰“铁扇寺”，其门口有个专卖“油渣儿”的摊子，很火爆，是煮榨去油的肥猪肉及脂油，连汤盛入碗内，桌上有咸水、蒜汁、泡辣椒、醋等调味料，可随意自加，抬杠、拉车、起重等卖力气的人，可买一碗就自带来的窝头、饼子等成一顿饭。好酒的人，都知道此地的路北桥湾内有一大酒铺，有酒缸半截埋入地下，上有大木盖，可当酒桌用，故名“大酒缸”。

么办?”邹公还煞有介事地说:“应从下面撤,不能砍福尖……”老板娘从下面剜了一勺子。邹公又说:“坏了,挖空了福根儿!”气得老板娘夺过碗去,照邹公头上扣打过去,马上饭汤加鲜血就迸满了头脸。大家忙把邹公扶到西医诊所。邹公头缠绷带无言地吃了两大碗豌豆饭,喝了一大碗绿豆面汤,也不言什么“砍福尖儿”“挖福根儿”了。

小斟轩的三酒四季菜

别瞧赵东来是个二把刀的厨子,可是会选地势做饭馆的生意。京北清河镇东连大公路,北近军官学校和火车站,西有工人上千的清河制呢厂。因地形的关系这几处离得虽很近,可高低坑洼不平,只有多条小道相连。昼夜不断人行。赵东来就在其间开了个“小斟轩饭铺”,菜儿新鲜又不贵,很合乎来往人们吃喝,更易于那钱不多而好风雅的小军官、小职员到此来小斟。清河镇地下水线来自玉泉山,故有三个大烧锅:北烧锅“永和泉”,南烧锅“涌泉”,西烧锅最大,字号为“润泉”。所酿之酒各有特色,且酒发售外地,各有销路。左近的酒迷们又各有爱喝之烧锅酒。小斟轩就抓着了这点,柜上摆着三个大酒坛,坛子堵上标明“永和泉”“润泉”“涌泉”的字号,顾客爱喝哪个烧锅的酒,就给上哪烧锅的酒。至于酒饭菜,更能可口不贵地随季而改换。笔者记得最清楚的是,住在该地军校的青年远征军208师中的蒋排长,因他好下棋,是我的棋友。在1948年,临近208师溃退时,他约我在小斟轩吃的菜是青蒜炒肉末——切成小段的青蒜和猪肉末,下锅同炒,略加些白汤,青鲜又香美。炸双鱼是用调好滋味的面糊,裹上花椒叶尖儿及香椿叶尖儿,下油锅炸熟。形似鱼而无鱼,且有两香:花椒香、香椿香。吃饭时上一碗野兔丸子汤,其中不但汤味好,还有不少野趣野香的野兔肉丸子。酒后蒋排长指着军校门前两根大立柱上“养天地之正气,法古今之完人”的文字道出四个字:“自欺欺人!”

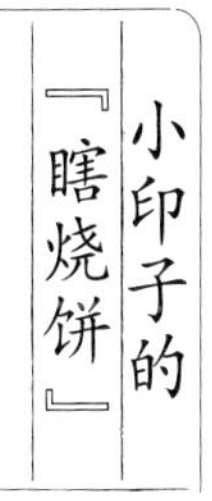

小印子大名叫印海，很孝母，孤儿寡母在清河的石板码头开了个小烧饼铺，制售在各类吃食中很有点儿名气、使船儿的或脚夫们都爱吃的瞎烧饼。不但烧饼大实惠，而且好吃。这烧饼的用面用料和芝麻烧饼一样，就是表面不沾芝麻，而油光锃亮，且两面焦，个儿大，可单吃，也可掰开夹肉或夹油条吃。不论早晚，总开着门，小印子就在炉旁炕上睡，什么时候买都成。有时候夜里船上来活了，卸完船的卖力气的哥儿们，就到此吃瞎烧饼，或带来些鱼虾。小印子母亲也给做成菜，给钱不给钱随便，因此，娘俩在码头上落个好人缘，瞎烧饼也出了名。

双面芝麻大烧饼

清明，使我又想起那大烧饼。我姥姥家东北旺村，在颐和园后头，离我家回龙观村很近。因此除去每年“二月二，接宝贝儿”随母亲回娘家外，我自己常跑到姥姥家去吃好的，还能找小朋友玩儿。我们常去玩的地方是唐家岭道，我的小朋友有戴妞子、小干巴、小九儿、小麟子……每天必找我来的是戴妞子。她还穿着那黑袄裙，两袖子擦满了鼻涕，一头黑黑的“马子盖式”短发，盖着那红红的小脸和活灵灵的大眼睛。我们玩饿了时，就一同跑到村南头的黄老台烧饼铺去找二姥爷（朱二清），他准在那儿同几个老头儿斗纸牌，看见我就给我买两个面沾芝麻的大烧饼。我和等在外面的戴妞子吃了一个，拿回一个。姥姥问烧饼里面怎么没有肉，我们说背着木柜子卖猪头肉的二也啦没在那儿。姥姥看到戴妞子就笑了笑，煎两个荷包蛋夹在烧饼里，我们俩乐着跳着跑到唐家岭道柳树林的大石板上吃了起来。我问过二姥爷那两面沾芝麻的大烧饼是怎么烙的，为什只上下两张皮。二姥爷说：“那烧饼不是烙，是把面饼沾好芝麻，上叉子入炉烤熟的，两张又香又软，中间空，那是得会做这个烧饼的手艺，中间专为夹上猪头肉等来吃。你不见集上卖盒子菜或杂合菜的，每天上黄老台铺里来趸烧饼吗?”我知道了这烧饼的做法和吃法，但因去上学和参军南下，就再也没吃过那又香又软的大烧饼，更没再见到过有水灵灵大眼睛的好伙伴戴妞子。

眼儿朝上的方窝头、炖肉猫耳朵

“龙王来，人死田无收；龙王走，水贵赛过油!”这是小龙湫几个小山村的实际情况。吃水，要靠人背驴驮地到几里地外的大水湾去取。人们多盼有个能存得住来水的水库呀!

听说几年前小山村里考上大学的李志琪回来了，还带了个叫陆砚卿的大学生媳妇，说是来帮志琪给咱们小龙湫修水库……很快就在这几个小山村中传遍了。只有人称“三只爪子”[1]的吴长锁头摇着小脑袋瓜儿说:“我在县城听有学问的高人说过:‘秀才造反，三年不成!’正是书呆子烧饭，一锅烧了四样——生、煳、焦、烂!搞水库?吹牛……”他的好朋友，当过土匪的石贵才也说:“国民党县党部说了八回搞水库，骗了八回钱，第九回没说完就跟我上山跑了!”总之，当时有些人说水库修不成，可是各村的人们都欢迎。特别是青年人，很快就全来报名了。李志琪和陆砚卿都是学修水利的，他们又请来几位同学帮忙，在当地政府的支持下，很快就开工了。工地上清沙、搬石头，干得热火朝天。因为小伙子们说妇女们劲头小，干得不如他们……盼水村的小辫兰就组织妇女单成一队，跟小伙子们比。好诙谐的豁子哥，就管这修水库工地叫“水大”(水利大学)，说男的叫“水大男系”，女的叫“女系”，还自称是“水大男系”的系主任，有事只管找他……有几个小伙说男系的伙食不好，请系主任快给解决!豁子哥说这事太好办了——他就到自家的养猪场里，拉来两头大肥猪，叫厨房炖肉给大伙吃!小九子拿筷子叉着两个眼儿朝天的方窝头，手端着大碗炖肉，高兴地唱道:“炖猪肉，香又鲜，挺大的窝头眼朝天，四方的形儿吃起来甜……”大伙听着全笑了。原来是因为吃饭的人多，炊事员少，在部队上当过炊事班

1 三只爪子：三只手，指小偷。

长的郭世泉就把和好的做窝头的面，往大屉上一倒，弄均匀了，用擀面杖按排戳眼儿，等熟了时，用切菜刀把窝头面按眼儿划成方格，就成了眼儿朝上的方窝头！外号叫“三只爪子”的吴长锁头，吃着炖肉还撇着嘴说：“方窝头？就是弄出个花儿窝头来，也是窝头！棒子面有什么好的！”郭世泉生气地对吴长锁头说：“闭上你那臭嘴！你知道吗？现在监狱中的犯人全吃白面馒头！如今吃棒子面是享受——因为棒子面比小麦白面都贵！”三只爪子才不言语地端着炖肉碗跑了！“水大女系”的姑娘妇女们，自以为大家全会做饭，就大伙齐动手吃碗新鲜的——用白面做“猫耳朵”[1]，有炸酱，有麻酱，还有鸡蛋西红柿氽儿[2]，爱浇什么就浇什么。小辫兰告诉大家如果想吃辣的，有大碗的辣椒酱。许二婶子知道小辫兰刚结婚，就高声对她说：“兰子！你可别吃辣椒糊，记住‘酸儿辣女’，你婆婆盼抱孙子，连眼都快盼瞎了……”大伙儿笑着正看小辫兰追许二婶子，忽见有人端着猫耳朵去“男系”要炖肉来浇，于是全都到“男系”来要炖肉了，豁子哥乐呵呵地说：“多多地吃吧！不够没关系，我那猪厂有得是肥猪！”小九子一边吃着炖肉，一边朝“女系”的妇女唱：“你别夺，你别抢，‘炖肉猫耳朵’就是香，噢，那男人还是比那老娘儿们强！”气得几个妇人追着小九子就拧他的大腿，撕他的嘴，非叫他改嘴并管大伙儿叫好听的不可……在政府的支持下，在大伙的努力下，小龙湫水库终于建成了。李志琪和陆砚卿等从眼儿朝上的方窝头和炖肉猫耳朵中学到了什么叫智慧，什么叫群众的力量大无边！

二米子绿豆水饭、咸辣丁、鸡蛋牛筋饼

时值绿肥红瘦时，妈妈带着幼年的我去劳动力少的姥姥家帮忙。我看到姥姥家院中那两棵红、白海棠树全结了一嘟噜一嘟噜的海棠果，真想弄两嘟噜来玩。妈妈说不可毁坏没熟的果子，叫我好好在屋中描红模子[3]，一会儿带

1 猫耳朵：用白面做的煮着吃的面食。因其形似猫耳朵，故名。

2 鸡蛋西红柿氽儿：用鸡蛋和西红柿做的有滋味的汤，可浇面条类食物中，如在其中勾芡，使汤汁较稠则叫鸡蛋西红柿卤。

3 红模子：旧时幼儿练写毛笔字的最初教用墨笔将印有少笔画的红色字描黑，以练用毛笔的手法。

我去给在西洼地干活的舅舅送饭。姥姥一边打点着饭挑子[1]，一边自言自语地好像和舅舅他们一起干活地说："俗话说要饱还是家常饭，要暖还是粗布衣！现在，我只请你们吃绿豆二米子水饭和咸辣丁，等晚饭到家来吃时，我再给你们炒荤菜[2]，喝'烧刀子'……"听见姥姥说"烧刀子"，我就想笑——有客人来家喝酒，姥姥才管酒叫烧刀子；只舅舅一个人喝时，姥姥就生气地管白干酒叫"马尿"！头天晚上，我就看见姥姥把有绿豆掺入的白米和小米共做成米饭，又用一些凉开水和原来的饭汁儿一起把这米饭浸泡开后，盛在大饭盆内，放在阴凉通风处，盖上"饭罩子"[3]，翌日，成为消暑可口的水饭，亦可再加入凉水供食。姥姥把饭挑子打点好了，喊妈妈去送饭。妈妈见我摹完一张笔画最多的，就叫我按字念念："王子去求仙，丹城住几天，洞中方七日，世上几千年。"见我全认得了，描写得也很好，很高兴。她趁着桌上的笔墨，就拿笔把立在墙角的三根竹扁担上各写上名字，以免弄混。在舅舅的扁担上写上"朱得福"，在二姥爷的扁担上写上"朱二清"，在自己的扁担上写上"朱凤贤"。我不认识后面的两个字，妈妈告诉了我。我第一次知道了妈妈的名字，也是第一次见到她写得一笔漂亮的墨笔字。在田头的井边大柳树下，我看舅舅和他几个帮工的朋友把绿豆二米饭中的饭汤都倒在饭碗中，喝得是那么香甜。又从水井中打上"井巴凉"[4]泡在饭中，真是又甜又凉又好喝，我也盛了一碗吃。再吃一箸子"咸辣丁"，虽说辣，可这鲜"羊犄角椒"[5]和"水疙瘩"[6]共切成小丁儿再淋点儿香油，那香美中现出的鲜是独特的，连那咸味儿也只能当菜中的"配角"啦！可是我还忘怀不了兜藏着的，妈妈给我做的"鸡蛋牛筋饼"，因为这饼可以说是我们家乡食品中的上等吃食。别瞧城镇中糕点铺的点心好，但绝没有鸡蛋牛筋饼的美妙！先用白面、少量的细盐掺和匀，再打碎鸡蛋和面，把和好的面团擀起细薄的小圆饼儿，上下两片合起来，最妙的是中间夹的"牛筋"，如不给你说明，你

1 饭挑子：旧时往田地里给干农活的人送饭的挑子。

2 荤菜：指有肉等腥物的菜。

3 饭罩子：半圆形的纱罩，常用来遮盖食物，以防蚊蝇。

4 井巴凉：北京方言常以此称新从水井中打上来的水。

5 羊犄角椒：一种形似羊犄角的辣椒。

6 水疙瘩：用盐水泡腌的芥菜块茎。

就猜不明此是何物！原是春末“炕秧子火炕”[1]中剩下的白薯干[2]，把它蒸软后，切细丝放在鸡蛋饼中，再去铛（或锅）中用少量食油烙熟。其味美多样——油、面、葱花、鸡蛋、白薯丝，不过都似蜻蜓点水，一现而过，引人追美寻味，真妙不可言。直到我在城中上高中时，把此饼带到学校中去吃，同学马中华（新中国成立后曾入国家篮球队）愿拿果子面包和我换此饼吃。我笑着说不用换，每次回乡都带此饼给他吃，他请我去吃西餐。至今那水饭、咸丁和鸡蛋饼的美味，犹挂齿间，但愿乡俚民食能有传人间！

羊油麻豆腐、苇叶螃蟹、酱汁杂鱼

先师马紫笙[3]一向不说其对革命有多大贡献，职位有多高。直到老年卧病时，我们去省府看他，他还说有个很有意义的题材很值得写——无论是春夏秋冬，在草木荒野中，总有一股清香沁人的气息进入人的肺腑，其香雅绝非庙堂城镇所有。怎么用文艺、文学作品，把它记下来，传播到人间处处，是个很好的普及美的事，希望我们努力去做这件事情……是的，自从听了恩师的教诲和指点，我在荒野，甚至在下层的劳动人群中都闻到、见到了这种“香雅”。可低能的我怎样在民俗饮食中发现她呢？“食色性也”！“民以食为天”——细想许多名菜名点都是人发明的，并逐渐改进而成的，那么那些散在人间，不为大人先生们所重视的“情”“义”“饮食”广济大千，不正是这种真“香雅”吗？镇上周大宝的破屋薄地也让日本兵给伪军当作了“靶场”[4]。周大宝只有靠在清河中打鱼摸虾来糊口。清河岸边有铁门张大户的菜园子，园头[5]张二看周大宝无处安身，就叫他到自己住的一间“看园子房”[6]来住。性好诙谐，说话有点儿大舌头的杨殿果，没爹没妈，

1 炕秧子火炕：春末，挖长方形可通气的土坑，上垒土墙高一米，中铺有肥之细土，将窖中细长而无伤的白薯码于土中，上水，下点火，按时点烧以促白薯生芽苗成为下地再种的秧苗。

2 白薯干：原指切成圆片晾晒干的白薯，亦指用蒸（或煮）熟的整个白薯经晾晒而成水分比较少的食物。

3 马紫笙：第一届人民代表大会代表，曾在冀鲁豫战区任高职。新中国成立后任河北省保定市文化局长等职。为作家、教授。

4 靶场：军队兵士练习刺杀、打靶的地方。

5 园头：种菜的头目。

6 看园子房：为大菜园存放工具、住看守园子人的屋子。

给饭馆当小使唤[1]，因为饿急了偷了一个烧饼吃，被打出了门！后来被一个伪军军官看见了，就叫他当小马夫，当了六七年马夫，常到清河岸边来遛马、压马[2]，和周大宝、张二很熟。由那个军官引见，杨殿果当了军官学校的"查马长"[3]。周大宝、张二给他贺喜，向他要颗烟卷儿吸，杨殿果吸的是顶次的廉价烟，什么"顶牌""金枪牌"等。杨殿果给完烟还给二人点着了，就笑眯眯地说："你们二位明白，这穷人要是不'撬哧'[4]，死了到阎王爷那儿都得有罪……"谁知好景不长——日本硬说那伪军军官是八路军的卧底，把他逮捕送往宪兵队去了。杨殿果不但当不了查马长，连马夫全干不成了。当他衣食无着时，张二、周大宝又把他叫来与他二人同吃同住——这不正是民间广有的情义香雅吗？仨光棍[5]吃住在一起体现了人间的"情义美"。杨殿果从饭馆掌勺的[6]那儿偷学来的炒俗物麻豆腐要讲究"五全"：一、必须用羊油，或用香油，切不可用其他的油；二、其中要用"青豆嘴"[7]，以配色增味儿；三、炒时要勤翻炒，以免不熟透或炒煳了；四、后浇上的炸辣椒，要先在碗内放好切成小段的辣椒，用勺将烧开了的香油，倒入有辣椒段的碗内，用筷子翻拌，使辣椒段受油穿透均匀，色好、味好。切不可使辣椒入热油勺去直接炸；五、在最后撒在麻豆腐上的韭菜，一定要用"盖韭"，色好、味好。张二说："这好办，这东西咱们这儿全有，到粉丝房弄碗麻豆腐来就全齐了……"周大宝从河里打上来的大小杂鱼，大的好的卖给镇上的大饭馆：回教饭馆中"马记"，汉民饭馆"海顺居""同和轩"。特别是，每天都和杨殿果一起去大清河捉泥鳅，因为"红炖泥鳅"是两个汉民饭馆的风味菜，每天都必须有。回民饭馆不要泥鳅等，因为回民是不吃无鳞鱼[8]的。剩下的杂鱼，则由张二和杨殿果在"龙沟"内用井水洗干净，收拾好，由杨殿果来做酱汁杂鱼。殿果说，做此菜必须得用"真酱油"[9]。先把切好的姜末、葱末等，少量地塞进每条去了

1 小使唤：干杂活的下级工人。

2 压马：训练野马。

3 查马长：军队中专门管理马匹、马夫的下级军官。

4 撬哧：硬要、剥削。

5 光棍：此指没有女人的男人。

6 掌勺的：饭馆中头等厨师。

7 青豆嘴：用大青豆泡出芽儿的豆子。

8 无鳞鱼：不生外鳞的鱼。如泥鳅、鳝鱼等。

9 真酱油：酱缸中，酱面中心汇聚的汁液，为酱的精华，人们认为这才是真正的酱油。

脏器的鱼肚子里，再在用大葱白段儿垫好底儿的陶锅中放上鱼，每隔一层放一层葱段。倒一层真酱汁儿，直到放满了锅。再把适量的花椒、大料放进去，加黄酒（或白酒）、少量的白糖和醋，盖上盖子，上火，见开后，掀盖尝尝不够咸可加些盐，最好是加真酱油。开锅后，只煨熟，此菜不是当时可吃的菜，最好是在灶台上㸆一夜，则远比一般的酥鱼好吃。这是张二、周大宝最爱的菜，也是夸杨殿果会做菜之一。最好的是仨人偶然琢磨出的“苇叶螃蟹”：周大宝用鲜苇叶把大个儿的螃蟹横着捆起，在地上挖个坑，上架数根顸柳条，把捆好的螃蟹放在柳条上，下面烧干树叶子或干草，待螃蟹热了时，以其肉及黄蘸姜末咸醋汁儿吃，其天然野味自比用其他熟螃蟹的法子强。三人吃着味儿特香。周大宝在中秋，趁螃蟹多时，就以此物到市上去卖，大受欢迎。周大宝又在吃螃蟹的佐料中略加些白酒和少许白糖，其味又自成“天味儿”。后来周大宝供鱼供蟹，张二供麻豆腐、青菜及调味料，杨殿果自当做菜的大掌勺的。在军官学校、清河镇及制呢厂中间的空地上，用“干打垒”[1]盖起了几间小房开小饭馆，起名叫“三合居”，蒸锅米饭，趸点白干，主要是卖“羊油炒麻豆腐”“酱汁杂鱼”和“苇叶螃蟹”。从此，这几样俗物菜品和做法，竟成了远近多镇的名吃！

炸青尖、双脆、拌芹菜叶、笤帚米饭、豆面马虎菜汤

东村李老头骂他儿子李汉章是败家子儿——别人到军队中当官都发财，李汉章好不容易当了团长，却因为打仗丢了桃峪口，被送到军法处，李老头卖了五亩地才把儿子买回来。李汉章到家受哥哥妹妹等挤对，就带着妻子吴桂莲到山区吴家屯的老丈人家过活。山区人没文化，常请汉章看念来信，或写个“帐光”[2]对联[3]什么的。久而久之，大伙深知没文化的苦，就请汉章教家里的孩子识字。附近的几个村子，也把孩子送来了，村里就把村中的北庙腾出来做学堂。当搬出供

1 干打垒：用较湿的土，干打成墙。

2 帐光：旧时，送有红、白事家的长布帐子，上有上下款儿，中间有几个颂扬的大斗方字，均为花纸做底，全称为帐光。

3 对联：门上贴的门对。

桌[1]要讲课用时，汉章见桌腿上用墨笔写着“宣统〢攵[2]年制”，可见山里不知山外事，愚昧到什么程度！李汉章坚决不收什么学费，也不用大伙儿给他什么工钱。丈人丈母娘就这么一个闺女，很希望姑爷和闺女来家过活。家有两百棵果木树，还有三十来亩旱涝保收的好地，足够一家生活用的。妻子吴桂莲也很能干，总把山野的俗菜饭弄得挺可口的。汉章的老朋友刘平安不平安，自打在打仗中被炸去一只胳膊就回家了，他好不容易才打听到汉章的下落，忙买了两瓶酒来瞧汉章，见面后，两个人全掉泪了！吴桂莲把掐来的香椿尖儿和花椒尖儿洗净，用其中有鸡蛋汁儿、细盐的面糊裹起来炸熟，名叫“炸青尖儿”，又上了一碟子煮栗子和韭菜摊鸡蛋，对刘平安说：“山里没什么好吃的待客，您就将就着吃吧……”刘平安说都好吃。他指着桌上才端上来的菜问是什么，吴桂莲忙笑着说：“您不是外人，才把这菜端上来，这是汉章平日常吃的小菜，是不能上桌见客的！”刘平安一看，一碟是水疙瘩丝拌鲜苤蓝丝，名叫“双脆”，最好吃——鲜、脆、咸、香。只把苤蓝和水疙瘩切成丝儿一拌，连香油都不用淋，就可以吃，真是又好做，又好吃！另一盘更是家常可做又可食之物——用蒜米儿和黄酱拌择下来的芹菜叶儿，苦辣酱香，是下饭的好俗菜……刘平安最喜欢那“笤帚米饭”。他也是庄稼人，知道这饭的来历和香美。田地里种一种“笤帚高粱”，其结颗粒的长穗子是披散着的，其米粒少却肉头好吃，其出了米的长穗是做笤帚的好材料，故此用此米做的米饭叫“笤帚米饭”。最后上来的是一瓦盆“豆面马虎菜汤”。那汤太好喝了，又是菜又是饭，是大城镇宴席中吃不到的“野香美菜”——择马虎菜（马齿苋）叶入绿豆面中，稍淋水，一摇动使菜和面互裹成一颗颗小珠儿，再往烧好锅有汤水的锅里一倒，上火见开，就成了此汤。吃“笤帚米饭”就“双脆”“拌芹菜叶”，喝“豆面马虎菜汤”，真是“山野神仙斋，大肚子阔人不可得”！谁言乡野无美味，只是傻人不知寻！

1 供桌：摆放贡品的桌子。

2 〢(二)攵(九)：是旧时用作表示数的符号，俗称“苏州码子”。

大腌萝卜浇炸辣椒、红白条汤、吹喇叭、黄瓜蘸麻酱

“要解馋，辣和咸。”这是人们说人的口味嗜好的口头语儿。每快到中秋节时，家里就宰猪。把那凝好的猪血叫红豆腐，切成细条儿和切成条儿的白豆腐一起下入炝好锅的汤里去煮，见两开后，尝尝汤是否味淡，可以再加入点儿盐。最后到临出锅时，用稀淀粉勾一点儿芡，再撒上些胡椒粉，那味儿麻、咸、香之外还有豆腐味及血豆腐说不出的好滋味儿。阎五叔说这“红白条汤”好是好，就是解不过馋来。羊倌小喜头就把一碗“大腌萝卜[1]浇炸辣椒”推到五叔面前，没想到在这顿饭吃完了时，那一饭碗咸菜浇炸辣椒都被五叔吃完了。那天饭的主食是“吹喇叭”——这种在我老家十里八乡中广为人们吃的俗饭食，真有它的独特名字和内容：在大饼上抹上卤虾酱[2]，再用两棵大葱拍扁了放在虾酱上，把大饼一卷，拿起而食，如同吹大喇叭一样，故名。为解那过分的咸辣也有法子——上个“黄瓜蘸麻酱”。从园子里的黄瓜架上摘几条鲜黄瓜，在水车的水斗子里一洗，蘸着由本家油坊[3]里要来的纯芝麻酱吃，解咸解辣又解馋。怪不得做饭的冉四奶奶骂五叔：“小五头，你他妈的真会想主意吃！比耗子都精……”天现晴高，地呈浓绿，又到中秋时，于高楼林立的城中吃着由市场买回来的粮、菜，再也看不见那田园牧歌的乡俚俗食，更无昔日草野的人情！

醉老虎眼、炸蛋活虾、灶膛玉米

“秋天来了，葡萄对枣说：‘你瞧我的紫袍子好吗？’”我每想起这句儿时读的课文，就觉得好玩。看到母亲把四姐摘回来的“老虎眼”[4]放到瓦坛中，又加了些白干酒，知道不久就可以吃到这又酸又甜又稍带酒味儿的“醉老虎眼”了。我又高声念起那句课文来了。母亲就笑眯眯地说：“那枣儿为

1 大腌萝卜：一种盐腌大水萝卜的腌菜，为旧时城乡的廉价咸菜。

2 卤虾酱：把海边上的小虾、鱼等加大盐经磨磨成的酱，是旧时常食之物。

3 油坊：榨油、磨油的地方。

4 老虎眼：酸枣的一个品种，个头比一般酸枣稍大、核小、肉厚、味酸甜。

什么不说‘那么，你看我这浅绿有红花的旗袍好吗！’”我笑了！四姐也笑了，我们邻近的山上有许多老虎眼，人们常弄些好的到城里去卖。听说城里的许多酒铺都有“醉老虎眼”。听说村中杨老柱头烧饼铺做的“炸蛋活虾”，也成了城镇中酒铺的好酒菜。我看见杨老柱头把鸡蛋打成了蛋糊，并放进去花椒盐，然后把打鱼的“程王八”（外号）打来的活虾洗净，在油锅里炸成一块或一团儿的形状，再由“程王八”送到镇上的酒铺里。妈妈看我们馋这种“炸蛋活虾”，也用竹竿挑着用旧冷布和竹劈儿做的得虾米的兜子，里面放几块羊骨头，叫四姐带着我们到荷塘钓活虾米，回来裹上蛋糊给我们炸着吃，到现在每想起当时的情景，嘴里边还能回味起这种好吃的东西。当然，许多家乡的好吃俗食都在我的脑海心中留下了不可磨灭的印象。每到收获玉米时，妈妈和四姐等常坐在刚从田地里拉回的带皮玉米堆旁，给玉米剥外皮。遇到那些半青不老的玉米时，妈妈就把它们带青皮埋入做晚饭过后的灶火膛里，到第二天扒出来，剥掉外皮，那种“灶膛玉米”的香甜，真远非蒸、煮，用明火烧熟的玉米可比，谁也用文字形容不出来它的美妙！

肉料、蜜饯桂花、虾油黄瓜、缩路花生仁

直到现在，我也弄不明白，为什么每到年节炖猪肉时，妈妈总叫我到大栅栏同仁堂药店去买“肉料”。的确，有同仁堂肉料在内炖出的肉，色香味俱佳，真远非无此物在内炖出的肉可比。然而，这肉料为什么只在同仁堂里卖，别的药店为何不售此物？这肉料究竟是何物？也许这是“商业秘密”，但愿同仁堂不要轻视此物而不制售之！还有，妈妈做甜食点心等小吃时，总叫我到珠市口南大街的南庆仁堂药店去买“蜜饯桂花”。真的，放点南庆仁堂桂花的小面食就有一种格外的香甜，此物为何只在南庆仁堂药店能卖？其制法可为“商业秘密”，而其惠民不可久废，使后辈晚生不知其妙！每逢喝酒吃面条，祖父李永禄的饭桌上总少不了两样食物：两条马二把的“白水羊头肉”、前门大街路东老大芳的“虾油黄瓜”，且不言

那白水羊头肉是多么味美而香，那虾油黄瓜为什么跑到卖糖果的老大芳店内去买？祖父说这黄瓜不但虾味正，没腥虾之气；那黄瓜小得和羊毛笔管[1]那么细，且都碧绿、顶花带刺儿，成一把儿一把儿的。我总想知道这是什么品种，怎么能长成这样？为什么这种黄瓜能一把儿一把儿地长，不像别的黄瓜，单瓜生长？后见的所谓“虾油黄瓜”还说是名菜，装在玻璃罐里而其形则丑不堪言——奇形怪状，大小老少三辈儿，本形反倒是少，有的大头小尾，有的两头长肥，中间细瘦……和许多过去有名的菜物一样，越来越成为全背原形的冒名货了！我幼时最爱吃前门五牌楼根下“通三盖”卖的“缩路花生仁”，这是我们几个爱吃此物的小伙伴给它起的名，正名叫什么，我们不知道。此物不同于一般的花生米（仁），它细长而缩瘦，有纹路，吃之微咸而香美，不腻人。今已绝迹矣，只剩下回味的香美留在人间。愿这种花生仁能重现人间，给后人带来零食的美！

熥山药饼、炸枣黏糕、蒸刺猬

农家种山药，可是一大笔收入：地上的苗叶可上竹竿架，结小拇指大的山药豆，可卖给穿糖葫芦的；地下结的山药如整齐的士兵队伍，直直地排列整齐。我姨夫任士奎，到收获山药的季节，就从城里打磨厂务工的店中回到家里，和姨母一齐把长得直而顸的山药，每十根是一把，用马兰绳捆起来，用排子车拉到城里菜市中去卖。我和小丽、小琪等表弟妹们最高兴到这收山药的季节——大表姐任爱爱带着我们，她把那长得不直顺，歪七扭八的山药拣回家，蒸熟后，去掉皮，砸碎。妙的是，她把我们破来的“甜棒”也轧了，用它的汁浸入山药泥中去，再把这有甜棒汁的山药泥做成小饼儿放些油在铛中去熥，熥得两面现黄时，用一个小碗盛一个小饼给我们吃，那香甜真棒，外加口感面乎和山药味儿合在一起，真有说不清的美妙。刚才看爱姐把才砍来的甜棒轧成汁后扔掉，小丽和小琪全心疼得哭了，我和其他

1 羊毛笔管：以羊毛做笔头的墨笔的笔管。

的小男孩也敢想不敢言地看着爱姐。等到吃这熥山药饼时，大伙儿又全乐了，一声声“爱姐”地叫着，爱姐则朝我们举起饭勺子说：“村里教书先生给我起了名字叫任淑兰，以后叫我淑兰姐，再叫我小名[1]，我打你们……”从那儿以后，我们当面都叫他“淑兰姐”，可背后还管她叫“爱姐”。淑兰姐是个漂亮又勤快的人，哪怕是那每天烟熏火燎的小厨房，姐全收拾得干干净净！连大人们全夸她会翻新样地做饭菜，叫大伙儿吃着高兴。每到“二月二接宝贝儿”[2]的时候，在姥姥家，淑兰姐用糯米面做的夹有蜜枣肉的“枣黏糕”，大人小孩全都爱吃。最小的小琪妹妹说：“爱姐姐炸的糕真好吃……”大家全乐了！淑兰姐姐只红了脸，摸摸小琪的头，也没责怪小琪又叫她的小名！有一次，中秋节才到，姨妈就非把母亲和我们几个小兄弟接到她家去过节。因为她知道我的爷爷奶奶去世了，父亲又在远方回不了家里来过节，怕母亲带着一群不懂事的孩子过节太伤心。我们则非常喜欢去，因为又可以和淑兰姐见面了。第二天，小孩子们正磨着淑兰姐给弄好吃的，志丽则拉着我偷偷去看淑兰姐绣的“枕头顶”[3]，那绣的两个鸟儿真漂亮，志丽说：“比你养的小山雀好看吧？”我们俩听见有人声，就赶紧跑去磨淑兰姐了。后来听母亲说那是淑兰姐给自己绣的嫁妆，那鸟儿是鸳鸯……当时，我真不知什么叫嫁妆，也没看见过鸳鸯鸟，只记得淑兰姐那天给我们做的“蒸刺猬”香甜！淑兰姐在掰回的带皮的老玉米堆里挑，那些煮着太老，烧着吃又太嫩，外皮儿还有青有绿还有些老黄的玉米，就取下它们的粒儿，上碾子[4]稍轧，就一小团一小团地放到笼屉里去蒸熟，样子和小刺猬似的，吃起来既不和窝头一样，也不同于煮老玉米或烧老玉米，总之它是“旱香瓜儿——另个味儿”！至今还想那“蒸刺猬”吃，可是吃不到了！淑兰姐去了石油学院，小兄妹们也人各一方，人间少年，人世四月天的时代一去不复返了！这些民俗吃食的做法，或可还留人世，也未可知！但愿人长久、物长存吧！

1 小名：幼小时的奶名、爱称。

2 二月二接宝贝儿：北京农家每逢农历二月初二，都接出嫁的闺女到娘家住几日，已成风俗。

3 枕头顶：旧时，农家睡觉用的枕头是长方体的，两头是方的，各有一方形刺绣图案在上面。故称其为“枕头顶”。

4 碾子：旧时碾碎谷物的大石盘子，中心有洞立有轴，可带动轧谷的石碌碡。

三贤蛋、煮三香、阴阳条、椒油菜汤

孙元是我小时候的同学。他一心想入军队，就考了军官学校，好不容易才当上个军部的参谋，被牵扯为带军饷逃跑了的董士文的同谋，差点没被送军法处问罪。多亏了一贯赏识他为人、有知识的军参谋长说情，才被削职为民。他气得总说："让这样腐败和昏庸的军头来练兵打仗，怎能不败……"回到家只有老父气息奄奄……多亏了等他多年未嫁的姑娘，同村的武佩芝，两个人分手时，孙元就发誓要在军中有所作为再回来结婚，没想到落到这步田地回来了。武佩芝则像亲闺女一样侍候孙老爹，并安慰孙元说："报国无门，休为乱世用；回家田园务农是福……"两口子种个大菜园子及几十亩水田，也过得了安闲的生活。我和几个当"教书匠"[1]的老朋友，在暑假中，来山村看望孙元夫妻和孙老爹……这天虽下着雨，见了面，他全家都非常高兴。孙元高兴得连连拍着我们的肩膀说："难得风雨故人来！"佩芝忙着去做饭。孙老爹擦着泪说："你们再晚些来，怕我就看不见你们啦……"他家有园子有水田还面临一条小溪，一湾水成了可种莲芡，可养鱼鸭的池塘，这真可称是一片绝妙的"桃源"[2]，若无时隐时现的枪炮声，这里尽是"武陵人"[3]。同行的刘文林、李铎、冯永芳都叹着气说中国有的是这样安逸甜美的乡村，我们各家的村庄都有类似这里的妙处……大伙儿正谈说着乡里田园的佳美，武佩芝早在摆好的饭桌子上端上来酒和一大盘"三贤（咸）蛋"——是鸡、鸭、鹅蛋，用盐和花椒、大料合腌制成的咸蛋，谐其音孙元称之为"三贤蛋"，因这些腌蛋中有花椒、大料的香气。这是孙元回来，武佩芝为讨孙元喜欢而研究用花椒、大料加盐来腌三种蛋的。同时对大伙说，别剥皮，只用筷子头儿朝蛋的大头儿皮内有空隙处戳开，用筷子一口一口地剜着吃。如法而食，一口酒一口蛋，别有趣味，且各种蛋有各种蛋的美味。品蛋香未毕，又上来一大碗"煮三香"，这也是俗吃物，可是孙元管它叫"煮三香"——原来

1 教书匠：旧时贬称教员。

2 桃源：旧时人理想中的地方。

3 武陵人：晋陶渊明著文《桃花源记》中的人物。设想武陵人羡慕居住在桃花源处的人自由自在的生活。

是盐水煮毛豆、花生和栗子！尝尝，又是另一种少有的美味入口，是城镇酒馆中尝不到的好酒菜！佩芝说：“对不起各位！因为老爷子和孙元都不吃肉，所以来不及给各位买肉做菜……”大伙儿忙说这就很好很好……等到端主食来，是半边白、半边灰不叽的面条儿，特别是孙元管这叫“阴阳条”。大伙更奇怪这名字了。佩芝笑着说这也是孙元给起的名字，也是他回家来比喻军队上的事儿做的面条。他把做面条的白面擀成圆饼，再把灰色的荞麦面团也擀成圆饼，再把两种面饼一合，卷上擀面杖擀成大薄圆饼，折起来切成条儿下锅煮熟，就成了白灰两色的“阴阳条”啦！冯永芳朝孙元挑着大拇指说：“妙，妙，真妙！”李铎则说：“连吃食都和那些不是人伦[1]来的东西连在一起干什么！”刘文林说道：“这也合乎情理，你可见‘油炸鬼’‘佛跳墙’‘东坡肉’等等，不也是这样嘛！”孙元拍着巴掌说：“好好，各位都是研理大家……”佩芝忙叫大家在“阴阳面”中别忘了浇上“椒油菜汤”。大家忙把那汤儿往阴阳条上一浇，吃起来果真奇香无比——既香美又无俗味。其实那浇头[2]“椒油菜汤”是在咸菜汤中浇上炸花椒油，在上面撒上些葱花、姜末和蒜末儿。别瞧这种俗家全有，只是把它们合在一起出美味的俗浇头，大饭馆里还真没有，是惯吃大排档的阔人们一辈子也吃不着的好东西！不信，您可以亲手制作再尝尝，就知道乡俚俗食的可贵啦！

旧时农民耕田种地的经验云：“七月十五知旱涝，八月十五定收成！”每到中秋，村中在“青苗神庙”[3]开集庙会，唱戏“谢秋”[4]。我们村虽说不是什么了不起的有名大村，但也是有“回龙观”、没马及马童的“老爷庙”，有宗庙专门祭祀庄稼丰收的青苗神庙。到中秋谢秋唱戏，虽请不起大戏班子，也请不起喜彩莲、赵丽蓉等大角儿，但总请得起天桥的小戏班子

1 人伦：封建时代所规定的人与人之间的关系，叫人伦。比如君臣、父子、夫妇、兄弟、朋友之间的关系。

2 浇头：往面条上浇的东西，以其调味供人食用。

3 青苗神庙：供奉保护各种庄稼苗的神的庙宇。

4 谢秋：民俗，农民感谢秋收的活动。

来唱唱戏！于是，各种卖吃食的，玩杂耍的和卖叉把笤帚农具的都来庙会场上做买卖，非常热闹。我记得，那一年我捂着衣兜儿，恐怕把母亲给的二十子儿[1]逛庙钱弄丢了，领着大妹妹春芝去逛青苗神庙会。在卖绢花儿的摊上，给春芝买一个绢做的小蝴蝶戴在她头上，美极了，春芝乐极了。我们闻着卖炸开河鱼的油炸清香，舍不得买；看着高高戏台上挂着花绿绿的“守旧”[2]，恨不得马上就“打通儿”[3]开戏！记得那天唱完祭神戏[4]开场的小戏是《锯大缸》，大家才乐完，就演“蹦蹦戏”[5]《刘云打母》，这时台下可乱了起来，一伙人追打着卖炸油饼的刘歪子，小孩们也追着看，原来大家都知道刘歪子不孝，他自幼没了父亲，是母亲靠给地主家“挑麦水”[6]、推碾子道磨来养活他。妈妈自己吃带糠的饽饽，也做净面的糊饼给他吃，那糊饼不单是净面，里面还有葱花和一个鸡蛋，用平日舍不得吃的花生油把糊饼烙熟，叫他吃，他还闹脾气说不如东家小孩吃的白面肉饼好吃！他长大后不学好，和村里村外的二流子、混混们一起干起偷鸡摸狗的事来，母亲一说他，他竟一脚差点儿没把母亲踹死！村里的人实在看不下去了，把他的腿打折了，嘴也打歪了！他跑了，大家把他妈救活了。他始终不敢露面儿。一年冬天快到年根儿啦，他饿得实在不行了，才在夜里偷偷跑回家。老母亲流着泪给他摊糊饼吃，糊饼中还放了葱花，用老太太一年也舍不得吃的香油给他摊糊饼，还用玉米面做“汆汆汤”叫他喝。有吃有喝，他闻到母亲熗锅煮汆汆时，他的良心也被煮化了，哭着给老妈跪下了……天快亮时，他决心学好，到外边去学炸油饼。老妈妈见他去意已决，就用准备过年时给老佛爷上供的白面和黑糖，给他烙了几个黑糖馅的大圆饼儿，当作“路咬”[7]。等到三年后刘歪子回来后，老妈妈早死了，多亏了有乡亲们砍了门口的两棵柳树钉了个“狗碰头”，才把老太太埋了。刘歪子怕乡亲再打他，就连夜跑了。故此，今天庙会上，他来卖炸油饼，才

1 二十子儿：二十个铜板。

2 守旧：旧时戏曲演出时挂在舞台上用来隔开后台的幕布，上绣跟剧情无关的花草等。

3 打通儿：开戏前，锣鼓先打击，一般要打三遍才开戏。

4 祭神戏：开戏前，先由主演等装扮好了去给庙中的神像上香，以为告祭。

5 蹦蹦戏：旧时管现代的评戏叫蹦蹦戏。

6 挑麦水：旧时，麦地干旱，有人挑水来卖，以浇麦苗。

7 路咬：旧时指行人在路上吃的自带的饽饽。

被一些乡亲们追打，说村里不能容这种不孝子安身……大家都说今天台上台下都是《刘云打母》!

拨面鱼儿、二蛋菜汆儿、穷三样

那一回，暑假才开始，我由城里的平民中学赶往西直门火车站坐火车回家（回龙观），因没赶上火车点儿，就走着回了家。走得人困马乏，还背着回家拆洗的被褥……到家一看全家都下田干活去了，只有大妹春芝一个人看家，我顾不得饿，扔下被褥，在炕上倒头就睡……真是“梦里香甜”，困乏梦中有一个什么东西在轻轻地拨弄我肩膀，醒后才知道是春芝叫我醒起吃饭！面前的小饭桌上有一碗热气腾腾的“拨面鱼儿”，还有一碗“二蛋菜汆儿”，另外有三个小碗盛着芝麻酱、韭菜花[1]和辣椒糊，乡里管这三样叫“穷三样”——是穷人家的奢华吃食。我看见这些，再看看年仅八岁的春芝，我真愣了——她在我睡觉时，在“行灶”[2]小锅中炝锅放汤加作料，开锅后又把切好的扁豆丝儿放进去，就成了可以浇面鱼儿吃的“二蛋菜汆儿”。我真不敢信八岁的小女孩能把白面和得适合于拨面鱼儿，用饭铲子铲起面糊，另一只手拿根筷子，把铲子上的面糊一切一拨地一条条拨到行灶锅水中去煮熟，还把那穷三样放到饭桌上叫我吃。看到我吃起拨面鱼儿，春芝妹妹笑了，笑得是那么灿烂。她又在书桌上写起了“跳格”[3]，才上一年级的春芝就能进步到写跳格了，这又使我大吃一惊！大妹不仅做饭叫我吃得好吃得香，她的过人举动更使我吃惊，并激励我把一篇拗口难背的桐城派方苞[4]写的古文背得滚瓜烂熟！大妹春芝呀，我的好妹妹！难得你在小小的年纪时就能把乡俚饭菜做得这么好！也可见俗食才能传代、养人！

1 韭菜花：农家在韭菜开花时，采其花加盐、白酒等腌制的咸菜。

2 行灶：京郊农家用黏土和压过的短麦秸等加水做成的可随意搬移的火灶，似大鸭子形——上有烟筒用以通风冒烟，后开口翘起，可进柴火起火，背上安小盆可做饭菜用。

3 跳格：旧时写墨笔字的训练过程：一描“红模子”；二写照格——在纸下有印好的字，照描写在纸上；三写跳格——仿纸下有间一格印好一个字，要在空格上照上面的字写一下；四写背格——在仿纸上背着写出字来。

4 桐城派方苞：我国清代文坛上最大的散文流派，因其早期重要作家皆为桐城人，故名“桐城派”。方苞为该派奠基人。